Springer-Lehrbuch

Springer
Berlin
Heidelberg
New York
Barcelona
Hongkong
London
Mailand
Paris
Tokio

A. Quarteroni R. Sacco F. Saleri

Numerische Mathematik 1

Übersetzt von L. Tobiska

Springer

Prof. Alfio Quarteroni
Ecole Polytéchnique Fédérale (EPFL)
Département de Mathématiques
1015 Lausanne, Schweiz
und
Politecnico di Milano
Dipartimento di Matematica
Piazza Leonardo da Vinci 32
20133 Milano, Italien
e-mail: alfio.quarteroni@epfl.ch
aq@mate.polimi.it

Prof. Riccardo Sacco
Prof. Fausto Saleri
Politecnico di Milano
Dipartimento di Matematica
Piazza Leonardo da Vinci 32
20133 Milano, Italien
e-mail: ricsac@mate.polimi.it
fausal@giove.mate.polimi.it

Übersetzer
Prof. Dr. L. Tobiska
Otto-von Guericke-Universität
Institut für Numerik und Analysis
Universitätsplatz 2
39106 Magdeburg, Deutschland
e-mail: Lutz.Tobiska@mathematik.uni-magdeburg.de

Übersetzung der englischen Ausgabe: *Numerical Mathematics* von A. Quarteroni, R. Sacco, F. Saleri, Texts in Applied Mathematics 37. Springer-Verlag New York 2000

Die Deutsche Bibliothek – CIP-Einheitsaufnahme

Quarteroni, Alfio:
Numerische Mathematik / Alfio Quarteroni; Riccardo Sacco; Fausto Saleri. Aus dem Engl. übers. von L. Tobiska. - Berlin; Heidelberg; New York; Barcelona; Hongkong; London; Mailand; Paris; Tokio: Springer
(Springer-Lehrbuch) 1. - (2002)
ISBN 3-540-67878-6

Mathematics Subject Classification (2000): 15-01, 34-01, 35-01, 65-01

ISBN 3-540-67878-6 Springer-Verlag Berlin Heidelberg New York

Springer-Verlag Berlin Heidelberg New York
ein Unternehmen der BertelsmannSpringer Science+Business Media GmbH

http://www.springer.de

Satz: Datenerstellung durch den Autor unter Verwendung eines TEX-Makropakets
Einbandgestaltung: *design & production* GmbH, Heidelberg

Gedruckt auf säurefreiem Papier SPIN: 10778477 46/3142ck - 5 4 3 2 1 0

Vorwort

Die Numerische Mathematik ist der Zweig der Mathematik, der Methoden aus dem wissenschaftlichen Rechnen auf verschiedenen Gebieten, einschließlich Analysis, linearer Algebra, Geometrie, Approximationstheorie, Funktionalgleichungen, Optimierung und Differentialgleichungen vorschlägt, entwickelt, analysiert und anwendet. In anderen Disziplinen, wie Physik, Natur- und Sozialwissenschaften, Technik, Ökonomie und Finanzwissenschaften treten häufig Probleme auf, die Methoden des wissenschaftlichen Rechnens zu ihrer Lösung erfordern.

Die Numerische Mathematik steht im Schnittpunkt verschiedener Disziplinen, die von großer Relevanz in den modernen angewandten Wissenschaften sind. Sie kann so zu einem entscheidenden Werkzeug für die qualitative und quantitative Analyse werden. Diese Rolle wird auch durch die ständige Weiterentwicklung von Computern und Algorithmen unterstrichen, die es heutzutage unter Verwendung des wissenschaftlichen Rechnens ermöglicht, Probleme solcher Größenordnung anzugehen, so dass bei vertretbarem numerischen Aufwand realitätsnahe Phänomene simuliert werden können.

Die entsprechende Verbreitung von numerischer Software stellt eine Bereicherung für den wissenschaftlichen Anwender dar. Dennoch muss er die richtige Methode (oder den richtigen Algorithmus) auswählen, die am besten seinem zu lösenden Problem entspricht. Tatsächlich existieren keine "Black-Box"-Methoden oder Algorithmen, mit denen alle Arten von Problemen schnell und präzise gelöst werden können.

Eines der Ziele dieses Buches ist es, die mathematischen Grundlagen der numerischen Methoden bereit zu stellen, ihre grundlegenden theoretischen Eigenschaften (Stabilität, Genauigkeit, Komplexität) zu analysieren, und ihre Leistungsfähigkeit an Beispielen und Gegenbeispielen zu demonstrieren, um so ihr für und wieder zu umreißen. Hierzu nutzen wir die Matlab®[1] Softwareumgebung, die zwei grundlegenden Erfordernissen gerecht wird: Nutzerfreundlichkeit und weite Verbreitung. Sie ist nahezu auf jedem Computer verfügbar.

Jedes Kapitel ist mit Beispielen, Übungen und Anwendungen der diskutierten Theorie für die Lösung von wirklichkeitsnahen Problemen versehen. Der Leser kann somit sich das erforderliche theoretische Wissen aneignen, um unter den numerischen Methodiken die richtige Auswahl zu treffen und die betreffenden Computerprogramme zu nutzen.

Dieses Buch ist primär an Studenten gerichtet, mit besonderem Blick auf die Kurse in den Ingenieurwissenschaften, der Mathematik, der Physik und der Informatik. Die Aufmerksamkeit, die den Anwendungen und den betreffenden Softwareentwicklungen gewidmet wurde, macht es auch für Studenten mit abgeschlossenem Studium, Wissenschaftler und Anwender des wissenschaftlichen Rechnens in allen Berufsfeldern wertvoll.

Dieses Buch ist die deutsche Übersetzung des Buches "Numerical Mathematics", das von Springer-Verlag New York im Jahr 2000 publiziert wurde. Die deutsche Ausgabe erscheint in zwei Bänden: Der erste Band umfasst die ersten sieben Kapitel der englischen Orginalausgabe, der zweite Band die übrigen sechs Kapitel.

Der Inhalt des ersten Bandes ist in drei Teile gegliedert.

Teil I stellt das Grundwissen zusammen und umfasst zwei Kapitel, in denen wir die Grundlagen der linearen Algebra wiederholen und die allgemeinen Konzepte von Konsistenz, Stabilität und Konvergenz einer numerischen Methode sowie die grundlegenden Elemente der Computerarithmetik einführen.

Teil II behandelt numerische lineare Algebra und ist der Lösung linearer Systeme (Kapitel 3 und 4) und der Berechnung von Eigenwerten und Eigenvektoren gewidmet (Kapitel 5).

Wir fahren mit Teil III fort, in dem wir die Lösung nichtlinearer Gleichungen (Kapitel 6) und die Lösung nichtlinearer Systeme und Optimierungsprobleme (Kapitel 7) behandeln.

Der zweite Band ist in drei Teile gegliedert. In Teil IV begegnen wir verschiedenen Fragen zu Funktionen und ihre Approximation. Wir behandeln Polynomapproximation (Kapitel 8) und numerische Integration (Kapitel 9).

Teil V beschäftigt sich mit der Approximation, der Integration und mit Transformationen, die auf orthogonalen Polynomen beruhen (Kapitel 10), sowie der Lösung von Anfangswertproblemen (Kapitel 11). Schließlich enthält Teil VI die grundlegenden Diskretisierungsmethoden für elliptische,

[1]MATLAB ist ein eingetragenes Warenzeichen der MathWorks, Inc.

parabolische und hyperbolische Differentialgleichungen in einer Raumdimension. Insbesondere behandeln wir Randwertprobleme für elliptische Gleichungen (Kapitel 12) und Anfangswertprobleme für parabolische und hyperbolische Gleichungen (Kapitel 13).
Band I ist eigenständig. Er enthält auch die bibliographischen Angaben, das Sachwörterverzeichnis und die Liste der Matlab-Programme die sich auf die ersten sieben Kapitel der deutschen Übersetzung beziehen.

Eine Übersicht über die im Buch entwickelten, verschiedenen Matlab-Programme wird am Ende des Bandes gegeben. Jedem Programmcode ist eine kurze Beschreibung seiner Ein- und Ausgabeparameter beigefügt. Diese Programme sind auch unter der Webadresse
http://www1.mate.polimi.it/~calnum/programs.html.
verfügbar.

Wir danken Professor Lutz Tobiska für die Übersetzung, das sorgältige Lesen und seine Vorschläge zur Verbesserung der Qualität dieses Buches.

Mailand und Lausanne
Juni 2001

Alfio Quarteroni
Riccardo Sacco
Fausto Saleri

Inhaltsverzeichnis

1 Grundlagen der linearen Algebra

In diesem Kapitel wiederholen wir die grundlegenden Aussagen der linearen Algebra, die in den folgenden Kapiteln benötigt werden. Für die meisten Beweise und Details verweisen wir den Leser auf [Bra75], [Nob69], [Hal58]. Weitere Resultate zu Eigenwerten können in [Hou75] und [Wil65] gefunden werden.

1.1 Vektorräume

Definition 1.1 Ein *Vektorraum* über dem Zahlkörper K ($K = \mathbb{R}$ oder $K = \mathbb{C}$) ist eine nichtleere Menge V, deren Elemente *Vektoren* genannt werden und in der zwei Operationen, die *Addition* und die *skalare Multiplikation*, definiert sind, die den folgenden Eigenschaften genügen:

1. die Addition ist kommutativ und assoziativ;

2. es gibt ein Element $\mathbf{0} \in V$ (der *Nullvektor*), so dass $\mathbf{v} + \mathbf{0} = \mathbf{v}$ für jedes $\mathbf{v} \in V$;

3. $0 \cdot \mathbf{v} = \mathbf{0}$, $1 \cdot \mathbf{v} = \mathbf{v}$ für jedes $\mathbf{v} \in V$, wobei 0 und 1 die Null bzw. die Eins in K bezeichnen;

4. für jedes Element $\mathbf{v} \in V$ gibt es ein inverses Element $-\mathbf{v} \in V$, so dass $\mathbf{v} + (-\mathbf{v}) = \mathbf{0}$ gilt;

5. die Distributivgesetze

$$\forall \alpha \in K,\ \forall \mathbf{v}, \mathbf{w} \in V,\ \alpha(\mathbf{v} + \mathbf{w}) = \alpha\mathbf{v} + \alpha\mathbf{w},$$

$$\forall \alpha, \beta \in K,\ \forall \mathbf{v} \in V,\ (\alpha + \beta)\mathbf{v} = \alpha\mathbf{v} + \beta\mathbf{v}$$

gelten;

6. und das Assoziativgesetz

$$\forall \alpha, \beta \in K,\ \forall \mathbf{v} \in V,\ (\alpha\beta)\mathbf{v} = \alpha(\beta\mathbf{v})$$

gilt;

■

Beispiel 1.1 Bemerkenswerte Beispiele von Vektorräumen sind:
- $V = \mathbb{R}^n$ (bzw. $V = \mathbb{C}^n$): die Menge der n-Tupel reeller (bzw. komplexer) Zahlen, $n \geq 1$;
- $V = \mathbb{P}_n$: die Menge der Polynome $p_n(x) = \sum_{k=0}^{n} a_k x^k$ mit reellen (oder komplexen) Koeffizienten a_k, die einen Grad kleiner oder gleich n, $n \geq 0$, haben;
- $V = C^p([a,b])$: die Menge der reell- (oder komplex)-wertigen Funktionen, die auf $[a,b]$ bis zu ihrer p-ten Ableitung stetig sind, $0 \leq p < \infty$. •

Definition 1.2 Wir sagen, dass eine nichtleere Teilmenge W von V ein *Teilraum* von V genau dann ist, wenn W ein Vektorraum über K ist. ■

Beispiel 1.2 Der Vektorraum $\mathbb{P}_n$ ist ein Teilraum von $C^\infty(\mathbb{R})$, dem Raum der unendlich oft stetig differenzierbaren Funktionen auf der reellen Achse. Ein trivialer Teilraum eines jeden Vektorraumes ist der Vektorraum, der nur den Nullvektor enthält. •

Insbesondere ist die Menge W aller Linearkombinationen eines Systems $\{\mathbf{v}_1, \ldots, \mathbf{v}_p\}$ von p Vektoren von V ein Teilraum von V, der der *erzeugende Teilraum* oder der *span* des Systems von Vektoren genannt und durch

$$\begin{aligned} W &= \text{span}\,\{\mathbf{v}_1, \ldots, \mathbf{v}_p\} \\ &= \{\mathbf{v} = \alpha_1\mathbf{v}_1 + \ldots + \alpha_p\mathbf{v}_p \quad \text{mit } \alpha_i \in K,\ i = 1, \ldots, p\} \end{aligned}$$

bezeichnet wird.
Das System $\{\mathbf{v}_1, \ldots, \mathbf{v}_p\}$ wird ein *Erzeugendensystem* für W genannt.
Wenn $W_1, \ldots, W_m$ Teilräume des Vektorraumes V sind, dann ist die Menge

$$S = \{\mathbf{w} :\ \mathbf{w} = \mathbf{v}_1 + \ldots + \mathbf{v}_m \text{ mit } \mathbf{v}_i \in W_i,\ i = 1, \ldots, m\}$$

auch ein Teilraum von V. Wir sagen, dass S die *direkte Summe* der Teilräume W_i ist, wenn jedes Element $\mathbf{s} \in S$ eine eindeutige Darstellung der Form $\mathbf{s} = \mathbf{v}_1 + \ldots + \mathbf{v}_m$ mit $\mathbf{v}_i \in W_i$ und $i = 1, \ldots, m$ gestattet. In einem solchen Fall schreiben wir $S = W_1 \oplus \ldots \oplus W_m$.

Definition 1.3 Ein System von Vektoren $\{\mathbf{v}_1, \dots, \mathbf{v}_m\}$ eines Vektorraumes V heißt *linear unabhängig*, wenn die Beziehung

$$\alpha_1 \mathbf{v}_1 + \alpha_2 \mathbf{v}_2 + \dots + \alpha_m \mathbf{v}_m = \mathbf{0}$$

mit $\alpha_1, \alpha_2, \dots, \alpha_m \in K$ nur für $\alpha_1 = \alpha_2 = \dots = \alpha_m = 0$ gilt. Andernfalls heißt das System *linear abhängig*. ■

Jedes Erzeugendensystem von V, das aus linear unabhängigen Vektoren besteht, nennen wir eine *Basis* von V. Ist $\{\mathbf{u}_1, \dots, \mathbf{u}_n\}$ eine Basis von V, so heißt der Ausdruck $\mathbf{v} = v_1\mathbf{u}_1 + \dots + v_n\mathbf{u}_n$ die *Zerlegung* von $\mathbf{v}$ in Bezug auf die Basis und die Skalare $v_1, \dots, v_n \in K$ heißen *Komponenten* von $\mathbf{v}$ in Bezug auf die gegebene Basis. Darüber hinaus gilt die folgende Eigenschaft.

Eigenschaft 1.1 *Sei V ein Vektorraum mit einer Basis von n Vektoren. Dann hat jedes System linear unabhängiger Vektoren von V höchstens n Elemente und jede andere Basis von V besitzt genau n Elemente. Die Zahl n heißt Dimension des Vektorraumes V und wir schreiben $dim(V) = n$. Wenn stattdessen für jedes n immer n linear unabhängige Vektoren von V existieren, so heißt der Vektorraum unendlich dimensional.*

Beispiel 1.3 Für jede nichtnegative ganze Zahl p ist der Raum $C^p([a, b])$ unendlich dimensional. Die Räume $\mathbb{R}^n$ und $\mathbb{C}^n$ haben die Dimension n. Die übliche Basis für $\mathbb{R}^n$ ist die Menge der *Einheitsvektoren* $\{\mathbf{e}_1, \dots, \mathbf{e}_n\}$ mit $(\mathbf{e}_i)_j = \delta_{ij}$ für $i, j = 1, \dots n$, wobei δ_{ij} das *Kroneckersymbol* bezeichnet, also $\delta_{ij} = 0$ für $i \neq j$ und $\delta_{ij} = 1$ für $i = j$. Dies ist natürlich nicht die einzig mögliche Wahl einer Basis (siehe Übungsaufgabe 2). •

1.2 Matrizen

Seien m und n zwei positive ganze Zahlen. Eine Menge von mn Skalaren $a_{ij} \in K$, mit $i = 1, \dots, m$ und $j = 1, \dots n$, die in dem folgenden rechteckigen Feld

$$\mathrm{A} = \begin{bmatrix} a_{11} & a_{12} & \dots & a_{1n} \\ a_{21} & a_{22} & \dots & a_{2n} \\ \vdots & \vdots & & \vdots \\ a_{m1} & a_{m2} & \dots & a_{mn} \end{bmatrix}. \tag{1.1}$$

angeordnet sind, heißt *Matrix* mit m Zeilen und n Spalten, oder eine Matrix $m \times n$, oder eine Matrix (m, n), mit Elementen aus K. Wenn $K = \mathbb{R}$ oder $K = \mathbb{C}$ gilt, schreiben wir $\mathrm{A} \in \mathbb{R}^{m \times n}$ bzw. $\mathrm{A} \in \mathbb{C}^{m \times n}$, um explizit die Zahlkörper auszudrücken, zu denen die Elemente von A gehören. Große Buchstaben werden wir zur Bezeichnung von Matrizen verwenden, während

Kleinbuchstaben, die den Großbuchstaben entsprechen, die Matrixelemente bezeichnen.
Wir werden (1.1) durch $A = (a_{ij})$ mit $i = 1, \ldots, m$ und $j = 1, \ldots n$ abkürzen. Der Index i wird Zeilenindex genannt, während j der Spaltenindex ist. Die Menge $(a_{i1}, a_{i2}, \ldots, a_{in})$ heißt die *i-te Zeile* von A; analog ist $(a_{1j}, a_{2j}, \ldots, a_{mj})^T$ die *j-te Spalte* von A.

Ist $n = m$, so heißt die Matrix *quadratisch* oder von der Ordnung n und die Menge der Elemente $(a_{11}, a_{22}, \ldots, a_{nn})$ wird *Hauptdiagonale* genannt.

Eine Matrix, die nur eine Zeile oder nur eine Spalte besitzt, heißt *Zeilenvektor* bzw. *Spaltenvektor.* Wenn nicht anders angegeben, wird ein Vektor stets als Spaltenvektor vorausgesetzt. Im Fall $n = m = 1$, bezeichnet die Matrix einfach einen Skalar aus K.
Manchmal ist es nützlich, innerhalb einer Matrix Mengen auszuzeichnen, die von speziellen Spalten und Zeilen gebildet werden. Dies veranlasst uns, die folgende Definition einzuführen.

Definition 1.4 Sei A eine Matrix $m \times n$. Seien $1 \leq i_1 < i_2 < \ldots < i_k \leq m$ und $1 \leq j_1 < j_2 < \ldots < j_l \leq n$ zwei Mengen unmittelbar aufeinanderfolgender Indizes. Die Matrix $S(k \times l)$ von Einträgen $s_{pq} = a_{i_p j_q}$ mit $p = 1, \ldots, k$, $q = 1, \ldots, l$ heißt *Untermatrix* von A. Gelten $k = l$ und $i_r = j_r$ für $r = 1, \ldots, k$, so heißt S eine *Hauptuntermatrix* von A. ■

Definition 1.5 Eine Matrix $A(m \times n)$ heißt *Blockmatrix* oder in *Untermatrizen partitionierbar*, wenn

$$A = \begin{bmatrix} A_{11} & A_{12} & \ldots & A_{1l} \\ A_{21} & A_{22} & \ldots & A_{2l} \\ \vdots & \vdots & \ddots & \vdots \\ A_{k1} & A_{k2} & \ldots & A_{kl} \end{bmatrix},$$

wobei A_{ij} Untermatrizen von A sind. ■

Unter allen möglichen Partionierungen von A, erinnern wir vor allem an die Partitionierung durch Spalten

$$A = (\mathbf{a}_1, \ \mathbf{a}_2, \ \ldots, \mathbf{a}_n),$$

bei der $\mathbf{a}_i$ der i-te Spaltenvektor von A ist. Auf ähnliche Weise kann die Partitionierung durch Zeilen von A definiert werden. Zur Festlegung der Bezeichnungen werden wir, wenn A eine Matrix $m \times n$ ist, durch

$$A(i_1 : i_2, j_1 : j_2) = (a_{ij}) \quad i_1 \leq i \leq i_2, \ j_1 \leq j \leq j_2$$

die Untermatrix von A vom Format $(i_2 - i_1 + 1) \times (j_2 - j_1 + 1)$ bezeichnen, die zwischen den Zeilen i_1 und i_2 und den Spalten j_1 und j_2 liegt. Ebenso, wenn $\mathbf{v}$ ein Vektor vom Format n ist, bezeichnen wir durch $\mathbf{v}(i_1 : i_2)$ den

Vektor vom Format i_2-i_1+1, der aus der i_1-ten bis zur i_2-ten Komponente von $\mathbf{v}$ gebildet wird.

Diese Bezeichnungen sind im Hinblick auf die Programmierung der Algorithmen, die in beiden Bänden in der MATLAB Sprache dargestellt werden, bequem.

1.3 Operationen mit Matrizen

Seien $\mathrm{A} = (a_{ij})$ und $\mathrm{B} = (b_{ij})$ zwei Matrizen $m \times n$ über K. Wir sagen, dass A *gleich* B ist, wenn $a_{ij} = b_{ij}$ für $i = 1, \ldots, m$, $j = 1, \ldots, n$ gilt. Darüber hinaus definieren wir die folgenden Operationen:

- *Matrixsumme*: Die Matrixsumme ist die Matrix $\mathrm{A}+\mathrm{B} = (a_{ij} + b_{ij})$. Das neutrale Element in einer Matrixsumme ist die *Nullmatrix*, ebenfalls durch 0 bezeichnet und nur aus Nullelementen gebildet;

- *Matrixmultiplikation mit einem Skalar*: Die Multiplikation von A mit $\lambda \in K$, ist die Matrix $\lambda\mathrm{A} = (\lambda a_{ij})$;

- *Matrizenprodukt*: Das Produkt zweier Matrizen A und B der Formate (m,p) bzw. (p,n) ist die Matrix $\mathrm{C}(m,n)$ mit den Elementen

$$c_{ij} = \sum_{k=1}^{p} a_{ik} b_{kj}, \quad \text{für } i = 1, \ldots, m, \ j = 1, \ldots, n.$$

Das Matrixprodukt ist assoziativ und distributiv in Bezug auf die Matrixsumme, aber es ist im allgemeinen nicht kommutativ. Zwei quadratische Matrizen, für die die Eigenschaft $\mathrm{AB} = \mathrm{BA}$ gilt, werden *vertauschbar* genannt.

Im Fall von quadratischen Matrizen ist das neutrale Element bezüglich des Matrixprodukts eine quadratische Matrix der Ordnung n, die die *Einheitsmatrix der Ordnung* n oder, häufiger, die *Identität* genannt wird und durch $\mathrm{I}_n = (\delta_{ij})$ gegeben ist. Nach Definition ist die Identität die einzige Matrix $n \times n$, so dass $\mathrm{AI}_n = \mathrm{I}_n\mathrm{A} = \mathrm{A}$ für alle quadratischen Matrizen A gilt. Im folgenden werden wir den Index n weglassen, es sei denn er ist unverzichtbar. Die Identität ist ein spezielles Beispiel einer *Diagonalmatrix* der Ordnung n, d.h., eine quadratische Matrix des Typs $\mathrm{D} = (d_{ii}\delta_{ij})$. Wir werden im folgenden die Bezeichnung $\mathrm{D} = \mathrm{diag}(d_{11}, d_{22}, \ldots, d_{nn})$ verwenden.
Schließlich, bezeichnen wir für eine quadratische Matrix A der Ordnung n und für eine nichtnegative ganze Zahl p das p-fache Produkt von A mit sich selbst durch A^p, wobei $\mathrm{A}^0 = \mathrm{I}$ gesetzt wird.

Wir wollen nun die sogenannten *elementaren Zeilenoperationen* beschreiben, die mit einer Matrix durchgeführt werden können. Sie bestehen aus:

- Multiplikation der i-ten Zeile einer Matrix mit einem Skalar α; diese Operation ist äquivalent zur linksseitigen Multiplikation von A mit der Matrix $\mathrm{D} = \mathrm{diag}(1, \ldots, 1, \alpha, 1, \ldots, 1)$, wobei α die i-te Position besetzt;

- Tausch der i-ten und j-ten Zeile einer Matrix; dies kann durch linksseitige Multiplikation von A mit der Matrix $\mathrm{P}^{(i,j)}$ realisiert werden, die die Elemente

$$p_{rs}^{(i,j)} = \begin{cases} 1 & \text{für } r = s = 1, ..., i-1, i+1, ..., j-1, j+1, ...n, \\ 1 & \text{für } r = j, s = i \text{ oder } r = i, s = j, \\ 0 & \text{sonst,} \end{cases} \tag{1.2}$$

besitzt. Matrizen der Form (1.2) werden *elementare Permutationsmatrizen* genannt. Das Produkt elementarer Permutationsmatrizen heißt *Permutationsmatrix*, und führt den Zeilentausch aus, der mit jeder elementaren Permutationsmatrix verbunden ist. Praktisch ist eine Permutationsmatrix eine zeilenvertauschte Anordnung der Einheitsmatrix;

- Addition des α-fachen der j-ten Zeile einer Matrix zu ihrer i-ten Zeile. Diese Operation kann auch durch linksseitige Multiplikation von A mit der Matrix $\mathrm{I} + \mathrm{N}_\alpha^{(i,j)}$ realisiert werden, wobei $\mathrm{N}_\alpha^{(i,j)}$ eine Matrix mit Nullelementen ist, außer an der Position i, j, an der die Zahl α steht.

1.3.1 Inverse einer Matrix

Definition 1.6 Eine quadratische Matrix A der Ordnung n heißt *invertierbar* (oder *regulär* oder *nichtsingulär*), wenn es eine quadratische Matrix B der Ordnung n gibt, so dass A B = B A = I gilt. B heißt dann die *inverse Matrix* von A und wird durch A^{-1} bezeichnet. Eine Matrix, die nicht invertierbar ist, heißt *singulär*. ∎

Ist A invertierbar, so ist ihre Inverse auch invertierbar, mit $(\mathrm{A}^{-1})^{-1} = \mathrm{A}$. Sind darüber hinaus A und B zwei invertierbare Matrizen der Ordnung n, so ist auch ihr Product AB invertierbar, mit $(\mathrm{A\,B})^{-1} = \mathrm{B}^{-1}\mathrm{A}^{-1}$. Es gilt die folgende Eigenschaft:

Eigenschaft 1.2 *Eine quadratische Matrix ist genau dann invertierbar, wenn ihre Spaltenvektoren linear unabhängig sind.*

Definition 1.7 Wir nennen die *Transponierte* einer Matrix $\mathrm{A} \in \mathbb{R}^{m \times n}$ die Matrix $n \times m$, die durch Vertauschung der Zeilen von A mit den Spalten von A entsteht und bezeichnen sie durch A^T. ∎

Offenbar gilt $(A^T)^T = A$, $(A + B)^T = A^T + B^T$, $(AB)^T = B^T A^T$ und $(\alpha A)^T = \alpha A^T$ $\forall \alpha \in \mathbb{R}$. Ist A invertierbar, so ist auch A^T invertierbar mit $(A^T)^{-1} = (A^{-1})^T$. Wir können daher A^{-T} für $(A^T)^{-1} = (A^{-1})^T$ schreiben.

Definition 1.8 Sei $A \in \mathbb{C}^{m \times n}$; die Matrix $B = A^H \in \mathbb{C}^{n \times m}$ heißt die *konjugiert transponierte* (oder *adjungierte*) Matrix von A, wenn $b_{ij} = \bar{a}_{ji}$ gilt, wobei $\bar{a}_{ji}$ die komplex konjugierte Zahl von a_{ji} bezeichnet. ■

In Analogie zum Fall reeller Matrizen ergeben sich $(A+B)^H = A^H + B^H$, $(AB)^H = B^H A^H$ und $(\alpha A)^H = \bar{\alpha} A^H$ $\forall \alpha \in \mathbb{C}$.

Definition 1.9 Eine Matrix $A \in \mathbb{R}^{n \times n}$ heißt *symmetrisch*, wenn $A = A^T$, und *schiefsymmetrisch*, wenn $A = -A^T$. Sie heißt *orthogonal*, wenn $A^T A = AA^T = I$, d.h. wenn $A^{-1} = A^T$ gilt. ■

Permutationsmatrizen sind orthogonal und das Gleiche gilt für ihr Produkt.

Definition 1.10 Eine Matrix $A \in \mathbb{C}^{n \times n}$ heißt *hermitisch* oder *selbstadjungiert*, wenn $A^T = \bar{A}$, d.h. $A^H = A$ gilt, und sie heißt *unitär*, wenn $A^H A = AA^H = I$. Schließlich nennen wir A *normal*, wenn $AA^H = A^H A$ gilt. ■

Folglich ist eine unitäre Matrix eine solche, für die $A^{-1} = A^H$ gilt. Natürlich ist eine unitäre Matrix auch normal, aber sie ist im allgemeinen nicht hermitisch. Zum Beispiel ist die Matrix aus Beispiel 1.4 unitär, obgleich nicht symmetrisch (wenn $s \neq 0$). Wir bemerken abschließend, dass die Diagonalelemente einer hermitischen Matrix notwendigerweise reell sein müssen (siehe auch Übung 5).

1.3.2 Matrizen und lineare Abbildungen

Definition 1.11 Eine *lineare Abbildung* von $\mathbb{C}^n$ in $\mathbb{C}^m$ ist eine Funktion $f : \mathbb{C}^n \longrightarrow \mathbb{C}^m$, so dass $f(\alpha \mathbf{x} + \beta \mathbf{y}) = \alpha f(\mathbf{x}) + \beta f(\mathbf{y})$, $\forall \alpha, \beta \in K$ und $\forall \mathbf{x}, \mathbf{y} \in \mathbb{C}^n$ gilt. ■

Das folgende Resultat verbindet Matrizen und lineare Abbildungen.

Eigenschaft 1.3 *Sei $f : \mathbb{C}^n \longrightarrow \mathbb{C}^m$ eine lineare Abbildung. Dann gibt es eine eindeutig bestimmte Matrix $A_f \in \mathbb{C}^{m \times n}$, so dass*

$$f(\mathbf{x}) = A_f \mathbf{x} \qquad \forall \mathbf{x} \in \mathbb{C}^n. \tag{1.3}$$

Wenn umgekehrt $A_f \in \mathbb{C}^{m \times n}$, dann ist die durch (1.3) *definierte Funktion eine lineare Abbildung von $\mathbb{C}^n$ in $\mathbb{C}^m$.*

Beispiel 1.4 Ein wichtiges Beispiel einer linearen Abbildung ist die entgegen dem Uhrzeigersinn um einen Winkel ϑ in der Ebene (x_1, x_2) durchgeführte *Drehung*. Die Matrix, die mit einer solchen Abbildung verbunden ist, ist durch

$$\mathrm{G}(\vartheta) = \begin{bmatrix} c & -s \\ s & c \end{bmatrix}, \qquad c = \cos(\vartheta),\ s = \sin(\vartheta)$$

gegeben und wird *Drehungsmatrix* genannt. •

1.3.3 Operationen mit Blockmatrizen

Alle Operationen die bisher eingeführt wurden, können auf den Fall einer Blockmatrix A erweitert werden, vorausgesetzt, dass die Größe der einzelnen Blöcke so ist, dass jede einzelne Matrixoperation wohldefiniert ist.
In der Tat kann das folgende Resultat gezeigt werden (siehe z.B. [Ste73]).

Eigenschaft 1.4 *Seien* A *und* B *die Blockmatrizen*

$$\mathrm{A} = \begin{bmatrix} \mathrm{A}_{11} & \ldots & \mathrm{A}_{1l} \\ \vdots & \ddots & \vdots \\ \mathrm{A}_{k1} & \ldots & \mathrm{A}_{kl} \end{bmatrix}, \quad \mathrm{B} = \begin{bmatrix} \mathrm{B}_{11} & \ldots & \mathrm{B}_{1n} \\ \vdots & \ddots & \vdots \\ \mathrm{B}_{m1} & \ldots & \mathrm{B}_{mn} \end{bmatrix},$$

wobei A_{ij} *und* B_{ij} *Matrizen vom Format* $(k_i \times l_j)$ *bzw.* $(m_i \times n_j)$ *sind. Dann gilt*

1.

$$\lambda\mathrm{A} = \begin{bmatrix} \lambda\mathrm{A}_{11} & \ldots & \lambda\mathrm{A}_{1l} \\ \vdots & \ddots & \vdots \\ \lambda\mathrm{A}_{k1} & \ldots & \lambda\mathrm{A}_{kl} \end{bmatrix}, \ \lambda \in \mathbb{C};\ \mathrm{A}^T = \begin{bmatrix} \mathrm{A}_{11}^T & \ldots & \mathrm{A}_{k1}^T \\ \vdots & \ddots & \vdots \\ \mathrm{A}_{1l}^T & \ldots & \mathrm{A}_{kl}^T \end{bmatrix};$$

2. im Fall $k = m$, $l = n$, $m_i = k_i$ *und* $n_j = l_j$ *ist*

$$\mathrm{A} + \mathrm{B} = \begin{bmatrix} \mathrm{A}_{11} + \mathrm{B}_{11} & \ldots & \mathrm{A}_{1l} + \mathrm{B}_{1l} \\ \vdots & \ddots & \vdots \\ \mathrm{A}_{k1} + \mathrm{B}_{k1} & \ldots & \mathrm{A}_{kl} + \mathrm{B}_{kl} \end{bmatrix};$$

3. im Fall $l = m$, $l_i = m_i$ *und* $k_i = n_i$ *gilt mit* $C_{ij} = \sum_{s=1}^{m} \mathrm{A}_{is}\mathrm{B}_{sj}$,

$$\mathrm{AB} = \begin{bmatrix} \mathrm{C}_{11} & \ldots & \mathrm{C}_{1l} \\ \vdots & \ddots & \vdots \\ \mathrm{C}_{k1} & \ldots & \mathrm{C}_{kl} \end{bmatrix}.$$

1.4 Spur und Determinante einer Matrix

Wir betrachten eine quadratische Matrix A der Ordnung n. Die *Spur* einer Matrix A ist die Summe ihrer Diagonalelemente, d.h. $\mathrm{tr}(\mathrm{A}) = \sum_{i=1}^{n} a_{ii}$.

Wir nennen die durch die Formel

$$\det(\mathrm{A}) = \sum_{\boldsymbol{\pi} \in P} \mathrm{sign}(\boldsymbol{\pi}) a_{1\pi_1} a_{2\pi_2} \dots a_{n\pi_n}$$

definierte Zahl det(A) die *Determinante* von A. Hierbei bezeichnen $P = \{\boldsymbol{\pi} = (\pi_1, \dots, \pi_n)^T\}$ die Menge der $n!$ Vektoren, die durch Permutation des Indexvektors $\mathbf{i} = (1, \dots, n)^T$ entstehen, und $\mathrm{sign}(\boldsymbol{\pi})$ das Vorzeichen der Permutation $\boldsymbol{\pi}$, das gleich 1 (bzw. -1) ist, wenn eine gerade (bzw. ungerade) Zahl von Vertauschungen erforderlich ist, um $\boldsymbol{\pi}$ aus $\mathbf{i}$ zu erhalten. Es gelten die folgenden Eigenschaften

$$\det(\mathrm{A}) = \det(\mathrm{A}^T), \ \det(\mathrm{AB}) = \det(\mathrm{A})\det(\mathrm{B}), \ \det(\mathrm{A}^{-1}) = 1/\det(\mathrm{A}),$$

$$\det(\mathrm{A}^H) = \overline{\det(\mathrm{A})}, \ \det(\alpha \mathrm{A}) = \alpha^n \det(\mathrm{A}), \ \forall \alpha \in K.$$

Stimmen zwei Zeilen oder Spalten einer Matrix überein, verschwindet die Determinante, wohingegen die Vertauschung zweier Zeilen (oder zweier Spalten) ein Vorzeichenwechsel der Determinante zur Folge hat. Die Determinante einer Diagonalmatrix ist das Produkt der Diagonalelemente.

Sei A_{ij} die Matrix der Ordnung $n-1$, die aus A durch Streichen der i-ten Zeile und der j-ten Spalte erhalten wird. Wir nennen die Determinante der Matrix A_{ij} den zum Element a_{ij} zugeordneten *komplementären Minor*. Wir werden die Determinante der Hauptuntermatrix der Ordnung k, $\mathrm{A}_k = \mathrm{A}(1:k, 1:k)$ den *k-ten Hauptminor* von A, d_k, nennen. Wenn wir durch $\Delta_{ij} = (-1)^{i+j}\det(\mathrm{A}_{ij})$ den *Kofaktor* des Elements a_{ij} bezeichnen, dann kann die tatsächliche Berechnung der Determinante von A unter Verwendung der folgenden Rekursionsbeziehung

$$\det(\mathrm{A}) = \begin{cases} a_{11}, & \text{wenn } n = 1, \\ \sum_{j=1}^{n} \Delta_{ij} a_{ij}, & \text{für } n > 1, \end{cases} \tag{1.4}$$

durchgeführt werden, die als *Entwicklungssatz von Laplace* bekannt ist. Ist A eine quadratische, invertierbare Matrix der Ordnung n, so gilt

$$\mathrm{A}^{-1} = \frac{1}{\det(\mathrm{A})} \mathrm{C},$$

wobei C die Matrix mit den Elementen Δ_{ji}, $i, j = 1, \dots, n$ ist.

Folglich erhalten wir, dass eine quadratische Matrix genau dann invertierbar ist, wenn ihre Determinante nicht verschwindet. Im Fall von nichtsingulären Diagonalmatrizen ist die inverse Matrix wieder eine Diagonalmatrix mit Elementen, die das Reziproke der Diagonalelemente der Matrix sind.

Jede *orthogonale Matrix* ist invertierbar, ihre inverse Matrix ist durch A^T gegeben, darüber hinaus gilt $\det(A) = \pm 1$.

1.5 Rang und Kern einer Matrix

Sei A eine Rechteckmatrix $m \times n$. Wir nennen die Determinante einer jeden quadratischen Matrix der Ordnung q, die aus A durch Streichen von $m-q$ Zeilen und $n-q$ Spalten erhalten werden kann, eine *aus der Matrix* A *gewonnene Determinante der Ordnung* q *(mit* $q \geq 1$*)*.

Definition 1.12 Der *Rang* von A (bezeichnet durch rank(A)) ist die maximale Ordnung nichtverschwindender, aus A gewonnener Determinanten. Eine Matrix hat *vollen Rang*, wenn $\text{rank}(A) = \min(m,n)$. ■

Beachte, dass der Rang von A die maximale Anzahl linear unabhängiger Spaltenvektoren von A angibt, d.h. die Dimension des *Wertebereiches* von A. Dieser ist definiert als

$$\text{range}(A) = \{\mathbf{y} \in \mathbb{R}^m : \ \mathbf{y} = A\mathbf{x} \text{ für } \mathbf{x} \in \mathbb{R}^n\}. \tag{1.5}$$

Streng gesprochen, sollte man zwischen dem Spaltenrang von A und dem Zeilenrang von A unterscheiden, letzterer ist die maximale Anzahl linear unabhängiger Zeilen von A. Jedoch kann gezeigt werden, dass der Zeilenrang und der Spaltenrang einer Matrix tatsächlich übereinstimmen.

Der *Kern* von A ist definiert als der Teilraum

$$\ker(A) = \{\mathbf{x} \in \mathbb{R}^n : \ A\mathbf{x} = \mathbf{0}\}.$$

Es gelten folgende Beziehungen:

1. $\text{rank}(A) = \text{rank}(A^T)$ (für $A \in \mathbb{C}^{m \times n}$, $\text{rank}(A) = \text{rank}(A^H)$)
2. $\text{rank}(A) + \dim(\ker(A)) = n$.

Im allgemeinen gilt $\dim(\ker(A)) \neq \dim(\ker(A^T))$. Ist A eine nichtsinguläre quadratische Matrix, dann sind $\text{rank}(A) = n$ und $\dim(\ker(A)) = 0$.

Beispiel 1.5 Sei

$$A = \begin{bmatrix} 1 & 1 & 0 \\ 1 & -1 & 1 \end{bmatrix}.$$

Dann gilt $\text{rank}(A) = 2$, $\dim(\ker(A)) = 1$ und $\dim(\ker(A^T)) = 0$. •

Abschließend bemerken wir, dass für eine Matrix $A \in \mathbb{C}^{n\times n}$ folgende Eigenschaften äquivalent sind:

1. A ist nichtsingulär;

2. $\det(A) \neq 0$;

3. $\ker(A) = \{\mathbf{0}\}$;

4. $\text{rank}(A) = n$;

5. A hat n linear unabhängige Zeilen und Spalten.

1.6 Spezielle Matrizen

1.6.1 *Blockdiagonale Matrizen*

Blockdiagonale Matrizen sind Matrizen der Form $D = \text{diag}(D_1, \ldots, D_n)$, wobei D_i quadratische Matrizen mit $i = 1, \ldots, n$ sind. Natürlich kann jeder einzelne Block von unterschiedlicher Größe sein. Wir werden sagen, dass eine blockdiagonale Matrix die Größe n hat, wenn n die Anzahl ihrer Diagonalblöcke ist. Die Determinante einer blockdiagonalen Matrix ist durch das Produkt der Determinanten der einzelnen Diagonalblöcke gegeben.

1.6.2 *Trapez- und Dreiecksmatrizen*

Eine Matrix $A(m \times n)$ heißt *obere Trapezmatrix*, wenn $a_{ij} = 0$ für $i > j$, und *untere Trapezmatrix*, wenn $a_{ij} = 0$ für $i < j$ gilt. Der Name gründet sich auf den Fakt, dass im Fall einer oberen Trapezmatrix, mit $m < n$, die Nichtnullelemente der Matrix ein Trapez formen.

Eine *Dreiecksmatrix* ist eine quadratische Trapezmatrix der Ordnung n der Form

$$L = \begin{bmatrix} l_{11} & 0 & \ldots & 0 \\ l_{21} & l_{22} & \ldots & 0 \\ \vdots & \vdots & & \vdots \\ l_{n1} & l_{n2} & \ldots & l_{nn} \end{bmatrix} \quad \text{oder } U = \begin{bmatrix} u_{11} & u_{12} & \ldots & u_{1n} \\ 0 & u_{22} & \ldots & u_{2n} \\ \vdots & \vdots & & \vdots \\ 0 & 0 & \ldots & u_{nn} \end{bmatrix}.$$

Die Matrix L wird *untere Dreiecksmatrix*, während U *obere Dreiecksmatrix* genannt wird.
Wir erinnern an einige algebraische, leicht überprüfbare Eigenschaften.

- Die Determinante einer Dreiecksmatrix ist das Produkt der Diagonalelemente;

- die Inverse einer unteren (bzw. oberen) Dreiecksmatrix ist eine untere (bzw. obere) Dreiecksmatrix;
- das Produkt zweier unterer Dreiecksmatrizen (bzw. oberer Trapezmatrizen) ist eine unterer Dreiecksmatrix (bzw. obere Trapezmatrix);
- das Produkt von unteren (bzw. oberen) Einheitsdreiecksmatrizen ist wieder eine untere (bzw. obere) Einheitsdreiecksmatrix, wobei wir eine Dreiecksmatrix, deren Diagonalelemente gleich 1 sind, als *Einheitsdreiecksmatrix* bezeichnet haben.

1.6.3 Bandmatrizen

Die im vorigen Abschnitt eingeführten Matrizen sind Spezialfälle von Bandmatrizen. Tatsächlich sagen wir, dass eine Matrix $\mathrm{A} \in \mathbb{R}^{m\times n}$ (oder in $\mathbb{C}^{m\times n}$) ein *unteres Band* p hat, wenn $a_{ij} = 0$ für $i > j + p$ gilt, und ein *oberes Band* q hat, wenn $a_{ij} = 0$ für $j > i + q$ gilt. Diagonalmatrizen sind Bandmatrizen, für die $p = q = 0$ gilt, während wir für Trapezmatrizen $p = m - 1$, $q = 0$ (untere Trapezmatrix), und $p = 0$, $q = n - 1$ (obere Trapezmatrix) haben.

Weitere relevante Bandmatrizen sind die *Tridiagonalmatrizen*, für die $p = q = 1$ gilt, sowie die *oberen Bidiagonalmatrizen* ($p = 0$, $q = 1$) bzw. die *unteren Bidiagonalmatrizen* ($p = 1$, $q = 0$). Im folgenden wird $\mathrm{tridiag}_n(\mathbf{b}, \mathbf{d}, \mathbf{c})$ die Tridiagonalmatrix der Größe n bezeichnen, die auf der oberen bzw. unteren Hauptdiagonalen die Vektoren $\mathbf{b} = (b_1, \ldots, b_{n-1})^T$ und $\mathbf{c} = (c_1, \ldots, c_{n-1})^T$, und auf der Hauptdiagonalen den Vektor $\mathbf{d} = (d_1, \ldots, d_n)^T$ besitzt. Sind $b_i = \beta$, $d_i = \delta$ und $c_i = \gamma$, mit β, δ und γ gegebene Konstanten, so wird die Matrix auch durch $\mathrm{tridiag}_n(\beta, \delta, \gamma)$ bezeichnet.

Wir erwähnen auch die sogenannten *unteren Hessenberg-Matrizen* ($p = m - 1$, $q = 1$) und die *oberen Hessenberg-Matrizen* ($p = 1$, $q = n - 1$), die die folgende Struktur haben

$$\mathrm{H} = \begin{bmatrix} h_{11} & h_{12} & & 0 \\ h_{21} & h_{22} & \ddots & \\ \vdots & & \ddots & h_{m-1n} \\ h_{m1} & \ldots & \ldots & h_{mn} \end{bmatrix} \quad \text{oder } \mathrm{H} = \begin{bmatrix} h_{11} & h_{12} & \ldots & h_{1n} \\ h_{21} & h_{22} & & h_{2n} \\ & \ddots & \ddots & \vdots \\ 0 & & h_{mn-1} & h_{mn} \end{bmatrix}.$$

Matrizen von ähnlichem Aussehen können offenbar auch im Blockformat gebildet werden.

1.7 Eigenwerte und Eigenvektoren

Sei A eine quadratische Matrix der Ordnung n mit reellen oder komplexen Elementen; die Zahl $\lambda \in \mathbb{C}$ heißt ein *Eigenwert* von A, wenn ein von Null verschiedener Vektor $\mathbf{x} \in \mathbb{C}^n$ existiert, so dass $A\mathbf{x} = \lambda\mathbf{x}$. Der Vektor $\mathbf{x}$ ist der *Eigenvektor* zum Eigenwert λ und die Menge der Eigenwerte von A wird das *Spektrum* von A genannt und durch $\sigma(A)$ bezeichnet. Wir sagen, dass $\mathbf{x}$ und $\mathbf{y}$ ein *Rechtseigenvektor* bzw. ein *Linkseigenvektor* von A zum Eigenwert λ sind, wenn

$$A\mathbf{x} = \lambda\mathbf{x}, \quad \mathbf{y}^H A = \lambda\mathbf{y}^H.$$

Der Eigenwert λ, der dem Eigenvektor $\mathbf{x}$ entspricht, kann durch Berechnung des *Rayleigh-Quotienten* $\lambda = \mathbf{x}^H A\mathbf{x}/(\mathbf{x}^H\mathbf{x})$ bestimmt werden. Die Zahl λ ist die Lösung der *charakteristischen Gleichung*

$$p_A(\lambda) = \det(A - \lambda I) = 0,$$

wobei $p_A(\lambda)$ das *charakteristische Polynom* ist. Da letzteres ein Polynom vom Grade n in Bezug auf λ ist, gibt es n Eigenwerte von A, die nicht notwendig verschieden sein müssen. Die folgenden Eigenschaften können bewiesen werden

$$\det(A) = \prod_{i=1}^{n} \lambda_i, \quad \mathrm{tr}(A) = \sum_{i=1}^{n} \lambda_i, \tag{1.6}$$

und da $\det(A^T - \lambda I) = \det((A - \lambda I)^T) = \det(A - \lambda I)$ schließt man, dass $\sigma(A) = \sigma(A^T)$ und, auf analoge Weise, dass $\sigma(A^H) = \sigma(\bar{A})$ gilt.

Aus der ersten Beziehung in (1.6) kann gefolgert werden, dass eine Matrix genau dann singulär ist, wenn sie zumindest einen Nulleigenwert besitzt, denn $p_A(0) = \det(A) = \Pi_{i=1}^n \lambda_i$.

Zweitens, wenn A reelle Elemente besitzt, ist $p_A(\lambda)$ ein Polynom mit reellen Koeffizienten, so dass komplexe Eigenwerte von A notwendig als konjugiert komplexe Paare auftreten.

Schließlich folgt aufgrund des Cayley-Hamilton-Theorems: ist $p_A(\lambda)$ das charakteristische Polynom von A, so gilt $p_A(A) = 0$, wobei $p_A(A)$ ein Matrixpolynom bezeichnet (zum Beweis siehe, z.B., [Axe94], S. 51).

Der maximale Betrag der Eigenwerte von A heißt der *Spektralradius* von A und wird durch

$$\rho(A) = \max_{\lambda \in \sigma(A)} |\lambda| \tag{1.7}$$

bezeichnet.

Die Charakterisierung der Eigenwerte einer Matrix als die Nullstellen eines Polynoms beinhaltet insbesondere, dass λ genau dann ein Eigenwert von $A \in \mathbb{C}^{n\times n}$ ist, wenn $\bar{\lambda}$ ein Eigenwert von A^H ist. Eine unmittelbare Folgerung hieraus ist, dass $\rho(A) = \rho(A^H)$. Darüber hinaus gelten $\forall A \in \mathbb{C}^{n\times n}$, $\forall \alpha \in \mathbb{C}$, $\rho(\alpha A) = |\alpha|\rho(A)$, und $\rho(A^k) = [\rho(A)]^k \ \forall k \in \mathbb{N}$.

Nehmen wir nun an, dass A eine Blockdreiecksmatrix

$$A = \begin{bmatrix} A_{11} & A_{12} & \dots & A_{1k} \\ 0 & A_{22} & \dots & A_{2k} \\ \vdots & & \ddots & \vdots \\ 0 & \dots & 0 & A_{kk} \end{bmatrix}$$

ist. Da $p_A(\lambda) = p_{A_{11}}(\lambda)p_{A_{22}}(\lambda)\cdots p_{A_{kk}}(\lambda)$ gilt, ist das Spektrum von A die Vereinigung der Spektren der einzelnen Diagonalblöcke. Folglich sind für Dreiecksmatrizen A die Diagonaleinträge die Eigenwerte von A.

Für jeden Eigenwert λ einer Matrix A bildet die Menge der zu λ gehörenden Eigenvektoren, zusammen mit dem Nullvektor, einen Teilraum von $\mathbb{C}^n$, der der *Eigenraum* zum Eigenwert λ genannt wird und per Definition dem Kern ker(A-λI) entspricht. Die Dimension des Eigenraumes ist

$$\dim[\ker(A - \lambda I)] = n - \text{rank}(A - \lambda I),$$

und wird *geometrische Vielfachheit* des Eigenwertes λ genannt. Sie kann nie größer als die *algebraische Vielfachheit* von λ sein, die die Vielfachheit von λ als eine Nullstelle des charakteristischen Polynoms charakterisiert. Eigenwerte, deren geometrische Vielfachheit streng kleiner als die algebraische ist, heißen *defektiv*. Eine Matrix, die zumindest einen defektiven Eigenwert hat, heißt *defektiv*.

Der Eigenraum, der mit einem Eigenwert einer Matrix A verbunden ist, ist invariant bezüglich A im Sinne der folgenden Definition.

Definition 1.13 Ein Teilraum S in $\mathbb{C}^n$ heißt *invariant* bezüglich einer quadratischen Matrix A, wenn A$S \subset S$ gilt, wobei AS das Bild von S bezüglich A ist. ■

1.8 Ähnlichkeitstransformationen

Definition 1.14 Sei C eine quadratische nichtsinguläre Matrix, die die gleiche Ordnung wie die Matrix A besitzt. Wir sagen, dass die Matrizen A und $C^{-1}AC$ *ähnlich* sind und nennen die Transformation von A auf $C^{-1}AC$ eine *Ähnlichkeitstransformation.* Darüber hinaus sagen wir, dass die zwei Matrizen *unitär ähnlich* sind, wenn C unitär ist. ■

Zwei ähnliche Matrizen besitzen das gleiche Spektrum und das gleiche charakteristische Polynom. Man prüft tatsächlich leicht nach, dass für ein Eigenwert-Eigenvektor Paar $(\lambda, \mathbf{x})$ von A auch $(\lambda, C^{-1}\mathbf{x})$ ein Eigenwert-Eigenvektor Paar der Matrix $C^{-1}AC$ ist, denn es gilt

$$(C^{-1}AC)C^{-1}\mathbf{x} = C^{-1}A\mathbf{x} = \lambda C^{-1}\mathbf{x}.$$

Insbesondere bemerken wir, dass die Produktmatrizen AB und BA, mit $A \in \mathbb{C}^{n\times m}$ und $B \in \mathbb{C}^{m\times n}$, nicht ähnlich sind, aber folgendender Eigenschaft genügen (siehe [Hac94], S.18, Theorem 2.4.6)

$$\sigma(\mathrm{AB})\setminus\{0\} = \sigma(\mathrm{BA})\setminus\{0\}$$

d.h., bis auf Nulleigenwerte besitzen AB und BA das gleiche Spektrum, so dass $\rho(\mathrm{AB}) = \rho(\mathrm{BA})$.

Die Verwendung von Ähnlichkeitstransformationen zielt auf die Reduktion der Komplexität des Problems der Bestimmung der Eigenwerte einer Matrix, denn wenn eine gegebene Matrix in eine ähnliche Diagonal- oder Dreiecksmatrix transformiert werden könnte, wäre die Berechnung der Eigenwerte trivial. Das Hauptergebnis in dieser Richtung ist das folgende Theorem (für den Beweis, siehe [Dem97], Theorem 4.2).

Eigenschaft 1.5 (Satz von Schur) *Zu gegebener Matrix* $\mathrm{A}\in \mathbb{C}^{n\times n}$ *gibt es eine unitäre Matrix* U, *so dass*

$$\mathrm{U}^{-1}\mathrm{AU} = \mathrm{U}^H\mathrm{AU} = \begin{bmatrix} \lambda_1 & b_{12} & \dots & b_{1n} \\ 0 & \lambda_2 & & b_{2n} \\ \vdots & & \ddots & \vdots \\ 0 & \dots & 0 & \lambda_n \end{bmatrix} = \mathrm{T}$$

gilt, wobei λ_i *die Eigenwerte von* A *sind.*

Somit ergibt sich, dass jede Matrix A unitär ähnlich zu einer oberen Dreiecksmatrix ist. Die Matrizen T und U sind nicht notwendig eindeutig bestimmt [Hac94].

Der Satz von Schur gibt Anlass zu verschiedenen wichtigen Resultaten, unter denen wir an die Folgenden erinnern:

1. jede hermitische Matrix ist einer reellen Diagonalmatrix *unitär ähnlich*, d.h. ist A hermitisch, so ist jede Schur-Zerlegung von A diagonal. In einem solchen Fall ergibt sich aus

$$\mathrm{U}^{-1}\mathrm{AU} = \Lambda = \mathrm{diag}(\lambda_1, \dots, \lambda_n),$$

die Beziehung $\mathrm{AU} = \mathrm{U}\Lambda$, d.h., $\mathrm{A}\mathbf{u}_i = \lambda_i\mathbf{u}_i$ für $i = 1, \dots, n$, so dass die Spaltenvektoren von U die Eigenvektoren von A sind. Darüber hinaus folgt aus der paarweisen Orthogonalität der Eigenvektoren, dass eine hermitische Matrix ein System orthonormaler Eigenvektoren besitzt, das den gesamten Raum $\mathbb{C}^n$ erzeugt. Schließlich kann gezeigt werden, dass eine Matrix A der Ordnung n genau dann ähnlich zu einer Diagonalmatrix D ist, wenn die Eigenvektoren von A eine Basis für $\mathbb{C}^n$ bilden [Axe94];

2. eine Matrix $A \in \mathbb{C}^{n \times n}$ ist genau dann normal, wenn sie zu einer Diagonalmatrix ähnlich ist. Als Folgerung ergibt sich, dass eine normale Matrix $A \in \mathbb{C}^{n \times n}$ die folgende *Spektralzerlegung* besitzt: $A = U\Lambda U^H = \sum_{i=1}^{n} \lambda_i \mathbf{u}_i \mathbf{u}_i^H$, wobei U unitär und Λ diagonal sind [SS90];

3. seien A und B zwei normale und vertauschbare Matrizen; dann ist ein allgemeiner Eigenwert μ_i von A+B durch die Summe $\lambda_i + \xi_i$ gegeben, wobei λ_i bzw. ξ_i die Eigenwerte von A und B sind, die zum gleichen Eigenvektor gehören.

Es gibt natürlich unsymmetrische Matrizen, die zu Diagonalmatrizen ähnlich sind, aber diese sind nicht unitär ähnlich (siehe z.B. Übung 7).

Die Zerlegung nach dem Satz von Schur kann wie folgt verbessert werden (für den Beweis siehe z.B. [Str80], [God66]).

Eigenschaft 1.6 (Jordansche Normalform) *Sei* A *eine beliebige quadratische Matrix. Dann gibt es eine nichtsinguläre Matrix* X*, die* A *auf eine Blockdiagonalmatrix* J *transformiert, so dass*

$$X^{-1}AX = J = \mathrm{diag}\left(J_{k_1}(\lambda_1), J_{k_2}(\lambda_2), \ldots, J_{k_l}(\lambda_l)\right).$$

J *heißt Jordansche Normalform von* A, λ_j *sind die Eigenwerte von* A *und* $J_k(\lambda) \in \mathbb{C}^{k \times k}$ *ist ein Jordanblock der Form* $J_1(\lambda) = \lambda$ *für* $k = 1$ *und*

$$J_k(\lambda) = \begin{bmatrix} \lambda & 1 & 0 & \ldots & 0 \\ 0 & \lambda & 1 & \cdots & \vdots \\ \vdots & \ddots & \ddots & 1 & 0 \\ \vdots & & \ddots & \lambda & 1 \\ 0 & \ldots & \ldots & 0 & \lambda \end{bmatrix} \qquad \textit{für } k > 1.$$

Ist ein Eigenwert defektiv, so ist die Größe des entsprechenden Jordanblockes größer als Eins. Die Jordansche Normalform sagt uns deshalb, dass eine Matrix genau dann durch eine Ähnlichkeitstransformation diagonalisierbar ist, wenn sie nicht defektiv ist. Aus diesem Grunde werden die nicht defektiven Matrizen *diagonalisierbar* genannt. Insbesondere sind normale Matrizen diagonalisierbar.
Durch Zerlegung von X in Spalten, $X = (\mathbf{x}_1, \ldots, \mathbf{x}_n)$, sieht man, dass die k_i Vektoren, die mit dem Jordanblock $J_{k_i}(\lambda_i)$ verbunden sind, der folgenden Rekursionsbeziehung genügen

$$\begin{aligned} A\mathbf{x}_l &= \lambda_i \mathbf{x}_l, & l &= \sum_{j=1}^{i-1} m_j + 1, \\ A\mathbf{x}_j &= \lambda_i \mathbf{x}_j + \mathbf{x}_{j-1}, & j &= l+1, \ldots, l-1+k_i, \text{ wenn } k_i \neq 1. \end{aligned} \tag{1.8}$$

Die Vektoren $\mathbf{x}_i$ heißen *Hauptvektoren* oder *verallgemeinerte Eigenvektoren* von A.

Beispiel 1.6 Wir betrachten die folgende Matrix

$$\mathrm{A} = \begin{bmatrix} 7/4 & 3/4 & -1/4 & -1/4 & -1/4 & 1/4 \\ 0 & 2 & 0 & 0 & 0 & 0 \\ -1/2 & -1/2 & 5/2 & 1/2 & -1/2 & 1/2 \\ -1/2 & -1/2 & -1/2 & 5/2 & 1/2 & 1/2 \\ -1/4 & -1/4 & -1/4 & -1/4 & 11/4 & 1/4 \\ -3/2 & -1/2 & -1/2 & 1/2 & 1/2 & 7/2 \end{bmatrix}.$$

Die Jordansche Normalform von A und die zu ihr gehörende Matrix X sind durch

$$\mathrm{J} = \begin{bmatrix} 2 & 1 & 0 & 0 & 0 & 0 \\ 0 & 2 & 0 & 0 & 0 & 0 \\ 0 & 0 & 3 & 1 & 0 & 0 \\ 0 & 0 & 0 & 3 & 1 & 0 \\ 0 & 0 & 0 & 0 & 3 & 0 \\ 0 & 0 & 0 & 0 & 0 & 2 \end{bmatrix}, \quad \mathrm{X} = \begin{bmatrix} 1 & 0 & 0 & 0 & 0 & 1 \\ 0 & 1 & 0 & 0 & 0 & 1 \\ 0 & 0 & 1 & 0 & 0 & 1 \\ 0 & 0 & 0 & 1 & 0 & 1 \\ 0 & 0 & 0 & 0 & 1 & 1 \\ 1 & 1 & 1 & 1 & 1 & 1 \end{bmatrix}$$

gegeben. Beachte, dass zwei verschiedene Jordanblöcke sich auf den gleichen Eigenwert ($\lambda = 2$) beziehen. Es ist einfach, die Eigenschaft (1.8) nachzuweisen. Betrachten wir zum Beispiel den Jordanblock zum Eigenwert $\lambda_2 = 3$, so haben wir

$$\begin{aligned} \mathrm{A}\mathbf{x}_3 &= [0\;0\;3\;0\;0\;3]^T = 3\,[0\;0\;1\;0\;0\;1]^T = \lambda_2\mathbf{x}_3, \\ \mathrm{A}\mathbf{x}_4 &= [0\;0\;1\;3\;0\;4]^T = 3\,[0\;0\;0\;1\;0\;1]^T + [0\;0\;1\;0\;0\;1]^T = \lambda_2\mathbf{x}_4 + \mathbf{x}_3, \\ \mathrm{A}\mathbf{x}_5 &= [0\;0\;0\;1\;3\;4]^T = 3\,[0\;0\;0\;0\;1\;1]^T + [0\;0\;0\;1\;0\;1]^T = \lambda_2\mathbf{x}_5 + \mathbf{x}_4. \end{aligned}$$

•

1.9 Die Singulärwertzerlegung (SVD)

Jede Matrix kann durch geeignete Links- bzw. Rechtsmultiplikation mit unitären Matrizen auf Diagonalform transformiert werden. Genauer gilt das folgende Resultat.

Eigenschaft 1.7 *Sei* $\mathrm{A} \in \mathbb{C}^{m\times n}$. *Es gibt zwei unitäre Matrizen* $\mathrm{U} \in \mathbb{C}^{m\times m}$ *und* $\mathrm{V} \in \mathbb{C}^{n\times n}$, *so dass*

$$\mathrm{U}^H\mathrm{A}\mathrm{V} = \Sigma = \mathrm{diag}(\sigma_1, \ldots, \sigma_p) \in \mathbb{R}^{m\times n} \qquad \textit{mit } p = \min(m,n) \qquad (1.9)$$

und $\sigma_1 \geq \ldots \geq \sigma_p \geq 0$ *gelten. Die Formel* (1.9) *heißt Singulärwertzerlegung oder SVD (engl. singular value decomposition) von* A *und die Zahlen* σ_i *(oder* $\sigma_i(\mathrm{A})$*) heißen Singulärwerte von* A.

Ist A eine reellwertige Matrix, so sind U und V ebenfalls reellwertig und in (1.9) darf U^T anstelle von U^H geschrieben werden. Es gilt die folgende Charakterisierung der Singulärwerte:

$$\sigma_i(A) = \sqrt{\lambda_i(A^H A)}, \quad i = 1, \ldots, p. \tag{1.10}$$

Tatsächlich folgt aus (1.9) $A = U\Sigma V^H$ und $A^H = V\Sigma^H U^H$, so dass mit U und V unitär $A^H A = V\Sigma^H \Sigma V^H$ folgt, d.h. $\lambda_i(A^H A) = \lambda_i(\Sigma^H \Sigma) = (\sigma_i(A))^2$ gilt. Da AA^H und $A^H A$ hermitische Matrizen sind, werden die Spalten von U, welche auch die *Linkssingulärvektoren* von A genannt werden, die Eigenvektoren von AA^H (siehe Abschnitt 1.8). Sie sind daher nicht eindeutig definiert. Das gleiche gilt für die Spalten von V, die die *Rechtssingulärvektoren* von A sind.

Die Beziehung (1.10) beinhaltet, dass für eine hermitische Matrix $A \in \mathbb{C}^{n\times n}$ mit den Eigenwerten $\lambda_1, \lambda_2, \ldots, \lambda_n$ die Singulärwerte von A mit dem Beträgen der Eigenwerte von A übereinstimmen. Tatsächlich gilt wegen $AA^H = A^2$ die Beziehung $\sigma_i = \sqrt{\lambda_i^2} = |\lambda_i|$ für $i = 1, \ldots, n$. Was den Rang anbetrifft, sind für

$$\sigma_1 \geq \ldots \geq \sigma_r > \sigma_{r+1} = \ldots = \sigma_p = 0,$$

der Rang von A gleich r, der Kern von A der von den Spaltenvektoren $\{\mathbf{v}_{r+1}, \ldots, \mathbf{v}_n\}$ von V aufgespannte Teilraum und der Wertebereich von A der von den Spaltenvektoren $\{\mathbf{u}_1, \ldots, \mathbf{u}_r\}$ von U aufgespannte Teilraum.

Definition 1.15 Angenommen, dass $A \in \mathbb{C}^{m\times n}$ den Rang r hat und dass A eine Singulärwertzerlegung vom Typ $U^H AV = \Sigma$ besitzt. Die Matrix $A^\dagger = V\Sigma^\dagger U^H$ heißt die *Moore-Penrose-Pseudoinverse*, wobei

$$\Sigma^\dagger = \text{diag}\left(\frac{1}{\sigma_1}, \ldots, \frac{1}{\sigma_r}, 0, \ldots, 0\right). \tag{1.11}$$

■

Die Matrix $A^\dagger$ wird auch *verallgemeinerte Inverse* von A genannt (siehe Übung 13). In der Tat, ist $\text{rank}(A) = n < m$, so gilt $A^\dagger = (A^T A)^{-1} A^T$, während für $n = m = \text{rank}(A)$ die Beziehung $A^\dagger = A^{-1}$ folgt. Für weitere Eigenschaften von $A^\dagger$ siehe auch Übung 12.

1.10 Skalarprodukte und Normen in Vektorräumen

Häufig muss man zur Quantifizierung von Fehlern oder Abstandmaßen die Größe eines Vektors oder einer Matrix bestimmen. Zu diesem Zweck führen wir in diesem Abschnitt das Konzept der Norm eines Vektors und, im folgenden Abschnitt, das der Norm einer Matrix ein. Wir verweisen den Leser auf [Ste73], [SS90] und [Axe94] für die Beweise der später angegebenen Eigenschaften.

Definition 1.16 Ein *Skalarprodukt* auf einem Vektorraum V, der über K definiert ist, ist eine Abbildung $(\cdot,\cdot)$ von $V \times V$ in K, die die folgenden Eigenschaften hat:

1. sie ist linear in Bezug auf die Vektoren von V, d.h.

$$(\gamma\mathbf{x} + \lambda\mathbf{z}, \mathbf{y}) = \gamma(\mathbf{x}, \mathbf{y}) + \lambda(\mathbf{z}, \mathbf{y}), \ \forall \mathbf{x}, \mathbf{y}, \mathbf{z} \in V, \ \forall \gamma, \lambda \in K;$$

2. sie ist *hermitisch*, d.h. $(\mathbf{y}, \mathbf{x}) = \overline{(\mathbf{x}, \mathbf{y})}, \ \forall \mathbf{x}, \mathbf{y} \in V$;

3. sie ist *positiv definit*, d.h. $(\mathbf{x}, \mathbf{x}) > 0, \ \forall \mathbf{x} \neq \mathbf{0}$ (mit anderen Worten, $(\mathbf{x}, \mathbf{x}) \geq 0$, und $(\mathbf{x}, \mathbf{x}) = 0$ genau dann wenn $\mathbf{x} = \mathbf{0}$).

■

Im Fall $V = \mathbb{C}^n$ (oder $\mathbb{R}^n$) ist ein Beispiel durch das klassische Euklidische Skalarprodukt gegeben, das durch

$$(\mathbf{x}, \mathbf{y}) = \mathbf{y}^H \mathbf{x} = \sum_{i=1}^{n} x_i \bar{y}_i,$$

wobei $\bar{z}$ die zu z komplex konjugierte Zahl bezeichnet, definiert ist.

Darüber hinaus gilt für jede quadratische Matrix A der Ordnung n und für jedes Paar $\mathbf{x}$, $\mathbf{y} \in \mathbb{C}^n$ die folgende Beziehung

$$(\mathrm{A}\mathbf{x}, \mathbf{y}) = (\mathbf{x}, \mathrm{A}^H \mathbf{y}). \tag{1.12}$$

Da für jede Matrix $\mathrm{Q} \in \mathbb{C}^{n \times n}$ die Beziehung $(\mathrm{Q}\mathbf{x}, \mathrm{Q}\mathbf{y}) = (\mathbf{x}, \mathrm{Q}^H \mathrm{Q}\mathbf{y})$ gilt, erhält man

Eigenschaft 1.8 *Unitäre Matrizen bewahren das Euklidische Skalarprodukt, d.h. es gilt* $(\mathrm{Q}\mathbf{x}, \mathrm{Q}\mathbf{y}) = (\mathbf{x}, \mathbf{y})$ *für jede unitäre Matrix* Q *und für jedes Paar von Vektoren* $\mathbf{x}$ *und* $\mathbf{y}$.

Definition 1.17 Sei V ein Vektorraum über K. Wir sagen, dass die Abbildung $\|\cdot\|$ von V in $\mathbb{R}$ eine *Norm* auf V ist, wenn die folgenden Axiome erfüllt sind:

1. (i) $\|\mathbf{v}\| \geq 0 \ \forall \mathbf{v} \in V$ und (ii) $\|\mathbf{v}\| = 0$ genau dann, wenn $\mathbf{v} = \mathbf{0}$;

2. $\|\alpha\mathbf{v}\| = |\alpha|\|\mathbf{v}\| \ \ \forall \alpha \in K, \forall \mathbf{v} \in V$ (Homogenität);

3. $\|\mathbf{v}+\mathbf{w}\| \leq \|\mathbf{v}\| + \|\mathbf{w}\| \quad \forall \mathbf{v}, \mathbf{w} \in V$ (Dreiecksungleichung),

wobei $|\alpha|$ im Fall $K = \mathbb{R}$ den absoluten Betrag von α beziehungsweise im Fall $K = \mathbb{C}$ den Betrag von α bezeichnet. ■

Das Paar $(V, \|\cdot\|)$ heißt ein *normierter Raum*. Wir werden verschiedene Normen durch geeignete untere Indizes am Rande des doppelten senkrechten Strichsymbols kennzeichnen. Im Fall, dass die Abbildung $|\cdot|$ von V in $\mathbb{R}$ nur den Eigenschaften $1(i)$, 2 und 3 genügt, nennen wir die Abbildung eine *Halbnorm*. Schließlich nennen wir jeden Vektor in V, dessen Norm gleich Eins ist, *Einheitsvektor*.
Ein Beispiel eines normierten Raumes ist der $\mathbb{R}^n$, z.B. mit der *p-Norm* (oder *Hölder-Norm*) versehen; diese ist für einen Vektor $\mathbf{x}$ mit den Komponenten $\{x_i\}$ durch

$$\|\mathbf{x}\|_p = \left(\sum_{i=1}^{n} |x_i|^p\right)^{1/p}, \qquad \text{für } 1 \leq p < \infty \tag{1.13}$$

definiert. Wir bemerken, dass der Grenzwert für p gegen Unendlich von $\|\mathbf{x}\|_p$ existiert, endlich und gleich dem Maximum der Beträge der Komponenten von $\mathbf{x}$ ist. Solch ein Grenzwert definiert wiederum eine Norm, die *Maximumnorm* genannt wird und durch

$$\|\mathbf{x}\|_\infty = \max_{1 \leq i \leq n} |x_i|$$

gegeben ist. Für $p = 2$ ergibt sich aus (1.13) die Standarddefinition der *Euklidischen Norm*

$$\|\mathbf{x}\|_2 = (\mathbf{x}, \mathbf{x})^{1/2} = \left(\sum_{i=1}^{n} |x_i|^2\right)^{1/2} = \left(\mathbf{x}^T\mathbf{x}\right)^{1/2},$$

für die die folgende Eigenschaft gilt.

Eigenschaft 1.9 (Cauchy-Schwarzsche Ungleichung) *Für jedes Paar* $\mathbf{x}, \mathbf{y} \in \mathbb{R}^n$ *gilt*

$$|(\mathbf{x}, \mathbf{y})| = |\mathbf{x}^T\mathbf{y}| \leq \|\mathbf{x}\|_2 \, \|\mathbf{y}\|_2, \tag{1.14}$$

wobei die Gleichheit genau im Fall $\mathbf{y} = \alpha\mathbf{x}$ *für gewisses* $\alpha \in \mathbb{R}$ *gilt.*

Wir erinnern, dass das Skalarprodukt in $\mathbb{R}^n$ auf die p-Normen, die in (1.13) über $\mathbb{R}^n$ eingeführt wurden, mittels der *Hölderschen Ungleichung*

$$|(\mathbf{x}, \mathbf{y})| \leq \|\mathbf{x}\|_p \|\mathbf{y}\|_q, \quad \text{mit } \frac{1}{p} + \frac{1}{q} = 1$$

bezogen werden kann. Falls V ein endlich-dimensionaler Raum ist, gilt die folgende Eigenschaft (für eine Beweisskizze, siehe Übungsaufgabe 14).

Eigenschaft 1.10 *Jede auf V definierte Vektornorm $\|\cdot\|$ ist eine stetige Funktion ihres Argumentes, denn $\forall\varepsilon > 0$, $\exists C > 0$, so dass aus $\|\mathbf{x}-\widehat{\mathbf{x}}\| \leq \varepsilon$ für alle $\mathbf{x}$, $\widehat{\mathbf{x}} \in V$ die Beziehung $|\ \|\mathbf{x}\| - \|\widehat{\mathbf{x}}\|\ | \leq C\varepsilon$ folgt.*

Neue Normen können leicht durch das folgende Resultat gebildet werden.

Eigenschaft 1.11 *Seien $\|\cdot\|$ eine Norm auf $\mathbb{R}^n$ und $\mathrm{A} \in \mathbb{R}^{n\times n}$ eine Matrix mit n linear unabhängigen Spalten. Dann ist die Funktion $\|\cdot\|_{\mathrm{A}^2}$, die von $\mathbb{R}^n$ in $\mathbb{R}$ abbildet und durch*

$$\|\mathbf{x}\|_{\mathrm{A}^2} = \|\mathrm{A}\mathbf{x}\| \qquad \forall\mathbf{x} \in \mathbb{R}^n$$

definiert ist, eine Norm auf $\mathbb{R}^n$.

Zwei Vektoren $\mathbf{x}$, $\mathbf{y}$ in V heißen *orthogonal*, wenn $(\mathbf{x},\mathbf{y}) = 0$ gilt. Diese Aussage hat eine unmittelbare geometrische Interpretation im Fall $V = \mathbb{R}^2$, da dann

$$(\mathbf{x},\mathbf{y}) = \|\mathbf{x}\|_2\|\mathbf{y}\|_2 \cos(\vartheta)$$

gilt, wobei ϑ der Winkel zwischen den Vektoren $\mathbf{x}$ und $\mathbf{y}$ ist. Gilt folglich $(\mathbf{x},\mathbf{y}) = 0$, so ist ϑ ein rechter Winkel und beide Vektoren sind im geometrischen Sinne orthogonal.

Definition 1.18 Zwei Normen $\|\cdot\|_p$ und $\|\cdot\|_q$ heißen auf V *äquivalent*, wenn zwei positive Konstanten c_{pq} und C_{pq} existieren, so dass

$$c_{pq}\|\mathbf{x}\|_q \leq \|\mathbf{x}\|_p \leq C_{pq}\|\mathbf{x}\|_q \quad \forall\mathbf{x} \in V$$

gilt. ■

In einem endlich-dimensionalen Raum sind alle Normen äquivalent. Insbesondere kann im Fall $V = \mathbb{R}^n$ gezeigt werden, dass für die p-Normen, mit $p = 1, 2$, und ∞, die Konstanten c_{pq} und C_{pq} die in Tabelle 1.1 angegebenen Werte annehmen.

Tabelle 1.1. Äquivalenzkonstantem für die Hauptnormen des $\mathbb{R}^n$

c_{pq}	$q=1$	$q=2$	$q=\infty$
$p=1$	1	1	1
$p=2$	$n^{-1/2}$	1	1
$p=\infty$	n^{-1}	$n^{-1/2}$	1

C_{pq}	$q=1$	$q=2$	$q=\infty$
$p=1$	1	$n^{1/2}$	n
$p=2$	1	1	$n^{1/2}$
$p=\infty$	1	1	1

In diesem Buch werden wir es häufig mit Folgen von Vektoren und ihrer *Konvergenz* zu tun haben. Zu diesem Zweck erinnern wir daran, dass eine Folge von Vektoren $\{\mathbf{x}^{(k)}\}$ in einem Vektorraum V endlicher Dimension

n gegen einen Vektor $\mathbf{x}$ konvergiert, und dass wir dafür $\lim_{k\to\infty} \mathbf{x}^{(k)} = \mathbf{x}$ schreiben, wenn

$$\lim_{k\to\infty} x_i^{(k)} = x_i, \quad i = 1, \ldots, n \tag{1.15}$$

gilt, wobei $x_i^{(k)}$ und x_i die Komponenten der entsprechenden Vektoren in Bezug auf eine Basis von V sind. Ist $V = \mathbb{R}^n$, so impliziert (1.15) aufgrund der Eindeutigkeit des Grenzwertes einer Folge reeller Zahlen auch die Eindeutigkeit des Grenzwertes einer Folge von Vektoren, sofern er existiert. Wir bemerken weiter, dass in einem endlich-dimensionalen Raum alle Normen topologisch äquivalent im Sinne der Konvergenz sind, und zwar gilt für eine gegebene Folge von Vektoren $\mathbf{x}^{(k)}$,

$$|||\mathbf{x}^{(k)}||| \to 0 \;\Leftrightarrow\; \|\mathbf{x}^{(k)}\| \to 0 \text{ wenn } k \to \infty,$$

wobei $|||\cdot|||$ und $\|\cdot\|$ zwei beliebige Vektornormen sind. Somit können wir folgenden Zusammenhang zwischen Normen und Grenzwerten herstellen.

Eigenschaft 1.12 *Sei $\|\cdot\|$ eine Norm in einem endlich-dimensionalen Raum V. Dann gilt*

$$\lim_{k\to\infty} \mathbf{x}^{(k)} = \mathbf{x} \quad \Leftrightarrow \quad \lim_{k\to\infty} \|\mathbf{x} - \mathbf{x}^{(k)}\| = 0,$$

wobei $\mathbf{x} \in V$ und $\{\mathbf{x}^{(k)}\}$ eine Folge von Elementen aus V sind.

1.11 Matrixnormen

Definition 1.19 Eine *Matrixnorm* ist eine Abbildung $\|\cdot\| : \mathbb{R}^{m\times n} \to \mathbb{R}$, so dass

1. $\|\mathrm{A}\| \geq 0 \; \forall \mathrm{A} \in \mathbb{R}^{m\times n}$ und $\|\mathrm{A}\| = 0$ genau dann, wenn $\mathrm{A} = 0$;

2. $\|\alpha \mathrm{A}\| = |\alpha| \|\mathrm{A}\| \quad \forall \alpha \in \mathbb{R}, \forall \mathrm{A} \in \mathbb{R}^{m\times n}$ (Homogenität);

3. $\|\mathrm{A} + \mathrm{B}\| \leq \|\mathrm{A}\| + \|\mathrm{B}\| \quad \forall \mathrm{A}, \mathrm{B} \in \mathbb{R}^{m\times n}$ (Dreiecksungleichung)

gelten. ■

Wir werden das gleiche Symbol $\|\cdot\|$ zur Bezeichnung von Matrix- und Vektornormen verwenden, wenn nichts Anderes spezifiziert wurde.

Wir können die Matrixnormen besser durch Einführung der Begriffe einer verträglichen Norm und der durch eine Vektornorm induzierten Norm charakterisieren.

Definition 1.20 Wir sagen, dass eine Matrixnorm $\|\cdot\|$ *verträglich* oder *konsistent* mit einer Vektornorm $\|\cdot\|$ ist, wenn

$$\|A\mathbf{x}\| \leq \|A\| \, \|\mathbf{x}\|, \qquad \forall \mathbf{x} \in \mathbb{R}^n. \tag{1.16}$$

Allgemeiner sagen wir, dass drei gegebene Normen, die alle, obgleich auf $\mathbb{R}^m$, $\mathbb{R}^n$ bzw. $\mathbb{R}^{m\times n}$ definiert, durch $\|\cdot\|$ bezeichnet seien, konsistent sind, wenn $\forall \mathbf{x} \in \mathbb{R}^n$, $A\mathbf{x} = \mathbf{y} \in \mathbb{R}^m$, $A \in \mathbb{R}^{m\times n}$ wir die Ungleichung $\|\mathbf{y}\| \leq \|A\| \, \|\mathbf{x}\|$ haben. ∎

Um Matrixnormen von praktischem Interesse auszuwählen, wird im allgemeinen die folgende Eigenschaft gefordert:

Definition 1.21 Wir sagen, dass eine Matrixnorm $\|\cdot\|$ *submultiplikativ* ist, wenn $\forall A \in \mathbb{R}^{n\times m}$, $\forall B \in \mathbb{R}^{m\times q}$

$$\|AB\| \leq \|A\| \, \|B\| \tag{1.17}$$

gilt. ∎

Diese Eigenschaft gilt nicht für jede Matrixnorm. Zum Beispiel (das [GL89] entnommen ist) genügt die Norm $\|A\|_\Delta = \max|a_{ij}|$ für $i = 1, \ldots, n$, $j = 1, \ldots, m$ nicht (1.17), denn für die Matrizen

$$A = B = \begin{bmatrix} 1 & 1 \\ 1 & 1 \end{bmatrix}$$

gilt $2 = \|AB\|_\Delta > \|A\|_\Delta \|B\|_\Delta = 1$.
Beachte, dass zu einer gegebenen submultiplikativen Matrixnorm $\|\cdot\|_\alpha$ immer eine konsistente Vektornorm existiert. Zum Beipiel genügt es, zu einem beliebig fest vorgegebenen Vektor $\mathbf{y} \neq \mathbf{0}$ in $\mathbb{C}^n$ die konsistente Vektornorm durch

$$\|\mathbf{x}\| = \|\mathbf{x}\mathbf{y}^H\|_\alpha \qquad \mathbf{x} \in \mathbb{C}^n.$$

zu definieren. Folglich ist es im Fall submultiplikativer Matrixnormen nicht länger notwendig, explizit die Vektornorm, bezüglich derer die Matrixnorm konsistent ist, zu spezifizieren.

Beispiel 1.7 Die Norm

$$\|A\|_F = \sqrt{\sum_{i,j=1}^{n} |a_{ij}|^2} = \mathrm{tr}(AA^H) \tag{1.18}$$

ist eine Matrixnorm, die die *Frobeniusnorm* (oder *Euklidische Norm* in $\mathbb{C}^{n^2}$) genannt wird und die mit der Euklidischen Vektornorm $\|\cdot\|_2$ verträglich ist. Tatsächlich gilt

$$\|A\mathbf{x}\|_2^2 = \sum_{i=1}^{n} \left| \sum_{j=1}^{n} a_{ij} x_j \right|^2 \leq \sum_{i=1}^{n} \left(\sum_{j=1}^{n} |a_{ij}|^2 \sum_{j=1}^{n} |x_j|^2 \right) = \|A\|_F^2 \|\mathbf{x}\|_2^2.$$

Beachte, dass für diese Norm $\|I_n\|_F = \sqrt{n}$ gilt. •

Im Hinblick auf die Definition einer natürlichen Norm erinnern wir an das folgende Theorem.

Theorem 1.1 *Sei* $\|\cdot\|$ *eine Vektornorm. Die Abbildung*

$$\mathrm{A} \mapsto \|\mathrm{A}\| = \sup_{\mathbf{x}\neq\mathbf{0}} \frac{\|\mathrm{A}\mathbf{x}\|}{\|\mathbf{x}\|} \tag{1.19}$$

ist eine Matrixnorm, die induzierte oder natürliche Matrixnorm genannt wird.

Beweis. Wir vermerken zunächst, dass (1.19) äquivalent zu

$$\|\mathrm{A}\| = \sup_{\|\mathbf{x}\|=1} \|\mathrm{A}\mathbf{x}\|. \tag{1.20}$$

ist. Man kann nämlich für jedes $\mathbf{x} \neq \mathbf{0}$ den Einheitsvektor $\mathbf{u} = \mathbf{x}/\|\mathbf{x}\|$ definieren, so dass (1.19) übergeht in

$$\|\mathrm{A}\| = \sup_{\|\mathbf{u}\|=1} \|\mathrm{A}\mathbf{u}\| = \|\mathrm{A}\mathbf{w}\| \qquad \text{mit } \|\mathbf{w}\| = 1.$$

Davon ausgehend wollen wir überprüfen, dass (1.19) (oder äquivalent (1.20)) tatsächlich eine Norm ist, wobei wir direkt die Definition 1.19 verwenden.

1. Wenn $\|\mathrm{A}\mathbf{x}\| \geq 0$, dann folgt $\|\mathrm{A}\| = \sup_{\|\mathbf{x}\|=1} \|\mathrm{A}\mathbf{x}\| \geq 0$. Darüber hinaus gilt

$$\|\mathrm{A}\| = \sup_{\mathbf{x}\neq\mathbf{0}} \frac{\|\mathrm{A}\mathbf{x}\|}{\|\mathbf{x}\|} = 0 \Leftrightarrow \|\mathrm{A}\mathbf{x}\| = 0 \ \forall \mathbf{x} \neq \mathbf{0}$$

   und $\mathrm{A}\mathbf{x} = \mathbf{0}\ \forall \mathbf{x} \neq \mathbf{0}$ genau dann, wenn A=0; deshalb gilt $\|\mathrm{A}\| = 0 \Leftrightarrow \mathrm{A} = 0$.

2. Für gegebenen Skalar α gilt

$$\|\alpha\mathrm{A}\| = \sup_{\|\mathbf{x}\|=1} \|\alpha\mathrm{A}\mathbf{x}\| = |\alpha| \sup_{\|\mathbf{x}\|=1} \|\mathrm{A}\mathbf{x}\| = |\alpha|\ \|\mathrm{A}\|.$$

3. Schließlich gilt die Dreiecksungleichung. Aus der Definition des Supremum folgt für $\mathbf{x} \neq \mathbf{0}$

$$\frac{\|\mathrm{A}\mathbf{x}\|}{\|\mathbf{x}\|} \leq \|\mathrm{A}\| \quad \Rightarrow \quad \|\mathrm{A}\mathbf{x}\| \leq \|\mathrm{A}\|\|\mathbf{x}\|,$$

   so dass man für alle $\mathbf{x}$ mit $\|\mathbf{x}\| = 1$

$$\|(\mathrm{A}+\mathrm{B})\mathbf{x}\| \leq \|\mathrm{A}\mathbf{x}\| + \|\mathrm{B}\mathbf{x}\| \leq \|\mathrm{A}\| + \|\mathrm{B}\|$$

   erhält, woraus $\|\mathrm{A}+\mathrm{B}\| = \sup_{\|\mathbf{x}\|=1} \|(\mathrm{A}+\mathrm{B})\mathbf{x}\| \leq \|\mathrm{A}\| + \|\mathrm{B}\|$ folgt.

◇

Relevante Beispiele induzierter Matrixnormen sind die sogenannten *p-Normen*, die durch

$$\|A\|_p = \sup_{\mathbf{x}\neq\mathbf{0}} \frac{\|A\mathbf{x}\|_p}{\|\mathbf{x}\|_p}$$

definiert sind. Die 1-Norm und die Maximumnorm sind leicht berechenbar, denn es gilt

$$\|A\|_1 = \max_{j=1,\ldots,n} \sum_{i=1}^{m} |a_{ij}|, \quad \|A\|_\infty = \max_{i=1,\ldots,m} \sum_{j=1}^{n} |a_{ij}|.$$

Sie werden die *Spaltensummennorm* bzw. die *Zeilensummennorm* genannt.

Darüber hinaus haben wir $\|A\|_1 = \|A^T\|_\infty$ und, falls A eine selbstadjungierte oder reelle, symmetrische Matrix ist, gilt $\|A\|_1 = \|A\|_\infty$.

Eine besondere Diskussion verdient die *2-Norm* oder *Spektralnorm*, für die das folgende Theorem gilt.

Theorem 1.2 *Sei $\sigma_1(A)$ der größte Singulärwert von A. Dann gilt*

$$\|A\|_2 = \sqrt{\rho(A^H A)} = \sqrt{\rho(AA^H)} = \sigma_1(A). \tag{1.21}$$

Insbesondere gilt für hermitische (oder reelle und symmetrische) Matrizen

$$\|A\|_2 = \rho(A), \tag{1.22}$$

während für unitäre A die Beziehung $\|A\|_2 = 1$ gilt.

Beweis. Da $A^H A$ hermitisch ist, gibt es eine unitäre Matrix U, so dass

$$U^H A^H A U = \mathrm{diag}(\mu_1, \ldots, \mu_n),$$

wobei μ_i die (positiven) Eigenwerte von $A^H A$ sind. Sei $\mathbf{y} = U^H \mathbf{x}$, dann gilt

$$\begin{aligned} \|A\|_2 &= \sup_{\mathbf{x}\neq\mathbf{0}} \sqrt{\frac{(A^H A\mathbf{x}, \mathbf{x})}{(\mathbf{x}, \mathbf{x})}} = \sup_{\mathbf{y}\neq\mathbf{0}} \sqrt{\frac{(U^H A^H A U\mathbf{y}, \mathbf{y})}{(\mathbf{y}, \mathbf{y})}} \\ &= \sup_{\mathbf{y}\neq\mathbf{0}} \sqrt{\sum_{i=1}^{n} \mu_i |y_i|^2 \Big/ \sum_{i=1}^{n} |y_i|^2} = \sqrt{\max_{i=1,\ldots,n} |\mu_i|}, \end{aligned}$$

woraus, dank (1.10), die Beziehung (1.21) folgt.

Falls A hermitisch ist, können die gleichen Betrachtungen direkt auf A angewandt werden.

Schließlich gilt für unitäre Matrizen A

$$\|A\mathbf{x}\|_2^2 = (A\mathbf{x}, A\mathbf{x}) = (\mathbf{x}, A^H A\mathbf{x}) = \|\mathbf{x}\|_2^2,$$

so dass $\|A\|_2 = 1$. ◇

Folglich ist die Berechnung von $\|A\|_2$ viel aufwendiger als die von $\|A\|_\infty$ oder $\|A\|_1$. Wenn jedoch nur eine Abschätzung von $\|A\|_2$ erforderlich ist, können die folgenden Beziehungen erfolgreich im Fall quadratischer Matrizen verwendet werden

$$
\begin{aligned}
&\max_{i,j}|a_{ij}| \le \|A\|_2 \le n \max_{i,j}|a_{ij}|,\\
&\frac{1}{\sqrt{n}}\|A\|_\infty \le \|A\|_2 \le \sqrt{n}\|A\|_\infty,\\
&\frac{1}{\sqrt{n}}\|A\|_1 \le \|A\|_2 \le \sqrt{n}\|A\|_1,\\
&\|A\|_2 \le \sqrt{\|A\|_1\ \|A\|_\infty}.
\end{aligned}
$$

Für andere Abschätzungen ähnlichen Typs verweisen wir auf Übung 17. Ferner gilt für normale Matrizen A die Ungleichung $\|A\|_2 \le \|A\|_p$ für jedes n und alle $p \ge 2$.

Theorem 1.3 *Sei $|||\cdot|||$ eine Matrixnorm, die durch die Vektornorm $\|\cdot\|$ induziert wird. Dann gelten*

1. $\|A\mathbf{x}\| \le |||A|||\ \|\mathbf{x}\|$, *d.h., $|||\cdot|||$ ist eine mit $\|\cdot\|$ verträgliche Norm;*
2. $|||I||| = 1$;
3. $|||AB||| \le |||A|||\ |||B|||$, *d.h., $|||\cdot|||$ ist submultiplikativ.*

Beweis. Teil 1 des Theorems ist schon im Beweis des Theorems 1.1 enthalten, wohingegen Teil 2 aus dem Fakt folgt, dass $|||I||| = \sup_{\mathbf{x}\neq\mathbf{0}}\|I\mathbf{x}\|/\|\mathbf{x}\| = 1$ gilt. Teil 3 ist einfach zu überprüfen. ◇

Beachte, dass die p-Normen submultiplikativ sind. Darüber hinaus bemerken wir, dass uns die Submultiplikativität allein nur die Abschätzung $|||I||| \ge 1$ liefern würde. In der Tat gilt $|||I||| = |||I \cdot I||| \le |||I|||^2$.

1.11.1 Beziehung zwischen Matrixnormen und dem Spektralradius einer Matrix

Als nächstes erinnern wir an einige Ergebnisse, die den Spektralradius einer Matrix mit Matrixnormen verbinden und die vielfältig in Kapitel 4 verwendet werden.

Theorem 1.4 *Sei $\|\cdot\|$ eine konsistente Matrixnorm; dann gilt*

$$\rho(A) \le \|A\| \qquad \forall A \in \mathbb{C}^{n\times n}.$$

Beweis. Seien λ ein Eigenwert von A und $\mathbf{v} \neq \mathbf{0}$ ein dazugehöriger Eigenvektor. Da $\|\cdot\|$ konsistent ist, haben wir

$$|\lambda| \, \|\mathbf{v}\| = \|\lambda \mathbf{v}\| = \|\mathrm{A}\mathbf{v}\| \leq \|\mathrm{A}\| \, \|\mathbf{v}\|,$$

so dass $|\lambda| \leq \|\mathrm{A}\|$ folgt. ◇

Zusätzlich gilt die folgende Eigenschaft (für den Beweis siehe [IK66], S. 12, Theorem 3).

Eigenschaft 1.13 *Seien* $\mathrm{A} \in \mathbb{C}^{n\times n}$ *und* $\varepsilon > 0$. *Dann existiert eine induzierte Matrixnorm* $\|\cdot\|_{\mathrm{A},\varepsilon}$, *(die von* ε *abhängt,) so dass*

$$\|\mathrm{A}\|_{\mathrm{A},\varepsilon} \leq \rho(\mathrm{A}) + \varepsilon.$$

Folglich gibt es für eine feste, beliebig kleine Toleranz immer eine Matrixnorm, die beliebig dicht an den Spektralradius von A herankommt, es gilt nämlich

$$\rho(\mathrm{A}) = \inf_{\|\cdot\|} \|\mathrm{A}\|, \tag{1.23}$$

wobei das Infimum über die Menge aller konsistenten Normen genommen wird.

Der Klarheit wegen bemerken wir, dass der Spektralradius nur eine submultiplikative Halbnorm ist, denn es ist nicht wahr, dass $\rho(\mathrm{A}) = 0$ genau dann gilt, wenn $\mathrm{A} = 0$. Als ein Beispiel kann eine Dreiecksmatrix, deren Diagonalelemente gleich Null sind, dienen, die den Spektralradius Null besitzt. Darüber hinaus haben wir folgendes Resultat.

Eigenschaft 1.14 *Sei* A *eine quadratische Matrix und sei* $\|\cdot\|$ *eine konsistente Norm. Dann gilt*

$$\lim_{m\to\infty} \|\mathrm{A}^m\|^{1/m} = \rho(\mathrm{A}).$$

1.11.2 Folgen und Reihen von Matrizen

Eine Folge von Matrizen $\{\mathrm{A}^{(k)}\} \in \mathbb{R}^{n\times n}$ heißt gegen eine Matrix $\mathrm{A} \in \mathbb{R}^{n\times n}$ *konvergent*, wenn

$$\lim_{k\to\infty} \|\mathrm{A}^{(k)} - \mathrm{A}\| = 0$$

gilt. Die Wahl der Norm beeinflusst nicht das Konvergenzverhalten einer Folge, da im $\mathbb{R}^{n\times n}$ alle Normen äquivalent sind. Insbesondere ist man beim Studium der Konvergenz iterativer Methoden zur Lösung linearer Systeme (siehe Kapitel 4) an sogenannten *konvergenten Matrizen*, d.h. an Matrizen für die

$$\lim_{k\to\infty} \mathrm{A}^k = 0$$

mit der Nullmatrix 0 gilt, interessiert. Es gilt folgendes Theorem.

Theorem 1.5 *Sei* A *eine quadratische Matrix; dann gilt*

$$\lim_{k\to\infty} \mathrm{A}^k = 0 \Leftrightarrow \rho(\mathrm{A}) < 1. \tag{1.24}$$

Darüber hinaus ist die geometrische Reihe $\sum_{k=0}^{\infty} \mathrm{A}^k$ *genau dann konvergent, wenn* $\rho(\mathrm{A}) < 1$. *In diesem Fall gilt*

$$\sum_{k=0}^{\infty} \mathrm{A}^k = (\mathrm{I} - \mathrm{A})^{-1}. \tag{1.25}$$

Ist $\rho(\mathrm{A}) < 1$, *so ist die Matrix* I−A *invertierbar und es gelten die folgenden Ungleichungen*

$$\frac{1}{1 + \|\mathrm{A}\|} \leq \|(\mathrm{I} - \mathrm{A})^{-1}\| \leq \frac{1}{1 - \|\mathrm{A}\|}, \tag{1.26}$$

wobei $\|\cdot\|$ *eine induzierte Matrixnorm ist, so dass* $\|\mathrm{A}\| < 1$ *gilt.*

Beweis. Wir beweisen (1.24). Sei $\rho(\mathrm{A}) < 1$, dann $\exists\varepsilon > 0$, so dass $\rho(\mathrm{A}) < 1 - \varepsilon$ und folglich gibt es, dank Eigenschaft 1.13, eine konsistente Matrixnorm $\|\cdot\|$, so dass $\|\mathrm{A}\| \leq \rho(\mathrm{A}) + \varepsilon < 1$ gilt. Ausgehend von $\|\mathrm{A}^k\| \leq \|\mathrm{A}\|^k < 1$ und der Definition der Konvergenz ergibt sich, dass die Folge $\{\mathrm{A}^k\}$ für $k \to \infty$ gegen Null konvergiert. Umgekehrt, nehmen wir an, dass $\lim_{k\to\infty} \mathrm{A}^k = 0$ und dass λ einen Eigenwert von A bezeichne. Dann gilt $\mathrm{A}^k\mathbf{x} = \lambda^k\mathbf{x}$, wobei $\mathbf{x}(\neq\mathbf{0})$ ein Eigenvektor zum Eigenwert λ sei, so dass $\lim_{k\to\infty} \lambda^k = 0$. Folglich gilt $|\lambda| < 1$ und da dieses für jeden Eigenwert gilt, bekommt man wie gewünscht $\rho(\mathrm{A}) < 1$. Die Beziehung (1.25) kann erhalten werden, in dem man zunächst beachtet, dass die Eigenwerte von I−A durch $1 - \lambda(\mathrm{A})$ gegeben sind, wobei wieder $\lambda(\mathrm{A})$ ein allgemeiner Eigenwert von A ist. Andererseits folgern wir aus $\rho(\mathrm{A}) < 1$, dass I−A nichtsingulär ist. Aus der Identität

$$(\mathrm{I} - \mathrm{A})(\mathrm{I} + \mathrm{A} + \ldots + \mathrm{A}^n) = (\mathrm{I} - \mathrm{A}^{n+1})$$

folgt durch Grenzübergang n gegen Unendlich die Behauptung, denn

$$(\mathrm{I} - \mathrm{A})\sum_{k=0}^{\infty} \mathrm{A}^k = \mathrm{I}.$$

Schließlich gilt dank Theorem 1.3 die Gleichheit $\|\mathrm{I}\| = 1$, so dass

$$1 = \|\mathrm{I}\| \leq \|\mathrm{I} - \mathrm{A}\| \, \|(\mathrm{I} - \mathrm{A})^{-1}\| \leq (1 + \|\mathrm{A}\|) \, \|(\mathrm{I} - \mathrm{A})^{-1}\|,$$

was die erste Ungleichung in (1.26) beweist. Was den zweiten Teil betrifft, bekommen wir unter Beachtung von $\mathrm{I} = \mathrm{I} - \mathrm{A} + \mathrm{A}$ und Multiplikation beider Seiten von rechts mit $(\mathrm{I} - \mathrm{A})^{-1}$ die Beziehung $(\mathrm{I} - \mathrm{A})^{-1} = \mathrm{I} + \mathrm{A}(\mathrm{I} - \mathrm{A})^{-1}$. Durch Übergang zu den Normen erhalten wir

$$\|(\mathrm{I} - \mathrm{A})^{-1}\| \leq 1 + \|\mathrm{A}\| \, \|(\mathrm{I} - \mathrm{A})^{-1}\|,$$

und somit die zweite Ungleichung, da $\|\mathrm{A}\| < 1$ ist. ◇

Bemerkung 1.1 Die Annahme, dass eine induzierte Matrixnorm existiert, so dass $\|\mathrm{A}\| < 1$ ist, ist durch die Eigenschaft 1.13 gerechtfertigt, denn A ist konvergent und deshalb $\rho(\mathrm{A}) < 1$. ■

Beachte, dass (1.25) ein Algorithmus zur Approximation der Inversen einer Matrix durch eine abgebrochene Reihenentwicklung nahelegt.

1.12 Positiv definite, diagonaldominante und M-Matrizen

Definition 1.22 Eine Matrix $\mathrm{A} \in \mathbb{C}^{n\times n}$ heißt *positiv definit in* $\mathbb{C}^n$, wenn die Zahl $(\mathrm{A}\mathbf{x},\mathbf{x})$ reell und positiv ist $\forall \mathbf{x} \in \mathbb{C}^n$, $\mathbf{x} \neq \mathbf{0}$. Eine Matrix $\mathrm{A} \in \mathbb{R}^{n\times n}$ heißt *positiv definit in* $\mathbb{R}^n$, wenn $(\mathrm{A}\mathbf{x},\mathbf{x}) > 0$ $\forall \mathbf{x} \in \mathbb{R}^n$, $\mathbf{x} \neq \mathbf{0}$. Wenn die strenge Ungleichung durch die schwache Ungleichung ($\geq$) ersetzt wird, wird die Matrix *positiv semidefinit* genannt. ■

Beispiel 1.8 Matrizen, die positiv definit in $\mathbb{R}^n$ sind, sind nicht notwendig symmetrisch. Ein Beispiel wird durch Matrizen der Form

$$\mathrm{A} = \begin{bmatrix} 2 & \alpha \\ -2-\alpha & 2 \end{bmatrix} \tag{1.27}$$

für $\alpha \neq -1$ gegeben. Für jeden von Null verschiedenen Vektor $\mathbf{x} = (x_1, x_2)^T$ in $\mathbb{R}^2$ gilt tatsächlich

$$(\mathrm{A}\mathbf{x},\mathbf{x}) = 2(x_1^2 + x_2^2 - x_1 x_2) > 0.$$

Beachte, dass A *nicht* positiv definit in $\mathbb{C}^2$ ist. In der Tat finden wir, dass für einen beliebigen komplexen Vektor $\mathbf{x}$ die Zahl $(\mathrm{A}\mathbf{x},\mathbf{x})$ im allgemeinen nicht reell-wertig ist. •

Definition 1.23 Sei $\mathrm{A} \in \mathbb{R}^{n\times n}$. Die Matrizen

$$\mathrm{A}_S = \frac{1}{2}(\mathrm{A} + \mathrm{A}^T), \quad \mathrm{A}_{SS} = \frac{1}{2}(\mathrm{A} - \mathrm{A}^T)$$

werden der *symmetrische Teil* bzw. der *schiefsymmetrische Teil* von A genannt. Offensichtlich gilt $\mathrm{A} = \mathrm{A}_S + \mathrm{A}_{SS}$. Im Fall $\mathrm{A} \in \mathbb{C}^{n\times n}$ modifizieren sich die Definitionen wie folgt: $\mathrm{A}_S = \frac{1}{2}(\mathrm{A} + \mathrm{A}^H)$ und $\mathrm{A}_{SS} = \frac{1}{2}(\mathrm{A} - \mathrm{A}^H)$. ■

Es gilt die folgende Eigenschaft.

Eigenschaft 1.15 *Eine reelle Matrix* A *der Ordnung* n *ist genau dann positiv definit, wenn ihr symmetrischer Teil* A_S *positiv definit ist.*

Zum Beweis genügt es zu zeigen, dass wegen (1.12) und der Definition von A_{SS} die Beziehung $\mathbf{x}^T A_{SS}\mathbf{x} = 0 \ \forall \mathbf{x} \in \mathbb{R}^n$ gilt. Die Matrix in (1.27) hat beispielsweise einen positiv definiten symmetrischen Teil, denn es gilt

$$A_S = \frac{1}{2}(A + A^T) = \begin{bmatrix} 2 & -1 \\ -1 & 2 \end{bmatrix}.$$

Dieses Resultat gilt auch allgemeiner (für einen Beweis siehe [Axe94]).

Eigenschaft 1.16 *Sei* $A \in \mathbb{C}^{n\times n}$ *(bzw.* $A \in \mathbb{R}^{n\times n}$*); ist* $(A\mathbf{x}, \mathbf{x})$ *reell-wertig* $\forall \mathbf{x} \in \mathbb{C}^n$*, so ist* A *hermitisch (bzw. symmetrisch).*

Als unmittelbare Folgerung ergibt sich aus den obigen Resultaten, dass Matrizen, die positive definit in $\mathbb{C}^n$ sind, die folgende charakterisierende Eigenschaft erfüllen.

Eigenschaft 1.17 *Eine quadratische Matrix* A *der Ordnung* n *ist genau dann positiv definit in* $\mathbb{C}^n$*, wenn sie hermitisch ist und positive Eigenwerte hat. Folglich ist eine positiv definite Matrix nichtsingulär.*

Ergebnisse, die spezifischer als jene bislang vorgestellten sind, gelten im Fall positiv definiter reeller Matrizen in $\mathbb{R}^n$ nur, wenn die Matrix auch symmetrisch ist (dies ist der Grund, weshalb viele Lehrbücher nur den Fall symmetrischer positiv definiter Matrizen behandeln). Insbesondere gilt folgendes Resultat.

Eigenschaft 1.18 *Sei* $A \in \mathbb{R}^{n\times n}$ *symmetrisch. Dann ist* A *genau dann positiv definit, wenn eine der folgenden Eigenschaften erfüllt ist:*

1. $(A\mathbf{x}, \mathbf{x}) > 0 \ \forall \mathbf{x} \neq \mathbf{0}$ *mit* $\mathbf{x} \in \mathbb{R}^n$*;*

2. *die Eigenwerte der Hauptuntermatrizen von* A *sind alle positiv;*

3. *die Hauptminoren von* A *sind alle positiv (Sylvester-Kriterium);*

4. *es gibt eine nichtsinguläre Matrix* H*, so dass* $A = H^T H$.

Alle Diagonalelemente einer positiv definiten Matrix sind positiv. Ist $\mathbf{e}_i$ der i-te Vektor der kanonischen Basis des $\mathbb{R}^n$, so ist tatsächlich $\mathbf{e}_i^T A\mathbf{e}_i = a_{ii} > 0$.

Darüber hinaus kann gezeigt werden, dass, wenn A symmetrisch positiv definit ist, das Element mit dem größten Absolutbetrag ein Diagonalelement sein muss (diese letzten beiden Eigenschaften sind deshalb notwendige Bedingungen für die positive Definitheit einer Matrix).

Wir vermerken abschließend, dass für symmetrische positiv definite Matrizen A und für die einzige positiv definite Matrix $A^{1/2}$, die die Matrizengleichung $X^2 = A$ löst, die Abbildung

$$\mathbf{x} \mapsto \|\mathbf{x}\|_A = \|A^{1/2}\mathbf{x}\|_2 = (A\mathbf{x}, \mathbf{x})^{1/2} \qquad (1.28)$$

eine Vektornorm definiert, die *Energienorm* des Vektors $\mathbf{x}$ genannt wird. Auf die Energienorm ist das *energetische Skalarprodukt* bezogen, das durch $(\mathbf{x}, \mathbf{y})_{\mathrm{A}} = (\mathrm{A}\mathbf{x}, \mathbf{y})$ gegeben ist.

Definition 1.24 Eine Matrix A$\in \mathbb{R}^{n\times n}$ heißt *zeilendiagonaldominant*, wenn

$$|a_{ii}| \geq \sum_{j=1, j\neq i}^{n} |a_{ij}|, \text{ mit } i = 1, \dots, n,$$

bzw. *spaltendiagonaldominant*, wenn

$$|a_{ii}| \geq \sum_{j=1, j\neq i}^{n} |a_{ji}|, \text{ mit } i = 1, \dots, n.$$

Wenn die obigen Ungleichungen im strengen Sinne gelten, heißt A *streng zeilendiagonaldominant* bzw. *streng spaltendiagonaldominant.* ■

Eine streng diagonaldominante Matrix, die symmetrisch mit positiven Diagonalelementen ist, ist auch positiv definit.

Definition 1.25 Eine nichtsinguläre Matrix A $\in \mathbb{R}^{n\times n}$ ist eine *M-Matrix*, wenn $a_{ij} \leq 0$ für $i \neq j$ und wenn alle Elemente ihrer Inversen nichtnegativ sind. ■

M-Matrizen genügen dem sogenannten *diskretem Maximumprinzip*, d.h., wenn A eine M-Matrix und $\mathrm{A}\mathbf{x} \leq \mathbf{0}$ sind, dann folgt $\mathbf{x} \leq \mathbf{0}$ (wobei die Ungleichungen komponentenweise zu verstehen sind). In diesem Zusammenhang kann das folgende Resultat nützlich sein.

Eigenschaft 1.19 (M-Kriterium) *Möge eine Matrix* A *der Bedingung* $a_{ij} \leq 0$ *für* $i \neq j$ *genügen. Dann ist* A *genau dann eine M-Matrix, wenn ein Vektor* $\mathbf{w} > 0$ *existiert, so dass* $\mathrm{A}\mathbf{w} > 0$.

M-Matrizen sind zu streng diagonaldominanten Matrizen durch folgende Eigenschaft verwandt.

Eigenschaft 1.20 *Eine Matrix* A $\in \mathbb{R}^{n\times n}$, *die streng zeilendiagonaldominant ist und deren Elemente die Beziehungen* $a_{ij} \leq 0$ *für* $i \neq j$ *und* $a_{ii} > 0$ *erfüllen, ist eine M-Matrix.*

Für weitere Ergebnisse über M-Matrizen siehe z.B. [Axe94] und [Var62].

1.13 Übungen

1. Seien W_1 und W_2 zwei Teilräume von $\mathbb{R}^n$. Beweise, dass im Fall $V = W_1 \oplus W_2$ die Gleichung $\dim(V) = \dim(W_1) + \dim(W_2)$ gilt, während wir

im allgemeinen Fall nur

$$\dim(W_1 + W_2) = \dim(W_1) + \dim(W_2) - \dim(W_1 \cap W_2)$$

bekommen.
[*Hinweis* : Betrachte eine Basis für $W_1 \cap W_2$ und erweitere sie zuerst auf W_1, dann auf W_2, und verifiziere, dass die durch die Menge der erhaltenen Vektoren gebildete Basis eine Basis für die Summe der Räume ist.]

2. Zeige, dass die folgende Menge von Vektoren

$$\mathbf{v}_i = \left(x_1^{i-1}, x_2^{i-1}, \ldots, x_n^{i-1}\right), \quad i = 1, 2, \ldots, n,$$

eine Basis des Raumes $\mathbb{R}^n$ bildet, wobei $x_1, \ldots, x_n$ eine Menge von n verschiedenen Punkten aus $\mathbb{R}$ ist.

3. Zeige an einem Beispiel, dass das Produkt zweier symmetrischer Matrizen unsymmetrisch sein kann.

4. Sei B eine schiefsymmetrische Matrix, nämlich $\mathrm{B}^T = -\mathrm{B}$. Sei $\mathrm{A} = (\mathrm{I} + \mathrm{B})(\mathrm{I} - \mathrm{B})^{-1}$ und zeige, dass $\mathrm{A}^{-1} = \mathrm{A}^T$.

5. Eine Matrix $\mathrm{A} \in \mathbb{C}^{n \times n}$ heißt *schiefhermitisch*, wenn $\mathrm{A}^H = -\mathrm{A}$. Zeige, dass die Diagonalelemente von A rein imaginäre Zahlen sein müssen.

6. Seien A, B und A+B invertierbare Matrizen der Ordnung n. Zeige, dass auch $\mathrm{A}^{-1} + \mathrm{B}^{-1}$ nichtsingulär ist und dass

$$\left(\mathrm{A}^{-1} + \mathrm{B}^{-1}\right)^{-1} = \mathrm{A}\,(\mathrm{A} + \mathrm{B})^{-1}\,\mathrm{B} = \mathrm{B}\,(\mathrm{A} + \mathrm{B})^{-1}\,\mathrm{A}.$$

[*Lösung* : $\left(\mathrm{A}^{-1} + \mathrm{B}^{-1}\right)^{-1} = \mathrm{A}\left(\mathrm{I} + \mathrm{B}^{-1}\mathrm{A}\right)^{-1} = \mathrm{A}\,(\mathrm{B} + \mathrm{A})^{-1}\,\mathrm{B}$. Die zweite Gleichung wird ähnlich durch Ausklammern von B und A von links bzw. rechts bewiesen.]

7. Gegeben sei die nichtsymmetrische reelle Matrix

$$\mathrm{A} = \begin{bmatrix} 0 & 1 & 1 \\ 1 & 0 & -1 \\ -1 & -1 & 0 \end{bmatrix}.$$

Überprüfe, dass sie ähnlich zur Diagonalmatrix $\mathrm{D} = \mathrm{diag}(1, 0, -1)$ ist und finde ihre Eigenvektoren. Ist die Matrix normal?
[*Lösung* : die Matrix ist nicht normal.]

8. Sei A eine quadratische Matrix der Ordnung n. Überprüfe, dass, wenn $P(\mathrm{A}) = \sum_{k=0}^{n} c_k \mathrm{A}^k$ und $\lambda(\mathrm{A})$ die Eigenwerte von A sind, die Eigenwerte von $P(\mathrm{A})$ durch $\lambda(P(\mathrm{A})) = P(\lambda(\mathrm{A}))$ gegeben sind. Beweise insbesondere, dass $\rho(\mathrm{A}^2) = [\rho(\mathrm{A})]^2$.

9. Beweise, dass eine Matrix der Ordnung n, die n verschiedene Eigenwerte hat, nicht defektiv sein kann. Beweise darüber hinaus, dass eine normale Matrix nicht defektiv sein kann.

10. *Kommutativität des Matrixprodukts.* Zeige, dass für quadratische Matrizen A und B, die die gleiche Menge von Eigenvektoren besitzen, AB = BA gilt. Beweise durch ein Gegenbeipiel, dass die Umkehrung falsch ist.

11. Sei A eine normale Matrix, dessen Eigenwerte $\lambda_1, \ldots, \lambda_n$ sind. Zeige, dass die Singulärwerte von A $|\lambda_1|, \ldots, |\lambda_n|$ sind.
12. Sei $\mathrm{A} \in \mathbb{C}^{m\times n}$ mit $\mathrm{rank(A)} = n$. Zeige, dass $\mathrm{A}^\dagger = (\mathrm{A}^T\mathrm{A})^{-1}\mathrm{A}^T$ den folgenden Eigenschaften genügt

$$\mathrm{A}^\dagger\mathrm{A} = \mathrm{I}_n; \quad \mathrm{A}^\dagger\mathrm{A}\mathrm{A}^\dagger = \mathrm{A}^\dagger,\ \mathrm{A}\mathrm{A}^\dagger\mathrm{A} = \mathrm{A}; \quad \mathrm{A}^\dagger = \mathrm{A}^{-1}, \text{ wenn } m = n.$$

13. Zeige, dass die Moore-Penrose Inverse $\mathrm{A}^\dagger$ die einzige Matrix ist, die das Funktional

$$\min_{\mathrm{X}\in\mathbb{C}^{n\times m}} \|\mathrm{AX} - \mathrm{I}_m\|_\mathrm{F}$$

minimiert, wobei $\|\cdot\|_\mathrm{F}$ die Frobeniusnorm ist.
14. Beweise Eigenschaft 1.10.
[*Lösung* : Zeige für jedes $\mathbf{x}$, $\widehat{\mathbf{x}} \in V$, dass $|\ \|\mathbf{x}\| - \|\widehat{\mathbf{x}}\|\ | \leq \|\mathbf{x} - \widehat{\mathbf{x}}\|$ gilt. Unter der Annahme $\dim(V) = n$ zeige man durch Entwicklung des Vektors $\mathbf{w} = \mathbf{x} - \widehat{\mathbf{x}}$ bezüglich einer Basis von V, dass $\|\mathbf{w}\| \leq C\|\mathbf{w}\|_\infty$ gilt, woraus die Behauptung durch Auferlegung von $\|\mathbf{w}\|_\infty \leq \varepsilon$ in der ersten erhaltenen Ungleichung folgt.]
15. Beweise Eigenschaft 1.11 im Fall $\mathrm{A} \in \mathbb{R}^{n\times m}$ mit m linear unabhängigen Spalten.
[*Hinweis* : Zeige zuerst, dass $\|\cdot\|_\mathrm{A}$ alle Eigenschaften, die eine Norm charakterisieren, erfüllt: Positivität (A hat linear unabhängige Spalten, somit folgt aus $\mathbf{x} \neq \mathbf{0}$ die Beziehung $\mathrm{A}\mathbf{x} \neq \mathbf{0}$, die die Behauptung beweist), Homogenität und Dreiecksungleichung.]
16. Zeige, dass für eine rechteckige Matrix $\mathrm{A} \in \mathbb{R}^{m\times n}$

$$\|\mathrm{A}\|_\mathrm{F}^2 = \sigma_1^2 + \ldots + \sigma_p^2$$

gilt, wobei p das Minimum von m und n, σ_i die Singulärwerte von A und $\|\cdot\|_\mathrm{F}$ die Frobeniusnorm sind.
17. Angenommen, dass $p, q = 1, 2, \infty, F$ gilt. Bestätige die folgende Tabelle von Äquivalenzkonstanten c_{pq}, so dass $\forall \mathrm{A} \in \mathbb{R}^{n\times n}$, $\|\mathrm{A}\|_p \leq c_{pq}\|\mathrm{A}\|_q$ gilt.

c_{pq}	$q=1$	$q=2$	$q=\infty$	$q=F$
$p=1$	1	$\sqrt{n}$	n	$\sqrt{n}$
$p=2$	$\sqrt{n}$	1	$\sqrt{n}$	1
$p=\infty$	n	$\sqrt{n}$	1	$\sqrt{n}$
$p=F$	$\sqrt{n}$	$\sqrt{n}$	$\sqrt{n}$	1

18. Eine Matrixnorm, für die $\|\mathrm{A}\| = \|\ |\mathrm{A}|\ \|$ gilt, heißt *absolute Norm*, wobei wir durch $|\mathrm{A}|$ die Matrix der absoluten Elementbeträge von A bezeichnet haben. Beweise, dass $\|\cdot\|_1$, $\|\cdot\|_\infty$ und $\|\cdot\|_F$ absolute Normen sind, wohingegen $\|\cdot\|_2$ keine absolute Norm ist. Zeige, dass für letztere

$$\frac{1}{\sqrt{n}}\|\mathrm{A}\|_2 \leq \|\ |\mathrm{A}|\ \|_2 \leq \sqrt{n}\|\mathrm{A}\|_2$$

gilt.

2

Grundlagen der Numerischen Mathematik

Im ersten Teil des Kapitels werden die grundlegenden Begriffe der Konsistenz, der Stabilität und der Konvergenz einer numerischen Methode in einem sehr allgemeinen Zusammenhang eingeführt: sie liefern den allgemeinen Rahmen für jede künftig betrachtete Methode. Der zweite Teil des Kapitels beschäftigt sich mit der endlichen Darstellung reeller Zahlen auf dem Computer und der Analyse der Fehlerfortpflanzung bei Maschinenoperationen.

2.1 Korrektheit und Konditionszahl eines Problems

Betrachte das folgende Problem: Finde x, so dass

$$F(x,d) = 0 \tag{2.1}$$

gilt, wobei d die Menge der Daten, von denen die Lösung abhängt, und F der funktionale Zusammenhang zwischen x und d sind. Je nach Art des Problems (2.1) können die Variablen x und d reelle Zahlen, Vektoren oder Funktionen sein. Typischerweise nennt man (2.1) ein *direktes* Problem, wenn F und d gegeben sind und x die Unbekannte ist, ein *inverses* Problem, wenn F und x bekannt sind und d die Unbekannte ist, ein *Identifikationsproblem*, wenn x und d gegeben sind, während der funktionale Zusammenhang F unbekannt ist (das zuletzt genannte Problem wird in diesem Buch nicht betrachtet).

Das Problem (2.1) ist *korrekt gestellt*, wenn es eine *eindeutige* Lösung x besitzt, die *stetig von den Daten abhängt*. Wir werden die Ausdrücke *korrekt gestellt* und *stabil* in wechselseitigem Sinne verwenden und uns von nun an nur mit korrekt gestellten Problemen beschäftigen.

Ein Problem, das nicht der obigen Eigenschaft genügt, wird *schlecht gestellt* oder *instabil* genannt, und bevor seine numerische Lösung gefunden werden kann, muss es regularisiert werden, d.h., es muss in ein korrekt gestelltes Problem geeignet transformiert werden (siehe z.B. [Mor84]). Es ist wirklich nicht angemessen so zu tun, als könne die numerische Methode die Pathologien eines an sich schlecht gestellten Problems heilen.

Beispiel 2.1 Ein einfaches Beispiel eines schlecht gestellten Problems ist die Bestimmung der Anzahl reeller Nullstellen eines Polynoms. Zum Beispiel zeigt das Polynom $p(x) = x^4 - x^2(2a-1) + a(a-1)$ einen unstetigen Wechsel in der Anzahl der reellen Nullstellen, wenn a stetig im Reellen variiert. Tatsächlich haben wir 4 reelle Nullstellen, wenn $a \geq 1$, 2 reelle Nullstellen, wenn $a \in [0,1)$ und keine reelle Nullstelle, wenn $a < 0$. •

Stetige Abhängigkeit von den Daten bedeutet, dass kleine Störungen der Daten "kleine" Änderungen in der Lösung x bewirken. Zur Präzisierung dieses Begriffes bezeichnen wir durch δd eine zulässige Störung der Daten und durch δx die sich ergebene Änderung in der Lösung, so dass

$$F(x + \delta x, d + \delta d) = 0 \tag{2.2}$$

gilt. Stetige Abhängigkeit von den Daten bedeutet nun

$$\begin{aligned} &\forall d,\ \exists \eta_0 = \eta_0(d) > 0,\ \exists K_0 = K_0(\eta_0),\ \text{ so dass} \\ &\forall \delta d:\ \|\delta d\| \leq \eta_0 \ \Rightarrow\ \|\delta x\| \leq K_0 \|\delta d\|. \end{aligned} \tag{2.3}$$

Die Normen, die für die Daten und für die Lösung verwendet werden, müssen nicht übereinstimmen, sobald d und x Variable unterschiedlicher Art darstellen.

Mit dem Ziel diese Analyse quantitativer zu machen, führen wir die folgende Definition ein.

Definition 2.1 Für das Problem (2.1) definieren wir

$$K(d) = \sup_{\delta d \in D} \frac{\|\delta x\|/\|x\|}{\|\delta d\|/\|d\|} \tag{2.4}$$

als die *relative Konditionszahl*, wobei D eine Umgebung des Ursprunges ist und die Menge der zulässigen Störungen der Daten bezeichnet, für die das gestörte Problem (2.2) noch Sinn macht. Sobald $d = 0$ oder $x = 0$ gilt, ist es erforderlich die *absolute Konditionszahl*

$$K_{abs}(d) = \sup_{\delta d \in D} \frac{\|\delta x\|}{\|\delta d\|}. \tag{2.5}$$

einzuführen. ■

Das Problem (2.1) heißt *schlecht konditioniert*, wenn $K(d)$ "groß" für irgendein zulässiges Datum d ist (die präzise Bedeutung von "klein" und "groß" ändert sich in Abhängigkeit vom betrachteten Problem).

Die Eigenschaft eines Problems korrekt gestellt zu sein ist unabhängig von der numerischen Methode, die zur Lösung benutzt wird. In der Tat ist es möglich stabile als auch instabile numerische Verfahren zur Lösung korrekt gestellter Probleme zu erzeugen. Der Begriff der Stabilität für einen Algorithmus oder für eine numerische Methode ist analog zu dem der für das Problem (2.1) verwendet wurde und wird im nächsten Abschnitt präzisiert.

Bemerkung 2.1 (Schlecht gestellte Probleme) Selbst im Fall, dass die Konditionszahl nicht existiert (formal ist sie Unendlich), ist das Problem nicht notwendig schlecht gestellt. In der Tat gibt es korrekt gestellte Probleme (z.B. die Suche mehrfacher Wurzeln algebraischer Gleichungen, siehe Beispiel 2.2) für die die Konditionszahl unendlich ist, aber derart, dass sie in äquivalente Probleme (d.h. in Probleme, die dieselben Lösungen besitzen) mit einer endlichen Konditionszahl umformuliert werden können. ■

Wenn Problem (2.1) eine eindeutige Lösung besitzt, dann existiert notwendig eine Abbildung G zwischen den Mengen der Daten und den Lösungen, die wir *Resolvente*, nennen, so dass

$$x = G(d), \quad \text{d.h.} \quad F(G(d), d) = 0. \tag{2.6}$$

Gemäß dieser Definition liefert (2.2) $x+\delta x = G(d+\delta d)$. Setzen wir G differenzierbar in d voraus und bezeichnen wir formal die Ableitung bezüglich d durch $G'(d)$ (im Fall $G : \mathbb{R}^n \to \mathbb{R}^m$, ist $G'(d)$ die Jacobi-Matrix von G ausgewertet im Vektor d), so sichert eine nach dem ersten Glied abgebrochene Taylorentwicklung von G, dass

$$G(d + \delta d) - G(d) = G'(d)\delta d + o(\|\delta d\|) \qquad \text{für } \delta d \to 0,$$

wobei $\|\cdot\|$ eine geeignete Norm für δd und $o(\cdot)$ das klassische Landausymbol sind, das einen infinitesimalen Term höherer Ordnung in Bezug auf sein Argument bezeichnet. Unter Vernachlässigung des infinitesimalen Termes höherer Ordnung bezüglich $\|\delta d\|$ folgern wir aus (2.4) und (2.5), dass

$$K(d) \simeq \|G'(d)\| \frac{\|d\|}{\|G(d)\|}, \qquad K_{abs}(d) \simeq \|G'(d)\|. \tag{2.7}$$

Hier bezeichnet das Symbol $\|\cdot\|$ die Matrixnorm, die mit der Vektornorm (definiert in (1.19)) verbunden ist. Die Abschätzungen in (2.7) sind von großem praktischen Nutzen bei der Analyse von Problemen der Form (2.6), wie in den folgenden Beispielen gezeigt wird.

Beispiel 2.2 (Algebraische Gleichungen zweiten Grades) Die Lösungen der algebraischen Gleichung $x^2 - 2px + 1 = 0$, mit $p \geq 1$, lauten $x_\pm = p \pm \sqrt{p^2 - 1}$. In diesem Fall ist $F(x,p) = x^2 - 2px + 1$, das Datum d ist der Koeffizient p, während x der Vektor mit den Komponenten $\{x_+, x_-\}$ ist. Was die Konditionszahl anbetrifft, bemerken wir, dass (2.6) mit $G : \mathbb{R} \to \mathbb{R}^2$, $G(p) = \{x_+, x_-\}$ gilt. Sei $G_\pm(p) = x_\pm$, so folgt $G'_\pm(p) = 1 \pm p/\sqrt{p^2 - 1}$. Unter Verwendung von (2.7) mit $\|\cdot\| = \|\cdot\|_2$ bekommen wir

$$K(p) \simeq \frac{|p|}{\sqrt{p^2 - 1}}, \qquad p > 1. \tag{2.8}$$

Aus (2.8) ergibt sich, dass im Fall separierter Wurzeln (sagen wir, für $p \geq \sqrt{2}$) das Problem $F(x,p) = 0$ gut konditioniert ist. Das Verhalten ändert sich dramatisch im Fall mehrfacher Wurzeln, d.h. wenn $p = 1$. Zunächst stellt man fest, dass die Funktion $G_\pm(p) = p \pm \sqrt{p^2 - 1}$ für $p = 1$ nicht mehr differenzierbar ist, was (2.8) bedeutungslos macht. Andererseits zeigt die Gleichung (2.8), dass für p nahe bei 1 das betrachtete Problem *schlecht konditioniert* ist. Dennoch ist das Problem nicht *schlecht gestellt.* In der Tat, folgen wir Bemerkung 2.1, so kann das Problem in äquivalenter Weise als $F(x,t) = x^2 - ((1 + t^2)/t)x + 1 = 0$, mit $t = p + \sqrt{p^2 - 1}$, umformuliert werden, dessen Wurzeln $x_- = t$ und $x_+ = 1/t$ für $t = 1$ zusammen fallen. Der Parameterwechsel beseitigt folglich die Singularität, die in der früheren Darstellung der Wurzeln als Funktion von p auftrat. Die zwei Wurzeln $x_- = x_-(t)$ und $x_+ = x_+(t)$ sind nun tatsächlich reguläre Funktionen von t in der Nachbarschaft von $t = 1$ und die Auswertung der Konditionszahl durch (2.7) ergibt $K(t) \simeq 1$ für jeden Wert von t. Das transformierte Problem ist folglich gut konditioniert. •

Beispiel 2.3 (Systeme linearer Gleichungen) Betrachte das lineare System $\mathrm{A}\mathbf{x} = \mathbf{b}$, wobei $\mathbf{x}$ und $\mathbf{b}$ zwei Vektoren im $\mathbb{R}^n$ sind, während A die reelle Koeffizientenmatrix $(n \times n)$ des Systems ist. Angenommen, dass A nichtsingulär ist; in solch einem Fall ist x die unbekannte Lösung $\mathbf{x}$, wohingegen die Daten d die rechte Seite $\mathbf{b}$ und die Matrix A sind, d.h. $d = \{b_i,\ a_{ij}, 1 \leq i,j \leq n\}$.

Angenommen, dass wir nun nur die rechte Seite $\mathbf{b}$ stören. Wir haben $d = \mathbf{b}$, $\mathbf{x} = G(\mathbf{b}) = \mathrm{A}^{-1}\mathbf{b}$, so dass $G'(\mathbf{b}) = \mathrm{A}^{-1}$, und (2.7) ergibt

$$K(d) \simeq \frac{\|\mathrm{A}^{-1}\|\ \|\mathbf{b}\|}{\|\mathrm{A}^{-1}\mathbf{b}\|} = \frac{\|\mathrm{A}\mathbf{x}\|}{\|\mathbf{x}\|}\|\mathrm{A}^{-1}\| \leq \|\mathrm{A}\|\ \|\mathrm{A}^{-1}\| = K(\mathrm{A}), \tag{2.9}$$

wobei $K(\mathrm{A})$ die Konditionszahl der Matrix A (siehe Abschnitt 3.1.1) ist und eine konsistente Matrixnorm verwendet wurde. Deshalb ist, wenn A gut konditioniert ist, die Lösung des linearen Systems $\mathrm{A}\mathbf{x}=\mathbf{b}$ ein stabiles Problem in Bezug auf Störungen der rechten Seite $\mathbf{b}$. Die Stabilität in Bezug auf Störungen der Elemente von A wird in Abschnitt 3.10 untersucht. •

Beispiel 2.4 (Nichtlineare Gleichungen) Sei $f : \mathbb{R} \to \mathbb{R}$ eine Funktion der Klasse C^1 und betrachte die nichtlineare Gleichung

$$F(x,d) = f(x) = \varphi(x) - d = 0,$$

wobei $\varphi : \mathbb{R} \to \mathbb{R}$ eine geeignete Funktion und $d \in \mathbb{R}$ ein Datum (möglicherweise gleich Null) sind. Das Problem ist nur dann wohl definiert, wenn φ in einer

Umgebung von d invertierbar ist: in solch einem Fall gilt tatsächlich $x = \varphi^{-1}(d)$ und die Resolvente ist $G = \varphi^{-1}$. Da $(\varphi^{-1})'(d) = [\varphi'(x)]^{-1}$, ergibt die erste Beziehung in (2.7), für $d \neq 0$,

$$K(d) \simeq \frac{|d|}{|x|}|[\varphi'(x)]^{-1}|, \tag{2.10}$$

wohingegen wir für $d = 0$ oder $x = 0$

$$K_{abs}(d) \simeq |[\varphi'(x)]^{-1}| \tag{2.11}$$

haben. Das Problem ist folglich schlecht gestellt, wenn x eine mehrfache Wurzel von $\varphi(x) - d$ ist; es ist schlecht konditioniert, wenn $\varphi'(x)$ "klein" ist, gut konditioniert, wenn $\varphi'(x)$ "groß" ist. Wir werden uns diesem Thema weiter in Abschnitt 6.1 widmen. •

Im Hinblick auf (2.7) ist die Größe $\|G'(d)\|$ eine Approximation von $K_{abs}(d)$ und wird manchmal *absolute Konditionszahl erster Ordnung* genannt. Sie stellt den Grenzwert der Lipschitzkonstanten von G (siehe Abschnitt 11.1 in Band 2) dar, wenn die Störung der Daten gegen Null geht.
Solch eine Zahl liefert nicht immer eine verlässliche Abschätzung der Konditionszahl $K_{abs}(d)$. Dies tritt beispielsweise ein, wenn G' in einem Punkt verschwindet, aber G in einer Umgebung dieses Punktes nicht Null ist. Nehmen wir zum Beispiel $x = G(d) = \cos(d) - 1$ für $d \in (-\pi/2, \pi/2)$ so haben wir $G'(0) = 0$, während $K_{abs}(0) = 2/\pi$.

2.2 Stabilität numerischer Methoden

Wir werden von nun an annehmen, dass das Problem (2.1) korrekt gestellt ist. Eine numerische Methode für die approximative Lösung von (2.1) wird im Allgemeinen aus einer Folge von Näherungsproblemen

$$F_n(x_n, d_n) = 0, \qquad n \geq 1 \tag{2.12}$$

bestehen, die von einem bestimmten Parameter n (der von Fall zu Fall definiert wird) abhängt. Die klare Erwartung ist, dass $x_n \to x$, wenn $n \to \infty$, d.h. dass die numerische Lösung zur exakten Lösung konvergiert. Dafür ist notwendig, dass $d_n \to d$ und dass F_n die Abbildung F für $n \to \infty$ "approximiert". Präziser ausgedrückt, ist das Datum d des Problems (2.1) zulässig für F_n, so sagen wir, dass (2.12) *konsistent* ist, wenn

$$F_n(x, d) = F_n(x, d) - F(x, d) \to 0 \ \text{ für } n \to \infty, \tag{2.13}$$

wobei x die Lösung des Problems (2.1) ist, die dem Datum d entspricht.

Die Bedeutung dieser Definition wird im nächsten Kapitel für jede einzelne Klasse betrachteter Probleme präzisiert.

Eine Methode heißt *stark konsistent*, wenn $F_n(x, d) = 0$ für *jeden* Wert von n gilt und nicht nur für $n \to \infty$.

In einigen Fällen (z.B. wenn iterative Methoden verwendet werden) könnte Problem (2.12) die folgende Form

$$F_n(x_n, x_{n-1}, \ldots, x_{n-q}, d_n) = 0, \qquad n \geq q \tag{2.14}$$

annehmen, wobei $x_0, x_1, \ldots, x_{q-1}$ gegeben sind. In solch einem Fall lautet die Eigenschaft der starken Konsistenz $F_n(x, x, \ldots, x, d) = 0$ für alle $n \geq q$.

Beispiel 2.5 Betrachten wir die folgende iterative Methode zur Approximation einer einfachen Nullstelle α einer Funktion $f : \mathbb{R} \to \mathbb{R}$, (die als Newton-Verfahren bekannt ist und in Abschnitt 6.2.2 diskutiert wird)

$$\text{gegeben } x_0, \quad x_n = x_{n-1} - \frac{f(x_{n-1})}{f'(x_{n-1})}, \qquad n \geq 1. \tag{2.15}$$

Das Verfahren (2.15) kann in der Form (2.14) geschrieben werden, indem man $F_n(x_n, x_{n-1}, f) = x_n - x_{n-1} + f(x_{n-1})/f'(x_{n-1})$ setzt, und ist stark konsistent, da $F_n(\alpha, \alpha, f) = 0$ für alle $n \geq 1$.

Betrachte nun das folgende numerische Verfahren für die Approximation von $x = \int_a^b f(t)\, dt$, (das als Mittelpunktregel bekannt ist und in Abschnitt 9.2, Band 2, diskutiert wird)

$$x_n = H \sum_{k=1}^{n} f\left(\frac{t_k + t_{k+1}}{2}\right), \qquad n \geq 1,$$

wobei $H = (b-a)/n$ und $t_k = a + (k-1)H$, $k = 1, \ldots, (n+1)$. Dieses Verfahren ist konsistent; es ist auch stark konsistent, wenn vorausgesetzt wird, dass f ein stückweise lineares Polynom ist.

Allgemeiner sind alle numerischen Verfahren, die aus dem mathematischen Problem durch Abbruch von Grenzoperationen (wie Integrale, Ableitungen, Reihen, ...) erhalten wurden, *nicht* stark konsistent. •

In Erinnerung daran, was früher über das Problem (2.1) festgelegt worden ist, fordern wir von einem *korrekt gestellten* oder *stabilen* numerischen Verfahren, dass für jedes feste n eine eindeutige Lösung x_n existiert, die dem Datum d_n entspricht, dass die Berechnung von x_n als eine Funktion von d_n eindeutig ist und weiterhin, dass x_n stetig von den Daten abhängt, d.h.

$$\begin{aligned} &\forall d_n, \ \exists \eta_0 = \eta_0(d_n) > 0, \ \exists K_0 = K_0(\eta_0), \text{ so dass} \\ &\forall \delta_n : \ \|\delta d_n\| \leq \eta_0 \ \Rightarrow \ \|\delta x_n\| \leq K_0 \|\delta d_n\|. \end{aligned} \tag{2.16}$$

Analog zu (2.4), führen wir für jedes Problem der Folge (2.12) die Größen

$$K_n(d_n) = \sup_{\delta d_n \in D_n} \frac{\|\delta x_n\|/\|x_n\|}{\|\delta d_n\|/\|d_n\|}, \quad K_{abs,n}(d_n) = \sup_{\delta d_n \in D_n} \frac{\|\delta x_n\|}{\|\delta d_n\|}, \tag{2.17}$$

ein und definieren dann

$$K^{num}(d_n) = \lim_{k\to\infty} \sup_{n\geq k} K_n(d_n), \quad K^{num}_{abs}(d_n) = \lim_{k\to\infty} \sup_{n\geq k} K_{abs,n}(d_n).$$

Wir nennen $K^{num}(d_n)$ die *relative asymptotische Konditionszahl* des numerischen Verfahrens (2.12) und $K^{num}_{abs}(d_n)$ die *absolute asymptotische Konditionszahl*, die dem Datum d_n entspricht.
Das numerische Verfahren heißt gut konditioniert, wenn K^{num} "klein" für jedes zulässige Datum d_n ist, und ansonsten schlecht konditioniert. Analog zu (2.6) betrachten wir den Fall, in dem für jedes n die funktionale Beziehung (2.12) eine Abbildung G_n zwischen den Mengen der numerischen Daten und den Lösungen

$$x_n = G_n(d_n), \quad \text{d.h. } F_n(G_n(d_n), d_n) = 0 \tag{2.18}$$

definiert. Angenommen, dass G_n differenzierbar ist, erhalten wir aus (2.17)

$$K_n(d_n) \simeq \|G'_n(d_n)\| \frac{\|d_n\|}{\|G_n(d_n)\|}, \qquad K_{abs,n}(d_n) \simeq \|G'_n(d_n)\|. \tag{2.19}$$

Beispiel 2.6 (Summe und Differenz) Die Funktion $f : \mathbb{R}^2 \to \mathbb{R}$, $f(a,b) = a+b$, ist eine lineare Abbildung, dessen Gradient der Vektor $f'(a,b) = (1,1)^T$ ist. Unter Verwendung der in (1.13) definierten Vektornorm $\|\cdot\|_1$ bekommen wir $K(a,b) \simeq (|a|+|b|)/(|a+b|)$, woraus folgt, dass das Summieren zweier Zahlen gleichen Vorzeichens eine gut konditionierte Operation mit $K(a,b) \simeq 1$ ist. Andererseits ist die Subtraktion zweier fast gleich großer Zahlen schlecht konditioniert, da $|a+b| \ll |a|+|b|$. Diese Tatsache, auf die bereits in Beispiel 2.2 hingewiesen wurde, führt zur *Auslöschung führender Ziffern* sobald Zahlen nur durch eine endliche Anzahl von Stellen (wie in der *Gleitkommaarithmetik*, siehe Abschnitt 2.5) dargestellt werden. •

Beispiel 2.7 Betrachten wir erneut das Problem der Berechnung der Nullstellen eines Polynoms zweiten Grades, das in Beispiel 2.2 analysiert wurde. Ein derartiges Problem ist gut konditioniert, wenn $p > 1$ ist (isolierte Nullstellen). Jedoch erzeugen wir einen *instabilen* Algorithmus, wenn wir die Nullstelle x_- durch die Formel $x_- = p - \sqrt{p^2-1}$ auswerten. Diese Formel ist tatsächlich der Anlass für Fehler, die auf der *numerischen Auslöschung* führender Ziffern (siehe Abschnitt 2.4) basieren, die durch die endliche Arithmetik des Computers eingeführt wird. Ein möglicher Ausweg aus diesem Dilemma besteht darin, zuerst $x_+ = p + \sqrt{p^2-1}$ zu berechnen und danach $x_- = 1/x_+$. Alternativ kann man $F(x,p) = x^2 - 2px + 1 = 0$ unter Verwendung des Newton-Verfahrens (wie in Beispiel 2.5 vorgeschlagen) lösen, d.h. für gegebenes x_0 berechnet man

$$x_n = x_{n-1} - (x_{n-1}^2 - 2px_{n-1} + 1)/(2x_{n-1} - 2p) = f_n(p), \quad n \geq 1.$$

Anwendung von (2.19) für $p > 1$ ergibt $K_n(p) \simeq |p|/|x_n - p|$. Um $K^{num}(p)$ zu berechnen, bemerken wir, dass im Falle der Konvergenz des Algorithmus die Lösung x_n gegen eine der Nullstellen x_+ oder x_- konvergieren würde; deshalb gilt

$|x_n - p| \to \sqrt{p^2-1}$ und folglich $K_n(p) \to K^{num}(p) \simeq |p|/\sqrt{p^2-1}$, in perfekter Übereinstimmung mit dem Wert (2.8) der Konditionszahl des exakten Problems.

Wir können folgern, dass das Newton-Verfahren zur Bestimmung einfacher Nullstellen algebraischer Gleichungen zweiter Ordnung schlecht konditioniert ist, wenn $|p|$ nahe bei 1 liegt, wohingegen es gut in allen anderen Fällen konditioniert ist. •

Das Ziel numerischer Approximationen ist es natürlich, durch numerische Probleme des Typs (2.12) Lösungen x_n zu konstruieren, die sich der Lösung des Problems (2.1) "annähern", wenn n größer wird. Dieser Begriff wird präziser in der nächsten Definition gefasst.

Definition 2.2 Das numerische Verfahren (2.12) ist genau dann *konvergent*, wenn

$$\begin{aligned} &\forall \varepsilon > 0 \ \exists n_0 = n_0(\varepsilon),\ \exists \delta = \delta(n_0, \varepsilon) > 0, \text{ so dass} \\ &\forall n > n_0(\varepsilon),\ \forall \delta d_n : \ \|\delta d_n\| \le \delta \qquad \Rightarrow \|x(d) - x_n(d + \delta d_n)\| \le \varepsilon, \end{aligned} \tag{2.20}$$

wobei d ein zulässiges Datum für das Problem (2.1) ist, $x(d)$ die entsprechende Lösung ist und $x_n(d+\delta d_n)$ die Lösung des numerischen Problems (2.12) mit dem Datum $d + \delta d_n$ ist. ■

Um die Implikation (2.20) zu verifizieren, genügt es zu zeigen, dass unter den gleichen Annahmen

$$\|x(d + \delta d_n) - x_n(d + \delta d_n)\| \le \frac{\varepsilon}{2} \tag{2.21}$$

gilt. Tatsächlich haben wir dank (2.3)

$$\begin{aligned} \|x(d) - x_n(d + \delta d_n)\| &\le \|x(d) - x(d + \delta d_n)\| \\ &+ \|x(d + \delta d_n) - x_n(d + \delta d_n)\| \le K_0 \|\delta d_n\| + \tfrac{\varepsilon}{2}. \end{aligned}$$

Wählen wir $\delta = \min\{\eta_0, \varepsilon/(2K_0)\}$, so erhalten wir (2.20).

Maße der Konvergenz von x_n gegen x sind durch den *absoluten Fehler* bzw. den *relativen Fehler*, die durch

$$E(x_n) = |x - x_n|, \qquad E_{rel}(x_n) = \frac{|x - x_n|}{|x|}, \quad (\text{wenn}\, x \ne 0) \tag{2.22}$$

definiert sind, gegeben. In den Fällen, in denen x und x_n Matrizen oder Vektorgrößen sind, ist es manchmal nützlich, zusätzlich zu den Definitionen in (2.22) (wobei die Absolutwerte durch geeignete Normen ersetzt werden) den *relativen Komponentenfehler* einzuführen, der durch

$$E^c_{rel}(x_n) = \max_{i,j} \frac{|(x - x_n)_{ij}|}{|x_{ij}|} \tag{2.23}$$

definiert wird.

2.2.1 Beziehungen zwischen Stabilität und Konvergenz

Die Begriffe der Stabilität und Konvergenz sind stark miteinander verbunden.
Vor allem, wenn das Problem (2.1) korrekt gestellt ist, ist die Stabilität eine *notwendige* Bedingung dafür, dass das numerische Problem (2.12) konvergiert.

Nehmen wir also an, dass die Methode konvergiert, und beweisen wir, dass sie stabil ist, indem wir eine Schranke für $\|\delta x_n\|$ finden. Wir haben

$$\begin{aligned} \|\delta x_n\| &= \|x_n(d+\delta d_n) - x_n(d)\| \leq \|x_n(d) - x(d)\| \\ &+ \|x(d) - x(d+\delta d_n)\| + \|x(d+\delta d_n) - x_n(d+\delta d_n)\| \\ &\leq K_0\|\delta d_n\| + \varepsilon, \end{aligned} \qquad (2.24)$$

wobei wir (2.3) und (2.21) zweimal verwendeten. Aus (2.24) können wir für hinreichend große n schlußfolgern, dass $\|\delta x_n\|/\|\delta d_n\|$ durch eine Konstante der Ordnung K_0 beschränkt werden kann, so dass die Methode stabil ist. Somit sind wir an stabilen numerischen Methoden interessiert, da nur diese konvergent sein können.

Die Stabilität einer numerischen Methode wird eine *hinreichende* Bedingung für die Konvergenz des numerischen Problems (2.12) wenn die Methode auch konsistent mit dem Problem (2.1) ist. Tatsächlich haben wir unter diesen Bedingungen

$$\begin{aligned} \|x(d+\delta d_n) - x_n(d+\delta d_n)\| &\leq \|x(d+\delta d_n) - x(d)\| \\ &+\|x(d) - x_n(d)\| + \|x_n(d) - x_n(d+\delta d_n)\|. \end{aligned}$$

Dank (2.3) kann der erste Term auf der rechten Seite (bis auf eine multiplikative Konstante unabhängig von δd_n) durch $\|\delta d_n\|$ beschränkt werden. Eine ähnliche Schranke gilt für den dritten Term aufgrund der Stabilitätseigenschaft (2.16). Bezüglich des verbleibenden Terms bemerken wir zunächst, dass unter der Voraussetzung der Differenzierbarkeit von F_n in Bezug auf x, die Taylorentwicklung

$$F_n(x(d), d) - F_n(x_n(d), d) = \frac{\partial F_n}{\partial x}|_{(\overline{x},d)}(x(d) - x_n(d))$$

für ein geeignetes $\overline{x}$ "zwischen" $x(d)$ und $x_n(d)$ ergibt. Nehmen wir weiter an, dass auch $\partial F_n/\partial x$ invertierbar ist, so bekommen wir

$$x(d) - x_n(d) = \left(\frac{\partial F_n}{\partial x}\right)^{-1}_{|(\overline{x},d)} [F_n(x(d), d) - F_n(x_n(d), d)]. \qquad (2.25)$$

Andererseits, finden wir durch Ersetzung von $F_n(x_n(d), d)$ mit $F(x(d), d)$ (da beide Terme gleich Null sind) und Übergang zu den Normen die Abschätzung

$$\|x(d) - x_n(d)\| \leq \left\| \left(\frac{\partial F_n}{\partial x} \right)^{-1}_{|(\overline{x},d)} \right\| \|F_n(x(d), d) - F(x(d), d)\|.$$

Dank (2.13) können wir folgern, dass $\|x(d) - x_n(d)\| \to 0$ für $n \to \infty$ gilt. Das gerade bewiesene Resultat ist, obgleich nur qualitativ formuliert, ein Meilenstein in der numerischen Analysis, bekannt als *Äquivalenzsatz* (oder als Lax-Richtmyer Theorem): "*für eine konsistente numerische Methode ist Stabilität äquivalent zur Konvergenz*". Ein rigoroser Beweis dieses Satzes ist in [Dah56] für den Fall linearer Cauchy Probleme, oder in [Lax65] und in [RM67] für lineare korrekt-gestellte Anfangswertprobleme zu finden.

2.3 *A priori* und *a posteriori* Analysis

Die Stabilitätsanalyse einer numerischen Methode kann durch verschiedene Strategien ausgeführt werden:

1. *Vorwärtsanalyse*, die eine Schranke der Variationen $\|\delta x_n\|$ der Lösung aufgrund von Störungen in den Daten als auch von Fehlern, die untrennbar mit der numerischen Methode verbunden sind, liefert;

2. *Rückwärtsanalyse*, die auf die Abschätzung der Störungen zielt, die auf die Daten eines gegebenen Problems "aufgeprägt" werden sollten, um die tatsächlich berechneten Ergebnisse unter der Annahme des Arbeitens in einer exakten Arithmetik zu erhalten. Äquivalent formuliert sucht die Rückwärtsanalyse für eine bestimmte berechnete Lösung $\widehat{x}_n$ nach Störungen δd_n der Daten, so dass $F_n(\widehat{x}_n, d_n + \delta d_n) = 0$ gilt. Beachte, dass bei Durchführung einer solchen Abschätzung, der Weg um $\widehat{x}_n$ zu bekommen (d.h. welche Methode verwendet wurde, um die Lösung zu erzeugen), überhaupt *keine* Berücksichtigung findet.

Vorwärts- und Rückwärtsanalysen sind zwei verschiedene Beispiele der sogenannten *a priori Analyse*. Letztere kann nicht nur angewandt werden, um die Stabilität einer numerischen Methode sondern auch ihre Konvergenz zu untersuchen. In diesem Fall wird sie als *a priori Fehleranalyse* bezeichnet, die wieder unter Verwendung einer Vorwärts- oder Rückwärtstechnik ausgeführt werden kann.

Die *a priori* Fehleranalyse unterscheidet sich von der sogenannten *a posteriori Fehleranalyse*, die auf die Herleitung einer Fehlerabschätzung auf der Grundlage von Größen zielt, die aktuell durch eine spezifische numerische Methode berechnet wurden. Bezeichnen wir durch $\widehat{x}_n$ die berechnete numerische Lösung, die eine Approximation der Lösung x des Problems (2.1) ist, so zielt die *a posteriori* Fehleranalyse typischerweise auf die Schätzung des Fehlers $x - \widehat{x}_n$ als Funktion des Residuum $r_n = F(\widehat{x}_n, d)$

mit Hilfe von Konstanten, die *Stabilitätsfaktoren* (siehe [EEHJ96]) genannt werden.

Beispiel 2.8 Zur Illustration betrachten wir das Problem der Bestimmung von Nullstellen $\alpha_1, \ldots, \alpha_n$ eines Polynoms $p_n(x) = \sum_{k=0}^n a_k x^k$ vom Grade n.

Bezeichnen wir durch $\tilde{p}_n(x) = \sum_{k=0}^n \tilde{a}_k x^k$ ein gestörtes Polynom, dessen Nullstellen $\tilde{\alpha}_i$ sind, so zielt die Vorwärtsanalyse auf die Abschätzung des Fehlers zwischen zwei entsprechenden Nullstellen α_i und $\tilde{\alpha}_i$, in Termen der Variation der Koeffizienten $a_k - \tilde{a}_k$, $k = 0, 1, \ldots, n$.

Andererseits, seien $\{\hat{\alpha}_i\}$ die approximierten Nullstellen von p_n (irgendwie berechnet). Die Rückwärtsanalyse liefert eine Abschätzung der Störungen δa_k die den Koeffizienten aufgeprägt werden müssten, so dass $\sum_{k=0}^n (a_k + \delta a_k)\hat{\alpha}_i^k = 0$ für ein festes $\hat{\alpha}_i$ gilt. Das Ziel der *a posteriori* Fehleranalyse besteht dagegen in der Abschätzung des Fehlers $\alpha_i - \hat{\alpha}_i$ in Abhängigkeit vom residualen Wert $p_n(\hat{\alpha}_i)$.

Diese Analyse wird in Abschnitt 6.1 ausgeführt. •

Beispiel 2.9 Betrachte das lineare System A**x**=**b**, wobei A$\in \mathbb{R}^{n\times n}$ eine nichtsinguläre Matrix ist.

Für das gestörte System $\tilde{\mathrm{A}}\tilde{\mathbf{x}} = \tilde{\mathbf{b}}$, liefert die Vorwärtsanalyse eine Abschätzung des Fehlers $\mathbf{x} - \tilde{\mathbf{x}}$ in Termen von $\mathrm{A} - \tilde{\mathrm{A}}$ und $\mathbf{b} - \tilde{\mathbf{b}}$, während die Rückwärtsanalyse die Störungen $\delta\mathrm{A} = (\delta a_{ij})$ und $\delta\mathbf{b} = (\delta b_i)$ abschätzt, die den Elementen von A und **b** aufzuprägen sind, um $(\mathrm{A} + \delta\mathrm{A})\widehat{\mathbf{x}}_n = \mathbf{b} + \delta\mathbf{b}$ zu bekommen, wobei $\widehat{\mathbf{x}}_n$ die Lösung des linearen Systems (irgendwie berechnet) ist. Schließlich sucht die *a posteriori* Fehleranalyse eine Abschätzung $\mathbf{x} - \widehat{\mathbf{x}}_n$ in Abhängigkeit vom Residuum $\mathbf{r}_n = \mathbf{b} - \mathrm{A}\widehat{\mathbf{x}}_n$.

Wir werden diese Analyse in Abschnitt 3.1 entwickeln. •

Es ist wichtig, auf die Bedeutung der *a posteriori* Analysis bei der Entwicklung von Strategien zur *adaptiven Fehlerkontrolle* hinzuweisen. Durch geeigneten Wechsel der Diskretisierungsparameter (z.B. der Abstand zwischen den Knoten bei der numerischen Integration einer Funktion oder einer Differentialgleichung) nutzen diese Strategien die *a posteriori* Analyse, um zu gewährleisten, dass der Fehler eine feste Toleranz nicht übertrifft.

Eine numerische Methode, die eine adaptive Fehlerkontrolle benutzt, heißt *adaptive numerische Methode*. In der Praxis basieren derartige Methoden auf eine *Rückkopplung* im Berechnungsprozess, indem ein Konvergenztests durchgeführt wird, der die Fehlerkontrolle einer berechneten Lösung innerhalb einer festen Toleranz sichert. Im Fall, dass der Konvergenztest fehlschlägt, wird eine geeignete Strategie zur Modifikation der Diskretisierungsparameter automatisch angepaßt, um die Genauigkeit der neu zu berechnenden Lösung zu verbessern, und der gesamte Algorithmus iterativ wiederholt, bis der Konvergenztest erfüllt ist.

2.4 Fehlerquellen in Berechnungsmodellen

Sobald das numerische Problem (2.12) eine Approximation eines mathematischen Problems (2.1) ist und dieses zugleich ein Modell eines physikalischen Problems ist, (das kurz durch PP bezeichnet werden wird,) werden wir sagen, dass (2.12) ein *numerisches Modell* für PP ist.

In diesem Prozess wird der durch e bezeichnete globale Fehler durch die Differenz zwischen der tatsächlich berechneten Lösung $\widehat{x}_n$ und der physikalischen Lösung x_{ph}, für die x ein Modell liefert, ausgedrückt. Der globale Fehler e kann folglich als Summe der Fehler e_m des mathematischen Modells, gegeben durch $x - x_{ph}$, und des Fehlers e_c des numerischen Modells, $\widehat{x}_n - x$ interpretiert werden, d.h. $e = e_m + e_c$ (siehe Abbildung 2.1).

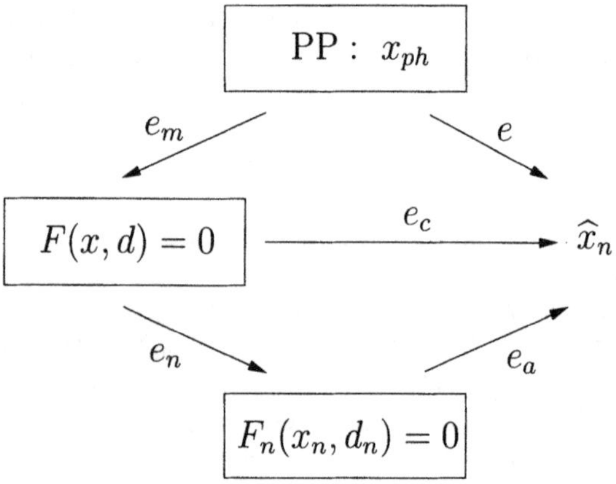

Abbildung 2.1. Fehler in Berechnungsmodellen

Der Fehler e_m wird wiederum den Fehler des mathematischen Modells im strengen Sinne (d.h. das Ausmaß mit dem die Funktionalgleichung (2.1) das Problem PP realistisch beschreibt) und den Datenfehler (d.h., wie genau d ein Maß für die realen physikalischen Daten ist) berücksichtigen. In gleicher Weise stellt sich heraus, dass e_c die Kombination des numerischen Diskretisierungsfehlers $e_n = x_n - x$, des Fehlers e_a, der durch den numerischen Algorithmus entsteht, und des *Rundungsfehlers*, der vom Computer während der tatsächlichen Lösung des Problems (2.12) auftritt (siehe Abschnitt 2.5), ist.

Im Allgemeinen können wir somit die folgenden Fehlerquellen umreißen:

1. Modellfehler, die durch eine geeignete Wahl des mathematischen Modells kontrolliert werden;

2. Datenfehler, die durch Verbesserung der Meßgenauigkeit der Daten selbst reduziert werden können;

3. Abbruchfehler, die durch Ersetzung von Grenzwerten im numerischen Modell durch Operationen erscheinen, die nur eine endliche Zahl von Schritten umfassen;

4. Rundungsfehler.

Die Fehler zu den Punkten 3. und 4. verursachen den *Berechnungsfehler*. Eine numerische Methode wird somit konvergent sein, wenn dieser Fehler beliebig klein durch wachsenden Berechnungsaufwand gemacht werden kann. Natürlich ist Konvergenz das primäre, wenn auch nicht das einzige Ziel einer numerischen Methode. Weitere Ziele sind *Genauigkeit*, *Zuverlässigkeit* und *Effizienz*.

Genauigkeit bedeutet, dass die Fehler klein bezüglich einer vorgegebenen Toleranz sind. Sie wird üblicherweise durch die Ordnung des Verschwindens des Fehlers e_n in Bezug auf die die Diskretisierung charakterisierenden Parameter (z.B. der größten Gitterweite zwischen den Diskretisierungsknoten) quantifiziert. Nebenbei bemerkt beschränkt die *Maschinengenauigkeit* theoretisch nicht die Genauigkeit einer numerischen Methode.

Zuverlässigkeit bedeutet, dass der globale Fehler mit einer gewissen Sicherheit innerhalb einer vorgegebenen Toleranz garantiert werden kann. Natürlich kann ein numerisches Modell nur dann als zuverlässig betrachtet werden, wenn es geeignet *getestet*, d.h. erfolgreich auf verschiedene Testfälle angewandt wurde.

Effizienz bedeutet, dass die Berechnungskomplexität, die erforderlich ist, um den Fehler zu kontrollieren (d.h. der Operationsaufwand und die Größe des erforderlichen Speicherplatzbedarfes), so klein wie möglich ist.

Sind wir dem Ausdruck *Algorithmus* bereits verschiedene Male in diesem Abschnitt begegnet, so können wir es nun nicht unterlassen, eine intuitive Beschreibung von ihm zu geben. Mit einem *Algorithmus* verbinden wir eine Vorschrift die durch elementare Operationen alle Wege aufzeigt, die notwendig sind, um ein spezielles Problem zu lösen. Ein Algorithmus kann der Reihe nach Unteralgorithmen enthalten und muss das Merkmal des Abbrechens nach einer endlichen Zahl von elementaren Operationen haben. Folglich muss der Ausführende des Algorithmus (Maschine oder Mensch) innerhalb des Algorithmus selbst alle Anweisungen finden, um das vorliegende Problem vollständig zu lösen (vorausgesetzt die notwendigen Resourcen für ihre Ausführung sind verfügbar).

Zum Beispiel charakterisiert die Aussage, dass ein Polynom vom Grade zwei sicher zwei Nullstellen in der komplexen Ebene besitzt, noch keinen Algorithmus. Die Formel, die die Nullstellen liefert, *ist* aber ein Algorithmus (vorausgesetzt, dass die Unteralgorithmen, die für die korrekte Ausführung aller Operationen benötigt werden, bereits definiert wurden).

Schließlich ist die *Komplexität eines Algorithmus* ein Maß für seine Abarbeitungszeit. Die Berechnung der Komplexität eines Algorithmus ist deshalb ein Teil der Effizienzanalyse einer numerischen Methode. Da verschiedene Algorithmen mit unterschiedlicher Komplexität zur Lösung des gleichen Problems P verwendet werden können, ist es sinnvoll den Begriff der *Komplexität eines Problems* einzuführen. Dieser Begriff bedeutet die Komplexität des Algorithmus, der die minimale Komplexität unter allen Algorithmen, die das Problem P lösen, besitzt. Die Komplexität eines Problems wird typischerweise durch einen Parameter gemessen, der direkt mit P verbunden ist. Zum Beispiel kann die Komplexität der Berechnung im Fall des Produkts zweier quadratische Matrizen als eine Potenzfunktion von der Matrixgröße n ausgedrückt werden (siehe [Str69]).

2.5 Computerzahlen

Jede Maschinenoperation ist durch *Rundungsfehler* oder *Rundungen* beeinflusst. Sie sind auf die Tatsache zurückzuführen, dass auf einem Computer nur eine endliche Teilmenge der Menge der reellen Zahlen dargestellt werden kann. Nachdem wir uns die Positionsdarstellung reeller Zahlen in Erinnerung gerufen haben, führen wir in diesem Abschnitt ihre Computerdarstellung ein.

2.5.1 Das Positionssystem

Sei eine Basis $\beta \in \mathbb{N}$ gewählt mit $\beta \geq 2$, und sei x eine reelle Zahl mit einer endlichen Anzahl von Ziffern x_k mit $0 \leq x_k < \beta$ für $k = -m, \ldots, n$. Die (konventionell angepasste) Bezeichnung

$$x_\beta = (-1)^s \left[x_n x_{n-1} \ldots x_1 x_0 . x_{-1} x_{-2} \ldots x_{-m}\right], \quad x_n \neq 0 \tag{2.26}$$

heißt die *Stellenwertdarstellung* von x in Bezug auf die Basis β. Der Punkt zwischen x_0 und x_{-1} heißt Dezimalpunkt, wenn die Basis 10 ist und Binärpunkt, wenn die Basis 2 ist. s hängt vom Vorzeichen von x ab, ($s = 0$, wenn x positiv ist und 1 wenn x negativ ist). Die Beziehung (2.26) bedeutet konkret

$$x_\beta = (-1)^s \left(\sum_{k=-m}^{n} x_k \beta^k \right).$$

Beispiel 2.10 Die konventionelle Schreibweise $x_{10} = 425.33$ bezeichnet die Zahl $x = 4 \cdot 10^2 + 2 \cdot 10 + 5 + 3 \cdot 10^{-1} + 3 \cdot 10^{-2}$, während $x_6 = 425.33$ die reellen Zahl $x = 4 \cdot 6^2 + 2 \cdot 6 + 5 + 3 \cdot 6^{-1} + 3 \cdot 6^{-2}$ bezeichnen würde. Eine rationale Zahl kann natürlich eine endliche Zahl von Ziffern in der einen Basis und eine unendliche Zahl von Ziffern in einer anderen Basis haben. Zum Beispiel hat der Bruch 1/3 unendlich viele Ziffern in der Basis 10, nämlich $x_{10} = 0.\bar{3}$, wohingegen er nur eine Ziffer in der Basis 3 hat, nämlich $x_3 = 0.1$. •

Jede reelle Zahl kann durch Zahlen approximiert werden, die eine endliche Darstellung besitzen. In der Tat, wenn wir die Basis β fixiert haben, gilt die Eigenschaft

$$\forall \varepsilon > 0, \forall x_\beta \in \mathbb{R}, \exists y_\beta \in \mathbb{R}, \text{ so dass } |y_\beta - x_\beta| < \varepsilon,$$

wobei y_β eine endliche Stellenwertdarstellung besitzt.
Für eine gegebene positive Zahl $x_\beta = x_n x_{n-1} \ldots x_0 . x_{-1} \ldots x_{-m} \ldots$ mit einer endlichen oder unendlichen Anzahl von Ziffern kann man tatsächlich für jedes $r \geq 1$ zwei Zahlen

$$x_\beta^{(l)} = \sum_{k=0}^{r-1} x_{n-k} \beta^{n-k}, \quad x_\beta^{(u)} = x_\beta^{(l)} + \beta^{n-r+1},$$

bilden, die r Stellen besitzen, so dass $x_\beta^{(l)} < x_\beta < x_\beta^{(u)}$ und $x_\beta^{(u)} - x_\beta^{(l)} = \beta^{n-r+1}$ gilt. Wenn r derart gewählt wurde, dass $\beta^{n-r+1} < \varepsilon$ gilt, dann erhält man die gewünschte Ungleichung, indem man y_β gleich $x_\beta^{(l)}$ oder gleich $x_\beta^{(u)}$ setzt. Dieses Resultat legitimiert die Computerdarstellung reeller Zahlen (und somit die Approximation durch eine endliche Anzahl von Stellen).

Obgleich, theoretisch gesehen, alle Basen äquivalent sind, gibt es in der Computerpraxis drei, die allgemeine Verwendung finden: die Basis zwei oder die binäre, die Basis 10 oder die dezimale (die natürliche) und die Basis 16 oder die hexadezimale. Fast alle modernen Computer benutzen die Basis 2, abgesehen von einigen wenigen, die traditionell die Basis 16 verwenden. Im Folgenden werden wir annehmen, dass β eine gerade Zahl ist.

In der binären Darstellung reduzieren sich die Ziffern auf zwei Symbole `0` und `1`, die *Bits* (*binäre Ziffern*) genannt werden, während im hexadezimalen Fall die Symbole `0,1,...,9,A,B,C,D,E,F` für die Darstellung der Ziffern verwendet werden. Je kleiner die verwendete Basis ist, um so länger ist die Zeichenfolge, die benötigt wird, um die gleiche Zahl darzustellen.

Zur Vereinfachung der Bezeichnung werden wir x anstelle von x_β schreiben, die Basis β stillschweigend vorausgesetzt.

2.5.2 Das Gleitkommazahlensystem

Angenommen ein gegebener Computer hat N Speicherpositionen in denen jede Zahl zu speichern ist. Der natürlichste Weg zur Nutzung dieser Positionen bei der Darstellung einer reellen, von Null verschiedenen Zahl x ist eine der Positionen für ihr Vorzeichen zu fixieren, $N - k - 1$ für die ganzen Stellen und k für die Stellen nach dem Punkt, so dass

$$x = (-1)^s \cdot [a_{N-2} a_{N-3} \ldots a_k . a_{k-1} \ldots a_0], \tag{2.27}$$

wobei s gleich 1 oder 0 ist. Beachte, dass nur wenn $\beta = 2$ ist, eine Speicherposition äquivalent zu einem Bit Speicher ist. Die Menge der Zahlen dieser Art heißt *Festpunktsystem*. Die Gleichung (2.27) steht für

$$x = (-1)^s \cdot \beta^{-k} \sum_{j=0}^{N-2} a_j \beta^j, \tag{2.28}$$

und daher läuft diese Darstellung auf das Fixieren eines Skalierungsfaktors für alle darstellbaren Zahlen hinaus.
Die Verwendung eines Fixpunktes schränkt den Wert der minimalen und maximalen Zahlen, die auf dem Computer dargestellt werden können, stark ein, es sei denn eine sehr große Zahl N von Speicherpositionen wird verwendet. Dieser Nachteil kann leicht behoben werden, wenn die Skalierung in (2.28) variieren kann. In solch einem Fall ist für eine gegebene, nicht verschwindene reelle Zahl x ihre *Gleitpunkt*-Darstellung durch

$$x = (-1)^s \cdot (0.a_1 a_2 \dots a_t) \cdot \beta^e = (-1)^s \cdot m \cdot \beta^{e-t} \tag{2.29}$$

gegeben, wobei $t \in \mathbb{N}$ die Zahl der erlaubten signifikanten Stellen a_i (mit $0 \leq a_i \leq \beta - 1$), $m = a_1 a_2 \dots a_t$ eine ganze Zahl, *Mantisse* genannt, mit $0 \leq m \leq \beta^t - 1$ und e eine ganze Zahl, *Exponent* genannt, sind. Es ist klar, dass der Exponent innerhalb des endlichen Intervalls von zulässigen Werten variieren kann: Wir erlauben $L \leq e \leq U$ (typischerweise gilt $L < 0$ und $U > 0$). Die N Speicherpositionen sind nun auf das Vorzeichen (eine Position), die signifikanten Stellen (t Positionen) und die Ziffern für den Exponenten (die verbleibenden $N - t - 1$ Positionen) verteilt. Die Zahl Null hat eine eigene Darstellung.

Typischerweise sind auf dem Computer zwei Formate für die *Gleitpunkt*-Zahlendarstellung verfügbar: *einfach* und *doppelt genau*. Im Fall der binären Darstellung entsprechen diese Formate in der Standardversion der Darstellung mit $N = 32$ *bits* (einfach genau)

1	8 *bits*	23 *bits*
s	e	m

und mit $N = 64$ *bits* (doppelt genau)

1	11 *bits*	52 *bits*
s	e	m

Sei durch

$$\mathbb{F}(\beta, t, L, U) = \{0\} \cup \left\{ x \in \mathbb{R} : \; x = (-1)^s \beta^e \sum_{i=1}^{t} a_i \beta^{-i} \right\}$$

die Menge der *Gleitpunktzahlen* mit t signifikanten Stellen, der Basis $\beta \geq 2$, $0 \leq a_i \leq \beta - 1$, und dem Bereich (L,U) mit $L \leq e \leq U$ bezeichnet.

Um die *Eindeutigkeit der Zahlendarstellung* zu erzwingen, wird typischerweise angenommen, dass $a_1 \neq 0$ und $m \geq \beta^{t-1}$ gilt. In solch einem Fall

heißt a_1 die führende signifikante Stelle, während a_t die letzte signifikante Stelle ist und die Darstellung von x heißt *normalisiert*. Die Mantisse m variiert nun zwischen β^{t-1} und $\beta^t - 1$.
Zum Beispiel würde im Fall $\beta = 10$, $t = 4$, $L = -1$ und $U = 4$, ohne die Annahme, dass $a_1 \neq 0$, die Zahl 1 die folgenden Darstellungen

$$0.1000 \cdot 10^1, \quad 0.0100 \cdot 10^2, \quad 0.0010 \cdot 10^3, \quad 0.0001 \cdot 10^4$$

gestatten. Um stets Eindeutigkeit in der Darstellung zu haben, wird angenommen, dass die Zahl Null ihr eigenes Vorzeichen hat (typischerweise wird $s = 0$ angenommen).
Es kann unmittelbar festgestellt werden, dass aus $x \in \mathbb{F}(\beta, t, L, U)$ auch $-x \in \mathbb{F}(\beta, t, L, U)$ folgt. Darüber hinaus gelten die folgenden unteren und oberen Schranken für den Absolutbetrag von x

$$x_{min} = \beta^{L-1} \leq |x| \leq \beta^U(1 - \beta^{-t}) = x_{max}. \tag{2.30}$$

Die Mächtigkeit von $\mathbb{F}(\beta, t, L, U)$ (künftig kurz durch $\mathbb{F}$ bezeichnet) ist

$$card\, \mathbb{F} = 2(\beta - 1)\beta^{t-1}(U - L + 1) + 1.$$

Aus (2.30) ergibt sich, dass es nicht möglich ist irgendeine Zahl, deren absoluter Wert kleiner als x_{min} ist, (abgesehen von Null) darzustellen. Diese Einschränkung kann durch Vervollständigung von $\mathbb{F}$ mit der Menge $\mathbb{F}_D$ der *nicht-normalisierten Gleitpunkt*-Zahlen überwunden werden. Die Menge der nicht-normalisierten Gleitpunkt-Zahlen wird durch Fallenlassen der Annahme, dass a_1 von Null verschieden ist, erhalten und zwar nur für die Zahlen, die sich auf den minimalen Exponent L beziehen. Auf diese Weise wird die Eindeutigkeit der Darstellung nicht aufgegeben und es ist möglich Zahlen zu erzeugen, die Mantissen zwischen 1 und $\beta^{t-1} - 1$ haben und im Intervall $(-\beta^{L-1}, \beta^{L-1})$ liegen. Die kleinste Zahl in dieser Menge hat den absoluten Wert β^{L-t}.

Beispiel 2.11 Die positiven Zahlen in der Menge $\mathbb{F}(2, 3, -1, 2)$ sind

$$(0.111) \cdot 2^2 = \frac{7}{2}, \quad (0.110) \cdot 2^2 = 3, \quad (0.101) \cdot 2^2 = \frac{5}{2}, \quad (0.100) \cdot 2^2 = 2,$$

$$(0.111) \cdot 2 = \frac{7}{4}, \quad (0.110) \cdot 2 = \frac{3}{2}, \quad (0.101) \cdot 2 = \frac{5}{4}, \quad (0.100) \cdot 2 = 1,$$

$$(0.111) = \frac{7}{8}, \quad (0.110) = \frac{3}{4}, \quad (0.101) = \frac{5}{8}, \quad (0.100) = \frac{1}{2},$$

$$(0.111) \cdot 2^{-1} = \frac{7}{16}, (0.110) \cdot 2^{-1} = \frac{3}{8}, (0.101) \cdot 2^{-1} = \frac{5}{16}, (0.100) \cdot 2^{-1} = \frac{1}{4}.$$

Sie sind zwischen $x_{min} = \beta^{L-1} = 2^{-2} = 1/4$ und $x_{max} = \beta^U(1 - \beta^{-t}) = 2^2(1 - 2^{-3}) = 7/2$ eingeschlossen. Insgesamt haben wir $(\beta - 1)\beta^{t-1}(U - L + 1) =$

$(2-1)2^{3-1}(2+1+1) = 16$ streng positive Zahlen. Ihre entgegengesetzten müssen zu ihnen addiert werden, ebenso die Zahl Null. Wir stellen fest, dass für $\beta = 2$ die erste signifikante Ziffer in der normalisierten Darstellung notwendigerweise gleich 1 ist und folglich nicht im Computer gespeichert werden müsste (in einem solchen Fall nennen wir es *verstecktes Bit*).

Wenn wir auch die positiven nicht-normalisierten Zahlen betrachten, sollten wir die obige Menge durch Hinzufügen folgender Zahlen vervollständigen

$$(.011)_2 \cdot 2^{-1} = \frac{3}{16}, \quad (.010)_2 \cdot 2^{-1} = \frac{1}{8}, \quad (.001)_2 \cdot 2^{-1} = \frac{1}{16}.$$

Dem vorher Gesagtem zufolge ist die kleinste nicht-normalisierte Zahl $\beta^{L-t} = 2^{-1-3} = 1/16$. •

2.5.3 Verteilung von Gleitpunktzahlen

Die *Gleitpunktzahlen* sind entlang der reellen Achse nicht gleichverteilt, sondern werden in der Nähe der kleinsten darstellbaren Zahl dichter. Es kann gezeigt werden, dass der Abstand zwischen einer Zahl $x \in \mathbb{F}$ und der ihr nächstgelegenen Zahl $y \in \mathbb{F}$, wobei beide Zahlen x und y von Null verschieden angenommen werden, zumindest $\beta^{-1}\epsilon_M|x|$ und höchstens $\epsilon_M|x|$ beträgt. Dabei ist $\epsilon_M = \beta^{1-t}$ das *Maschinenepsilon*. Dieses stellt den Abstand zwischen der Zahl 1 und der nächstgelegenen *Gleitpunktzahl* dar, und ist deshalb die kleinste Zahl von $\mathbb{F}$, so dass $1 + \epsilon_M > 1$ gilt.
Haben wir stattdessen ein Intervall der Form $[\beta^e, \beta^{e+1}]$ fixiert, sind die Zahlen von $\mathbb{F}$, die zu solch einem Intervall gehören, gleichverteilt und haben den Abstand β^{e-t}. Verringern (oder Vergrößern) des Exponenten um Eins führt zu einem Abfallen (oder Anwachsen) des Abstandes zwischen aufeinanderfolgenden Zahlen um den Faktor β.

Im Gegensatz zum absoluten Abstand hat der relative Abstand zweier aufeinanderfolgender Zahlen ein periodisches Verhalten, das nur von der Mantisse m abhängt. In der Tat, bezeichnen wir durch $(-1)^s m(x)\beta^{e-t}$ eine der beiden Zahlen, so ist der Abstand Δx von der folgenden gleich $(-1)^s\beta^{e-t}$, was bedeutet, dass der relative Abstand

$$\frac{\Delta x}{x} = \frac{(-1)^s\beta^{e-t}}{(-1)^s m(x)\beta^{e-t}} = \frac{1}{m(x)} \tag{2.31}$$

ist. Innerhalb des Intervalls $[\beta^e, \beta^{e+1}]$ ist das Verhältnis in (2.31) fallend, wenn x wächst, da in der normalisierten Darstellung die Mantisse von β^{t-1} bis $\beta^t - 1$ (nicht einschließlich) variiert. So bald jedoch $x = \beta^{e+1}$ ist, geht der relative Abstand zurück auf den Wert β^{-t+1} und beginnt erneut auf den folgenden Intervallen zu fallen, wie in Abbildung 2.2 gezeigt. Dieses oszillatorische Phänomen wird *Wackelgenauigkeit* genannt und je größer die Basis β ist, um so ausgeprägter ist der Effekt. Dies ist ein weiterer Grund dafür, warum kleine Basen in Computern bevorzugt verwendet werden.

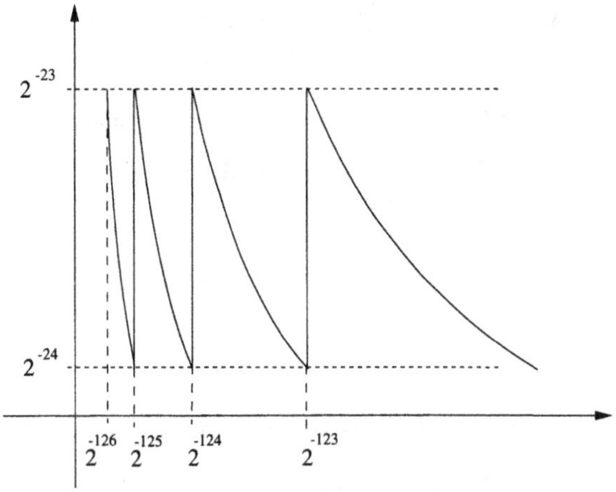

Abbildung 2.2. Variation des relativen Abstandes für die Zahlenmenge $\mathbb{F}(2, 24, -125, 128)$ IEC/IEEE in einfacher Genauigkeit

2.5.4 IEC/IEEE Arithmetik

Die Möglichkeit Mengen von *Gleitpunktzahlen* zu bilden, die sich in der Basis, in der Anzahl signifikanter Stellen und im Bereich des Exponenten unterscheiden, hat in der Vergangenheit für fast jeden Computer zur Entwicklung eines eigenen Systems $\mathbb{F}$ geführt. Um die Ausuferung numerischer Systeme zu vermeiden, wurde ein *Standard* fixiert, der heutzutage fast universell akzeptiert ist. Dieser Standard wurde 1985 durch das "Institute of Electrical and Electronics Engineers" (kurz, IEEE) entwickelt und 1989 durch die "International Electronical Commission" (IEC) als internationaler Standard IEC559 gebilligt. Er ist jetzt unter diesem Namen bekannt (IEC ist auf elektronischem Gebiet eine zur Internationalen Standardisierungsorganisation (ISO) analoge Organisation. Der Standard IEC559 unterstützt zwei Formate für *Gleitpunktzahlen*: ein *Grundformat*, das durch das System $\mathbb{F}(2, 24, -125, 128)$ für einfache Genauigkeit und durch $\mathbb{F}(2, 53, -1021, 1024)$ für doppelte Genauigkeit gebildet wird, beide enthalten die nicht-normalisierten Zahlen, und ein *erweitertes Format*, für das nur die Hauptgrenzen fixiert sind (siehe Tabelle 2.1).

Tabelle 2.1. Untere und obere Grenzen im Standard IEC559 für das erweiterte Format von *Gleitpunktzahlen*

	einfach	doppelt		einfach	doppelt
N	≥ 43 *bits*	≥ 79 *bits*	t	≥ 32	≥ 64
L	≤ -1021	≤ 16381	U	≥ 1024	≥ 16384

Fast alle Computer erfüllen heutzutage die obigen Forderungen. Wir fassen in Tabelle 2.2 die speziellen Codierungen zusammen, die in IEC559 benutzt werden, um mit den Werten ± 0, $\pm\infty$ und mit den sogenannten *Nicht-*

Zahlen (kurz, NaN, engl. *not a number*) zu arbeiten, die zum Beispiel 0/0 oder anderen Ausnahmeoperationen entsprechen.

Tabelle 2.2. IEC559 Codierungen gewisser Ausnahmewerte

Wert	Exponent	Mantisse
± 0	$L-1$	0
$\pm\infty$	$U+1$	0
NaN	$U+1$	$\neq 0$

2.5.5 *Runden einer reellen Zahl in Maschinendarstellung*

Die Tatsache, dass auf jedem Computer nur eine Teilmenge $\mathbb{F}(\beta, t, L, U)$ von $\mathbb{R}$ wirklich verfügbar ist, verursacht verschiedene praktische Probleme, vor allem die Darstellbarkeit *jeder* gegebenen reellen Zahl in $\mathbb{F}$. Beachte hierzu, dass sogar wenn x und y zwei Zahlen in $\mathbb{F}$ sind, das Ergebnis einer Operation nicht notwendig in $\mathbb{F}$ liegt. Deshalb müssen wir auch eine Arithmetik auf $\mathbb{F}$ definieren.

Die einfachste Methode zur Lösung des Problems besteht in der Rundung von $x \in \mathbb{R}$ auf eine solche Weise, dass die gerundete Zahl zu $\mathbb{F}$ gehört. Unter allen möglichen Rundungsoperationen wollen wir die Folgende betrachten. Für in der normalisierten Positionsdarstellung gegebenes $x \in \mathbb{R}$ substituieren wir x durch seinen Repräsentanten $fl(x)$ in $\mathbb{F}$, der durch

$$fl(x) = (-1)^s (0.\, a_1 a_2 \ldots \widetilde{a}_t) \cdot \beta^e, \; \tilde{a}_t = \begin{cases} a_t & \text{wenn } a_{t+1} < \beta/2 \\ a_t + 1 & \text{wenn } a_{t+1} \geq \beta/2 \end{cases} \tag{2.32}$$

definiert ist. Die Abbildung $fl : \mathbb{R} \to \mathbb{F}$ ist die am weitesten verbreitete und wird *Rundung* genannt (beim *Abschneiden* würde man einfacher $\widetilde{a}_t = a_t$ nehmen). Natürlich gilt $fl(x) = x$, wenn $x \in \mathbb{F}$, und darüber hinaus $fl(x) \leq fl(y)$, wenn $x \leq y \; \forall x, y \in \mathbb{R}$ (Monotonieeigenschaft).

Bemerkung 2.2 (Überlauf und Unterlauf) Alles was bisher gesagt wurde gilt nur für Zahlen, die in (2.29) einen Exponenten e innerhalb des *Bereiches* von $\mathbb{F}$ haben. Wenn jedoch $x \in (-\infty, -x_{max}) \cup (x_{max}, \infty)$ ist der Wert $fl(x)$ nicht definiert, während für $x \in (-x_{min}, x_{min})$ die Operation des *Rundens* zumindest definiert ist (sogar beim Fehlen nicht-normalisierter Zahlen). Im ersten Fall, sprechen wir von *Überlauf*, wenn x das Ergebnis einer Operation auf Zahlen von $\mathbb{F}$ ist und im zweiten Fall von *Unterlauf* (oder von *elegantem Unterlauf*, wenn nicht-normalisierte Zahlen der Grund dafür sind). Der *Überlauf* wird vom System durch einen Abbruch des ausführenden Programmes erledigt. ■

Abgesehen von Ausnahmesituationen können wir den Fehler, absolut und relativ, leicht quantifizieren. Dies erfolgt durch Substitution von $fl(x)$ für x.

Es kann das folgende Resultat gezeigt werden (siehe zum Beispiel [Hig96], Theorem 2.2).

Eigenschaft 2.1 *Ist $x \in \mathbb{R}$ derart, dass $x_{min} \leq |x| \leq x_{max}$, so gilt*

$$fl(x) = x(1+\delta) \text{ mit } |\delta| \leq \mathrm{u}, \tag{2.33}$$

wobei

$$\mathrm{u} = \frac{1}{2}\beta^{1-t} = \frac{1}{2}\epsilon_M \tag{2.34}$$

die sogenannte Rundungseinheit (oder Maschinengenauigkeit) ist.

Als Folgerung von (2.33) gilt die folgende Schranke für den relativen Fehler

$$E_{rel}(x) = \frac{|x - fl(x)|}{|x|} \leq \mathrm{u}, \tag{2.35}$$

wohingegen man für den absoluten Fehler

$$E(x) = |x - fl(x)| \leq \beta^{e-t}|(a_1 \ldots a_t.a_{t+1} \ldots) - (a_1 \ldots \tilde{a}_t)|$$

erhält. Aus (2.32) ergibt sich

$$|(a_1 \ldots a_t.a_{t+1} \ldots) - (a_1 \ldots \tilde{a}_t)| \leq \beta^{-1}\frac{\beta}{2},$$

woraus

$$E(x) \leq \frac{1}{2}\beta^{-t+e}$$

folgt.

Bemerkung 2.3 In der MATLAB Umgebung ist es möglich den Wert von ϵ_M, der durch die Systemvariable **eps** gegeben ist, unmittelbar zu kennen. ■

2.5.6 Maschinengleitpunktoperationen

Wie bereits zuvor konstatiert, ist es notwendig auf der Menge von Maschinenzahlen eine Arithmetik zu definieren, die so weit wie möglich ähnlich zur Arithmetik in $\mathbb{R}$ ist. So werden wir für irgendeine arithmetische Operation $\circ : \mathbb{R} \times \mathbb{R} \to \mathbb{R}$ auf zwei Operanden in $\mathbb{R}$ (das Symbol $\circ$ möge die Summe, Differenz, Multiplikation oder Division bezeichnen) durch $\boxed{\circ}$ die entsprechende Maschinenoperation

$$\boxed{\circ} : \mathbb{R} \times \mathbb{R} \to \mathbb{F}, \qquad x \boxed{\circ}\, y = fl(fl(x) \circ fl(y))$$

bezeichnen. Ausgehend von den Eigenschaften von *Gleitpunktzahlen* könnte man erwarten, dass für die Operationen auf zwei Operanden, solange sie wohl definiert sind, die folgende Eigenschaft gilt: $\forall x, y \in \mathbb{F}$, $\exists \delta \in \mathbb{R}$, so dass

$$x \boxed{\circ} y = (x \circ y)(1 + \delta) \qquad \text{mit } |\delta| \leq \mathrm{u}. \tag{2.36}$$

Damit (2.36) erfüllt ist, wenn $\circ$ der Operator der Subtraktion ist, wird eine zusätzliche Annahme über die Struktur der Zahlen in $\mathbb{F}$ gefordert, und zwar das Vorhandensein der sogenannten Rundungsziffer (der wir uns am Ende dieses Abschnittes widmen). Insbesondere, wenn $\circ$ der Summenoperator ist, folgt dass für alle $x, y \in \mathbb{F}$ (siehe Übung 11)

$$\frac{|x \boxed{+} y - (x + y)|}{|x + y|} \leq \mathrm{u}(1 + \mathrm{u})\frac{|x| + |y|}{|x + y|} + \mathrm{u}, \tag{2.37}$$

so dass der relative Fehler, der mit jeder Maschinenoperation verbunden ist, klein werden wird, es sei denn $x+y$ wird selbst nicht klein. Eine Nebenbemerkung verdient der Fall einer Summe zweier Zahlen, die betragsmäßig eng beieinander liegen, aber unterschiedlich im Vorzeichen sind. In der Tat kann in einen solchen Fall $x+y$ ziemlich klein werden, was den sogenannten *Auslöschungsfehler* erzeugt (wie in Beispiel 2.6 gezeigt).

Es ist wichtig zu bemerken, dass zusammen mit Eigenschaften der Standardarithmetik, die beim Übergang zur *Gleitpunktarithmetik* erhalten bleiben (wie zum Beispiel die Kommutativität der Summe zweier Summanden oder das Produkt zweier Faktoren), andere Eigenschaften verloren gehen. Ein Beispiel ist durch die Assoziativität einer Summe gegeben: es kann tatsächlich gezeigt werden (siehe Übung 12), dass im allgemeinen

$$x \boxed{+} (y \boxed{+} z) \neq (x \boxed{+} y) \boxed{+} z.$$

Wir werden durch *flop* die einzelnen elementaren *Gleitpunktoperationen* (Summe, Differenz, Multiplikation oder Division) bezeichnen (der Leser wird gewarnt, dass in einigen Büchern flop mit einer Operation der Form $a + b \cdot c$ identifiziert wird). Gemäß unserer früheren Konvention werden ein Skalarprodukt zwischen zwei Vektoren der Länge n exakt $2n - 1$ flops, ein Matrix-Vektor-Produkt, wenn die Matrix vom Format $n \times m$ ist, $2(m - 1)n$ flops und ein Matrix-Matrix-Produkt, wenn die beiden Matrizen vom Format $m \times r$ bzw. $r \times n$ sind, $2(r - 1)mn$ flops erfordern.

Bemerkung 2.4 (IEC559 Arithmetik) Der IEC559 Standard definiert ebenfalls eine abgeschlossene Arithmetik auf $\mathbb{F}$, d.h. dass auf ihr jede Operation ein Ergebnis produziert, das innerhalb des Systems selbst dargestellt werden kann, obgleich dies nicht notwendig vom reinen mathematischen Standpunkt erwartet werden kann. Als ein Beispiel, zeigen wir in Tabelle 2.3 die Ergebnisse, die in Ausnahmesituationen erhalten werden können.

Tabelle 2.3. Ergebnisse einiger Ausnahmeoperationen

Ausnahme	Beispiele	Ergebnis
ungültige Operation	$0/0$, $0 \cdot \infty$	NaN
Überlauf		$\pm\infty$
Division durch Null	$1/0$	$\pm\infty$
Unterlauf		subnormale Zahlen

Das Vorhandensein einer NaN (engl. *Not a Number*) impliziert in einer Folge von Operationen automatisch, dass das Ergebnis eine NaN ist. Die allgemeine Akzeptanz dieses Standards ist noch im Fluß. ■

Wir erwähnen, dass nicht alle *Gleitpunktsysteme* (2.36) genügen. Ein Hauptgrund dafür ist das Fehlen der *Rundungsziffer* bei der Subtraktion, d.h. ein extra Bit, dass auf dem Mantissenniveau aktiv wird, wenn die Subtraktion zweier *Gleitpunktzahlen* ausgeführt wird. Um die Wichtigkeit der Rundungsziffer zu demonstrieren, betrachten wir das folgende Beispiel in einem System $\mathbb{F}$ mit $\beta = 10$ und $t = 2$. Wir subtrahieren 0.99 von 1. Wir haben

$$\begin{array}{lcll} 10^1 \cdot 0.1 & & 10^1 \cdot 0.10 & \\ 10^0 \cdot 0.99 & \Rightarrow & \underline{10^1 \cdot 0.09} & \\ & & 10^1 \cdot 0.01 & \longrightarrow \boxed{10^0 \cdot 0.10} \end{array}$$

d.h. das Ergebnis unterscheidet sich vom exakten um einen Faktor 10. Wenn wir nun die gleiche Subtraktion unter Verwendung einer Rundungsziffer ausführen, erhalten wir das exakte Ergebnis:

$$\begin{array}{lcll} 10^1 \cdot 0.1 & & 10^1 \cdot 0.10 & \\ 10^0 \cdot 0.99 & \Rightarrow & \underline{10^1 \cdot 0.09\boxed{9}} & \\ & & 10^1 \cdot 0.00\boxed{1} & \longrightarrow \boxed{10^0 \cdot 0.01} \end{array}$$

Tatsächlich kann gezeigt werden, dass Addition und Subtraktion, wenn sie ohne Rundungsziffer ausgeführt werden, nicht die Eigenschaft

$$fl(x \pm y) = (x \pm y)(1 + \delta) \text{ mit } |\delta| \leq \mathbf{u},$$

sondern die folgende

$$fl(x \pm y) = x(1 + \alpha) \pm y(1 + \beta) \text{ mit } |\alpha| + |\beta| \leq \mathbf{u}$$

besitzen. Eine Arithmetik, für die der letzte Fall eintritt, heißt *anormal*. In einigen Computern existiert die Rundungsziffer nicht, die meiste Sorgfalt wird auf die Geschwindigkeit der Rechnung verwendet. Heutzutage ist der Trend jedoch sogar zwei Rundungsziffern zu verwenden (siehe [HP94] für technische Details über diesen Gegenstand).

2.6 Übungen

1. Verwende (2.7), um die Konditionszahl $K(d)$ folgender Ausdrücke zu berechnen

$$(1) \quad x - a^d = 0,\ a > 0 \quad (2) \quad d - x + 1 = 0,$$

d ist das Datum, a ein Parameter und x die "Unbekannte".
[*Lösung* : (1) $K(d) \simeq |d||\log a|$, (2) $K(d) = |d|/|d+1|$.]

2. Studiere die Korrektheit und die Kondition des folgenden Problems in der Maximumnorm als eine Funktion des Datums d: Finde x und y, so dass

$$\begin{cases} x + dy = 1, \\ dx + y = 0. \end{cases}$$

[*Lösung* : das gegebene Problem ist ein lineares Gleichungssystem, dessen Matrix

$$\mathrm{A} = \begin{bmatrix} 1 & d \\ d & 1 \end{bmatrix}$$

ist. Es ist korrekt gstellt, wenn A nicht singulär ist, d.h. wenn $d \neq \pm 1$ gilt. In solch einem Fall gilt $K_\infty(\mathrm{A}) = |(|d|+1)/(|d|-1)|$.]

3. Studiere die Kondition der Lösungsformel $x_\pm = -p \pm \sqrt{p^2+q}$ für die Gleichung zweiten Grades $x^2 + 2px - q$ in bezug auf Änderungen in den Parametern p und q separat.
[*Lösung* : $K(p) = |p|/\sqrt{p^2+q}$, $K(q) = |q|/(2|x_\pm|\sqrt{p^2+q})$.]

4. Betrachte das folgende Cauchy Problem

$$\begin{cases} x'(t) = x_0 e^{at}\left(a\cos(t) - \sin(t)\right), & t > 0 \\ x(0) = x_0, \end{cases} \tag{2.38}$$

dessen Lösung $x(t) = x_0 e^{at}\cos(t)$ ist (a ist eine gegebene reelle Zahl). Studiere die Kondition von (2.38) in Bezug auf die Wahl des Anfangsdatum und überprüfe, dass es auf unbeschränkten Intervallen gut konditioniert ist, wenn $a < 0$ gilt, während es für $a > 0$ schlecht konditioniert ist.
[*Hint* : Betrachte die Definition von $K_{abs}(a)$.]

5. Sei $\widehat{x} \neq 0$ eine Approximation einer von Null verschiedenen Größe x. Finde die Beziehung zwischen den relativen Fehlern $\epsilon = |x - \widehat{x}|/|x|$ und $\tilde{E} = |x - \widehat{x}|/|\widehat{x}|$.

6. Finde eine stabile Formel für die Schätzung der Quadratwurzel einer komplexen Zahl.

7. Bestimme alle Elemente der Menge $\mathbb{F} = (10, 6, -9, 9)$, sowohl in normalisierten als auch nicht-normalisierten Fällen.

8. Betrachte die Menge der nicht-normalisierten Zahlen $\mathbb{F}_D$ und studiere das Verhalten des absoluten Abstandes und des relativen Abstandes zwischen zwei dieser Zahlen. Erscheint der Effekt der *Wackelgenauigkeit* wieder?
[*Hinweis* : Für diese Zahlen wird die Gleichförmigkeit in der relativen Dichte verloren. Als Folge bleibt der absolute Abstand (gleich β^{L-t}) konstant, während der relative für x gegen Null stark anwächst.]

9. Was ist der Wert von 0^0 in IEEE Arithmetik?

   [*Lösung* : Idealerweise sollte das Ergebnis NaN sein. In der Praxis gewinnt das IEEE System den Wert 1 zurück. Eine Motivation für dieses Resultat kann in [Gol91] gefunden werden.]

10. Zeige, dass infolge Auslöschung des Fehlers die folgende Folge

$$I_0 = \log \frac{6}{5}, \quad I_k + 5I_{k-1} = \frac{1}{k}, \quad k = 1, 2, \ldots, n, \tag{2.39}$$

   ungeeignet für Berechnungen des Integrals $I_n = \int_0^1 \frac{x^n}{x+5} dx$ mit endlicher Arithmetik ist, wenn n hinreichend groß ist, obgleich sie in unendlicher Arithmetik verwendet werden kann.

   [*Hinweis* : Betrachte das gestörte Anfangsdatum $\tilde{I}_0 = I_0 + \mu_0$ und studiere die Ausbreitung des Fehlers μ_0 in (2.39).]

11. Beweise (2.37).

   [*Lösung* : Beachte, dass

$$\frac{|x \boxed{+} y - (x+y)|}{|x+y|} \leq \frac{|x \boxed{+} y - (fl(x) + fl(y))|}{|x+y|} + \frac{|fl(x) - x + fl(y) - y|}{|x+y|}.$$

   Verwende dann (2.36) und (2.35).]

12. Seien $x, y, z \in \mathbb{F}$ gegeben mit $x+y$, $y+z$, $x+y+z$ die in den *Bereich* von $\mathbb{F}$ fallen. Zeige, dass

$$|(x \boxed{+} y) \boxed{+} z - (x+y+z)| \leq C_1 \simeq (2|x+y| + |z|)\mathrm{u}$$
$$|x \boxed{+} (y \boxed{+} z) - (x+y+z)| \leq C_2 \simeq (|x| + 2|y+z|)\mathrm{u}.$$

13. Welche der folgenden Approximationen von π,

$$\begin{aligned} \pi &= 4\left(1 - \frac{1}{3} + \frac{1}{5} - \frac{1}{7} + \frac{1}{9} - \ldots\right), \\ \pi &= 6\left(0.5 + \frac{(0.5)^3}{2 \cdot 3} + \frac{3(0.5)^5}{2 \cdot 4 \cdot 5} + \frac{3 \cdot 5(0.5)^7}{2 \cdot 4 \cdot 6 \cdot 7} + \ldots\right) \end{aligned} \tag{2.40}$$

   beschränkt besser die Ausbreitung von Rundungsfehlern? Vergleiche unter Verwendung von MATLAB die erhaltenen Ergebnisse als eine Funktion der Anzahl der Terme in jeder Summe in (2.40).

14. Analysiere die Stabilität in Bezug auf die Ausbreitung von Rundungsfehlern der folgenden beiden MATLAB Codes zur Auswertung von $f(x) = (e^x - 1)/x$ für $|x| \ll 1$

```
% Algorithm 1
if x == 0
  f = 1;
else
  f = (exp(x) - 1) / x;
end
```

```
% Algorithm 2
y = exp (x);
if y == 1
  f = 1;
else
  f = (y - 1) / log (y);
end
```

[*Lösung* : Der erste Algorithmus ist ungenau aufgrund der Auslöschung des Fehlers, während der zweite (beim Vorhandensein der Rundungsziffer) stabil und genau ist.]

15. In binärer Arithmetik kann man zeigen [Dek71], dass der Rundungsfehler in der Summe zweier Zahlen a und b, mit $a \geq b$, durch

$$((a \boxed{+} b) \boxed{-} a) \boxed{-} b).$$

berechnet werden kann. Basierend auf dieser Eigenschaft ist eine Methode vorgeschlagen worden, *Kahan kompensierte Summe* genannt, um die Summe von n Summanden a_i derart zu berechnen, dass die Fehler kompensiert werden. In Praxis, mögen der anfängliche Rundungsfehler im i-ten Schritt, mit $i \geq 2$, $e_1 = 0$ und $s_1 = a_1$ sein. Der Algorithmus wertet $y_i = x_i - e_{i-1}$ aus, die Summe wird aktualisiert, indem $s_i = s_{i-1} + y_i$ gesetzt wird, und der neue Rundungsfehler wird aus $e_i = (s_i - s_{i-1}) - y_i$ berechnet. Implementiere diesen Algorithmus in MATLAB und überprüfe die Genauigkeit durch erneute Auswertung des zweiten Ausdruckes in (2.40).

16. Die Fläche $A(T)$ eines Dreiecks T mit den Seiten a, b und c, kann unter Verwendung folgender Formel

$$A(T) = \sqrt{p(p-a)(p-b)(p-c)},$$

berechnet werden, wobei p der halbe Umfang von T ist. Zeige, dass im Fall stark deformierter Dreiecke ($a \simeq b+c$) diese Formel an Genauigkeit verliert und überprüfe dies experimentiell.

3

Direkte Methoden zur Lösung linearer Systeme

Ein System von m linearen Gleichungen mit n Unbekannten besteht aus einer Menge von algebraischen Beziehungen der Form

$$\sum_{j=1}^{n} a_{ij} x_j = b_i, \quad i = 1, \ldots, m, \tag{3.1}$$

wobei x_j die Unbekannten, a_{ij} die Koeffizienten des Systems und b_i die Komponenten der rechten Seite sind. Das System (3.1) kann kürzer in Matrixform

$$\mathrm{A}\mathbf{x} = \mathbf{b} \tag{3.2}$$

geschrieben werden, wobei wir durch $\mathrm{A} = (a_{ij}) \in \mathbb{C}^{m \times n}$ die Koeffizientenmatrix, durch $\mathbf{b}=(b_i) \in \mathbb{C}^m$ den Vektor der rechte Seite und durch $\mathbf{x}=(x_i) \in \mathbb{C}^n$ den Vektor der Unbekannten bezeichnet haben. Jedes n-Tupel von Werten x_i, das (3.1) erfüllt, nennen wir eine *Lösung* von (3.2).

In diesem Kapitel werden wir uns hauptsächlich mit reell-wertigen quadratischen Systemen der Ordnung n beschäftigen, d.h. mit Systemen der Form (3.2) mit $\mathrm{A} \in \mathbb{R}^{n \times n}$ und $\mathbf{b} \in \mathbb{R}^n$. In diesen Fällen sind Existenz und Einzigkeit der Lösung von (3.2) gesichert, wenn die folgenden (äquivalenten) Annahmen erfüllt sind:

1. A ist invertierbar;
2. rank(A)=n;
3. das homogene System $\mathrm{A}\mathbf{x}=\mathbf{0}$ besitzt nur die Nulllösung.

Die Lösung des Systems (3.2) kann formal durch die *Cramersche Regel*

$$x_j = \frac{\Delta_j}{\det(\mathrm{A})}, \qquad j = 1, \ldots, n, \tag{3.3}$$

erhalten werden, wobei Δ_j die Determinante der Matrix ist, die durch Substitution der j-ten Spalte von A durch die rechte Seite **b** erhalten wird. Diese Formel ist jedoch von geringem praktischen Wert. Wertet man nämlich die Determinanten durch die Rekursionsbeziehung (1.4) aus, so ist der Berechnungsaufwand der Cramerschen Regel von der Ordnung $(n+1)!$ flops und daher unakzeptabel hoch, selbst für kleine Dimensionen von A. Beispielsweise würde ein Computer, der in der Lage ist 10^9 flops pro Sekunde auszuführen, $9.6 \cdot 10^{47}$ Jahre benötigen um ein lineares System von nur 50 Gleichungen zu lösen.
Aus diesem Grunde sind numerische Verfahren als Alternativen zur Cramerschen Regel entwickelt worden. Sie werden *direkte* Methoden genannt, wenn sie die Lösung des Systems in einer endlichen Zahl von Schritten liefern, und *iterative* Methoden, wenn sie (theoretisch) eine unendliche Zahl von Schritten erfordern. Iterative Methoden werden im nächsten Kapitel besprochen. Wir weisen von Beginn an darauf hin, dass die Wahl zwischen einer direkten und einer iterativen Methode nicht nur von der theoretischen Effizienz des Schemas abhängt, sondern auch vom speziellen Typ der Matrix, von den Speicherplatzanforderungen und schließlich von der Architektur des Computers.

3.1 Stabilitätsanalyse linearer Systeme

Die Lösung eines linearen Systems durch eine numerische Methode führt unweigerlich zu Rundungsfehlern. Nur die Verwendung stabiler numerischer Verfahren kann die Ausbreitung solcher Fehler verhindern und den Genauigkeitsverlust der Lösung begrenzen. In diesem Abschnitt werden zwei Aspekte der Stabilitätsanalyse besprochen.

Zuerst wollen wir die Sensitivität der Lösung von (3.2) in Bezug auf Änderungen in den Daten A und **b** (*a priori* Vorwärtsanalyse) studieren. Zweitens werden wir unter der Annahme, dass eine Näherungslösung $\widehat{\mathbf{x}}$ von (3.2) verfügbar ist, die Störungen auf die Daten A und **b**, die erforderlich sind, damit $\widehat{\mathbf{x}}$ die exakte Lösung eines gestörten Systems wird, quantifizieren (*a priori* Rückwärtsanalyse). Die Größe dieser Störungen wird uns dann erlauben, die Genauigkeit der berechneten Lösung $\widehat{\mathbf{x}}$ mit Hilfe der *a posteriori* Analyse zu messen.

3.1.1 Die Konditionszahl einer Matrix

Die *Konditionszahl* einer Matrix $\mathrm{A} \in \mathbb{C}^{n\times n}$ wird als

$$K(\mathrm{A}) = \|\mathrm{A}\| \, \|\mathrm{A}^{-1}\| \tag{3.4}$$

definiert, wobei $\|\cdot\|$ eine induzierte Matrixnorm ist. Im allgemeinen hängt $K(\mathrm{A})$ von der Wahl der Norm ab; dies wird durch Einfügen eines Index in die Notation verdeutlicht, zum Beispiel $K_\infty(\mathrm{A}) = \|\mathrm{A}\|_\infty \, \|\mathrm{A}^{-1}\|_\infty$. Allgemeiner wird $K_p(\mathrm{A})$ die Konditionszahl von A in der p-Norm bezeichnen. Wichtige Beispiele sind $p = 1$, $p = 2$ und $p = \infty$ (wir verweisen auf Übung 1 für die Beziehungen zwischen $K_1(\mathrm{A})$, $K_2(\mathrm{A})$ und $K_\infty(\mathrm{A})$).

Wie bereits in Beispiel 2.3 bemerkt, führt ein Anwachsen der Konditionszahl zu einer höheren Sensitivität der Lösung des linearen Systems in Bezug auf Änderungen der Daten. Wir wollen mit der Feststellung beginnen, dass $K(\mathrm{A}) \geq 1$ gilt, weil

$$1 = \|\mathrm{A}\mathrm{A}^{-1}\| \leq \|\mathrm{A}\| \, \|\mathrm{A}^{-1}\| = K(\mathrm{A}).$$

Darüber hinaus gilt $K(\mathrm{A}^{-1}) = K(\mathrm{A})$ und $\forall \alpha \in \mathbb{C}$ mit $\alpha \neq 0$ ist $K(\alpha\mathrm{A}) = K(\mathrm{A})$. Schließlich gilt, wenn A orthogonal ist, $K_2(\mathrm{A}) = 1$ da $\|\mathrm{A}\|_2 = \sqrt{\rho(\mathrm{A}^T\mathrm{A})} = \sqrt{\rho(\mathrm{I})} = 1$ und $\mathrm{A}^{-1} = \mathrm{A}^T$. Die Konditionszahl einer singulären Matrix wird gleich Unendlich gesetzt.

Für $p = 2$ kann $K_2(\mathrm{A})$ wie folgt charakterisiert werden. Beginnend mit (1.21) kann bewiesen werden, dass

$$K_2(\mathrm{A}) = \|\mathrm{A}\|_2 \, \|\mathrm{A}^{-1}\|_2 = \frac{\sigma_1(\mathrm{A})}{\sigma_n(\mathrm{A})},$$

wobei $\sigma_1(\mathrm{A})$ und $\sigma_n(\mathrm{A})$ der maximale bzw. minimale Singulärwert von A ist (siehe Eigenschaft 1.7). Folglich haben wir im Fall symmetrischer, positiv definiter Matrizen

$$K_2(\mathrm{A}) = \frac{\lambda_{max}}{\lambda_{min}} = \rho(\mathrm{A})\rho(\mathrm{A}^{-1}), \tag{3.5}$$

wobei λ_{max} und λ_{min} der maximale bzw. minimale Eigenwert von A ist. Zur Verifikation von (3.5) beachte man

$$\|\mathrm{A}\|_2 = \sqrt{\rho(\mathrm{A}^T\mathrm{A})} = \sqrt{\rho(\mathrm{A}^2)} = \sqrt{\lambda^2_{max}} = \lambda_{max}.$$

Wegen $\lambda(\mathrm{A}^{-1}) = 1/\lambda(\mathrm{A})$ erhält man darüber hinaus $\|\mathrm{A}^{-1}\|_2 = 1/\lambda_{min}$, woraus schließlich (3.5) folgt. Aus diesem Grund heißt $K_2(\mathrm{A})$ *spektrale Konditionszahl.*

Bemerkung 3.1 Sei der relative Abstand von $\mathrm{A} \in \mathbb{C}^{n\times n}$ von der Menge der singulären Matrizen in Bezug auf die p-Norm durch

$$\mathrm{dist}_p(\mathrm{A}) = \min \left\{ \frac{\|\delta\mathrm{A}\|_p}{\|\mathrm{A}\|_p} \; : \; \mathrm{A} + \delta\mathrm{A} \text{ ist singulär} \right\}$$

definiert. Dann kann gezeigt werden, dass ([Kah66], [Gas83])

$$\mathrm{dist}_p(\mathrm{A}) = \frac{1}{K_p(\mathrm{A})}. \tag{3.6}$$

Die Gleichung (3.6) deutet darauf hin, dass sich eine Matrix A mit einer hohen Konditionszahl wie eine singuläre Matrix der Form A+δA verhalten kann. Mit anderen Worten: Nullstörungen der rechten Seite führen nicht notwendig zu verschwindenen Änderungen in der Lösung, denn wenn A+δA singulär ist, besitzt das homogene System $(\mathrm{A} + \delta\mathrm{A})\mathbf{z} = \mathbf{0}$ nicht nur die Nulllösung. Beachte, dass aus der Bedingung

$$\|\mathrm{A}^{-1}\|_p \|\delta\mathrm{A}\|_p < 1 \tag{3.7}$$

folgt, dass die Matrix A+δA nicht singulär ist (siehe z.B. [Atk89], Theorem 7.12). ■

Aufgrund der Beziehung (3.6) könnte man annehmen, dass die Determinante einer Matrix ein Maß für die schlechte Kondition ist, denn wegen (3.3) ist man geneigt zu glauben, dass kleine Determinanten nahezu singuläre Matrizen bedeuten müssen. Diese Schlussfolgerung ist jedoch falsch, da es Beispiele für Matrizen mit kleiner (bzw. großer) Determinante und kleiner (bzw. großer) Konditionszahl gibt (siehe Übung 2).

3.1.2 A priori Vorwärtsanalyse

In diesem Abschnitt führen wir ein Maß für die Sensitivität des Systems in Bezug auf Änderungen der Daten ein. Diese Änderungen werden in Abschnitt 3.10 als die Auswirkungen von Rundungsfehlern interpretiert, die von der verwendeten numerischen Methode zur Lösung des Systems ausgehen. Für eine ausführliche Analyse des Gegenstandes verweisen wir auf [Dat95], [GL89], [Ste73] und [Var62].

Aufgrund von Rundungsfehlern liefert eine numerische Methode zur Lösung von (3.2) nicht die exakte Lösung, sondern nur eine Näherungslösung, die einem gestörten System genügt. Mit anderen Worten: Eine numerische Methode führt zur (exakte) Lösung $\mathbf{x} + \boldsymbol{\delta}\mathbf{x}$ des gestörten Systems

$$(\mathrm{A} + \delta\mathrm{A})(\mathbf{x} + \boldsymbol{\delta}\mathbf{x}) = \mathbf{b} + \boldsymbol{\delta}\mathbf{b}. \tag{3.8}$$

Das folgende Resultat beinhaltet eine Abschätzung von $\boldsymbol{\delta}\mathbf{x}$ in Abhängigkeit von δA und $\boldsymbol{\delta}\mathbf{b}$.

Theorem 3.1 *Sei* $\mathrm{A} \in \mathbb{R}^{n\times n}$ *eine nichtsinguläre Matrix und sei* $\delta\mathrm{A} \in \mathbb{R}^{n\times n}$ *derart, dass* (3.7) *für eine induzierte Matrixnorm* $\|\cdot\|$ *gilt. Ist dann* $\mathbf{x} \in \mathbb{R}^n$ *die Lösung von* $\mathrm{A}\mathbf{x}=\mathbf{b}$ *mit* $\mathbf{b} \in \mathbb{R}^n$ $(\mathbf{b} \neq \mathbf{0})$ *und genügt* $\boldsymbol{\delta}\mathbf{x} \in \mathbb{R}^n$ (3.8) *für* $\boldsymbol{\delta}\mathbf{b} \in \mathbb{R}^n$, *so gilt*

$$\frac{\|\boldsymbol{\delta}\mathbf{x}\|}{\|\mathbf{x}\|} \leq \frac{K(\mathrm{A})}{1 - K(\mathrm{A})\|\delta\mathrm{A}\|/\|\mathrm{A}\|}\left(\frac{\|\boldsymbol{\delta}\mathbf{b}\|}{\|\mathbf{b}\|} + \frac{\|\delta\mathrm{A}\|}{\|\mathrm{A}\|}\right). \tag{3.9}$$

Beweis. Aus (3.7) folgt, dass die Matrix $\mathrm{A}^{-1}\delta\mathrm{A}$ eine Norm kleiner als 1 hat. Dann ist aufgrund von Theorem 1.5 $\mathrm{I}+\mathrm{A}^{-1}\delta\mathrm{A}$ invertierbar und aus (1.26) folgt, dass

$$\|(\mathrm{I}+\mathrm{A}^{-1}\delta\mathrm{A})^{-1}\| \le \frac{1}{1-\|\mathrm{A}^{-1}\delta\mathrm{A}\|} \le \frac{1}{1-\|\mathrm{A}^{-1}\|\,\|\delta\mathrm{A}\|}. \tag{3.10}$$

Andererseits bekommt man durch Lösung von (3.8) nach $\boldsymbol{\delta x}$ und Berücksichtigung von $\mathrm{A}\mathbf{x}=\mathbf{b}$ die Beziehung

$$\boldsymbol{\delta x} = (\mathrm{I}+\mathrm{A}^{-1}\delta\mathrm{A})^{-1}\mathrm{A}^{-1}(\boldsymbol{\delta b}-\delta\mathrm{A}\mathbf{x}),$$

aus der durch Übergang zu den Normen und Verwendung von (3.10) folgt, dass

$$\|\boldsymbol{\delta x}\| \le \frac{\|\mathrm{A}^{-1}\|}{1-\|\mathrm{A}^{-1}\|\,\|\delta\mathrm{A}\|}\left(\|\boldsymbol{\delta b}\|+\|\delta\mathrm{A}\|\,\|\mathbf{x}\|\right).$$

Schließlich folgt das Resultat indem beide Seiten durch $\|\mathbf{x}\|$ (verschieden von Null wegen $\mathbf{b}\neq\mathbf{0}$ und A nichtsingulär) dividiert werden unter Beachtung von $\|\mathbf{x}\|\ge\|\mathbf{b}\|/\|\mathrm{A}\|$. ◇

Eine gute Kondition allein ist nicht ausreichend, um eine genaue Lösung des linearen Systems zu liefern. Wie in Kapitel 2 aufgezeigt, ist es tatsächlich entscheidend, zu stabilen Algorithmen zu greifen. Umgekehrt, schließt eine schlechte Kondition nicht notwendig aus, dass für eine besondere Wahl der rechten Seite $\mathbf{b}$ die Gesamtkondition des Systems gut ist (siehe Übung 4). Ein Spezialfall von Theorem 3.1 ist der folgende.

Theorem 3.2 *Angenommen, dass die Bedingungen von Theorem* 3.1 *gelten und sei* $\delta\mathrm{A}=0$. *Dann gilt*

$$\frac{1}{K(\mathrm{A})}\frac{\|\boldsymbol{\delta b}\|}{\|\mathbf{b}\|} \le \frac{\|\boldsymbol{\delta x}\|}{\|\mathbf{x}\|} \le K(\mathrm{A})\frac{\|\boldsymbol{\delta b}\|}{\|\mathbf{b}\|}. \tag{3.11}$$

Beweis. Wir wollen nur die erste Ungleichung beweisen, da die zweite direkt aus (3.9) folgt. Die Beziehung $\boldsymbol{\delta x}=\mathrm{A}^{-1}\boldsymbol{\delta b}$ ergibt $\|\boldsymbol{\delta b}\|\le\|\mathrm{A}\|\,\|\boldsymbol{\delta x}\|$. Durch Multiplikation beider Seiten mit $\|\mathbf{x}\|$ und unter Beachtung von $\|\mathbf{x}\|\le\|\mathrm{A}^{-1}\|\,\|\mathbf{b}\|$, erhalten wir $\|\mathbf{x}\|\,\|\boldsymbol{\delta b}\|\le K(\mathrm{A})\|\mathbf{b}\|\,\|\boldsymbol{\delta x}\|$, woraus die gewünschte Ungleichung folgt. ◇

Um die Ungleichungen (3.9) und (3.11) in der Analyse der Ausbreitung von Rundungsfehlern im Fall direkter Methoden zu verwenden, sollten $\|\delta\mathrm{A}\|$ und $\|\boldsymbol{\delta b}\|$ in Abhängigkeit von der Dimension des Systems und der Charakteristika der verwendeten *Gleitpunktarithmetik* beschränkt werden.

Es kann tatsächlich erwartet werden, dass die durch eine Methode zur Lösung eines linearen Systems induzierten Störungen derart sind, dass $\|\delta\mathrm{A}\|\le\gamma\|\mathrm{A}\|$ und $\|\boldsymbol{\delta b}\|\le\gamma\|\mathbf{b}\|$ gilt, wobei γ eine positive Zahl ist, die von der Rundungseinheit u abhängt (zum Beispiel werden wir fortan annehmen, dass $\gamma=\beta^{1-t}$, wobei β die Basis und t die Zahl der Ziffern der

Mantisse des Gleitpunktsystems $\mathbb{F}$ sind). In einem solchen Fall kann (3.9) durch das folgende Theorem ergänzt werden.

Theorem 3.3 *Unter der Annahme, dass* $\|\delta\mathrm{A}\| \leq \gamma\|\mathrm{A}\|$, $\|\boldsymbol{\delta}\mathbf{b}\| \leq \gamma\|\mathbf{b}\|$ *mit* $\gamma \in \mathbb{R}^+$ *und* $\delta\mathrm{A} \in \mathbb{R}^{n\times n}$, $\boldsymbol{\delta}\mathbf{b} \in \mathbb{R}^n$, *gelten für* $\gamma K(\mathrm{A}) < 1$ *die Ungleichungen*

$$\frac{\|\mathbf{x}+\boldsymbol{\delta}\mathbf{x}\|}{\|\mathbf{x}\|} \leq \frac{1+\gamma K(\mathrm{A})}{1-\gamma K(\mathrm{A})}, \tag{3.12}$$

$$\frac{\|\boldsymbol{\delta}\mathbf{x}\|}{\|\mathbf{x}\|} \leq \frac{2\gamma}{1-\gamma K(\mathrm{A})} K(\mathrm{A}). \tag{3.13}$$

Beweis. Aus (3.8) folgt, dass $(\mathrm{I}+\mathrm{A}^{-1}\delta\mathrm{A})(\mathbf{x}+\boldsymbol{\delta}\mathbf{x}) = \mathbf{x}+\mathrm{A}^{-1}\boldsymbol{\delta}\mathbf{b}$ gilt. Da ferner $\gamma K(\mathrm{A}) < 1$ und $\|\delta\mathrm{A}\| \leq \gamma\|\mathrm{A}\|$ sind, ergibt sich, dass $\mathrm{I}+\mathrm{A}^{-1}\delta\mathrm{A}$ nichtsingulär ist. Nehmen wir die Inverse einer solchen Matrix und gehen zu den Normen über, bekommen wir $\|\mathbf{x}+\boldsymbol{\delta}\mathbf{x}\| \leq \|(\mathrm{I}+\mathrm{A}^{-1}\delta\mathrm{A})^{-1}\| \left(\|\mathbf{x}\| + \gamma\|\mathrm{A}^{-1}\|\,\|\mathbf{b}\|\right)$. Aus Theorem 1.5 folgt dann, dass

$$\|\mathbf{x}+\boldsymbol{\delta}\mathbf{x}\| \leq \frac{1}{1-\|\mathrm{A}^{-1}\delta\mathrm{A}\|}\left(\|\mathbf{x}\| + \gamma\|\mathrm{A}^{-1}\|\,\|\mathbf{b}\|\right),$$

was (3.12) beinhaltet, da $\|\mathrm{A}^{-1}\delta\mathrm{A}\| \leq \gamma K(\mathrm{A})$ und $\|\mathbf{b}\| \leq \|\mathrm{A}\|\,\|\mathbf{x}\|$ ist.
Wir wollen (3.13) beweisen. Ziehen wir (3.2) von (3.8) ab, so folgt

$$\mathrm{A}\boldsymbol{\delta}\mathbf{x} = -\delta\mathrm{A}(\mathbf{x}+\boldsymbol{\delta}\mathbf{x}) + \boldsymbol{\delta}\mathbf{b}.$$

Invertieren wir A und gehen zu den Normen über, erhalten wir die folgende Ungleichung

$$\begin{aligned} \|\boldsymbol{\delta}\mathbf{x}\| &\leq \|\mathrm{A}^{-1}\delta\mathrm{A}\|\,\|\mathbf{x}+\boldsymbol{\delta}\mathbf{x}\| + \|\mathrm{A}^{-1}\|\,\|\boldsymbol{\delta}\mathbf{b}\| \\ &\leq \gamma K(\mathrm{A})\|\mathbf{x}+\boldsymbol{\delta}\mathbf{x}\| + \gamma\|\mathrm{A}^{-1}\|\,\|\mathbf{b}\|. \end{aligned} \tag{3.14}$$

Dividieren wir nun beide Seiten durch $\|\mathbf{x}\|$ und wenden die Dreiecksungleichung $\|\mathbf{x}+\boldsymbol{\delta}\mathbf{x}\| \leq \|\boldsymbol{\delta}\mathbf{x}\| + \|\mathbf{x}\|$ an, bekommen wir schließlich (3.13). ◇

Bemerkenswerte Beispiele von Störungen $\delta\mathrm{A}$ und $\boldsymbol{\delta}\mathbf{b}$ sind jene, für die $|\delta\mathrm{A}| \leq \gamma|\mathrm{A}|$ und $|\boldsymbol{\delta}\mathbf{b}| \leq \gamma|\mathbf{b}|$ mit $\gamma \geq 0$ gilt. Hier und künftig bezeichnet die *Absolutbetragsnotation* $\mathrm{B} = |\mathrm{A}|$ die Matrix $n\times n$, die die Einträge $b_{ij} = |a_{ij}|$ mit $i,j = 1,\ldots,n$ besitzt. Die Ungleichung $\mathrm{C} \leq \mathrm{D}$, mit $\mathrm{C},\mathrm{D} \in \mathbb{R}^{m\times n}$ bedeutet

$$c_{ij} \leq d_{ij} \text{ für } i = 1,\ldots,m, \; j = 1,\ldots,n.$$

Wenn $\|\cdot\|_\infty$ betrachtet wird, folgt aus (3.14), dass

$$\begin{aligned} \frac{\|\boldsymbol{\delta}\mathbf{x}\|_\infty}{\|\mathbf{x}\|_\infty} &\leq \gamma\frac{\|\,|\mathrm{A}^{-1}|\,|\mathrm{A}|\,|\mathbf{x}| + |\mathrm{A}^{-1}|\,|\mathbf{b}|\,\|_\infty}{(1-\gamma\|\,|\mathrm{A}^{-1}|\,|\mathrm{A}|\,\|_\infty)\|\mathbf{x}\|_\infty} \\ &\leq \frac{2\gamma}{1-\gamma\|\,|\mathrm{A}^{-1}|\,|\mathrm{A}|\,\|_\infty}\|\,|\mathrm{A}^{-1}|\,|\mathrm{A}|\,\|_\infty. \end{aligned} \tag{3.15}$$

Abschätzung (3.15) ist im allgemeinen zu pessimistisch; jedoch kann aus (3.15) die folgende *Fehlerabschätzung der Komponenten* von $\boldsymbol{\delta}\mathbf{x}$ abgeleitet werden

$$|\delta x_i| \leq \gamma |\mathbf{r}_{(i)}^T|\ |\mathrm{A}|\ |\mathbf{x}+\boldsymbol{\delta}\mathbf{x}|, \quad i=1,\ldots,n, \quad \text{wenn } \boldsymbol{\delta}\mathbf{b}=\mathbf{0},$$

$$\frac{|\delta x_i|}{|x_i|} \leq \gamma \frac{|\mathbf{r}_{(i)}^T|\ |\mathbf{b}|}{|\mathbf{r}_{(i)}^T \mathbf{b}|}, \qquad i=1,\ldots,n, \quad \text{wenn } \delta\mathrm{A}=0, \tag{3.16}$$

wobei $\mathbf{r}_{(i)}^T$ der Zeilenvektor $\mathbf{e}_i^T \mathrm{A}^{-1}$ ist. Die Abschätzungen (3.16) sind schärfer als (3.15), wie das Beispiel 3.1 zeigt. Die erste Ungleichung in (3.16) kann verwendet werden, wenn die gestörte Lösung $\mathbf{x}+\boldsymbol{\delta}\mathbf{x}$ bekannt ist, die fortan die durch das numerische Verfahren berechnete Lösung $\mathbf{x}+\boldsymbol{\delta}\mathbf{x}$ sei.

Im Fall $|\mathrm{A}^{-1}|\ |\mathbf{b}| = |\mathbf{x}|$ ist der Parameter γ in (3.15) gleich 1. Für solche Systeme sind die Lösungskomponenten unempfindlich gegenüber Störungen der rechten Seite. Eine etwas schlechtere Situation ergibt sich, wenn A eine Dreiecks-M-Matrix ist und $\mathbf{b}$ positive Einträge besitzt. In solch einem Fall ist γ beschränkt durch $2n-1$, da

$$|\mathbf{r}_{(i)}^T|\ |\mathrm{A}|\ |\mathbf{x}| \leq (2n-1)|x_i|.$$

Für weitere Details über diesen Gegenstand verweisen wir auf [Ske79], [CI95] und [Hig89]. Ergebnisse, die komponentenweise Abschätzungen mit Normabschätzungen durch sogenannte *Hypernormen* verbinden, können in [ADR92] gefunden werden.

Beispiel 3.1 Betrachte das lineare System Ax=b mit

$$\mathrm{A} = \begin{bmatrix} \alpha & \frac{1}{\alpha} \\ 0 & \frac{1}{\alpha} \end{bmatrix}, \quad \mathbf{b} = \begin{bmatrix} \alpha^2 + \frac{1}{\alpha} \\ \frac{1}{\alpha} \end{bmatrix},$$

das die Lösung $\mathbf{x}^T = (\alpha, 1)$ hat, wobei $0 < \alpha < 1$. Vergleichen wir die Resultate, die unter Verwendung von (3.15) und (3.16) erhalten werden. Aus

$$|\mathrm{A}^{-1}|\ |\mathrm{A}|\ |\mathbf{x}| = |\mathrm{A}^{-1}|\ |\mathbf{b}| = \left(\alpha + \frac{2}{\alpha^2}, 1\right)^T \tag{3.17}$$

folgt, dass das Supremum von (3.17) unbeschränkt für $\alpha \to 0$ ist, ebenso wie es im Fall von $\|\mathrm{A}\|_\infty$ ist. Andererseits ist der Verstärkungsfaktor des Fehlers in (3.16) beschränkt. In der Tat, die Komponente x_2 des maximalen absoluten Betrages der Lösung genügt $|\mathbf{r}_{(2)}^T|\ |\mathrm{A}|\ |\mathbf{x}|/|x_2| = 1$. •

3.1.3 A priori Rückwärtsanalyse

Wenn wir ein lineares System Ax=b mit einer direkten Methode, beispielsweise mit der in Abschnitt 3.3 beschriebenen Gaußschen Eliminationsmethode lösen, erhalten wir eine Näherungslösung $\widehat{\mathbf{x}}$, die aufgrund von Rundungsfehlern verschieden von der exakten ist. Offensichtlich können wir annehmen, dass $\widehat{\mathbf{x}} = \mathrm{C}\mathbf{b}$ mit einer geeigneten Matrix C ist, die eine Approximation der exakten Inversen von A darstellt. In der Praxis wird C sehr selten konstruiert; wenn dies der Fall ist, liefert das folgende Resultat eine Abschätzung des Fehler, der bei Substitution von C für A^{-1} (siehe [IK66], Kapitel 2, Theorem 7) auftritt.

Eigenschaft 3.1 *Sei* $\mathrm{R} = \mathrm{AC} - \mathrm{I}$. *Ist* $\|\mathrm{R}\| < 1$, *so sind* A *und* C *nicht singulär und*

$$\|\mathrm{A}^{-1}\| \leq \frac{\|\mathrm{C}\|}{1 - \|\mathrm{R}\|}, \quad \frac{\|\mathrm{R}\|}{\|\mathrm{A}\|} \leq \|\mathrm{C} - \mathrm{A}^{-1}\| \leq \frac{\|\mathrm{C}\| \, \|\mathrm{R}\|}{1 - \|\mathrm{R}\|}. \tag{3.18}$$

Im Rahmen einer *a priori* Rückwärtsanalyse können wir C als die Inverse von $\mathrm{A} + \delta\mathrm{A}$ (für eine geeignete Unbekannte $\delta\mathrm{A}$) interpretieren. Wir werden folglich annehmen, dass $\mathrm{C}(\mathrm{A} + \delta\mathrm{A}) = \mathrm{I}$ ist. Dies liefert uns

$$\delta\mathrm{A} = \mathrm{C}^{-1} - \mathrm{A} = -(\mathrm{AC} - \mathrm{I})\mathrm{C}^{-1} = -\mathrm{R}\mathrm{C}^{-1}$$

und somit folgt für $\|\mathrm{R}\| < 1$ die Beziehung

$$\|\delta\mathrm{A}\| \leq \frac{\|\mathrm{R}\| \, \|\mathrm{A}\|}{1 - \|\mathrm{R}\|}. \tag{3.19}$$

Hierbei wurde die erste Ungleichung in (3.18) verwendet und angenommen, dass A eine Approximation der Inversen von C ist (beachte, dass die Rollen von C und A vertauscht werden können).

3.1.4 A posteriori Analyse

Haben wir die Inverse von A durch eine Matrix C approximiert, so haben wir zugleich eine Approximation der Lösung des linearen Systems (3.2). Sei durch $\mathbf{y}$ eine bekannte Näherungslösung bezeichnet. Das Ziel der *a posteriori* Analyse ist es, den (unbekannten) Fehler $\mathbf{e} = \mathbf{y} - \mathbf{x}$ auf Größen zu beziehen, die unter Verwendung von $\mathbf{y}$ und C berechnet werden können.

Der Ausgangspunkt der Analyse bezieht sich auf den Fakt, dass der *Residuenvektor* $\mathbf{r} = \mathbf{b} - \mathrm{A}\mathbf{y}$ im allgemeinen nicht Null ist, da $\mathbf{y}$ eben eine Approximation der unbekannten exakten Lösung ist. Das Residuum kann auf den Fehler durch die Eigenschaft 3.1 wie folgt bezogen werden. Wir haben $\mathbf{e} = \mathrm{A}^{-1}(\mathrm{A}\mathbf{y} - \mathbf{b}) = -\mathrm{A}^{-1}\mathbf{r}$ und somit für $\|\mathrm{R}\| < 1$

$$\|\mathbf{e}\| \leq \frac{\|\mathbf{r}\| \, \|\mathrm{C}\|}{1 - \|\mathrm{R}\|}. \tag{3.20}$$

Beachte, dass die Abschätzung nicht notwendig fordert, dass $\mathbf{y}$ mit der Lösung $\widehat{\mathbf{x}} = \mathrm{C}\mathbf{b}$ der *a priori* Rückwärtsanalyse übereinstimmt. Man könnte daher daran denken, C nur zum Zwecke der Verwendung der Abschätzung

(3.20) zu berechnen (zum Beispiel im Fall, in dem (3.2) durch die Gaußsche Eliminationsmethode gelöst wird, kann man C *a posteriori* unter Verwendung der LU-Faktorisierung von A ermitteln, siehe Abschnitte 3.3 und 3.3.1).

Wir schließen mit der Bemerkung, dass die Interpretation von $\boldsymbol{\delta}\mathbf{b}$ in (3.11) als Residuum der berechneten Lösung $\mathbf{y} = \mathbf{x} + \delta\mathbf{x}$ zur Abschätzung

$$\frac{\|\mathbf{e}\|}{\|\mathbf{x}\|} \leq K(\mathrm{A})\frac{\|\mathbf{r}\|}{\|\mathbf{b}\|} \tag{3.21}$$

führt. Die Abschätzung (3.21) wird in der Praxis nicht verwendet, da das berechnete Residuum durch Rundungsfehler beeinflußt wird. Eine bessere Abschätzung (in der $\|\cdot\|_\infty$ Norm) wird erhalten, indem wir $\widehat{\mathbf{r}} = fl(\mathbf{b} - \mathrm{A}\mathbf{y})$ setzen und annehmen, dass $\widehat{\mathbf{r}} = \mathbf{r} + \boldsymbol{\delta}\mathbf{r}$ mit $|\boldsymbol{\delta}\mathbf{r}| \leq \gamma_{n+1}(|\mathrm{A}|\ |\mathbf{y}| + |\mathbf{b}|)$, wobei $\gamma_{n+1} = (n+1)\mathrm{u}/(1-(n+1)\mathrm{u}) > 0$. Wir bekommen

$$\frac{\|\mathbf{e}\|_\infty}{\|\mathbf{y}\|_\infty} \leq \frac{\|\ |\mathrm{A}^{-1}|(|\widehat{\mathbf{r}}| + \gamma_{n+1}(|\mathrm{A}||\mathbf{y}| + |\mathbf{b}|))\|_\infty}{\|\mathbf{y}\|_\infty}.$$

Formeln, wie die letzte, sind in der Bibliothek für lineare Algebra LAPACK implementiert (siehe [ABB$^+$92]).

3.2 Lösung von Dreieckssystemen

Betrachte das nichtsinguläre 3×3 untere Dreieckssystem

$$\begin{bmatrix} l_{11} & 0 & 0 \\ l_{21} & l_{22} & 0 \\ l_{31} & l_{32} & l_{33} \end{bmatrix} \begin{bmatrix} x_1 \\ x_2 \\ x_3 \end{bmatrix} = \begin{bmatrix} b_1 \\ b_2 \\ b_3 \end{bmatrix}.$$

Da die Matrix nichtsingulär ist, verschwinden ihre Diagonaleinträge l_{ii}, $i = 1, 2, 3$, nicht, folglich können wir sukzessive nach den unbekannten Werten x_i, $i = 1, 2, 3$ wie folgt auflösen

$$\begin{aligned} x_1 &= b_1/l_{11}, \\ x_2 &= (b_2 - l_{21}x_1)/l_{22}, \\ x_3 &= (b_3 - l_{31}x_1 - l_{32}x_2)/l_{33}. \end{aligned}$$

Dieser Algorithmus kann auf $n \times n$ Systeme erweitert werden. Er wird *Vorwärtseinsetzen* genannt. Im Fall eines Systems **Lx=b**, mit einer nichtsingulären unteren Dreiecksmatrix L der Ordnung n ($n \geq 2$), nimmt die Methode die Form

$$\begin{aligned} x_1 &= \frac{b_1}{l_{11}}, \\ x_i &= \frac{1}{l_{ii}}\left(b_i - \sum_{j=1}^{i-1} l_{ij}x_j\right), \quad i = 2, \ldots, n, \end{aligned} \tag{3.22}$$

an. Die Zahl der zur Ausführung des Algorithmus benötigten Multiplikationen und Divisionen ist gleich $n(n+1)/2$, die Zahl der Summationen und Subtraktionen $n(n-1)/2$. Der globale Operationsaufwand für (3.22) ist folglich n^2 flops.

Ähnliche Aussagen können für ein lineares System Ux=b getroffen werden, wobei U eine nichtsinguläre obere Dreiecksmatrix der Ordnung n ($n \geq 2$) ist. In diesem Fall wird der Algorithmus *Rückwärtseinsetzen* genannt. Er kann im allgemeinen Fall in der Form

$$\begin{aligned} x_n &= \frac{b_n}{u_{nn}}, \\ x_i &= \frac{1}{u_{ii}}\left(b_i - \sum_{j=i+1}^{n} u_{ij}x_j\right), \quad i = n-1, \ldots, 1, \end{aligned} \tag{3.23}$$

geschrieben werden. Sein Rechenaufwand ist gleichfalls n^2 flops.

3.2.1 Implementation der Substitutionsmethoden

Der i-te Schritt des Algorithmus (3.22) erfordert die Bildung des Skalarprodukts zwischen dem Zeilenvektor $L(i, 1:i-1)$ (diese Notation bezeichnet den Vektor, der aus der Matrix L gewonnen wird, indem man die Elemente der i-ten Zeile von der ersten bis zur (i-1)-ten Spalte nimmt) und dem Spaltenvektor $\mathbf{x}(1:i-1)$. Der Zugriff auf die Matrix L erfolgt somit zeilenweise; aus diesem Grund wird das Vorwärtseinsetzen, wenn es in der obigen Form implementiert wird, *zeilen-orientiert* genannt.

Der Programmcode ist in Programm 1 dargestellt (das von `forward_row` aufgerufene Programm `mat_square` überprüft lediglich, dass L eine quadratische Matrix ist).

Program 1 - forward_row : Vorwärtseinsetzen: zeilen-orientierte Version

```
function [x]=forward_row(L,b)
[n]=mat_square(L);   x(1) = b(1)/L(1,1);
for i = 2:n, x (i) = (b(i)-L(i,1:i-1)*(x(1:i-1))')/L(i,i); end
x=x';
```

Um eine *spalten-orientierte* Version des gleichen Algorithmus zu erhalten, nutzen wir die Tatsache, dass die i-te Komponente des Vektors $\mathbf{x}$, einmal berechnet, bequem aus dem System eliminiert werden kann.

Eine Implementation eines solchen Verfahrens, bei dem die Lösung $\mathbf{x}$ den Vektor $\mathbf{b}$ der rechten Seite überschreibt, wird in Programm 2 dargestellt.

Program 2 - forward_col : Vorwärtseinsetzen: spalten-orientierte Version

```
function [b]=forward_col(L,b)
[n]=mat_square(L);
for j=1:n-1,
```

```
    b(j)= b(j)/L(j,j); b(j+1:n)=b(j+1:n)-b(j)*L(j+1:n,j);
end; b(n) = b(n)/L(n,n);
```

Die Implementation des gleichen Algorithmus in einer zeilen-orientierten anstelle einer spalten-orientierten Variante kann dramatisch seine Leistung (aber natürlich nicht die Lösung) ändern. Die Auswahl der Implementation muss daher der konkret verwendeten Hardware untergeordnet werden.

Ähnliche Überlegungen gelten für das Rückwärtseinsetzen, das in (3.23) in seiner zeilen-orientierten Version dargestellt ist.
Im Programm 3 ist nur die spalten-orientierte Version des Algorithmus codiert. Wie üblich überschreibt der Vektor **x** den Vektor **b**.

Program 3 - backward_col : Rückwärtseinsetzen: spalten-orientierte Version

```
function [b]=backward_col(U,b)
[n]=mat_square(U);
for j = n:-1:2,
    b(j)=b(j)/U(j,j); b(1:j-1)=b(1:j-1)-b(j)*U(1:j-1,j);
end; b(1) = b(1)/U(1,1);
```

Wenn große Dreieckssysteme gelöst werden müssen, sollte nur der Dreiecksteil der Matrix gespeichert werden, was zu einer beträchtlichen Einsparung von Speicherresourcen führt.

3.2.2 Rundungsfehleranalyse

Die Analyse, die bislang entwickelt wurde, erklärt nicht das Vorhandensein von Rundungsfehlern. Wenn diese einbezogen werden, liefern die Algorithmen des Vorwärts- und Rückwärtseinsetzens nicht mehr die exakten Lösungen der Systeme $\mathrm{L}\mathbf{x}=\mathbf{b}$ und $\mathrm{U}\mathbf{x}=\mathbf{b}$, sondern Näherungslösungen $\widehat{\mathbf{x}}$, die als *exakte* Lösungen der gestörten Systeme

$$(\mathrm{L}+\delta\mathrm{L})\widehat{\mathbf{x}}=\mathbf{b}, \quad (\mathrm{U}+\delta\mathrm{U})\widehat{\mathbf{x}}=\mathbf{b},$$

angesehen werden können, wobei $\delta\mathrm{L}=(\delta l_{ij})$ und $\delta\mathrm{U}=(\delta u_{ij})$ Störungsmatrizen sind. Um die in Abschnitt 3.1.2 ausgeführten Abschätzungen (3.9) anzuwenden, benötigen wir Abschätzungen der Störungsmatrizen $\delta\mathrm{L}$ und $\delta\mathrm{U}$ als Funktion der Einträge von L und U, ihrer Größe und ihrer Charakteristik der Gleitpunktarithmetik. Zu diesem Zweck kann gezeigt werden, dass

$$|\delta\mathrm{T}| \le \frac{n\mathrm{u}}{1-n\mathrm{u}}|\mathrm{T}| \tag{3.24}$$

gilt, wobei T entweder L oder U und $\mathbf{u}=\frac{1}{2}\beta^{1-t}$ die in (2.34) definierte *Rundungseinheit* ist. Ist $n\mathrm{u}<1$, so folgt aus (3.24) unter Verwendung einer Taylorentwicklung $|\delta\mathrm{T}|\le n\mathrm{u}|\mathrm{T}|+\mathcal{O}(\mathrm{u}^2)$. Darüber hinaus erhalten wir aus (3.24) und (3.9) für $n\mathrm{u}K(\mathrm{T})<1$ die Abschätzung

$$\frac{\|\mathbf{x}-\widehat{\mathbf{x}}\|}{\|\mathbf{x}\|} \le \frac{n\mathrm{u}K(\mathrm{T})}{1-n\mathrm{u}K(\mathrm{T})} = n\mathrm{u}K(\mathrm{T})+\mathcal{O}(\mathrm{u}^2) \tag{3.25}$$

in der $\|\cdot\|_1$-, in der $\|\cdot\|_\infty$- und in der Frobenius Norm. Ist u hinreichend klein (was typischerweise der Fall ist), so können die Störungen, die durch den Rundungsfehler bei der Lösung des Dreieckssystem verursacht werden, vernachlässigt werden. Folglich ist die Genauigkeit der Lösung, die durch den Algorithmus des Vorwärts- oder Rückwärtseinsetzens berechnet wurde, im Allgemeinen sehr hoch.

Diese Resultate können durch Einführung zusätzlicher Annahmen über die Einträge von L oder U verbessert werden. Speziell wenn die Einträge von U derart sind, dass $|u_{ii}| \geq |u_{ij}|$ für jedes $j > i$ gilt, haben wir

$$|x_i - \widehat{x}_i| \leq 2^{n-i+1} \frac{n\mathrm{u}}{1 - n\mathrm{u}} \max_{j \geq i} |\widehat{x}_j|, \qquad 1 \leq i \leq n.$$

Das gleiche Resultat gilt für T=L, vorausgesetzt, dass $|l_{ii}| \geq |l_{ij}|$ für jedes $j < i$, oder wenn L und U diagonal dominant sind. Die vorangegangenen Abschätzungen werden in den Abschnitten 3.3.1 und 3.4.2 eingesetzt.

Für Beweise der Ergebnisse, die bislang angegeben wurden, siehe [FM67], [Hig89] und [Hig88].

3.2.3 Inverse einer Dreiecksmatrix

Der Algorithmus (3.23) kann zur expliziten Berechnung der Inversen einer oberen Dreiecksmatrix benutzt werden. In der Tat genügen die Spaltenvektoren $\mathbf{v}_i$ der Inversen V=$(\mathbf{v}_1, \ldots, \mathbf{v}_n)$ einer gegebenen oberen Dreiecksmatrix U dem folgenden System

$$\mathrm{U}\mathbf{v}_i = \mathbf{e}_i, \quad i = 1, \ldots, n, \tag{3.26}$$

wobei $\{\mathbf{e}_i\}$ die kanonische Basis des $\mathbb{R}^n$ (die in Beispiel 1.3 definiert wurde) bezeichnet. Die Auflösung nach $\mathbf{v}_i$ erfordert somit die n-malige Anwendung des Algorithmus (3.23) auf (3.26).

Dieses Verfahren ist ziemlich ineffizient, da zumindest die Hälfte der Einträge der Inversen von U Null sind. Wir wollen diese Erkenntnis wie folgt nutzen. Bezeichne $\mathbf{v}'_k = (v'_{1k}, \ldots, v'_{kk})^T$ den Vektor der Länge k, so dass

$$\mathrm{U}^{(k)}\mathbf{v}'_k = \mathbf{l}_k\,, \quad k = 1, \ldots, n, \tag{3.27}$$

gilt, wobei $\mathrm{U}^{(k)}$ die Hauptuntermatrix von U der Ordnung k und $\mathbf{l}_k$ der Vektor des $\mathbb{R}^k$ sind, der nur Nulleinträge außer an der ersten Stelle, an der er 1 ist, hat. Die Systeme (3.27) sind obere Dreieckssysteme, haben die Ordnung k und können wieder unter Verwendung der Methode (3.23) gelöst werden. Auf diese Weise kommen wir zu dem folgenden Invertierungsalgorithmus für obere Dreiecksmatrizen: für $k = n, n-1, \ldots, 1$ berechne

$$\begin{aligned} v'_{kk} &= u_{kk}^{-1}, \\ v'_{ik} &= -u_{ii}^{-1} \sum_{j=i+1}^{k} u_{ij} v'_{jk}, \quad \text{für } i = k-1, k-2, \ldots, 1. \end{aligned} \tag{3.28}$$

Am Ende dieses Verfahrens liefern die Vektoren $\mathbf{v}'_k$ die nichtverschwindenen Einträge der Spalten von U^{-1}. Der Algorithmus erfordert ungefähr $n^3/3 + (3/4)n^2$ flops. Wiederum stellen wir fest, dass der Algorithmus (3.28) aufgrund von Rundungsfehlern nicht die exakte Lösung, sondern nur eine Näherung liefert. Der entstehende Fehler kann durch die *a priori* Rückwärtsanalyse, wie in Abschnitt 3.1.3 beschrieben, abgeschätzt werden.

Ein ähnliches Verfahren kann aus (3.22) konstruiert werden, um die Inverse einer unteren Dreiecksmatrix zu berechnen.

3.3 Gauß-Elimination (GEM) und LU-Faktorisierung

Die Gaußsche Eliminationsmethode ersetzt das System $A\mathbf{x}=\mathbf{b}$ durch ein äquivalentes System (d.h. eins, das die gleiche Lösung besitzt) der Form $U\mathbf{x}=\widehat{\mathbf{b}}$, wobei U eine obere Dreiecksmatrix und $\widehat{\mathbf{b}}$ ein aktualisierter Vektor der rechten Seite sind. Das Dreieckssystem kann dann durch Rückwärtseinsetzen gelöst werden. Sei das Orginalsystem durch $A^{(1)}\mathbf{x} = \mathbf{b}^{(1)}$ bezeichnet. Während des Reduktionsverfahrens verwenden wir hauptsächlich die Eigenschaft, dass das Ersetzen einer Gleichung durch die Differenz zwischen dieser Gleichung und einer, mit einer nicht verschwindenden Konstanten multiplizierten, Gleichung ein äquivalentes System liefert (d.h. eins mit der gleichen Lösung).

Betrachten wir somit eine nichtsinguläre Matrix $A \in \mathbb{R}^{n\times n}$ und nehmen wir an, dass der Diagonaleintrag a_{11} nicht verschwindet. Durch Einführung der *Faktoren*

$$m_{i1} = \frac{a_{i1}^{(1)}}{a_{11}^{(1)}}, \quad i = 2, 3, \ldots, n,$$

wobei $a_{ij}^{(1)}$ die Elemente von $A^{(1)}$ bezeichnet, ist es möglich die Unbekannte x_1 aus allen anderen Zeilen, außer der ersten, mittels einfacher Subtraktion der Zeile i, mit $i = 2, \ldots, n$, und der ersten mit m_{i1} multiplizierten Zeile zu eliminieren. Das Gleiche wird mit der rechten Seite getan. Wenn wir nun

$$a_{ij}^{(2)} = a_{ij}^{(1)} - m_{i1}a_{1j}^{(1)}, \quad i, j = 2, \ldots, n,$$

$$b_i^{(2)} = b_i^{(1)} - m_{i1}b_1^{(1)}, \quad i = 2, \ldots, n,$$

definieren, wobei $b_i^{(1)}$ die Komponenten von $\mathbf{b}^{(1)}$ bezeichnen, bekommen wir ein neues System der Form

$$\begin{bmatrix} a_{11}^{(1)} & a_{12}^{(1)} & \dots & a_{1n}^{(1)} \\ 0 & a_{22}^{(2)} & \dots & a_{2n}^{(2)} \\ \vdots & \vdots & & \vdots \\ 0 & a_{n2}^{(2)} & \dots & a_{nn}^{(2)} \end{bmatrix} \begin{bmatrix} x_1 \\ x_2 \\ \vdots \\ x_n \end{bmatrix} = \begin{bmatrix} b_1^{(1)} \\ b_2^{(2)} \\ \vdots \\ b_n^{(2)} \end{bmatrix},$$

welches wir mit $\mathrm{A}^{(2)}\mathbf{x} = \mathbf{b}^{(2)}$ bezeichnen, und dass zum Ausgangssystem äquivalent ist.

Analog können wir das System auf solche Weise transformieren, dass die Unbekannte x_2 aus allen Zeilen $3, \dots, n$ eliminiert ist. Allgemein bekommen wir die endliche Folge von Systemen

$$\mathrm{A}^{(k)}\mathbf{x} = \mathbf{b}^{(k)}, \quad 1 \leq k \leq n, \tag{3.29}$$

wobei die Matrix $\mathrm{A}^{(k)}$ für $k \geq 2$ die folgende Form annimmt

$$\mathrm{A}^{(k)} = \begin{bmatrix} a_{11}^{(1)} & a_{12}^{(1)} & \dots & \dots & \dots & a_{1n}^{(1)} \\ 0 & a_{22}^{(2)} & & & & a_{2n}^{(2)} \\ \vdots & & \ddots & & & \vdots \\ 0 & \dots & 0 & a_{kk}^{(k)} & \dots & a_{kn}^{(k)} \\ \vdots & & \vdots & \vdots & & \vdots \\ 0 & \dots & 0 & a_{nk}^{(k)} & \dots & a_{nn}^{(k)} \end{bmatrix},$$

und wir vorausgesetzt haben, dass $a_{ii}^{(i)} \neq 0$ für $i = 1, \dots, k-1$ gilt. Es ist klar, dass wir für $k = n$ das obere Dreieckssystem $\mathrm{A}^{(n)}\mathbf{x} = \mathbf{b}^{(n)}$

$$\begin{bmatrix} a_{11}^{(1)} & a_{12}^{(1)} & \dots & \dots & a_{1n}^{(1)} \\ 0 & a_{22}^{(2)} & & & a_{2n}^{(2)} \\ \vdots & & \ddots & & \vdots \\ 0 & & & \ddots & \vdots \\ 0 & & & & a_{nn}^{(n)} \end{bmatrix} \begin{bmatrix} x_1 \\ x_2 \\ \vdots \\ \vdots \\ x_n \end{bmatrix} = \begin{bmatrix} b_1^{(1)} \\ b_2^{(2)} \\ \vdots \\ \vdots \\ b_n^{(n)} \end{bmatrix}$$

erhalten. In Übereinstimmung mit den zuvor eingeführten Notationen bezeichnen wir durch U die obere Dreiecksmatrix $\mathrm{A}^{(n)}$. Die Einträge $a_{kk}^{(k)}$ werden *Pivotelemente* genannt und müssen offensichtlich für $k = 1, \dots, n-1$ von Null verschieden sein.

Um die Formeln zu erhalten, die das k-te System in das $k+1$-te für $k = 1, \dots, n-1$ transformieren, nehmen wir an, dass $a_{kk}^{(k)} \neq 0$ ist und definieren die Faktoren

$$m_{ik} = \frac{a_{ik}^{(k)}}{a_{kk}^{(k)}}, \quad i = k+1, \dots, n. \tag{3.30}$$

Dann ist

$$\begin{aligned} a_{ij}^{(k+1)} &= a_{ij}^{(k)} - m_{ik}a_{kj}^{(k)}, \quad i,j = k+1,\ldots,n \\ b_i^{(k+1)} &= b_i^{(k)} - m_{ik}b_k^{(k)}, \quad i = k+1,\ldots,n. \end{aligned} \tag{3.31}$$

Beispiel 3.2 Wir wollen die GEM zur Lösung des Systems

$$(\mathrm{A}^{(1)}\mathbf{x} = \mathbf{b}^{(1)}) \quad \left\{ \begin{array}{ccccccc} x_1 & + & \frac{1}{2}x_2 & + & \frac{1}{3}x_3 & = & \frac{11}{6} \\ \frac{1}{2}x_1 & + & \frac{1}{3}x_2 & + & \frac{1}{4}x_3 & = & \frac{13}{12} \\ \frac{1}{3}x_1 & + & \frac{1}{4}x_2 & + & \frac{1}{5}x_3 & = & \frac{47}{60} \end{array} \right.$$

verwenden, das die Lösung $\mathbf{x}=(1,\ 1,\ 1)^T$ besitzt. Im ersten Schritt berechnen wir die Faktoren $m_{21} = 1/2$ und $m_{31} = 1/3$, und subtrahieren von der zweiten und dritten Gleichung des Systems die mit m_{21} bzw. m_{31} multiplizierte erste Zeile. Wir erhalten das äquivalente System

$$(\mathrm{A}^{(2)}\mathbf{x} = \mathbf{b}^{(2)}) \quad \left\{ \begin{array}{ccccccc} x_1 & + & \frac{1}{2}x_2 & + & \frac{1}{3}x_3 & = & \frac{11}{6} \\ 0 & + & \frac{1}{12}x_2 & + & \frac{1}{12}x_3 & = & \frac{1}{6} \\ 0 & + & \frac{1}{12}x_2 & + & \frac{4}{45}x_3 & = & \frac{31}{180} \end{array} \right. .$$

Wenn wir nun die zweite Zeile mit $m_{32} = 1$ multiplizieren und von der dritten Zeile subtrahieren, bekommen wir schließlich das obere Dreieckssystem

$$(\mathrm{A}^{(3)}\mathbf{x} = \mathbf{b}^{(3)}) \quad \left\{ \begin{array}{ccccccc} x_1 & + & \frac{1}{2}x_2 & + & \frac{1}{3}x_3 & = & \frac{11}{6} \\ 0 & + & \frac{1}{12}x_2 & + & \frac{1}{12}x_3 & = & \frac{1}{6} \\ 0 & + & 0 & + & \frac{1}{180}x_3 & = & \frac{1}{180} \end{array} \right. ,$$

aus dem wir unmittelbar $x_3 = 1$ berechnen, und dann durch Rückwärtseinsetzen die verbleibenden Unbekannten $x_1 = x_2 = 1$. •

Bemerkung 3.2 Die Matrix in Beispiel 3.2 heißt *Hilbert-Matrix* der Ordnung 3. Im allgemeinen $n \times n$ Fall sind ihre Einträge gegeben durch

$$h_{ij} = 1/(i+j-1), \qquad i,j = 1,\ldots,n. \tag{3.32}$$

Wie wir später sehen werden, liefert diese Matrix das Musterbeispiel einer schlecht konditionierten Matrix. ■

Um die Gaußelimination durchzuführen sind $2(n-1)n(n+1)/3 + n(n-1)$ flops erforderlich, zuzüglich n^2 flops zum Rückwärtseinsetzen des Dreieckssystems $\mathrm{U}\,\mathbf{x} = \mathbf{b}^{(n)}$. Daher werden ungefähr $(2n^3/3 + 2n^2)$ flops zur Lösung des linearen Systems mit der GEM benötigt. Vernachlässigen wir die Terme niederer Ordnung, so stellen wir fest, dass das Gaußsche Eliminationsverfahren einen Aufwand von $2n^3/3$ flops besitzt.

Wie zuvor bemerkt, lässt sich die GEM genau dann durchführen, wenn die Pivotelemente $a_{kk}^{(k)}$, für $k = 1, \ldots, n-1$, nicht verschwinden. Unglücklicherweise reichen Nichtnulldiagonalelemente in A nicht aus, um ein Verschwinden der Pivotelemente während des Eliminationsprozesses zu vermeiden. Zum Beispiel ist die Matrix A in (3.33) nicht singulär und hat nichtverschwindende Diagonaleinträge

$$\mathrm{A} = \begin{bmatrix} 1 & 2 & 3 \\ 2 & 4 & 5 \\ 7 & 8 & 9 \end{bmatrix}, \quad \mathrm{A}^{(2)} = \begin{bmatrix} 1 & 2 & 3 \\ 0 & \boxed{0} & -1 \\ 0 & -6 & -12 \end{bmatrix}. \tag{3.33}$$

Bei Anwendung der GEM bricht jedoch das Verfahren wegen $a_{22}^{(2)} = 0$ im zweiten Schritt ab.

Restriktivere Bedingungen an A sind daher notwendig, um die Anwendbarkeit der Methode zu sichern. In Abschnitt 3.3.1 werden wir sehen, dass, wenn die führenden Hauptminoren d_i von A für $i = 1, \ldots, n-1$ nicht verschwinden, dann die entsprechenden Pivoteinträge $a_{ii}^{(i)}$ notwendigerweise nicht Null sind. Wir erinnern daran, dass d_i die Determinante von A_i ist, und A_i die i-te Hauptuntermatrix, die aus den ersten i Zeilen und Spalten von A gebildet wird. Die Matrix im vorangegangenem Beispiel erfüllt diese Bedingung nicht, bei ihr ist $d_1 = 1$ und $d_2 = 0$.
Es existieren Klassen von Matrizen, für die die GEM immer in ihrer Grundform (3.31) ausführbar ist. Zu diesen Klassen gehören:

1. *zeilendiagonal dominante* Matrizen;

2. *spaltendiagonal dominante* Matrizen. In solch einem Fall kann man sogar zeigen, dass die Faktoren dem Betrage nach kleiner oder gleich 1 sind (siehe Eigenschaft 3.2);

3. *symmetrische und positiv definite* Matrizen (siehe Theorem 3.6).

Für eine rigorose Herleitung dieser Ergebnisse verweisen wir auf die kommenden Abschnitte.

3.3.1 GEM als Faktorisierungsmethode

In diesem Abschnitt zeigen wir, auf welche Weise die GEM äquivalent zur Faktorisierung der Matrix A in ein Produkt zweier Matrizen, A=LU, mit U=$\mathrm{A}^{(n)}$, ist. Da L und U nur von A abhängen und nicht von der rechten Seite, kann die gleiche Faktorisierung bei der Lösung verschiedener linearer Gleichungssysteme mit derselben Matrix A, aber unterschiedlicher rechter Seiten $\mathbf{b}$ verwendet werden, womit der Operationsaufwand beträchtlich reduziert wird (tatsächlich wird der Hauptaufwand, ungefähr $2n^3/3$ flops, für den Eliminationsprozess verwendet).

Gehen wir zurück zum Beispiel 3.2, das die Hilbert-Matrix H_3 betraf. Um in der Praxis von $A^{(1)}=H_3$ zur Matrix $A^{(2)}$ im zweiten Schritt zu gelangen, haben wir das System mit der Matrix

$$M_1 = \begin{bmatrix} 1 & 0 & 0 \\ -\frac{1}{2} & 1 & 0 \\ -\frac{1}{3} & 0 & 1 \end{bmatrix} = \begin{bmatrix} 1 & 0 & 0 \\ -m_{21} & 1 & 0 \\ -m_{31} & 0 & 1 \end{bmatrix}$$

multipliziert. Tatsächlich gilt

$$M_1 A = M_1 A^{(1)} = \begin{bmatrix} 1 & \frac{1}{2} & \frac{1}{3} \\ 0 & \frac{1}{12} & \frac{1}{12} \\ 0 & \frac{1}{12} & \frac{4}{45} \end{bmatrix} = A^{(2)}.$$

In gleicher Weise müssen wir, um den zweiten (und letzten) Schritt der GEM durchzuführen, die Matrix $A^{(2)}$ mit der Matrix

$$M_2 = \begin{bmatrix} 1 & 0 & 0 \\ 0 & 1 & 0 \\ 0 & -1 & 1 \end{bmatrix} = \begin{bmatrix} 1 & 0 & 0 \\ 0 & 1 & 0 \\ 0 & -m_{32} & 1 \end{bmatrix}$$

multiplizieren, wobei $A^{(3)} = M_2 A^{(2)}$. Daher gilt

$$M_2 M_1 A = A^{(3)} = U. \tag{3.34}$$

Andererseits sind die Matrizen M_1 und M_2 untere Dreiecksmatrizen, ihr Produkt wie auch ihre Inversen sind auch untere Dreiecksmatrizen; folglich bekommt man aus (3.34)

$$A = (M_2 M_1)^{-1} U = LU,$$

was die gewünschte Faktorisierung von A ist.

Diese Identität kann wie folgt verallgemeinert werden. Setzen wir

$$\mathbf{m}_k = (0, \ldots, 0, m_{k+1,k}, \ldots, m_{n,k})^T \in \mathbb{R}^n$$

und definieren

$$M_k = \begin{bmatrix} 1 & \ldots & 0 & 0 & \ldots & 0 \\ \vdots & \ddots & \vdots & \vdots & & \vdots \\ 0 & & 1 & 0 & & 0 \\ 0 & & -m_{k+1,k} & 1 & & 0 \\ \vdots & \vdots & \vdots & \vdots & \ddots & \vdots \\ 0 & \ldots & -m_{n,k} & 0 & \ldots & 1 \end{bmatrix} = I_n - \mathbf{m}_k \mathbf{e}_k^T$$

als die k-te *Gaußsche Transformationsmatrix*, so finden wir heraus, dass

$$(\mathrm{M}_k)_{ip} = \delta_{ip} - (\mathbf{m}_k \mathbf{e}_k^T)_{ip} = \delta_{ip} - m_{ik}\delta_{kp}, \qquad i,p = 1,\ldots,n.$$

Andererseits haben wir aus (3.31)

$$a_{ij}^{(k+1)} = a_{ij}^{(k)} - m_{ik}\delta_{kk}a_{kj}^{(k)} = \sum_{p=1}^{n}(\delta_{ip} - m_{ik}\delta_{kp})a_{pj}^{(k)}, \quad i,j = k+1,\ldots,n,$$

oder, äquivalent

$$\mathrm{A}^{(k+1)} = \mathrm{M}_k \mathrm{A}^{(k)}. \tag{3.35}$$

Folglich sind am Ende des Eliminationsprozesses die Matrizen M_k, mit $k = 1,\ldots,n-1$, und die Matrix U derart erzeugt, dass

$$\mathrm{M}_{n-1}\mathrm{M}_{n-2}\ldots\mathrm{M}_1\mathrm{A} = \mathrm{U}.$$

Die Matrizen M_k sind Einheitsdreiecksmatrizen mit Inversen, die durch

$$\mathrm{M}_k^{-1} = 2\mathrm{I}_n - \mathrm{M}_k = \mathrm{I}_n + \mathbf{m}_k\mathbf{e}_k^T \tag{3.36}$$

gegeben sind, wobei $(\mathbf{m}_i\mathbf{e}_i^T)(\mathbf{m}_j\mathbf{e}_j^T)$ gleich der Nullmatrix für $i \neq j$ ist. Folglich gilt

$$\begin{aligned}
\mathrm{A} &= \mathrm{M}_1^{-1}\mathrm{M}_2^{-1}\ldots\mathrm{M}_{n-1}^{-1}\mathrm{U} \\
&= (\mathrm{I}_n + \mathbf{m}_1\mathbf{e}_1^T)(\mathrm{I}_n + \mathbf{m}_2\mathbf{e}_2^T)\ldots(\mathrm{I}_n + \mathbf{m}_{n-1}\mathbf{e}_{n-1}^T)\mathrm{U} \\
&= \left(\mathrm{I}_n + \sum_{i=1}^{n-1}\mathbf{m}_i\mathbf{e}_i^T\right)\mathrm{U} \\
&= \begin{bmatrix} 1 & 0 & \ldots & \ldots & 0 \\ m_{21} & 1 & & & \vdots \\ \vdots & m_{32} & \ddots & & \vdots \\ \vdots & \vdots & & \ddots & 0 \\ m_{n1} & m_{n2} & \ldots & m_{n,n-1} & 1 \end{bmatrix}\mathrm{U}.
\end{aligned} \tag{3.37}$$

Setzen wir $\mathrm{L} = (\mathrm{M}_{n-1}\mathrm{M}_{n-2}\ldots\mathrm{M}_1)^{-1} = \mathrm{M}_1^{-1}\ldots\mathrm{M}_{n-1}^{-1}$, so folgt

$$\mathrm{A} = \mathrm{LU}.$$

Wir bemerken, dass aufgrund von (3.37) die subdiagonalen Einträge von L die Multiplikatoren m_{ik} sind, die durch die GEM produziert werden, während die Diagonaleinträge gleich Eins sind.

Sind die Matrizen L und U einmal berechnet, so besteht die Lösung des linearen Systems nur aus der sukzessiven Lösung zweier Dreieckssysteme

$$\mathrm{L}\mathbf{y} = \mathbf{b}$$

$$\mathrm{U}\mathbf{x} = \mathbf{y}.$$

Der Rechenaufwand des Faktorisierungsprozesses ist offensichtlich derselbe, der auch für die GEM erforderlich war.

Das folgende Resultat stellt eine Verbindung zwischen den führenden Hauptminoren einer Matrix und seiner LU-Faktorisierung, die durch die GEM erzeugt wird, her.

Theorem 3.4 *Sei* $\mathrm{A} \in \mathbb{R}^{n\times n}$. *Die LU-Faktorisierung von* A *mit* $l_{ii} = 1$ *für* $i = 1,\ldots,n$ *existiert und ist eindeutig genau dann wenn die Hauptuntermatrizen* A_i *von* A *der Ordnung* $i = 1,\ldots,n-1$ *nichtsingulär sind.*

Beweis. Die Existenz der LU-Faktorisierung kann bewiesen werden, indem man den Schritten der GEM folgt. Hier bevorzugen wir einem alternativen Zugang, der es uns erlaubt, gleichzeitig sowohl Existenz als auch Einzigkeit zu beweisen und der in späteren Abschnitten erneut verwendet werden wird.

Wir nehmen an, dass die Hauptminoren A_i von A für $i = 1,\ldots,n-1$ nichtsingulär sind und beweisen durch Induktion nach i, dass unter dieser Hypothese die LU-Faktorisierung von $\mathrm{A}(= \mathrm{A}_n)$ mit $l_{ii} = 1$, für $i = 1,\ldots,n$, existiert und eindeutig ist.

Die Eigenschaft gilt offenbar für $i = 1$. Nehmen wir nun an, dass eine eindeutig bestimmte LU-Faktorisierung von A_{i-1} der Form $\mathrm{A}_{i-1} = \mathrm{L}^{(i-1)}\mathrm{U}^{(i-1)}$ mit $l_{kk}^{(i-1)} = 1$ für $k = 1,\ldots,i-1$ existiert, und zeigen, dass eine eindeutig bestimmte Faktorisierung auch für A_i existiert. Wir zerlegen A_i in Blockmatrizen der Form

$$\mathrm{A}_i = \begin{bmatrix} \mathrm{A}_{i-1} & \mathbf{c} \\ \mathbf{d}^T & a_{ii} \end{bmatrix}$$

und suchen eine Faktorisierung von A_i der Form

$$\mathrm{A}_i = \mathrm{L}^{(i)}\mathrm{U}^{(i)} = \begin{bmatrix} \mathrm{L}^{(i-1)} & \mathbf{0} \\ \mathbf{l}^T & 1 \end{bmatrix} \begin{bmatrix} \mathrm{U}^{(i-1)} & \mathbf{u} \\ \mathbf{0}^T & u_{ii} \end{bmatrix}, \qquad (3.38)$$

die ebenfalls in Blöcke zerlegte Faktoren $\mathrm{L}^{(i)}$ und $\mathrm{U}^{(i)}$ hat. Indem wir das Produkt dieser beiden Faktoren berechnen und blockweise die Elemente von A_i vergleichen, erhalten wir, dass die Vektoren $\mathbf{l}$ und $\mathbf{u}$ die Lösungen der linearen Systeme $\mathrm{L}^{(i-1)}\mathbf{u} = \mathbf{c}$ und $\mathbf{l}^T\mathrm{U}^{(i-1)} = \mathbf{d}^T$ sind.

Andererseits sind die Matrizen $\mathrm{L}^{(i-1)}$ und $\mathrm{U}^{(i-1)}$ wegen $0 \neq \det(\mathrm{A}_{i-1}) = \det(\mathrm{L}^{(i-1)})\det(\mathrm{U}^{(i-1)})$ nicht singulär und folglich existieren $\mathbf{u}$ und $\mathbf{l}$ und sind eindeutig bestimmt.

Somit existiert eine eindeutig bestimmte Faktorisierung von A_i, wobei u_{ii} die eindeutige Lösung der Gleichung $u_{ii} = a_{ii} - \mathbf{l}^T\mathbf{u}$ ist. Dies beendet den Induktionsschritt des Beweises.

Es bleibt nun zu beweisen, dass, wenn die vorliegende Faktorisierung existiert und eindeutig ist, dann die ersten $n-1$ führenden Hauptminoren von A nicht singulär sein müssen. Wir werden die Fälle A singulär und A nicht singulär unterscheiden.

Beginnen wir mit dem zweiten Fall und nehmen an, dass die LU-Faktorisierung von A mit $l_{ii} = 1$ für $i = 1, \ldots, n$, existiert und eindeutig ist. Dann haben wir aufgrund von (3.38) $A_i = L^{(i)}U^{(i)}$ für $i = 1, \ldots, n$. Somit gilt

$$\det(A_i) = \det(L^{(i)})\det(U^{(i)}) = \det(U^{(i)}) = u_{11}u_{22}\ldots u_{ii}, \tag{3.39}$$

woraus wir mit $i = n$ und A nichtsingulär $u_{11}u_{22}\ldots u_{nn} \neq 0$ erhalten, und damit notwendigerweise $\det(A_i) = u_{11}u_{22}\ldots u_{ii} \neq 0$ für $i = 1, \ldots, n-1$ ist.

Nun sei A eine singuläre Matrix und (zumindest) ein Diagonaleintrag von U gleich Null. Wir bezeichnen mit u_{kk} den Nulleintrag von U mit minimalem Index k. Dank (3.38) kann die Faktorisierung ohne Schwierigkeiten bis zum $k+1$-ten Schritt berechnet werden. Ab diesem Schritt gehen, da die Matrix $U^{(k)}$ singulär ist, Existenz und Einzigkeit des Vektors $\mathbf{l}^T$ mit Sicherheit verloren, und folglich gilt das Gleiche für die Eindeutigkeit der Faktorisierung. Damit dies nicht auftritt bevor der Prozess die ganze Matrix A faktorisiert hat, müssen alle u_{kk} Einträge bis zum Index $k = n-1$ einschließlich von Null verschieden sein und folglich aufgrund von (3.39) auch alle führenden Minoren A_k für $k = 1, \ldots, n-1$. $\diamond$

Aus obigem Theorem schließen wir, dass im Fall, in dem ein A_i, mit $i = 1, \ldots, n-1$, singulär ist, die Faktorisierung entweder nicht existiert oder nicht eindeutig ist.

Beispiel 3.3 Betrachte die Matrizen

$$B = \begin{bmatrix} 1 & 2 \\ 1 & 2 \end{bmatrix}, \quad C = \begin{bmatrix} 0 & 1 \\ 1 & 0 \end{bmatrix}, \quad D = \begin{bmatrix} 0 & 1 \\ 0 & 2 \end{bmatrix}.$$

Gemäß Theorem 3.4, besitzt die singuläre Matrix B, die den nichtsingulären Hauptminor $B_1 = 1$ hat, eine eindeutige LU-Faktorisierung. Die verbleibenden zwei Beispiele zeigen, dass die Faktorisierung nicht existieren oder nicht eindeutig sein kann, wenn die Annahmen des Theorems nicht erfüllt sind.

Tatsächlich besitzt die nichtsinguläre Matrix C mit singulärem C_1 überhaupt keine Faktorisierung, während die (singuläre) Matrix D mit singulärem D_1 eine unendliche Zahl von Faktorisierungen der Form $D = L_\beta U_\beta$ mit

$$L_\beta = \begin{bmatrix} 1 & 0 \\ \beta & 1 \end{bmatrix}, \quad U_\beta = \begin{bmatrix} 0 & 1 \\ 0 & 2-\beta \end{bmatrix}, \quad \forall \beta \in \mathbb{R}$$

besitzt. •

Im Fall, in dem die LU-Faktorisierung eindeutig ist, weisen wir darauf hin, dass wegen $\det(\mathrm{A}) = \det(\mathrm{LU}) = \det(\mathrm{L})\det(\mathrm{U}) = \det(\mathrm{U})$ die Determinante von A durch

$$\det(\mathrm{A}) = u_{11} \cdots u_{nn}$$

gegeben ist. Wir erinnern nun an die folgende Eigenschaft (für deren Beweis wir auf [GL89] oder [Hig96] verweisen).

Eigenschaft 3.2 *Sei* A *eine Matrix, die bezüglich der Zeilen bzw. Spalten diagonal dominant ist. Dann existiert die LU-Faktorisierung von* A. *Insbesondere gilt* $|l_{ij}| \leq 1 \ \forall i, j$, *wenn* A *spaltendiagonaldominant ist.*

Im Beweis des Theorem 3.4 nutzten wir die Tatsache aus, dass die Diagonaleinträge von L gleich 1 sind. In gleicher Weise hätten wir die Diagonaleinträge der oberen Dreiecksmatrix auf 1 setzen können, was zu einer Variante der GEM führt, die in Abschnitt 3.3.4 betrachtet wird.

Die Freiheit des Setzens entweder der Diagonaleinträge von L oder der von U impliziert die Existenz verschiedener LU-Faktorisierungen, die eine aus der anderen durch Multiplikation mit einer geeigneten Diagonalmatrix erhalten werden kann (siehe Abschnitt 3.4.1).

3.3.2 Die Auswirkung von Rundungsfehlern

Wenn Rundungsfehler in Betracht gezogen werden, liefert der durch GEM erzeugte Faktorisierungsprozess zwei Matrizen, $\widehat{\mathrm{L}}$ und $\widehat{\mathrm{U}}$, so dass $\widehat{\mathrm{L}}\widehat{\mathrm{U}} = \mathrm{A} + \delta\mathrm{A}$ mit einer Störungsmatrix $\delta\mathrm{A}$ gilt. Die Größe einer solchen Störung kann durch

$$|\delta\mathrm{A}| \leq \frac{n\mathrm{u}}{1 - n\mathrm{u}} |\widehat{\mathrm{L}}|\,|\widehat{\mathrm{U}}|, \tag{3.40}$$

abgeschätzt werden, wobei u die *Rundungseinheit* ist (für den Beweis dieses Resultats verweisen wir auf [Hig89]). Aus (3.40) ist ersichtlich, dass das Vorhandensein von kleinen Pivoteinträgen die rechte Seite der Ungleichung praktisch unbeschränkt, mit einem konsequentem Verlust der Kontrolle über die Größe der Störungsmatrix $\delta\mathrm{A}$, machen kann. Daher ist man an zu (3.40) ähnlichen Abschätzungen der Form

$$|\delta\mathrm{A}| \leq g(\mathrm{u})|\mathrm{A}|,$$

wobei $g(\mathrm{u})$ eine geeignete Funktion von u ist, interessiert. Nehmen wir zum Beispiel an, dass $\widehat{\mathrm{L}}$ und $\widehat{\mathrm{U}}$ nichtnegative Einträge haben, so bekommen wir wegen $|\widehat{\mathrm{L}}||\widehat{\mathrm{U}}| = |\widehat{\mathrm{L}}\widehat{\mathrm{U}}|$

$$|\widehat{\mathrm{L}}|\,|\widehat{\mathrm{U}}| = |\widehat{\mathrm{L}}\widehat{\mathrm{U}}| = |\mathrm{A} + \delta\mathrm{A}| \leq |\mathrm{A}| + |\delta\mathrm{A}| \leq |\mathrm{A}| + \frac{n\mathrm{u}}{1 - n\mathrm{u}} |\widehat{\mathrm{L}}|\,|\widehat{\mathrm{U}}|, \tag{3.41}$$

woraus die gewünschte Abschätzung mit $g(\mathrm{u}) = n\mathrm{u}/(1 - 2n\mathrm{u})$ erzielt wird.

Die Technik des Pivotisierens, die in Abschnitt 3.5 untersucht wurde, hält die Größe der Pivotelemente unter Kontrolle und ermöglicht Abschätzungen der Form (3.41) für jede Matrix.

3.3.3 Implementation der LU-Faktorisierung

Da L eine untere Dreiecksmatrix mit Diagonaleinträgen gleich 1 und U eine obere Dreiecksmatrix sind, ist es möglich (und bequem) die LU-Faktorisierung direkt im gleichen Speicherfeld das von der Matrix A belegt ist, zu speichern. Genauer, U wird im oberen Dreiecksteil von A (einschließlich der Diagonalen) gespeichert, während L den unteren Dreiecksteil von A belegt (die Diagonalelemente von L werden nicht gespeichert, da sie implizit als 1 angenommen werden).

Ein Programmcode dieses Algorithmus ist im Programm 4 dargestellt. Die Ausgangsmatrix A enthält die überschriebene LU Zerlegung.

Program 4 - lu_kji : LU Zerlegung der Matrix A. *kji* Version

```
function [A] = lu_kji (A)
[n,n]=size(A);
for k=1:n-1
  A(k+1:n,k)=A(k+1:n,k)/A(k,k);
  for j=k+1:n, for i=k+1:n
             A(i,j)=A(i,j)-A(i,k)*A(k,j);
  end,       end
end
```

Diese Implementation des Zerlegungsalgorithmus wird, wegen der Reihenfolge, in der die Zyklen ausgeführt werden, üblicherweise als die *kji* Version zitiert. In einer besseren Notation heißt sie die $SAXPY - kji$ Version, aufgrund der Tatsache, dass die Grundoperation des Algorithmus, der aus der Multiplikation eines Skalars A mit einem Vektor $\mathbf{X}$, der Summation eines anderen Vektors $\mathbf{Y}$ und dem Speichern des Ergebnisses besteht, üblicherweise SAXPY (d.h. *S*kalar A X *P*lus Y) genannt wird.

Die Faktorisierung kann natürlich auch in einer anderen Reihenfolge ausgeführt werden. Im allgemeinen heißen die Formen, bei denen die Schleife über den Index i der Schleife über dem Index j vorangeht, *zeilen-orientiert*, während die anderen *spalten-orientiert* genannt werden. Wie üblich, bezieht sich diese Terminologie auf den Fakt, dass auf die Matrix zeilenweise oder spaltenweise zugegriffen wird.

Ein Beispiel einer spalten-orientierten *jki* Version der LU Zerlegung wird im Programm 5 vorgestellt. Diese Version wird üblicherweise $GAXPY - jki$ genannt, da die Basisoperation (ein Matrix-Vektorprodukt), kurz GAXPY genannt, ist, was für Generalisiertes sAXPY steht (für weitere Details siehe [DGK84]). Bei der GAXPY Operation wird der Skalar A der SAXPY Operation durch eine Matrix ersetzt.

Program 5 - lu_jki : LU Zerlegung der Matrix A. *jki* Version

```
function [A] = lu_jki (A)
[n,n]=size(A);
for j=1:n
  for k=1:j-1,   for i=k+1:n
                   A(i,j)=A(i,j)-A(i,k)*A(k,j);
  end,          end
  for i=j+1:n,   A(i,j)=A(i,j)/A(j,j); end
end
```

3.3.4 Kompakte Formen der Faktorisierung

Bemerkenswerte Varianten der LU-Faktorisierung sind die Crout-Faktorisierung und die Doolittle-Faktorisierung, die auch als *kompakte Formen* der Gaußschen Eliminationsmethode bekannt sind. Diese Bezeichnung gründet sich darauf, dass diese Ansätze weniger Zwischenergebnisse als die herkömmliche GEM benötigen, um die Faktorisierung von A zu erzeugen.

Die Berechnung der LU-Faktorisierung von A ist formal äquivalent zur Lösung des folgenden nichtlinearen Systems von n^2 Gleichungen

$$a_{ij} = \sum_{r=1}^{\min(i,j)} l_{ir} u_{rj}, \qquad (3.42)$$

dessen Unbekannte die $n^2 + n$ Koeffizienten der Dreiecksmatrizen L und U sind. Wenn wir willkürlich n Koeffizienten 1 setzen, zum Beispiel die Diagonaleinträge von L oder U, gelangen wir zum Doolittle- bzw. Crout-Verfahren, die einen effizienten Weg zur Lösung des Systems (3.42) liefern.

Angenommen die ersten $k-1$ Spalten von L und die ersten $k-1$ Zeilen von U sind bereits verfügbar und sei $l_{kk} = 1$ (Doolittle-Methode), so erhalten wir aus (3.42) die folgenden Gleichungen

$$\begin{aligned} a_{kj} &= \sum_{r=1}^{k-1} l_{kr} u_{rj} + \boxed{u_{kj}}, \qquad j = k, \ldots, n, \\ a_{ik} &= \sum_{r=1}^{k-1} l_{ir} u_{rk} + \boxed{l_{ik}} u_{kk}, \quad i = k+1, \ldots, n. \end{aligned}$$

Beachte, dass diese Gleichungen *sequentiell* in Bezug auf die eingekästelten Variablen u_{kj} und l_{ik} gelöst werden können. Bei der kompakten Doolittle-Methode erhalten wir somit erst die k-te Zeile von U und dann die k-te

Spalte von L wie folgt: für $k = 1, \ldots, n$

$$
\begin{aligned}
u_{kj} &= a_{kj} - \sum_{r=1}^{k-1} l_{kr} u_{rj}, && j = k, \ldots, n, \\
l_{ik} &= \frac{1}{u_{kk}} \left(a_{ik} - \sum_{r=1}^{k-1} l_{ir} u_{rk} \right), && i = k+1, \ldots, n.
\end{aligned}
\tag{3.43}
$$

Die Crout-Faktorisierung wird ähnlich erzeugt, in dem erst die k-te Spalte von L und dann die k-te Zeile von U berechnet wird: für $k = 1, \ldots, n$

$$
\begin{aligned}
l_{ik} &= a_{ik} - \sum_{r=1}^{k-1} l_{ir} u_{rk}, && i = k, \ldots, n, \\
u_{kj} &= \frac{1}{l_{kk}} \left(a_{kj} - \sum_{r=1}^{k-1} l_{kr} u_{rj} \right), && j = k+1, \ldots, n,
\end{aligned}
$$

wobei wir $u_{kk} = 1$ setzen. Rufen wir uns die obigen Bezeichnungen in Erinnerung, ist die Doolittle-Faktorisierung nichts anderes als die ijk Version der GEM.

Im Programm 6 geben wir die Implementation des Doolittle Schemas an. Beachte, dass jetzt die Hauptberechnung ein "dot"-Produkt ist, daher ist diese Schema auch als $DOT - ijk$ Version der GEM bekannt.

Program 6 - lu_ijk : LU Zerlegung einer Matrix A: ijk Version

```
function [A] = lu_ijk (A)
[n,n]=size(A);
for i=1:n
  for j=2:i
    A(i,j-1)=A(i,j-1)/A(j-1,j-1);
    for k=1:j-1,   A(i,j)=A(i,j)-A(i,k)*A(k,j);  end
  end
  for j=i+1:n
    for k=1:i-1,   A(i,j)=A(i,j)-A(i,k)*A(k,j);  end
  end
end
```

3.4 Andere Arten der Zerlegung

Wir wenden uns nun Faktorisierungen zu, die für symmetrische Matrizen und Rechteckmatrizen geeignet sind.

3.4.1 LDM^T-Faktorisierung

Es ist möglich auch andere Arten der Faktorisierung von A zu entwickeln. Speziell wollen wir uns einigen Varianten widmen, bei denen die Faktorisierung von A in der Form

$$A = LDM^T$$

geschrieben werden kann, wobei L, M^T und D eine untere Dreiecks-, eine obere Dreiecks- bzw. eine Diagonalmatrix bezeichnen.

Nach Konstruktion dieser Faktorisierung kann die Auflösung des Systems erfolgen, in dem zunächst das untere Dreieckssystem $L\mathbf{y}=\mathbf{b}$, dann das Diagonalsystem $D\mathbf{z}=\mathbf{y}$, und schließlich das obere Dreieckssystem $M^T\mathbf{x}=\mathbf{z}$ mit einem Aufwand von $n^2 + n$ flops gelöst werden. Im symmetrischen Fall erhalten wir M = L und die LDL^T Faktorisierung kann mit der Hälfte der Kosten (siehe Abschnitt 3.4.2) berechnet werden.

Die LDM^T-Faktorisierung hat eine Eigenschaft, die analog zu der in Theorem 3.4 für die LU-Faktorisierung ist. Speziell gilt das folgende Resultat.

Theorem 3.5 *Sind alle Hauptminoren einer Matrix* $A \in \mathbb{R}^{n\times n}$ *nicht Null, so gibt es eine eindeutig bestimmte Diagonalmatrix* D, *eine eindeutig bestimmte untere Einheitsdreicksmatrix* L *und eine eindeutig bestimmte obere Einheitsdreicksmatrix* M^T, *so dass* $A = LDM^T$ *gilt.*

Beweis. Aus Theorem 3.4 wissen wir bereits, dass eine eindeutig bestimmte LU-Faktorisierung von A mit $l_{ii} = 1$ für $i = 1, \ldots, n$ existiert. Wenn wir die Diagonaleinträge von D gleich u_{ii} (verschieden von Null, da U nichtsingulär ist) setzen, dann gilt $A = LU = LD(D^{-1}U)$. Definieren wir $M^T = D^{-1}U$, so folgt die Existenz der LDM^T-Faktorisierung, wobei $D^{-1}U$ eine obere Einheitsdreiecksmatrix ist. Die Eindeutigkeit der LDM^T-Faktorisierung ist eine Folge der Eindeutigkeit der LU-Faktorisierung.

◇

Der obige Beweis zeigt, dass wir L, M^T und D aus der LU-Faktorisierung von A berechnen könnten, da die Diagonaleinträge von D mit denen von U übereinstimmen. Es genügt M^T als $D^{-1}U$ zu berechnen. Nichtsdestotrotz hat dieser Algorithmus die gleichen Kosten wie die übliche LU-Faktorisierung. Ebenso ist es möglich, die drei Matrizen der Faktorisierung durch elementweises Erzwingen der Identität $A=LDM^T$ zu berechnen.

3.4.2 Symmetrische und positiv definite Matrizen: Die Cholesky-Faktorisierung

Wie bereits erwähnt, vereinfacht sich die LDM^T-Faktorisierung beträchtlich, wenn A symmetrisch ist, da in solch einem Fall M=L gilt, was zur sogenannten LDL^T-Faktorisierung führt. Der numerische Aufwand halbiert sich gegenüber der LU-Faktorisierung auf ungefähr $(n^3/3)$ flops.

Beispielsweise ermöglicht die Hilbert-Matrix der Ordnung 3 folgende LDL^T-Faktorisierung

$$\mathrm{H}_3 = \begin{bmatrix} 1 & \frac{1}{2} & \frac{1}{3} \\ \frac{1}{2} & \frac{1}{3} & \frac{1}{4} \\ \frac{1}{3} & \frac{1}{4} & \frac{1}{5} \end{bmatrix} = \begin{bmatrix} 1 & 0 & 0 \\ \frac{1}{2} & 1 & 0 \\ \frac{1}{3} & 1 & 1 \end{bmatrix} \begin{bmatrix} 1 & 0 & 0 \\ 0 & \frac{1}{12} & 0 \\ 0 & 0 & \frac{1}{180} \end{bmatrix} \begin{bmatrix} 1 & \frac{1}{2} & \frac{1}{3} \\ 0 & 1 & 1 \\ 0 & 0 & 1 \end{bmatrix}.$$

Im Fall, dass A auch positiv definit ist, sind die Diagonaleinträge von D in der LDL^T-Faktorisierung positiv. Darüber hinaus haben wir folgendes Resultat.

Theorem 3.6 *Sei* $\mathrm{A} \in \mathbb{R}^{n\times n}$ *eine symmetrische und positiv definite Matrix. Dann gibt es eine eindeutig bestimmte obere Dreiecksmatrix* H *mit positiven Diagonaleinträgen, so dass*

$$\mathrm{A} = \mathrm{H}^{\mathrm{T}}\mathrm{H}. \tag{3.44}$$

Diese Faktorisierung heißt Cholesky-Faktorisierung und die Einträge h_{ij} *von* H^T *können wie folgt berechnet werden:*
$h_{11} = \sqrt{a_{11}}$ *und für* $i = 2, \dots, n$,

$$\begin{aligned} h_{ij} &= \left(a_{ij} - \sum_{k=1}^{j-1} h_{ik}h_{jk} \right) / h_{jj}, \quad j = 1, \dots, i-1, \\ h_{ii} &= \left(a_{ii} - \sum_{k=1}^{i-1} h_{ik}^2 \right)^{1/2}. \end{aligned} \tag{3.45}$$

Beweis. Wir wollen das Theorem durch Induktion nach der Größe i der Matrix (wie es im Theorem 3.4 getan wurde) beweisen, wobei wir die Tatsache verwenden, dass für symmetrisches, positiv definites $\mathrm{A}_i \in \mathbb{R}^{i\times i}$ auch alle Hauptuntermatrizen dieselbe Eigenschaft besitzen.

Für $i = 1$ ist das Resultat offensichtlich richtig. Somit nehmen wir an, dass es für $i - 1$ gilt und beweisen, dass es dann auch für i gilt. Es gibt eine obere Dreiecksmatrix H_{i-1}, so dass $\mathrm{A}_{i-1} = \mathrm{H}_{i-1}^T\mathrm{H}_{i-1}$. Wir zerlegen A_i in

$$\mathrm{A}_i = \begin{bmatrix} \mathrm{A}_{i-1} & \mathbf{v} \\ \mathbf{v}^T & \alpha \end{bmatrix},$$

mit $\alpha \in \mathbb{R}^+$, $\mathbf{v} \in \mathbb{R}^{i-1}$ und suchen eine Faktorisierung von A_i in der Form

$$\mathrm{A}_i = \mathrm{H}_i^T\mathrm{H}_i = \begin{bmatrix} \mathrm{H}_{i-1}^T & \mathbf{0} \\ \mathbf{h}^T & \beta \end{bmatrix} \begin{bmatrix} \mathrm{H}_{i-1} & \mathbf{h} \\ \mathbf{0}^T & \beta \end{bmatrix}.$$

Indem wir die Gleichheit mit den Einträgen von A_i erzwingen, erhalten wir die Gleichungen $\mathrm{H}_{i-1}^T\mathbf{h} = \mathbf{v}$ und $\mathbf{h}^T\mathbf{h} + \beta^2 = \alpha$. Da H_{i-1}^T nichtsingulär ist, ist der Vektor $\mathbf{h}$ eindeutig bestimmt. Was β anbetrifft, schliessen wir aus den Eigenschaften von Determinanten

$$0 < \det(\mathrm{A}_i) = \det(\mathrm{H}_i^T)\,\det(\mathrm{H}_i) = \beta^2(\det(\mathrm{H}_{i-1}))^2,$$

dass β eine reelle Zahl sein darf. Folglich ist $\beta = \sqrt{\alpha - \mathbf{h}^T\mathbf{h}}$ der gewünschte Diagonaleintrag und dies beendet das Induktionsargument.

Beweisen wir nun Formel (3.45). Der Fakt, dass $h_{11} = \sqrt{a_{11}}$ gilt, ist eine unmittelbare Folgerung aus dem Induktionsargument für $i = 1$. Im Fall eines allgemeinen i, sind die Beziehungen $(3.45)_1$ die Formeln für das Vorwärtseinsetzen für die Lösung des linearen Systems $\mathrm{H}_{i-1}^T\mathbf{h} = \mathbf{v} = (a_{1i}, a_{2i}, \ldots, a_{i-1,i})^T$, während Formel $(3.45)_2$ beinhaltet, dass $\beta = \sqrt{\alpha - \mathbf{h}^T\mathbf{h}}$ gilt, wobei $\alpha = a_{ii}$. ◇

Der Algorithmus, der (3.45) ausführt, erfordert ungefähr $(n^3/3)$ flops und stellt sich als stabil in bezug auf die Ausbreitung von Rundungsfehlern heraus. Es kann tatsächlich gezeigt werden, dass die obere Dreiecksmatrix $\tilde{\mathrm{H}}$ derart ist, dass $\tilde{\mathrm{H}}^T\tilde{\mathrm{H}} = \mathrm{A} + \delta\mathrm{A}$ gilt, wobei $\delta\mathrm{A}$ eine Störungsmatrix mit $\|\delta\mathrm{A}\|_2 \leq 8n(n+1)\mathrm{u}\|\mathrm{A}\|_2$ ist, wenn Rundungsfehler betrachtet werden und angenommen wird, dass $2n(n+1)\mathrm{u} \leq 1 - (n+1)\mathrm{u}$ gilt (siehe [Wil68]).

Auch für die Cholesky-Faktorisierung ist es möglich, die Matrix H^T auf dem unteren Dreiecksteil von A ohne zusätzliche Anforderungen an Speicher zu schreiben. Wenn man dies tut, bleiben sowohl A als auch die Faktorisierung erhalten, wobei A im oberen Dreiecksteil gespeichert ist, denn A ist symmetrisch und die Diagonaleinträge können aus $a_{11} = h_{11}^2$, $a_{ii} = h_{ii}^2 + \sum_{k=1}^{i-1} h_{ik}^2$, $i = 2, \ldots, n$ zurück gewonnen werden.
Ein Beispiel einer Implementation der Cholesky-Faktorisierung ist im Programm 7 gezeigt.

Program 7 - chol2 : Cholesky-Faktorisierung

```
function [A] = chol2 (A)
[n,n]=size(A);
for k=1:n-1
  A(k,k)=sqrt(A(k,k));   A(k+1:n,k)=A(k+1:n,k)/A(k,k);
  for j=k+1:n,   A(j:n,j)=A(j:n,j)-A(j:n,k)*A(j,k);   end
end
A(n,n)=sqrt(A(n,n));
```

3.4.3 Rechteckmatrizen: Die QR-Faktorisierung

Definition 3.1 Eine Matrix $\mathrm{A} \in \mathbb{R}^{m\times n}$, mit $m \geq n$, erlaubt eine *QR-Faktorisierung*, wenn es eine orthogonale Matrix $\mathrm{Q} \in \mathbb{R}^{m\times m}$ und eine obere Trapezmatrix $\mathrm{R} \in \mathbb{R}^{m\times n}$ mit Nullzeilen beginnend von der $n+1$-ten Zeile gibt, so dass

$$\mathrm{A} = \mathrm{QR} \tag{3.46}$$

gilt. ■

Diese Faktorisierung kann entweder unter Verwendung geeigneter Transformationsmatrizen (z.B. Givens- oder Householder-Matrizen, siehe Abschnitt 5.6.1) oder mit Hilfe der unten diskutierten Gram-Schmidt-Orthogonalisierung konstruiert werden.

Es ist auch möglich, eine reduzierte Version der QR-Faktorisierung (3.46), wie im folgenden Resultat beschrieben, zu erzeugen.

Eigenschaft 3.3 *Sei* A $\in \mathbb{R}^{m\times n}$ *eine Matrix vom Rang* n*, für die eine QR-Faktorisierung bekannt ist. Dann gibt es eine eindeutig bestimmte Faktorisierung von* A *in der Form*

$$\mathrm{A} = \widetilde{\mathrm{Q}}\widetilde{\mathrm{R}}, \tag{3.47}$$

wobei $\widetilde{\mathrm{Q}}$ *und* $\widetilde{\mathrm{R}}$ *Untermatrizen von* Q *bzw.* R *sind, die durch*

$$\widetilde{\mathrm{Q}} = \mathrm{Q}(1:m, 1:n), \quad \widetilde{\mathrm{R}} = \mathrm{R}(1:n, 1:n) \tag{3.48}$$

gegeben sind. Darüber hinaus hat $\widetilde{\mathrm{Q}}$ *orthonormale Spaltenvektoren und* $\widetilde{\mathrm{R}}$ *ist eine obere Dreiecksmatrix, die mit dem Cholesky-Faktor* H *der symmetrisch positiv definiten Matrix* $\mathrm{A}^T\mathrm{A}$ *übereinstimmt, d.h.* $\mathrm{A}^T\mathrm{A} = \widetilde{\mathrm{R}}^T\widetilde{\mathrm{R}}$.

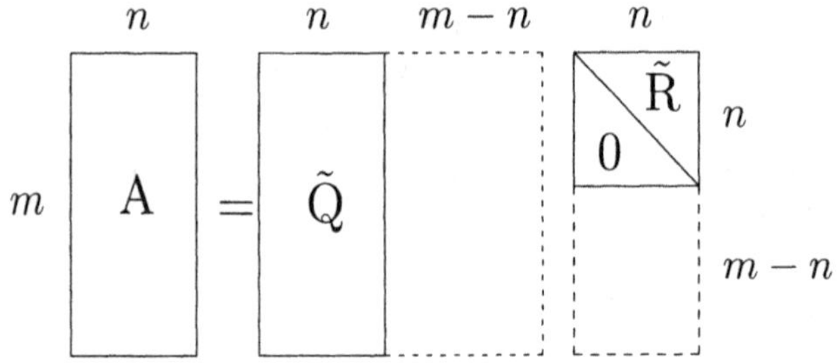

Abbildung 3.1. Die reduzierte Faktorisierung. Die Matrizen der QR-Faktorisierung sind in gestrichelten Linien angedeutet.

Wenn A den Rang n (d.h. vollen Rang hat), dann bilden die Spaltenvektoren von $\tilde{\mathrm{Q}}$ eine Orthonormalbasis für den Vektorraum range(A) (der in (1.5) definiert wurde). Folglich kann die QR-Faktorisierung auch als ein Verfahren zur Erzeugung einer orthonormalen Basis für eine gegebene Menge von Vektoren interpretiert werden. Hat A den Rang $r < n$, so liefert die QR-Faktorisierung nicht notwendig eine Orthonormalbasis für range(A). Dennoch kann man eine Faktorisierung der Form

$$\mathrm{Q}^T\mathrm{AP} = \begin{bmatrix} \mathrm{R}_{11} & \mathrm{R}_{12} \\ 0 & 0 \end{bmatrix}$$

erhalten, in der Q orthogonal, P eine Permutationmatrix und R_{11} eine nichtsinguläre obere Dreiecksmatrix der Ordnung r sind.

Im allgemeinen, werden wir uns bei der Verwendung der QR-Faktorisierung immer auf ihre reduzierte Form (3.47) beziehen, da diese eine bemerkenswerte Anwendung bei der Lösung überbestimmter Systeme findet (siehe Abschnitt 3.13).

Die Matrixfaktoren $\tilde{\mathrm{Q}}$ und $\tilde{\mathrm{R}}$ in (3.47) können unter Verwendung der *Gram-Schmidt-Orthogonalisierung* berechnet werden. Beginnend mit einer Menge linear unabhängiger Vektoren, $\mathbf{x}_1, \ldots, \mathbf{x}_n$, erzeugt dieser Algorithmus eine neue Menge paarweise orthogonaler Vektoren, $\mathbf{q}_1, \ldots, \mathbf{q}_n$, die gegeben sind durch

$$
\begin{aligned}
&\mathbf{q}_1 = \mathbf{x}_1, \\
&\mathbf{q}_{k+1} = \mathbf{x}_{k+1} - \sum_{i=1}^{k} \frac{(\mathbf{q}_i, \mathbf{x}_{k+1})}{(\mathbf{q}_i, \mathbf{q}_i)} \mathbf{q}_i, \qquad k = 1, \ldots, n-1.
\end{aligned} \tag{3.49}
$$

Sind die Spaltenvektoren von A durch $\mathbf{a}_1, \ldots, \mathbf{a}_n$ bezeichnet, so setzen wir $\tilde{\mathbf{q}}_1 = \mathbf{a}_1 / \|\mathbf{a}_1\|_2$ und berechnen für $k = 1, \ldots, n-1$ die Spaltenvektoren von $\tilde{\mathrm{Q}}$ gemäß

$$\tilde{\mathbf{q}}_{k+1} = \mathbf{q}_{k+1} / \|\mathbf{q}_{k+1}\|_2,$$

wobei

$$\mathbf{q}_{k+1} = \mathbf{a}_{k+1} - \sum_{j=1}^{k} (\tilde{\mathbf{q}}_j, \mathbf{a}_{k+1}) \tilde{\mathbf{q}}_j.$$

Danach können die Einträge von $\tilde{\mathrm{R}}$ leicht berechnet werden, indem wir $\mathrm{A}=\tilde{\mathrm{Q}}\tilde{\mathrm{R}}$ und die Tatsache nutzen, dass $\tilde{\mathrm{Q}}$ orthogonal ist (d.h. $\tilde{\mathrm{Q}}^{-1} = \tilde{\mathrm{Q}}^T$). Die Gesamtkosten des Algorithmus sind von der Ordnung von mn^2 flops.

Es ist auch nützlich festzustellen, dass im Fall wenn die Matrix A vollen Rang hat, die Matrix $\mathrm{A}^T\mathrm{A}$ symmetrisch und positiv definit ist (siehe Abschnitt 1.9) und folglich eine eindeutig bestimmte Cholesky-Faktorisierung der Form $\mathrm{H}^T\mathrm{H}$ besitzt. Da andererseits die Orthogonalität von $\tilde{\mathrm{Q}}$

$$\mathrm{H}^T\mathrm{H} = \mathrm{A}^T\mathrm{A} = \tilde{\mathrm{R}}^T\tilde{\mathrm{Q}}^T\tilde{\mathrm{Q}}\tilde{\mathrm{R}} = \tilde{\mathrm{R}}^T\tilde{\mathrm{R}}$$

impliziert, schliessen wir, dass $\tilde{\mathrm{R}}$ tatsächlich der Cholesky-Faktor H von $\mathrm{A}^T\mathrm{A}$ ist. Somit sind alle Diagonaleinträge von $\tilde{\mathrm{R}}$ nur von Null verschieden, wenn A vollen Rang hat.

Die Gram-Schmidt-Methode wird in der Praxis wenig benutzt, da die erzeugten Vektoren ihre lineare Unabhängigkeit aufgrund von Rundungsfehlern verlieren. Tatsächlich produziert der Algorithmus in der *Gleitpunktarithmetik* sehr kleine Werte von $\|\mathbf{q}_{k+1}\|_2$ und $\tilde{r}_{kk}$ mit einer sich daraus ergebenen numerischen Instabilität und einem Verlust an Orthogonalität für die Matrix $\tilde{\mathrm{Q}}$ (siehe Beispiel 3.4).

Diese Nachteile legen die Verwendung einer stabilere Version nahe, die als *modifizierte Gram-Schmidt-Methode* bekannt ist. Zu Beginn des $k+1$-ten Schrittes werden die Projektionen des Vektors $\mathbf{a}_{k+1}$ auf die Vektoren $\tilde{\mathbf{q}}_1, \ldots, \tilde{\mathbf{q}}_k$ nacheinander von $\mathbf{a}_{k+1}$ subtrahiert. Auf den resultierenden Vektor wird dann der Orthogonalisierungsschritt ausgeführt.

In der Praxis wird unmittelbar nach der Berechnung des Vektors $(\tilde{\mathbf{q}}_1, \mathbf{a}_{k+1})\tilde{\mathbf{q}}_1$ im $k+1$-ten Schritt dieser Vektor von $\mathbf{a}_{k+1}$ subtrahiert. Als Beispiel sei

$$\mathbf{a}_{k+1}^{(1)} = \mathbf{a}_{k+1} - (\tilde{\mathbf{q}}_1, \mathbf{a}_{k+1})\tilde{\mathbf{q}}_1.$$

Dieser neue Vektor $\mathbf{a}_{k+1}^{(1)}$ wird auf die Richtung von $\tilde{\mathbf{q}}_2$ projiziert und die erhaltene Projektion von $\mathbf{a}_{k+1}^{(1)}$ subtrahiert, was

$$\mathbf{a}_{k+1}^{(2)} = \mathbf{a}_{k+1}^{(1)} - (\tilde{\mathbf{q}}_2, \mathbf{a}_{k+1}^{(1)})\tilde{\mathbf{q}}_2$$

ergibt, und so weiter, bis $\mathbf{a}_{k+1}^{(k)}$ berechnet ist.

Es kann gezeigt werden, dass $\mathbf{a}_{k+1}^{(k)}$ mit dem entsprechenden Vektor $\mathbf{q}_{k+1}$ im herkömmlichen Gram-Schmidt-Verfahren übereinstimmt, da infolge der Orthogonalität der Vektoren $\tilde{\mathbf{q}}_1, \tilde{\mathbf{q}}_2, \ldots, \tilde{\mathbf{q}}_k$,

$$\begin{aligned}\mathbf{a}_{k+1}^{(k)} &= \mathbf{a}_{k+1} - (\tilde{\mathbf{q}}_1, \mathbf{a}_{k+1})\tilde{\mathbf{q}}_1 - (\tilde{\mathbf{q}}_2, \mathbf{a}_{k+1} - (\tilde{\mathbf{q}}_1, \mathbf{a}_{k+1})\tilde{\mathbf{q}}_1)\,\tilde{\mathbf{q}}_2 + \ldots \\ &= \mathbf{a}_{k+1} - \sum_{j=1}^{k} (\tilde{\mathbf{q}}_j, \mathbf{a}_{k+1})\tilde{\mathbf{q}}_j.\end{aligned}$$

Programm 8 führt die modifizierte Gram-Schmidt-Methode aus. Beachte, dass es nicht möglich ist, die berechnete QR-Faktorisierung auf die Matrix A zu überschreiben. Im allgemeinen wird die Matrix A von der Matrix $\widetilde{\mathrm{R}}$ überschrieben, während $\widetilde{\mathrm{Q}}$ separat gespeichert wird. Die Berechnungsaufwand der modifizierten Gram-Schmidt-Methode hat die Ordnung von $2mn^2$ flops.

Program 8 - mod_grams : Modifiziertes Gram-Schmidt-Verfahren

```
function [Q,R] = mod_grams(A)
[m,n]=size(A);
Q=zeros(m,n);  Q(1:m,1) = A(1:m,1);  R=zeros(n);  R(1,1)=1;
for k = 1:n
 R(k,k) = norm (A(1:m,k));   Q(1:m,k) = A(1:m,k)/R(k,k);
 for j=k+1:n
   R (k,j) = Q (1:m,k)' * A(1:m,j);
   A (1:m,j) = A (1:m,j) - Q(1:m,k)*R(k,j);
 end
end
```

Beispiel 3.4 Betrachten wir die Hilbert-Matrix H_4 der Ordnung 4 (siehe (3.32)). Die Matrix $\tilde{\mathrm{Q}}$, die durch den üblichen Gram-Schmidt-Algorithmus erzeugt wird, ist orthogonal bis zur Ordnung 10^{-10}, genauer gilt

$$\mathrm{I} - \tilde{\mathrm{Q}}^T\tilde{\mathrm{Q}} = \mathbf{10^{-10}} \begin{bmatrix} 0.0000 & -0.0000 & 0.0001 & -0.0041 \\ -0.0000 & 0 & 0.0004 & -0.0099 \\ 0.0001 & 0.0004 & 0 & -0.4785 \\ -0.0041 & -0.0099 & -0.4785 & 0 \end{bmatrix}$$

und $\|I - \tilde{Q}^T\tilde{Q}\|_\infty = 4.9247 \cdot 10^{-11}$. Unter Verwendung des modifizierten Gram-Schmidt-Verfahrens würden wir

$$I - \tilde{Q}^T\tilde{Q} = \mathbf{10^{-12}} \begin{bmatrix} 0.0001 & -0.0005 & 0.0069 & -0.2853 \\ -0.0005 & 0 & -0.0023 & 0.0213 \\ 0.0069 & -0.0023 & 0.0002 & -0.0103 \\ -0.2853 & 0.0213 & -0.0103 & 0 \end{bmatrix}$$

erhalten und diesmal $\|I - \tilde{Q}^T\tilde{Q}\|_\infty = 3.1686 \cdot 10^{-13}$.

Ein verbessertes Ergebnis kann erhalten werden indem man anstelle des Programmes 8 die in MATLAB enthaltende Funktion `QR` verwendet. Diese Funktion kann geeignet eingesetzt werden, um sowohl die Faktorisierung (3.46) als auch ihre reduzierte Version (3.47) zu erzeugen. •

3.5 Pivotisierung

Wie bereits erwähnt, bricht die GEM ab, sobald ein Pivotelement Null wird. In solch einem Fall greift man zu den sogenannten *Pivotisierungsstrategien*, die auf einen Austausch von Zeilen (oder Spalten) des Systems hinauslaufen, so dass nicht verschwindende Pivotelemente erhalten werden.

Beispiel 3.5 Gehen wir zur Matrix (3.33) zurück, für die die GEM im zweiten Schritt ein verschwindenes Pivotelement liefert. Tauscht man einfach die zweite mit der dritten Zeile aus, so können wir die Eliminationsmethode einen Schritt weiter ausführen, da wir nun ein nichtverschwindenes Pivotelement finden. Das erzeugte System ist zum Orginalsystem äquivalent und wir stellen fest, dass es bereits in oberer Dreiecksform ist. In der Tat gilt

$$A^{(2)} = \begin{bmatrix} 1 & 2 & 3 \\ 0 & -6 & -12 \\ 0 & 0 & -1 \end{bmatrix} = U,$$

wobei die Transformationsmatrizen durch

$$M_1 = \begin{bmatrix} 1 & 0 & 0 \\ -2 & 1 & 0 \\ -7 & 0 & 1 \end{bmatrix}, \quad M_2 = \begin{bmatrix} 1 & 0 & 0 \\ 0 & 1 & 0 \\ 0 & 0 & 1 \end{bmatrix}$$

gegeben sind. Vom algebraischen Standpunkt aus betrachtet, wurde eine *Permutation* der Zeilen von A ausgeführt. Tatsächlich gilt nicht mehr $A = M_1^{-1}M_2^{-1}U$, sondern $A = M_1^{-1}\boxed{P}M_2^{-1}U$, wobei P die Permutationsmatrix

$$P = \begin{bmatrix} 1 & 0 & 0 \\ 0 & 0 & 1 \\ 0 & 1 & 0 \end{bmatrix} \tag{3.50}$$

ist. •

Die in Beispiel 3.5 verwendete Pivotisierungsstrategie kann verallgemeinert werden, indem man in jedem Schritt k des Eliminationsverfahrens nach einem nicht verschwindenen Pivotelement innerhalb der Teilspalten $\mathrm{A}^{(k)}(k:n,k)$ sucht. Aus diesem Grunde wird diese Pivotisierungsstrategie *partielle Pivotisierung* (bezüglich der Zeilen) genannt.

Aus (3.30) ist ersichtlich, dass ein großer Wert von m_{ik} (zum Beispiel durch einen kleinen Wert des Pivotelementes $a_{kk}^{(k)}$ erzeugt) die die Einträge $a_{kj}^{(k)}$ beeinflussenden Rundungsfehler verstärken kann. Um eine bessere Stabilität zu gewährleisten, wird daher das Pivotelement als der betragsmäßig größte Eintrag innerhalb der Spalte $\mathrm{A}^{(k)}(k:n,k)$ gewählt, und in jedem Schritt des Eliminationsverfahrens wird generell die partielle Pivotisierung ausgeführt, und zwar auch dann, wenn sie nicht wirklich notwendig ist (d.h. auch dann, wenn nichtverschwindene Pivotelemente gefunden werden.

Alternativ könnte der Suchprozess auch auf die ganze Teilmatrix $\mathrm{A}^{(k)}(k:n,k:n)$ ausgedehnt werden, was zur *vollständigen Pivotisierung* (siehe Abbildung 3.2) führt. Beachte jedoch, dass im Gegensatz zur partiellen Pivotisierung, die einen zusätzlichen Aufwand von ungefähr n^2 Suchoperationen erfordert, die vollständige Pivotisierung ungefähr $2n^3/3$ benötigt, was zu einem beträchtlichen Anwachsen der numerischen Kosten der GEM führt.

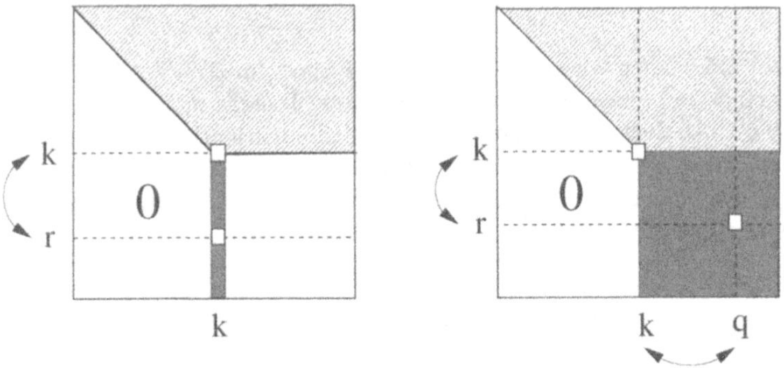

Abbildung 3.2. Partielle Zeilenpivotisierung (links) oder vollständige Pivotisierung (rechts). Die dunklen Flächen der Matrix sind diejenigen, die in den Suchprozess für das Pivotelement einbezogen sind.

Beispiel 3.6 Wir wollen das lineare System $\mathrm{A}\mathbf{x} = \mathbf{b}$ mit

$$\mathrm{A} = \begin{bmatrix} 10^{-13} & 1 \\ 1 & 1 \end{bmatrix}$$

betrachten, bei dem $\mathbf{b}$ derart gewählt ist, dass $\mathbf{x} = (1,1)^T$ die exakte Lösung ist. Nehmen wir an, wir verwenden die Basis 2 und 16 signifikante Stellen. Die GEM würde ohne Pivotisierung $\mathbf{x}_{GEM} = (0.99920072216264, 1)^T$ ergeben, wohingegen die GEM mit der partieller Pivotisierung die exakte Lösung bis auf die 16te Stelle liefert. •

Wir wollen analysieren, wie die partielle Pivotisierung auf die durch die GEM erzeugte LU-Faktorisierung wirkt. Im ersten Schritt der GEM mit partieller Pivotisierung wird nach der Selektion des in der ersten Spalte maximal größten Eintrages a_{r1} die Permutationsmatrix P_1 konstruiert, die die erste Zeile mit der r-ten Zeile vertauscht (ist $r = 1$, so ist P_1 die Einheitsmatrix). Danach wird die erste Gaußsche Transformationsmatrix M_1 erzeugt und wir setzen $\mathrm{A}^{(2)} = \mathrm{M}_1\mathrm{P}_1\mathrm{A}^{(1)}$. Ein ähnliches Verfahren wird nun auf $\mathrm{A}^{(2)}$ angewandt, was zu einer neuen Permutationsmatrix P_2 und einer neuen Matrix M_2 führt, so dass

$$\mathrm{A}^{(3)} = \mathrm{M}_2\mathrm{P}_2\mathrm{A}^{(2)} = \mathrm{M}_2\mathrm{P}_2\mathrm{M}_1\mathrm{P}_1\mathrm{A}^{(1)}$$

gilt. Nach Ausführen aller Eliminationsschritte ist die resultierende obere Dreiecksmatrix U schliesslich durch

$$\mathrm{U} = \mathrm{A}^{(n)} = \mathrm{M}_{n-1}\mathrm{P}_{n-1}\ldots\mathrm{M}_1\mathrm{P}_1\mathrm{A}^{(1)} \tag{3.51}$$

gegeben. Setzen wir $\mathrm{M} = \mathrm{M}_{n-1}\mathrm{P}_{n-1}\ldots\mathrm{M}_1\mathrm{P}_1$ und $\mathrm{P} = \mathrm{P}_{n-1}\ldots\mathrm{P}_1$, so erhalten wir U=MA und folglich $\mathrm{U} = (\mathrm{MP}^{-1})\mathrm{PA}$. Es kann leicht gezeigt werden, dass die Matrix $\mathrm{L} = \mathrm{PM}^{-1}$ eine untere Einheitsdreiecksmatrix ist, so dass die LU-Faktorisierung

$$\mathrm{PA} = \mathrm{LU} \tag{3.52}$$

lautet. Man sollte sich nicht um das Auftreten der Inversen von M sorgen, denn wir haben $\mathrm{M}^{-1} = \mathrm{P}_1^{-1}\mathrm{M}_1^{-1}\ldots\mathrm{P}_{n-1}^{-1}\mathrm{M}_{n-1}^{-1}$ und $\mathrm{P}_i^{-1} = \mathrm{P}_i^T$, wobei $\mathrm{M}_i^{-1} = 2\mathrm{I}_n - \mathrm{M}_i$ gilt.

Sind einmal L, U und P verfügbar, so läuft die Lösung des linearen Systems auf das Lösen der Dreieckssysteme $\mathrm{L}\mathbf{y} = \mathrm{P}\mathbf{b}$ und $\mathrm{U}\mathbf{x} = \mathbf{y}$ hinaus. Wir bemerken, dass die Einträge der Matrix L mit den durch die LU-Faktorisierung ohne Pivotisierung berechneten Faktoren übereinstimmen, wenn diese auf die Matrix PA angewandt wird.

Wenn die vollständige Pivotisierung ausgeführt wird, müssen wir im ersten Schritt, wenn das betragsmäßig größte Element a_{qr} in der Teilmatrix A gefunden wurde, die erste Zeile und Spalte mit der q-ten Zeile und der r-ten Spalte vertauschen. Dies erzeugt die Matrix $\mathrm{P}_1\mathrm{A}^{(1)}\mathrm{Q}_1$, wobei P_1 und Q_1 Permutationsmatrizen bezüglich der Zeilen bzw. Spalten sind.

Folglich ist die Wirkung der Matrix M_1 nun so, dass $\mathrm{A}^{(2)} = \mathrm{M}_1\mathrm{P}_1\mathrm{A}^{(1)}\mathrm{Q}_1$. Wiederholen wir nun den Prozess bis zum letzten Schritt, so erhalten wir anstelle von (3.51)

$$\mathrm{U} = \mathrm{A}^{(n)} = \mathrm{M}_{n-1}\mathrm{P}_{n-1}\ldots\mathrm{M}_1\mathrm{P}_1\mathrm{A}^{(1)}\mathrm{Q}_1\ldots\mathrm{Q}_{n-1}.$$

Im Fall der vollständigen Pivotisierung kann die LU-Faktorisierung in der Form

$$\mathrm{PAQ} = \mathrm{LU}$$

geschrieben werden, wobei $\mathrm{Q} = \mathrm{Q}_1 \ldots \mathrm{Q}_{n-1}$ eine Permutationsmatrix ist, die alle durchgeführten Permutationen beinhaltet. Nach Konstruktion bleibt die Matrix L eine untere Dreiecksmatrix mit Einträgen, die betragsmäßig kleiner gleich Eins sind. Wie bei der partiellen Pivotisierung sind die Einträge von L die durch die LU-Faktorisierung ohne Pivotisierung erzeugten Faktoren, wenn diese auf die Matrix PAQ angewandt wird.

Das Programm 9 ist eine Implementation der LU-Faktorisierung mit vollständiger Pivotisierung. Für eine effiziente Computerausführung der LU-Faktorisierung mit partieller Pivotisierung verweisen wir auf die MATLAB function `lu`.

Program 9 - LUpivtot : LU-Faktorisierung mit vollständiger Pivotisierung

```
function [L,U,P,Q] = LUpivtot(A,n)
P=eye(n); Q=P; Minv=P;
for k=1:n-1
  [Pk,Qk]=pivot(A,k,n);    A=Pk*A*Qk;
  [Mk,Mkinv]=MGauss(A,k,n);
  A=Mk*A;    P=Pk*P;       Q=Q*Qk;
  Minv=Minv*Pk*Mkinv;
end
U=triu(A);   L=P*Minv;

function [Mk,Mkinv]=MGauss(A,k,n)
Mk=eye(n);
for i=k+1:n,   Mk(i,k)=-A(i,k)/A(k,k);   end
Mkinv=2*eye(n)-Mk;

function [Pk,Qk]=pivot(A,k,n)
[y,i]=max(abs(A(k:n,k:n)));  [piv,jpiv]=max(y);
ipiv=i(jpiv);   jpiv=jpiv+k-1;   ipiv=ipiv+k-1;
Pk=eye(n); Pk(ipiv,ipiv)=0; Pk(k,k)=0; Pk(k,ipiv)=1; Pk(ipiv,k)=1;
Qk=eye(n); Qk(jpiv,jpiv)=0; Qk(k,k)=0; Qk(k,jpiv)=1; Qk(jpiv,k)=1;
```

Bemerkung 3.3 Das Vorhandensein großer Pivoteinträge ist allein betrachtet noch keine Garantie für genaue Lösungen, wie das folgende ([JM92] entnommende) Beispiel zeigt. Für das lineare System $\mathbf{Ax} = \mathbf{b}$

$$\begin{bmatrix} -4000 & 2000 & 2000 \\ 2000 & 0.78125 & 0 \\ 2000 & 0 & 0 \end{bmatrix} \begin{bmatrix} x_1 \\ x_2 \\ x_3 \end{bmatrix} = \begin{bmatrix} 400 \\ 1.3816 \\ 1.9273 \end{bmatrix}$$

stimmt im ersten Schritt das Pivotelement mit dem Diagonaleintrag -4000 selbst überein. Jedoch liefert die auf einer solchen Matrix angewandte GEM die Lösung

$$\widehat{\mathbf{x}} = [0.00096365, \ -0.698496, \ 0.90042329]^T ,$$

deren erste Komponente sich drastisch von der ersten Komponente der exakten Lösung $\mathbf{x} = [1.9273, -0.698496, 0.9004233]^T$ unterscheidet. Die Ursache dieses Verhaltens sollte den großen Variationen der Systemkoeffizienten zugeschrieben werden. Solche Fälle können durch geeignete *Skalierung* der Matrix (siehe Abschnitt 3.12.1) überwunden werden. ■

Bemerkung 3.4 (Pivotisierung symmetrischer Matrizen) Wie bereits bemerkt, ist Pivotisierung streng genommen nicht notwendig, wenn A symmetrisch und positiv definit ist. Ein extra Kommentar verdient der Fall einer symmetrischen, jedoch nicht positiv definiten Matrix A, da die Pivotisierung die Symmetrie der Matrix zerstören kann. Dies kann durch Verwendung einer vollständigen Pivotisierung der Form PAP^T vermieden werden, obwohl diese Pivotisierung nur ein Umordnen der *Diagonaleinträge* von A ausführen kann. Folglich könnte das Vorhandensein kleiner Diagonaleinträge von A die Vorteile der Pivotisierung beinträchtigen. Um mit derartige Matrizen umzugehen, werden spezielle Algorithmen (wie die Parlett-Reid-Methode [PR70] oder die Aasen-Methode [Aas71]) benötigt, für deren Beschreibung wir auf [GL89], und für den Fall schwachbesetzten Matrizen auf [JM92] verweisen. ■

3.6 Berechnung der Inversen einer Matrix

Die explizite Berechnung der Inversen einer Matrix kann mit Hilfe der LU-Faktorisierung wie folgt ausgeführt werden. Bezeichnet X die Inverse einer nichtsingulären Matrix $\mathrm{A} \in \mathbb{R}^{n\times n}$, so sind die Spaltenvektoren von X Lösungen des linearen Systems $\mathrm{A}\mathbf{x}_i = \mathbf{e}_i$, für $i = 1, \ldots, n$.

Angenommen, dass PA=LU gilt, wobei P die Permutationsmatrix der partiellen Pivotisierung ist, so müssen wir $2n$ Dreieckssysteme der Form

$$\mathrm{L}\mathbf{y}_i = \mathrm{P}\mathbf{e}_i, \quad \mathrm{U}\mathbf{x}_i = \mathbf{y}_i \quad i = 1, \ldots, n,$$

lösen, d.h. eine Folge linearer Systeme, die die gleiche Koeffizientenmatrix aber unterschiedliche rechte Seiten besitzen. Die Berechnung der Inversen einer Matrix ist ein teures Verfahren, das manchmal sogar weniger stabil sein kann als die GEM (siehe [Hig88]).

Ein alternativer Zugang zur Berechnung der Inversen einer Matrix A wird durch die *Faddev-* oder *Leverrier-Formel* geliefert, die für B_0=I rekursiv

$$\alpha_k = \frac{1}{k}\mathrm{tr}(\mathrm{AB}_{k-1}), \quad \mathrm{B}_k = -\mathrm{AB}_{k-1} + \alpha_k \mathrm{I}, \quad k = 1, 2, \ldots, n$$

berechnet. Da $\mathrm{B}_n = 0$ ist, erhalten wir, wenn $\alpha_n \neq 0$ ist,

$$\mathrm{A}^{-1} = \frac{1}{\alpha_n}\mathrm{B}_{n-1},$$

und der Rechenaufwand der Methode für eine voll besetzte Matrix beträgt $(n-1)n^3$ flops (für weitere Details siehe [FF63], [Bar89]).

3.7 Bandsysteme

Diskretisierungsmethoden für Randwertprobleme führen oft auf die Lösung linearer Gleichungssysteme mit Band-, Block- oder schwach besetzten Matrizen. Die Ausnutzung der Matrixstruktur erlaubt eine drastische Reduktion des numerischen Aufwandes der Faktorisierung und der Substitutionsalgorithmen. In diesem und den folgenden Abschnitten, werden wir uns spezielle Varianten der GEM und der LU-Faktorisierung widmen, die besonders für Matrizen dieser Art entwickelt worden sind. Für die Beweise und eine umfassendere Behandlung verweisen wir auf [GL89] und für Band- oder Blockmatrizen auf [Hig88], während für schwach besetzte Matrizen und ihre Speichertechniken auf [JM92], [GL81] und [Saa96] verwiesen wird.

Das Hauptresultat für Bandmatrizen lautet wir folgt.

Eigenschaft 3.4 *Sei* A$\in \mathbb{R}^{n\times n}$. *Angenommen, dass eine* LU-*Faktorisierung von* A *existiert. Hat* A *die obere Bandbreite q und die untere Bandbreite p, so besitzt* L *die untere Bandbreite p und* U *die obere Bandbreite q.*

Insbesondere sei vermerkt, dass der gleiche Speicherplatz, der zur Speicherung von A verwendet wird, auch zur Speicherung der LU-Faktorisierung ausreicht. In der Tat wird eine Matrix A, die eine obere Bandbreite q und eine untere Bandbreite p hat, üblicherweise als eine Matrix B $(p+q+1)\times n$ gespeichert, wobei angenommen wird, dass

$$b_{i-j+q+1,j} = a_{ij}$$

für alle in das Band der Matrix fallenden Indizes i, j gilt. Zum Beispiel lautet im Fall der Dreiecksmatrix A=tridiag$_5(-1,2,-1)$ (in dem $q=p=1$ gilt) die kompakte Speicherung

$$\mathrm{B} = \begin{bmatrix} 0 & -1 & -1 & -1 & -1 \\ 2 & 2 & 2 & 2 & 2 \\ -1 & -1 & -1 & -1 & 0 \end{bmatrix}.$$

Das gleiche Format kann zur Speicherung der LU-Faktorisierung von A verwendet werden. Es ist klar, dass diese Speicherstruktur unzweckmäßig sein kann, wenn nur ein paar Bänder der Matrix groß sind. Im Grenzfall, wenn nur eine Spalte und eine Zeile voll besetzt sind, würden wir $p=q=n$ haben und folglich würde B eine volle Matrix mit einer Vielzahl von Nulleinträgen sein.

Abschließend bemerken wir, dass die Inverse einer Bandmatrix im allgemeinen voll besetzt ist (wie es für die oben betrachtete Matrix A der Fall ist).

3.7.1 Tridiagonale Matrizen

Wir betrachten den Spezialfall eines linearen Systems mit nichtsingulärer tridiagonaler Matrix A, die durch

$$\mathrm{A} = \begin{bmatrix} a_1 & c_1 & & \mathbf{0} \\ b_2 & a_2 & \ddots & \\ & \ddots & & c_{n-1} \\ \mathbf{0} & & b_n & a_n \end{bmatrix}$$

gegeben ist. In diesem Fall sind die Matrizen L und U der LU-Faktorisierung von A bidiagonale Matrizen der Form

$$\mathrm{L} = \begin{bmatrix} 1 & & & \mathbf{0} \\ \beta_2 & 1 & & \\ & \ddots & \ddots & \\ \mathbf{0} & & \beta_n & 1 \end{bmatrix} \quad \mathrm{U} = \begin{bmatrix} \alpha_1 & c_1 & & \mathbf{0} \\ & \alpha_2 & \ddots & \\ & & \ddots & c_{n-1} \\ \mathbf{0} & & & \alpha_n \end{bmatrix}.$$

Die Koeffizienten α_i und β_i können leicht mit Hilfe der folgenden Beziehungen

$$\alpha_1 = a_1, \quad \beta_i = \frac{b_i}{\alpha_{i-1}}, \quad \alpha_i = a_i - \beta_i c_{i-1}, \; i = 2, \ldots, n, \tag{3.53}$$

berechnet werden. Diese Variante ist als der *Thomas-Algorithmus* bekannt und kann als ein spezielles Beispiel der Doolittle-Faktorisierung ohne Pivotisierung angesehen werden. Wenn man nicht an der Speicherung der Koeffizienten der Ausgangsmatrix interessiert ist, können die Einträge α_i und β_i die der Matrix A überschreiben.

Der Thomas-Algorithmus kann auch zur Lösung des gesamten tridiagonalen Systems $\mathrm{A}\mathbf{x} = \mathbf{f}$ verwendet werden. Dies läuft auf das Lösen zweier bidiagonaler Systeme $\mathrm{L}\mathbf{y} = \mathbf{f}$ und $\mathrm{U}\mathbf{x} = \mathbf{y}$ hinaus, für die folgenden Formeln gelten:

$$(\mathrm{L}\mathbf{y} = \mathbf{f}) \quad y_1 = f_1, \quad y_i = f_i - \beta_i y_{i-1}, \quad i = 2, \ldots, n, \tag{3.54}$$

$$(\mathrm{U}\mathbf{x} = \mathbf{y}) \; x_n = \frac{y_n}{\alpha_n}, \quad x_i = (y_i - c_i x_{i+1}) / \alpha_i, \quad i = n-1, \ldots, 1. \tag{3.55}$$

Der Algorithmus erfordert nur $8n-7$ flops: genauer $3(n-1)$ flops für die Faktorisierung (3.53) und $5n-4$ flops für das Rückwärts- und Vorwärtseinsetzen (3.54)-(3.55).

Was die Stabilität der Methode, wenn A eine nichtsinguläre tridiagonale Matrix und $\widehat{\mathrm{L}}$ und $\widehat{\mathrm{U}}$ die tatsächlich berechneten Faktoren sind, anbetrifft, gilt

$$|\delta \mathrm{A}| \leq (4\mathrm{u} + 3\mathrm{u}^2 + \mathrm{u}^3)|\widehat{\mathrm{L}}|\,|\widehat{\mathrm{U}}|,$$

wobei δA implizit durch die Beziehung $\mathrm{A} + \delta \mathrm{A} = \widehat{\mathrm{L}}\widehat{\mathrm{U}}$ definiert ist und u die *Maschinengenauigkeit* bezeichnet. Insbesondere haben wir, wenn A auch symmetrisch und positiv definit oder eine M-Matrix ist,

$$|\delta \mathrm{A}| \leq \frac{4\mathrm{u} + 3\mathrm{u}^2 + \mathrm{u}^3}{1-\mathrm{u}}|\mathrm{A}|,$$

was die Stabilität des Faktorisierungsverfahrens in solchen Fällen impliziert. Ein ähnliches Resultat gilt auch, wenn A diagonal dominant ist.

3.7.2 Aspekte der Implementierung

Eine Implementation der LU-Faktorisierung für Bandmatrizen wird im Programm 10 gezeigt.

Program 10 - lu_band : LU-Faktorisierung für Bandmatrizen

```
function [A] = lu_band (A,p,q)
[n,n]=size(A);
for k = 1:n-1
 for i = k+1:min(k+p,n), A(i,k)=A(i,k)/A(k,k); end
 for j = k+1:min(k+q,n)
  for i = k+1:min(k+p,n), A(i,j)=A(i,j)-A(i,k)*A(k,j); end
 end
end
```

Im Fall $n \gg p$ und $n \gg q$ benötigt dieser Algorithmus ungefähr $2npq$ flops, d.h. eine beträchtliche Einsparung gegenüber dem Fall einer vollbesetzten Matrix.

Ähnlich können *ad hoc* Versionen der Einsetzungsverfahren gefunden werden (siehe die Programme 11 und 12). Ihre Kosten sind von der Ordnung $2np$ flops bzw. $2nq$ flops, immer $n \gg p$ und $n \gg q$ vorausgesetzt.

Program 11 - forw_band : Vorwärtseinsetzen für eine Bandmatrix L

```
function [b] = forw_band (L, p, b)
[n,n]=size(L);
for j = 1:n
   for i=j+1:min(j+p,n); b(i) = b(i) - L(i,j)*b(j); end
end
```

Program 12 - back_band : Rückwärtseinsetzen für eine Bandmatrix U

```
function [b] = back_band (U, q, b)
[n,n]=size(U);
for j=n:-1:1
  b (j) = b (j) / U (j,j);
  for i = max(1,j-q):j-1, b(i)=b(i)-U(i,j)*b(j); end
end
```

Die Programme setzen voraus, dass die ganze Matrix (einschliesslich der Nulleinträge) gespeichert ist.

Dem tridiagonalem Fall entsprechend kann der Thomas-Algorithmus auf verschiedene Weise implementiert werden. Insbesondere wenn er auf Rechnern ausgeführt wird, auf denen Divisionen mehr als Multiplikationen kosten, ist es möglich (und sinnvoll) eine Version des Algorithmus ohne Divisionen in (3.55) zu finden, indem auf die folgende Form der Faktorisierung

$$\mathrm{A} = \mathrm{LDM}^T =$$

$$\begin{bmatrix} \gamma_1^{-1} & 0 & & 0 \\ b_2 & \gamma_2^{-1} & \ddots & \\ & \ddots & \ddots & 0 \\ 0 & & b_n & \gamma_n^{-1} \end{bmatrix} \begin{bmatrix} \gamma_1 & & & \mathbf{0} \\ & \gamma_2 & & \\ & & \ddots & \\ \mathbf{0} & & & \gamma_n \end{bmatrix} \begin{bmatrix} \gamma_1^{-1} & c_1 & & 0 \\ 0 & \gamma_2^{-1} & \ddots & \\ & \ddots & \ddots & c_{n-1} \\ 0 & & 0 & \gamma_n^{-1} \end{bmatrix}$$

zurückgegriffen wird. Die Koeffizienten γ_i können rekursiv durch die folgende Formel

$$\gamma_i = (a_i - b_i \gamma_{i-1} c_{i-1})^{-1}, \quad \text{für } i = 1, \ldots, n,$$

berechnet werden, wobei $\gamma_0 = 0$, $b_1 = 0$ und $c_n = 0$ angenommen wurde. Das Vorwärts- bzw. Rückwärtseinsetzen lautet

$$\begin{array}{llll} (\mathrm{L}\mathbf{y} = \mathbf{f}) & y_1 = \gamma_1 f_1, & y_i = \gamma_i (f_i - b_i y_{i-1}), & i = 2, \ldots, n \\ (\mathrm{U}\mathbf{x} = \mathbf{y}) & x_n = y_n & x_i = y_i - \gamma_i c_i x_{i+1}, & i = n-1, \ldots, 1. \end{array} \tag{3.56}$$

Im Programm 13 geben wir eine Implementation des Thomas-Algorithmus in der Form (3.56) ohne Divisionen an. Die Eingangsvektoren a, b und c enthalten Koeffizienten der tridiagonalen Matrix $\{a_i\}$, $\{b_i\}$ bzw. $\{c_i\}$, während der Vektor f die Komponenten f_i der rechten Seite **f** enthält.

Program 13 - mod_thomas : Thomas-Algorithmus, modifizierte Version

```
function [x] = mod_thomas (a,b,c,f)
n = size(a); b = [0; b]; c = [c; 0]; gamma (1) = 1/a (1);
for i =2:n, gamma(i)=1/(a(i)-b(i)*gamma(i-1)*c(i-1)); end
y (1) = gamma (1) * f (1);
for i = 2:n, y(i)=gamma(i)*(f(i)-b(i)*y(i-1)); end
```

```
x (n) = y (n);
for i = n-1:-1:1,  x(i)=y(i)-gamma(i)*c(i)*x(i+1); end
```

3.8 Blocksysteme

In diesem Abschnitt beschäftigen wir uns mit der LU-Faktorisierung von blockpartitionierten Matrizen, wobei jeder Block von unterschiedlicher Größe sein kann. Unser Ziel ist zweiseitig: Optimierung der Speicherplatzbelegung durch geeignete Ausnutzung der Matrixstruktur und Reduktion des Rechenaufwandes für die Lösung des Systems.

3.8.1 Block-LU-Faktorisierung

Sei $\mathrm{A} \in \mathbb{R}^{n\times n}$ die folgende blockpartitionierte Matrix

$$\mathrm{A} = \begin{bmatrix} \mathrm{A}_{11} & \mathrm{A}_{12} \\ \mathrm{A}_{21} & \mathrm{A}_{22} \end{bmatrix},$$

wobei $\mathrm{A}_{11} \in \mathbb{R}^{r\times r}$ eine nichtsinguläre quadratische Matrix mit bekannter Faktorisierung $\mathrm{L}_{11}\mathrm{D}_1\mathrm{R}_{11}$ ist und $\mathrm{A}_{22} \in \mathbb{R}^{(n-r)\times(n-r)}$. In diesem Fall ist es möglich, A nur unter Verwendung der LU-Faktorisierung des Blockes A_{11} zu faktorisieren. Tatsächlich gilt

$$\begin{bmatrix} \mathrm{A}_{11} & \mathrm{A}_{12} \\ \mathrm{A}_{21} & \mathrm{A}_{22} \end{bmatrix} = \begin{bmatrix} \mathrm{L}_{11} & 0 \\ \mathrm{L}_{21} & \mathrm{I}_{n-r} \end{bmatrix} \begin{bmatrix} \mathrm{D}_1 & 0 \\ 0 & \Delta_2 \end{bmatrix} \begin{bmatrix} \mathrm{R}_{11} & \mathrm{R}_{12} \\ 0 & \mathrm{I}_{n-r} \end{bmatrix},$$

mit

$$\mathrm{L}_{21} = \mathrm{A}_{21}\mathrm{R}_{11}^{-1}\mathrm{D}_1^{-1}, \ \mathrm{R}_{12} = \mathrm{D}_1^{-1}\mathrm{L}_{11}^{-1}\mathrm{A}_{12},$$
$$\Delta_2 = \mathrm{A}_{22} - \mathrm{L}_{21}\mathrm{D}_1\mathrm{R}_{12}.$$

Falls erforderlich, kann der Reduktionsprozess mit der Matrix Δ_2 wiederholt werden. Wir gelangen so zu einer Blockversion der LU-Faktorisierung.

Wäre A_{11} ein Skalar, so würde der obige Ansatz die Größe der Faktorisierung einer gegeben Matrix um Eins reduzieren. Die iterative Anwendung dieser Methode liefert einen alternativen Weg zur Durchführung der Gaußelimination.

Wir stellen auch fest, dass der Beweis des Theorem 3.4 auf den Fall von Blockmatrizen erweitert werden kann und erhalten das folgende Ergebnis.

Theorem 3.7 *Sei* $\mathrm{A} \in \mathbb{R}^{n\times n}$ *partitioniert in* $m \times m$ *Blöcke* A_{ij} *mit* $i, j = 1, \ldots, m$. *Dann besitzt* A *genau dann eine eindeutig bestimmte LU-Block-Faktorisierung (mit Diagonaleinträgen von* L *gleich Eins), wenn die* $m-1$ *dominanten Hauptblockminoren von* A *nicht verschwinden.*

Da die Blockfaktorisierung eine äquivalente Formulierung der üblichen LU-Faktorisierung von A ist, gilt die für letztere durchgeführte Stabilitätsanalyse für ihre Blockversion ebenso. Verbesserte Ergebnisse hinsichtlich der effizienten Verwendung von schnellen Formen des Matrix-Matrix Produktes in Blockalgorithmen werden in [Hig88] behandelt. Im nächsten Abschnitt fokussieren wir uns einzig und allein auf Blocktridiagonalmatrizen.

3.8.2 Inverse einer blockpartitionierten Matrix

Inverse einer blockpartitionierten Matrix kann unter Verwendung der LU-Faktorisierung, die im vorherigen Abschnitt eingeführt wurde, konstruiert werden. Eine bemerkenswerte Anwendung ist der Fall, wenn A eine Blockmatrix der Form

$$\mathrm{A} = \mathrm{C} + \mathrm{UBV}$$

ist, wobei C eine "leicht" zu invertierende Blockmatrix ist (zum Beispiel, wenn C durch die Diagonalblöcke von A gegeben ist), während U, B und V die Verbindungen zwischen den Diagonalblöcken berücksichtigen. In diesem Fall kann A unter Verwendung der *Sherman-Morrison-* oder der *Woodbury-*Formel

$$\mathrm{A}^{-1} = (\mathrm{C} + \mathrm{UBV})^{-1} = \mathrm{C}^{-1} - \mathrm{C}^{-1}\mathrm{U}\left(\mathrm{I} + \mathrm{BVC}^{-1}\mathrm{U}\right)^{-1}\mathrm{BVC}^{-1} \qquad (3.57)$$

invertiert werden, wobei wir angenommen haben, dass C und $\mathrm{I} + \mathrm{BVC}^{-1}\mathrm{U}$ zwei nichtsinguläre Matrizen sind. Diese Formel hat verschiedene praktische und theoretische Anwendungen und ist besonders effektiv, wenn die Verbindungen zwischen den Blöcken von geringer Relevanz sind.

3.8.3 Blocktridiagonale Systeme

Betrachten wir blocktridiagonale Systeme der Form

$$\mathrm{A}_n\mathbf{x} = \begin{bmatrix} \mathrm{A}_{11} & \mathrm{A}_{12} & & 0 \\ \mathrm{A}_{21} & \mathrm{A}_{22} & \ddots & \\ & \ddots & \ddots & \mathrm{A}_{n-1,n} \\ 0 & & \mathrm{A}_{n,n-1} & \mathrm{A}_{nn} \end{bmatrix} \begin{bmatrix} \mathbf{x}_1 \\ \vdots \\ \vdots \\ \mathbf{x}_n \end{bmatrix} = \begin{bmatrix} \mathbf{b}_1 \\ \vdots \\ \vdots \\ \mathbf{b}_n \end{bmatrix}, \qquad (3.58)$$

wobei A_{ij} Matrizen der Ordnung $n_i \times n_j$, $\mathbf{x}_i$ und $\mathbf{b}_i$ Spaltenvektoren der Größe n_i, für $i, j = 1, \ldots, n$ sind. Wir nehmen an, dass die Diagonalblöcke quadratisch sind, jedoch nicht notwendig von gleicher Größe. Für $k =$

$1, \ldots, n$ setzen wir

$$
\mathrm{A}_k = \begin{bmatrix} \mathrm{I}_{n_1} & & & 0 \\ \mathrm{L}_1 & \mathrm{I}_{n_2} & & \\ & \ddots & \ddots & \\ 0 & & \mathrm{L}_{k-1} & \mathrm{I}_{n_k} \end{bmatrix} \begin{bmatrix} \mathrm{U}_1 & \mathrm{A}_{12} & & 0 \\ & \mathrm{U}_2 & \ddots & \\ & & \ddots & \mathrm{A}_{k-1,k} \\ 0 & & & \mathrm{U}_k \end{bmatrix}.
$$

Gleichsetzen der obigen Matrix für $k = n$ mit den entsprechenden Blöcken von A_n ergibt $\mathrm{U}_1 = \mathrm{A}_{11}$, wohingegen die verbleibenden Blöcke durch sequentielles Lösen, für $i = 2, \ldots, n$, der Systeme $\mathrm{L}_{i-1}\mathrm{U}_{i-1} = \mathrm{A}_{i,i-1}$ für die Spalten von L und durch Berechnung $\mathrm{U}_i = \mathrm{A}_{ii} - \mathrm{L}_{i-1}\mathrm{A}_{i-1,i}$ erhalten werden können.
Dieses Verfahren ist nur dann wohl definiert, wenn alle Matrizen U_i nichtsingulär sind, was zum Beispiel der Fall ist, wenn die Matrizen $\mathrm{A}_1, \ldots, \mathrm{A}_n$ nichtsingulär sind. Als eine Alternative könnte man zu Faktorisierungsmethoden für Bandmatrizen greifen, auch wenn dies die Speicherung einer größeren Zahl von Nulleinträgen erfordert (vorausgesetzt eine geeignete Umordnung der Spalten wird ausgeführt).

Ein bemerkenswertes Beispiel ist der Fall, in dem die Matrix *blocktridiagonal* und *symmetrisch*, mit symmetrischen und positiv definiten Blöcken, ist. In einem solchen Fall nimmt (3.58) die Form

$$
\begin{bmatrix} \mathrm{A}_{11} & \mathrm{A}_{21}^T & & 0 \\ \mathrm{A}_{21} & \mathrm{A}_{22} & \ddots & \\ & \ddots & \ddots & \mathrm{A}_{n,n-1}^T \\ 0 & & \mathrm{A}_{n,n-1} & \mathrm{A}_{nn} \end{bmatrix} \begin{bmatrix} \mathbf{x}_1 \\ \vdots \\ \vdots \\ \mathbf{x}_n \end{bmatrix} = \begin{bmatrix} \mathbf{b}_1 \\ \vdots \\ \vdots \\ \mathbf{b}_n \end{bmatrix}
$$

an. Hier betrachten wir eine Erweiterung des Thomas-Algorithmus auf den Blockfall, die auf die Transformation von A auf eine blockbidiagonale Matrix zielt. Zu diesem Zweck müssen wir zunächst den Block eliminieren, der der Matrix A_{21} entspricht. Nehmen wir an, dass die Cholesky-Faktorisierung von A_{11} verfügbar ist und bezeichnen wir durch H_{11} den Cholesky-Faktor. Multiplizieren wir die erste Zeile des Blocksystems mit H_{11}^{-T}, so finden wir

$$
\mathrm{H}_{11}\mathbf{x}_1 + \mathrm{H}_{11}^{-T}\mathrm{A}_{21}^T\mathbf{x}_2 = \mathrm{H}_{11}^{-T}\mathbf{b}_1.
$$

Seien $\mathrm{H}_{21} = \mathrm{H}_{11}^{-T}\mathrm{A}_{21}^T$ und $\mathbf{c}_1 = \mathrm{H}_{11}\mathbf{b}_1$, so folgt $\mathrm{A}_{21} = \mathrm{H}_{21}^T\mathrm{H}_{11}$ und folglich lauten die ersten beiden Zeilen des Systems

$$
\begin{aligned}
&\mathrm{H}_{11}\mathbf{x}_1 + \mathrm{H}_{21}\mathbf{x}_2 = \mathbf{c}_1, \\
&\mathrm{H}_{21}^T\mathrm{H}_{11}\mathbf{x}_1 + \mathrm{A}_{22}\mathbf{x}_2 + \mathrm{A}_{32}^T\mathbf{x}_3 = \mathbf{b}_2.
\end{aligned}
$$

Multiplikation der ersten Zeile mit H_{21}^T und Subtraktion von der zweiten Zeile eliminiert die Unbekannte $\mathbf{x}_1$ und ergibt die folgende Gleichung

$$\mathrm{A}_{22}^{(1)}\mathbf{x}_2 + \mathrm{A}_{32}^T\mathbf{x}_3 = \mathbf{b}_2 - \mathrm{H}_{21}\mathbf{c}_1,$$

mit $\mathrm{A}_{22}^{(1)} = \mathrm{A}_{22} - \mathrm{H}_{21}^T\mathrm{H}_{21}$. An dieser Stelle wird die Faktorisierung von $\mathrm{A}_{22}^{(1)}$ ausgeführt und die Unbekannte $\mathbf{x}_3$ aus der dritten Zeile des Systems eliminiert. Das gleiche wiederholt sich für die restlichen Zeilen des Systems. Am Ende des Verfahrens, das die Lösung $(n-1)\sum_{j=1}^{n-1} n_j$ linearer Systeme zur Berechnung der Matrizen $\mathrm{H}_{i+1,i}$, $i = 1, \ldots, n-1$ erfordert, gelangen wir zu dem folgenden blockbidiagonalen System

$$\begin{bmatrix} \mathrm{H}_{11} & \mathrm{H}_{21} & & 0 \\ & \mathrm{H}_{22} & \ddots & \\ & & \ddots & \mathrm{H}_{n,n-1} \\ 0 & & & \mathrm{H}_{nn} \end{bmatrix} \begin{bmatrix} \mathbf{x}_1 \\ \vdots \\ \vdots \\ \mathbf{x}_n \end{bmatrix} = \begin{bmatrix} \mathbf{c}_1 \\ \vdots \\ \vdots \\ \mathbf{c}_n \end{bmatrix}$$

das mit einer (Block-)Rückwärtssubstitutionsmethode gelöst werden kann. Haben alle Blöcke die gleiche Größe p, so ist die Zahl der Multiplikationen, die der Algorithmus erfordert, ungefähr $(7/6)(n-1)p^3$ flops (angenommen, dass sowohl p als auch n sehr groß sind).

3.9 Schwachbesetzte Matrizen

In diesem Abschnitt werden wir uns kurz der numerischen Lösung linearer *schwach besetzter* Systeme widmen, d.h. Systemen bei denen die Matrix $\mathrm{A} \in \mathbb{R}^{n\times n}$ eine Zahl von Nichtnulleinträgen der Ordnung n (und nicht n^2) hat. Die Menge aller nichtverschwindenen Koeffizienten nennen wir das *Besetztheitsmuster* einer schwach besetzten Matrix.

Bandmatrizen mit genügend schmalem Band sind schwach besetzte Matrizen. Offensichtlich ist die Matrixstruktur für eine schwach besetzte Matrix redundant und kann besser durch eine vektorähnliche Struktur mit Hilfe von *Matrixkompakttechniken* ersetzt werden, wie das in Abschnitt 3.7 diskutierte Bandmatrixformat.

Bequemerweise verbinden wir mit einer schwach besetzten Matrix A einen *orientierten Graphen* $\mathtt{G}(\mathrm{A})$. Ein Graph ist ein Paar $(\mathcal{V}, \mathcal{X})$, wobei $\mathcal{V}$ eine Menge von p Punkten und $\mathcal{X}$ eine Menge von q geordneten Paaren von Elementen aus $\mathcal{V}$ sind, die durch eine Linie verbunden sind. Die Elemente von $\mathcal{V}$ heißen die *Knoten* des Graphen und die Verbindungslinien werden *Wege* des Graphen genannt.

Der Graph $\mathtt{G}(\mathrm{A})$, der mit der Matrix $\mathrm{A} \in \mathbb{R}^{m\times n}$ verbunden ist, kann durch Identifikation der Knoten mit der Menge aller Indizes von 1 bis zum Maximum von m und n konstruiert werden, wenn man annimmt, dass ein

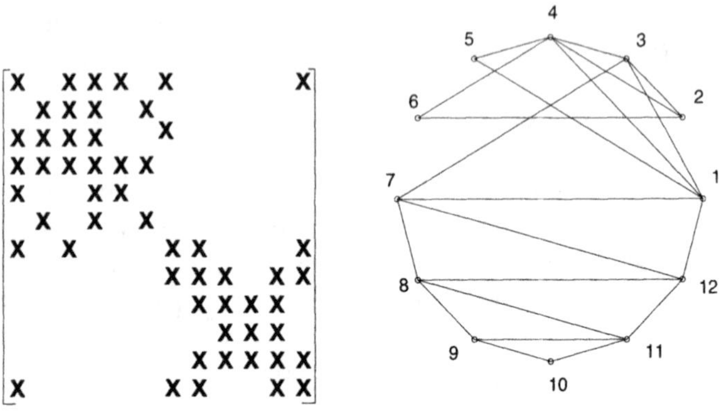

Abbildung 3.3. *Besetztheitsmuster* einer symmetrischen schwach besetzten Matrix (links) und der mit ihr verbundene Graph (rechts). Der Klarheit wegen sind die Schleifen nicht gezeichnet; da die Matrix symmetrisch ist, wurde darüber hinaus nur einer der beiden mit jedem $a_{ij} \neq 0$ verbundenen Wege gezeichnet.

zwei Knoten i und j verbindener Weg existiert, wenn $a_{ij} \neq 0$ gilt, und dieser von i nach j, für $i = 1, \dots, m$ und $j = 1, \dots, n$, gerichtet ist. Für einen Diagonaleintrag $a_{ii} \neq 0$ wird der den Knoten i mit sich selbst verbindenen Weg *Schleife* genannt. Da mit jeder Kante eine Orientierung verbunden ist, wird der Graph orientiert (oder endlich gerichtet) genannt. Als ein Beispiel zeigt Abbildung 3.3 das Besetztheitsmuster einer symmetrischen und schwach besetzten 12×12 Matrix zusammen mit ihren Graphen.

Wie bereits früher erwähnt, können während der Faktorisierung Nichtnulleinträge an Speicherpositionen auftreten, die Nulleinträgen der Ausgangsmatrix entsprechen. Diese Wirkung wird als Auffüllen bzw. als fill-in bezeichnet. Abbildung 3.4 zeigt den Effekt des fill-in auf die schwach besetzte Matrix, deren Besetztheitsmuster in Abbildung 3.3 gegeben wurde. Da die Verwendung von *Pivotisierungsstrategien* bei der Faktorisierung die Dinge sogar noch schwieriger gestaltet, werden wir nur den Fall symmetrischer positiv definiter Matrizen betrachten, für die eine Pivotisierung nicht erforderlich ist.

Ein erstes bemerkenswertes Ergebnis betrifft die Größe des fill-in. Sei $m_i(\mathrm{A}) = i - \min\{j < i : \; a_{ij} \neq 0\}$ und bezeichne $\mathcal{E}(\mathrm{A})$ die *konvexe Hülle* von A, gegeben durch

$$\mathcal{E}(\mathrm{A}) = \{(i,j) : \; 0 < i - j \leq m_i(\mathrm{A})\} . \tag{3.59}$$

Für eine symmetrische positiv definite Matrix gilt

$$\mathcal{E}(\mathrm{A}) = \mathcal{E}(\mathrm{H} + \mathrm{H}^T), \tag{3.60}$$

wobei H der Cholesky-Faktor ist. Somit ist das fill-in auf die konvexen Hülle von A begrenzt (siehe Abbildung 3.4). Darüber hinaus ist der numerische Aufwand der Faktorisierung, wenn wir mit $l_k(\mathrm{A})$ die Zahl der aktiven Zeilen im k-ten Schritt der Faktorisierung bezeichnen (d.h. die Zahl der Zeilen von A mit $i > k$ und $a_{ik} \neq 0$), gleich

$$\frac{1}{2}\sum_{k=1}^{n} l_k(\mathrm{A})\,(l_k(\mathrm{A}) + 3) \qquad \text{flops,} \tag{3.61}$$

wobei die Gesamtheit der Nichtnulleinträge der konvexen Hülle berücksichtigt wurden. Die Beschränkung des fill-in auf $\mathcal{E}(\mathrm{A})$ sichert, dass die LU-Faktorisierung von A ohne zusätzlichen Speicherplatz einfach durch Speichern aller Einträge von $\mathcal{E}(\mathrm{A})$ (einschließlich der Nullelemente) gespeichert werden kann. Jedoch kann ein derartiges Vorgehen aufgrund der großen Zahl von Nulleinträgen in der Hülle äußerst ineffizient sein (siehe Übung 11).

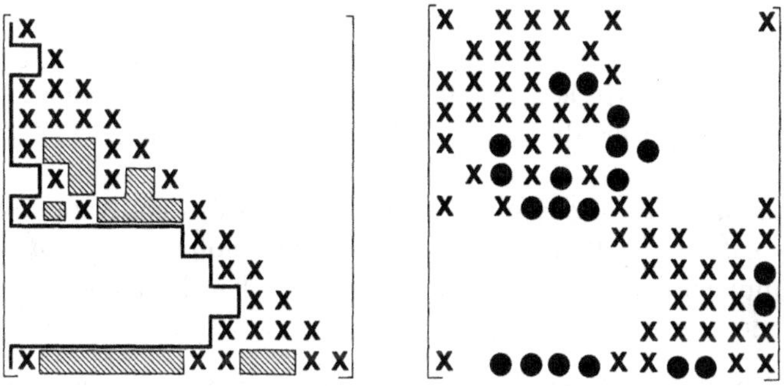

Abbildung 3.4. Die schattierten Regionen im linken Bild zeigen für die in Abbildung 3.3 betrachtete Matrix die Bereiche der Matrix, die durch das fill-in beeinflusst werden können. Durchgezogene Linien bezeichnen den Rand von $\mathcal{E}(\mathrm{A})$. Die rechte Abbildung zeigt die tatsächlich berechneten Faktoren. Schwarze Kreise bezeichnen die Elemente der Matrix, die ursprünglich Null waren.

Andererseits folgt aus (3.60), dass eine Reduktion der konvexe Hülle eine Reduktion des fill-in entspricht, und zugleich wegen (3.61) die Anzahl der zur Faktorisierung benötigten Operationen senkt. Aus diesem Grunde sind verschiedene Strategien zur Umordnung des Graphen einer Matrix entwickelt worden. Unter ihnen erwähnen wir den Cuthill-McKee-Algorithmus, der im nächsten Abschnitt beschrieben wird.

Eine Alternative besteht in der Zerlegung der Matrix in schwach besetzte Teilmatrizen mit dem Ziel das ursprüngliche Problem auf die Lösung von Teilproblemen zu reduzieren, wobei die Matrizen im vollen Format gespeichert werden. Diese Vorgehensweise führt zu Substrukturmethoden, die in Abschnitt 3.9.2 behandelt werden.

3.9.1 Cuthill-McKee-Algorithmus

Der Cuthill-McKee-Algorithmus ist eine einfache und effektive Methode zur Umordnung der Systemvariablen.

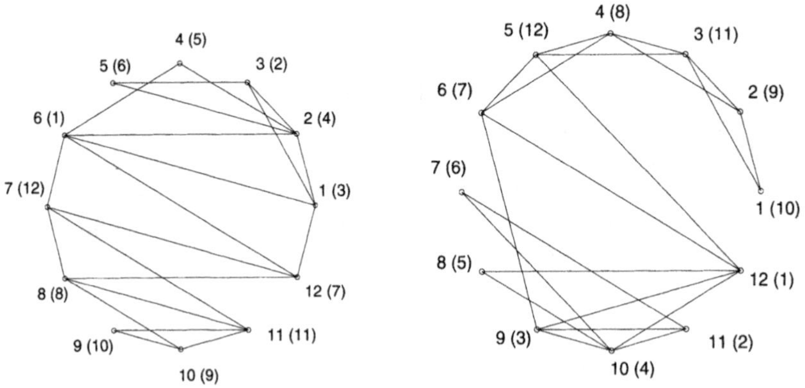

Abbildung 3.5. Umgeordnete Graphen unter Verwendung des direktem (links) und des umgekehrten (rechts) Cuthill-McKee-Algorithmus. Die Numerierung jedes Knoten vor der Umordnung ist in Klammern angegeben.

Der erste Schritt des Algorithmus besteht darin, zu jedem Knoten des Graphens die Zahl seiner Verbindungen zu Nachbarknoten, die *Grad des Knotens* genannt wird, zu bestimmen. Danach werden die folgenden Schritte ausgeführt:

1. ein Knoten mit einer geringen Zahl von Verbindungen wird als erster Knoten des Graphen gewählt;

2. die mit ihm verbundenen Knoten werden in aufsteigender Folge umbezeichnet, beginnend mit den Knoten, die einen niedrigen Grad haben;

3. das Verfahren wird beginnend mit dem zweiten Knoten der aktualisierten Liste wiederholt. Die Knoten, die bereits umbenannt wurden, werden dabei ignoriert. Dann wird ein dritter neuer Knoten betrachtet und so weiter, bis alle Knoten berücksichtigt wurden.

Der übliche Weg, die Effizienz des Algorithmus zu verbessern, basiert auf der sogenannten *umgekehrten* Form des Cuthill-McKee-Algorithmus. Sie besteht darin, den Cuthill-McKee-Algorithmus wie oben beschrieben auszuführen, wobei am Ende der i-te Knoten an die $n-i+1$-te Position der Liste gesetzt wird, mit n die Gesamtanzahl aller Knoten des Graphen. Abbildung 3.5 zeigt zum Vergleich die Graphen, die mit der direkten und der umgekehrten Cuthill-McKee-Umordnung erhalten wurden im Fall einer Matrix, deren Besetztheitsmuster in Abbildung 3.3 dargestellt wurde, während in Abbildung 3.6 die Faktoren L und U verglichen werden. Beachte das Fehlen des fill-in, wenn der umgekehrte Cuthill-McKee-Algorithmus verwendet wurde.

Bemerkung 3.5 Für eine effiziente Lösung linearer Systeme mit schwach besetzten Matrizen erwähnen wir die allgemein zugänglichen Bibliotheken SPARSKIT [Saa90], UMFPACK [DD95] und das MATLAB `sparfun` Paket. ■

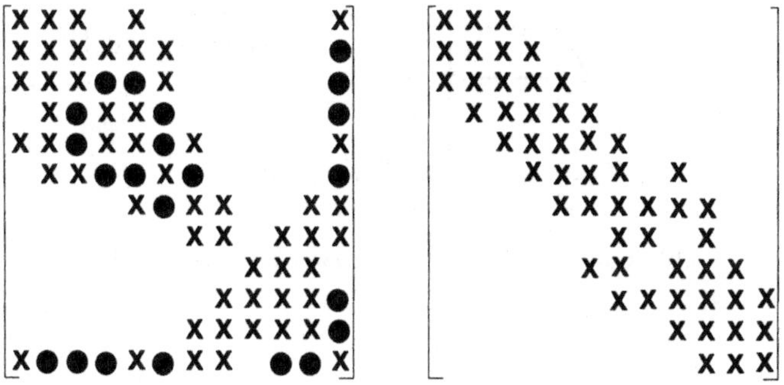

Abbildung 3.6. Faktoren L und U nach der direkten (links) und der umgekehrten (rechts) Cuthill-McKee-Umordnung. Im zweiten Fall gibt es kein fill-in.

3.9.2 Zerlegung in Substrukturen

Diese Methoden wurden im Rahmen der numerischen Approximation partieller Differentialgleichungen entwickelt. Ihre grundlegende Strategie besteht in der Aufspaltung der Lösung des ursprünglichen linearen Systems in Teilsysteme kleinerer Größe, die fast unabhängig voneinander sind und leicht als eine Umordnungstechnik interpretierbar sind.

Wir beschreiben die Methoden an einem speziellen Beispiel und verweisen auf [BSG96] für eine umfassendere Darstellung. Betrachten wir das lineare System A$\mathbf{x}$=$\mathbf{b}$, wobei A eine symmetrische, positiv definite Matrix ist, deren Besetztheitsmuster in Abbildung 3.3 gezeigt ist. Um ein intuitives Verständnis der Methode zu entwickeln, zeichnen wir den Graph von A in der Form von Abbildung 3.7.

Dann zerlegen wir den Graphen von A in zwei Teilgraphen (oder Substrukturen), wie in der Abbildung gekennzeichnet, und bezeichnen durch $\mathbf{x}_k$, $k = 1, 2$, die Vektoren der Unbekannten, die sich auf die Knoten beziehen, die zum Inneren der k-ten Substruktur gehören. Wir bezeichnen ferner durch $\mathbf{x}_3$ den Vektor der Unbekannten, die auf der Grenzfläche zwischen beiden Teilstrukturen liegen. Bezogen auf die Zerlegung in Abbildung 3.7 haben wir $\mathbf{x}_1 = (2,\ 3,\ 4,\ 6)^T$, $\mathbf{x}_2 = (8,\ 9,\ 10,\ 11,\ 12)^T$ und $\mathbf{x}_3 = (1,\ 5,\ 7)^T$.

Als Folge der Zerlegung der Unbekannten wird die Matrix A in Blöcke partitioniert, so dass das lineare System in der Form

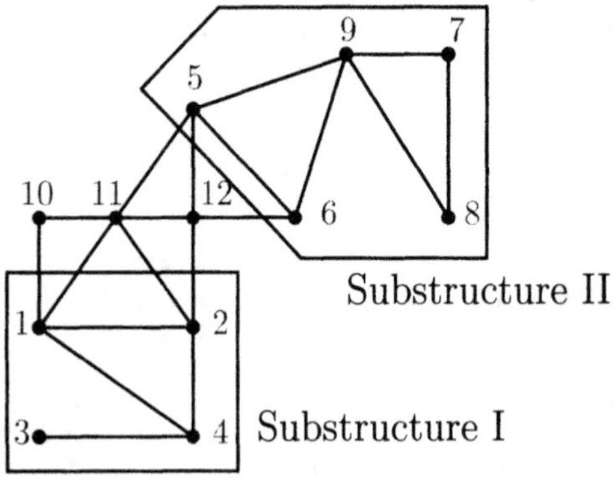

Abbildung 3.7. Zerlegung in zwei Substrukturen.

$$\begin{bmatrix} A_{11} & 0 & A_{13} \\ 0 & A_{22} & A_{23} \\ A_{13}^T & A_{23}^T & A_{33} \end{bmatrix} \begin{bmatrix} \mathbf{x}_1 \\ \mathbf{x}_2 \\ \mathbf{x}_3 \end{bmatrix} = \begin{bmatrix} \mathbf{b}_1 \\ \mathbf{b}_2 \\ \mathbf{b}_3 \end{bmatrix}$$

geschrieben werden kann, wobei die Unbekannten umgeordnet und die rechte Seite des Systems entsprechend partitioniert wurden. Angenommen, dass A_{33} in zwei Teile, A'_{33} und A''_{33}, zerlegt wurde, die die Beiträge jeder Substruktur zu A_{33} darstellen. Sei ähnlich die rechte Seite $\mathbf{b}_3$ in der Form $\mathbf{b}'_3 + \mathbf{b}''_3$ zerlegt. Das ursprüngliche System ist nun dem folgenden Paar von Gleichungen äquivalent

$$\begin{bmatrix} A_{11} & A_{13} \\ A_{13}^T & A'_{33} \end{bmatrix} \begin{bmatrix} \mathbf{x}_1 \\ \mathbf{x}_3 \end{bmatrix} = \begin{bmatrix} \mathbf{b}_1 \\ \mathbf{b}'_3 + \boldsymbol{\gamma}_3 \end{bmatrix},$$

$$\begin{bmatrix} A_{22} & A_{23} \\ A_{23}^T & A''_{33} \end{bmatrix} \begin{bmatrix} \mathbf{x}_2 \\ \mathbf{x}_3 \end{bmatrix} = \begin{bmatrix} \mathbf{b}_2 \\ \mathbf{b}''_3 - \boldsymbol{\gamma}_3 \end{bmatrix},$$

wobei durch $\boldsymbol{\gamma}_3$ ein Vektor bezeichnet wurde, der die Kopplung zwischen den Substrukturen berücksichtigt. Ein gängiger Weg bei Dekompositionsverfahren besteht in der Elimination von $\boldsymbol{\gamma}_3$, um zu unabhängigen Systemen zu gelangen, je eines für jede Substruktur. Wir wollen diese Strategie auf das gegenwärtige Beispiel anwenden. Das lineare System für die erste Substruktur ist

$$\begin{bmatrix} A_{11} & A_{13} \\ A_{13}^T & A'_{33} \end{bmatrix} \begin{bmatrix} \mathbf{x}_1 \\ \mathbf{x}_3 \end{bmatrix} = \begin{bmatrix} \mathbf{b}_1 \\ \mathbf{b}'_3 + \boldsymbol{\gamma}_3 \end{bmatrix}. \tag{3.62}$$

Faktorisieren wir nun A_{11} als $H_{11}^T H_{11}$ und fahren wir mit der bereits in Abschnitt 3.8.3 beschriebenen Reduktionsmethode für blocktridiagonale Matrizen fort, so erhalten wir das System

$$\begin{bmatrix} H_{11} & H_{21} \\ 0 & A'_{33} - H_{21}H_{21}^T \end{bmatrix} \begin{bmatrix} \mathbf{x}_1 \\ \mathbf{x}_3 \end{bmatrix} = \begin{bmatrix} \mathbf{c}_1 \\ \mathbf{b}'_3 + \boldsymbol{\gamma}_3 - H_{21}\mathbf{c}_1 \end{bmatrix}$$

mit $H_{21} = H_{11}^{-T} A_{13}$ und $\mathbf{c}_1 = H_{11}^{-T}\mathbf{b}_1$. Die zweite Gleichung dieses Systems liefert $\boldsymbol{\gamma}_3$ explizit als

$$\boldsymbol{\gamma}_3 = \left(A'_{33} - H_{21}^T H_{21}\right)\mathbf{x}_3 - \mathbf{b}'_3 + H_{21}^T \mathbf{c}_1.$$

Substituieren wir diese Gleichung in das System für die zweite Substruktur, so gelangen wir zu einem System ausschließlich in den Unbekannten $\mathbf{x}_2$ und $\mathbf{x}_3$

$$\begin{bmatrix} A_{22} & A_{23} \\ A_{23}^T & A'''_{33} \end{bmatrix} \begin{bmatrix} \mathbf{x}_2 \\ \mathbf{x}_3 \end{bmatrix} = \begin{bmatrix} \mathbf{b}_2 \\ \mathbf{b}'''_3 \end{bmatrix}, \tag{3.63}$$

wobei $A'''_{33} = A_{33} - H_{21}^T H_{21}$ und $\mathbf{b}'''_3 = \mathbf{b}_3 - H_{21}^T \mathbf{c}_1$. Ist (3.63) einmal gelöst, so ist es durch Rückwärtseinsetzen in (3.62) möglich, auch $\mathbf{x}_1$ zu berechnen.

Die oben beschriebene Technik kann leicht auf den Fall verschiedener Substrukturen erweitert werden und ihre Effizienz wird wachsen, je mehr Substrukturen gegenseitig unabhängig sind. Im Kern reproduziert sie die sogenannte *Frontallösungsmethode* (die durch Iron [Iro70] eingeführt wurde), die ziemlich populär bei der Lösung von finite Elementesystemen ist (für eine Implementation verweisen wir auf die UMFPACK Bibliothek [DD95]).

Bemerkung 3.6 (Das Schurkomplement) Ein Verfahren, dass zur obigen Methode dual ist, besteht in der Reduktion des Ausgangssystems auf ein System, das nur die Unbekannten $\mathbf{x}_3$ auf der Grenzfläche enthält, in dem man zur Assemblierung der Schurkomplementmatrix der Matrix A übergeht, die im 3×3 Fall durch

$$S = A_{33} - A_{13}^T A_{11}^{-1} A_{13} - A_{23}^T A_{22}^{-1} A_{23}$$

gegeben ist. Das Orginalproblem ist folglich zum System

$$S\mathbf{x}_3 = \mathbf{b}_3 - A_{13}^T A_{11}^{-1}\mathbf{b}_1 - A_{23}^T A_{22}^{-1}\mathbf{b}_2$$

äquivalent. Dieses System ist voll besetzt (auch wenn die Matrizen A_{ij} schwach besetzt waren) und kann entweder unter Verwendung einer direkten oder iterativen Methode gelöst werden, vorausgesetzt ein geeigneter Vorkonditionierer ist verfügbar. Ist einmal $\mathbf{x}_3$ berechnet, so bekommt man $\mathbf{x}_1$ und $\mathbf{x}_2$ durch Lösung zweier Systeme reduzierter Größe mit den Matrizen A_{11} bzw. A_{22}.

Für eine symmetrische und positiv definite Blockmatrix A kann man zeigen, dass das lineare System für das Schurkomplement S nicht schlechter konditioniert ist als das ursprüngliche System für A, denn

$$K_2(\mathrm{S}) \leq K_2(\mathrm{A})$$

(für einen Beweis siehe Lemma 3.12, [Axe94]. Siehe auch [CM94] und [QV99]). ■

3.9.3 Geschachtelte Zerlegung

Dies ist eine Numerierungstechnik, die ziemlich ähnlich zur Substrukturtechnik ist. Praktisch besteht sie in der mehrmaligen Wiederholung des Zerlegungsprozesses auf jedem Substrukturniveau, bis die Größe jedes einzelnen Blockes hinreichend klein ist. In Abbildung 3.8 wird eine mögliche *geschachtelte Zerlegung* für den Fall der im vorigen Abschnitt betrachteten Matrix gezeigt. Ist einmal das Unterteilungsverfahren vollständig durchgeführt, werden die Knoten umnumeriert, beginnend mit den Knoten, die zu dem letzten Substrukturniveau gehören und in aufsteigender Folge bis zum ersten Niveau. Im betrachteten Beispiel ist die neue Knotenanordnung 11, 9, 7, 6, 12, 8, 4, 2, 1, 5, 3.

Dieses Verfahren ist besonders effektiv, wenn das Problem groß ist und die Substrukturen wenige Verbindungen oder ein sich wiederholendes Muster haben[Geo73].

3.10 Die durch die GEM erzielte Genauigkeit der Lösung

Wir analysieren die Auswirkung von Rundungsfehlern auf die Genauigkeit der durch die GEM erzielten Lösung. Wir nehmen an, dass A und **b** eine Matrix und ein Vektor von *Gleitpunktzahlen* sind. Bezeichnen $\widehat{\mathrm{L}}$ bzw. $\widehat{\mathrm{U}}$ die Matrizen der LU-Faktorisierung, die durch die GEM erzeugt und in *Gleitpunktarithmetik* berechnet wurden, so kann die durch GEM gewonnene Lösung $\widehat{\mathbf{x}}$ als die Lösung (in exakter Arithmetik) des gestörten Systems $(\mathrm{A}+\delta\mathrm{A})\widehat{\mathbf{x}} = \mathbf{b}$ mit einer Störungsmatrix $\delta\mathrm{A}$ angesehen werden, so dass

$$|\delta\mathrm{A}| \leq n\mathrm{u}\left(3|\mathrm{A}| + 5|\widehat{\mathrm{L}}||\widehat{\mathrm{U}}|\right) + \mathcal{O}(\mathrm{u}^2), \tag{3.64}$$

wobei u die *Maschinengenauigkeit* ist und die Matrixabsolutwertnotation verwendet wurde (siehe [GL89], Abschnitt 3.4.6). Folglich werden die Einträge von $\delta\mathrm{A}$ klein in der Größe sein, wenn die Einträge von $\widehat{\mathrm{L}}$ und $\widehat{\mathrm{U}}$ klein sind. Die Verwendung partieller Pivotisierung ermöglicht es, den Betrag der

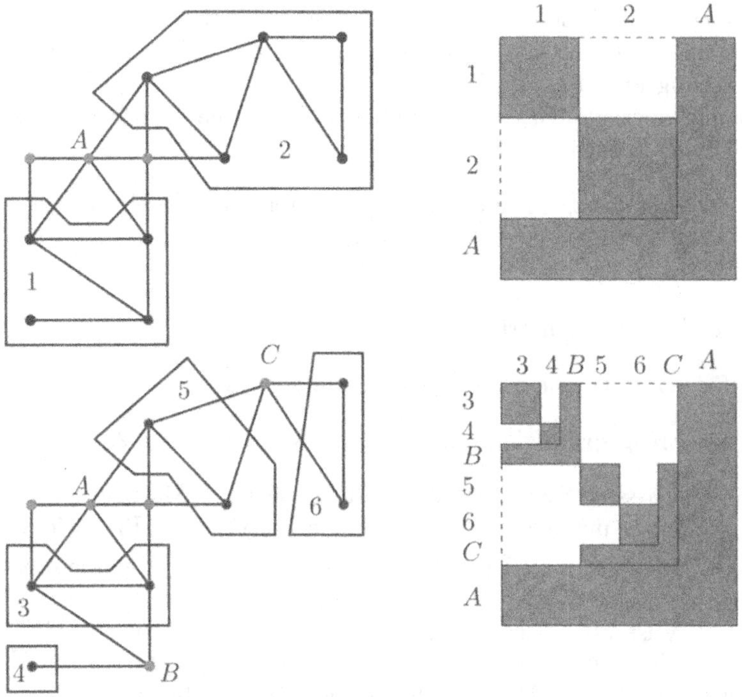

Abbildung 3.8. Zwei Schritte der *geschachtelten Zerlegung*. Graphzerlegung (links) und Matrixumordnung (rechts).

Einträge von $\widehat{\mathrm{L}}$ durch 1 zu beschränken, so dass durch Übergang zur Maximumnorm und unter Berücksichtigung von $\|\widehat{\mathrm{L}}\|_\infty \leq n$ die Abschätzung (3.64) in

$$\|\delta \mathrm{A}\|_\infty \leq n\mathrm{u}\left(3\|\mathrm{A}\|_\infty + 5n\|\widehat{\mathrm{U}}\|_\infty\right) + \mathcal{O}(\mathrm{u}^2) \qquad (3.65)$$

übergeht. Die Schranke für $\|\delta \mathrm{A}\|_\infty$ in (3.65) ist nur dann von praktischem Interesse, wenn es gelingt eine Abschätzung für $\|\widehat{\mathrm{U}}\|_\infty$ anzugeben. Mit diesem Ziel kann die Rückwärtsanalyse durchgeführt werden, in dem man den sogenannten *Wachstumsfaktor*

$$\rho_n = \frac{\max\limits_{i,j,k}|\widehat{a}_{ij}^{(k)}|}{\max\limits_{i,j}|a_{ij}|} \qquad (3.66)$$

einführt. Nutzt man die Tatsache aus, dass $|\widehat{u}_{ij}| \leq \rho_n \max\limits_{i,j}|a_{ij}|$ gilt, kann folgendes auf Wilkinson zurückgehendes Ergebnis aus (3.65) gezogen werden:

$$\|\delta \mathrm{A}\|_\infty \leq 8\mathrm{u}n^3\rho_n\|\mathrm{A}\|_\infty + \mathcal{O}(\mathrm{u}^2). \qquad (3.67)$$

Der Wachstumsfaktor kann durch 2^{n-1} beschränkt werden und, obgleich er in den meisten Fällen von der Ordnung 10 ist, gibt es Matrizen, für die die Ungleichung in (3.67) zur Gleichung wird (siehe zum Beispiel Übung 5). Für einige spezielle Klassen von Matrizen kann eine scharfe Schranke für ρ_n gefunden werden:

1. für Bandmatrizen mit oberer und unterer Bandbreite gleich p gilt $\rho_n \leq 2^{2p-1} - (p-1)2^{p-2}$. Folglich bekommt man im tridiagonalen Fall $\rho_n \leq 2$;

2. für Hessenbergmatrizen, $\rho_n \leq n$;

3. für symmetrische positiv definite Matrizen, $\rho_n = 1$;

4. für streng spaltendiagonaldominante Matrizen, $\rho_n \leq 2$.

Um eine bessere Stabilität der GEM für beliebige Matrizen zu bekommen, scheint es unumgänglich zu sein, zur vollständigen Pivotisierung zu greifen, da diese $\rho_n \leq n^{1/2}\left(2 \cdot 3^{1/2} \cdot \ldots \cdot n^{1/(n-1)}\right)^{1/2}$ gewährleistet. Tatsächlich ist dieses Wachstum langsamer als 2^{n-1}, wenn n wächst.

Jedoch weist, abgesehen von sehr speziellen Beipielen, auch die GEM mit partieller Pivotisierung akzeptable Wachstumsfaktoren auf. Dies macht sie zur meistverwendeten Methode in der numerischen Praxis.

Beispiel 3.7 Betrachte das lineare System (3.2) mit

$$\mathrm{A} = \begin{bmatrix} \varepsilon & 1 \\ 1 & 0 \end{bmatrix}, \quad \mathbf{b} = \begin{bmatrix} 1+\varepsilon \\ 1 \end{bmatrix}, \tag{3.68}$$

das die exakte Lösung $\mathbf{x}=\mathbf{1}$ für jeden Wert von ε hat. Die Matrix ist gut konditioniert, wobei $K_\infty(\mathrm{A}) = (1+\varepsilon)^2$ gilt. Versucht man das System für $\varepsilon = 10^{-15}$ durch LU-Faktorisierung mit 16 signifikanten Ziffern zu lösen und verwendet hierzu die Programme 2 und 3, so erhält man die Lösung $\widehat{\mathbf{x}} = [0.8881784197001253, 1.000000000000000]^T$, die einen Fehler in der ersten Komponente hat, der größer als 11% ist. Etwas Einblick in die Ursachen der Ungenauigkeit der berechneten Lösung kann man aus (3.64) gewinnen. Tatsächlich liefert diese Abschätzung keine gleichmäßig kleine Schranke für alle Einträge der Matrix δA, vielmehr gilt

$$|\delta \mathrm{A}| \leq \begin{bmatrix} 3.55 \cdot 10^{-30} & 1.33 \cdot 10^{-15} \\ 1.33 \cdot 10^{-15} & \boxed{2.22} \end{bmatrix}.$$

Beachte, dass die Einträge der entsprechenden Matrizen $\widehat{\mathrm{L}}$ und $\widehat{\mathrm{U}}$ dem Betrage nach ziemlich groß sind. Umgekehrt, liefert die GEM mit partieller oder vollständiger Pivotisierung die exakte Lösung des Systems (siehe Übung 6). •

Wir wenden uns nun der Rolle der Konditionszahl in der Fehleranalysis der GEM zu. Die GEM liefert eine Lösung $\widehat{\mathbf{x}}$, die typischerweise ein kleines Residuum $\widehat{\mathbf{r}} = \mathbf{b} - \mathrm{A}\widehat{\mathbf{x}}$ hat (siehe [GL89]). Dieses Merkmal garantiert jedoch noch nicht, dass der Fehler $\mathbf{x}-\widehat{\mathbf{x}}$ klein ist, wenn $K(\mathrm{A}) \gg 1$ groß ist (siehe Beispiel 3.8). Wird $\delta\mathbf{b}$ in (3.11) als das Residuum angesehen, so gilt tatsächlich

$$\frac{\|\mathbf{x}-\widehat{\mathbf{x}}\|}{\|\mathbf{x}\|} \leq K(\mathrm{A})\|\widehat{\mathbf{r}}\|\frac{1}{\|\mathrm{A}\|\|\mathbf{x}\|} \leq K(\mathrm{A})\frac{\|\widehat{\mathbf{r}}\|}{\|\mathbf{b}\|}.$$

Dieses Ergebnis wird angewandt, um basierend auf der *a posteriori* Analyse Methoden zur Verbesserung der Genauigkeit der Lösung der GEM zu konstruieren (siehe Abschnitt 3.12).

Beispiel 3.8 Betrachte das lineare System $\mathrm{A}\mathbf{x} = \mathbf{b}$ mit

$$\mathrm{A} = \begin{bmatrix} 1 & 1.0001 \\ 1.0001 & 1 \end{bmatrix}, \quad \mathbf{b} = \begin{bmatrix} 1 \\ 1 \end{bmatrix},$$

das die Lösung $\mathbf{x} = (0.499975\ldots, 0.499975\ldots)^T$ besitzt. Nehmen wir als eine Approximation der Lösung den Vektor $\widehat{\mathbf{x}} = (-4.499775, 5.5002249)^T$ an, so finden wir das Residuum $\widehat{\mathbf{r}} \simeq (-0.001, 0)^T$, das klein ist, obgleich $\widehat{\mathbf{x}}$ ganz verschieden von der exakten Lösung ist. Die Ursache dafür ist liegt in der schlechten Kondition der Matrix A begründet. Tatsächlich gilt in diesem Fall $K_\infty(\mathrm{A}) = 20001$. •

Eine Abschätzung der Zahl der exakten signifikannten Stellen der numerischen Lösung eines linearen Systems kann wie folgt gegeben werden. Aus (3.13) bekommen wir für $\gamma = \mathrm{u}$ unter der Annahme, dass $\mathrm{u}K_\infty(\mathrm{A}) \leq 1/2$ gilt, die Abschätzung

$$\frac{\|\delta\mathbf{x}\|_\infty}{\|\mathbf{x}\|_\infty} \leq \frac{2\mathrm{u}K_\infty(\mathrm{A})}{1-\mathrm{u}K_\infty(\mathrm{A})} \leq 4\mathrm{u}K_\infty(\mathrm{A}).$$

Folglich gilt

$$\frac{\|\widehat{\mathbf{x}}-\mathbf{x}\|_\infty}{\|\mathbf{x}\|_\infty} \simeq \mathrm{u}K_\infty(\mathrm{A}). \tag{3.69}$$

Indem wir annehmen, dass $\mathrm{u} \simeq \beta^{-t}$ und $K_\infty(\mathrm{A}) \simeq \beta^m$ gilt, bekommen wir, dass die durch die GEM berechnete Lösung $\widehat{\mathbf{x}}$ zumindest $t-m$ exakte Stellen haben wird, wobei t die Anzahl der für die Mantisse verfügbaren Stellen ist. Mit anderen Worten hängt die schlechte Kondition eines Systems sowohl vom Potential der verwendeten *Gleitpunktarithmetik* als auch von der in der Lösung geforderten Genauigkeit ab.

3.11 Approximative Berechnung von $K(\mathrm{A})$

Wir nehmen an, dass das lineare System (3.2) mit einer Faktorisierungsmethode gelöst wurde. Um die Genauigkeit der berechneten Lösung zu bestimmen, kann die in Abschnitt 3.10 durchgeführte Analyse benutzt werden, sofern eine Abschätzung der Konditionszahl $K(\mathrm{A})$ von A, die wir mit $\widehat{K}(\mathrm{A})$ bezeichnen, vorhanden ist. Obwohl die Berechnung der Norm $\|\mathrm{A}\|$ einfach sein kann, wenn eine geeignete Norm (zum Beispiel $\|\cdot\|_1$ oder $\|\cdot\|_\infty$) gewählt wird, ist es überhaupt nicht ratsam (oder numerisch sinnvoll) A^{-1} zu berechnen, nur um $\|\mathrm{A}^{-1}\|$ zu erhalten. Deshalb beschreiben wir in diesem Abschnitt ein (in [CMSW79] vorgeschlagenes Verfahren), das $\|\mathrm{A}^{-1}\|$ mit einem numerischen Aufwand von n^2 flops approximiert.

Die grundlegende Idee des Algorithmus ist die folgende: $\forall \mathbf{d} \in \mathbb{R}^n$ mit $\mathbf{d} \neq \mathbf{0}$ gilt aufgrund der Definition der Matrixnorm $\|\mathrm{A}^{-1}\| \geq \|\mathbf{y}\|/\|\mathbf{d}\| = \gamma(\mathbf{d})$ mit $\mathrm{A}\mathbf{y} = \mathbf{d}$. Folglich suchen wir ein solches $\mathbf{d}$, so dass $\gamma(\mathbf{d})$ möglichst groß wird, und nehmen den erzielten Wert als Abschätzung von $\|\mathrm{A}^{-1}\|$.

Die Effektivität der Methode hängt entscheidend von der Auswahl von $\mathbf{d}$ ab. Um zu erklären, wie eine geschickte Auswahl von $\mathbf{d}$ gefunden werden kann, nehmen wir zunächst an, dass die QR-Faktorisierung von A berechnet worden ist und dass $K_2(\mathrm{A})$ approximiert werden soll. Da infolge der Eigenschaft 1.8 $K_2(\mathrm{A}) = K_2(\mathrm{R})$ gilt, genügt es in unserem Fall $\|\mathrm{R}^{-1}\|_2$ anstelle von $\|\mathrm{A}^{-1}\|_2$ abzuschätzen. Überlegungen, die sich auf die SVD von R beziehen, legen den folgenden Algorithmus zur Approximation von $\|\mathrm{R}^{-1}\|_2$ nahe:

berechne die Vektoren $\mathbf{x}$ und $\mathbf{y}$ als Lösungen der Systeme

$$\mathrm{R}^T\mathbf{x} = \mathbf{d}, \quad \mathrm{R}\mathbf{y} = \mathbf{x}, \tag{3.70}$$

und schätze dann $\|\mathrm{R}^{-1}\|_2$ durch das Verhältnis $\gamma_2 = \|\mathbf{y}\|_2/\|\mathbf{x}\|_2$ ab. Der Vektor $\mathbf{d}$, der in (3.70) erscheint, sollte derart bestimmt werden, dass γ_2 so nahe wie möglich am tatsächlich von $\|\mathrm{R}^{-1}\|_2$ erreichten Wert liegt. Abgesehen von sehr speziellen Fällen, kann gezeigt werden, dass γ_2 für jede Wahl von $\mathbf{d}$ eine vernünftige (obgleich nicht sehr genaue) Abschätzung von $\|\mathrm{R}^{-1}\|_2$ liefert (siehe Übung 15). Somit kann eine geeignete Auswahl von $\mathbf{d}$ diesen natürlichen Trend noch unterstützen.

Bevor wir fortfahren, sollten wir festhalten, dass die Berechnung von $K_2(\mathrm{R})$ keine einfache Sache ist, selbst wenn eine Abschätzung von $\|\mathrm{R}^{-1}\|_2$ bekannt ist. Tatsächlich müsste man noch $\|\mathrm{R}\|_2 = \sqrt{\rho(\mathrm{R}^T\mathrm{R})}$ berechnen. Um diese Schwierigkeit zu überwinden, betrachten wir von nun an $K_1(\mathrm{R})$ anstelle von $K_2(\mathrm{R})$, da $\|\mathrm{R}\|_1$ leichter berechenbar ist. Dann stützen heuristische Argumente die Annahme, dass das Verhältnis $\gamma_1 = \|\mathbf{y}\|_1/\|\mathbf{x}\|_1$ eine Abschätzung von $\|\mathrm{R}^{-1}\|_1$ ist, ebenso wie γ_2 eine Abschätzung von $\|\mathrm{R}^{-1}\|_2$ war.

Wir wollen uns nun mit der Auswahl von $\mathbf{d}$ beschäftigen. Da $\mathrm{R}^T\mathbf{x} = \mathbf{d}$ gilt, kann die allgemeine Komponente x_k von $\mathbf{x}$ aus $x_1, \ldots, x_{k-1}$ durch Vorwärtseinsetzen

$$\begin{aligned} r_{11}x_0 &= d_1, \\ r_{kk}x_k &= d_k - (r_{1k}x_1 + \ldots + r_{k-1,k}x_{k-1}), \quad k \geq 1, \end{aligned} \tag{3.71}$$

bestimmt werden. Nehmen wir an, dass die Komponenten von $\mathbf{d}$ von der Form $d_k = \pm\theta_k$ sind, wobei θ_k Zufallszahlen sind und setzen $d_1 = \theta_1$. Dann ist $x_1 = \theta_1/r_{11}$ vollständig bestimmt, während $x_2 = (d_2 - r_{12}x_1)/r_{22}$ vom Vorzeichen von d_2 abhängt. Wir setzen das Vorzeichen von d_2 entgegengesetzt zu $r_{12}x_1$, um $\|\mathbf{x}(1:2)\|_1 = |x_1| + |x_2|$ für festes x_1 so groß wie möglich zu machen. Ist x_2 bekannt, berechnen wir x_3 nach dem gleichen Kriterium, und so weiter, bis x_n bekannt ist.

Dieses Vorgehen setzt die Vorzeichen jeder Komponente von $\mathbf{d}$ und liefert einen Vektor $\mathbf{x}$ mit einer vermutlich großen Norm $\|\cdot\|_1$. Es kann jedoch auch fehlschlagen, da es auf der Idee basiert, (die im allgemeinen nicht wahr ist,) dass die Maximierung von $\|\mathbf{x}\|_1$ durch Auswahl derjenigen Komponente x_k in jedem Schritt k von (3.71) erreicht wird, die das maximale Anwachsen von $\|\mathbf{x}(1:k-1)\|_1$ garantiert (ohne die Tatsache zu berücksichtigen, dass alle Komponenten zusammen hängen).

Deshalb müssen wir die Methode durch Einführung einer gewissen "vorausschauenden-" Strategie modifizieren, die die Auswahl von d_k erklärt und die alle späteren Werte x_i, $i > k$, die noch zu berechnen sind, beeinflusst. Bezüglich dieses Punktes bemerken wir, dass es für eine allgemeine Zeile i des Systems immer möglich ist, im Schritt k den Vektor $\mathbf{p}^{(k-1)}$ mit den Komponenten

$$
\begin{aligned}
p_i^{(k-1)} &= 0 & i &= 1, \ldots, k-1, \\
p_i^{(k-1)} &= r_{1i}x_1 + \ldots + r_{k-1,i}x_{k-1} & i &= k, \ldots, n
\end{aligned}
$$

zu berechnen. Folglich ist $x_k = (\pm\theta_k - p_k^{(k-1)})/r_{kk}$. Wir bezeichnen die beiden möglichen Werte von x_k durch x_k^+ und x_k^-. Die Auswahl zwischen beiden wird nun nicht nur danach getroffen, welche der beiden den Term $\|\mathbf{x}(1:k)\|_1$ am stärksten anwachsen lässt, sondern auch nach einer Bewertung des Anwachsens von $\|\mathbf{p}^{(k)}\|_1$. Dieser zweite Anteil beschreibt den Effekt der Wahl von d_k auf die Komponenten, die noch zu berechnen sind. Wir können beide Kriterien zu einem Kriterium zusammenfassen. Bezeichnen wir durch

$$
\begin{aligned}
p_i^{(k)^+} &= 0, & p_i^{(k)^-} &= 0, & i &= 1, \ldots, k, \\
p_i^{(k)^+} &= p_i^{(k-1)} + r_{ki}x_k^+, & p_i^{(k)^-} &= p_i^{(k-1)} + r_{ki}x_k^-, & i &= k+1, \ldots, n,
\end{aligned}
$$

die Komponenten der Vektoren $\mathbf{p}^{(k)^+}$ bzw. $\mathbf{p}^{(k)^-}$, so setzen wir im k-ten Schritt $d_k = +\theta_k$ oder $d_k = -\theta_k$ in Abhängigkeit davon, ob $|r_{kk}x_k^+| + \|\mathbf{p}^{(k)^+}\|_1$ größer oder kleiner als $|r_{kk}x_k^-| + \|\mathbf{p}^{(k)^-}\|_1$ ist.

Mit dieser Wahl ist $\mathbf{d}$ und damit auch $\mathbf{x}$ vollständig bestimmt. Nun können wir nach dem Lösen des Systems $R\mathbf{y} = \mathbf{x}$ davon ausgehen, dass $\|\mathbf{y}\|_1/\|\mathbf{x}\|_1$ eine verlässliche Approximation von $\|R^{-1}\|_1$ ist, so dass wir $\widehat{K}_1(A) = \|R\|_1\|\mathbf{y}\|_1/\|\mathbf{x}\|_1$ setzen können.

In der Praxis wird gewöhnlich die in Abschnitt 3.5 eingeführte PA=LU-Faktorisierung verwendet. Basierend auf den vorangegangenen Überlegungen und etwas Heuristik kann ein ähnliches zu dem gerade gezeigten Verfahren verwendet werden, um $\|A^{-1}\|_1$ zu approximieren. Genauer gesagt, müssen wir nun anstelle des Systems (3.70) das System

$$(\mathrm{LU})^T\mathbf{x} = \mathbf{d}, \quad \mathrm{LU}\mathbf{y} = \mathbf{x}$$

lösen. Wir setzen $\|\mathbf{y}\|_1/\|\mathbf{x}\|_1$ als Approximation von $\|A^{-1}\|_1$ und definieren somit $\widehat{K}_1(\mathrm{A})$. Die Auswahlstrategie für $\mathbf{d}$ kann dieselbe wie zuvor sein; tatsächlich läuft die Lösung von $(\mathrm{LU})^T\mathbf{x} = \mathbf{d}$ auf das Lösen von

$$\mathrm{U}^T\mathbf{z} = \mathbf{d}, \quad \mathrm{L}^T\mathbf{x} = \mathbf{z} \tag{3.72}$$

hinaus und da U^T eine untere Dreiecksmatrix ist, können wir wie im vorigen Fall fortfahren. Ein beachtlicher Unterschied tritt bei der Berechnung von $\mathbf{x}$ auf. Während die Matrix R^T im zweiten System von (3.70) die gleiche Konditionszahl wie R hat, besitzt das zweite System in (3.72) eine Matrix L^T, die sogar schlechter konditioniert als U^T sein kann. Wenn dies der Fall ist, könnte die Auflösung nach $\mathbf{x}$ zu einem ungenauen Ergebnis führen, was das gesamte Verfahren nutzlos macht.

Glücklicherweise vermeidet das Umordnen nach der partiellen Pivotisierung das Auftreten solcher Umstände und sichert, dass sich jede schlechte Kondition von A in einer entsprechenden schlechten Kondition von U widerspiegelt. Darüber hinaus garantiert die zufällige Wahl von θ_k zwischen 1/2 und 1 genaue Resultate auch in Spezialfällen, in denen sich L als schlecht konditioniert erweist.

Der unten vorgestellte Algorithmus ist in der LINPACK Bibliothek [BDMS79] und als MATLAB Funktion `rcond` implementiert. Diese Funktion liefert als Ausgabeparameter das Reziproke von $\widehat{K}_1(\mathrm{A})$, um Rundungsfehler zu vermeiden. Ein genauerer Schätzer, der in [Hig88] beschrieben ist, ist in der MATLAB Funktion `condest` implementiert.

Das Programm 14 führt die approximative Berechnung von K_1 für eine Matrix A von allgemeiner Form aus. Die Eingangsparameter sind die Größe `n` der Matrix `A`, die Matrix `A`, die Faktoren `L` und `U` ihrer PA=LU-Faktorisierung und der Vektor `theta`, der die Zufallszahlen θ_k für $k = 1, \ldots, n$ enthält.

Program 14 - cond_est : Algorithmus zur Approximation von $K_1(\mathrm{A})$

```
function [k1] = cond_est(n,A,L,U,theta)
for i=1:n,  p(i)=0; end
for k=1:n
```

```
  zplus=(theta(k)-p(k))/U(k,k);   zminu=(-theta(k)-p(k))/U(k,k);
  splus=abs(theta(k)-p(k));        sminu=abs(-theta(k)-p(k));
  for i=(k+1):n
    splus=splus+abs(p(i)+U(k,i)*zplus);
    sminu=sminu+abs(p(i)+U(k,i)*zminu);
  end
  if splus >= sminu,  z(k)=zplus;  else,  z(k)=zminu;  end
  for i=(k+1):n,  p(i)=p(i)+U(k,i)*z(k);  end
end
z = z'; x = backward_col(L',z);
w = forward_col(L,x);   y = backward_col(U,w);
k1=norm(A,1)*norm(y,1)/norm(x,1);
```

Beispiel 3.9 Wir betrachten die Hilbert-Matrix H_4. Ihre Konditionszahl $K_1(H_4)$, berechnet mit der MATLAB Funktion `invhilb`, die die exakte Inverse von H_4 liefert, beträgt $2.8375 \cdot 10^4$. Die Ausführung des Programmes 14 mit dem Parameter `theta`$=(1,1,1,1)^T$ gibt die vernünftige Abschätzung $\widehat{K}_1(H_4) = 2.1523 \cdot 10^4$ (die mit dem Ergebnis von `rcond` übereinstimmt), während die Funktion `condest` den exakten Wert liefert. •

3.12 Verbesserung der Genauigkeit der GEM

Wie zuvor bemerkt, kann für schlecht konditionierte Systemmatrizen die durch die GEM erzeugte Lösung ungenau sein, obwohl ihr Residuum klein ist. In diesem Abschnitt erwähnen wir zwei Techniken zur Verbesserung der Genauigkeit der mit der GEM berechneten Lösung.

3.12.1 Skalierung

Variieren die Einträge von A stark in ihrer Größe, so ist es wahrscheinlich, dass während des Eliminationsprozesses große Einträge zu kleinen Einträgen addiert werden, so dass Rundungsfehler entstehen. Eine Möglichkeit dem entgegen zu wirken ist die *Skalierung* der Matrix A vor Ausführung der Elimination.

Beispiel 3.10 Betrachten wir erneut die Matrix A in Bemerkung 3.3. Multiplizieren wir A von rechts und links mit der Matrix D=diag(0.0005, 1, 1), so erhalten wir die skalierte Matrix

$$\tilde{A} = DAD = \begin{bmatrix} -0.001 & 1 & 1 \\ 1 & 0.78125 & 0 \\ 1 & 0 & 0 \end{bmatrix}.$$

Anwendung der GEM auf das skalierte System $\tilde{A}\tilde{\mathbf{x}} = D\mathbf{b} = (0.2,\ 1.3816,\ 1.9273)^T$ liefert die korrekte Lösung $\mathbf{x} = D\tilde{\mathbf{x}}$. •

Die *Zeilenskalierung* von A entspricht dem Auffinden einer nichtsingulären Diagonalmatrix D_1, so dass die Diagonaleinträge von D_1A von gleicher Größe sind. Das lineare System $A\mathbf{x} = \mathbf{b}$ transformiert sich auf

$$D_1 A\mathbf{x} = D_1\mathbf{b}.$$

Wenn sowohl die Zeilen als auch die Spalten von A skaliert werden, lautet die *skalierte* Version von (3.2)

$$(D_1AD_2)\mathbf{y} = D_1\mathbf{b} \quad \text{mit } \mathbf{y} = D_2^{-1}\mathbf{x},$$

wobei wir auch die Invertierbarkeit von D_2 angenommen haben. Die Matrix D_1 skaliert die Gleichungen, während D_2 die Unbekannten skaliert. Beachte, dass zur Vermeidung von Rundungsfehlern die *Skalierungsmatrizen* in der Form

$$D_1 = \text{diag}(\beta^{r_1}, \ldots, \beta^{r_n}),\ D_2 = \text{diag}(\beta^{c_1}, \ldots, \beta^{c_n}),$$

gewählt werden, wobei β die Bais der verwendeten *Gleitpunktarithmetik* ist und die Exponenten $r_1, \ldots, r_n$, $c_1, \ldots, c_n$ bestimmt werden müssen. Es kann gezeigt werden, dass

$$\frac{\|D_2^{-1}(\widehat{\mathbf{x}} - \mathbf{x})\|_\infty}{\|D_2^{-1}\mathbf{x}\|_\infty} \simeq \mathrm{u}K_\infty(D_1AD_2)$$

gilt. Deshalb wird die *Skalierung* effektiv sein, wenn $K_\infty(D_1AD_2)$ viel kleiner als $K_\infty(A)$ ist. Das Finden geeigneter Matrizen D_1 und D_2 ist im allgemeinen keine leichte Aufgabe.

Eine Strategie besteht zum Beispiel darin, D_1 und D_2 auf solche Weise auszuwählen, dass $\|D_1AD_2\|_\infty$ und $\|D_1AD_2\|_1$ im Intervall $[1/\beta, 1]$ liegen, wobei β die Basis der verwendeten *Gleitpunktarithmetik* ist (siehe [McK62] für eine detailierte Analyse im Fall der Crout-Faktorisierung).

Bemerkung 3.7 (Die Skeelsche Konditionszahl) Die *Skeelsche Konditionszahl*, die durch $\text{cond}(A) = \|\,|A^{-1}|\,|A|\,\|_\infty$ definiert ist, ist das Supremum von Zahlen

$$\text{cond}(A, \mathbf{x}) = \frac{\|\,|A^{-1}|\,|A|\,|\mathbf{x}|\,\|_\infty}{\|\mathbf{x}\|_\infty}$$

genommen über die Menge $\mathbf{x} \in \mathbb{R}^n$, mit $\mathbf{x} \neq \mathbf{0}$.

Im Gegensatz zu $K(A)$ ist cond(A,$\mathbf{x}$) invariant in Bezug auf eine zeilenweise *Skalierung* von A, d.h. invariant bezüglich Transformationen von A der Form DA, wobei D eine nichtsinguläre Diagonalmatrix ist. Folglich ist cond(A) ein vernünftiger Indikator für die schlechte Kondition einer Matrix, ungeachtet irgendeiner möglichen zeilenweisen *Diagonalskalierung*.
■

3.12.2 Iterative Verbesserung

Die iterative Verbesserung ist eine Technik zur Genauigkeitserhöhung einer durch eine direkte Methode erzielten Lösung. Angenommen das lineare System (3.2) sei mit der LU-Faktorisierung (mit partieller oder vollständiger Pivotisierung) gelöst und die berechnete Lösung werde mit $\mathbf{x}^{(0)}$ bezeichnet. Für eine gegebene Fehlertoleranz *toll* wird dann die iterative Verbesserung wie folgt durchgeführt: für $i = 0, 1, \ldots$, bis zur Konvergenz:

1. berechne das Residuum $\mathbf{r}^{(i)} = \mathbf{b} - \mathrm{A}\mathbf{x}^{(i)}$;

2. löse das lineare System $\mathrm{A}\mathbf{z} = \mathbf{r}^{(i)}$ unter Verwendung der LU-Faktorisierung von A;

3. aktualisiere die Lösung durch $\mathbf{x}^{(i+1)} = \mathbf{x}^{(i)} + \mathbf{z}$;

4. gilt $\|\mathbf{z}\|/\|\mathbf{x}^{(i+1)}\| < toll$, dann breche den Prozess ab und schreibe die Lösung $\mathbf{x}^{(i+1)}$ zurück. Andernfalls wiederhole den Algorithmus mit Schritt 1.

Ohne Rundungsfehler würde der Prozess im ersten Schritt stoppen und die exakte Lösung liefern. Die Konvergenzeigenschaften der Methode können durch Berechnung des Residuum $\mathbf{r}^{(i)}$ in doppelter Genauigkeit verbessert werden, während die anderen Größen einfach genau berechnet werden. Wir nennen dieses Verfahren *gemischt-genaue iterative Verbesserung* (kurz, GGV) im Vergleich zur *fest-genauen iterativen Verbesserung* (FGV).

Wenn $\| \, |\mathrm{A}^{-1}| \, |\widehat{\mathrm{L}}| \, |\widehat{\mathrm{U}}| \, \|_\infty$ hinreichend klein ist, kann gezeigt werden, dass in jedem Schritt i des Algorithmus der relative Fehler $\|\mathbf{x} - \mathbf{x}^{(i)}\|_\infty / \|\mathbf{x}\|_\infty$ um einen Faktor ρ reduziert wird, der durch

$$\rho \simeq 2\, n\, \mathrm{cond}(\mathrm{A}, \mathbf{x})\mathrm{u} \quad \text{(FGV)},$$
$$\rho \simeq \mathrm{u} \quad \text{(GGV)}$$

gegeben ist, wobei ρ unabhängig von der Konditionszahl von A im Fall der GGV ist. Langsame Konvergenz der FGV ist ein klares Indiz für die schlechte Kondition der Matrix, da gezeigt werden kann, dass, wenn p die Zahl der Iterationen bis zur Konvergenz der Methode ist, dann $K_\infty(\mathrm{A}) \simeq \beta^{t(1-1/p)}$ gilt.

Selbst in einfacher Genauigkeit ist die Verwendung der iterativen Verbesserung sinnvoll, da sie die Gesamtstabilität jeder direkten Methode zur Lösung des Systems verbessert. Wir verweisen auf [Ric81], [Ske80], [JW77] [Ste73], [Wil63] und [CMSW79] für einen Überblick über diesen Gegenstand.

3.13 Unbestimmte Systeme

Wir haben gesehen, dass die Lösung des linearen Systems A**x**=**b** existiert und eindeutig bestimmt ist, wenn $n = m$ und A nichtsingulär ist. In diesem Abschnitt geben wir der Lösung eines linearen Systems sowohl im *überbestimmten* Fall, in dem $m > n$ gilt, als auch im *unterbestimmten* Fall, der $m < n$ entspricht, einen Sinn. Wir bemerken, dass ein unbestimmtes System im allgemeinen keine Lösung besitzt, es sei denn, die rechte Seite **b** liegt im Wertebereich range(A).
Eine detailierte Darstellung findet der Leser in [LH74], [GL89] und [Bjö88].

Für gegebenes A$\in \mathbb{R}^{m\times n}$ mit $m \geq n$, $\mathbf{b}\in \mathbb{R}^m$, sagen wir, dass $\mathbf{x}^* \in \mathbb{R}^n$ eine Lösung des linearen Systems A**x**=**b** *im Sinne der Methode der kleinsten Quadrate* ist, wenn

$$\Phi(\mathbf{x}^*) = \|\mathrm{A}\mathbf{x}^* - \mathbf{b}\|_2^2 \leq \min_{\mathbf{x}\in\mathbb{R}^n} \|\mathrm{A}\mathbf{x} - \mathbf{b}\|_2^2 = \min_{\mathbf{x}\in\mathbb{R}^n} \Phi(\mathbf{x}). \tag{3.73}$$

Das Problem ist somit äquivalent zur Minimierung der Euklidischen Norm des Residuum. Die Lösung von (3.73) kann aus der Bedingung, dass der Gradient der Funktion Φ in (3.73) in $\mathbf{x}^*$ verschwinden muß, gefunden werden. Wegen

$$\Phi(\mathbf{x}) = (\mathrm{A}\mathbf{x} - \mathbf{b})^T(\mathrm{A}\mathbf{x} - \mathbf{b}) = \mathbf{x}^T\mathrm{A}^T\mathrm{A}\mathbf{x} - 2\mathbf{x}^T\mathrm{A}^T\mathbf{b} + \mathbf{b}^T\mathbf{b}$$

finden wir, dass

$$\nabla\Phi(\mathbf{x}^*) = 2\mathrm{A}^T\mathrm{A}\mathbf{x}^* - 2\mathrm{A}^T\mathbf{b} = 0$$

gilt, woraus folgt, dass $\mathbf{x}^*$ die Lösung des quadratischen Systems

$$\mathrm{A}^T\mathrm{A}\mathbf{x}^* = \mathrm{A}^T\mathbf{b}, \tag{3.74}$$

das als System der *Normalgleichungen* bekannt ist, sein muß. Das System ist nichtsingulär, wenn A *vollen Rang* hat, und in diesem Fall existiert die kleinste Quadratelösung und ist eindeutig bestimmt. Wir bemerken, dass $\mathrm{B} = \mathrm{A}^T\mathrm{A}$ eine symmetrische und positiv definite Matrix ist. Um die Normalgleichungen zu lösen, könnte man somit zuerst die Cholesky-Faktorisierung $\mathrm{B} = \mathrm{H}^T\mathrm{H}$ berechnen und danach die beiden Systeme $\mathrm{H}^T\mathbf{y} = \mathrm{A}^T\mathbf{b}$ und $\mathrm{H}\mathbf{x}^* = \mathbf{y}$ lösen. Jedoch kann die Berechnung von $\mathrm{A}^T\mathrm{A}$ aufgrund von Rundungsfehlern negativ beeinflußt werden. Dies kann sich in einem Verlust signifikanter Ziffern, einem resultierenden Verlust der positiven Definitheit oder der Nichtsingularität der Matrix äußern. Im folgenden (in MATLAB ausgeführten) Beispiel ist letzteres der Fall, wo für eine Matrix A mit vollem Rang die entsprechende Matrix $fl(\mathrm{A}^T\mathrm{A})$ singulär wird, nämlich

$$\mathrm{A} = \begin{bmatrix} 1 & 1 \\ 2^{-27} & 0 \\ 0 & 2^{-27} \end{bmatrix}, \quad fl(\mathrm{A}^T\mathrm{A}) = \begin{bmatrix} 1 & 1 \\ 1 & 1 \end{bmatrix}.$$

Im Fall schlecht konditionierter Matrizen ist es daher besser, die im Abschnitt 3.4.3 eingeführte QR-Faktorisierung zu verwenden. Tatsächlich gilt das folgende Resultat.

Theorem 3.8 *Sei* $\mathrm{A} \in \mathbb{R}^{m\times n}$*, mit* $m \geq n$*, eine Matrix mit Vollrang. Dann ist die eindeutig bestimmte Lösung von* (3.73) *durch*

$$\mathbf{x}^* = \tilde{\mathrm{R}}^{-1}\tilde{\mathrm{Q}}^T\mathbf{b} \tag{3.75}$$

gegeben, wobei $\tilde{\mathrm{R}} \in \mathbb{R}^{n\times n}$ *und* $\tilde{\mathrm{Q}} \in \mathbb{R}^{m\times n}$ *die in* (3.48) *definierten Matrizen sind, die aus der QR-Faktorisierung von* A *resultieren. Darüber hinaus ist das Minimum von* Φ *durch*

$$\Phi(\mathbf{x}^*) = \sum_{i=n+1}^{m} [(\mathrm{Q}^T\mathbf{b})_i]^2$$

gegeben.

Beweis. Die QR-Faktorisierung von A existiert und ist eindeutig bestimmt, da A vollen Rang besitzt. Folglich gibt es zwei Matrizen, $\mathrm{Q}\in \mathbb{R}^{m\times m}$ und $\mathrm{R}\in \mathbb{R}^{m\times n}$, so dass A=QR gilt, wobei Q orthogonal ist. Da orthogonale Matrizen das Euklidische Skalarprodukt erhalten (siehe Eigenschaft 1.8), folgt

$$\|\mathrm{A}\mathbf{x} - \mathbf{b}\|_2^2 = \|\mathrm{R}\mathbf{x} - \mathrm{Q}^T\mathbf{b}\|_2^2.$$

Weil R eine obere Trapezmatrix ist, haben wir

$$\|\mathrm{R}\mathbf{x} - \mathrm{Q}^T\mathbf{b}\|_2^2 = \|\tilde{\mathrm{R}}\mathbf{x} - \tilde{\mathrm{Q}}^T\mathbf{b}\|_2^2 + \sum_{i=n+1}^{m} [(\mathrm{Q}^T\mathbf{b})_i]^2,$$

so dass das Minimum erreicht wird, wenn $\mathbf{x} = \mathbf{x}^*$. ◇

Zu weiteren Details der Analyse des numerischen Aufwandes des Algorithmus (der von der aktuellen Implementation der QR-Faktorisierung abhängt) sowie zu Stabilitätsresultaten verweisen wir den Leser auf die Literatur, die zu Beginn des Abschnittes zitiert wurde.

Hat A keinen Vollrang, so versagen die obigen Lösungstechniken, denn in diesem Fall ist für eine Lösung $\mathbf{x}^*$ von (3.73) der Vektor $\mathbf{x}^* + \mathbf{z}$, mit $\mathbf{z} \in \ker(\mathrm{A})$, auch eine Lösung. Wir müssen daher eine weitere Bedingung einführen, um die Eindeutigkeit der Lösung zu erzwingen. Typischerweise fordert man, dass $\mathbf{x}^*$ eine minimale Euklidische Norm hat, so dass das kleinste Quadrateproblem als

$$\begin{aligned}&\text{finde } \mathbf{x}^* \in \mathbb{R}^n \text{ mit minimaler Euklidischer Norm, so dass}\\ &\|\mathrm{A}\mathbf{x}^* - \mathbf{b}\|_2^2 \leq \min_{\mathbf{x}\in\mathbb{R}^n} \|\mathrm{A}\mathbf{x} - \mathbf{b}\|_2^2,\end{aligned} \tag{3.76}$$

formuliert werden kann. Dieses Problem stimmt im Fall, wenn A vollen Rang hat, mit (3.73) überein, denn dann hat (3.73) eine eindeutig bestimmte Lösung, die notwendigerweise eine minimale euklidische Norm haben muss.

Das Werkzeug zur Lösung von (3.76) ist die Singulärwertzerlegung (oder SVD, siehe Abschnitt 1.9), für die der folgende Satz gilt

Theorem 3.9 *Sei* $\mathrm{A} \in \mathbb{R}^{m\times n}$ *mittels SVD durch* $\mathrm{A} = \mathrm{U}\Sigma\mathrm{V}^T$ *gegeben. Dann ist die eindeutig bestimmte Lösung von* (3.76)

$$\mathbf{x}^* = \mathrm{A}^\dagger \mathbf{b}, \tag{3.77}$$

wobei $\mathrm{A}^\dagger$ *die in Definition 1.15 eingeführte Pseudoinverse ist.*

Beweis. Unter Verwendung der SVD von A ist das Problem (3.76) äquivalent zur Suche von $\mathbf{w} = \mathrm{V}^T\mathbf{x}$, so dass $\mathbf{w}$ minimale Euklidische Norm hat und

$$\|\Sigma\mathbf{w} - \mathrm{U}^T\mathbf{b}\|_2^2 \le \|\Sigma\mathbf{y} - \mathrm{U}^T\mathbf{b}\|_2^2, \quad \forall \mathbf{y} \in \mathbb{R}^n.$$

Ist r die Zahl der nichtverschwindenen Singulärwerte σ_i von A, so gilt

$$\|\Sigma\mathbf{w} - \mathrm{U}^T\mathbf{b}\|_2^2 = \sum_{i=1}^{r}\left(\sigma_i w_i - (\mathrm{U}^T\mathbf{b})_i\right)^2 + \sum_{i=r+1}^{m}\left((\mathrm{U}^T\mathbf{b})_i\right)^2,$$

wobei das Minimum für $w_i = (\mathrm{U}^T\mathbf{b})_i/\sigma_i$, $i = 1,\dots,r$, angenommen wird. Darüber hinaus ist klar, dass unter den Vektoren $\mathbf{w}$ von $\mathbb{R}^n$ mit festen ersten r Komponenten, der mit minimaler Euklidischen Norm derjenige ist, dessen restliche $n-r$ Komponenten gleich Null sind. Der Lösungsvektor ist folglich $\mathbf{w}^* = \Sigma^\dagger\mathrm{U}^T\mathbf{b}$, d.h. $\mathbf{x}^* = \mathrm{V}\Sigma^\dagger\mathrm{U}^T\mathbf{b} = \mathrm{A}^\dagger\mathbf{b}$, wobei $\Sigma^\dagger$ die in (1.11) definierte Diagonalmatrix ist. ◇

Was die Stabilität des Problems (3.76) betrifft, machen wir darauf aufmerksam, dass die Lösung $\mathbf{x}^*$ im Fall, dass die Matrix A keinen vollen Rang hat, nicht notwendig eine stetige Funktion von den Daten ist. Kleine Änderungen in den Daten können große Änderungen in $\mathbf{x}^*$ bewirken. Ein Beispiel hierfür wird unten gezeigt.

Beispiel 3.11 Betrachte das System $\mathrm{A}\mathbf{x} = \mathbf{b}$ mit

$$\mathrm{A} = \begin{bmatrix} 1 & 0 \\ 0 & 0 \\ 0 & 0 \end{bmatrix}, \quad \mathbf{b} = \begin{bmatrix} 1 \\ 2 \\ 3 \end{bmatrix}, \quad \mathrm{rank}(\mathrm{A}) = 1.$$

Mit der MATLAB Funktion `svd` können wir die SVD von A berechnen. Durch Berechnung der Pseudoinversen findet man dann den Lösungsvektor $\mathbf{x}^* = (1,\ 0)^T$. Stören wir den Nulleintrag a_{22} mit dem Wert 10^{-12}, so hat die gestörte Matrix (vollen) Rang 2 und die Lösung (die eindeutig bestimmt im Sinne von (3.73) ist) ist nun durch $\widehat{\mathbf{x}}^* = \left(1,\ 2\cdot 10^{12}\right)^T$ gegeben. •

Für die approximative Berechnung der SVD einer Matrix verweisen wir den Leser auf Abschnitt 5.8.3.

Im Fall unterbestimmter Systeme, für den $m < n$ gilt, kann die QR-Faktorisierung auch benutzt werden, wenn A vollen Rang hat. Insbesondere liefert die Methode, wenn sie auf die transponierte Matrix A^T angewandt wird, die Lösung mit minimaler Euklidischer Norm. Wenn stattdessen die Matrix keine vollen Rang hat, muss man zur SVD greifen.

Bemerkung 3.8 Ist $m = n$ (quadratisches System), kann sowohl die SVD als auch die QR-Faktorisierung alternativ zur GEM verwendet werden, um das lineare System $A\mathbf{x}=\mathbf{b}$ zu lösen. Obwohl diese Algorithmen eine Zahl von flops erfordern, die die der GEM weit übertrifft (SVD erfordert zum Beispiel $12n^3$ flops), erweisen sie sich als genauer, wenn das System schlecht konditioniert und nahezu singulär ist. ■

Beispiel 3.12 Berechne die Lösung des linearen Systems $H_{15}\mathbf{x}=\mathbf{b}$, wobei H_{15} die Hilbert-Matrix der Ordnung 15 (siehe (3.32)) ist und die rechte Seite so gewählt wird, dass die exakte Lösung der Einheitsvektor $\mathbf{x} = \mathbf{1}$ ist. Die GEM mit partieller Pivotisierung liefert eine Lösung mit einem relativen Fehler größer als 100%. Eine qualitativ viel bessere Lösung wird durch Berechnung der Pseudoinversen erreicht, wobei die Einträge in Σ, die kleiner als 10^{-13} sind, Null gesetzt werden. •

3.14 Anwendungen

In diesem Abschnitt stellen wir zwei Probleme vor, die in der Strukturmechanik und bei der Gittergenerierung innerhalb der finiten Elemente Analyse auftreten und die Lösung großer linearer Gleichungssysteme erfordern.

3.14.1 Knotenanalyse eines Fachwerkes

Wir betrachten eine Fachwerkskonstruktion, die von geradlinigen Balken gebildet wird, die untereinander durch Gelenke (im folgenden *Knoten* genannt) verbunden und im Boden geeignet verankert sind. Es wird angenommen, dass äußere Lasten auf die Knoten des Rahmens wirken und dass für jeden Balken des Rahmens die inneren Kräfte einer Einheitskraft von konstanter Stärke in Balkenrichtung entsprechen. Wenn die Normalspannung, die auf den Balken wirkt, eine Zugspannung ist, nehmen wir an, dass sie positives Vorzeichen hat, andernfalls hat sie negatives Vorzeichen. Fachwerkskonstruktionen werden häufig als Überdachungskonstruktionen für großräumige öffentliche Gebäude verwendet, wie Ausstellungsstände, Bahnhofsstationen und Flughafenhallen.

Um die inneren Verschiebungen im Rahmen zu bestimmen, die zugleich die Unbekannten des mathematischen Problems sind, wird eine *Knotenanalyse* verwendet (siehe [Zie77]): es wird das Verschiebungsgleichgewicht in jedem Knoten des Rahmens auferlegt, was auf ein schwach besetztes und hochdimensionales lineares Gleichungssystem führt. Die resultierende Matrix hat ein Besetztheitsmuster, das von der Numerierung der Unbekannten abhängt und das den numerischen Aufwand der LU-Faktorisierung aufgrund des "fill-in" wesentlich beeinflußt. Wir werden zeigen, dass das "fill-in" durch Umordnung der Unbekannten beträchtlich reduziert werden kann.

Die Struktur, die in Abbildung 3.9 gezeigt wird, ist bogenförmig und symmetrisch in Bezug auf den Ursprung. Die Radien r und R des inneren und äußeren Kreises sind 1 bzw. 2. Eine äußere, vertikal nach unten wirkende Einheitslast greift in $(0, 1)$ an, während der Rahmen am Boden durch ein Gelenk in $(-(r+R), 0)$ und ein Drehgestell in $(r+R, 0)$ befestigt ist. Um die Struktur zu erzeugen, haben wir den halben Einheitskreis in n_θ gleichförmige Teile zerlegt, was zu einer Gesamtzahl von $n = 2(n_\theta + 1)$ Knoten und einer Matrixgröße von $m = 2n$ führt. Für die in Abbildung 3.9 dargestellte Struktur gilt $n_\theta = 7$ und die Unbekannten sind, beginnend mit dem Knoten in $(1, 0)$, in einer dem Uhrzeigersinn entgegengesetzten Weise numeriert.

Wir haben die Struktur zusammen mit den wirkenden inneren Kräften, die durch Lösung der Knotengleichgewichtsbedingungen berechnet wurden, dargestellt, wobei die Dicke der Balken proportional zur Stärke der berechneten Kraft ist. Schwarz wurde verwendet, um die Zugkräfte zu kennzeichnen wohingegen grau mit Druckkräften verbunden ist. Wie erwartet, wird das Maximum der Zugspannungen im Knoten erreicht, in dem die äußere Last angreift.

In Abbildung 3.10 zeigen wir das Besetztheitsmuster der Matrix A (links) und das des L-Faktors der LU-Faktorisierung mit partieller Pivotisierung (rechts) im Fall $n_\theta = 40$, das einer Größe von 164×164 entspricht. Beachte den großen "fill-in" Effekt im unteren Teil von L, der zu einem Anwachsen der Nichtnulleinträge von 645 (vor der Faktorisierung) auf 1946 (nach der Faktorisierung) führt.

In Hinblick auf die Lösung linearer Systeme durch ein direktes Verfahren, erfordert das Anwachsen von Nichtnulleinträgen ein geeignetes Umordnen der Unbekannten. Zu diesem Zweck verwenden wir die MATLAB Funktion `symrcm`, die den in Abschnitt 3.9.1 beschriebenen symmetrischen, umgekehrten Cuthill-McKee-Algorithmus ausführt. Das Besetztheitsmuster nach der Umordnung wird in Abbildung 3.11 (links) gezeigt, während der L-Faktor der LU-Faktorisierung der umgeordneten Matrix in Abbildung 3.11 (rechts) gezeigt wird. Die Ergebnisse deuten darauf hin, dass das Umordnungsverfahren das Besetztheitsmuster über die ganze Matrix,

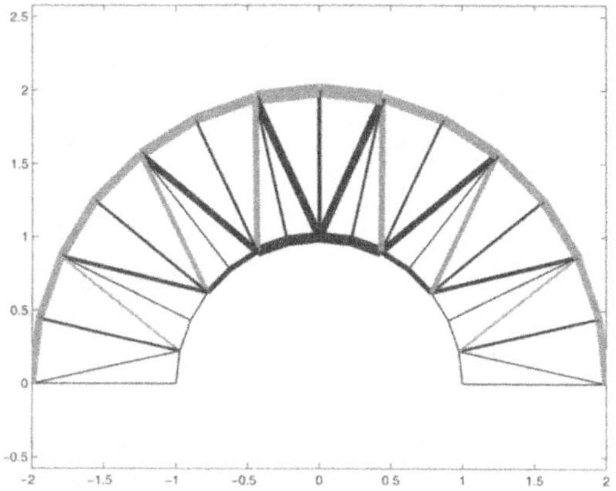

Abbildung 3.9. Eine im Punkt $(0,1)$ belastete Rahmenkonstruktion.

mit einem relativ geringem Anwachsen der Nichtnulleinträge von 645 auf 1040, zerstreut hat.

Die Leistungsfähigkeit des symmetrischen, umgekehrten Cuthill-McKee-Algorithmus wird in Abbildung 3.12 demonstriert, die die Anzahl von Nichtnulleinträgen **nz** im L-Faktor von A in Abhängigkeit von der Matrixgröße m (dargestellt auf der x-Achse) zeigt. Im umgeordneten Fall (durchgezogene Linie) kann deutlich ein lineares Wachstum von **nz** mit m gegenüber einem dramatischen Anwachsen des "fill-in" mit m, wenn keine Umordnung durchgeführt wird (gestrichelte Linie), beobachtet werden.

3.14.2 Regularisierung eines Dreiecksgitters

Die numerische Lösung eines Problems in einem zweidimensionalen Gebiet D polygonaler Form, zum Beispiel durch die finite Elemente Methode oder durch finite Differenzenverfahren, erfordert häufig, dass D in kleinere Teilgebiete, üblicherweise in Dreiecke, zerlegt wird (siehe zum Beispiel Abschnitt 9.9.2 in Band 2).

Angenommen, dass $\overline{D} = \bigcup\limits_{T \in \mathcal{T}_h} T$ gilt, wobei $\mathcal{T}_h$ die betrachtete Triangulierung (auch *Rechengitter* genannt) und h ein die Triangulierung charakterisierender positiver Parameter sind. Typischerweise bezeichnet h die maximale Länge der Dreieckskanten. Wir nehmen weiter an, dass zwei Dreiecke des Gitters, T_1 und T_2, entweder durchschnittsfremd sind oder eine Ecke oder eine Seite gemeinsam haben.

Die geometrischen Eigenschaften des Rechengitters können erheblich die Qualität der numerischen Näherungslösung beeinflussen. Es ist daher zweckmäßig, eine hinreichend reguläre Triangulierung zu verwenden, so dass für

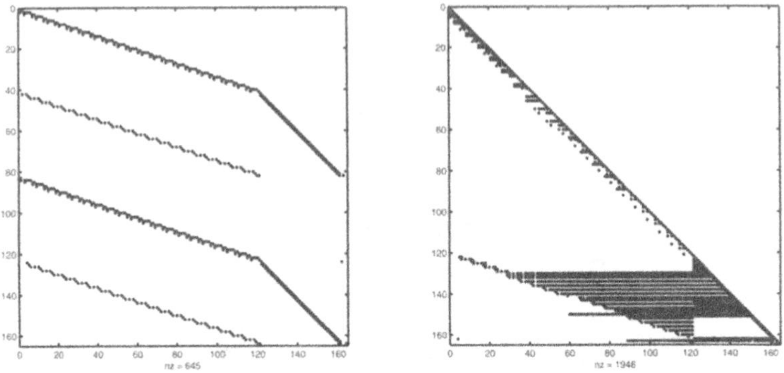

Abbildung 3.10. Besetztheitsmuster der Matrix A (links) und des L-Faktors der LU-Faktorisierung mit partieller Pivotisierung (rechts) im Fall $n_\theta = 40$.

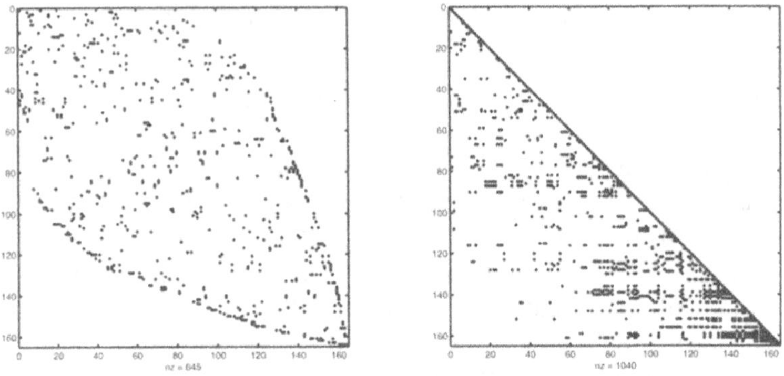

Abbildung 3.11. Besetztheitsmuster der Matrix A (links) nach einer Umordnung mit dem symmetrischen, umgekehrten Cuthill-McKee-Algorithmus und der L-Faktor der LU-Faktorisierung der umgeordneten Matrix mit partieller Pivotisierung (rechts) im Fall $n_\theta = 40$.

jedes $T \in \mathcal{T}_h$ das Verhältnis zwischen der maximalen Seitenlänge von T (dem Durchmesser von T) und dem Durchmesser des in T einbeschriebenen Kreises durch eine von T unabhängige Konstante beschränkt werden kann. Diese Forderung kann durch Verwendung eines *Regularisierungsverfahrens* erfüllt werden, das auf ein existierendes Gitter angewendet wird. Wir verweisen auf [Ver96] für weitere Details zu diesem Gegenstand.

Nehmen wir an, die Triangulierung $\mathcal{T}_h$ bestehe aus N_T Dreiecken und N Ecken. Die N_b davon auf dem Rand ∂D von D liegenden festen Ecken mögen die Koordinaten $\mathbf{x}_i^{(\partial D)} = (x_i^{(\partial D)}, y_i^{(\partial D)})$ haben. Wir bezeichnen durch $\mathcal{N}_h$ die Menge der Gitterknoten, mit Ausnahme der Randknoten, und für jeden Knoten $\mathbf{x}_i = (x_i, y_i)^T \in \mathcal{N}_h$ durch $\mathcal{P}_i$ und $\mathcal{Z}_i$ die Menge der Dreiecke $T \in \mathcal{T}_h$, die den Knoten $\mathbf{x}_i$ besitzen (*Flicken* von $\mathbf{x}_i$ genannt) bzw.

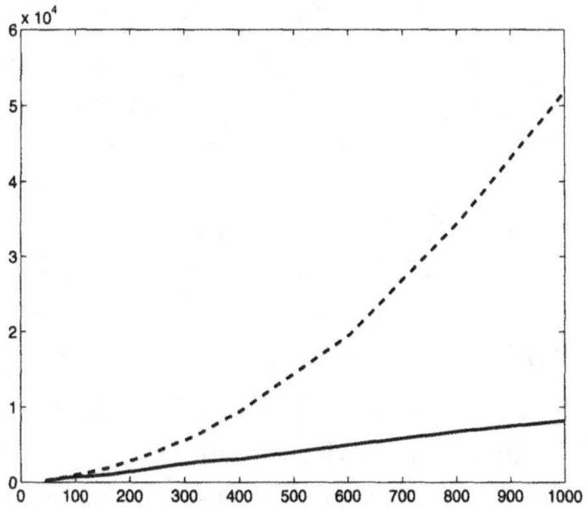

Abbildung 3.12. Anzahl der Nichtnulleinträge im L-Faktor von A als eine Funktion der Größe m der Matrix, mit (durchgezogene Linie) und ohne (gestrichelte Linie) Umordnung.

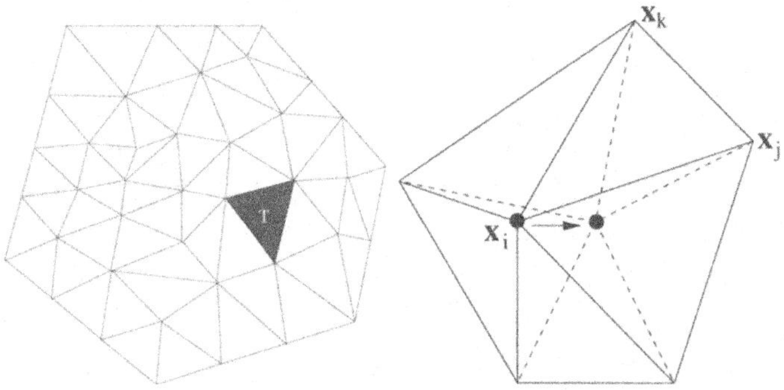

Abbildung 3.13. Ein Beispiel einer Zerlegung eines polygonalen Gebietes D in Dreiecke (links), und die Wirkung der baryzentrischen Regularisierung auf einen Dreiecksflicken (rechts). Das neu erzeugte Gitter ist mit gestrichelten Linien gezeichnet.

die Menge von Knoten von $\mathcal{P}_i$ mit Ausnahme des Knotens $\mathbf{x}_i$ selbst (siehe Abbildung 3.13, rechts). Wir setzen $n_i = \dim(\mathcal{Z}_i)$.

Das Regularisierungsverfahren besteht nun in der Verschiebung des allgemeinen Knotens $\mathbf{x}_i$ auf den Schwerpunkt des durch Verbinden aller Knoten von $\mathcal{Z}_i$ entstehenden Polygons und wird daher auch *baryzentrische Regularisierung* genannt. Das Verfahren bewirkt, dass alle im Innern des Gebietes liegenden Dreiecke eine Form annehmen, die so regulär wie möglich ist (im Grenzfall, sollte jedes Dreieck gleichseitig sein). In der Praxis setzen wir

$$\mathbf{x}_i = \left(\sum_{\mathbf{x}_j \in \mathcal{Z}_i} \mathbf{x}_j \right) / n_i, \qquad \forall \mathbf{x}_i \in \mathcal{N}_h, \qquad \mathbf{x}_i = \mathbf{x}_i^{(\partial D)} \quad \text{wenn } \mathbf{x}_i \in \partial D.$$

Dann sind zwei Systeme zu lösen, eines für die x-Komponenten $\{x_i\}$ und ein anderes für die y-Komponenten $\{y_i\}$. Bezeichnen wir durch z_i die allgemeine Unbekannte, so lautet die i-te Zeile des Systems im Fall innerer Knoten

$$n_i z_i - \sum_{z_j \in \mathcal{Z}_i} z_j = 0, \quad \forall i \in \mathcal{N}_h, \tag{3.78}$$

während für die Randknoten die Identitäten $z_i = z_i^{(\partial D)}$ gelten. Die Gleichungen (3.78) ergeben ein System der Form $\mathrm{A}\mathbf{z} = \mathbf{b}$, wobei A eine symmetrische und positiv definite Matrix der Ordnung $N - N_b$ ist, von der gezeigt werden kann, dass sie eine M-Matrix ist (siehe Abschnitt 1.12). Diese Eigenschaft sichert, dass die neuen Gitterkoordinaten diskrete Minimum- und Maximumprinzipien erfüllen, d.h. sie nehmen einen Wert an, der zwischen den minimalen und maximalen Werten liegt, die auf dem Rand erreicht werden.

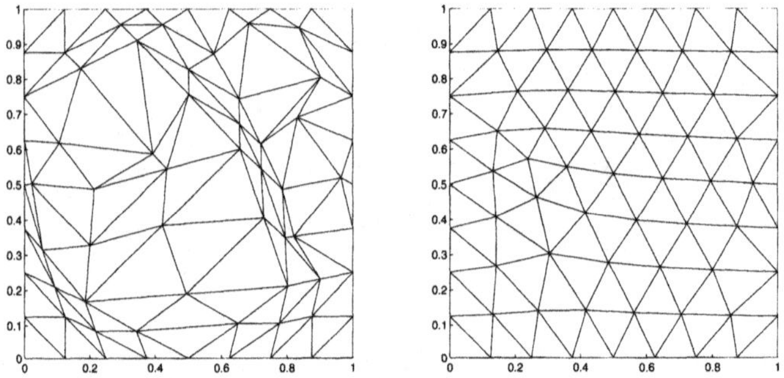

Abbildung 3.14. Triangulierung vor (links) und nach (rechts) der Regularisierung.

Wenden wir die Regularisierungstechnik auf die Triangulierung des Einheitsquadrates in Abbildung 3.14 an, die durch eine starke Ungleichförmigkeit der Dreiecksgröße charakterisiert ist. Das Gitter besteht aus $N_T = 112$ Dreiecken und $N = 73$ Ecken, von denen $N_b = 32$ auf dem Rand liegen. Die Größe jedes der beiden linearen Systeme (3.78) ist folglich gleich 41. Ihre Lösung wurde durch LU-Faktorisierung der Matrix A in ihrer ursprünglichen Form und unter Verwendung ihrer dünnbesetzten Form, die durch Anwendung des in Abschnitt 3.9.1 beschriebenen inversen Cuthill-McKee-Umordnungsalgorithmus erhalten wurde, ermittelt.
In Abbildung 3.15 sind die *Besetztheitsmuster* von A ohne und mit Umordnung gezeigt; die Zahl $\mathbf{nz} = 237$ bezeichnet die Anzahl der Nichtnulleinträge in der Matrix. Beachte, dass es im zweiten Fall eine Verringerung der Bandbreite der Matrix gibt, die einer großen Verringerung der Operationsanzahl von 61623 auf 5552 entspricht. Die Endkonfiguration des Gitters ist in Abbildung 3.14 (rechts) dargestellt, die Leistungsfähigkeit des Regularisierungsverfahrens verdeutlicht.

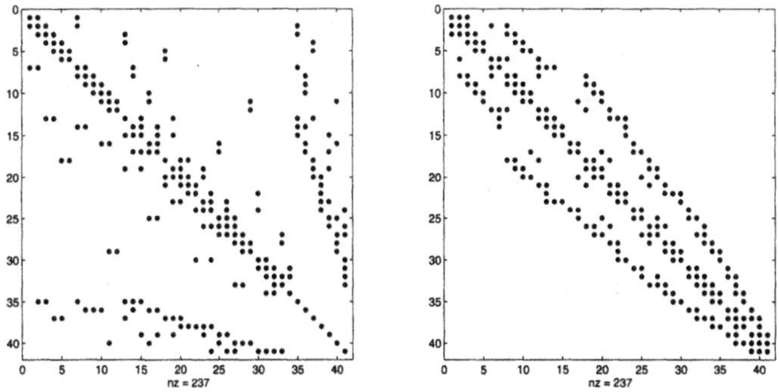

Abbildung 3.15. *Besetztheitsmuster* der Matrix A ohne und mit Umordnung (links bzw. rechts).

3.15 Übungen

1. Beweise für jede quadratische Matrix A$\in \mathbb{R}^{n\times n}$ die Richtigkeit folgender Beziehungen

$$\frac{1}{n}K_2(\mathrm{A}) \le K_1(\mathrm{A}) \le nK_2(\mathrm{A}), \quad \frac{1}{n}K_\infty(\mathrm{A}) \le K_2(\mathrm{A}) \le nK_\infty(\mathrm{A}),$$
$$\frac{1}{n^2}K_1(\mathrm{A}) \le K_\infty(\mathrm{A}) \le n^2K_1(\mathrm{A}).$$

Sie erlauben den folgenden Schluß: Ist eine Matrix in einer bestimmten Norm schlecht konditioniert, so bleibt sie es auch in einer anderen Norm bis auf einen von n abhängigen Faktor.

2. Zeige, dass die Determinante der Matrix B $\in \mathbb{R}^{n\times n}$: $b_{ii} = 1$, $b_{ij} = -1$ für $i < j$, $b_{ij} = 0$ für $i > j$, gleich 1 ist, dennoch ist $K_\infty(\mathrm{B})$ groß (gleich $n2^{n-1}$).

3. Beweise, dass $K(\mathrm{AB}) \le K(\mathrm{A})K(\mathrm{B})$ für zwei beliebige quadratische Matrizen A,B$\in \mathbb{R}^{n\times n}$ gilt.

4. Zeige, dass die Matrix A $\in \mathbb{R}^{2\times 2}$, $a_{11} = a_{22} = 1$, $a_{12} = \gamma$, $a_{21} = 0$, für $\gamma \ge 0$ der Beziehung $K_\infty(\mathrm{A}) = K_1(\mathrm{A}) = (1+\gamma)^2$ genügt. Betrachte danach das lineare System A$\mathbf{x} = \mathbf{b}$, wobei $\mathbf{b}$ derart gewählt ist, dass $\mathbf{x} = (1-\gamma, 1)^T$ die Lösung ist. Finde eine Schranke für $\|\boldsymbol{\delta}\mathbf{x}\|_\infty/\|\mathbf{x}\|_\infty$ in Abhängigkeit von $\|\boldsymbol{\delta}\mathbf{b}\|_\infty/\|\mathbf{b}\|_\infty$, wenn $\boldsymbol{\delta}\mathbf{b} = (\delta_1, \delta_2)^T$. Ist das Problem gut oder schlecht konditioniert?

5. Betrachte die Matrix A $\in \mathbb{R}^{n\times n}$ mit den Elementen $a_{ij} = 1$ für $i = j$ oder $j = n$, $a_{ij} = -1$ für $i > j$, und Null andererseits. Zeige, dass A eine LU-Zerlegung mit $|l_{ij}| \le 1$ und $u_{nn} = 2^{n-1}$ erlaubt.

6. Betrachte die Matrix (3.68) in Beispiel 3.7. Beweise, dass die Matrizen $\widehat{\mathrm{L}}$ und $\widehat{\mathrm{U}}$ Elemente mit sehr großem Betrag haben. Zeige, dass die GEM mit vollständiger Pivotisierung die exakte Lösung liefert.

7. Erarbeite eine Variante der GEM, die eine nichtsinguläre Matrix A $\in \mathbb{R}^{n\times n}$ direkt in eine Diagonalmatrix D transformiert. Dieser Prozess ist üblicherweise als die *Gauß-Jordan-Methode* bekannt. Finde die Gauß-Jordan-Transformationsmatrizen G_i, $i = 1, \ldots, n$, so dass $\mathrm{G}_n \ldots \mathrm{G}_1\mathrm{A} = \mathrm{D}$ gilt.

8. Sei A eine schwach besetzte Matrix der Ordnung n. Beweise, dass der Berechnungsaufwand der LU-Faktorisierung von A durch (3.61) gegeben ist. Beweise auch, dass er immer kleiner ist als

$$\frac{1}{2}\sum_{k=1}^{n} m_k(\mathrm{A})\,(m_k(\mathrm{A})+3)\,.$$

9. Zeige, dass für eine symmetrische und positiv definite Matrix A die Lösung des linearen Systems $\mathrm{A}\mathbf{x} = \mathbf{b}$ der Berechnung von $\mathbf{x}= \sum_{i=1}^{n}(c_i/\lambda_i)\mathbf{v}_i$ gleichkommt, wobei λ_i die Eigenwerte von A und $\mathbf{v}_i$ die entsprechenden Eigenvektoren sind.

10. (Aus [JM92]). Betrachte das folgende lineare System

$$\begin{bmatrix} 1001 & 1000 \\ 1000 & 1001 \end{bmatrix} \begin{bmatrix} x_1 \\ x_2 \end{bmatrix} = \begin{bmatrix} b_1 \\ b_2 \end{bmatrix}.$$

Erkläre unter Verwendung von Übung 9 warum für $\mathbf{b} = (2001,\ 2001)^T$ eine kleine Änderung $\boldsymbol{\delta}\mathbf{b} = (1,0)^T$ große Änderungen in der Lösung liefert, während umgekehrt für $\mathbf{b} = (1,\ -1)^T$ eine kleine Änderung $\delta\mathbf{x} = (0.001,0)^T$ in der Lösung eine große Änderung in $\mathbf{b}$ bewirkt.

[*Hinweis* : Entwickle die rechte Seite nach der Basis der Eigenfunktionen der Matrix.]

11. Charakterisiere das fill-in für eine Matrix $\mathrm{A} \in \mathbb{R}^{n\times n}$, die von Null verschiedene Einträge nur auf der Hauptdiagonalen, der ersten Spalte und letzten Zeile hat. Schlage eine Permutation vor, die das fill-in minimiert.

[*Hinweis* : Es genügt die erste Zeile und die erste Spalte mit der letzten Zeile bzw. der letzten Spalte auszutauschen.]

12. Betrachte das lineare System $\mathrm{H}_n\mathbf{x} = \mathbf{b}$, wobei H_n die Hilbert-Matrix der Ordnung n ist. Schätze in Abhängigkeit von n die maximale Anzahl signifikanter Ziffern ab, die bei der Lösung des Systems mit der GEM erwartet werden kann.

13. Erzeuge für die Vektoren

$$\begin{array}{ll} \mathbf{v}_1 = [1,\ 1,\ 1,\ -1]^T, & \mathbf{v}_2 = [2,\ -1,\ -1,\ 1]^T \\ \mathbf{v}_3 = [0,\ 3,\ 3,\ -3]^T, & \mathbf{v}_4 = [-1,\ 2,\ 2,\ 1]^T \end{array}$$

ein Orthonormalsystem unter Verwendung des Gram-Schmidt-Algorithmus in seiner herkömmlichen oder modifizierten Form, und vergleiche die erhaltenen Ergebnisse. Welche Dimension hat der durch die gegebenen Vektoren erzeugte Raum?

14. Beweise, dass für A=QR die Ungleichung

$$\frac{1}{n}K_1(\mathrm{A}) \leq K_1(\mathrm{R}) \leq nK_1(\mathrm{A}),$$

gilt, während $K_2(\mathrm{A}) = K_2(\mathrm{R})$ ist.

15. Sei $A \in \mathbb{R}^{n\times n}$ eine nichtsinguläre Matrix. Bestimme die Bedingungen, unter denen das Verhältnis $\|\mathbf{y}\|_2/\|\mathbf{x}\|_2$, mit $\mathbf{x}$ und $\mathbf{y}$ wie in (3.70), $\|A^{-1}\|_2$ approximiert.

[*Lösung* : Sei $U\Sigma V^T$ die Singulärwertzerlegung von A. Bezeichne durch $\mathbf{u}_i$, $\mathbf{v}_i$ die Spaltenvektoren von U bzw. V und entwickle den Vektor $\mathbf{d}$ in (3.70) nach der Basis, die durch $\{\mathbf{v}_i\}$ aufgespannt wird. Dann ist $\mathbf{d} = \sum_{i=1}^n \tilde{d}_i \mathbf{v}_i$ und aus (3.70) folgt $\mathbf{x} = \sum_{i=1}^n (\tilde{d}_i/\sigma_i)\mathbf{u}_i$, $\mathbf{y} = \sum_{i=1}^n (\tilde{d}_i/\sigma_i^2)\mathbf{v}_i$, wobei wir die Singulärwerte von A durch $\sigma_1, \ldots, \sigma_n$ bezeichnet haben.

Das Verhältnis

$$\|\mathbf{y}\|_2/\|\mathbf{x}\|_2 = \left[\sum_{i=1}^n (\tilde{d}_i/\sigma_i^2)^2 / \sum_{i=1}^n (\tilde{d}_i/\sigma_i)^2\right]^{1/2}$$

ist ungefähr $\sigma_n^{-1} = \|A^{-1}\|_2$ wenn: (*i*) $\mathbf{y}$ eine relevante Komponente in Richtung von $\mathbf{v}_n$ hat (d.h. wenn $\tilde{d}_n$ nicht übermäßig klein ist), und (*ii*) das Verhältnis $\tilde{d}_n/\sigma_n$ in Bezug auf die Verhältnisse $\tilde{d}_i/\sigma_i$ für $i = 1, \ldots, n-1$ nicht vernachlässigbar ist. Der letzte Umstand tritt mit Sicherheit auf, wenn A in der $\|\cdot\|_2$-Norm schlecht konditioniert ist, da $\sigma_n \ll \sigma_1$.]

4

Iterative Methoden zur Lösung linearer Gleichungssysteme

Formal gesehen, liefern iterative Methoden die Lösung $\mathbf{x}$ eines linearen Gleichungssystems nach einer unendlichen Anzahl von Schritten. In jedem Schritt erfordern sie die Berechnung des Residuum des Systems. Im Fall einer vollbesetzten Matrix ist ihr Aufwand daher von der Ordnung n^2 Operationen für jede Iteration, verglichen mit einem Gesamtaufwand der Ordnung $\frac{2}{3}n^3$ Operationen, der bei direkten Methoden erforderlich wird. Iterative Methoden können daher konkurrenzfähig zu direkten Methoden sein, vorausgesetzt, die Anzahl der Iterationen, die zur Konvergenz (in einer vorgeschriebenen Toleranz) erforderlich ist, ist unabhängig von n oder skaliert sublinear mit n.

Im Fall großer schwachbesetzter Matrizen können direkte Methoden, wie in Abschnitt 3.9 dargestellt, aufgrund des fill-in ungeeignet sein, obgleich außerordentlich effiziente direkte Löser für schwachbesetzte Matrizen mit spezieller Struktur geschaffen werden können, wie zum Beispiel jene, auf die man bei der Approximation partieller Differentialgleichungen trifft (siehe Kapitel 12 und 13 im Band 2).

Abschließend bemerken wir, dass für schlechtkonditionierte Matrizen A auch eine Kombination direkter und iterativer Methoden durch Vorkonditionierungstechniken möglich ist, worauf wir in Abschnitt 4.3.2 eingehen.

4.1 Über die Konvergenz iterativer Methoden

Die grundlegende Idee iterativer Methoden besteht in der Konstruktion einer Folge von Vektoren $\mathbf{x}^{(k)}$, die die Eigenschaft der *Konvergenz*

$$\mathbf{x} = \lim_{k\to\infty} \mathbf{x}^{(k)}, \tag{4.1}$$

besitzt, wobei $\mathbf{x}$ die Lösung von (3.2) ist. In der Praxis wird der Iterationsprozess bei dem minimalen Wert von n gestoppt, für den $\|\mathbf{x}^{(n)} - \mathbf{x}\| < \varepsilon$ gilt, wobei ε eine feste Toleranz und $\|\cdot\|$ irgendeine passende Vektornorm sind. Da jedoch die exakte Lösung offensichtlich nicht verfügbar ist, ist es notwendig, geeignete Abbruchkriterien einzuführen, um die Konvergenz der Iteration zu überwachen (siehe Abschnitt 4.6).

Zunächst betrachten wir iterative Methoden der Form

$$\mathbf{x}^{(0)} \text{ gegeben}, \quad \mathbf{x}^{(k+1)} = \mathrm{B}\mathbf{x}^{(k)} + \mathbf{f}, \quad k \geq 0, \tag{4.2}$$

wobei wir durch B eine quadratische $n \times n$ Matrix, die *Iterationsmatrix*, und durch $\mathbf{f}$ einen Vektor, der aus der rechten Seite $\mathbf{b}$ erhalten wird, bezeichnet haben.

Definition 4.1 Eine iterative Methode der Form (4.2) heißt *konsistent* mit (3.2), wenn $\mathbf{f}$ und B derart sind, dass $\mathbf{x} = \mathrm{B}\mathbf{x} + \mathbf{f}$. Äquivalent gilt

$$\mathbf{f} = (\mathrm{I} - \mathrm{B})\mathrm{A}^{-1}\mathbf{b}.$$

■

Bezeichnen wir durch

$$\mathbf{e}^{(k)} = \mathbf{x}^{(k)} - \mathbf{x} \tag{4.3}$$

den Fehler im k-ten Schritt der Iteration, so entspricht die Konvergenzbedingung (4.1) der Forderung $\lim_{k\to\infty} \mathbf{e}^{(k)} = \mathbf{0}$ für jede Wahl des Anfangsdatums $\mathbf{x}^{(0)}$ (oft auch *Startwert* genannt).

Konsistenz allein ist nicht hinreichend für die Konvergenz der iterativen Methode (4.2), wie das folgende Beispiel zeigt.

Beispiel 4.1 Um das lineare Gleichungssystem $2\mathrm{I}\mathbf{x} = \mathbf{b}$ zu lösen, betrachten wir die iterative Methode

$$\mathbf{x}^{(k+1)} = -\mathbf{x}^{(k)} + \mathbf{b},$$

die offenbar konsistent ist. Das Schema ist jedoch nicht für jede Wahl des Startwertes konvergent. Ist zum Beispiel $\mathbf{x}^{(0)} = \mathbf{0}$, so erzeugt die Methode die Folge $\mathbf{x}^{(2k)} = \mathbf{0}$, $\mathbf{x}^{(2k+1)} = \mathbf{b}$, $k = 0, 1, \ldots$. Gilt jedoch andererseits $\mathbf{x}^{(0)} = \frac{1}{2}\mathbf{b}$, konvergiert die Methode. •

Theorem 4.1 *Sei (4.2) eine konsistente Methode. Dann konvergiert für jede beliebige Wahl von* $\mathbf{x}^{(0)}$ *die Folge von Vektoren* $\{\mathbf{x}^{(k)}\}$ *zur Lösung von (3.2) genau dann, wenn* $\rho(\mathrm{B}) < 1$.

Beweis. Aus (4.3) und der Konsistenzannahme erhält man die rekursive Beziehung $\mathbf{e}^{(k+1)} = \mathrm{B}\mathbf{e}^{(k)}$. Daher gilt

$$\mathbf{e}^{(k)} = \mathrm{B}^k\mathbf{e}^{(0)}, \qquad \forall k = 0, 1, \ldots. \tag{4.4}$$

Somit folgt aus Theorem 1.5, dass $\lim_{k\to\infty} \mathrm{B}^k\mathbf{e}^{(0)} = \mathbf{0}$ für jedes $\mathbf{e}^{(0)}$ genau dann gilt, wenn $\rho(\mathrm{B}) < 1$.

Nehmen wir umgekehrt an, dass $\rho(\mathrm{B}) > 1$ gilt, dann existiert zumindest ein Eigenwert $\lambda(\mathrm{B})$, der betragsmäßig größer als 1 ist. Sei $\mathbf{e}^{(0)}$ ein zu λ gehörender Eigenvektor; dann ist $\mathrm{B}\mathbf{e}^{(0)} = \lambda\mathbf{e}^{(0)}$ und daher auch $\mathbf{e}^{(k)} = \lambda^k\mathbf{e}^{(0)}$. Folglich kann $\mathbf{e}^{(k)}$ für $k \to \infty$ nicht gegen Null gehen, da $|\lambda| > 1$. ◇

Aus (1.23) und Theorem 1.4 folgt, dass eine hinreichende Bedingung für die Konvergenz ist, dass $\|\mathrm{B}\| < 1$ für irgendeine konsistente Matrixnorm gilt. Es ist berechtigt zu erwarten, dass die Konvergenz schneller ist, wenn $\rho(\mathrm{B})$ kleiner ist, so dass eine Abschätzung von $\rho(\mathrm{B})$ einen vernünftigen Indikator für die Konvergenz des Algorithmus liefern dürfte. Weitere bemerkenswerte Größen bei der Konvergenzanalysis sind in der folgenden Definition enthalten.

Definition 4.2 Sei B die Iterationsmatrix. Wir nennen

1. $\|\mathrm{B}^m\|$ den *Konvergenzfaktor* nach m Iterationsschritten;
2. $\|\mathrm{B}^m\|^{1/m}$ den *mittleren Konvergenzfaktor* nach m Schritten;
3. $R_m(\mathrm{B}) = -\frac{1}{m}\log\|\mathrm{B}^m\|$ die *mittlere Konvergenzrate* nach m Schritten.

■

Diese Größen sind nur mit hohem Aufwand zu berechnen, da sie eine Bestimmung von B^m erfordern. Deshalb wird es üblicherweise vorgezogen, die *asymptotische Konvergenzrate* abzuschätzen, die als

$$R(\mathrm{B}) = \lim_{k\to\infty} R_k(\mathrm{B}) = -\log\rho(\mathrm{B}) \tag{4.5}$$

definiert ist, wobei Eigenschaft 1.14 berücksichtigt wurde. Wenn insbesondere B symmetrisch wäre, würden wir

$$R_m(\mathrm{B}) = -\frac{1}{m}\log\|\mathrm{B}^m\|_2 = -\log\rho(\mathrm{B})$$

haben. Im Fall unsymmetrischer Matrizen liefert manchmal $\rho(\mathrm{B})$ eine zu optimistische Abschätzung von $\|\mathrm{B}^m\|^{1/m}$ (siehe [Axe94], Abschnitt 5.1).

Tatsächlich kann auch im Fall $\rho(\mathrm{B}) < 1$ die Konvergenz der Folge $\|\mathrm{B}^m\|$ gegen Null nicht monoton sein (siehe Übung 1). Wir bemerken abschließend, dass wegen (4.5), $\rho(\mathrm{B})$ der *asymptotische Konvergenzfaktor* ist. Kriterien zur Abschätzung der bislang definierten Größen werden in Abschnitt 4.6 behandelt.

Bemerkung 4.1 Die in (4.2) eingeführten Iterationen sind Spezialfälle von iterativen Methoden der Form

$$\mathbf{x}^{(0)} = \mathbf{f}_0(\mathrm{A}, \mathbf{b}),$$
$$\mathbf{x}^{(n+1)} = \mathbf{f}_{n+1}(\mathbf{x}^{(n)}, \mathbf{x}^{(n-1)}, \ldots, \mathbf{x}^{(n-m)}, \mathrm{A}, \mathbf{b}), \text{ für } n \geq m,$$

wobei $\mathbf{f}_i$ und $\mathbf{x}^{(m)}, \ldots, \mathbf{x}^{(1)}$ gegebene Funktionen beziehungsweise Vektoren sind. Die Anzahl von Schritten, von denen die gegenwärtige Iteration abhängt, heißt *Ordnung der Methode*. Sind die Funktionen $\mathbf{f}_i$ unabhängig vom Iterationsindex i, so heißt die Methode *stationär*, andernfalls *instationär*. Schließlich, hängt $\mathbf{f}_i$ linear von $\mathbf{x}^{(0)}, \ldots, \mathbf{x}^{(m)}$ ab, so wird die Methode *linear*, andernfalls *nichtlinear* genannt.

Im Sinne dieser Definitionen sind die bislang betrachteten Methoden daher *stationäre lineare iterative Methoden erster Ordnung*. In Abschnitt 4.3 werden Beispiele instationärer linearer Methoden angegeben. ■

4.2 Lineare iterative Methoden

Eine allgemein übliche Methode zur Konstruktion konsistenter, linearer iterativer Methoden basiert auf einer additiven *Zerlegung* der Matrix A in der Form A=P−N, wobei P und N zwei geeignete Matrizen sind und P nicht singulär ist. Aus Gründen, die in späteren Abschnitten klar werden, wird P *vorkonditionierende Matrix* oder *Vorkonditionierer* genannt.

Genauer gesagt können wir $\mathbf{x}^{(k)}$, $k \geq 1$, für gegebenes $\mathbf{x}^{(0)}$ durch Lösen des Systems

$$\mathrm{P}\mathbf{x}^{(k+1)} = \mathrm{N}\mathbf{x}^{(k)} + \mathbf{b}, \quad k \geq 0, \tag{4.6}$$

berechnen. Die Iterationsmatrix der Methode (4.6) ist $\mathrm{B} = \mathrm{P}^{-1}\mathrm{N}$, die rechte Seite $\mathbf{f} = \mathrm{P}^{-1}\mathbf{b}$. Alternativ kann (4.6) in der Form

$$\mathbf{x}^{(k+1)} = \mathbf{x}^{(k)} + \mathrm{P}^{-1}\mathbf{r}^{(k)}, \tag{4.7}$$

geschrieben werden, wobei

$$\mathbf{r}^{(k)} = \mathbf{b} - \mathrm{A}\mathbf{x}^{(k)} \tag{4.8}$$

den *Residuenvektor* im Schritt k bezeichnet. Die Beziehung (4.7) verdeutlicht den Fakt, dass ein lineares System mit der Koeffizientenmatrix P zu lösen ist, um die Lösung im Schritt $k+1$ zu aktualisieren. Somit sollte P neben der Nichtsingularität auch leicht invertierbar sein, um den Gesamtaufwand niedrig zu halten. (Beachte, dass die Methode (4.7) im Fall P=A und N=0 in einer Iteration konvergieren würde, aber mit dem gleichen Aufwand einer direkten Methode.)

Wir wollen zwei Resultate erwähnen, die die Konvergenz der Iteration (4.7) unter geeigneten Bedingungen an die Zerlegung von A sichern (für den Beweis verweisen wir auf [Hac94]).

Eigenschaft 4.1 *Sei* $\mathrm{A} = \mathrm{P} - \mathrm{N}$ *mit* A *und* P *symmetrisch und positiv definit. Ist die Matrix* $2\mathrm{P} - \mathrm{A}$ *positiv definit, so ist die in* (4.7) *definierte iterative Methode für jede Wahl des Anfangsdatums* $\mathbf{x}^{(0)}$ *konvergent und es gilt*

$$\rho(\mathrm{B}) = \|\mathrm{B}\|_{\mathrm{A}} = \|\mathrm{B}\|_{\mathrm{P}} < 1.$$

Darüber hinaus ist die Konvergenz der Iteration monoton bezüglich der Normen $\|\cdot\|_{\mathrm{P}}$ *und* $\|\cdot\|_{\mathrm{A}}$ *(d.h.* $\|\mathbf{e}^{(k+1)}\|_{\mathrm{P}} < \|\mathbf{e}^{(k)}\|_{\mathrm{P}}$ *bzw.* $\|\mathbf{e}^{(k+1)}\|_{\mathrm{A}} < \|\mathbf{e}^{(k)}\|_{\mathrm{A}}$ $k = 0, 1, \ldots$*).*

Eigenschaft 4.2 *Sei* $\mathrm{A} = \mathrm{P} - \mathrm{N}$ *mit* A *symmetrisch und positiv definit. Ist die Matrix* $\mathrm{P} + \mathrm{P}^T - \mathrm{A}$ *positiv definit, so sind* P *invertierbar, die in* (4.7) *definierte iterative Methode monoton konvergent bezüglich der Norm* $\|\cdot\|_{\mathrm{A}}$ *und* $\rho(\mathrm{B}) \leq \|\mathrm{B}\|_{\mathrm{A}} < 1$.

4.2.1 Jacobi-, Gauß-Seidel- und Relaxationsmethoden

In diesem Abschnitt betrachten wir einige klassische lineare iterative Methoden.

Sind die Diagonaleinträge von A von Null verschieden, so können wir jede Gleichung nach der entsprechenden Unbekannten auflösen und erhalten das äquivalente lineare Gleichungssystem

$$x_i = \frac{1}{a_{ii}} \left[b_i - \sum_{\substack{j=1 \\ j \neq i}}^{n} a_{ij} x_j \right], \qquad i = 1, \ldots, n. \tag{4.9}$$

Beim Jacobi-Verfahren wird, wenn ein beliebiger Startwert $\mathbf{x}^0$ gewählt wurde, $\mathbf{x}^{(k+1)}$ nach den Formeln

$$x_i^{(k+1)} = \frac{1}{a_{ii}} \left[b_i - \sum_{\substack{j=1 \\ j \neq i}}^{n} a_{ij} x_j^{(k)} \right], \quad i = 1, \ldots, n \tag{4.10}$$

berechnet. Dies entspricht der Ausführung der folgenden Zerlegung von A

$$\mathrm{P} = \mathrm{D}, \quad \mathrm{N} = \mathrm{D} - \mathrm{A} = \mathrm{E} + \mathrm{F},$$

wobei D die Diagonalmatrix der Diagonaleinträge von A, E die untere Dreiecksmatrix mit den Einträgen $e_{ij} = -a_{ij}$ für $i > j$, $e_{ij} = 0$ für $i \leq j$, und F die obere Dreiecksmatrix mit den Einträgen $f_{ij} = -a_{ij}$ für $j > i$, $f_{ij} = 0$ für $j \leq i$ sind. Folglich haben wir A=D-(E+F).

Die Iterationsmatrix des Jacobi-Verfahrens ist somit durch

$$\mathrm{B}_J = \mathrm{D}^{-1}(\mathrm{E} + \mathrm{F}) = \mathrm{I} - \mathrm{D}^{-1}\mathrm{A} \tag{4.11}$$

gegeben.

Eine Verallgemeinerung des Jacobi-Verfahrens ist die Überrelaxationsmethode (oder JOR, engl. Jacobi over-relaxation), bei der (4.10) durch Einführung eines Relaxationsparameters ω durch

$$x_i^{(k+1)} = \frac{\omega}{a_{ii}} \left[b_i - \sum_{\substack{j=1 \\ j \neq i}}^{n} a_{ij} x_j^{(k)} \right] + (1 - \omega) x_i^{(k)}, \qquad i = 1, \ldots, n,$$

ersetzt wird. Die entsprechende Iterationsmatrix ist

$$\mathrm{B}_{J_\omega} = \omega \mathrm{B}_J + (1 - \omega)\mathrm{I}. \tag{4.12}$$

In der Form (4.7) entspricht der JOR-Methode

$$\mathbf{x}^{(k+1)} = \mathbf{x}^{(k)} + \omega \mathrm{D}^{-1} \mathbf{r}^{(k)}.$$

Diese Methode ist konsistent für jedes $\omega \neq 0$ und stimmt für $\omega = 1$ mit dem Jacobi-Verfahren überein.

Das Gauß-Seidel-Verfahren unterscheidet sich vom Jacobi-Verfahren dadurch, dass im $k+1$-ten Schritt die bereits verfügbaren Werte $x_i^{(k+1)}$ verwendet werden, um die Lösung zu aktualisieren, so dass man anstelle von (4.10)

$$x_i^{(k+1)} = \frac{1}{a_{ii}} \left[b_i - \sum_{j=1}^{i-1} a_{ij} x_j^{(k+1)} - \sum_{j=i+1}^{n} a_{ij} x_j^{(k)} \right], \quad i = 1, \ldots, n \tag{4.13}$$

hat. Diese Methode kommt der Durchführung der folgenden Zerlegung von A gleich

$$\mathrm{P} = \mathrm{D} - \mathrm{E}, \quad \mathrm{N} = \mathrm{F},$$

und die damit verbundenen Iterationsmatrix ist

$$\mathrm{B}_{GS} = (\mathrm{D} - \mathrm{E})^{-1}\mathrm{F}. \tag{4.14}$$

Ausgehend vom Gauß-Seidel-Verfahren führen wir analog zum Jacobi-Verfahren die sukzessive Überrelaxationsmethode (oder SOR-Verfahren, engl. successive over-relaxation)

$$x_i^{(k+1)} = \frac{\omega}{a_{ii}} \left[b_i - \sum_{j=1}^{i-1} a_{ij} x_j^{(k+1)} - \sum_{j=i+1}^{n} a_{ij} x_j^{(k)} \right] + (1-\omega) x_i^{(k)}, \quad (4.15)$$

für $i = 1, \ldots, n$ ein. Die Methode (4.15) kann in vektorieller Form als

$$(\mathrm{I} - \omega \mathrm{D}^{-1}\mathrm{E})\mathbf{x}^{(k+1)} = [(1-\omega)\mathrm{I} + \omega \mathrm{D}^{-1}\mathrm{F}]\mathbf{x}^{(k)} + \omega \mathrm{D}^{-1}\mathbf{b} \quad (4.16)$$

geschrieben werden, woraus sich die Iterationsmatrix

$$\mathrm{B}(\omega) = (\mathrm{I} - \omega \mathrm{D}^{-1}\mathrm{E})^{-1}[(1-\omega)\mathrm{I} + \omega \mathrm{D}^{-1}\mathrm{F}] \quad (4.17)$$

ergibt. Die Multiplikation beider Seiten von (4.16) mit D und die Berücksichtigung, dass $\mathrm{A} = \mathrm{D} - (\mathrm{E} + \mathrm{F})$ gilt, führt auf die folgende Form (4.7) des SOR-Verfahrens

$$\mathbf{x}^{(k+1)} = \mathbf{x}^{(k)} + \left(\frac{1}{\omega}\mathrm{D} - \mathrm{E} \right)^{-1} \mathbf{r}^{(k)}.$$

Es ist konsistent für jedes $\omega \neq 0$ und stimmt für $\omega = 1$ mit dem Gauß-Seidel-Verfahren überein. Im Fall, dass $\omega \in (0,1)$ gilt, wird das Verfahren Unterrelaxationsverfahren genannt, während es für $\omega > 1$ Überrelaxationsverfahren heißt.

4.2.2 Konvergenzresultate für Jacobi- und Gauß-Seidel-Verfahren

Es gibt spezielle Klassen von Matrizen, für die es möglich ist, *a priori* einige Konvergenzresultate für die im vorigen Abschnitt untersuchten Verfahren zu formulieren. Das erste Resultat in dieser Richtung ist das Folgende:

Theorem 4.2 *Ist* A *eine streng zeilendiagonaldominante Matrix, so sind das Jacobi- und das Gauß-Seidel-Verfahren konvergent.*

Beweis. Wir werden den Teil des Satzes beweisen, der sich auf das Jacobi-Verfahren bezieht und verweisen bezüglich des Gauß-Seidel-Verfahrens auf [Axe94]. Da A streng zeilendiagonaldominant ist, haben wir $|a_{ii}| > \sum_{j=1}^{n} |a_{ij}|$ für $j \neq i$ und $i = 1, \ldots, n$. Folglich ist $\|\mathrm{B}_J\|_\infty = \max_{i=1,\ldots,n} \sum_{j=1, j\neq i}^{n} |a_{ij}|/|a_{ii}| < 1$ und das Jacobi-Verfahren konvergiert. ◇

Theorem 4.3 *Sind* A *und* 2D − A *symmetrische und positiv definite Matrizen, so ist das Jacobi-Verfahren konvergent und es gilt* $\rho(\mathrm{B}_J) = \|\mathrm{B}_J\|_{\mathrm{A}} = \|\mathrm{B}_J\|_{\mathrm{D}}$.

Beweis. Der Satz folgt aus Eigenschaft 4.1 wenn P=D gesetzt wird. ◇

Im Fall der JOR-Methode kann die Annahme über 2D − A fallen gelassen werden und liefert das folgende Resultat.

Theorem 4.4 *Ist* A *symmetrisch und positiv definit, so ist die JOR-Methode konvergent für* $0 < \omega < 2/\rho(\mathrm{D}^{-1}\mathrm{A})$.

Beweis. Das Resultat folgt unmittelbar aus (4.12) und der Kenntnis, dass A reelle positive Eigenwerte hat. ◇

Hinsichtlich des Gauß-Seidel-Verfahrens gilt das folgende Resultat.

Theorem 4.5 *Ist* A *symmetrisch und positiv definit, so konvergiert das Gauß-Seidel-Verfahren monoton in Bezug auf die Norm* $\|\cdot\|_{\mathrm{A}}$.

Beweis. Wir können die Eigenschaft 4.2 auf die Matrix P=D−E anwenden, falls $\mathrm{P} + \mathrm{P}^T - \mathrm{A}$ positiv definit ist. Tatsächlich gilt wegen $(\mathrm{D} - \mathrm{E})^T = \mathrm{D} - \mathrm{F}$ die Beziehung

$$\mathrm{P} + \mathrm{P}^T - \mathrm{A} = 2\mathrm{D} - \mathrm{E} - \mathrm{F} - \mathrm{A} = \mathrm{D}.$$

Da D die Diagonale von A ist, ist D positiv definit. ◇

Schließlich kann im Fall, dass A symmetrisch positiv definit und tridiagonal ist, die Konvergenz des Jacobi-Verfahrens und

$$\rho(\mathrm{B}_{GS}) = \rho^2(\mathrm{B}_J) \tag{4.18}$$

gezeigt werden. In diesem Fall konvergiert das Gauß-Seidel-Verfahren schneller als das Jacobi-Verfahren. Die Beziehung (4.18) gilt sogar, wenn A der folgenden *A-Eigenschaft* genügt.

Definition 4.3 Eine *konsistent geordnete* Matrix $\mathrm{M} \in \mathbb{R}^{n\times n}$ (das ist eine Matrix für die die Matrix $\alpha\mathrm{D}^{-1}\mathrm{E} + \alpha^{-1}\mathrm{D}^{-1}\mathrm{F}$, $\alpha \neq 0$, Eigenwerte unabhängig von α besitzt, wobei M=D-E-F, $\mathrm{D} = \mathrm{diag}(m_{11}, \ldots, m_{nn})$, E und F streng untere bzw. obere Dreiecksmatrizen sind) genügt der *A-Eigenschaft*, wenn sie in 2 × 2 Blockgestalt

$$\mathrm{M} = \begin{bmatrix} \tilde{\mathrm{D}}_1 & \mathrm{M}_{12} \\ \mathrm{M}_{21} & \tilde{\mathrm{D}}_2 \end{bmatrix},$$

geschrieben werden kann, wobei $\tilde{\mathrm{D}}_1$ und $\tilde{\mathrm{D}}_2$ Diagonalmatrizen sind. ■

Wenn wir es mit allgemeinen Matrizen zu tun haben, lassen sich *a priori* keine Schlußfolgerungen über das Konvergenzverhalten des Jacobi-Verfahrens und des Gauß-Seidel-Verfahrens ziehen, wie das Beispiel 4.2 zeigt.

Beispiel 4.2 Betrachten wir die 3×3 Gleichungssysteme der Form $\mathrm{A}_i\mathbf{x} = \mathbf{b}_i$, wobei $\mathbf{b}_i$ immer derart gewählt wurde, dass der Einheitsvektor die Lösung des Systems ist, und die Matrizen A_i durch

$$\mathrm{A}_1 = \begin{bmatrix} 3 & 0 & 4 \\ 7 & 4 & 2 \\ -1 & 1 & 2 \end{bmatrix}, \qquad \mathrm{A}_2 = \begin{bmatrix} -3 & 3 & -6 \\ -4 & 7 & -8 \\ 5 & 7 & -9 \end{bmatrix},$$

$$\mathrm{A}_3 = \begin{bmatrix} 4 & 1 & 1 \\ 2 & -9 & 0 \\ 0 & -8 & -6 \end{bmatrix}, \qquad \mathrm{A}_4 = \begin{bmatrix} 7 & 6 & 9 \\ 4 & 5 & -4 \\ -7 & -3 & 8 \end{bmatrix},$$

gegeben sind. Es kann gezeigt werden, dass das Jacobi-Verfahren für A_1 ($\rho(\mathrm{B}_J) = 1.33$) nicht konvergiert, während das Gauß-Seidel-Verfahren konvergiert. Umgekehrt ist im Fall A_2 das Jacobi-Verfahren konvergent, während das Gauß-Seidel-Verfahren nicht konvergiert ($\rho(\mathrm{B}_{GS}) = 1.\bar{1}$). In den beiden verbleibenden Fällen ist für die Matrix A_3 das Jacobi-Verfahren langsamer als das Gauß-Seidel-Verfahren konvergent ($\rho(\mathrm{B}_J) = 0.44$ gegenüber $\rho(\mathrm{B}_{GS}) = 0.018$), und das Umgekehrte gilt für A_4 ($\rho(\mathrm{B}_J) = 0.64$ gegenüber $\rho(\mathrm{B}_{GS}) = 0.77$). •

Wir beenden diesen Abschnitt mit dem folgenden Resultat.

Theorem 4.6 *Konvergiert das Jacobi-Verfahren, so konvergiert die JOR-Methode für alle ω mit $0 < \omega \leq 1$.*

Beweis. Aus (4.12) erhalten wir, dass die Eigenwerte von B_{J_ω}

$$\mu_k = \omega\lambda_k + 1 - \omega, \qquad k = 1, \ldots, n,$$

sind, wobei λ_k die Eigenwerte von B_J sind. Dann setzen wir, indem wir uns an die Eulersche Formel für die Darstellung komplexer Zahlen erinnern, $\lambda_k = r_k e^{i\theta_k}$ und erhalten

$$|\mu_k|^2 = \omega^2 r_k^2 + 2\omega r_k \cos(\theta_k)(1-\omega) + (1-\omega)^2 \leq (\omega r_k + 1 - \omega)^2.$$

Der Ausdruck ist kleiner als Eins, falls $0 < \omega \leq 1$ ist. ◇

4.2.3 Konvergenzresultate für die Relaxationsmethode

Das folgende Resultat liefert eine notwendige Bedingung an ω, damit die SOR-Methode konvergiert.

Theorem 4.7 *Für jedes $\omega \in \mathbb{R}$ gilt $\rho(\mathrm{B}(\omega)) \geq |\omega - 1|$. Daher konvergiert das SOR-Verfahren nicht, wenn $\omega \leq 0$ oder $\omega \geq 2$ gilt.*

Beweis. Seien $\{\lambda_i\}$ die Eigenwerte der SOR-Iterationsmatrix. Dann gilt

$$\left|\prod_{i=1}^{n}\lambda_i\right| = \left|\det\left[(1-\omega)\mathrm{I} + \omega \mathrm{D}^{-1}\mathrm{F}\right]\right| = |1-\omega|^n.$$

Somit gibt es zumindest einen Eigenwert λ_i, für den $|\lambda_i| \geq |1-\omega|$ gilt und folglich müssen wir, um Konvergenz zu erhalten, $|1-\omega| < 1$ fordern, d.h. $0 < \omega < 2$. $\diamond$

Unter der Voraussetzung, dass A symmetrisch und positiv definit ist, wird die notwendige Bedingung $0 < \omega < 2$ auch hinreichend für die Konvergenz. Tatsächlich gilt das folgendes Resultat (für den Beweis, siehe [Hac94]).

Eigenschaft 4.3 (Ostrowski) *Ist* A *symmetrisch und positiv definit, so ist das SOR-Verfahren genau dann konvergent, wenn* $0 < \omega < 2$ *gilt. Darüber hinaus ist die Konvergenz monoton bezüglich* $\|\cdot\|_{\mathrm{A}}$.

Wenn schließlich A *streng zeilendiagonaldominant* ist, konvergiert das SOR-Verfahren für $0 < \omega \leq 1$.

Die obigen Resultate zeigen, dass das SOR-Verfahren mehr oder weniger schnell in Abhängigkeit vom Relaxationsparameter ω konvergent ist. Auf die Frage, wie der Wert ω_{opt}, für den die Konvergenzrate am höchsten ist, bestimmt werden kann, kann eine befriedigende Antwort nur in Spezialfällen gegeben werden (siehe z.B. [Axe94], [You71], [Var62] oder [Wac66]). Hier beschränken wir uns auf das Zitat des folgenden Resultates (dessen Beweis in [Axe94] gefunden werden kann).

Eigenschaft 4.4 *Genügt die Matrix* A *der A-Eigenschaft und hat* B_J *reelle Eigenwerte, so konvergiert das SOR-Verfahren genau dann für jede Wahl von* $\mathbf{x}^{(0)}$, *wenn* $\rho(\mathrm{B}_J) < 1$ *und* $0 < \omega < 2$. *Darüber hinaus haben wir*

$$\omega_{opt} = \frac{2}{1+\sqrt{1-\rho(\mathrm{B}_J)^2}} \tag{4.19}$$

und der entsprechende asymptotische Konvergenzfaktor ist

$$\rho(\mathrm{B}(\omega_{opt})) = \frac{1-\sqrt{1-\rho(\mathrm{B}_J)^2}}{1+\sqrt{1-\rho(\mathrm{B}_J)^2}}.$$

4.2.4 A priori *Vorwärtsanalyse*

In der vorangegangenen Analyse haben wir Rundungsfehler vernachlässigt. Diese können jedoch dramatisch die Konvergenzrate der iterativen Methode beeinflussen, wie das folgende Beispiel (das [HW76] entnommen wurde) zeigt.

Beispiel 4.3 Sei A eine untere Bidiagonalmatrix der Ordnung 100 mit den Einträgen $a_{ii} = 1.5$ und $a_{i,i-1} = 1$, und sei $\mathbf{b} \in \mathbb{R}^{100}$ der Vektor der rechten Seite mit $b_i = 2.5$. Die exakte Lösung des Systems $\mathrm{A}\mathbf{x} = \mathbf{b}$ hat die Komponenten $x_i = 1 - (-2/3)^i$. Das SOR-Verfahren mit $\omega = 1.5$ sollte in exakt arbeitender Arithmetik konvergieren, da $\rho(\mathrm{B}(1.5)) = 0.5$ (weit unter Eins) gilt. Führen wir jedoch das Programm 16 mit dem Startwert $\mathbf{x}^{(0)} = fl(\mathbf{x}) + \epsilon_M$ aus, der extrem dicht am exakten Wert liegt, so divergiert die Folge $\mathbf{x}^{(k)}$ und nach 100 Iterationen liefert der Algorithmus eine Lösung mit $\|\mathbf{x}^{(100)}\|_\infty = 10^{13}$. Das Problem liegt an der Ausbreitung von Rundungsfehlern und nicht an einer möglicherweise schlechten Kondition der Matrix, denn es ist $K_\infty(\mathrm{A}) \simeq 5$. •

Zur Berücksichtigung von Rundungsfehlern bezeichnen wir durch $\widehat{\mathbf{x}}^{(k)}$ die Lösung (in endlicher Arithmetik), die durch eine iterative Methode der Form (4.6) nach k Schritten erzeugt wird. Infolge von Rundungsfehlern kann $\widehat{\mathbf{x}}^{(k)}$ als die exakte Lösung des Problems

$$\mathrm{P}\widehat{\mathbf{x}}^{(k+1)} = \mathrm{N}\widehat{\mathbf{x}}^{(k)} + \mathbf{b} - \boldsymbol{\zeta}_k, \tag{4.20}$$

mit

$$\boldsymbol{\zeta}_k = \delta\mathrm{P}_{k+1}\widehat{\mathbf{x}}^{(k+1)} - \mathbf{g}_k$$

angesehen werden. Die Matrix $\delta\mathrm{P}_{k+1}$ steht für die Rundungsfehler bei der Lösung von (4.6), wohingegen der Vektor $\mathbf{g}_k$ die Fehler enthält, die bei der Auswertung von $\widehat{\mathrm{N}\mathbf{x}^{(k)}} + \mathbf{b}$ entstehen.
Aus (4.20) erhalten wir

$$\widehat{\mathbf{x}}^{(k+1)} = \mathrm{B}^{k+1}\mathbf{x}^{(0)} + \sum_{j=0}^{k} \mathrm{B}^j\mathrm{P}^{-1}(\mathbf{b} - \boldsymbol{\zeta}_{k-j})$$

und für den absoluten Fehler $\widehat{\mathbf{e}}^{(k+1)} = \mathbf{x} - \widehat{\mathbf{x}}^{(k+1)}$

$$\widehat{\mathbf{e}}^{(k+1)} = \mathrm{B}^{k+1}\mathbf{e}^{(0)} + \sum_{j=0}^{k} \mathrm{B}^j\mathrm{P}^{-1}\boldsymbol{\zeta}_{k-j}.$$

Der erste Term stellt den Fehler dar, der von der iterativen Methode in exakter Arithmetik gemacht wird; dieser Fehler ist für hinreichend große Werte von k vernachlässigbar, wenn die Methode konvergiert. Der zweite Term bezieht sich stattdessen auf die Ausbreitung von Rundungsfehlern; seine Analyse ist sehr technisch und z.B. in [Hig88] im Fall des Jacobi-, Gauß-Seidel- und des SOR-Verfahrens ausgeführt.

4.2.5 Blockmatrizen

Die Methoden der vorangegangenen Abschnitte werden auch als iterative *Punkt-* (oder *Linien-*) Methoden bezeichnet, da sie auf einzelne Einträge der Matrix A wirken. Es ist möglich *Blockversionen* der Algorithmen zu entwickeln, vorausgesetzt, dass D die Blockdiagonalmatrix bezeichnet, deren Einträge die $m \times m$ Diagonalblöcke der Matrix A (siehe Abschnitt 1.6) sind.

Das *Block-Jacobi-Verfahren* wird erhalten, wenn wir wieder P=D und N=D-A nehmen. Die Methode ist nur dann wohldefiniert, wenn die Diagonalblöcke von D nicht singulär sind. Wenn A in quadratische Blöcke des Formats $p \times p$ zerlegt wird, ist das Block-Jacobi-Verfahren gegeben durch

$$\mathrm{A}_{ii}\mathbf{x}_i^{(k+1)} = \mathbf{b}_i - \sum_{\substack{j=1\\j\neq i}}^{p} \mathrm{A}_{ij}\mathbf{x}_j^{(k)}, \quad i = 1, \ldots, p,$$

wobei wir auch den Lösungsvektor und die rechte Seite in Blöcke der Größe p, die durch $\mathbf{x}_i$ bzw. $\mathbf{b}_i$ bezeichnet wurden, zerlegt haben. Im Ergebnis erfordert das Block-Jacobi-Verfahren in jedem Schritt die Lösung von p linearen Gleichungssystemen mit den Koeffizientenmatrizen A_{ii}. Theorem 4.3 gilt weiterhin, wenn D durch die entsprechende Blockdiagonalmatrix ersetzt wird.

In gleicher Weise lassen sich Block-Gauß-Seidel-Verfahren und Block-SOR-Verfahren einführen.

4.2.6 Symmetrische Form des Gauß-Seidel- und des SOR-Verfahrens

Selbst wenn A eine symmetrische Matrix ist, erzeugen das Gauß-Seidel-Verfahren und das SOR-Verfahren Iterationsmatrizen, die nicht notwendig symmetrisch sind. Deshalb führen wir in diesem Abschnitt eine Technik ein, die die Symmetrisierung dieser Schemen gestattet. Das abschließende Ziel ist es, einen Zugang zur Konstruktion symmetrischer Vorkonditionierer (siehe Abschnitt 4.3.2) zu liefern.

Zuerst bemerken wir, dass ein Analogon zum Gauß-Seidel-Verfahren konstruiert werden kann, indem einfach E und F vertauscht werden. Somit kann die folgende Iteration

$$(\mathrm{D} - \mathrm{F})\mathbf{x}^{(k+1)} = \mathrm{E}\mathbf{x}^{(k)} + \mathbf{b},$$

die *Gauß-Seidel-Rückwärtsverfahren* genannt wird, definiert werden. Die Iterationsmatrix ist durch $\mathrm{B}_{GSb} = (\mathrm{D} - \mathrm{F})^{-1}\mathrm{E}$ gegeben.

Das *symmetrische Gauß-Seidel-Verfahren* wird durch Kombination eines Iterationsschrittes des Gauß-Seidel-Verfahrens mit einem Iterationschritt des Gauß-Seidel-Rückwärtsverfahren erhalten. Genauer gesagt ist die k-te Iteration des symmetrischen Gauß-Seidel-Verfahren durch

$$(\mathrm{D} - \mathrm{E})\mathbf{x}^{(k+1/2)} = \mathrm{F}\mathbf{x}^{(k)} + \mathbf{b}, \qquad (\mathrm{D} - \mathrm{F})\mathbf{x}^{(k+1)} = \mathrm{E}\mathbf{x}^{(k+1/2)} + \mathbf{b}$$

definiert. Eliminieren wir $\mathbf{x}^{(k+1/2)}$, so erhalten wir das folgende Schema

$$
\begin{aligned}
\mathbf{x}^{(k+1)} &= \mathrm{B}_{SGS}\mathbf{x}^{(k)} + \mathbf{b}_{SGS}, \\
\mathrm{B}_{SGS} &= (\mathrm{D}-\mathrm{F})^{-1}\mathrm{E}(\mathrm{D}-\mathrm{E})^{-1}\mathrm{F}, \qquad (4.21)\\
\mathbf{b}_{SGS} &= (\mathrm{D}-\mathrm{F})^{-1}[\mathrm{E}(\mathrm{D}-\mathrm{E})^{-1}+\mathrm{I}]\mathbf{b}.
\end{aligned}
$$

Die Vorkonditionierungsmatrix, die mit (4.21) verbunden ist, ist dann

$$\mathrm{P}_{SGS} = (\mathrm{D}-\mathrm{E})\mathrm{D}^{-1}(\mathrm{D}-\mathrm{F}).$$

Das folgende Resultat kann bewiesen werden (siehe [Hac94]).

Eigenschaft 4.5 *Für eine symmetrische, positiv definite Matrix* A *ist das symmetrische Gauß-Seidel-Verfahren konvergent. Ferner ist* B_{SGS} *symmetrisch und positiv definit.*

Indem wir auf ähnliche Weise das SOR-Rückwärtsverfahren

$$(\mathrm{D}-\omega\mathrm{F})\mathbf{x}^{(k+1)} = [\omega\mathrm{E} + (1-\omega)\mathrm{D}]\,\mathbf{x}^{(k)} + \omega\mathbf{b}$$

definieren und es mit einem Schritt des SOR-Verfahrens kombinieren, erhalten wir das folgende *symmetrische SOR-Verfahren* oder das *SSOR-Verfahren*

$$\mathbf{x}^{(k+1)} = \mathrm{B}_s(\omega)\mathbf{x}^{(k)} + \mathbf{b}_\omega,$$

mit

$$
\begin{aligned}
\mathrm{B}_s(\omega) &= (\mathrm{D}-\omega\mathrm{F})^{-1}(\omega\mathrm{E}+(1-\omega)\mathrm{D})(\mathrm{D}-\omega\mathrm{E})^{-1}(\omega\mathrm{F}+(1-\omega)\mathrm{D}),\\
\mathbf{b}_\omega &= \omega(2-\omega)(\mathrm{D}-\omega\mathrm{F})^{-1}\mathrm{D}(\mathrm{D}-\omega\mathrm{E})^{-1}\mathbf{b}.
\end{aligned}
$$

Die Vorkonditionierungsmatrix dieses Schemas ist

$$\mathrm{P}_{SSOR}(\omega) = \left(\frac{1}{\omega}\mathrm{D}-\mathrm{E}\right)\frac{\omega}{2-\omega}\mathrm{D}^{-1}\left(\frac{1}{\omega}\mathrm{D}-\mathrm{F}\right). \qquad (4.22)$$

Ist A symmetrisch und positiv definit, so ist das SSOR-Verfahren konvergent für $0 < \omega < 2$ (siehe [Hac94] für einen Beweis). Typischerweise konvergiert das SSOR-Verfahren mit optimaler Wahl des Relaxationsparameters langsamer als das entsprechende SOR-Verfahren. Jedoch ist der Wert von $\rho(\mathrm{B}_s(\omega))$ weniger sensitiv bezüglich einer Wahl von ω in Umgebung des optimalen Wertes (in dieser Hinsicht siehe das Verhalten der Spektralradien der beiden Iterationsmatrizen in Abbildung 4.1). Aus diesem Grunde ist der optimale Wert von ω, der im Fall des SSOR-Verfahrens gewählt wird, üblicherweise der gleiche, der für das SOR-Verfahren verwendet wird (für weitere Details verweisen wir auf [You71]).

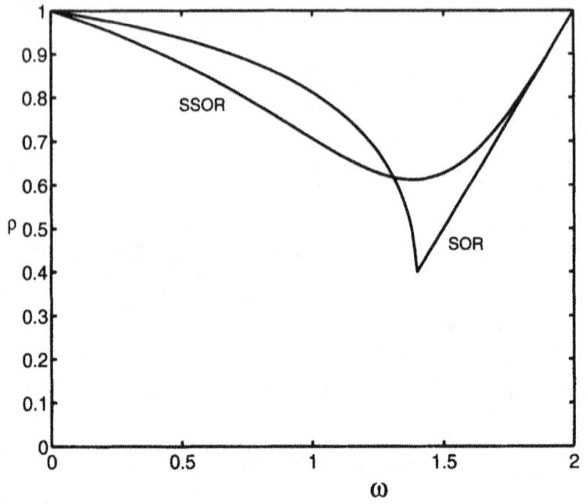

Abbildung 4.1. Spektralradien der Iterationsmatrix des SOR- und des SSOR-Verfahrens als Funktion des Relaxationsparameters ω für die Matrix $\mathrm{tridiag}_{10}(-1,2,-1)$.

4.2.7 Implementierungsfragen

Wir stellen nun Programme zur Implementierung des Jacobi- und des Gauß-Seidel-Verfahrens in ihrer Punktform und mit Relaxation vor. Im Programm 15 ist das JOR-Verfahren ausgeführt (das Jacobi-Verfahren wird als Spezialfall für `omega` = 1 erhalten). Der Abbruchtest überwacht die Euklidische Norm des Residuum in jeder Iteration bezogen auf den Wert des Anfangsresiduum.
Beachte, dass jede Komponente `x(i)` des Lösungsvektors unabhängig berechnet werden kann; diese Methode ist folglich leicht parallelisierbar.

Program 15 - JOR : JOR-Verfahren

```
function [x, iter]= jor ( a, b, x0, nmax, toll, omega)
[n,n]=size(a);
iter = 0; r = b - a * x0; r0 = norm(r); err = norm (r); x = x0;
while err > toll & iter < nmax
 iter = iter + 1;
 for i=1:n
   s = 0;
   for j = 1:i-1,   s = s + a (i,j) * x (j);   end
   for j = i+1:n,   s = s + a (i,j) * x (j);   end
   xnew (i) = omega * ( b(i) - s) / a(i,i) + (1 - omega) * x(i);
 end
 x=xnew; r = b - a * x;          err = norm (r) / r0;
end
```

Das Programm 16 führt das SOR-Verfahren aus. Setzen wir `omega=1`, so liefert es das Gauß-Seidel-Verfahren.

Im Unterschied zum Jacobi-Verfahren ist dieses Schema vollständig sequentiell. Es kann jedoch effizient ohne Speicherung der Lösung im vorhergehenden Schritt und damit speicherplatzsparend ausgeführt werden.

Program 16 - SOR : SOR-Verfahren

```
function [x, iter]= sor ( a, b, x0, nmax, toll, omega)
[n,n]=size(a);
iter = 0; r = b - a * x0; r0 = norm (r); err = norm (r); xold = x0;
while err > toll & iter < nmax
 iter = iter + 1;
 for i=1:n
   s = 0;
   for j = 1:i-1,   s = s + a (i,j) * x (j);   end
   for j = i+1:n
     s = s + a (i,j) * xold (j);
   end
   x (i) = omega * ( b(i) - s) / a(i,i) + (1 - omega) * xold (i);
 end
 x = x'; xold = x;    r = b - a * x;    err = norm (r) / r0;
end
```

4.3 Stationäre und instationäre iterative Verfahren

Bezeichnen wir durch

$$R_P = I - P^{-1}A$$

die mit (4.7) verbundene Iterationsmatrix. Gehen wir wie im Fall der Relaxationsmethoden vor, so kann (4.7) durch Einführung eines Relaxations- (oder Beschleunigungs-) Parameters α verallgemeinert werden. Dies führt auf das folgende *stationäre Richardson-Verfahren*

$$\mathbf{x}^{(k+1)} = \mathbf{x}^{(k)} + \alpha P^{-1}\mathbf{r}^{(k)}, \qquad k \geq 0. \tag{4.23}$$

Gestatten wir allgemeiner, dass α vom Iterationsindex abhängen darf, so gelangen wir zum *instationären Richardson-Verfahren* oder zur *semi-iterativen Methode*, die durch

$$\mathbf{x}^{(k+1)} = \mathbf{x}^{(k)} + \alpha_k P^{-1}\mathbf{r}^{(k)}, \qquad k \geq 0, \tag{4.24}$$

gegeben ist. Die Iterationsmatrix im k-ten Schritt ist für diese Methoden (abhängig von k) gleich

$$R_{\alpha_k} = I - \alpha_k P^{-1}A,$$

mit $\alpha_k = \alpha$ im stationären Fall. Für P=I heißen die Methoden *nicht vorkonditioniert.* Das Jacobi- und das Gauß-Seidel-Verfahren können als stationäre Richardson-Verfahren angesehen werden mit $\alpha = 1$, $\mathrm{P} = \mathrm{D}$ bzw. $\mathrm{P} = \mathrm{D} - \mathrm{E}$.

Wir können (4.24) (und somit auch (4.23)) in eine für Berechnungen geeignetere Form umschreiben. Setzen wir $\mathbf{z}^{(k)} = \mathrm{P}^{-1}\mathbf{r}^{(k)}$ (das sogenannte *vorkonditionierte Residuum*), so bekommen wir $\mathbf{x}^{(k+1)} = \mathbf{x}^{(k)} + \alpha_k \mathbf{z}^{(k)}$ und $\mathbf{r}^{(k+1)} = \mathbf{b} - \mathrm{A}\mathbf{x}^{(k+1)} = \mathbf{r}^{(k)} - \alpha_k \mathrm{A}\mathbf{z}^{(k)}$. Insgesamt erfordert ein instationäres Richardson-Verfahren im $k+1$-ten Schritt die folgenden Operationen:

$$\begin{aligned}
&\text{löse das lineare Gleichungssystem } \mathrm{P}\mathbf{z}^{(k)} = \mathbf{r}^{(k)};\\
&\text{berechne den Beschleunigungsparameter } \alpha_k;\\
&\text{aktualisiere die Lösung } \mathbf{x}^{(k+1)} = \mathbf{x}^{(k)} + \alpha_k \mathbf{z}^{(k)};\\
&\text{aktualisiere das Residuum } \mathbf{r}^{(k+1)} = \mathbf{r}^{(k)} - \alpha_k \mathrm{A}\mathbf{z}^{(k)}.
\end{aligned} \tag{4.25}$$

4.3.1 Konvergenzanalysis des Richardson-Verfahrens

Wir wollen zunächst stationäre Richardson-Verfahren betrachten, für die $\alpha_k = \alpha$ für $k \geq 0$ gilt. Es gilt das folgende Konvergenzresultat.

Theorem 4.8 *Für jede nichtsinguläre Matrix* P *ist das stationäre Richardson-Verfahren* (4.23) *genau dann konvergent, wenn*

$$\frac{2\mathrm{Re}\lambda_i}{\alpha|\lambda_i|^2} > 1 \quad \forall i = 1, \ldots, n \tag{4.26}$$

gilt, wobei $\lambda_i \in \mathbb{C}$ *die Eigenwerte von* $\mathrm{P}^{-1}\mathrm{A}$ *sind.*

Beweis. Wir wenden Theorem 4.1 auf die Iterationsmatrix $\mathrm{R}_\alpha = \mathrm{I} - \alpha\mathrm{P}^{-1}\mathrm{A}$ an. Die Bedingung $|1 - \alpha\lambda_i| < 1$ für $i = 1, \ldots, n$ ergibt die Ungleichung

$$(1 - \alpha\mathrm{Re}\lambda_i)^2 + \alpha^2(\mathrm{Im}\lambda_i)^2 < 1,$$

aus der (4.26) unmittelbar folgt. ◇

Wir bemerken, dass das stationäre Richardson-Verfahren nicht konvergieren kann, wenn das Vorzeichen der Realteile der Eigenwerte von $\mathrm{P}^{-1}\mathrm{A}$ nicht konstant ist.

Speziellere Ergebnisse können unter geeigneten Annahmen über das Spektrum von $\mathrm{P}^{-1}\mathrm{A}$ erhalten werden.

Theorem 4.9 *Angenommen, dass* P *eine nicht singuläre Matrix ist und dass* $\mathrm{P}^{-1}\mathrm{A}$ *positive reelle Eigenwerte hat, die auf solche Weise geordnet* *sind, dass* $\lambda_1 \geq \lambda_2 \geq \ldots \geq \lambda_n > 0$. *Dann ist das stationäre Richardson-Verfahren* (4.23) *genau dann konvergent, wenn* $0 < \alpha < 2/\lambda_1$. *Wenn darüber hinaus*

$$\alpha_{opt} = \frac{2}{\lambda_1 + \lambda_n} \tag{4.27}$$

gesetzt wird, ist der Spektralradius der Iterationsmatrix R_α *für* $\alpha = \alpha_{opt}$ *minimal mit*

$$\rho_{opt} = \min_\alpha [\rho(\mathrm{R}_\alpha)] = \frac{\lambda_1 - \lambda_n}{\lambda_1 + \lambda_n}. \tag{4.28}$$

Beweis. Die Eigenwerte der Matrix R_α sind durch $\lambda_i(\mathrm{R}_\alpha) = 1 - \alpha\lambda_i$ gegeben, so dass (4.23) genau dann konvergiert, wenn $|\lambda_i(\mathrm{R}_\alpha)| < 1$ für $i = 1, \ldots, n$ gilt, d.h. wenn $0 < \alpha < 2/\lambda_1$. Es folgt (siehe Abbildung 4.2), dass $\rho(\mathrm{R}_\alpha)$ minimal für $1 - \alpha\lambda_n = \alpha\lambda_1 - 1$ wird, d.h. für $\alpha = 2/(\lambda_1 + \lambda_n)$, was den gewünschten Wert für α_{opt} liefert. Durch Substitution erhält man den gewünschten Wert von ρ_{opt}. ◇

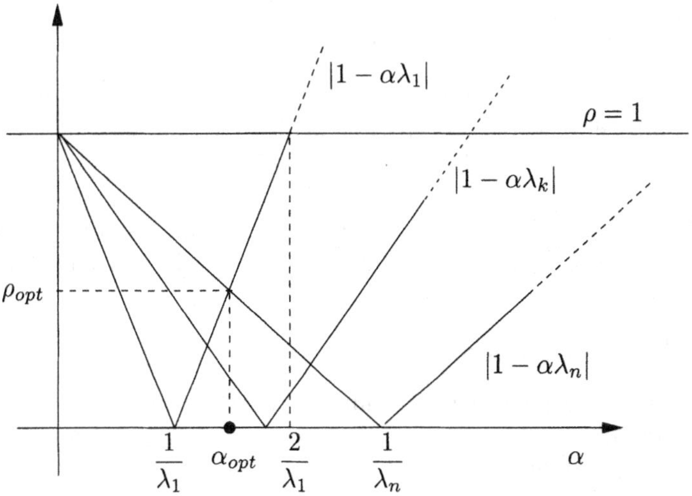

Abbildung 4.2. Spektralradius von R_α als Funktion der Eigenwerte von $\mathrm{P}^{-1}\mathrm{A}$.

Ist $\mathrm{P}^{-1}\mathrm{A}$ symmetrisch und positiv definit, so kann gezeigt werden, dass die Konvergenz des Richardson-Verfahrens monoton sowohl bezüglich $\|\cdot\|_2$ als auch bezüglich $\|\cdot\|_\mathrm{A}$ ist. Verwenden wir in diesem Fall (4.28), so können wir ρ_{opt} auch durch die Kondition $K_2(\mathrm{P}^{-1}\mathrm{A})$ wie folgt ausdrücken

$$\rho_{opt} = \frac{K_2(\mathrm{P}^{-1}\mathrm{A}) - 1}{K_2(\mathrm{P}^{-1}\mathrm{A}) + 1}, \quad \alpha_{opt} = \frac{2\|\mathrm{A}^{-1}\mathrm{P}\|_2}{K_2(\mathrm{P}^{-1}\mathrm{A}) + 1}. \tag{4.29}$$

Zur Verbesserung der Konvergenz des Richardson-Verfahrens ist die Wahl eines geeigneten Vorkonditionierers P daher von größter Wichtigkeit . Natürlich sollte solch eine Wahl auch das Erfordernis, den Rechenaufwand so niedrig wie möglich zu halten, im Auge behalten. In Abschnitt 4.3.2 werden einige der in der Praxis benutzten Vorkonditionierer beschrieben.

Folgerung 4.1 *Sei* A *eine symmetrische, positiv definite Matrix. Dann ist das nicht vorkonditionierte stationäre Richardson-Verfahren konvergent und es gilt*

$$\|\mathbf{e}^{(k+1)}\|_{\mathrm{A}} \leq \rho(\mathrm{R}_\alpha)\|\mathbf{e}^{(k)}\|_{\mathrm{A}}, \quad k \geq 0. \tag{4.30}$$

Das gleiche Resultat gilt für das vorkonditionierte Richardson-Verfahren, wenn die Matrizen P, A *und* $\mathrm{P}^{-1}\mathrm{A}$ *symmetrisch und positiv definit sind.*

Beweis. Die Konvergenz ist Folge von Theorem 4.8. Darüber hinaus bemerken wir, dass

$$\|\mathbf{e}^{(k+1)}\|_{\mathrm{A}} = \|\mathrm{R}_\alpha \mathbf{e}^{(k)}\|_{\mathrm{A}} = \|\mathrm{A}^{1/2}\mathrm{R}_\alpha \mathbf{e}^{(k)}\|_2 \leq \|\mathrm{A}^{1/2}\mathrm{R}_\alpha \mathrm{A}^{-1/2}\|_2 \|\mathrm{A}^{1/2}\mathbf{e}^{(k)}\|_2.$$

Die Matrix R_α ist symmetrisch, positiv definit und ähnlich zu $\mathrm{A}^{1/2}\mathrm{R}_\alpha\mathrm{A}^{-1/2}$. Deshalb gilt

$$\|\mathrm{A}^{1/2}\mathrm{R}_\alpha\mathrm{A}^{-1/2}\|_2 = \rho(\mathrm{R}_\alpha).$$

Das Resultat (4.30) folgt wegen $\|\mathrm{A}^{1/2}\mathbf{e}^{(k)}\|_2 = \|\mathbf{e}^{(k)}\|_{\mathrm{A}}$. Ein ähnlicher Beweis kann im vorkonditionierten Fall erbracht werden, wenn A durch $\mathrm{P}^{-1}\mathrm{A}$ ersetzt wird. ◇

Schließlich gilt die Ungleichung (4.30) sogar im Fall, dass nur P und A symmetrisch und positiv definit sind (zum Beweis siehe [QV94], Kapitel 2).

4.3.2 Vorkonditionierer

Alle in den vorangegangenen Abschnitten eingeführten Methoden können in der Form (4.2) geschrieben werden, so dass sie als Methoden zur Lösung des Gleichungssystems

$$(\mathrm{I} - \mathrm{B})\mathbf{x} = \mathbf{f} = \mathrm{P}^{-1}\mathbf{b}$$

angesehen werden können. Da $\mathrm{B}=\mathrm{P}^{-1}\mathrm{N}$ gilt, kann andererseits das Gleichungssystem (3.2) äquivalent als

$$\mathrm{P}^{-1}\mathrm{A}\mathbf{x} = \mathrm{P}^{-1}\mathbf{b} \tag{4.31}$$

formuliert werden. Letzteres heißt *vorkonditioniertes System*, wobei P die *Vorkonditionierungsmatrix* oder *linker Vorkonditionierer* ist. *Rechte* und *zentrale* Vorkonditionierer können ebenso eingeführt werden, wenn das System (3.2) auf

$$\mathrm{A}\mathrm{P}^{-1}\mathbf{y} = \mathbf{b}, \quad \mathbf{y} = \mathrm{P}\mathbf{x},$$

bzw.

$$\mathrm{P}_L^{-1}\mathrm{A}\mathrm{P}_R^{-1}\mathbf{y} = \mathrm{P}_L^{-1}\mathbf{b}, \quad \mathbf{y} = \mathrm{P}_R\mathbf{x}$$

transformiert wird. Es gibt *Punktvorkonditionierer* oder *Blockvorkonditionierer*, in Abhängigkeit davon, ob sie auf die einzelnen Einträge von A oder auf die Blöcke einer Zerlegung von A angewandt werden. Die bislang betrachteten iterativen Methoden entsprechen Fixpunktiterationen auf einem links vorkonditionierten System. Wie durch (4.25) ausgedrückt, ist die Berechnung der Inversen von P nicht zwingend; die Rolle von P ist tatsächlich das Residuum $\mathbf{r}^{(k)}$ durch die Lösung des zusätzlichen Systems $\mathrm{P}\mathbf{z}^{(k)} = \mathbf{r}^{(k)}$ "vorzukonditionieren".

Da der Vorkonditionierer auf den Spektralradius der Iterationsmatrix wirkt, wäre es nützlich für ein gegebenes lineares Gleichungssystem einen *optimalen Vorkonditionierer* auszuwählen. Dies ist ein Vorkonditionierer, der die Anzahl der für die Konvergenz erforderlichen Iterationen unabhängig von der Größe des Systems macht. Man beachte, dass die Wahl P=A zwar optimal ist, aber trivialerweise "nicht effektiv"; einige Alternativen von größerem numerischen Interesse werden weiter unten untersucht.

Es gibt wenig allgemeine theoretische Ergebnisse, die es erlauben, optimale Vorkonditionierer zu konstruieren. Dennoch ist eine bewährte "Daumenregel", dass P ein guter Vorkonditionierer für A ist, wenn $\mathrm{P}^{-1}\mathrm{A}$ nahe einer normalen Matrix ist und wenn deren Eigenwerte innerhalb eines hinreichend kleinen Gebietes in der komplexen Ebene gruppiert sind. Die Wahl eines Vorkonditionierers muss also deutlich praktischen Erwägungen, dem numerischen Aufwand und den Speicheranforderungen, folgen.

Vorkonditionierer lassen sich in zwei Hauptklassen einteilen: algebraische und funktionale Vorkonditionierer, deren Unterschied darin besteht, dass algebraische Vorkonditionierer unabhängig vom ursprünglich zu lösenden System sind und wirklich über algebraische Verfahren konstruiert werden, während funktionale Vorkonditionierer die Kenntnis des Problems nutzen und in Abhängigkeit von diesem konstruiert werden. In Ergänzung zu den bereits in Abschnitt 4.2.6 eingeführten Vorkonditionierern geben wir nun eine Beschreibung von weiteren algebraischen Vorkonditionierern an, die allgemein verwandt werden.

1. *Diagonale Vorkonditionierer*: Die Wahl von P als die Diagonale von A ist im Allgemeinen effektiv, wenn A symmetrisch und positiv definit ist. Im nicht symmetrischen Fall ist üblich,

$$p_{ii} = \left(\sum_{j=1}^{n} a_{ij}^2\right)^{1/2}$$

zu setzen. Blockdiagonale Vorkonditionierer können auf ähnliche Weise konstruiert werden. Wir betonen, dass die Konstruktion eines optimalen Vorkonditionierers bei weitem keine einfache Aufgabe ist, wie bereits zuvor in Abschnitt 3.12.1 bei der Skalierung einer Matrix erwähnt wurde.

2. *Unvollständige LU-Faktorisierung* (kurz ILU, engl. incomplete LU) und *Unvollständige Cholesky-Faktorisierung* (kurz IC).

   Eine unvollständige Faktorisierung von A ist ein Verfahren, dass $\mathrm{P} = \mathrm{L}_{in}\mathrm{U}_{in}$ berechnet, wobei L_{in} eine untere Dreicksmatrix und U_{in} eine obere Dreiecksmatrix sind. Diese Matrizen sind Approximationen der *exakten* Matrizen L, U der LU-Faktorisierung von A und sind derart gewählt, dass die residuale Matrix $\mathrm{R} = \mathrm{A} - \mathrm{L}_{in}\mathrm{U}_{in}$ einige vorgeschriebene Forderungen erfüllt, wie z.B. Nulleinträge an speziellen Positionen.

   Für eine gegebene Matrix M wird in Folge der L-Teil (U-Teil) von M den unteren (oberen) Dreiecksteil von M bedeuten. Ferner nehmen wir an, dass die Faktorisierung ohne Umsortierung oder Pivotisierung ausführbar ist.

Die grundlegende Idee der unvollständigen Faktorisierung besteht in der Forderung, dass die approximierenden Faktoren L_{in} und U_{in} das gleiche Besetztheitsmuster wie der L-Teil bzw. der U-Teil von A haben. Ein allgemeiner Algorithmus zur Konstruktion einer unvollständigen Faktorisierung besteht darin, die Gaußelimination wie folgt auszuführen: berechne in jedem Schritt k die Quotienten $m_{ik} = a_{ik}^{(k)}/a_{kk}^{(k)}$ nur, wenn $a_{ik} \neq 0$ für $i = k+1, \ldots, n$. Berechne nur dann $a_{ij}^{(k+1)}$ für $j = k+1, \ldots, n$, wenn $a_{ij} \neq 0$. Dieser Algorithmus ist im Programm 17 implementiert, wobei die Matrizen L_{in} und U_{in} zunehmend den L- bzw. U-Teil von A überschreiben.

Program 17 - basicILU : Unvollständige LU-Faktorisierung

```
function [a] = basicILU(a)
[n,n]=size(a);
for k=1:n-1, for i=k+1:n,
   if a(i,k) ~= 0
     a(i,k) = a(i,k) / a(k,k);
     for j=k+1:n
       if a(i,j) ~= 0
         a(i,j) = a(i,j) -a(i,k)*a(k,j);
       end
     end
   end
end, end
```

Wir bemerken, dass wenn L_{in} und U_{in} das gleiche Besetztheitsmuster wie der L- bzw. der U-Teil von A haben, R nicht notwendig das gleiche Besetztheitsmuster wie A haben muss, aber garantiert wird, dass $r_{ij} = 0$ für $a_{ij} \neq 0$ gilt, wie in Abbildung 4.3 ersichtlich ist.

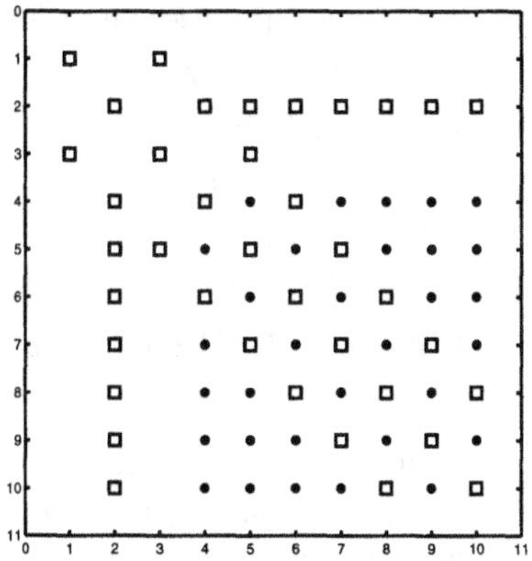

Abbildung 4.3. Das Besetztheitsmuster der ursprünglichen Matrix A wird durch Quadrate dargestellt, während das durch Programm 17 berechnete Muster von $R = A - L_{in}U_{in}$ durch Punkte markiert wurde.

Die sich ergebende unvollständige Faktorisierung ist als ILU(0) bekannt, wobei "0" bedeutet, dass kein fill-in im Faktorisierungsprozess zugelassen wurde. Eine alternative Strategie könnte sein, die Struktur von L_{in} und U_{in} ungeachtet der von A auf solche Weise festzulegen, dass einige numerische Kriterien erfüllt sind (zum Beipiel, dass die unvollständigen Faktoren die einfachst mögliche Struktur haben).

Die Genauigkeit der ILU(0)-Faktorisierung kann offensichtlich durch das Zulassen von etwas fill-in, und somit durch die Akzeptanz von Nichtnulleinträgen an Stellen, wo A Nullelemente hat, verbessert werden. Zu diesem Zweck ist es zweckmäßig, eine Funktion einzuführen, die wir *fill-in Niveau* nennen, die mit jedem Eintrag von A verbunden ist und die während des Faktorisierungsprozesses modifiziert wird. Ist das fill-in Niveau eines Elementes größer als ein zulässiger Wert $p \in \mathbb{N}$, wird der entsprechende Eintrag in U_{in} oder L_{in} gleich Null gesetzt.

Wir wollen erklären, wie dieses Verfahren arbeitet, wobei wir annehmen, dass die Matrizen L_{in} und U_{in} fortwährend A überschreiben (wie es in Programm 4 geschieht). Das fill-in Niveau eines Eintrages $a_{ij}^{(k)}$ wird durch lev_{ij} bezeichnet, wobei die Abhängigkeit von k weggelassen ist, und sollte eine vernünftige Abschätzung der Größe des Eintrages während des Faktorisierungsprozesses liefern. Konkret werden wir annehmen, dass $|a_{ij}| \simeq \delta^q$ mit $\delta \in (0,1)$ gilt, wenn $lev_{ij} = q$, so dass q größer wird, wenn $|a_{ij}^{(k)}|$ kleiner ist.

Zu Beginn des Verfahrens wird das Niveau der Nichtnulleinträge von A und der Diagonaleinträge gleich Null gesetzt, wohingegen das Niveau der Nulleinträge gleich unendlich gesetzt wird. Für jede Zeile $i = 2, \ldots, n$, werden die folgenden Operationen ausgeführt: ist $lev_{ik} \le p$, $k = 1, \ldots, i-1$, so werden die Einträge m_{ik} von L_{in} und die Einträge $a_{ij}^{(k+1)}$ von U_{in}, $j = i+1, \ldots, n$, aktualisiert. Wenn darüber hinaus $a_{ij}^{(k+1)} \neq 0$ ist, wird der Wert lev_{ij} auf das Minimum des vorhandenen Wertes von lev_{ij} und $lev_{ik}+lev_{kj}+1$ aktualisiert. Der Grund für diese Wahl ist, dass $|a_{ij}^{(k+1)}| = |a_{ij}^{(k)} - m_{ik}a_{kj}^{(k)}| \simeq |\delta^{lev_{ij}} - \delta^{lev_{ik}+lev_{kj}+1}|$, so dass man annehmen kann, dass die Größe von $|a_{ij}^{(k+1)}|$ das Maximum von $\delta^{lev_{ij}}$ und $\delta^{lev_{ik}+lev_{kj}+1}$ ist.

Der obige Faktorisierungsprozess heißt ILU(p) und stellt sich (für kleine p) als sehr effizient heraus, vorausgesetzt, er wird mit einer geeigneten Umordnung der Matrix verknüpft (siehe Abschnitt 3.9).

Das Programm 18 führt die ILU(p)-Faktorisierung aus; es liefert als Ergebnis die Näherungsmatrizen L_{in} und U_{in} (auf der Eingangsmatrix `a` überschrieben), mit den Diagonaleinträgen von L_{in} gleich 1, und die Matrix `lev`, die das fill-in Niveau jedes Eintrages am Ende der Faktorisierung enthält.

Program 18 - ilup : ILU(p)-Faktorisierung

```
function [a,lev] = ilup (a,p)
[n,n]=size(a);
for i=1:n, for j=1:n
  if (a(i,j) ~= 0) | (i==j)
    lev(i,j)=0;
  else
    lev(i,j)=Inf;
  end
end, end
for i=2:n,
 for k=1:i-1
  if lev(i,k) <= p
    a(i,k)=a(i,k)/a(k,k);
    for j=k+1:n
      a(i,j)=a(i,j)-a(i,k)*a(k,j);
      if a(i,j) ~= 0
        lev(i,j)=min(lev(i,j),lev(i,k)+lev(k,j)+1);
      end
    end
  end
```

```
  end
  for j=1:n, if lev(i,j) > p, a(i,j) = 0; end, end
end
```

Beispiel 4.4 Betrachte die Matrix $A \in \mathbb{R}^{46\times 46}$, die mit der finiten Differenzenapproximation des Laplace-Operators $\Delta\cdot = \frac{\partial^2\cdot}{\partial x^2} + \frac{\partial^2\cdot}{\partial y^2}$ (siehe Abschnitt 12.6 in Band 2) verbunden ist. Diese Matrix kann mit den folgenden MATLAB Kommandos erzeugt werden: `G=numgrid('B',10); A=delsq(G)` und entspricht der Diskretisierung des Differentialoperators auf einem Gebiet, das die Form des äußeren eines Schmetterlings hat und im Quadrat $[-1,1]^2$ enthalten ist. Die Zahl der Nichtnulleinträge von A beträgt 174. Abbildung 4.4 zeigt das Besetztheitsmuster der Matrix A (durch Punkte gekennzeichnet) sowie die durch die ILU(1)- und ILU(2)-Faktorisierungen aufgrund des fill-in entstehenden zusätzlichen Einträge in das Muster (durch Quadrate bzw. Dreiecke bezeichnet). Beachte, dass all diese Einträge in der Hülle von A liegen, da keine Pivotisierung ausgeführt wurde. •

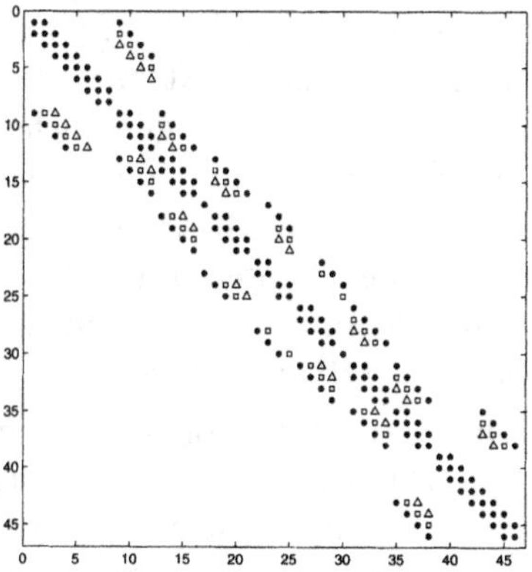

Abbildung 4.4. Besetztheitsmuster der Matrix A im Beispiel 4.4 (Punkte); durch die ILU(1)- bzw. ILU(2)-Faktorisierungen hinzukommenden Einträge (Quadrate und Dreiecke).

Das ILU(p)-Verfahren kann ausgeführt werden, ohne die aktuellen Werte der Einträge von A zu kennen, sondern nur mit ihren fill-in Niveaus zu arbeiten. Deshalb können wir zwischen einer *symbolischen Faktorisierung* (der Erzeugung von Niveaus) und einer *tatsächlichen Faktorisierung* (der Berechnung der Einträge von ILU(p), beginnend mit den Informationen die in der Niveaufunktion enthalten sind) unterscheiden. Das Schema ist somit besonders effektiv, wenn mehrere lineare Gleichungssysteme mit Matrizen gleicher Struktur aber mit unterschiedlichen Einträgen gelöst werden müssen.

Andererseits liefert das fill-in Niveau für bestimmte Klassen von Matrizen nicht immer einen vernünftigen Indikator der *tatsächlichen* Größe, die von den Einträgen erreicht wird. In solchen Fällen ist es besser, die Größe der Einträge von R zu überwachen, indem man jedesmal die zu kleinen Einträge vernachlässigt. Zum Beispiel kann man die Einträge $a_{ij}^{(k+1)}$, für die

$$|a_{ij}^{(k+1)}| \leq c|a_{ii}^{(k+1)} a_{jj}^{(k+1)}|^{1/2}, \qquad i,j = 1,\ldots,n,$$

mit $0 < c < 1$ gilt, herausfallen lassen (siehe [Axe94]).

In der bislang betrachteten Strategie können die Einträge der Matrix, die herausfallen, im Faktorisierungsprozess nicht mehr rekonstruiert werden. Für diesen Nachteil gibt es einige Auswege: zum Beispiel kann man am Ende jedes k-ten Schrittes der Faktorisierung Zeile für Zeile die weggelassenen Einträge zu den Diagonaleinträgen von U_{in} addieren. Geht man in dieser Weise vor, so erhält man eine unvollständige Faktorisierung, die als MILU (modifizierte ILU) bekannt ist, und die Eigenschaft besitzt, exakt in Bezug auf konstante Vektoren zu sein, d.h. dass $\mathrm{R}\mathbf{1}^T = \mathbf{0}^T$ gilt (siehe [Axe94] für andere Formulierungen). In der Praxis liefert dieser einfache Trick für eine breite Klasse von Matrizen einen besseren Vorkonditionierer als die mit dem ILU-Verfahren bestimmten. Im Fall symmetrischer und positiv definiter Matrizen kann man zur modifizierten unvollständigen Cholesky-Faktorisierung (MICh) greifen.

Wir erwähnen noch die ILUT-Faktorisierung, die die Merkmale der ILU(p) und MILU verbindet. Diese Faktorisierung kann auch eine teilweise Spaltenpivotisierung bei einem leichten Zuwachs an numerischem Aufwand beinhalten. Für eine effiziente Implementierung unvollständiger Faktorisierungen verweisen wir auf die MATLAB Funktion `luinc` in der Toolbox `sparfun`.

Die Existenz der ILU-Faktorisierung ist nicht für alle nichtsingulären Matrizen gesichert (für ein Beispiel siehe [Elm86]) und das Verfahren endet, wenn Nullpivotelemente erscheinen. Existenzsätze können bewiesen werden, wenn A eine M-Matrix [MdV77] oder eine diagonaldominante Matrix [Man80] ist. Es ist bemerkenswert, dass sich manchmal die ILU-Faktorisierung stabiler als die vollständige LU-Faktorisierung erweist [GM83].

3. *Polynomiale Vorkonditionierer*: Der Vorkonditionierer ist definiert als

$$\mathrm{P}^{-1} = p(\mathrm{A}),$$

wobei p ein Polynom bezüglich A ist, üblicherweise von niedrigem Grade.

Ein bemerkenswertes Beispiel ist durch den Neumannschen Vorkonditionierer gegeben. Sei $A = D - C$. Dann haben wir $A = (I - CD^{-1})D$, woraus

$$A^{-1} = D^{-1}(I - CD^{-1})^{-1} = D^{-1}(I + CD^{-1} + (CD^{-1})^2 + \ldots)$$

folgt. Ein Vorkonditionierer kann dann durch Abbruch der obigen Reihe bei einer bestimmten Potenz p erhalten werden. Diese Methode ist nur dann wirklich effektiv, wenn $\rho(CD^{-1}) < 1$ gilt, was zugleich die notwendige Konvergenzbedingung für die Reihe ist.

4. *Kleinste Quadrate Vorkonditionierer*: A^{-1} wird durch ein kleinste Quadrate Polynom $p_s(A)$ approximiert (siehe Abschnitt 3.13). Da das Ziel darin besteht, die Matrix $I - P^{-1}A$ so nah wie möglich der Nullmatrix zu machen, wird der kleinste Quadrate Approximant auf solche Weise gewählt, dass die Funktion $\varphi(x) = 1 - p_s(x)x$ minimiert wird. Diese Art der Vorkonditionierung arbeitet nur dann effektiv, wenn A symmetrisch und positiv definit ist.

Zu weiteren Ergebnissen über Vorkonditionierer siehe [dV89] und [Axe94].

Beispiel 4.5 Betrachte die Matrix $A \in \mathbb{R}^{324\times 324}$, die mit der finiten Differenzenapproximation des Laplace-Operators auf dem Quadrat $[-1, 1]^2$ verbunden ist. Diese Matrix kann durch folgende MATLAB Kommandos erzeugt werden: `G=numgrid('N',20); A=delsq(G)`. Die Konditionszahl der Matrix ist $K_2(A) = 211.3$. In Tabelle 4.1 sind die Werte von $K_2(P^{-1}A)$ dargestellt, die unter Verwendung des ILU(p)- und Neumann-Vorkonditionierers mit $p = 0, 1, 2, 3$ berechnet wurden. Bei Letzterem ist D der Diagonalteil von A. •

Tabelle 4.1. Spektrale Konditionszahlen der vorkonditionierten Matrix A aus Beispiel 4.5 in Abhängigkeit von p

p	ILU(p)	Neumann
0	22.3	211.3
1	12	36.91
2	8.6	48.55
3	5.6	18.7

Bemerkung 4.2 Seien A und P reelle symmetrische Matrizen der Ordnung n, mit P positiv definit. Die Eigenwerte der vorkonditionierten Matrix $P^{-1}A$ sind Lösungen der algebraischen Gleichung

$$A\mathbf{x} = \lambda P\mathbf{x}, \qquad (4.32)$$

wobei $\mathbf{x}$ ein Eigenvektor zum Eigenwert λ ist. Die Gleichung (4.32) ist ein Beispiel eines *verallgemeinerten Eigenwertproblems* (für eine gründliche Diskussion siehe Abschnitt 5.9) und der Eigenwert λ kann durch den verallgemeinerten Rayleigh-Quotienten

$$\lambda = \frac{(\mathrm{A}\mathbf{x}, \mathbf{x})}{(\mathrm{P}\mathbf{x}, \mathbf{x})}$$

berechnet werden. Die Anwendung des Courant-Fisher-Theorems (siehe Abschnitt 5.11) ergibt

$$\frac{\lambda_{min}(\mathrm{A})}{\lambda_{max}(\mathrm{P})} \leq \lambda \leq \frac{\lambda_{max}(\mathrm{A})}{\lambda_{min}(\mathrm{P})}. \tag{4.33}$$

Die Beziehung (4.33) liefert eine untere und obere Schranke für die Eigenwerte der vorkonditionierten Matrix in Abhängigkeit von den extremalen Eigenwerten von A und P. Sie kann daher nutzbringend für die Abschätzung der Konditionszahl von $\mathrm{P}^{-1}\mathrm{A}$ verwendet werden. ■

4.3.3 Das Gradientenverfahren

Der Ausdruck für den optimalen Relaxationsparameter, der im Theorem 4.9 angegeben wurde, ist nur eingeschränkt praktisch nutzbar, da er die Kenntnis der extremalen Eigenwerte der Matrix $\mathrm{P}^{-1}\mathrm{A}$ erfordert. Im Spezialfall von symmetrischen und positiv definiten Matrizen kann der optimale Beschleunigungsparameter jedoch *dynamisch* in jedem Schritt k, wie im Folgenden beschrieben, bestimmt werden.

Wir bemerken zunächst, dass die Lösung des Systems (3.2) für symmetrische und positiv definite Matrizen äquivalent zur Minimierung quadratischen Form

$$\Phi(\mathbf{y}) = \frac{1}{2}\mathbf{y}^T\mathrm{A}\mathbf{y} - \mathbf{y}^T\mathbf{b},$$

d.h. der *Energie des Systems* (3.2), ist. Da der Gradient von Φ durch

$$\nabla\Phi(\mathbf{y}) = \frac{1}{2}(\mathrm{A}^T + \mathrm{A})\mathbf{y} - \mathbf{b} = \mathrm{A}\mathbf{y} - \mathbf{b} \tag{4.34}$$

gegeben ist, ist $\mathbf{x}$ eine Lösung der urspünglichen Gleichung, wenn $\nabla\Phi(\mathbf{x}) = \mathbf{0}$ gilt. Ist umgekehrt $\mathbf{x}$ eine Lösung von (3.2), so gilt

$$\Phi(\mathbf{y}) = \Phi(\mathbf{x} + (\mathbf{y} - \mathbf{x})) = \Phi(\mathbf{x}) + \frac{1}{2}(\mathbf{y} - \mathbf{x})^T\mathrm{A}(\mathbf{y} - \mathbf{x}), \qquad \forall \mathbf{y} \in \mathbb{R}^n$$

und damit $\Phi(\mathbf{y}) > \Phi(\mathbf{x})$ wenn $\mathbf{y} \neq \mathbf{x}$, d.h. $\mathbf{x}$ minimiert das Funktional Φ.

Beachte, dass die obige Beziehung zu

$$\frac{1}{2}\|\mathbf{y} - \mathbf{x}\|_{\mathrm{A}}^2 = \Phi(\mathbf{y}) - \Phi(\mathbf{x}) \tag{4.35}$$

äquivalent ist, wobei $\|\cdot\|_{\mathrm{A}}$ die in (1.28) definierte A-*Norm* oder *Energienorm* bezeichnet.

Die Aufgabe besteht folglich darin, das Φ minimierende $\mathbf{x}$ zu bestimmen, indem wir von einem Punkt $\mathbf{x}^{(0)} \in \mathbb{R}^n$ starten und geeignete Richtungen auszuwählen, entlang derer man fortschreitet, um so nahe wie möglich an die Lösung $\mathbf{x}$ zu gelangen. Die optimale Richtung, die den Startpunkt $\mathbf{x}^{(0)}$ mit dem Lösungspunkt $\mathbf{x}$ verbindet, ist offensichtlich *a priori* unbekannt. Deshalb müssen wir einen Schritt von $\mathbf{x}^{(0)}$ entlang einer anderen Richtung $\mathbf{d}^{(0)}$ ausführen und dann entlang derer einen neuen Punkt $\mathbf{x}^{(1)}$ festlegen, von dem der Prozess aus bis zur Konvergenz iteriert wird.

Somit wird in einem allgemeinen k-ten Schritt $\mathbf{x}^{(k+1)}$ aus

$$\mathbf{x}^{(k+1)} = \mathbf{x}^{(k)} + \alpha_k \mathbf{d}^{(k)} \tag{4.36}$$

berechnet, wobei α_k der Wert ist, der die Schrittlänge entlang $\mathbf{d}^{(k)}$ festlegt. Eine naheliegende Idee ist es, für die Abstiegsrichtung die Richtung der maximalen Steigung $\nabla\Phi(\mathbf{x}^{(k)})$ zu nehmen, woraus die *Gradientenmethode* oder die *Methode des steilsten Abstiegs* resultiert.

Andererseits gilt wegen (4.34) $\nabla\Phi(\mathbf{x}^{(k)}) = \mathrm{A}\mathbf{x}^{(k)} - \mathbf{b} = -\mathbf{r}^{(k)}$, so dass die Gradientenrichtung von Φ mit der des Residuum übereinstimmt und unmittelbar unter Verwendung der aktuellen Iterierten berechnet werden kann. Dies zeigt, dass die Gradientenmethode, ebenso wie das Richardson-Verfahren in jedem Schritt k entlang der Richtung $\mathbf{d}^{(k)} = \mathbf{r}^{(k)}$ fortschreitet.

Um den Parameter α_k zu berechnen, schreiben wir explizit $\Phi(\mathbf{x}^{(k+1)})$ als Funktion eines Parameters α

$$\Phi(\mathbf{x}^{(k+1)}) = \frac{1}{2}(\mathbf{x}^{(k)} + \alpha\mathbf{r}^{(k)})^T \mathrm{A}(\mathbf{x}^{(k)} + \alpha\mathbf{r}^{(k)}) - (\mathbf{x}^{(k)} + \alpha\mathbf{r}^{(k)})^T \mathbf{b}.$$

Differentiation nach α und Nullsetzen der Ableitung liefert den gesuchten Wert von α_k

$$\alpha_k = \frac{\mathbf{r}^{(k)^T}\mathbf{r}^{(k)}}{\mathbf{r}^{(k)^T}\mathrm{A}\mathbf{r}^{(k)}}, \tag{4.37}$$

der nur vom Residuum im k-ten Schritt abhängt. Aus diesem Grund wird auch das instationäre Richardson-Verfahren, das (4.37) verwendet, um den Beschleunigungsparameter zu bestimmen, *Gradientenmethode mit dynamischem Parameter* (kurz *Gradientenmethode*) genannt, um es vom stationären Richardson-Verfahren (4.23) oder von der *Gradientenmethode mit konstantem Parameter*, bei der $\alpha_k = \alpha$ für jedes $k \geq 0$ konstant ist, zu unterscheiden.

Zusammenfassend kann die Gradientenmethode wie folgt beschrieben werden:

sei $\mathbf{x}^{(0)} \in \mathbb{R}^n$ gegeben, berechne für $k = 0, 1, \ldots$ bis zur Konvergenz

$$\mathbf{r}^{(k)} = \mathbf{b} - \mathrm{A}\mathbf{x}^{(k)}$$

$$\alpha_k = \frac{\mathbf{r}^{(k)^T}\mathbf{r}^{(k)}}{\mathbf{r}^{(k)^T}\mathrm{A}\mathbf{r}^{(k)}}$$

$$\mathbf{x}^{(k+1)} = \mathbf{x}^{(k)} + \alpha_k \mathbf{r}^{(k)}.$$

Theorem 4.10 *Sei* A *eine symmetrische und positiv definite Matrix. Dann ist das Gradientenverfahren für jede Wahl des Anfangsdatums* $\mathbf{x}^{(0)}$ *konvergent und es gilt*

$$\|\mathbf{e}^{(k+1)}\|_{\mathrm{A}} \leq \frac{K_2(\mathrm{A}) - 1}{K_2(\mathrm{A}) + 1}\|\mathbf{e}^{(k)}\|_{\mathrm{A}}, \qquad k = 0, 1, \ldots, \tag{4.38}$$

wobei $\|\cdot\|_{\mathrm{A}}$ *die in* (1.28) *definierte Energienorm ist.*

Beweis. Sei $\mathbf{x}^{(k)}$ die mit dem Gradientenverfahren im k-ten Schritt erzeugte Lösung. Sei dann $\mathbf{x}_R^{(k+1)}$ der Vektor, der durch einen Schritt des nichtvorkonditionierten Richardson-Verfahrens mit optimalem Parameter beginnend mit $\mathbf{x}^{(k)}$ erzeugt wird, d.h. $\mathbf{x}_R^{(k+1)} = \mathbf{x}^{(k)} + \alpha_{opt}\mathbf{r}^{(k)}$.

Infolge von Korollar 4.1 und (4.28) haben wir

$$\|\mathbf{e}_R^{(k+1)}\|_{\mathrm{A}} \leq \frac{K_2(\mathrm{A}) - 1}{K_2(\mathrm{A}) + 1}\|\mathbf{e}^{(k)}\|_{\mathrm{A}},$$

mit $\mathbf{e}_R^{(k+1)} = \mathbf{x}_R^{(k+1)} - \mathbf{x}$. Ferner erhalten wir aus (4.35), dass der durch die Gradientenmethode erzeugte Vektor $\mathbf{x}^{(k+1)}$ derjenige ist, der die A-Norm des Fehlers unter allen Vektoren der Form $\mathbf{x}^{(k)} + \theta\mathbf{r}^{(k)}$, mit $\theta \in \mathbb{R}$, minimiert. Deshalb gilt $\|\mathbf{e}^{(k+1)}\|_{\mathrm{A}} \leq \|\mathbf{e}_R^{(k+1)}\|_{\mathrm{A}}$, was das gewünschte Resultat ist. ◇

Wir wollen nun das vorkonditionierte Gradientenverfahren betrachten und nehmen an, dass die Matrix P symmetrisch und positiv definit ist. In diesem Fall ist der optimale Wert von α_k im Algorithmus (4.25)

$$\alpha_k = \frac{\mathbf{z}^{(k)^T}\mathbf{r}^{(k)}}{\mathbf{z}^{(k)^T}\mathrm{A}\mathbf{z}^{(k)}}$$

und wir haben

$$\|\mathbf{e}^{(k+1)}\|_{\mathrm{A}} \leq \frac{K_2(\mathrm{P}^{-1}\mathrm{A}) - 1}{K_2(\mathrm{P}^{-1}\mathrm{A}) + 1}\|\mathbf{e}^{(k)}\|_{\mathrm{A}}.$$

Zum Beweis dieses Konvergenzresultates verweisen wir beispielsweise auf [QV94], Abschnitt 2.4.1.

Wir bemerken, dass die Gerade durch $\mathbf{x}^{(k)}$ und $\mathbf{x}^{(k+1)}$ Tangente im Punkt $\mathbf{x}^{(k+1)}$ an die ellipsoidalen Niveauflächen $\{\mathbf{x} \in \mathbb{R}^n : \Phi(\mathbf{x}) = \Phi(\mathbf{x}^{(k+1)})\}$ ist (siehe auch Abbildung 4.5).

Die Beziehung (4.38) zeigt, dass die Konvergenz des Gradientenverfahrens ziemlich langsam sein kann, wenn $K_2(\mathrm{A}) = \lambda_1/\lambda_n$ groß wird. Eine einfache geometrische Interpretation dieses Ergebnisses kann im Fall $n = 2$ gegeben werden. Angenommen, dass A=diag(λ_1, λ_2) mit $0 < \lambda_2 \leq \lambda_1$ und $\mathbf{b} = (b_1, b_2)^T$.

In diesem Fall formen die $\Phi(x_1, x_2) = c$ entsprechenden Kurven, wenn c in $\mathbb{R}^+$ variiert, nämlich eine Folge konzentrischer Ellipsen deren Halbachsen Längen haben, die umgekehrt proportional zu den Werten λ_1 und λ_2 sind. Ist $\lambda_1 = \lambda_2$, so entarten die Ellipsen in Kreise und die Richtung des Gradienten schneidet den Mittelpunkt direkt, so dass das Gradientenverfahren in einem Schritt konvergiert. Ist umgekehrt $\lambda_1 \gg \lambda_2$, werden die Ellipsen stark exzentrisch und das Verfahren konvergiert ziemlich langsam, wie in Abbildung 4.5 gezeigt wird, sich entlang einer "Zick-Zack" Trajektorie fortbewegend.

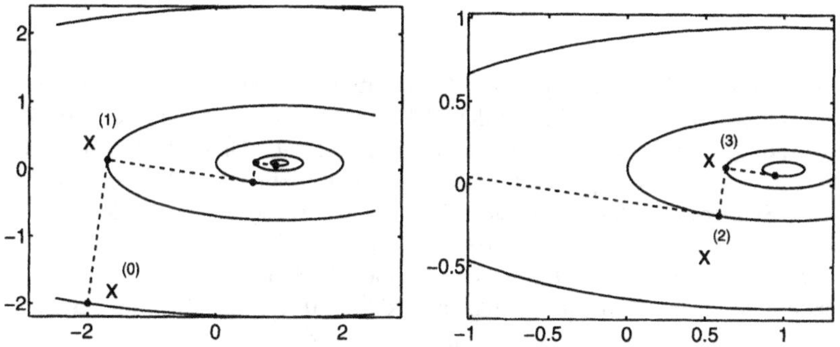

Abbildung 4.5. Die ersten Iterierten des Gradientenverfahrens auf den Niveaulinien von Φ.

Das Programm 19 zeigt eine Implementierung des Gardientenverfahrens mit dynamischem Parameter. Hier und in den weiteren in diesem Abschnitt besprochenen Programmen stellen die Inputparameter `A`, `x`, `b`, `M`, `maxit` bzw. `tol` die Koeffizientenmatrix des linearen Gleichungsystems, das Anfangsdatum $\mathbf{x}^{(0)}$, die rechte Seite, ein möglicher Vorkonditionierer, die maximale Zahl zulässiger Iterationen und eine Toleranz für das Abbruchkriterium dar. Dieses Abbruchkriterium überprüft, ob das Verhältnis $\|\mathbf{r}^{(k)}\|_2/\|\mathbf{b}\|_2$ kleiner als `tol` ist. Die Ausgabeparameter des Programmcodes sind die Zahl der Iterationen `niter`, die erforderlich sind, um dem Abbruchkriterium zu genügen, der Vektor `x` mit der Lösung nach `niter`

Iterationen und das normalisierte Residuum `error` $= \|\mathbf{r}^{(\mathtt{niter})}\|_2/\|\mathbf{b}\|_2$. Ein Nullwert des Parameters `flag` macht den Nutzer darauf aufmerksam, dass der Algorithmus tatsächlich das Abbruchkriterium erfüllt hat und nicht wegen des Erreichens der maximal zulässigen Zahl an Iterationen abgebrochen wurde.

Program 19 - gradient : Gradientenverfahren mit dynamischem Parameter

```
function [x, error, niter, flag] = gradient(A, x, b, M, maxit, tol)
flag = 0;    niter = 0;   bnrm2 = norm( b );
if  ( bnrm2 == 0.0 ), bnrm2 = 1.0; end
r = b - A*x;  error = norm( r ) / bnrm2;
if ( error < tol ) return, end
for niter = 1:maxit
   z  = M \ r;  rho = (r'*z);
   q = A*z;                alpha = rho / (z'*q );
   x = x + alpha * z;      r = r - alpha*q;
   error = norm( r ) / bnrm2;
   if ( error <= tol ), break, end
end
if ( error > tol ) flag = 1; end
```

Beispiel 4.6 Wir wollen mit dem Gradientenverfahren das lineare System mit der Matrix $\mathrm{A}_m \in \mathbb{R}^{m\times m}$, die mit den MATLAB Kommandos `G=numgrid('S',n);` `A=delsq(G)` für $m = (n-2)^2$ erzeugt wird, lösen. Diese Matrix ist mit der Diskretisierung des Laplace-Operators auf dem Gebiet $[-1,1]^2$ verbunden. Die rechte Seite $\mathbf{b}_m$ ist derart gewählt, dass die exakte Lösung der Vektor $\mathbf{1}^T \in \mathbb{R}^m$ ist. Die Matrix A_m ist symmetrisch und positiv definit für jedes m und wird für große Werte von m schlecht konditioniert. Wir führen das Programm 19 in den Fällen $m = 16$ und $m = 400$, mit $\mathbf{x}^{(0)} = \mathbf{0}^T$, `tol`$=10^{-10}$ und `maxit`$=200$ aus. Für $m = 400$ genügt das Verfahren nicht dem Abbruchkriterium innerhalb der zulässigen Zahl von Iterationen und weist eine extrem langsame Reduktion des Residuum auf (siehe Abbildung 4.6). Übrigens ist $K_2(\mathrm{A}_{400}) \simeq 258$. Wenn wir jedoch das System mit der Matrix $\mathrm{P} = \mathrm{R}_{in}^T\mathrm{R}_{in}$ vorkonditionieren, wobei R_{in} die untere Dreiecksmatrix der unvollständigen Cholesky-Faktorisierung von A ist, konvergiert der Algorithmus innerhalb der maximal zulässigen Zahl von Iterationen (tatsächlich ist jetzt $K_2(\mathrm{P}^{-1}\mathrm{A}_{400}) \simeq 38$). •

4.3.4 Das Verfahren der konjugierten Gradienten

Das Gradientenverfahren besteht im wesentlichen aus zwei Schritten: Wahl einer Abstiegsrichtung (die des Residuum) und dem Herauspicken eines Punktes des lokalen Minimum von Φ entlang dieser Richtung. Der zweite Schritt ist unabhängig vom ersten, da wir für eine gegebene Richtung $\mathbf{p}^{(k)}$ α_k als den Wert des Parameters α bestimmen können, so dass $\Phi(\mathbf{x}^{(k)} +$

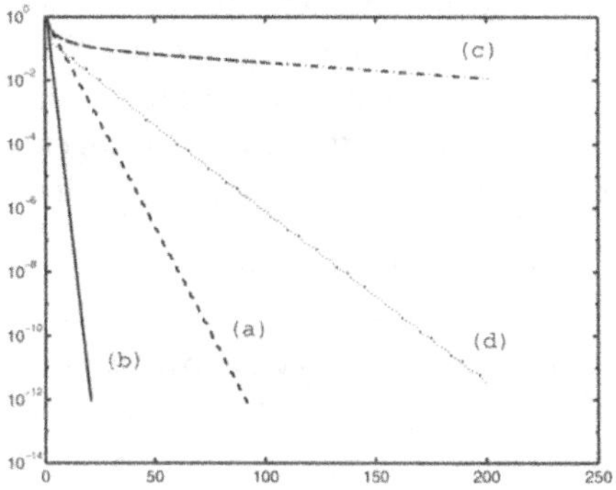

Abbildung 4.6. Das auf den Anfang normalisierte Residuum in Abhängigkeit von der Zahl der Iterationen für das Gradientenverfahren angewandt auf die Systeme in Beispiel 4.6. Die mit (a) und (b) markierten Kurven beziehen sich auf den Fall $m = 16$ und das nichtvorkonditionierte bzw. vorkonditionierte Verfahren, während die mit (c) und (d) markierten Kurven sich auf den Fall $m = 400$ und das nichtvorkonditionierte bzw. vorkonditionierte Verfahren beziehen.

$\alpha\mathbf{p}^{(k)})$ minimiert wird. Differentiation nach α und Nullsetzen der Ableitung liefert

$$\alpha_k = \frac{\mathbf{p}^{(k)^T}\mathbf{r}^{(k)}}{\mathbf{p}^{(k)^T}\mathrm{A}\mathbf{p}^{(k)}}, \qquad (4.39)$$

anstelle von (4.37). Die Frage ist, wie $\mathbf{p}^{(k)}$ zu bestimmen ist. Ein anderes Herangehen als jenes, dass zur Identifikation von $\mathbf{p}^{(k)}$ mit $\mathbf{r}^{(k)}$ führt, wird durch folgende Definition vorgeschlagen

Definition 4.4 Eine Richtung $\mathbf{x}^{(k)}$ heißt *optimal* bezüglich einer Richtung $\mathbf{p} \neq \mathbf{0}$, wenn

$$\Phi(\mathbf{x}^{(k)}) \leq \Phi(\mathbf{x}^{(k)} + \lambda\mathbf{p}), \qquad \forall\lambda \in \mathbb{R}. \qquad (4.40)$$

Ist $\mathbf{x}^{(k)}$ optimal bezüglich jeder Richtung in einem Vektorraum V, so sagen wir, dass $\mathbf{x}^{(k)}$ optimal bezüglich V ist. ■

Aus der Definition der Optimalität ergibt sich, dass $\mathbf{p}$ zum Residuum $\mathbf{r}^{(k)}$ orthogonal sein muss. In der Tat schließen wir aus (4.40) zunächst, dass Φ ein lokales Minimum entlang $\mathbf{p}$ für $\lambda = 0$ besitzt, und somit die partielle Ableitung von Φ in Bezug auf λ in $\lambda = 0$ verschwinden muss. Da

$$\frac{\partial\Phi}{\partial\lambda}(\mathbf{x}^{(k)} + \lambda\mathbf{p}) = \mathbf{p}^T(\mathrm{A}\mathbf{x}^{(k)} - \mathbf{b}) + \lambda\mathbf{p}^T\mathrm{A}\mathbf{p}$$

gilt, haben wir

$$\frac{\partial\Phi}{\partial\lambda}(\mathbf{x}^{(k)})_{|\lambda=0} = 0 \quad \text{genau dann, wenn} \quad \mathbf{p}^T(\mathbf{r}^{(k)}) = 0,$$

d.h. $\mathbf{p} \perp \mathbf{r}^{(k)}$. Beachte, dass die Iterierte $\mathbf{x}^{(k+1)}$ des Gradientenverfahrens optimal bezüglich $\mathbf{r}^{(k)}$ ist, denn aufgrund der Wahl von α_k haben wir $\mathbf{r}^{(k+1)} \perp \mathbf{r}^{(k)}$, aber diese Eigenschaft gilt nicht mehr für die nächste Iterierte $\mathbf{x}^{(k+2)}$ (siehe Übung 12). Dann liegt es nahe zu fragen, ob es Abstiegsrichtungen gibt, die die Optimalität der Iterierten erhalten. Sei

$$\mathbf{x}^{(k+1)} = \mathbf{x}^{(k)} + \mathbf{q},$$

und nehmen wir an, dass $\mathbf{x}^{(k)}$ optimal in Bezug auf eine Richtung $\mathbf{p}$ ist (somit $\mathbf{r}^{(k)} \perp \mathbf{p}$). Wir fordern, dass auch noch $\mathbf{x}^{(k+1)}$ bezüglich $\mathbf{p}$ ist, d.h. dass $\mathbf{r}^{(k+1)} \perp \mathbf{p}$ und erhalten

$$0 = \mathbf{p}^T\mathbf{r}^{(k+1)} = \mathbf{p}^T(\mathbf{r}^{(k)} - \mathrm{A}\mathbf{q}) = -\mathbf{p}^T\mathrm{A}\mathbf{q}.$$

Somit müssen die Abstiegsrichtungen, um die Optimalität aufeinanderfolgender Iterierter zu sichern, paarweise *A-orthogonal* oder *A-konjugiert* sein, d.h.

$$\mathbf{p}^T\mathrm{A}\mathbf{q} = 0.$$

Eine Methode, die A-konjugierte Richtungen verwendet, heißt *konjugiert.* Der nächste Schritt ist, eine Folge konjugierter Richtungen automatisch zu erzeugen. Dies kann wie folgt geschehen. Sei $\mathbf{p}^{(0)} = \mathbf{r}^{(0)}$. Wir suchen Richtungen der Gestalt

$$\mathbf{p}^{(k+1)} = \mathbf{r}^{(k+1)} - \beta_k\mathbf{p}^{(k)}, \quad k = 0, 1, \ldots \tag{4.41}$$

wobei $\beta_k \in \mathbb{R}$ derart bestimmt werden muss, dass

$$(\mathrm{A}\mathbf{p}^{(j)})^T\mathbf{p}^{(k+1)} = 0, \quad j = 0, 1, \ldots, k. \tag{4.42}$$

Aus der Forderung, dass (4.42) für $j = k$ erfüllt ist, bekommen wir mit (4.41)

$$\beta_k = \frac{(\mathrm{A}\mathbf{p}^{(k)})^T\mathbf{r}^{(k+1)}}{(\mathrm{A}\mathbf{p}^{(k)})^T\mathbf{p}^{(k)}}, \quad k = 0, 1, \ldots$$

Wir müssen nun zeigen, dass (4.42) auch für $j = 0, 1, \ldots, k-1$ gilt. Dafür verwenden wir die Methode der vollständigen Induktion über k. Wegen der Wahl von β_0 gilt die Relation (4.42) für $k = 0$; nehmen wir an, dass die Richtungen $\mathbf{p}^{(0)}, \ldots, \mathbf{p}^{(k-1)}$ paarweise A-orthogonal sind und dass, ohne Einschränkung der Allgemeinheit,

$$(\mathbf{p}^{(j)})^T\mathbf{r}^{(k)} = 0, \quad j = 0, 1, \ldots, k-1, \quad k \geq 1. \tag{4.43}$$

Dann folgt aus (4.41)

$$(\mathrm{A}\mathbf{p}^{(j)})^T\mathbf{p}^{(k+1)} = (\mathrm{A}\mathbf{p}^{(j)})^T\mathbf{r}^{(k+1)}, \quad j = 0, 1, \ldots, k-1.$$

Darüber hinaus bekommen wir wegen (4.43) und der angenommenen A-Orthogonalität

$$(\mathbf{p}^{(j)})^T\mathbf{r}^{(k+1)} = (\mathbf{p}^{(j)})^T\mathbf{r}^{(k)} - \alpha_k(\mathbf{p}^{(j)})^T\mathrm{A}\mathbf{p}^{(k)} = 0, \quad j = 0, ..., k-1 \quad (4.44)$$

d.h., dass der Vektor $\mathbf{r}^{(k+1)}$ orthogonal zu jedem Vektor des Raumes $V_k = \mathrm{span}(\mathbf{p}^{(0)}, \dots, \mathbf{p}^{(k-1)})$ ist. Weil $\mathbf{p}^{(0)} = \mathbf{r}^{(0)}$ ist, folgt aus (4.41), dass V_k auch gleich $\mathrm{span}(\mathbf{r}^{(0)}, \dots, \mathbf{r}^{(k-1)})$ ist. Dann impliziert (4.41), dass $\mathrm{A}\mathbf{p}^{(j)} \in V_{j+1}$ und somit infolge von (4.44)

$$(\mathrm{A}\mathbf{p}^{(j)})^T\mathbf{r}^{(k+1)} = 0, \quad j = 0, 1, \dots, k-1$$

gilt. Damit ist (4.42) für $j = 0, \dots, k$ gezeigt.

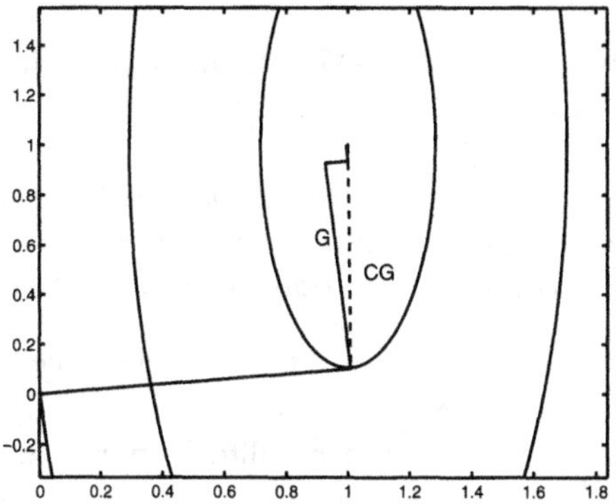

Abbildung 4.7. Abstiegsrichtungen für die Methode der konjugierten Gradienten (bezeichnet durch CG, gestrichelte Linie) und das Gradientenverfahren (bezeichnet durch G, durchgezogene Linie). Beachte, dass das CG-Verfahren die Lösung nach zwei Iterationen erreicht.

Die Methode der konjugierten Gradienten (CG) erhält man, indem man die durch (4.41) gegebenen Abstiegsrichtungen $\mathbf{p}^{(k)}$ und die Beschleunigungsparameter α_k wie in (4.39) wählt. Setzen wir $\mathbf{r}^{(0)} = \mathbf{b} - \mathrm{A}\mathbf{x}^{(0)}$ und $\mathbf{p}^{(0)} = \mathbf{r}^{(0)}$, so nimmt die k-te Iteration der Methode der konjugierten Gradienten die folgende Form

$$\alpha_k = \frac{\mathbf{p}^{(k)^T}\mathbf{r}^{(k)}}{\mathbf{p}^{(k)^T}\mathrm{A}\mathbf{p}^{(k)}}$$

$$\mathbf{x}^{(k+1)} = \mathbf{x}^{(k)} + \alpha_k\mathbf{p}^{(k)}$$

$$\mathbf{r}^{(k+1)} = \mathbf{r}^{(k)} - \alpha_k\mathrm{A}\mathbf{p}^{(k)}$$

$$\beta_k = \frac{(\mathrm{A}\mathbf{p}^{(k)})^T\mathbf{r}^{(k+1)}}{(\mathrm{A}\mathbf{p}^{(k)})^T\mathbf{p}^{(k)}}$$

$$\mathbf{p}^{(k+1)} = \mathbf{r}^{(k+1)} - \beta_k\mathbf{p}^{(k)}.$$

an. Es kann auch gezeigt werden (siehe Übung 13), dass die beiden Parameter α_k und β_k alternativ durch

$$\alpha_k = \frac{\|\mathbf{r}^{(k)}\|_2^2}{\mathbf{p}^{(k)^T}\mathrm{A}\mathbf{p}^{(k)}}, \quad \beta_k = -\frac{\|\mathbf{r}^{(k+1)}\|_2^2}{\|\mathbf{r}^{(k)}\|_2^2} \tag{4.45}$$

ausgedrückt werden können. Wir bemerken abschließend, dass durch Elimination der Abstiegsrichtungen aus $\mathbf{r}^{(k+1)} = \mathbf{r}^{(k)} - \alpha_k \mathrm{A}\mathbf{p}^{(k)}$, die folgende Drei-Term-Rekursion für die Residuen erhalten werden kann (siehe Übung 14)

$$\mathrm{A}\mathbf{r}^{(k)} = -\frac{1}{\alpha_k}\mathbf{r}^{(k+1)} + \left(\frac{1}{\alpha_k} - \frac{\beta_{k-1}}{\alpha_{k-1}}\right)\mathbf{r}^{(k)} + \frac{\beta_k}{\alpha_{k-1}}\mathbf{r}^{(k-1)}. \tag{4.46}$$

Bezüglich der Konvergenz des CG-Verfahrens haben wir das folgende Resultat.

Theorem 4.11 *Sei* A *eine symmetrische und positiv definite Matrix. Jede Methode, die konjugierte Richtungen verwendet, um* (3.2) *zu lösen, bricht nach höchstens* n *Schritten mit der exakten Lösung ab.*

Beweis. Die Richtungen $\mathbf{p}^{(0)}, \mathbf{p}^{(1)}, \ldots, \mathbf{p}^{(n-1)}$ bilden eine A-orthogonale Basis in $\mathbb{R}^n$. Da darüber hinaus $\mathbf{x}^{(k)}$ optimal in Bezug auf alle Richtungen $\mathbf{p}^{(j)}$, $j = 0, \ldots, k-1$, ist, folgt die Orthogonalität von $\mathbf{r}^{(k)}$ zum Raum $S_{k-1} = \mathrm{span}(\mathbf{p}^{(0)}, \mathbf{p}^{(1)}, \ldots, \mathbf{p}^{(k-1)})$. Folglich ist $\mathbf{r}^{(n)} \perp S_{n-1} = \mathbb{R}^n$ und somit $\mathbf{r}^{(n)} = \mathbf{0}$, was $\mathbf{x}^{(n)} = \mathbf{x}$ impliziert. ◇

Theorem 4.12 *Sei* A *eine symmetrische und positiv definite Matrix und seien* λ_1, λ_n *ihr maximaler bzw. minimaler Eigenwert. Die Methode der konjugierten Gradienten zur Lösung von* (3.2) *konvergiert nach höchstens* n *Schritten. Darüber hinaus ist der Fehler* $\mathbf{e}^{(k)}$ *in der* k*-ten Iteration (mit* $k < n$*) orthogonal zu* $\mathbf{p}^{(j)}$*, für* $j = 0, \ldots, k-1$ *und*

$$\|\mathbf{e}^{(k)}\|_{\mathrm{A}} \leq \frac{2c^k}{1+c^{2k}}\|\mathbf{e}^{(0)}\|_{\mathrm{A}}, \quad \text{mit } c = \frac{\sqrt{K_2(\mathrm{A})}-1}{\sqrt{K_2(\mathrm{A})}+1}. \tag{4.47}$$

Beweis. Die Konvergenz des CG-Verfahrens in n Schritten ist eine Folgerung von Theorem 4.11.

Wir wollen nun die Fehlerabschätzung beweisen und nehmen der Einfachheit halber $\mathbf{x}^{(0)} = \mathbf{0}$ an. Wir notieren zunächst, dass für festes k

$$\mathbf{x}^{(k+1)} = \sum_{j=0}^{k} \gamma_j \mathrm{A}^j \mathbf{b},$$

für geeignet gewählte $\gamma_j \in \mathbb{R}$, gilt. Ferner ist nach Konstruktion $\mathbf{x}^{(k+1)}$ der Vektor, der die A-Norm des Fehlers im Schritt $k+1$ unter allen Vektoren der Form

$\mathbf{z} = \sum_{j=0}^{k} \delta_j \mathrm{A}^j \mathbf{b} = p_k(\mathrm{A})\mathbf{b}$ minimiert, wobei $p_k(\xi) = \sum_{j=0}^{k} \delta_j \xi^j$ ein Polynom vom Grade k ist und $p_k(\mathrm{A})$ das entsprechende Matrixpolynom bezeichnen. Somit gilt

$$\|\mathbf{e}^{(k+1)}\|_{\mathrm{A}}^2 \leq (\mathbf{x}-\mathbf{z})^T \mathrm{A}(\mathbf{x}-\mathbf{z}) = \mathbf{x}^T q_{k+1}(\mathrm{A}) \mathrm{A} q_{k+1}(\mathrm{A})\mathbf{x}, \tag{4.48}$$

wobei $q_{k+1}(\xi) = 1 - p_k(\xi)\xi \in \mathbb{P}_{k+1}^{0,1}$, mit $\mathbb{P}_{k+1}^{0,1} = \{q \in \mathbb{P}_{k+1} : q(0) = 1\}$ und $q_{k+1}(\mathrm{A})$ das zugehörige Matrixpolynom sind. Aus (4.48) bekommen wir

$$\|\mathbf{e}^{(k+1)}\|_{\mathrm{A}}^2 = \min_{q_{k+1} \in \mathbb{P}_{k+1}^{0,1}} \mathbf{x}^T q_{k+1}(\mathrm{A}) \mathrm{A} q_{k+1}(\mathrm{A})\mathbf{x}. \tag{4.49}$$

Da A symmetrisch und positiv definit ist, gibt es eine orthogonale Matrix Q, so dass $\mathrm{A} = \mathrm{Q}\Lambda\mathrm{Q}^T$ mit $\Lambda = \mathrm{diag}(\lambda_1, \ldots, \lambda_n)$. Beachten wir, dass $q_{k+1}(\mathrm{A}) = \mathrm{Q}q_{k+1}(\Lambda)\mathrm{Q}^T$ gilt, so bekommen wir aus (4.49)

$$\begin{aligned}
\|\mathbf{e}^{(k+1)}\|_{\mathrm{A}}^2 &= \min_{q_{k+1} \in \mathbb{P}_{k+1}^{0,1}} \mathbf{x}^T \mathrm{Q} q_{k+1}(\Lambda) \mathrm{Q}^T \mathrm{Q}\Lambda\mathrm{Q}^T \mathrm{Q} q_{k+1}(\Lambda)\mathrm{Q}^T \mathbf{x} \\
&= \min_{q_{k+1} \in \mathbb{P}_{k+1}^{0,1}} \mathbf{x}^T \mathrm{Q} q_{k+1}(\Lambda) \Lambda q_{k+1}(\Lambda)\mathrm{Q}^T \mathbf{x} \\
&= \min_{q_{k+1} \in \mathbb{P}_{k+1}^{0,1}} \mathbf{y}^T \mathrm{diag}(q_{k+1}(\lambda_i)\lambda_i q_{k+1}(\lambda_i))\mathbf{y} \\
&= \min_{q_{k+1} \in \mathbb{P}_{k+1}^{0,1}} \sum_{i=1}^{n} y_i^2 \lambda_i (q_{k+1}(\lambda_i))^2,
\end{aligned}$$

wobei wir $\mathbf{y} = \mathrm{Q}\mathbf{x}$ gesetzt haben. Folglich schließen wir, dass

$$\|\mathbf{e}^{(k+1)}\|_{\mathrm{A}}^2 \leq \left[\min_{q_{k+1} \in \mathbb{P}_{k+1}^{0,1}} \max_{\lambda_i \in \sigma(\mathrm{A})} (q_{k+1}(\lambda_i))^2 \right] \sum_{i=1}^{n} y_i^2 \lambda_i.$$

Unter Berücksichtigung von $\sum_{i=1}^{n} y_i^2 \lambda_i = \|\mathbf{e}^{(0)}\|_{\mathrm{A}}^2$ gilt weiter

$$\frac{\|\mathbf{e}^{(k+1)}\|_{\mathrm{A}}}{\|\mathbf{e}^{(0)}\|_{\mathrm{A}}} \leq \min_{q_{k+1} \in \mathbb{P}_{k+1}^{0,1}} \max_{\lambda_i \in \sigma(\mathrm{A})} |q_{k+1}(\lambda_i)|.$$

Wir erinnern an die folgende Eigenschaft:

Eigenschaft 4.6 *Das Minimierungsproblem* $\max_{\lambda_n \leq z \leq \lambda_1} |q(z)|$ *über den Raum* $\mathbb{P}_{k+1}^{0,1}([\lambda_n, \lambda_1])$ *besitzt eine eindeutige Lösung, die durch das Polynom*

$$p_{k+1}(\xi) = T_{k+1}\left(\frac{\lambda_1 + \lambda_n - 2\xi}{\lambda_1 - \lambda_n}\right) / C_{k+1}, \qquad \xi \in [\lambda_n, \lambda_1],$$

gegeben ist, wobei $C_{k+1} = T_{k+1}(\frac{\lambda_1+\lambda_n}{\lambda_1-\lambda_n})$ *und* T_{k+1} *das Tschebyscheff-Polynom vom Grade* $k+1$ *(siehe Abschnitt 10.10 in Band 2) sind. Der Wert des Minimum ist* $1/C_{k+1}$.

Unter Verwendung dieser Eigenschaft bekommen wir

$$\frac{\|\mathbf{e}^{(k+1)}\|_A}{\|\mathbf{e}^{(0)}\|_A} \leq \frac{1}{T_{k+1}\left(\dfrac{\lambda_1+\lambda_n}{\lambda_1-\lambda_n}\right)},$$

woraus die Behauptung folgt, denn im Fall symmetrischer, positiv definiter Matrizen gilt

$$\frac{1}{C_{k+1}} = \frac{2c^{k+1}}{1+c^{2(k+1)}}.$$

◇

Die allgemeine k-te Iteration der Methode der konjugierten Gradienten ist nur dann wohl definiert, wenn die Abstiegsrichtung $\mathbf{p}^{(k)}$ von Null verschieden ist. Nebenbei bemerkt muss, wenn $\mathbf{p}^{(k)} = \mathbf{0}$ gilt, die Iterierte $\mathbf{x}^{(k)}$ mit der Lösung $\mathbf{x}$ des Systems übereinstimmen. Darüber hinaus kann man ungeachtet der Wahl der Parameter β_k zeigen (siehe [Axe94], S. 463), dass die durch das CG-Verfahren erzeugte Folge $\mathbf{x}^{(k)}$ derart ist, dass entweder $\mathbf{x}^{(k)} \neq \mathbf{x}$, $\mathbf{p}^{(k)} \neq \mathbf{0}$, $\alpha_k \neq 0$ für jedes k ist oder eine ganze Zahl m existieren muss, so dass $\mathbf{x}^{(m)} = \mathbf{x}$, wobei $\mathbf{x}^{(k)} \neq \mathbf{x}$, $\mathbf{p}^{(k)} \neq \mathbf{0}$ und $\alpha_k \neq 0$ für $k = 0, 1, \ldots, m-1$.

Die spezielle Wahl für β_k in (4.45) gewährleistet $m \leq n$. Ohne Rundungsfehler kann das CG-Verfahren daher als eine direkte Methode angesehen werden, da es nach einer endlichen Anzahl von Schritten abbricht. Für Matrizen großer Dimension wird es jedoch üblicherweise als iteratives Schema benutzt, wobei die Iteration abgebrochen wird, wenn der Fehler unterhalb einer vorgegebenen Toleranz liegt. In dieser Hinsicht ist die Abhängigkeit des Fehlerreduktionsfaktors von der Konditionszahl der Matrix vorteilhafter als bei den Gradientenverfahren. Wir bemerken auch, dass die Abschätzung (4.47) oft zu pessimistisch ist und nicht die Tatsache in Betracht zieht, dass die Konvergenz bei dieser Methode, im Unterschied zum Gradientenverfahren, durch das *ganze* Spektrum von A beeinflußt wird und nicht nur durch seine extremalen Eigenwerte.

Bemerkung 4.3 (Effekt von Rundungsfehlern) Die Abbrucheigenschaft des CG-Verfahrens ist nur in exakter Arithmetik rigoros gültig. Die kumulativen Rundungsfehler verhindern die A-Konjugiertheit der Abstiegsrichtungen und können sogar Nenner in der Berechnung der Koeffizienten α_k und β_k erzeugen, die Null sind. Dieses Phänomen, das auch als *Zusammenbruch* bekannt ist, kann durch Einführung geeigneter Stabilisierungsmethoden vermieden werden; in solchen Fällen sprechen wir von stabilisierten Gradientenverfahren.

Trotz des Einsatzes dieser Strategien kann es vorkommen, dass das CG-Verfahren nicht nach n Iterationen (in endlicher Arithmetik) konvergiert. In einem derartigen Fall ist die einzig vernünftige Alternative den Iterationsprozess neu zu starten, indem man als Residuum das zuletzt berechnete nimmt. Auf diese Weise wird das *zyklische CG-Verfahren* oder das *CG-Verfahren mit Neustart* erhalten, für das jedoch die Konvergenzeigenschaften des ursprünglichen CG-Verfahrens nicht mehr gültig sind. ■

4.3.5 Das vorkonditionierte Verfahren der konjugierten Gradienten

Ist P ein symmetrischer und positiv definiter Vorkonditionierer, so besteht das vorkonditionierte Verfahren der konjugierten Gradienten (PCG) in der Anwendung des CG-Verfahrens auf das vorkonditionierte System

$$\mathrm{P}^{-1/2}\mathrm{A}\mathrm{P}^{-1/2}\mathbf{y} = \mathrm{P}^{-1/2}\mathbf{b}, \qquad \text{mit } \mathbf{y} = \mathrm{P}^{1/2}\mathbf{x}.$$

In der Praxis wird die Methode implementiert ohne die Berechnung von $\mathrm{P}^{1/2}$ oder $\mathrm{P}^{-1/2}$ explizit durchzuführen. Nach einigen algebraischen Umformungen wird das folgende Schema erhalten:
Sei $\mathbf{x}^{(0)}$ gegeben. Wir setzen $\mathbf{r}^{(0)} = \mathbf{b} - \mathrm{A}\mathbf{x}^{(0)}$, $\mathbf{z}^{(0)} = \mathrm{P}^{-1}\mathbf{r}^{(0)}$ und $\mathbf{p}^{(0)} = \mathbf{z}^{(0)}$. Die k-te Iteration lautet dann

$$\begin{aligned}
\alpha_k &= \frac{\mathbf{p}^{(k)^T}\mathbf{r}^{(k)}}{\mathbf{p}^{(k)^T}\mathrm{A}\mathbf{p}^{(k)}} \\
\mathbf{x}^{(k+1)} &= \mathbf{x}^{(k)} + \alpha_k\mathbf{p}^{(k)} \\
\mathbf{r}^{(k+1)} &= \mathbf{r}^{(k)} - \alpha_k\mathrm{A}\mathbf{p}^{(k)} \\
\mathrm{P}\mathbf{z}^{(k+1)} &= \mathbf{r}^{(k+1)} \\
\beta_k &= \frac{(\mathrm{A}\mathbf{p}^{(k)})^T\mathbf{z}^{(k+1)}}{(\mathrm{A}\mathbf{p}^{(k)})^T\mathbf{p}^{(k)}} \\
\mathbf{p}^{(k+1)} &= \mathbf{z}^{(k+1)} - \beta_k\mathbf{p}^{(k)}.
\end{aligned}$$

In Bezug auf das CG-Verfahren ist der numerische Aufwand höher, da in jedem Schritt das lineare System $\mathrm{P}\mathbf{z}^{(k+1)} = \mathbf{r}^{(k+1)}$ gelöst werden muss. Für P können die in Abschnitt 4.3.2 untersuchten symmetrischen Vorkonditionierer verwendet werden. Die Fehlerabschätzung ist die Gleiche wie für das nichtvorkonditionierte Verfahren, vorausgesetzt man ersetzt die Matrix A durch $\mathrm{P}^{-1}\mathrm{A}$.

Im Programm 20 wird eine Umsetzung des PCG-Verfahrens gezeigt. Bezüglich der Beschreibung der Eingabe- und Ausgabeparameter studiere man Programm 19.

Program 20 - conjgrad : Vorkonditioniertes Verfahren der konjugierten Gradienten

```
function [x, error, niter, flag] = conjgrad(A, x, b, P, maxit, tol)
flag = 0; niter = 0; bnrm2 = norm( b );
if ( bnrm2 == 0.0 ), bnrm2 = 1.0; end
r = b - A*x; error = norm( r ) / bnrm2;
if ( error < tol ) return, end
for niter = 1:maxit
   z = P \ r; rho = (r'*z);
   if niter > 1
      beta = rho / rho1;  p = z + beta*p;
   else
      p = z;
   end
   q = A*p;              alpha = rho / (p'*q );
   x = x + alpha * p;    r = r - alpha*q;
   error = norm( r ) / bnrm2;
   if ( error <= tol ), break, end
   rho1 = rho;
end
if ( error > tol ) flag = 1; end
```

Beispiel 4.7 Wir wollen erneut das lineare System von Beipiel 4.6 betrachten. Das CG-Verfahren wurde mit den gleichen Eingangsdaten wie das vorige Beipiel ausgeführt. Es konvergiert in 3 Iterationen für $m = 16$ und in 45 Iterationen für $m = 400$. Verwenden wir den gleichen Vorkonditionierer wie in Beipiel 4.6, so reduziert sich die Zahl der Iterationen von 45 auf 26 im Fall $m = 400$. •

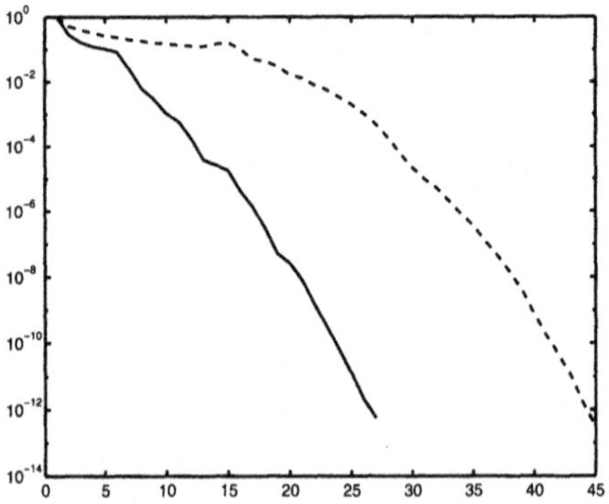

Abbildung 4.8. Verhalten des auf die rechte Seite normalisierten Residuums in Abhängigkeit von der Iterationszahl für das CG-Verfahren angewandt auf die Systeme von Beispiel 4.6 im Fall $m = 400$. Die gestrichelte Kurve bezieht sich auf das nichtvorkonditionierte Verfahren, während die durchgezogene Kurve sich auf das vorkonditionierte bezieht.

4.3.6 Das Verfahren der alternierenden Richtungen

Wir nehmen an, dass A in der Form $A = A_1 + A_2$ mit symmetrischen und positiv definiten Matrizen A_1 und A_2 zerlegt werden kann. Das von Peaceman und Rachford eingeführte Verfahren der *alternierenden Richtungen* (ADI, engl. alternating direction) ist ein iteratives Schema für (3.2), das in der Lösung der Systeme $\forall k \geq 0$

$$\begin{aligned} (I + \alpha_1 A_1)\mathbf{x}^{(k+1/2)} &= (I - \alpha_1 A_2)\mathbf{x}^{(k)} + \alpha_1 \mathbf{b}, \\ (I + \alpha_2 A_2)\mathbf{x}^{(k+1)} &= (I - \alpha_2 A_1)\mathbf{x}^{(k+1/2)} + \alpha_2 \mathbf{b} \end{aligned} \tag{4.50}$$

mit reellen Parametern α_1 und α_2, besteht. Das ADI-Verfahren kann in der Form (4.2) geschrieben werden, indem man

$$B = (I + \alpha_2 A_2)^{-1}(I - \alpha_2 A_1)(I + \alpha_1 A_1)^{-1}(I - \alpha_1 A_2),$$

$$\mathbf{f} = \left[\alpha_1(I - \alpha_2 A_1)(I + \alpha_1 A_1)^{-1} + \alpha_2 I\right] \mathbf{b}$$

setzt. Sowohl B als auch **f** hängen von α_1 und α_2 ab. Es gilt die Abschätzung

$$\rho(B) \leq \max_{i=1,\ldots,n} \left| \frac{1 - \alpha_2 \lambda_i^{(1)}}{1 + \alpha_1 \lambda_i^{(1)}} \right| \max_{i=1,\ldots,n} \left| \frac{1 - \alpha_1 \lambda_i^{(2)}}{1 + \alpha_2 \lambda_i^{(2)}} \right|,$$

wobei $\lambda_1^{(i)}$ und $\lambda_2^{(i)}$, für $i = 1, \ldots, n$, die Eigenwerte von A_1 bzw. A_2 sind. Die Methode konvergiert, wenn $\rho(B) < 1$ gilt, was immer der Fall ist, wenn $\alpha_1 = \alpha_2 = \alpha > 0$. Sind darüber hinaus (siehe [Axe94]) $\gamma \leq \lambda_i^{(j)} \leq \delta \ \forall i = 1, \ldots, n, \forall j = 1, 2$, für geeignete γ und δ, so konvergiert das ADI-Verfahren mit der Wahl $\alpha_1 = \alpha_2 = 1/\sqrt{\delta\gamma}$, vorausgesetzt, dass γ/δ gegen Null geht, wenn die Größe von A wächst. In diesem Fall genügt der Spektralradius der Beziehung

$$\rho(B) \leq \left(\frac{1 - \sqrt{\gamma/\delta}}{1 + \sqrt{\gamma/\delta}} \right)^2.$$

4.4 Methoden, die auf Krylov-Teilraumiterationen basieren

In diesem Abschnitt führen wir iterative Methoden ein, die auf Krylov-Teilraumiterationen basieren. Für Beweise und weitere Analysen verweisen wir auf [Saa96], [Axe94] und [Hac94].

Betrachte das Richardson-Verfahren (4.24) mit P=I; das Residuum im k-ten Schritt kann auf das Anfangsresiduum bezogen werden, denn

$$\mathbf{r}^{(k)} = \prod_{j=0}^{k-1} (I - \alpha_j A)\mathbf{r}^{(0)}, \tag{4.51}$$

so dass $\mathbf{r}^{(k)} = p_k(\mathrm{A})\mathbf{r}^{(0)}$ gilt, wobei $p_k(\mathrm{A})$ ein Polynom in A vom Grade k ist. Wenn wir den Raum

$$K_m(\mathrm{A};\mathbf{v}) = \mathrm{span}\left\{\mathbf{v}, \mathrm{A}\mathbf{v}, \ldots, \mathrm{A}^{m-1}\mathbf{v}\right\} \tag{4.52}$$

einführen, so folgt aus (4.51) unmittelbar, dass $\mathbf{r}^{(k)} \in K_{k+1}(\mathrm{A};\mathbf{r}^{(0)})$. Der in (4.52) definierte Raum heißt *Krylov-Teilraum* der Ordnung m. Er ist ein Teilraum der Menge aller Vektoren $\mathbf{u} \in \mathbb{R}^n$, die in der Form $\mathbf{u} = p_{m-1}(\mathrm{A})\mathbf{v}$ geschrieben werden können, wobei p_{m-1} ein Polynom in A vom Grade $\leq m-1$ ist.

Analog zu (4.51) kann gezeigt werden, dass die Iterierte $\mathbf{x}^{(k)}$ des Richardson-Verfahrens durch

$$\mathbf{x}^{(k)} = \mathbf{x}^{(0)} + \sum_{j=0}^{k-1} \alpha_j \mathbf{r}^{(j)}$$

gegeben ist, so dass $\mathbf{x}^{(k)}$ im Raum

$$W_k = \left\{\mathbf{v} = \mathbf{x}^{(0)} + \mathbf{y},\ \mathbf{y} \in K_k(\mathrm{A};\mathbf{r}^{(0)})\right\} \tag{4.53}$$

liegt. Beachte auch, dass $\sum_{j=0}^{k-1} \alpha_j \mathbf{r}^{(j)}$ ein Polynom in A vom Grade kleiner als $k-1$ ist. Beim nichtvorkonditionierten Richardson-Verfahren suchen wir daher eine Näherungslösung für $\mathbf{x}$ im Raum W_k. Allgemeiner können wir an Methoden denken, die Näherungslösungen in der Form

$$\mathbf{x}^{(k)} = \mathbf{x}^{(0)} + q_{k-1}(\mathrm{A})\mathbf{r}^{(0)} \tag{4.54}$$

suchen, wobei q_{k-1} ein derart ausgewähltes Polynom ist, dass $\mathbf{x}^{(k)}$, in einem noch zu präzisierenden Sinne, die beste Approximation von $\mathbf{x}$ in W_k ist. Eine Methode, die eine Lösung in der Form (4.54), mit W_k wie in (4.53) definiert, sucht, wird *Krylov-Verfahren* genannt.

Eine erste Frage die Krylov-Teilraumiterationen betrifft ist, ob die Dimension von $K_m(\mathrm{A};\mathbf{v})$ mit der Ordnung m wächst. Eine Teilantwort liefert das folgende Resultat.

Eigenschaft 4.7 *Seien* $\mathrm{A} \in \mathbb{R}^{n\times n}$ *und* $\mathbf{v} \in \mathbb{R}^n$. *Der Krylov-Teilraum* $K_m(\mathrm{A};\mathbf{v})$ *hat genau dann die Dimension* m *wenn der Grad von* $\mathbf{v}$ *bezüglich* A, *bezeichnet durch* $\deg_\mathrm{A}(\mathbf{v})$, *nicht kleiner als* m *ist. Der Grad von* $\mathbf{v}$ *ist hierbei als der minimale Grad eines normierten Nichtnullpolynoms* p *in* A *definiert, für das* $p(\mathrm{A})\mathbf{v} = \mathbf{0}$ *gilt.*

Die Dimension von $K_m(\mathrm{A};\mathbf{v})$ ist folglich gleich dem Minimum von m und dem Grad von $\mathbf{v}$ bezüglich A, und damit ist die Dimension der Krylov-Teilräume mit Sicherheit eine nichtfallende Funktion von m. Beachte, dass aufgrund des Cayley-Hamilton-Theorems der Grad von $\mathbf{v}$ nicht größer als n sein kann (siehe Abschnitt 1.7).

Beispiel 4.8 Betrachte die Matrix $\mathrm{A} = \mathrm{tridiag}_4(-1, 2, -1)$. Der Vektor $\mathbf{v} = (1, 1, 1, 1)^T$ hat bezüglich A den Grad 2, denn $p_2(\mathrm{A})\mathbf{v} = \mathbf{0}$ mit $p_2(\mathrm{A}) = \mathrm{I}_4 - 3\mathrm{A} + \mathrm{A}^2$ und es gibt kein normiertes Polynom p_1 vom Grade 1, für das $p_1(\mathrm{A})\mathbf{v} = \mathbf{0}$ gilt. Folglich haben alle Krylov-Teilräume beginnend mit $K_2(\mathrm{A}; \mathbf{v})$ die Dimension 2. Der Vektor $\mathbf{w} = (1, 1, -1, 1)^T$ hat bezüglich A stattdessen den Grad 4. •

Für ein festes m, ist es möglich eine Orthonormalbasis des Raumes $K_m(\mathrm{A}; \mathbf{v})$ unter Verwendung des so genannten *Arnoldi-Algorithmus* zu berechnen.

Indem wir $\mathbf{v}_1 = \mathbf{v}/\|\mathbf{v}\|_2$ setzen, erzeugt diese Methode eine Orthonormalbasis $\{\mathbf{v}_i\}$ für $K_m(\mathrm{A}; \mathbf{v}_1)$ mit Hilfe des Gram-Schmidt-Verfahrens (siehe Abschnitt 3.4.3). Für $k = 1, \ldots, m$, berechnet der Arnoldi-Algorithmus

$$
\begin{aligned}
h_{ik} &= \mathbf{v}_i^T \mathrm{A}\mathbf{v}_k, \qquad & i &= 1, 2, \ldots, k, \\
\mathbf{w}_k &= \mathrm{A}\mathbf{v}_k - \sum_{i=1}^{k} h_{ik}\mathbf{v}_i, \qquad & h_{k+1,k} &= \|\mathbf{w}_k\|_2.
\end{aligned}
\tag{4.55}
$$

Ist $\mathbf{w}_k = \mathbf{0}$, so bricht der Prozess ab und wir sagen, dass ein Abbruch des Algorithmus aufgetreten ist; andernfalls setzen wir $\mathbf{v}_{k+1} = \mathbf{w}_k/\|\mathbf{w}_k\|_2$ und starten den Algorithmus, mit k erhöht um 1, erneut.

Es kann gezeigt werden, dass wenn die Methode im m-ten Schritt abbricht die Vektoren $\mathbf{v}_1, \ldots, \mathbf{v}_m$ eine Basis des Raumes $K_m(\mathrm{A}; \mathbf{v})$ bilden. Bezeichnen wir in solch einem Fall durch $\mathrm{V}_m \in \mathbb{R}^{n\times m}$ die Matrix, deren Spalten die Vektoren $\mathbf{v}_i$ sind, haben wir

$$
\mathrm{V}_m^T \mathrm{A} \mathrm{V}_m = \mathrm{H}_m, \quad \mathrm{V}_{m+1}^T \mathrm{A} \mathrm{V}_m = \widehat{\mathrm{H}}_m, \tag{4.56}
$$

wobei $\widehat{\mathrm{H}}_m \in \mathbb{R}^{(m+1)\times m}$ die obere Hessenberg-Matrix, deren Einträge h_{ij} durch (4.55) gegeben sind, und $\mathrm{H}_m \in \mathbb{R}^{m\times m}$ die Einschränkung von $\widehat{\mathrm{H}}_m$ auf die ersten m Zeilen und m Spalten sind.

Der Algorithmus bricht genau dann in einem Zwischenschritt $k < m$ ab, wenn $\deg_{\mathrm{A}}(\mathbf{v}_1) = k$. Was die Stabilität des Verfahrens betrifft, gelten alle Überlegungen, die auch für das Gram-Schmidt-Verfahren gültig sind. Hinsichtlich effizienterer und stabilerer numerischer Varianten von (4.55) verweisen wir auf [Saa96].

Die Funktionen `arnoldi_alg` und `GSarnoldi`, die durch Programm 21 definiert werden, liefern eine Implementation des Arnoldi-Algorithmus. Als Ausgabe enthalten die Spalten von `V` die Vektoren der erzeugten Basis, wohingegen `H` die vom Algorithmus berechneten Koeffizienten h_{ik} speichert. Sind m Schritte ausgeführt, gilt $\mathtt{V} = \mathrm{V}_m$ und $\mathtt{H}(1:m, 1:m) = \mathrm{H}_m$.

Program 21 - arnoldi_alg : Arnoldi-Algorithmus

```
function [V,H]=arnoldi_alg(A,v,m)
v=v/norm(v,2); V=[v1]; H=[]; k=0;
while k <= m-1
  [k,V,H] = GSarnoldi(A,m,k,V,H);
end

function [k,V,H]=GSarnoldi(A,m,k,V,H)
k=k+1; H=[H,V(:,1:k)'*A*V(:,k)];
s=0; for i=1:k, s=s+H(i,k)*V(:,i); end
w=A*V(:,k)-s; H(k+1,k)=norm(w,2);
if ( H(k+1,k) <= eps ) & ( k < m )
  V=[V,w/H(k+1,k)];
else
  k=m+1;
end
```

Nachdem wir einen Algorithmus zur Erzeugung einer Basis für einen Krylov-Teilraum beliebiger Ordnung kennen, können wir nun das lineare System (3.2) mit Hilfe eines Krylov-Verfahrens lösen. Wie schon bemerkt wurde, ist für all diese Methoden die Iterierte $\mathbf{x}^{(k)}$ immer von der Form (4.54), und für ein gegebenes $\mathbf{r}^{(0)}$ wird der Vektor $\mathbf{x}^{(k)}$ als das in W_k eindeutig bestimmte Element ausgewählt, das einem minimalen Abstandskriterium zu $\mathbf{x}$ genügt. Somit ist das Merkmal, welches zwei unterschiedliche Krylov-Verfahren voneinander unterscheidet, das Kriterium zur Auswahl von $\mathbf{x}^{(k)}$.

Die naheliegendste Idee besteht in der Auswahl von $\mathbf{x}^{(k)} \in W_k$ als den Vektor, der die Euklidische Norm des Fehlers minimiert. Dieses Herangehen ist jedoch in der Praxis nicht verwendbar, da $\mathbf{x}^{(k)}$ von der (unbekannten) Lösung $\mathbf{x}$ abhängen würde.

Zwei alternative Strategien können verfolgt werden:

1. berechne $\mathbf{x}^{(k)} \in W_k$ aus der Forderung, dass das Residuum $\mathbf{r}^{(k)}$ orthogonal zu jedem Vektor in $K_k(\mathrm{A};\mathbf{r}^{(0)})$ ist, d.h. wir suchen $\mathbf{x}^{(k)} \in W_k$, so dass
$$\mathbf{v}^T(\mathbf{b} - \mathrm{A}\mathbf{x}^{(k)}) = 0 \qquad \forall \mathbf{v} \in K_k(\mathrm{A};\mathbf{r}^{(0)}); \tag{4.57}$$
2. berechne $\mathbf{x}^{(k)} \in W_k$ durch Minimierung der Euklidischen Norm des Residuum $\|\mathbf{r}^{(k)}\|_2$, d.h.
$$\|\mathbf{b} - \mathrm{A}\mathbf{x}^{(k)}\|_2 = \min_{\mathbf{v}\in W_k} \|\mathbf{b} - \mathrm{A}\mathbf{v}\|_2. \tag{4.58}$$

Erfüllt man (4.57), so gelangt man zum Arnoldi-Verfahren für lineare Systeme (besser bekannt als FOM, engl. full orthogonalization method), während die Forderung (4.58) auf das GMRES-Verfahren (engl. generalized minimum residual) führt.

In den beiden folgenden Abschnitten werden wir annehmen, dass k Schritte des Arnoldi-Algorithmus auf solche Weise ausgeführt wurden, dass eine orthonormale Basis für $K_k(\mathrm{A};\mathbf{r}^{(0)})$ erzeugt und auf den Spaltenvektoren der Matrix V_k mit $\mathbf{v}_1 = \mathbf{r}^{(0)}/\|\mathbf{r}^{(0)}\|_2$ gespeichert worden ist. In diesem Fall kann die neue Iterierte $\mathbf{x}^{(k)}$ immer als

$$\mathbf{x}^{(k)} = \mathbf{x}^{(0)} + \mathrm{V}_k\mathbf{z}^{(k)} \tag{4.59}$$

geschrieben werden, wobei $\mathbf{z}^{(k)}$ entsprechend dem festen Kriterium ausgewählt werden muss.

4.4.1 Das Arnoldi-Verfahren für lineare Systeme

Wir erzwingen $\mathbf{r}^{(k)}$ orthogonal zu $K_k(\mathrm{A};\mathbf{r}^{(0)})$ durch die Forderung, dass (4.57) für alle Basisvektoren $\mathbf{v}_i$ gilt, d.h.

$$\mathrm{V}_k^T\mathbf{r}^{(k)} = 0. \tag{4.60}$$

Da $\mathbf{r}^{(k)} = \mathbf{b} - \mathrm{A}\mathbf{x}^{(k)}$ mit $\mathbf{x}^{(k)}$ in der Form (4.59) gilt, wird Beziehung (4.60)

$$\mathrm{V}_k^T(\mathbf{b} - \mathrm{A}\mathbf{x}^{(0)}) - \mathrm{V}_k^T\mathrm{A}\mathrm{V}_k\mathbf{z}^{(k)} = \mathrm{V}_k^T\mathbf{r}^{(0)} - \mathrm{V}_k^T\mathrm{A}\mathrm{V}_k\mathbf{z}^{(k)} = 0. \tag{4.61}$$

Aufgrund der Orthogonalität der Basis und der Wahl von $\mathbf{v}_1$, gilt $\mathrm{V}_k^T\mathbf{r}^{(0)} = \|\mathbf{r}^{(0)}\|_2\mathbf{e}_1$, wobei $\mathbf{e}_1$ der erste Einheitsvektor von $\mathbb{R}^k$ ist. Mit (4.56) folgt aus (4.61), dass $\mathbf{z}^{(k)}$ die Lösung des linearen Systems

$$\mathrm{H}_k\mathbf{z}^{(k)} = \|\mathbf{r}^{(0)}\|_2\mathbf{e}_1 \tag{4.62}$$

ist. Ist $\mathbf{z}^{(k)}$ bekannt, können wir $\mathbf{x}^{(k)}$ aus (4.59) berechnen. Da H_k eine obere Hessenberg-Matrix ist, kann das lineare System in (4.62) leicht gelöst werden, zum Beipiel indem man die LU-Faktorisierung von H_k nutzt.

Wir bemerken, dass das Verfahren in exakter Arithmetik nicht mehr als n Schritte ausführen kann und, dass es nach $m < n$ Schritten nur dann abbricht, wenn ein *Abbruch* des Arnoldi-Algorithmus eintritt. Was die Konvergenz der Methode anbetrifft, gilt das folgende Resultat.

Theorem 4.13 *In exakter Arithmetik liefert das Arnoldi-Verfahren die Lösung von* (3.2) *nach höchstens n Iterationen.*

Beweis. Bricht das Verfahren in der n-ten Iteration ab, so muss notwendigerweise $\mathbf{x}^{(n)} = \mathbf{x}$ sein, denn $K_n(\mathrm{A};\mathbf{r}^{(0)}) = \mathbb{R}^n$. Tritt umgekehrt ein Abbruch nach m Iterationen für ein gewisses $m < n$ ein, so gilt $\mathbf{x}^{(m)} = \mathbf{x}$. Invertieren wir die erste Beziehung in (4.56), so bekommen wir tatsächlich

$$\mathbf{x}^{(m)} = \mathbf{x}^{(0)} + \mathrm{V}_m\mathbf{z}^{(m)} = \mathbf{x}^{(0)} + \mathrm{V}_m\mathrm{H}_m^{-1}\mathrm{V}_m^T\mathbf{r}^{(0)} = \mathrm{A}^{-1}\mathbf{b}.$$

◇

In ihrer naiven Form erfordert das FOM-Verfahren keine explizite Berechnung der Lösung oder des Residuum, es sei denn ein Abbruch tritt auf. Deshalb könnte die Überwachung des Konvergenzverhaltens (z.B. durch Berechnung des Residuum in jedem Schritt) numerisch aufwendig sein. Jedoch ist das Residuum verfügbar, ohne explizit die Lösung berechnen zu müssen. Im k-ten Schritt haben wir nämlich

$$\|\mathbf{b} - \mathrm{A}\mathbf{x}^{(k)}\|_2 = h_{k+1,k}|\mathbf{e}_k^T \mathbf{z}_k|$$

und folglich kann man entscheiden die Methode abzubrechen, wenn

$$h_{k+1,k}|\mathbf{e}_k^T \mathbf{z}_k| / \|\mathbf{r}^{(0)}\|_2 \leq \varepsilon \tag{4.63}$$

mit einer vorgegebenen feste Toleranz $\varepsilon > 0$ gilt.

Die wichtigste Folgerung aus Theorem 4.13 ist die, dass das FOM-Verfahren als direkte Methode angesehen werden kann, da es die exakte Lösung nach einer endlichen Anzahl von Schritten liefert. Dies gilt jedoch aufgrund des Anhäufens von Rundungsfehlern nicht mehr, wenn in einer Gleitpunktarithmetik gearbeitet wird. Wenn wir darüber hinaus auch den hohen numerischen Aufwand in Betracht ziehen, der für m Schritte und eine schwach besetzte Matrix der Ordnung n mit n_z Nichtnullelementen von der Ordnung von $2(n_z + mn)$ flops ist, sowie die großen Speicherplatzanforderungen, um die Matrix V_m zu speichern, kommen wir zu dem Schluß, dass das Arnoldi-Verfahren in der Praxis bis auf kleine Werte von m nicht anwendbar ist.

Aus diesem Dilemma gibt es verschiedene Auswege. Einer davon besteht in der Vorkonditionierung des Systems (indem man zum Beispiel einen der in Abschnitt 4.3.2 vorgeschlagenen Vorkonditionierer benutzt). Alternativ können wir auch gewisse modifizierte Versionen des Arnoldi-Verfahrens einführen, indem wir zwei Herangehensweisen folgen:

1. es werden nicht mehr als m aufeinanderfolgende Schritte des FOM-Verfahrens genommen, wobei m eine kleine feste Zahl (üblicherweise $m \simeq 10$ ist). Wenn die Methode nicht konvergiert, setzten wir $\mathbf{x}^{(0)} = \mathbf{x}^{(m)}$ und das FOM-Verfahren wird für weitere m Schritte wiederholt. Das Verfahren wird ausgeführt, bis Konvergenz erreicht wird. Dieses als FOM(m)-Verfahren oder FOM-Verfahren mit Neustart bekannte Verfahren reduziert die Speicherplatzanforderungen, indem nur Matrizen mit höchstens m Spalten zu speichern sind.

2. es wird eine Grenze für die Anzahl der Richtungen, die beim Arnoldi-Algorithmus in den Orthogonalisierungsprozess eingehen, gesetzt, was zur unvollständigen Orthogonalisierungsmethode oder kurz zur IOM (engl. incomplete orthogonalization method) führt. In der Praxis erzeugt der k-te Schritt des Arnoldi-Algorithmus einen Vektor $\mathbf{v}_{k+1}$,

der höchstens orthogonal zu den q vorherigen Vektoren ist, wobei q entsprechend der Menge an verfügbaren Speicher fixiert ist.

Es ist wichtig zu bemerken, dass Theorem 4.13 nicht mehr für die Methoden, die auf die beiden oben genannten Strategien zurückgehen, gilt.

Das Programm 22 liefert eine Implementation des FOM-Algorithmus mit einem auf das Residuum (4.63) basierten Abbruchkriterium. Der Eingabeparameter `m` ist die maximal zulässige Größe des Krylov-Teilraumes, der als Folge der maximal zulässigen Anzahl von Iterationen erzeugt und dargestellt wird.

Program 22 - arnoldi_met : Das Arnoldi-Verfahren für lineare Systeme

```
function [x,k]=arnoldi_met(A,b,m,x0,toll)
r0=b-A*x0; nr0=norm(r0,2);
if nr0 ~= 0
  v1=r0/nr0; V=[v1]; H=[]; k=0; istop=0;
  while (k <= m-1) & (istop == 0)
    [k,V,H] = GSarnoldi(A,m,k,V,H);
    [nr,nc]=size(H); e1=eye(nc);
    y=(e1(:,1)'*nr0)/H(1:nc,:);
    residual = H(nr,nc)*abs(y*e1(:,nc));
    if residual <= toll
      istop = 1; y=y';
    end
  end
  if istop==0
    [nr,nc]=size(H); e1=eye(nc);
    y=(e1(:,1)'*nr0)/H(1:nc,:); y=y';
  end
  x=x0+V(:,1:nc)*y;
else
  x=x0;
end
```

Beispiel 4.9 Wir wollen das lineare System $\mathrm{A}\mathbf{x} = \mathbf{b}$ lösen, mit der Matrix $\mathrm{A} = \mathrm{tridiag}_{100}(-1, 2, -1)$ und der rechten Seite $\mathbf{b}$, so dass $\mathbf{x} = \mathbf{1}^T$ die Lösung ist. Der Anfangsvektor ist $\mathbf{x}^{(0)} = \mathbf{0}^T$ und `toll`$=10^{-10}$. Die Methode konvergiert in 50 Iterationen und Abbildung 4.9 zeigt die Konvergenzgeschichte. Beachte, die plötzliche, dramatische Reduktion des Residuum, die ein typisches Signal dafür ist, dass der zuletzt erzeugte Teilraum W_k hinreichend reich ist, um die exakte Lösung des Systems darzustellen. •

4.4.2 Das GMRES-Verfahren

Diese Methode ist dadurch charakterisiert, dass $\mathbf{x}^{(k)}$ so ausgewählt wird, dass die Euklidische Norm des Residuum in jedem k-ten Schritt minimiert

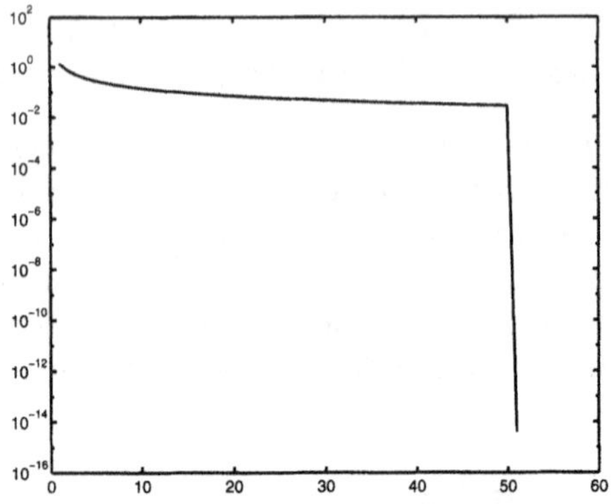

Abbildung 4.9. Das Verhalten des Residuum in Abhängigkeit von der Iterationszahl für das Arnoldi-Verfahren angewandt auf das lineare System in Beispiel 4.9.

wird. Mit (4.59) haben wir

$$\mathbf{r}^{(k)} = \mathbf{r}^{(0)} - \mathrm{AV}_k\mathbf{z}^{(k)}, \tag{4.64}$$

weil aber $\mathbf{r}^{(0)} = \mathbf{v}_1\|\mathbf{r}^{(0)}\|_2$ und (4.56) gilt, kann die Beziehung (4.64) auch in der Form

$$\mathbf{r}^{(k)} = \mathrm{V}_{k+1}(\|\mathbf{r}^{(0)}\|_2\mathbf{e}_1 - \widehat{\mathrm{H}}_k\mathbf{z}^{(k)}) \tag{4.65}$$

ausgedrückt werden, wobei $\mathbf{e}_1$ der erste Einheitsvektor von $\mathbb{R}^{k+1}$ ist. Deshalb kann beim GMRES-Verfahren die Lösung im Schritt k durch (4.59) berechnet werden, denn

$$\mathbf{z}^{(k)} \text{ wurde gewählt, um } \|\,\|\mathbf{r}^{(0)}\|_2\mathbf{e}_1 - \widehat{\mathrm{H}}_k\mathbf{z}^{(k)}\|_2 \text{ zu minimieren} \tag{4.66}$$

(die Matrix V_{k+1}, die in (4.65) erscheint, ändert den Wert von $\|\cdot\|_2$ nicht, da sie orthogonal ist). Da wir in jedem Schritt ein kleinstes Quadrate Problem der Größe k lösen müssen, wird das GMRES-Verfahren um so effektiver, je kleiner die Zahl von Iterationen ist. Wie das Arnoldi-Verfahren bricht auch das GMRES-Verfahren nach höchstens n Iterationen mit der exakten Lösung ab. Vorzeitiges Beenden basiert auf einem *Abbruch* bei der Orthonormalisierung im Arnoldi-Algorithmus. Genauer spezifiziert haben wir das folgende Resultat.

Eigenschaft 4.8 *Ein Abbruch erscheint genau dann für das GMRES-Verfahren im Schritt m (mit $m < n$), wenn die berechnete Lösung $\mathbf{x}^{(m)}$ mit der exakten Lösung des Systems übereinstimmt.*

Eine Implementation des GMRES-Verfahrens wird in Programm 23 gegeben. Es erfordert als Eingabe die maximal zulässige Größe `m` für den Krylov-Teilraum und die Toleranz `toll` gegenüber der Euklidischen Norm des auf das Anfangsresiduum normalisierten Residuum. Diese Implementation der Methode berechnet die Lösung $\mathbf{x}^{(k)}$ in jedem Schritt, um das Residuum auszuwerten, woraus ein Anwachsen des numerischen Aufwandes resultiert.

Program 23 - GMRES : Das GMRES-Verfahren für lineare Systeme

```
function [x,k]=gmres(A,b,m,toll,x0)
r0=b-A*x0; nr0=norm(r0,2);
if nr0 ~= 0
  v1=r0/nr0; V=[v1]; H=[]; k=0; residual=1;
  while k <= m-1 & residual > toll,
    [k,V,H] = GSarnoldi(A,m,k,V,H);
    [nr,nc]=size(H);   y=(H'*H) \ (H'*nr0*[1;zeros(nr-1,1)]);
    x=x0+V(:,1:nc)*y;   residual = norm(b-A*x,2)/nr0;
  end
else
  x=x0;
end
```

Um die Effizienz des GMRES-Algorithmus zu verbessern, ist es erforderlich, ein Abbruchkriterium zu entwickeln, das nicht die explizite Auswertung des Residuum in jedem Schritt erfordert. Dies ist möglich, wenn das lineare System mit oberer Hessenberg-Matrix $\widehat{\mathrm{H}}_k$ geeignet gelöst wird.

In der Praxis wird $\widehat{\mathrm{H}}_k$ in eine obere Dreiecksmatrix $\mathrm{R}_k \in \mathbb{R}^{(k+1)\times k}$ mit $r_{k+1,k} = 0$ transformiert, so dass $\mathrm{Q}_k^T \mathrm{R}_k = \widehat{\mathrm{H}}_k$, wobei Q_k eine Matrix ist, die als Produkt von k Givens-Drehungen erhalten wird (siehe Abschnitt 5.6.3). Dann kann, da Q_k orthogonal ist, gezeigt werden, dass die Minimierung von $\| \|\mathbf{r}^{(0)}\|_2 \mathbf{e}_1 - \widehat{\mathrm{H}}_k \mathbf{z}^{(k)}\|_2$ äquivalent zur Minimierung von $\|\mathbf{f}_k - \mathrm{R}_k \mathbf{z}^{(k)}\|_2$ mit $\mathbf{f}_k = \mathrm{Q}_k \|\mathbf{r}^{(0)}\|_2 \mathbf{e}_1$ ist. Es kann auch gezeigt werden, dass die $k+1$-te Komponente von $\mathbf{f}_k$ dem Betrage nach gleich der Euklidischen Norm des Residuum im k-ten Schritt ist.

Wie das FOM-Verfahren, ist auch das GMRES-Verfahren mit einem hohen numerischen Aufwand und einem großen Speicherplatzbedarf verbunden, es sei denn die Konvergenz erscheint nach wenigen Iterationen. Aus diesem Grund sind zwei Varianten des Algorithmus verfügbar, eine wird GMRES(m) genannt und basiert auf einen *Neustart* nach m Schritten. Die andere Variante heißt Quasi-GMRES oder QGMRES und basiert auf dem Abbruch des Arnoldi Orthogonalisierungsprozesses. Es ist wichtig zu bemerken, dass beide Methoden nicht der Eigenschaft 4.8 genügen.

Bemerkung 4.4 (Projektionsverfahren) Bezeichnen Y_k und L_k zwei allgemeine m-dimensionale Teilräume von $\mathbb{R}^n$, so wird ein Verfahren *Projektionsverfahren* genannt, das eine Näherungslösung $\mathbf{x}^{(k)}$ im Schritt k dadurch erzeugt, dass $\mathbf{x}^{(k)} \in Y_k$ und $\mathbf{r}^{(k)} = \mathbf{b} - \mathrm{A}\mathbf{x}^{(k)}$ orthogonal zu L_k

gefordert wird. Ist $Y_k = L_k$, so heißt das Projektionsverfahren orthogonal, andernfalls schief (siehe [Saa96]).

Die Krylov-Teilraumiterationen können als Projektionsverfahren angesehen werden. Zum Beispiel ist das Arnoldi-Verfahren ein orthogonales Projektionsverfahren mit $L_k = Y_k = K_k(\mathrm{A}; \mathbf{r}^{(0)})$, wohingegen das GMRES-Verfahren ein schiefes Projektionsverfahren mit $Y_k = K_k(\mathrm{A}; \mathbf{r}^{(0)})$ und $L_k = \mathrm{A}Y_k$ ist. Es ist bemerkenswert, dass einige der in den vorangegangenen Abschnitten eingeführten klassischen Methoden in diese Kategorie fallen. Zum Beispiel ist das Gauß-Seidel-Verfahren ein orthogonales Projektionsverfahren, wobei im k-ten Schritt $K_k(\mathrm{A}; \mathbf{r}^{(0)}) = \mathrm{span}(\mathbf{e}_k)$, $k = 1, \ldots, n$, gilt. Die Projektionsschritte werden zyklisch, von 1 bis n, ausgeführt, bis Konvergenz eintritt. ■

4.4.3 Das Lanczos-Verfahren für symmetrische Systeme

Der Arnoldi-Algorithmus vereinfacht sich beträchtlich, wenn A symmetrisch ist, da dann die Matrix H_m tridiagonal und symmetrisch ist (in der Tat folgt aus (4.56), dass H_m symmetrisch sein muss, so dass sie als obere Hessenberg-Matrix per Konstruktion notwendigerweise tridiagonal sein muss). In diesem Fall ist die Methode als das *Lanczos-Verfahren* bekannt. Seien zur Vereinfachung der Notation im folgenden $\alpha_i = h_{ii}$ und $\beta_i = h_{i-1,i}$ gesetzt.

Eine Implementation des Lanczos-Verfahrens ist im Programm 24 beschrieben. Die Vektoren `alpha` und `beta` enthalten die durch das Schema berechneten Koeffizienten α_i und β_i.

Program 24 - Lanczos : Das Lanczos-Verfahren für lineare Systeme

```
function [V,alpha,beta]=lanczos(A,m)
n=size(A); V=[0*[1:n]',[1,0*[1:n-1]]'];
beta(1)=0; normb=1; k=1;
while k <= m & normb >= eps
  vk = V(:,k+1);          w = A*vk-beta(k)*V(:,k);
  alpha(k)= w'*vk;        w = w - alpha(k)*vk
  normb = norm(w,2);
  if normb ~= 0
    beta(k+1)=normb;    V=[V,w/normb];    k=k+1;
  end
end
[n,m]=size(V); V=V(:,2:m-1);
alpha=alpha(1:n); beta=beta(2:n);
```

Der Algorithmus, der was das Sparen von Speicher anbelangt dem Arnoldi-Verfahren weit überlegen ist, ist numerisch instabil, weil nur die ersten erzeugten Vektoren tatsächlich orthogonal sind. Aus diesem Grund sind verschiedene stabile Varianten entwickelt worden.

Wie bereits in früheren Fällen, kann auch der Lanczos-Algorithmus als Löser für lineare Systeme verwendet werden, was eine symmetrische Form des FOM-Verfahrens ergibt. Es kann gezeigt werden, dass $\mathbf{r}^{(k)} = \gamma_k \mathbf{v}_{k+1}$ für ein geeignetes Gamma γ_k (analog zu (4.63)) gilt, so dass die Residuen alle paarweise orthogonal sind.

Bemerkung 4.5 (Das Verfahren der konjugierten Gradienten) Ist A symmetrisch und positiv definit, so ist es möglich aus dem Lanczos-Verfahren für lineare Systeme die schon in Abschnitt 4.3.4 eingeführte Methode der konjugierten Gradienten abzuleiten (siehe [Saa96]). Die Methode der konjugierten Gradienten ist eine Variante des Lanczos-Verfahrens bei dem der Orthonormalisierungsprozess unvollständig bleibt.

Nüchtern betrachtet können die A-konjugierten Richtungen des CG-Verfahrens wie folgt charakterisiert werden. Wenn wir im allgemeinen k-ten Schritt die LU-Faktorisierung $\mathrm{H}_k = \mathrm{L}_k\mathrm{U}_k$, mit L_k (U_k) untere (obere) bidiagonale Matrix, ausführen, lautet die Iterierte $\mathbf{x}^{(k)}$ des Lanczos-Verfahrens für Systeme

$$\mathbf{x}^{(k)} = \mathbf{x}^{(0)} + \mathrm{P}_k\mathrm{L}_k^{-1}\|\mathbf{r}^{(0)}\|_2\mathbf{e}_1,$$

mit $\mathrm{P}_k = \mathrm{V}_k\mathrm{U}_k^{-1}$. Die Spaltenvektoren von P_k sind paarweise A-konjugiert. Tatsächlich ist die Matrix $\mathrm{P}_k^T\mathrm{A}\mathrm{P}_k$ symmetrisch und bidiagonal, denn

$$\mathrm{P}_k^T\mathrm{A}\mathrm{P}_k = \mathrm{U}_k^{-T}\mathrm{H}_k\mathrm{U}_k^{-1} = \mathrm{U}_k^{-T}\mathrm{L}_k,$$

so dass sie notwendigerweise diagonal sein muss. Somit gilt $\mathbf{p}_j^T\mathrm{A}\mathbf{p}_i = 0$ für $i \neq j$, wobei wir durch $\mathbf{p}_i$ den i-ten Spaltenvektor der Matrix P_k bezeichnet haben. ∎

Wie im Fall der FOM-Methode vereinfacht sich auch das GMRES-Verfahren, wenn A symmetrisch ist. Das resultierende Schema wird Verfahren der *konjugierten Residuen* oder CR-Verfahren genannt, da es die Eigenschaft besitzt, dass die Residuen paarweise A-konjugiert sind. Varianten dieser Methode sind die verallgemeinerte Methode konjugierter Residuen (GCR, engl. generalised conjugate residuals) und das als ORTHOMIN bekannte Verfahren (das durch Abbruch des Orthogonalisierungsprozesses entsteht, ähnlich zur IOM-Methode).

4.5 Das Lanczos-Verfahren für unsymmetrische Systeme

Der Orthogonalisierungsprozess beim Lanczos-Verfahren kann durch ein *Bi-orthogonalisierungsverfahren* wie folgt auf unsymmetrische Matrizen erweitert werden. Es werden zwei Basen, $\{\mathbf{v}_i\}_{i=1}^m$ und $\{\mathbf{z}_i\}_{i=1}^m$, für die Teilräume $\mathrm{K}_m(\mathrm{A};\mathbf{v}_1)$ bzw. $\mathrm{K}_m(\mathrm{A}^T;\mathbf{z}_1)$, mit $\mathbf{z}_1^T\mathbf{v}_1 = 1$, erzeugt, so dass

$$\mathbf{z}_i^T\mathbf{v}_j = \delta_{ij}, \qquad i,j = 1,\dots,m \tag{4.67}$$

gilt. Zwei Mengen von Vektoren, die (4.67) genügen, heißen *bi-orthogonal* und lassen sich durch folgenden Algorithmus bestimmen: Indem wir $\beta_1 = \gamma_1 = 0$ und $\mathbf{z}_0 = \mathbf{v}_0 = \mathbf{0}^T$ setzen, berechnen wir im allgemeinen k-ten Schritt, $k = 1,\dots,m$,

$$\tilde{\mathbf{v}}_{k+1} = \mathrm{A}\mathbf{v}_k - \alpha_k\mathbf{v}_k - \beta_k\mathbf{v}_{k-1}, \quad \tilde{\mathbf{z}}_{k+1} = \mathrm{A}^T\mathbf{z}_k - \alpha_k\mathbf{z}_k - \gamma_k\mathbf{z}_{k-1},$$

wobei $\alpha_k = \mathbf{z}_k^T\mathrm{A}\mathbf{v}_k$. Ist $\gamma_{k+1} = \sqrt{|\tilde{\mathbf{z}}_{k+1}^T\tilde{\mathbf{v}}_{k+1}|} = 0$, so wird der Algorithmus gestoppt, andernfalls setzen wir $\beta_{k+1} = \tilde{\mathbf{z}}_{k+1}^T\tilde{\mathbf{v}}_{k+1}/\gamma_{k+1}$ und erzeugen zwei neue Vektoren in der Basis durch

$$\mathbf{v}_{k+1} = \tilde{\mathbf{v}}_{k+1}/\gamma_{k+1}, \quad \mathbf{z}_{k+1} = \tilde{\mathbf{z}}_{k+1}/\beta_{k+1}.$$

Bricht der Prozess nach m Schritten ab, und bezeichnen wir durch V_m und Z_m die Matrizen, deren Spalten Vektoren der erzeugten Basis sind, so haben wir

$$\mathrm{Z}_m^T\mathrm{A}\mathrm{V}_m = \mathrm{T}_m,$$

wobei T_m die folgende tridiagonale Matrix

$$\mathrm{T}_m = \begin{bmatrix} \alpha_1 & \beta_2 & & 0 \\ \gamma_2 & \alpha_2 & \ddots & \\ & \ddots & \ddots & \beta_m \\ 0 & & \gamma_m & \alpha_m \end{bmatrix}$$

ist. Wie im symmetrischen Fall kann der Bi-Orthogonalisierungsalgorithmus des Lanczos-Verfahrens verwendet werden, um das lineare System (3.2) zu lösen. Zu diesem Zweck genügt es, für festes m sobald die Basen $\{\mathbf{v}_i\}_{i=1}^m$ und $\{\mathbf{z}_i\}_{i=1}^m$ erst einmal erzeugt worden sind,

$$\mathbf{x}^{(m)} = \mathbf{x}^{(0)} + \mathrm{V}_m\mathbf{y}^{(m)},$$

zu setzen, wobei $\mathbf{y}^{(m)}$ die Lösung des linearen Systems $\mathrm{T}_m\mathbf{y}^{(m)} = \|\mathbf{r}^{(0)}\|_2\mathbf{e}_1$ ist. Es ist auch möglich ein auf das Residuum basiertes Abbruchkriterium einzuführen, ohne das Residuum explizit zu berechnen, da

$$\|\mathbf{r}^{(m)}\|_2 = |\gamma_{m+1}\mathbf{e}_m^T\mathbf{y}_m| \; \|\mathbf{v}_{m+1}\|_2$$

gilt. Eine Implementation des Lanczos-Verfahrens für unsymmetrische Systeme wird im Programm 25 gezeigt. Tritt ein *Abbruch* des Algorithmus ein, d.h. ist $\gamma_{k+1} = 0$, so endet das Verfahren mit einem negativen Wert der Variablen `niter`, der die Anzahl der Iterationen bezeichnet, die notwendig sind, um das Anfangsresiduum um den Faktor `toll` zu reduzieren.

Program 25 - Lanczosnosym : Das Lanczos-Verfahren für unsymmetrische Systeme

```
function [xk,nres,niter]=lanczosnosym(A,b,x0,m,toll)
r0=b-A*x0; nres0=norm(r0,2);
if nres0 ~= 0
 V=r0/nres0; Z=V; gamma(1)=0; beta(1)=0; k=1; nres=1;
 while k <= m & nres > toll
   vk=V(:,k); zk=Z(:,k);
   if  k==1, vk1=0*vk; zk1=0*zk;
   else, vk1=V(:,k-1); zk1=Z(:,k-1); end
   alpha(k)=zk'*A*vk;
   tildev=A*vk-alpha(k)*vk-beta(k)*vk1;
   tildez=A'*zk-alpha(k)*zk-gamma(k)*zk1;
   gamma(k+1)=sqrt(abs(tildez'*tildev));
   if gamma(k+1) == 0,   k=m+2;
   else
     beta(k+1)=tildez'*tildev/gamma(k+1);
     Z=[Z,tildez/beta(k+1)];
     V=[V,tildev/gamma(k+1)];
   end
   if k~=m+2
     if k==1
       Tk = alpha;
     else
       Tk=diag(alpha)+diag(beta(2:k),1)+diag(gamma(2:k),-1);
     end
     yk=Tk \ (nres0*[1,0*[1:k-1]]');
     xk=x0+V(:,1:k)*yk;
     nres=abs(gamma(k+1)*[0*[1:k-1],1]*yk)*norm(V(:,k+1),2)/nres0;
     k=k+1;
   end
 end
else
 x=x0;
end
if k==m+2, niter=-k; else, niter=k-1; end
```

Beispiel 4.10 Sei das lineare System mit der Matrix $A = \text{tridiag}_{100}(-0.5, 2, -1)$ und der rechten Seite $\mathbf{b}$ derart gegeben, dass $\mathbf{x} = \mathbf{1}^T$ die exakte Lösung ist. Unter Verwendung des Programms 25 mit `toll`$= 10^{-13}$ und einem zufällig erzeugtem **x0** konvergiert der Algorithmus in 59 Iterationen. Abbildung 4.10 zeigt die Konvergenzgeschichte von $\|\mathbf{r}^{(k)}\|_2/\|\mathbf{r}^{(0)}\|_2$ in Abhängigkeit von der Iterationszahl. •

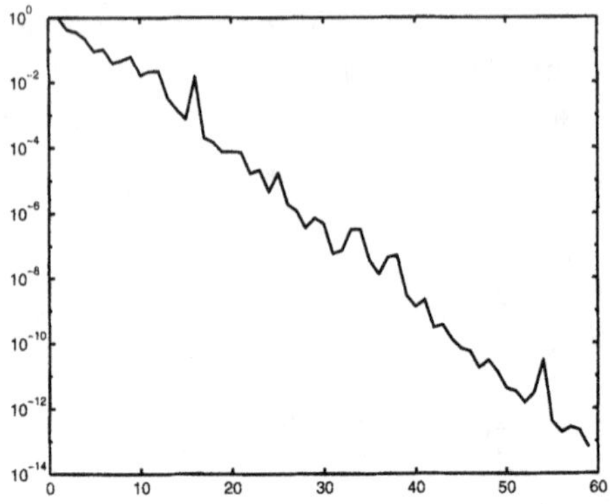

Abbildung 4.10. Graph des auf das Anfangsresiduum normalisierten Residuums in Abhängigkeit von der Iterationsanzahl für das Lanczos-Verfahren angewandt auf Beispiel 4.10.

Wir erwähnen abschließend, dass einige Varianten des unsymmetrischen Lanczos-Verfahrens entwickelt wurden, die durch einen reduzierten numerischen Aufwand charakterisiert sind. Wir verweisen den interessierten Leser für eine vollständige Beschreibung der Algorithmen auf die unten angegebene Literatur und für deren effiziente Implementierung auf die Programme, die in der MATLAB Version der öffentlich zugänglichen Bibliothek `templates` enthalten sind [BBC$^+$94], hin.

1. Die *bi-konjugierte Gradientenmethode* (BiCG): kann aus dem unsymmetrischen Lanczos-Verfahren auf gleiche Weise abgeleitet werden, wie das Verfahren der konjugierten Gradienten aus der FOM-Methode erhalten wurde [Fle75];

2. Die *Quasi-minimale Residuenmethode* (QMR): sie ist zum GMRES-Verfahren analog, der einzige Unterschied ist die Tatsache, dass der Prozess der Arnoldi-Orthogonalisierung durch die Lanczos-Biorthogonalisierung ersetzt wird;

3. Das *quadrierte Verfahren der konjugierten Gradienten* (CGS): die Matrix-Vektor-Produkte, die die transponierte Matrix A^T beinhalten werden entfernt. Eine Variante dieser Methode, bekannt als BiCG-Stab, ist im Vergleich zur CGS-Methode durch reguläreres Konvergenzverhalten charakterisiert (siehe [Son89], [vdV92]).

4.6 Abbruchkriterien

In diesem Abschnitt widmen wir uns dem Problem, wie der durch eine iterative Methode eingeführte Fehler und die Zahl k_{min} der erforderlichen

Iterationen, um den Anfangsfehler um einen Faktor ε zu reduzieren, abgeschätzt werden können.
In der Praxis kann k_{min} durch Abschätzung der Konvergenzrate von (4.2) erhalten werden, d.h. der Rate mit der $\|\mathbf{e}^{(k)}\| \to 0$ wenn k gegen Unendlich geht. Aus (4.4) erhalten wir

$$\frac{\|\mathbf{e}^{(k)}\|}{\|\mathbf{e}^{(0)}\|} \leq \|\mathrm{B}^k\|,$$

so dass $\|\mathrm{B}^k\|$ eine Abschätzung des Reduktionsfaktors der Norm des Fehlers nach k Schritten ist. Typischerweise wird der Iterationsprozess fortgesetzt, bis sich $\|\mathbf{e}^{(k)}\|$ in Bezug auf $\|\mathbf{e}^{(0)}\|$ um einen bestimmten Faktor $\varepsilon < 1$ reduziert hat, d.h. bis

$$\|\mathbf{e}^{(k)}\| \leq \varepsilon \|\mathbf{e}^{(0)}\| \tag{4.68}$$

gilt. Wenn wir $\rho(\mathrm{B}) < 1$ annehmen, dann beinhaltet Eigenschaft 1.13, dass es eine geeignete Matrixnorm $\|\cdot\|$ gibt, so dass $\|\mathrm{B}\| < 1$. Folglich konvergiert $\|\mathrm{B}^k\|$ gegen Null für k gegen Unendlich, so dass (4.68) für hinreichend großes k, mit $\|\mathrm{B}^k\| \leq \varepsilon$, erfüllt werden kann. Da jedoch $\|\mathrm{B}^k\| < 1$ gilt, läuft die vorige Ungleichung auf die Forderung hinaus, dass

$$k \geq \log(\varepsilon) / \left(\frac{1}{k} \log \|\mathrm{B}^k\| \right) = -\log(\varepsilon)/R_k(\mathrm{B}), \tag{4.69}$$

wobei $R_k(\mathrm{B})$ die in Definition 4.2 eingeführte mittlere Konvergenzrate ist. Vom praktischen Standpunkt ist (4.69), weil nichtlinear in k, nutzlos; wenn jedoch anstelle der gemittelten die asymptotische Konvergenzrate genommen wird, erhält man folgende Abschätzung für k_{min}

$$k_{min} \simeq -\log(\varepsilon)/R(\mathrm{B}). \tag{4.70}$$

Die letzte Abschätzung ist üblicherweise ziemlich optimistisch, wie Beispiel 4.11 bestätigt.

Beispiel 4.11 Für die Matrix A_3 von Beispiel 4.2, ist im Fall des Jacobi-Verfahrens und $\varepsilon = 10^{-5}$ die Bedingung (4.69) für $k_{min} = 16$ erfüllt, während (4.70) $k_{min} = 15$ liefert, bei guter Übereinstimmung beider Abschätzungen. Stattdessen finden wir für die Matrix A_4 von Beispiel 4.2, dass (4.69) für $k_{min} = 30$ erfüllt ist, wohingegen (4.70) $k_{min} = 26$ liefert. •

4.6.1 Ein auf den Zuwachs basierender Abbruchtest

Aus der rekursiven Fehlergleichung $\mathbf{e}^{(k+1)} = \mathrm{B}\mathbf{e}^{(k)}$ erhalten wir

$$\|\mathbf{e}^{(k+1)}\| \leq \|\mathrm{B}\| \|\mathbf{e}^{(k)}\|. \tag{4.71}$$

Unter Verwendung der Dreiecksungleichung bekommen wir

$$\|\mathbf{e}^{(k+1)}\| \leq \|\mathrm{B}\|(\|\mathbf{e}^{(k+1)}\| + \|\mathbf{x}^{(k+1)} - \mathbf{x}^{(k)}\|),$$

woraus

$$\|\mathbf{x} - \mathbf{x}^{(k+1)}\| \leq \frac{\|\mathrm{B}\|}{1 - \|\mathrm{B}\|}\|\mathbf{x}^{(k+1)} - \mathbf{x}^{(k)}\| \tag{4.72}$$

folgt. Wählen wir insbesondere $k = 0$ in (4.72) und wenden rekursiv (4.71) an, so haben wir auch

$$\|\mathbf{x} - \mathbf{x}^{(k+1)}\| \leq \frac{\|\mathrm{B}\|^{k+1}}{1 - \|\mathrm{B}\|}\|\mathbf{x}^{(1)} - \mathbf{x}^{(0)}\|,$$

was zur Abschätzung der Zahl der erforderlichen Iterationen, um die Bedingung $\|\mathbf{e}^{(k+1)}\| \leq \varepsilon$ bei gegebener Toleranz ε zu erfüllen, verwendet werden kann.

In der Praxis kann $\|\mathrm{B}\|$ wie folgt abgeschätzt werden: da

$$\mathbf{x}^{(k+1)} - \mathbf{x}^{(k)} = -(\mathbf{x} - \mathbf{x}^{(k+1)}) + (\mathbf{x} - \mathbf{x}^{(k)}) = \mathrm{B}(\mathbf{x}^{(k)} - \mathbf{x}^{(k-1)}),$$

wird eine untere Schranke von $\|\mathrm{B}\|$ durch $c = \delta_{k+1}/\delta_k$ geliefert, wobei $\delta_{j+1} = \|\mathbf{x}^{(j+1)} - \mathbf{x}^{(j)}\|$, mit $j = k-1, k$. Ersetzt man $\|\mathrm{B}\|$ durch c, so legt die rechte Seite von (4.72) die Verwendung des folgenden Indikators für $\|\mathbf{e}^{(k+1)}\|$ nahe

$$\epsilon^{(k+1)} = \frac{\delta_{k+1}^2}{\delta_k - \delta_{k+1}}. \tag{4.73}$$

Wegen der verwendeten Art der Approximation von $\|\mathrm{B}\|$ wird der Leser davor gewarnt, $\epsilon^{(k+1)}$ als eine obere Schranke für $\|\mathbf{e}^{(k+1)}\|$ anzusehen. Dennoch liefert $\epsilon^{(k+1)}$ oft einen vernünftigen Hinweis auf das wahre Fehlerverhalten, wie wir an folgendem Beispiel sehen.

Beispiel 4.12 Betrachte das lineare System A$\mathbf{x}$=$\mathbf{b}$ mit

$$\mathrm{A} = \begin{bmatrix} 4 & 1 & 1 \\ 2 & -9 & 0 \\ 0 & -8 & -6 \end{bmatrix}, \quad \mathbf{b} = \begin{bmatrix} 6 \\ -7 \\ -14 \end{bmatrix},$$

das den Einheitsvektor als exakte Lösung besitzt. Wir wollen das Jacobi-Verfahren anwenden und den Fehler in jedem Schritt unter Verwendung von (4.73) abschätzen. Abbildung 4.11 zeigt eine akzeptable Übereinstimmung zwischen dem Verhalten des Fehlers $\|\mathbf{e}^{(k+1)}\|_\infty$ und dem Indikator $\epsilon^{(k+1)}$. •

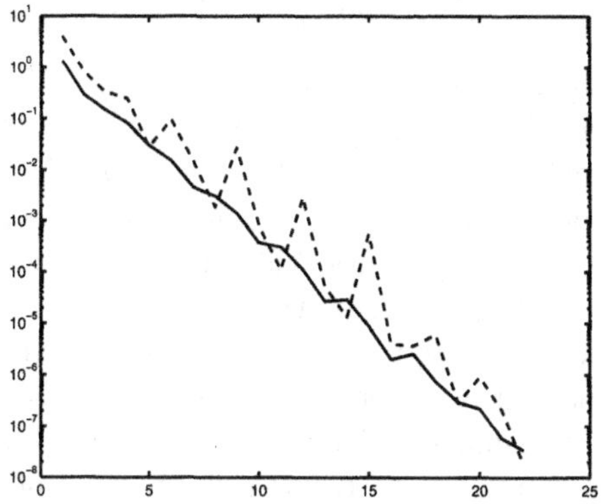

Abbildung 4.11. Absoluter Fehler (in durchgezogener Linie) gegen den durch (4.73) abgeschätzten Fehler (gestrichelte Linie). Die Iterationszahl ist auf der x-Achse angegeben.

4.6.2 Ein auf das Residuum basiertes Abbruchkriterium

Ein anderes Abbruchkriterium besteht in der Fortsetzung der Iteration bis $\|\mathbf{r}^{(k)}\| \leq \varepsilon$, bei fester vorgegebener Toleranz ε gilt. Beachte, dass

$$\|\mathbf{x} - \mathbf{x}^{(k)}\| = \|\mathrm{A}^{-1}\mathbf{b} - \mathbf{x}^{(k)}\| = \|\mathrm{A}^{-1}\mathbf{r}^{(k)}\| \leq \|\mathrm{A}^{-1}\| \, \varepsilon.$$

Betrachten wir stattdessen ein normalisiertes Residuum, d.h. stoppen wir die Iteration sobald $\|\mathbf{r}^{(k)}\|/\|\mathbf{b}\| \leq \varepsilon$ gilt, erhalten wir die folgende Kontrolle über den relativen Fehler

$$\frac{\|\mathbf{x} - \mathbf{x}^{(k)}\|}{\|\mathbf{x}\|} \leq \frac{\|\mathrm{A}^{-1}\| \, \|\mathbf{r}^{(k)}\|}{\|\mathbf{x}\|} \leq K(\mathrm{A}) \| \frac{\|\mathbf{r}^{(k)}\|}{\|\mathbf{b}\|} \leq \varepsilon K(\mathrm{A}).$$

Im Fall vorkonditionierter Methoden wird das Residuum durch das vorkonditionierte Residuum ersetzt, so dass das vorige Kriterium

$$\frac{\|\mathrm{P}^{-1}\mathbf{r}^{(k)}\|}{\|\mathrm{P}^{-1}\mathbf{r}^{(0)}\|} \leq \varepsilon$$

wird, wobei P der Vorkonditionierer ist.

4.7 Anwendungen

In diesem Abschnitt betrachten wir zwei Beispiele, die in der elektrischen Netzwerkanalyse und in der Strukturmechanik auftreten und die auf die Lösung großer Gleichungssysteme mit schwach besetzten Matrizen führen.

4.7.1 Analyse eines elektrischen Netzwerkes

Wir betrachten ein reines Widerstandsnetzwerk (gezeigt in Abbildung 4.12, links), das aus einer Verbindung von n Abschnitten S (Abbildung 4.12, rechts) durch die Reihenwiderstände R besteht. Die Schaltung wird vervollständigt durch den antreibenden Stromgenerator und den Lastwiderstand R_L. Bespielsweise ist ein reines Widerstandnetzwerk ein Modell eines Signaldämpfers für niedrigfrequente Anwendungen, wobei kapazitive und induktive Effekte vernachlässigt werden können. Die Verbindungspunkte zwischen den elektrischen Komponenten werden im Folgenden als *Knoten* bezeichnet und sind in aufsteigender Folge wie in der Abbildung markiert. Für $n \geq 1$ ist die Gesamtzahl der Knoten gleich $4n$. Jeder Knoten ist mit einem Wert des elektrischen Potentials V_i, $i = 0, ..., 4n-1$ verbunden, die die Unbekannten des Problems bilden.

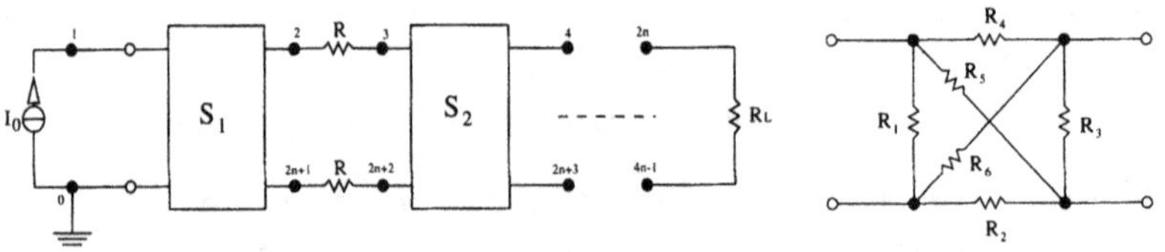

Abbildung 4.12. Elektrisches Widerstandsnetzwerk (links) und Widerstandsabschnitt S (rechts).

Zur Lösung des Problems wird die *Knotenanalysemethode* verwendet. Genauer gesagt, wird das *Kirchhoffsche Stromgesetz* in jedem Knoten des Netzwerkes aufgeschrieben, so gelangen wir zum linearen System $\tilde{\mathrm{Y}}\tilde{\mathbf{V}} = \tilde{\mathbf{I}}$, wobei $\tilde{\mathbf{V}} \in \mathbb{R}^{N+1}$ der Vektor der Knotenpotentiale ist, $\tilde{\mathbf{I}} \in \mathbb{R}^{N+1}$ den Lastvektor bezeichnet und die Einträge der Matrix $\tilde{\mathrm{Y}} \in \mathbb{R}^{(N+1)\times(N+1)}$, für $i, j = 0, \ldots, 4n-1$, durch

$$\tilde{Y}_{ij} = \begin{cases} \sum\limits_{k \in \mathrm{adj}(i)} G_{ik}, & \text{für } i = j, \\ -G_{ij}, & \text{für } i \neq j, \end{cases}$$

gegeben sind. Hierbei ist $\mathrm{adj}(i)$ die Indexmenge aller zum Knoten i benachbarten Knoten und $G_{ij} = 1/R_{ij}$ ist der Leitwert zwischen den Knoten i und j, vorausgesetzt R_{ij} bezeichnet den Widerstand zwischen den beiden Knoten i und j. Da das Potential bis auf eine additive Konstante definiert ist, setzen wir $V_0 = 0$ (*Grundpotential*). Folglich ist die Zahl der unabhängigen Knoten für Berechnungen der Potentialdifferenzen $N = 4n-1$ und das zu lösende lineare System wird $\mathrm{Y}\mathbf{V} = \mathbf{I}$, wobei $\mathrm{Y} \in \mathbb{R}^{N\times N}$, $\mathbf{V} \in \mathbb{R}^N$ und $\mathbf{I} \in \mathbb{R}^N$ durch Elimination der ersten Zeile und Spalte in $\tilde{\mathrm{Y}}$ und des ersten Eintrages in $\tilde{\mathbf{V}}$ bzw. $\tilde{\mathbf{I}}$ erhalten werden.

Die Matrix Y ist symmetrisch, diagonal dominant und positiv definit. Die letzte Eigenschaft folgt durch Beachtung, dass die Größe

$$\tilde{\mathbf{V}}^T \tilde{\mathrm{Y}} \tilde{\mathbf{V}} = \sum_{i=1}^{N} \tilde{Y}_{ii} V_i^2 + \sum_{i,j=1}^{N} G_{ij}(V_i - V_j)^2,$$

immer nichtnegativ ist, und nur dann gleich Null, wenn $\tilde{\mathbf{V}} = \mathbf{0}$ ist. Das Besetztheitsmuster von Y im Fall $n = 3$ wird in Abbildung 4.13 (links) gezeigt, während die spektrale Konditionszahl von Y als Funktion der Blockanzahl n in Abbildung 4.13 (rechts) dargestellt ist. Unsere numerischen Rechnungen wurden mit den Widerstandswerten 1 Ω und $I_0 = 1\,A$ ausgeführt.

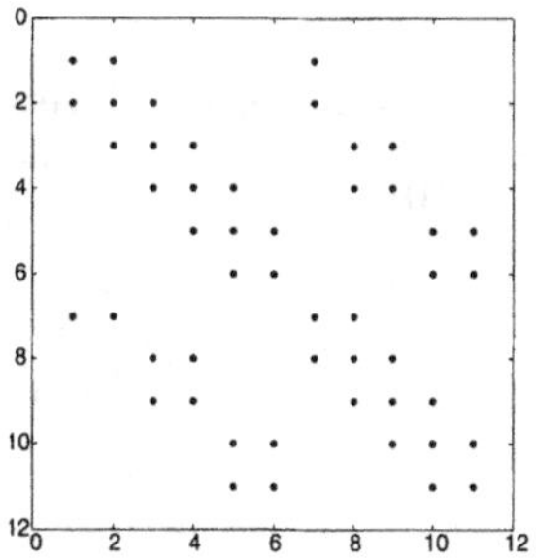

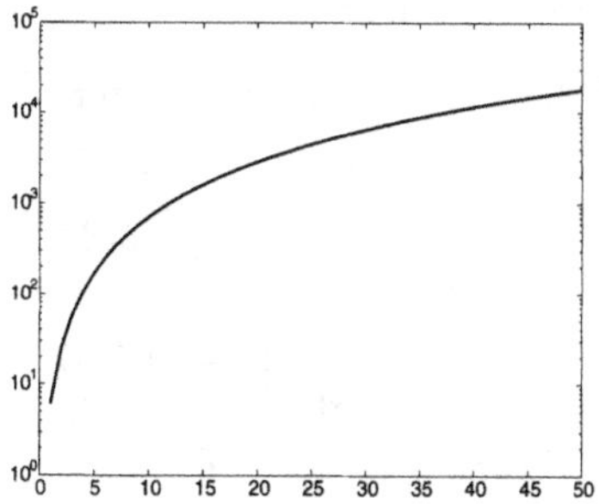

Abbildung 4.13. Besetztheitsmuster von Y für $n = 3$ (links) und spektrale Konditionszahl von Y als Funktion von n (rechts).

In Abbildung 4.14 wird die Konvergenzgeschichte verschiedener nichtvorkonditionierter iterativer Methoden im Fall $n = 5$ gezeigt, der einer Matrixgröße von 19×19 entspricht. Die Kurven zeigen die Euklidischen Normen des auf das Anfangsresiduum normalisierten Residuums. Die gestrichelte Kurve bezieht sich auf das Gauss-Seidel-Verfahren, die Strich-Punkt-Linie auf das Gradientenverfahren, während sich die durchgezogene und ringförmige markierte Linie sich auf das Verfahren der konjugierten Gradienten (CG) bzw. auf das SOR-Verfahren (mit optimalen Wert des Relaxationsparameters $\omega \simeq 1.76$, der entsprechend (4.19) berechnet wurde, da Y blocktridiagonal, symmetrisch und positiv definit ist) beziehen. Das SOR-Verfahren konvergiert in 109 Iterationen, während das CG-Verfahren nur 10 Schritte benötigt.

Wir haben auch die Lösung des Systems mit dem Verfahren der konjugierten Gradienten (CG) unter Verwendung der Cholesky-Version des ILU(0) und des MILU(0)-Vorkonditionierers (siehe Abschnitt 4.3.2) betrachtet, wobei Unterdrückungstoleranzen von $\varepsilon = 10^{-2}, 10^{-3}$ für den MILU(0)-Vorkonditionierer (siehe Abschnitt 4.3.2) gewählt wurden. Berechnungen mit beiden Vorkonditionierern wurden unter Verwendung der MATLAB Funktionen `cholinc` und `michol` ausgeführt. Tabelle 4.2 zeigt

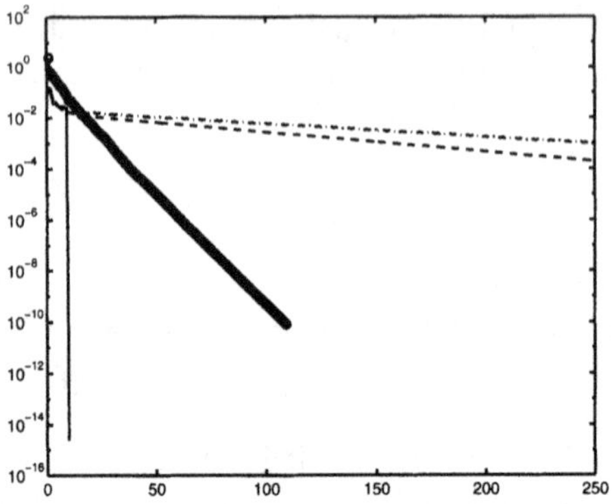

Abbildung 4.14. Konvergenzgeschichte von verschiedenen nichtvorkonditionierten iterativen Verfahren.

Tabelle 4.2. Konvergenz der Iterationen für das vorkonditionierte CG-Verfahren

n	nz	CG	ICh(0)	MICh(0) $\varepsilon = 10^{-2}$	MICh(0) $\varepsilon = 10^{-3}$
5	114	10	9 (54)	6 (78)	4 (98)
10	429	20	15 (114)	7 (173)	5 (233)
20	1659	40	23 (234)	10 (363)	6 (503)
40	6519	80	36 (474)	14 (743)	7 (1043)
80	25839	160	62 (954)	21 (1503)	10 (2123)
160	102879	320	110 (1914)	34 (3023)	14 (4283)

die Konvergenz der Iterationsmethode für $n = 5, 10, 20, 40, 80, 160$ und für die betrachteten Werte von ε. Wir geben in der zweiten Spalte die Zahl der Nichtnulleinträge im Cholesky-Faktor der Matrix Y an, in der dritten Spalte die Zahl der erforderlichen Iterationen bis zur Konvergenz für das CG-Verfahren ohne Vorkonditionierer, während die Spalten ICh(0) und MICh(0) mit $\varepsilon = 10^{-2}$ und $\varepsilon = 10^{-3}$ die gleiche Information für das CG-Verfahren mit unvollständigem Cholesky- bzw. mit modifiziertem unvollständigen Cholesky-Vorkonditionierer beinhalten.
Die Einträge in der Tabelle sind die Iterationszahlen bis zur Konvergenz und die Zahlen in Klammern sind die Nichtnulleinträge des L-Faktors des entsprechenden Vorkonditionierers. Beachte das erwartete Fallen der Iterationszahlen, wenn ε fällt. Beachte auch das Anwachsen der Iterationszahlen mit dem Anwachsen der Problemgröße.

4.7.2 Finite Differenzen Analyse der Balkenbiegung

Betrachte den an seinen Endpunkten eingespannten Balken der in Abbildung 4.15 (links) skizziert ist. Die Struktur der Länge L ist einer verteilten Last P unterworfen, die entlang der freien Koordinate x variiert und in $[kgm^{-1}]$ gemessen wird. Wir nehmen im Folgenden an, dass der Balken einen gleichmäßigen rechteckigen Querschnitt der Dicke r und der Tiefe s, das Trägheitsmoment $J = rs^3/12$ und den Youngschen Elastizitätsmodul E, ausgedrückt in $[m^4]$ bzw. $[kg\, m^{-2}]$ hat.

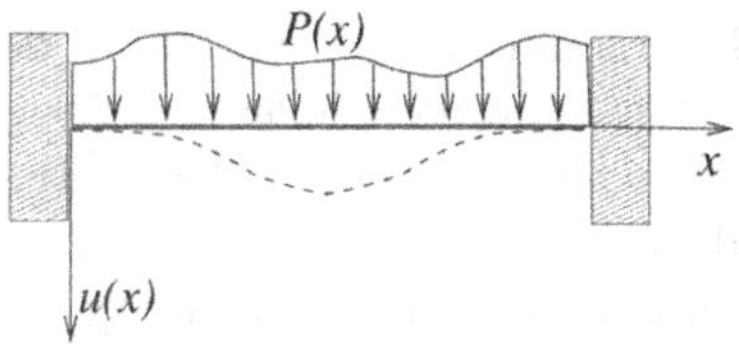

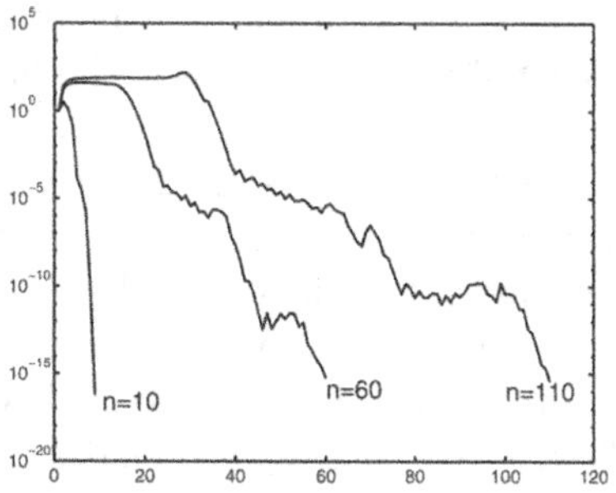

Abbildung 4.15. Eingespannter Balken (links); Konvergenzgeschichten für das vorkonditionierte Verfahren der konjugierten Gradienten bei der Lösung des Systems (4.76) (rechts).

Die Querbiegung des Balkens wird unter der Annahme kleiner Durchbiegungen durch die folgende Differentialgleichung 4.Ordnung

$$(EJu'')''(x) = P(x), \qquad 0 < x < L, \tag{4.74}$$

beschrieben, wobei $u = u(x)$ die vertikalen Verschiebungen bezeichnen. Die folgenden Randbedingungen (in den Endpunkten $x = 0$ und $x = L$)

$$u(0) = u(L) = 0, \qquad u'(0) = u'(L) = 0, \tag{4.75}$$

beschreiben die Auswirkungen der zwei Einspannungen (verschwindende Verschiebungen und Drehungen). Um das Randwertproblem (4.74)-(4.75) numerisch zu lösen, verwenden wir die finite Differenzenmethode (siehe Abschnitt 10.10.1 und Übung 11 von Kapitel 12 in Band 2).

Mit diesem Ziel führen wir die Diskretisierungsknoten $x_j = jh$, mit $h = L/N_h$ und $j = 0, \dots, N_h$ ein, und substituieren in jedem Knoten x_j die Ableitung vierter Ordnung durch eine Approximation mit zentralen Differenzen. Seien $f(x) = P(x)/(EJ)$, $f_j = f(x_j)$ und bezeichne η_j die (genäherte) *Knotenverschiebung* des Balkens im Knoten x_j, so ergibt sich die finite Differenzendiskretisierung von (4.74)-(4.75) zu

$$\begin{cases} \eta_{j-2} - 4\eta_{j-1} + 6\eta_j - 4\eta_{j+1} + \eta_{j+2} = h^4 f_j, \ \forall j = 2, \dots, N_h - 2, \\ \eta_0 = \eta_1 = \eta_{N_h-1} = \eta_{N_h} = 0. \end{cases} \tag{4.76}$$

Die Nullverschiebungsrandbedingungen in (4.76), die in den ersten beiden und den letzten beiden Knoten des Gitters auferlegt wurden, erfordern, dass $N_h \geq 4$. Beachte, dass ein Schema vierter Ordnung verwendet wurde, um die Ableitung vierter Ordnung zu approximieren, wohingegen der Einfachheit halber Approximationen erster Ordnung für die Randbedingungen verwendet wurden (siehe Abschnitt 12 in Band 2).

Die $N_h - 3$ diskreten Gleichungen (4.76) liefern ein lineares System der Form $A\mathbf{x} = \mathbf{b}$, in dem der unbekannte Vektor $\mathbf{x} \in \mathbb{R}^{N_h-3}$ bzw. der Lastvektor $\mathbf{b} \in \mathbb{R}^{N_h-3}$ durch $\mathbf{x} = (\eta_2, \eta_3, \ldots, \eta_{N_h-2})^T$ und $\mathbf{b} = (f_2, f_3, \ldots, f_{N_h-2})^T$ gegeben sind, während die Koeffizientenmatrix $A \in \mathbb{R}^{(N_h-3)\times(N_h-3)}$, pentadiagonal und symmetrisch, durch $A = \text{pentadiag}_{N_h-3}(1, -4, 6, -4, 1)$ gegeben ist.

Die Matrix A ist symmetrisch und positiv definit. Deshalb wurde zur Lösung des Systems $A\mathbf{x} = \mathbf{b}$ das SSOR vorkonditionierte Verfahren der konjugierten Gradienten (siehe Abschnitt 4.21) und die Cholesky-Faktorisierung verwendet. Im Rest dieses Abschnittes werden diese beiden Methoden mit den Symbolen (CG) und (CH) identifiziert.

Die Konvergenzgeschichten des CG-Verfahrens werden in Abbildung 4.15 (rechts) gezeigt, wobei die Folgen $\|\mathbf{r}^{(k)}\|_2/\|\mathbf{b}^{(k)}\|_2$, für die Werte $n = 10$, 60, 110, gezeichnet wurden und $\mathbf{r}^{(k)} = \mathbf{b} - A\mathbf{x}^{(k)}$ das Residuum im k-ten Schritt darstellt. Die Ergebnisse wurden unter Verwendung des Programms 20, mit `toll`$=10^{-15}$ und $\omega = 1.8$ in (4.22), erzielt. Der Anfangsvektor $\mathbf{x}^{(0)}$ wurde gleich dem Nullvektor gesetzt.

Als Kommentar zu den Darstellungen ist anzufügen, dass das CG-Verfahren 7, 33 bzw. 64 Iterationen bis zur Konvergenz erforderte bei einem maximalen absoluten Fehler von $5 \cdot 10^{-15}$ bezogen auf die durch das CH-Verfahren erzeugte Lösung. Letztere hat einen Gesamtaufwand von 136, 1286 bzw. 2436 Flops, der mit 3117, 149424 und 541647 Flops des CG-Verfahrens verglichen werden muss. Was die Leistung des SSOR-Vorkonditionierers anbetrifft, sei erwähnt, dass die spektrale Konditionszahl der Matrix A gleich 192, $3.8 \cdot 10^5$ bzw. $4.5 \cdot 10^6$ ist, wohingegen die entsprechenden Werte im vorkonditionierten Fall 65, $1.2 \cdot 10^4$ und $1.3 \cdot 10^5$ betragen.

4.8 Übungen

1. Der Spektralradius der Matrix

$$B = \begin{bmatrix} a & 4 \\ 0 & a \end{bmatrix}$$

ist $\rho(B) = a$. Prüfe, dass für $0 < a < 1$ gilt $\rho(B) < 1$, während $\|B^m\|_2^{1/m}$ größer als 1 sein kann.

2. Sei $A \in \mathbb{R}^{n\times n}$ eine streng zeilendiagonaldominante Matrix. Zeige, dass das Gauß-Seidel-Verfahren zur Lösung des linearen Systems (3.2) konvergiert.

3. Überprüfe, dass die Matrix $A = \text{tridiag}(-1, \alpha, -1)$, mit $\alpha \in \mathbb{R}$, die Eigenwerte

$$\lambda_j = \alpha - 2\cos(j\theta), \quad j = 1, \ldots, n$$

hat, wobei $\theta = \pi/(n+1)$ und die zugehörigen Eigenvektoren durch

$$\mathbf{q}_j = [\sin(j\theta), \ \sin(2j\theta), \ldots, \sin(nj\theta)]^T$$

gegeben sind. Unter welchen Bedingungen an α ist die Matrix positiv definit?

[*Lösung* : $\alpha \geq 2$.]

4. Betrachte die pentadiagonale Matrix $\mathrm{A} = \mathrm{pentadiag}_n(-1, -1, 10, -1, -1)$. Angenommen, dass $n = 10$ und $\mathrm{A} = \mathrm{M} + \mathrm{N} + \mathrm{D}$, mit $\mathrm{D} = \mathrm{diag}(8, \ldots, 8) \in \mathbb{R}^{10\times 10}$, $\mathrm{M} = \mathrm{pentadiag}_{10}(-1, -1, 1, 0, 0)$ und $\mathrm{N} = \mathrm{M}^T$. Zur Lösung von $\mathrm{A}\mathbf{x} = \mathbf{b}$ analysiere die Konvergenz folgender Iterationsverfahren

$$(a) \quad (\mathrm{M} + \mathrm{D})\mathbf{x}^{(k+1)} = -\mathrm{N}\mathbf{x}^{(k)} + \mathbf{b},$$

$$(b) \quad \mathrm{D}\mathbf{x}^{(k+1)} = -(\mathrm{M} + \mathrm{N})\mathbf{x}^{(k)} + \mathbf{b},$$

$$(c) \quad (\mathrm{M} + \mathrm{N})\mathbf{x}^{(k+1)} = -\mathrm{D}\mathbf{x}^{(k)} + \mathbf{b}.$$

[*Lösung* : Bezeichnen ρ_a, ρ_b bzw. ρ_c die Spektralradien der Iterationsmatrizen der drei Methoden, so haben wir $\rho_a = 0.1450$, $\rho_b = 0.5$ und $\rho_c = 12.2870$, was die Konvergenz der Methoden (a) und (b) sowie die Divergenz der Methode (c) beinhaltet.]

5. Betrachte für die Lösung des linearen Systems $\mathrm{A}\mathbf{x} = \mathbf{b}$ mit

$$\mathrm{A} = \begin{bmatrix} 1 & 2 \\ 2 & 3 \end{bmatrix}, \quad \mathbf{b} = \begin{bmatrix} 3 \\ 5 \end{bmatrix},$$

die folgende iterative Methode

$$\mathbf{x}^{(k+1)} = \mathrm{B}(\theta)\mathbf{x}^{(k)} + \mathbf{g}(\theta), \qquad k \geq 0, \qquad \text{mit } \mathbf{x}^{(0)} \text{ gegeben},$$

wobei θ ein reeller Parameter und

$$\mathrm{B}(\theta) = \frac{1}{4}\begin{bmatrix} 2\theta^2 + 2\theta + 1 & -2\theta^2 + 2\theta + 1 \\ -2\theta^2 + 2\theta + 1 & 2\theta^2 + 2\theta + 1 \end{bmatrix}, \quad \mathbf{g}(\theta) = \begin{bmatrix} \frac{1}{2} - \theta \\ \frac{1}{2} - \theta \end{bmatrix}$$

sind. Zeige, dass die Methode $\forall\,\theta \in \mathbb{R}$ konsistent ist. Bestimme dann die Werte von θ, für die die Methode konvergiert und berechne das Optimum von θ (d.h. den Wert des Parameters, für den die Konvergenzrate maximal wird).

[*Lösung* : Die Methode ist genau dann konvergent, wenn $-1 < \theta < 1/2$ und die Konvergenzrate wird für $\theta = (1 - \sqrt{3})/2$ maximal.]

6. Betrachte zur Lösung des folgenden Blocksystems

$$\begin{bmatrix} \mathrm{A}_1 & \mathrm{B} \\ \mathrm{B} & \mathrm{A}_2 \end{bmatrix} \begin{bmatrix} \mathbf{x} \\ \mathbf{y} \end{bmatrix} = \begin{bmatrix} \mathbf{b}_1 \\ \mathbf{b}_2 \end{bmatrix},$$

die beiden Methoden

$$(1) \quad \mathrm{A}_1\mathbf{x}^{(k+1)} + \mathrm{B}\mathbf{y}^{(k)} = \mathbf{b}_1, \quad \mathrm{B}\mathbf{x}^{(k)} + \mathrm{A}_2\mathbf{y}^{(k+1)} = \mathbf{b}_2;$$

$$(2) \quad \mathrm{A}_1\mathbf{x}^{(k+1)} + \mathrm{B}\mathbf{y}^{(k)} = \mathbf{b}_1, \quad \mathrm{B}\mathbf{x}^{(k+1)} + \mathrm{A}_2\mathbf{y}^{(k+1)} = \mathbf{b}_2.$$

Finde hinreichende Bedingungen für die Konvergenz beider Schemata bei beliebiger Wahl der Anfangsdaten $\mathbf{x}^{(0)}$, $\mathbf{y}^{(0)}$.

[*Lösung* : Die Methode (1) ist ein entkoppeltes System in den Unbekannten $\mathbf{x}^{(k+1)}$ und $\mathbf{y}^{(k+1)}$. Angenommen, dass A_1 und A_2 invertierbar sind, konvergiert Methode (1) wenn $\rho(A_1^{-1}B) < 1$ und $\rho(A_2^{-1}B) < 1$ gilt. Im Fall der Methode (2) haben wir in jedem Schritt ein gekoppeltes System in den Unbekannten $\mathbf{x}^{(k+1)}$ und $\mathbf{y}^{(k+1)}$ zu lösen. Lösen wir die erste Gleichung formal nach $\mathbf{x}^{(k+1)}$ auf (was erfordert, das A_1 invertierbar ist) und substituieren das Ergebnis in die zweite, so sehen wir, dass die Methode (2) konvergiert, wenn $\rho(A_2^{-1}BA_1^{-1}B) < 1$ gilt (wieder muss A_2 invertierbar sein).]

7. Betrachte das lineare System $A\mathbf{x} = \mathbf{b}$ mit

$$A = \begin{bmatrix} 62 & 24 & 1 & 8 & 15 \\ 23 & 50 & 7 & 14 & 16 \\ 4 & 6 & 58 & 20 & 22 \\ 10 & 12 & 19 & 66 & 3 \\ 11 & 18 & 25 & 2 & 54 \end{bmatrix}, \quad \mathbf{b} = \begin{bmatrix} 110 \\ 110 \\ 110 \\ 110 \\ 110 \end{bmatrix}.$$

(1) Überprüfe, ob das Jacobi- und das Gauß-Seidel-Verfahren zur Lösung des Systems angewandt werden kann. (2) Überprüfe, ob das stationäre Richardson-Verfahren mit optimalem Parameter für $P = I$ und $P = D$, wobei D der Diagonalteil von A ist, angewandt werden kann, und berechne die entsprechenden Werte von α_{opt} und ρ_{opt}.

[*Lösung* : (1): Die Matrix A ist weder diagonal dominant noch symmetrisch positiv definit, so dass wir die Spektralradien der Iterationsmatrizen des Jacobi- und Gauß-Seidel-Verfahrens berechnen müssen, um die Konvergenz zu verifizieren. Es ergeben sich $\rho_J = 0.9280$ und $\rho_{GS} = 0.3066$, was die Konvergenz beider Methoden impliziert. (2): Im Fall $P = I$ sind alle Eigenwerte von A positiv, so dass das Richardson-Verfahren angewandt werden kann, was $\alpha_{opt} = 0.015$ und $\rho_{opt} = 0.6452$ ergibt. Ist $P = D$, so ist die Methode noch anwendbar und $\alpha_{opt} = 0.8510$, $\rho_{opt} = 0.6407$.]

8. Betrachte das lineare System $A\mathbf{x} = \mathbf{b}$ mit

$$A = \begin{bmatrix} 5 & 7 & 6 & 5 \\ 7 & 10 & 8 & 7 \\ 6 & 8 & 10 & 9 \\ 5 & 7 & 9 & 10 \end{bmatrix}, \quad \mathbf{b} = \begin{bmatrix} 23 \\ 32 \\ 33 \\ 31 \end{bmatrix}.$$

Analysiere die Konvergenzeigenschaften des Jacobi- und Gauß-Seidel-Verfahrens angewandt auf das obige System in ihren Punkt- und Blockformen (für eine 2×2 Blockzerlegung von A).

[*Lösung* : Beide Methoden sind konvergent, die Blockform ist die schnellere. Darüber hinaus gilt $\rho^2(B_J) = \rho(B_{GS})$.]

9. Betrachte zur Lösung des linearen Systems $A\mathbf{x} = \mathbf{b}$ die iterative Methode (4.6) mit $P = D + \omega F$ und $N = -\beta F - E$, ω und β reelle Zahlen. Überprüfe, dass die Methode nur für $\beta = 1 - \omega$ konsistent ist. Drücke in diesem Fall die Eigenwerte der Iterationsmatrix als Funktion von ω aus und bestimme, für welche Werte von ω die Methode konvergiert sowie für $A = \mathrm{tridiag}_{10}(-1, 2, -1)$ den Wert ω_{opt}.

[*Hinweis* : Nutze das Resultat in Übung 3.]

10. Sei $A \in \mathbb{R}^{n\times n}$ derart gegeben, dass $A = (1+\omega)P - (N+\omega P)$ mit $P^{-1}N$ nichtsingulär und mit reellen Eigenwerten $1 > \lambda_1 \geq \lambda_2 \geq \ldots \geq \lambda_n$. Finde die Werte von $\omega \in \mathbb{R}$, für die die folgende iterative Methode

$$(1+\omega)P\mathbf{x}^{(k+1)} = (N+\omega P)\mathbf{x}^{(k)} + \mathbf{b}, \qquad k \geq 0,$$

$\forall \mathbf{x}^{(0)}$ gegen die Lösung des linearen Systems (3.2) konvergiert. Bestimme auch den Wert von ω für den die Konvergenzrate maximal wird
[*Lösung* : $\omega > -(1+\lambda_n)/2$; $\omega_{opt} = -(\lambda_1+\lambda_n)/2$.]

11. Betrachte das lineare System

$$A\mathbf{x} = \mathbf{b} \quad \text{with } A = \begin{bmatrix} 3 & 2 \\ 2 & 6 \end{bmatrix}, \quad \mathbf{b} = \begin{bmatrix} 2 \\ -8 \end{bmatrix}.$$

Gebe das damit verbundene Funktional $\Phi(\mathbf{x})$ an und interpretiere graphisch die Lösung des linearen Systems. Führe einige Iterationen des Gradientenverfahrens entsprechend dem Konvergenzbeweis aus.

12. Überprüfe, dass beim Gradientenverfahren $\mathbf{x}^{(k+2)}$ keine optimale Richtung bezüglich $\mathbf{r}^{(k)}$ ist.

13. Zeige, dass die Koeffizienten α_k und β_k beim Verfahren der konjugierten Gradienten in der alternativen Form (4.45) geschrieben werden können.
[*Lösung*: Beachte, dass $A\mathbf{p}^{(k)} = (\mathbf{r}^{(k)} - \mathbf{r}^{(k+1)})/\alpha_k$ gilt, und folglich auch $(A\mathbf{p}^{(k)})^T\mathbf{r}^{(k+1)} = -\|\mathbf{r}^{(k+1)}\|_2^2/\alpha_k$. Darüber hinaus gilt $\alpha_k(A\mathbf{p}^{(k)})^T\mathbf{p}^{(k)} = -\|\mathbf{r}^{(k)}\|_2^2$.]

14. Beweise die Drei-Term-Rekursion (4.46) für das Residuum des Verfahrens der konjugierten Gradienten.
[*Lösung*: Subtrahiere auf beiden Seiten von $A\mathbf{p}^{(k)} = (\mathbf{r}^{(k)} - \mathbf{r}^{(k+1)})/\alpha_k$ die Größe $\beta_{k-1}/\alpha_k\mathbf{r}^{(k)}$ und erinnere an $A\mathbf{p}^{(k)} = A\mathbf{r}^{(k)} - \beta_{k-1}A\mathbf{p}^{(k-1)}$. Indem man das Residuum $\mathbf{r}^{(k)}$ als Funktion von $\mathbf{r}^{(k-1)}$ ausdrückt, erhält man unmittelbar die gewünschte Beziehung.]

5

Approximation von Eigenwerten und Eigenvektoren

In diesem Abschnitt beschäftigen wir uns mit der Approximation der Eigenwerte und Eigenvektoren einer Matrix $\mathrm{A} \in \mathbb{C}^{n\times n}$. Hierzu gibt es zwei Klassen von Methoden, sogenannte *Teilmethoden*, die nur die *extremalen* Eigenwerte von A (d.h. jene mit maximalem und minimalem Betrag) berechnen, und *globale Methoden*, die das ganze Spektrum von A approximieren.

Es ist wichtig zu erwähnen, dass Methoden, die zur Lösung des Matrixeigenwertproblems eingeführt werden, sich nicht notwendig zur Berechnung der Matrixeigenvektoren eignen. Zum Beispiel liefert die *direkte Vektoriteration* (eine Teilmethode, siehe Abschnitt 5.3) eine Approximation zu einem *speziellen* Eigenwert-Eigenvektor-Paar. Das *QR-Verfahren* (eine globale Methode, siehe Abschnitt 5.5) berechnet stattdessen die reelle Schur-Darstellung von A, eine kanonische Form, die *alle* Eigenwerte von A liefert, aber nicht die zugehörigen Eigenvektoren. Diese Eigenvektoren können, ausgehend von der reellen Schur-Darstellung von A mit einem zusätzlichen numerischen Aufwand, wie in Abschnitt 5.8.2 beschrieben, berechnet werden.

Abschließend werden in Abschnitt 5.10 einige *ad hoc* Methoden zur effektiven Behandlung des Spezialfalles, in dem A eine symmetrische $(n \times n)$ Matrix ist, betrachtet.

5.1 Geometrische Lage der Eigenwerte

Da die Eigenwerte von A die Wurzeln des charakteristischen Polynoms $p_A(\lambda)$ (siehe Abschnitt 1.7) sind, müssen iterative Methoden für ihre Approximation verwendet werden, wenn $n \geq 5$. Die Kenntnis der Lage der Eigenwerte in der komplexen Ebene kann folglich hilfreich bei der Beschleunigung des Konvergenzprozesses sein.

Eine erste Abschätzung liefert Theorem 1.4, d.h.

$$|\lambda| \leq \|A\|, \qquad \forall \lambda \in \sigma(A), \tag{5.1}$$

für jede konsistente Matrixnorm $\|\cdot\|$. Die Abschätzung (5.1), die oft ziemlich grob ist, bedeutet, dass *alle* Eigenwerte von A in der Gaußschen Ebene innerhalb eines Kreises um den Ursprung mit dem Radius $R_{\|A\|} = \|A\|$ liegen.

Ein weiteres Resultat wird durch Erweiterung der Zerlegungseigenschaft 1.23 auf komplexwertige Matrizen erhalten.

Theorem 5.1 *Für* $A \in \mathbb{C}^{n\times n}$ *seien*

$$H = \left(A + A^H\right)/2 \qquad \textit{und} \qquad iS = \left(A - A^H\right)/2$$

der hermitische bzw. der schief-hermitische Teil von A, *mit* i *die imaginäre Einheit. Für jedes* $\lambda \in \sigma(A)$ *gilt*

$$\lambda_{min}(H) \leq \mathrm{Re}(\lambda) \leq \lambda_{max}(H), \quad \lambda_{min}(S) \leq \mathrm{Im}(\lambda) \leq \lambda_{max}(S). \tag{5.2}$$

Beweis. Aus der Definition von H und S folgt, dass $A = H + iS$ gilt. Sei $\mathbf{u} \in \mathbb{C}^n$, $\|\mathbf{u}\|_2 = 1$ der zum Eigenwert λ gehörende Eigenvektor; der (in Abschnitt 1.7) eingeführte Rayleigh-Quotient ergibt sich zu

$$\lambda = \mathbf{u}^H A\mathbf{u} = \mathbf{u}^H H\mathbf{u} + i\mathbf{u}^H S\mathbf{u}. \tag{5.3}$$

Beachte, dass sowohl H als auch S hermitische Matrizen sind, wohingegen iS schief-hermitisch ist. Die Matrizen H und S sind folglich unitär ähnlich zu einer reellen Diagonalmatrix (siehe Abschnitt 1.7), und deshalb sind ihre Eigenwerte reell. In solch einem Fall liefert (5.3)

$$\mathrm{Re}(\lambda) = \mathbf{u}^H H\mathbf{u}, \qquad \mathrm{Im}(\lambda) = \mathbf{u}^H S\mathbf{u},$$

woraus (5.2) folgt. ◇

Eine *a priori* Schranke für die Eigenwerte von A wird durch folgendes Resultat gegeben.

Theorem 5.2 (Gerschgorin Kreise) *Sei* $A \in \mathbb{C}^{n\times n}$. *Dann gilt*

$$\sigma(A) \subseteq \mathcal{S}_{\mathcal{R}} = \bigcup_{i=1}^{n} \mathcal{R}_i, \qquad \mathcal{R}_i = \{z \in \mathbb{C} : |z - a_{ii}| \leq \sum_{\substack{j=1\\ j\neq i}}^{n} |a_{ij}|\}. \tag{5.4}$$

Die Mengen $\mathcal{R}_i$ *werden Gerschgorin Kreise genannt.*

Beweis. Zerlegen wir A in A = D + E, wobei D der Diagonalteil von A und $e_{ii} = 0$ für $i = 1, \ldots, n$ sind. Für $\lambda \in \sigma(\mathrm{A})$ (mit $\lambda \neq a_{ii}$, $i = 1, \ldots, n$) führen wir die Matrix $\mathrm{B}_\lambda = \mathrm{A} - \lambda\mathrm{I} = (\mathrm{D} - \lambda\mathrm{I}) + \mathrm{E}$ ein. Da B_λ singulär ist, gibt es einen Nicht-nullvektor $\mathbf{x} \in \mathbb{C}^n$, so dass $\mathrm{B}_\lambda \mathbf{x} = \mathbf{0}$ gilt. Das bedeutet, dass $((\mathrm{D} - \lambda\mathrm{I}) + \mathrm{E})\,\mathbf{x} = \mathbf{0}$, d.h. durch Übergang zur $\|\cdot\|_\infty$ Norm,

$$\mathbf{x} = -(\mathrm{D} - \lambda\mathrm{I})^{-1}\mathrm{E}\mathbf{x}, \qquad \|\mathbf{x}\|_\infty \leq \|(\mathrm{D} - \lambda\mathrm{I})^{-1}\mathrm{E}\|_\infty \|\mathbf{x}\|_\infty,$$

und folglich

$$1 \leq \|(\mathrm{D} - \lambda\mathrm{I})^{-1}\mathrm{E}\|_\infty = \sum_{j=1}^{n} \frac{|e_{kj}|}{|a_{kk} - \lambda|} = \sum_{\substack{j=1 \\ j\neq k}}^{n} \frac{|a_{kj}|}{|a_{kk} - \lambda|} \tag{5.5}$$

für ein bestimmtes k, $1 \leq k \leq n$, gilt. Ungleichung (5.5) beinhaltet $\lambda \in \mathcal{R}_k$ und somit (5.4). ◇

Die Schranken (5.4) gewährleisten, dass jeder Eigenwert von A innerhalb der Vereinigung der Kreise $\mathcal{R}_i$ liegt. Da A und A^T das gleiche Spektrum haben gilt darüber hinaus Theorem 5.2 auch in der Form

$$\sigma(A) \subseteq \mathcal{S}_\mathcal{C} = \bigcup_{j=1}^{n} \mathcal{C}_j, \qquad \mathcal{C}_j = \{z \in \mathbb{C} : |z - a_{jj}| \leq \sum_{\substack{i=1 \\ i\neq j}}^{n} |a_{ij}|\}. \tag{5.6}$$

Die Kreise $\mathcal{R}_i$ in der komplexen Ebene werden Zeilenkreise und die $\mathcal{C}_j$ Spaltenkreise genannt. Die unmittelbare Konsequenz von (5.4) und (5.6) ist die folgende Eigenschaft.

Eigenschaft 5.1 (Erstes Gerschgorin Theorem) *Für eine gegebene Matrix* $\mathrm{A} \in \mathbb{C}^{n\times n}$ *gilt*

$$\forall \lambda \in \sigma(A), \qquad \lambda \in \mathcal{S}_\mathcal{R} \bigcap \mathcal{S}_\mathcal{C}. \tag{5.7}$$

Die beiden folgenden Lage-Theoreme können ebenfalls bewiesen werden (siehe [Atk89], S. 588-590 und [Hou75], S. 66-67).

Eigenschaft 5.2 (Zweites Gerschgorin Theorem) *Seien*

$$\mathcal{S}_1 = \bigcup_{i=1}^{m} \mathcal{R}_i, \quad \mathcal{S}_2 = \bigcup_{i=m+1}^{n} \mathcal{R}_i.$$

Ist $\mathcal{S}_1 \cap \mathcal{S}_2 = \emptyset$, *so enthält* $\mathcal{S}_1$ *genau* m *Eigenwerte von* A, *jeder entsprechend seiner algebraischen Vielfachheit gezählt, während die restlichen Eigenwerte in* $\mathcal{S}_2$ *enthalten sind.*

Bemerkung 5.1 Die Eigenschaften 5.1 und 5.2 schliessen nicht die Möglichkeit aus, dass Kreise existieren, die keine Eigenwerte enthalten, wie es der Fall für die Matrix in Übung 1 ist. ■

Definition 5.1 Eine Matrix $\mathrm{A} \in \mathbb{C}^{n\times n}$ wird *reduzibel* genannt, wenn eine Permutationsmatrix derart existiert, dass

$$\mathrm{PAP}^T = \begin{bmatrix} \mathrm{B}_{11} & \mathrm{B}_{12} \\ 0 & \mathrm{B}_{22} \end{bmatrix}$$

mit quadratischen Matrizen B_{11} und B_{22} gilt; A ist *irreduzibel*, wenn A nicht reduzibel ist. ■

Um festzustellen, ob eine Matrix irreduzibel ist, kann der *gerichtete Graph* einer Matrix zweckmäßig verwendet werden. Aus Abschnitt 3.9 wissen wir, dass der gerichtete Graph einer reellen Matrix A durch Verbinden von n Punkten $P_1, \ldots, P_n$ (Ecken des Graphen genannt) mittels einer von P_i nach P_j gerichtete Linie entsteht, wenn für den entsprechenden Matrixeintrag $a_{ij} \neq 0$ gilt. Ein gerichteter Graph ist *streng zusammenhängend*, wenn es für jedes Paar von verschiedenen Ecken P_i und P_j einen orientierten Weg von P_i nach P_j gibt. Folgende Ergebnisse gelten (für den Beweis siehe [Var62]).

Eigenschaft 5.3 *Eine Matrix* $\mathrm{A} \in \mathbb{R}^{n\times n}$ *ist genau dann irreduzibel, wenn ihr gerichteter Graph streng zusammenhängend ist.*

Eigenschaft 5.4 (Drittes Gerschgorin Theorem) *Sei* $\mathrm{A} \in \mathbb{C}^{n\times n}$ *eine irreduzible Matrix. Ein Eigenwert* $\lambda \in \sigma(\mathrm{A})$ *kann nicht auf dem Rand von* $\mathcal{S}_\mathcal{R}$ *liegen, es sei denn er liegt auf dem Rand eines jeden Kreises* $\mathcal{R}_i$, *für* $i = 1, \ldots, n$.

Beispiel 5.1 Betrachten wir die Matrix

$$\mathrm{A} = \begin{bmatrix} 10 & 2 & 3 \\ -1 & 2 & -1 \\ 0 & 1 & 3 \end{bmatrix},$$

deren Spektrum (bis auf 4 signifikante Stellen) $\sigma(\mathrm{A}) = \{9.687, 2.656 \pm i0.693\}$ ist. Die folgenden Werte der Norm von A können in der Abschätzung (5.1) verwendet werden: $\|\mathrm{A}\|_1 = 11$, $\|\mathrm{A}\|_2 = 10.72$, $\|\mathrm{A}\|_\infty = 15$ und $\|\mathrm{A}\|_F = 11.36$. Abschätzung (5.2) liefert stattdessen $1.96 \leq \mathrm{Re}(\lambda(\mathrm{A})) \leq 10.34$, $-2.34 \leq \mathrm{Im}(\lambda(\mathrm{A})) \leq 2.34$, während die Zeilen- bzw. Spaltenkreise durch $\mathcal{R}_1 = \{|z| : |z-10| \leq 5\}$, $\mathcal{R}_2 = \{|z| : |z-2| \leq 2\}$, $\mathcal{R}_3 = \{|z| : |z-3| \leq 1\}$ und $\mathcal{C}_1 = \{|z| : |z-10| \leq 1\}$, $\mathcal{C}_2 = \{|z| : |z-2| \leq 3\}$, $\mathcal{C}_3 = \{|z| : |z-3| \leq 4\}$ gegeben sind.
In Abbildung 5.1 sind die $\mathcal{R}_i$- und die $\mathcal{C}_i$-Kreise sowie der Durchschnitt $\mathcal{S}_\mathcal{R} \cap \mathcal{S}_\mathcal{C}$ (schattierte Flächen) für $i = 1, 2, 3$ veranschaulicht. In Übereinstimmung mit Eigenschaft 5.2, bemerken wir, dass ein Eigenwert in $\mathcal{C}_1$ enthalten ist, der disjunkt zu $\mathcal{C}_2$ und $\mathcal{C}_3$ ist, während die restlichen Eigenwerte dank Eigenschaft 5.1 innerhalb der Menge $\mathcal{R}_2 \cup \{\mathcal{C}_3 \cap \mathcal{R}_1\}$ liegen. •

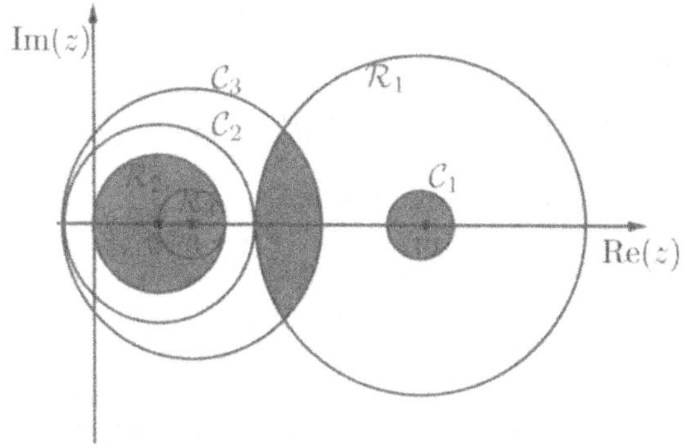

Abbildung 5.1. Zeilen- und Spalten-Kreise für die Matrix A in Beispiel 5.1.

5.2 Stabilität und Analyse der Kondition

In diesem Abschnitt führen wir einige *a priori* und *a posteriori* Abschätzungen ein, die bei der Stabilitätsanalyse des Matrixeigenwertproblems und des Matrixeigenvektorproblems relevant sind. Die Darstellung folgt den Leitlinien, die in Kapitel 2 gezeichnet wurden.

5.2.1 A priori *Abschätzungen*

Wir nehmen an, dass die Matrix $\mathrm{A} \in \mathbb{C}^{n\times n}$ diagonalisierbar ist, und bezeichnen durch $\mathrm{X} = (\mathbf{x}_1, \dots, \mathbf{x}_n) \in \mathbb{C}^{n\times n}$ die Matrix ihrer Rechtseigenvektoren, wobei $\mathbf{x}_k \in \mathbb{C}^n$ für $k = 1, \dots, n$, so gewählt wurde, dass $\mathrm{D} = \mathrm{X}^{-1}\mathrm{AX} = \mathrm{diag}(\lambda_1, \dots, \lambda_n)$, und λ_i die Eigenwerte von A, $i = 1, \dots, n$, sind. Ferner sei $\mathrm{E} \in \mathbb{C}^{n\times n}$ eine Störung von A.

Theorem 5.3 (Bauer-Fike) *Ist μ ein Eigenwert der Matrix $\mathrm{A}+\mathrm{E} \in \mathbb{C}^{n\times n}$, so gilt*

$$\min_{\lambda\in\sigma(\mathrm{A})} |\lambda - \mu| \leq K_p(\mathrm{X})\|\mathrm{E}\|_p, \tag{5.8}$$

wobei $\|\cdot\|_p$ irgendeine p-Matrixnorm ist. $K_p(\mathrm{X}) = \|\mathrm{X}\|_p\|\mathrm{X}^{-1}\|_p$ heißt Konditionszahl des Eigenwertproblems für die Matrix A.

Beweis. Wir bemerken zunächst, dass im Fall $\mu \in \sigma(\mathrm{A})$ die Abschätzung (5.8) trivialerweise erfüllt ist, denn $\|\mathrm{X}\|_p\|\mathrm{X}^{-1}\|_p\|\mathrm{E}\|_p \geq 0$. Wir nehmen im Folgenden an, dass $\mu \notin \sigma(\mathrm{A})$. Aus der Definition der Eigenwerte folgt, dass die Matrix $(\mathrm{A}+\mathrm{E}-\mu\mathrm{I})$ singulär ist, was bedeutet, dass die Matrix $\mathrm{X}^{-1}(\mathrm{A}+\mathrm{E}-\mu\mathrm{I})\mathrm{X} = \mathrm{D} + \mathrm{X}^{-1}\mathrm{EX} - \mu\mathrm{I}$ singulär ist, da ja X invertierbar ist. Deshalb gibt es einen Nichtnullvektor $\mathbf{x} \in \mathbb{C}^n$, so dass

$$\left((\mathrm{D}-\mu\mathrm{I}) + \mathrm{X}^{-1}\mathrm{EX}\right)\mathbf{x} = \mathbf{0}.$$

Weil $\mu \notin \sigma(\mathrm{A})$, ist die Diagonalmatrix $(\mathrm{D}-\mu\mathrm{I})$ invertierbar und die vorige Gleichung kann in der Form

$$\left(\mathrm{I} + (\mathrm{D}-\mu\mathrm{I})^{-1}(\mathrm{X}^{-1}\mathrm{EX})\right)\mathbf{x} = \mathbf{0}$$

geschrieben werden. Indem wir zur $\|\cdot\|_p$ Norm übergehen und wie im Beweis von Theorem 5.2 fortfahren, bekommen wir

$$1 \leq \|(\mathrm{D} - \mu \mathrm{I})^{-1}\|_p K_p(\mathrm{X}) \|\mathrm{E}\|_p,$$

woraus die Abschätzung (5.8) folgt, denn es ist

$$\|(\mathrm{D} - \mu \mathrm{I})^{-1}\|_p = (\min_{\lambda \in \sigma(\mathrm{A})} |\lambda - \mu|)^{-1}.$$

◇

Ist A eine *normale* Matrix, so folgt aus dem Zerlegungstheorem von Schur (siehe Abschnitt 1.8), dass die Matrix X der Ähnlichkeitstransformation unitär ist, so dass $K_2(\mathrm{X}) = 1$. Dies beinhaltet

$$\forall \mu \in \sigma(\mathrm{A} + \mathrm{E}), \qquad \min_{\lambda \in \sigma(\mathrm{A})} |\lambda - \mu| \leq \|\mathrm{E}\|_2, \tag{5.9}$$

folglich ist das Eigenwertproblem in Bezug auf den absoluten Fehler *gut-konditioniert.* Dies schützt das Matrixeigenwertproblem jedoch nicht vor dem Einfluß bedeutender *relativer* Fehler, insbesondere dann nicht, wenn A ein weit gestreutes Spektrum hat.

Beispiel 5.2 Wir betrachten für $1 \leq n \leq 10$ die Berechnung der Eigenwerte der Hilbert-Matrix $\mathrm{H}_n \in \mathbb{R}^{n \times n}$ (siehe Beispiel 3.2, Kapitel 3). Sie ist symmetrisch (und somit auch normal) und hat für $n \geq 4$ eine sehr große Konditionszahl. Sei $\mathrm{E}_n \in \mathbb{R}^{n \times n}$ eine Matrix mit konstanten Einträgen gleich $\eta = 10^{-3}$. Wir zeigen in Tabelle 5.1 die Ergebnisse der Berechnung des Minimum in (5.9). Beachte, wie der absolute Fehler fällt, da der betragsmäßig minimale Eigenwert gegen Null geht, während der relative Fehler mit der Größe n der Matrix anwächst, was auf die höhere Sensitivität der "kleinen" Eigenwerte in Bezug auf Rundungsfehler zurückzuführen ist. •

Tabelle 5.1. Relative und absolute Fehler bei der Berechnung der Eigenwerte der Hilbert-Matrix (unter Verwendung der MATLAB Funktion `eig`). "Abs. Fehler" bzw. "Rel. Fehler" bezeichnen den absoluten und relativen Fehler (bezüglich λ).

n	Abs. Fehler	Rel. Fehler	$\|\mathrm{E}_n\|_2$	$K_2(\mathrm{H}_n)$	$K_2(\mathrm{H}_n + \mathrm{E}_n)$
1	$1 \cdot 10^{-3}$	$1 \cdot 10^{-3}$	$1 \cdot 10^{-3}$	$1 \cdot 10^{-3}$	1
2	$1.677 \cdot 10^{-4}$	$1.446 \cdot 10^{-3}$	$2 \cdot 10^{-3}$	19.28	19.26
4	$5.080 \cdot 10^{-7}$	$2.207 \cdot 10^{-3}$	$4 \cdot 10^{-3}$	$1.551 \cdot 10^{4}$	$1.547 \cdot 10^{4}$
8	$1.156 \cdot 10^{-12}$	$3.496 \cdot 10^{-3}$	$8 \cdot 10^{-3}$	$1.526 \cdot 10^{10}$	$1.515 \cdot 10^{10}$
10	$1.355 \cdot 10^{-15}$	$4.078 \cdot 10^{-3}$	$1 \cdot 10^{-2}$	$1.603 \cdot 10^{13}$	$1.589 \cdot 10^{13}$

Das Bauer-Fike Theorem besagt, dass das Matrixeigenwertproblem gut konditioniert ist, wenn A eine normale Matrix ist. Die Nichterfüllung dieser Eigenschaft impliziert jedoch nicht notwendig, dass A eine "starke" numerische Sensitivität hinsichtlich der Berechnung eines *jeden* Eigenwertes aufweisen muss. In dieser Hinsicht gilt das folgende Resultat, dass als eine *a-priori* Abschätzung der Kondition der Berechnung eines einzelnen Eigenwertes einer Matrix angesehen werden kann.

Theorem 5.4 *Sei* $\mathrm{A} \in \mathbb{C}^{n\times n}$ *eine diagonalisierbare Matrix; seien* λ, $\mathbf{x}$ *und* $\mathbf{y}$ *ein einfacher Eigenwert von* A *und die zugehörigen Rechts- bzw. Linkseigenvektoren, mit* $\|\mathbf{x}\|_2 = \|\mathbf{y}\|_2 = 1$. *Sei darüber hinaus für* $\varepsilon > 0$, $\mathrm{A}(\varepsilon) = \mathrm{A} + \varepsilon\mathrm{E}$, *mit* $\mathrm{E} \in \mathbb{C}^{n\times n}$ *derart, dass* $\|\mathrm{E}\|_2 = 1$. *Bezeichnen wir durch* $\lambda(\varepsilon)$ *und* $\mathbf{x}(\varepsilon)$ *die Eigenwerte und die entsprechenden Eigenvektoren von* $\mathrm{A}(\varepsilon)$, *so dass* $\lambda(0) = \lambda$ *und* $\mathbf{x}(0) = \mathbf{x}$, *so folgt*

$$\left|\frac{\partial\lambda}{\partial\epsilon}(0)\right| \leq \frac{1}{\cos\theta_\lambda}, \tag{5.10}$$

wobei θ_λ *der Winkel zwischen* $\mathbf{y}$ *und* $\mathbf{x}$ *ist.*

Beweis. Aus der Definition der Eigenvektoren $\mathbf{x}_i$ und $\mathbf{y}_j$ folgt, dass

$$\mathrm{A}\mathbf{x}_i = \lambda_i\mathbf{x}_i, \quad \mathbf{y}_j^H\mathrm{A} = \lambda_j\mathbf{y}_j^H.$$

Darüber hinaus haben wir

$$\mathbf{y}_j^H\mathbf{x}_i = \mathbf{y}_j^H\mathrm{A}\mathrm{A}^{-1}\mathbf{x}_i = \lambda_j\lambda_i^{-1}\mathbf{y}_j^H\mathbf{x}_i.$$

Diese Beziehung ist nur für $i = j$ oder $\mathbf{y}_j^H\mathbf{x}_i = 0$ erfüllt. Ist $i = j$, so folgt aus der Definition des Skalarproduktes $\mathbf{y}_i^H\mathbf{x}_i = \cos\theta_\lambda$ (da $\|\mathbf{x}\|_2 = \|\mathbf{y}\|_2 = 1$).

Differentiation von $(\mathrm{A} + \varepsilon\mathrm{E})\mathbf{x}(\varepsilon) = \lambda(\varepsilon)\mathbf{x}(\varepsilon)$ nach ε und Nullsetzen liefert

$$\frac{\partial\lambda}{\partial\varepsilon}(0) = \frac{\mathbf{y}^H\mathrm{E}\mathbf{x}}{\mathbf{y}^H\mathbf{x}} = \frac{\mathbf{y}^H\mathrm{E}\mathbf{x}}{\cos\theta_\lambda}.$$

Dank der Cauchy-Schwarzschen Ungleichung erhalten wir schließlich (5.10). ◇

Beachte, dass $|\mathbf{y}^H\mathbf{x}| = |\cos(\theta_\lambda)|$, wobei θ_λ ein Winkel zwischen den Eigenvektoren $\mathbf{y}^H$ und $\mathbf{x}$ ist (beide haben die Euklidische Norm eins). Sind diese beiden Vektoren fast orthogonal, so ist die Berechnung des Eigenwertes λ schlecht konditioniert. Die Größe

$$\kappa(\lambda) = \frac{1}{|\mathbf{y}^H\mathbf{x}|} = \frac{1}{|\cos(\theta_\lambda)|} \tag{5.11}$$

kann somit als die *Konditionszahl des Eigenwertes* λ genommen werden. Offensichtlich ist $\kappa(\lambda) \geq 1$; wenn A eine normale Matrix ist, denn sie ist unitär ähnlich zu einer Diagonalmatrix, die Links- und Rechtseigenvektoren $\mathbf{y}$ und $\mathbf{x}$ stimmen überein, so dass sich $\kappa(\lambda) = 1/\|\mathbf{x}\|_2^2 = 1$ ergibt.

Ungleichung (5.10) kann grob wie folgt interpretiert werden: Störungen in den Einträgen der Matrix A von der Ordnung $\delta\varepsilon$ bewirken Änderungen der Ordnung $\delta\lambda = \delta\varepsilon/|\cos(\theta_\lambda)|$ in den Eigenwerten λ. Werden normale Matrizen betrachtet, ist die Berechnung von λ ein gut-konditioniertes Problem;

der Fall einer allgemeinen unsymmetrischen Matrix A kann zweckmäßig unter Verwendung von Methoden, die auf *Ähnlichkeitstransformationen* basieren, behandelt werden, wie in späteren Abschnitten zu sehen ist.
Es ist interessant festzustellen, dass die Kondition des Matrixeigenwertproblems *unverändert* bleibt, wenn die Transformationsmatrizen *unitär* sind. Sei zu diesem Zweck $U \in \mathbb{C}^{n\times n}$ eine unitäre Matrix und sei $\widetilde{A} = U^H A U$. Sei ferner λ_j ein Eigenwert von A und bezeichne κ_j die Konditionszahl (5.11). Sei darüber hinaus $\widetilde{\kappa}_j$ die Konditionszahl von λ_j, wenn λ_j als Eigenwert von $\widetilde{A}$ angesehen wird. Seien schließlich $\{\mathbf{x}_k\}$, $\{\mathbf{y}_k\}$ die Rechts- bzw. Linkseigenvektoren von A. Es ist klar, dass $\{U^H\mathbf{x}_k\}$, $\{U^H\mathbf{y}_k\}$ Rechts- und Linkseigenvektoren von $\widetilde{A}$ sind. Somit gilt für jedes $j = 1, \ldots, n$,

$$\widetilde{\kappa}_j = \left|\mathbf{y}_j^H U U^H \mathbf{x}_j\right|^{-1} = \kappa_j,$$

woraus folgt, dass die Stabilität der Berechnung von λ_j *nicht* durch Ähnlichkeitstransformationen mit unitären Matrizen beeinflusst wird. Es kann auch gezeigt werden, dass unitäre Transformationsmatrizen nicht die Euklidische Länge und die Winkel zwischen Vektoren im $\mathbb{C}^n$ ändern. Darüber hinaus gilt die folgende *a priori* Abschätzung (siehe [GL89], S. 317)

$$fl\left(X^{-1}AX\right) = X^{-1}AX + E, \quad \text{mit } \|E\|_2 \simeq \mathrm{u}K_2(X)\|A\|_2 \ , \qquad (5.12)$$

wobei $fl(M)$ die Maschinendarstellung der Matrix M und u die *Rundungseinheit* (siehe Abschnitt 2.5) sind. Aus (5.12) folgt, dass die Verwendung *nichtunitärer* Transformationsmatrizen bei der Eigenwertberechnung zu einem instabilen Prozess in Bezug auf Rundungsfehler führen kann.
Wir beenden diesen Abschnitt mit Stabilitätsresultaten für die Approximation des mit einem einfachen Eigenwertes verbundenen Eigenvektors. Unter den gleichen Annahmen wie Theorem 5.4, gilt das folgende Resultat (zum Beweis siehe [Atk89], Problem 6, S. 649-650).

Eigenschaft 5.5 *Die Eigenvektoren* $\mathbf{x}_k$ *und* $\mathbf{x}_k(\varepsilon)$ *der Matrizen* A *und* $A(\varepsilon) = A + \varepsilon E$, *mit* $\|\mathbf{x}_k(\varepsilon)\|_2 = \|\mathbf{x}_k\|_2 = 1$ *für* $k = 1, \ldots, n$, *genügen*

$$\|\mathbf{x}_k(\varepsilon) - \mathbf{x}_k\|_2 \le \frac{\varepsilon}{\min_{j\neq k}|\lambda_k - \lambda_j|}\|E\|_2 + \mathcal{O}(\varepsilon^2), \qquad \forall k = 1, \ldots, n.$$

Analog zu (5.11), kann die Größe

$$\kappa(\mathbf{x}_k) = \frac{1}{\min_{j\neq k}|\lambda_k - \lambda_j|}$$

als die *Konditionszahl des Eigenvektors* $\mathbf{x}_k$ angesehen werden. Die Berechnung von $\mathbf{x}_k$ kann eine schlecht-konditionierte Operation sein, wenn einige Eigenwerte λ_j "sehr nahe" an dem zu $\mathbf{x}_k$ gehörenden Eigenwert λ_k sind.

5.2.2 A posteriori *Abschätzungen*

Die im vorigen Abschnitt untersuchten *a priori* Abschätzungen charakterisieren die Stabilitätseigenschaften des Matrixeigenwert- und Eigenvektorproblems. Vom Blickwinkel der Implementierung ist es auch wichtig *a posteriori* Abschätzungen zur Verfügung zu stellen, die eine Laufzeitsteuerung der Qualität der konstruierten Approximation ermöglichen. Da die später zu betrachtenden Methoden iterative Verfahren sind, können die Resultate dieses Abschnittes nutzbringend verwendet werden, um für diese verlässliche Abbruchkriterien abzuleiten.

Theorem 5.5 *Sei* $\mathrm{A} \in \mathbb{C}^{n\times n}$ *eine hermitische Matrix und seien* $(\widehat{\lambda}, \widehat{\mathbf{x}})$ *die berechneten Approximationen eines Eigenwert-Eigenvektor-Paars* $(\lambda, \mathbf{x})$ *von* A*. Definiert man das Residuum gemäß*

$$\widehat{\mathbf{r}} = \mathrm{A}\widehat{\mathbf{x}} - \widehat{\lambda}\widehat{\mathbf{x}}, \qquad \widehat{\mathbf{x}} \neq \mathbf{0},$$

so folgt

$$\min_{\lambda_i \in \sigma(\mathrm{A})} |\widehat{\lambda} - \lambda_i| \leq \frac{\|\widehat{\mathbf{r}}\|_2}{\|\widehat{\mathbf{x}}\|_2}. \tag{5.13}$$

Beweis. Da die Matrix A hermitisch ist, besitzt sie ein System orthogonaler Eigenvektoren $\{\mathbf{u}_k\}$, das als Basis von $\mathbb{C}^n$ genommen werden kann. Insbesondere gilt $\widehat{\mathbf{x}} = \sum_{i=1}^{n} \alpha_i \mathbf{u}_i$ mit $\alpha_i = \mathbf{u}_i^H \widehat{\mathbf{x}}$ und somit $\widehat{\mathbf{r}} = \sum_{i=1}^{n} \alpha_i(\lambda_i - \widehat{\lambda})\mathbf{u}_i$. Folglich haben wir

$$\left(\frac{\|\widehat{\mathbf{r}}\|_2}{\|\widehat{\mathbf{x}}\|_2}\right)^2 = \sum_{i=1}^{n} \beta_i(\lambda_i - \widehat{\lambda})^2, \quad \text{mit } \beta_i = |\alpha_k|^2/(\sum_{j=1}^{n}|\alpha_j|^2). \tag{5.14}$$

Da $\sum_{i=1}^{n} \beta_i = 1$, folgt die Ungleichung (5.13) unmittelbar aus (5.14). ◇

Die Abschätzung (5.13) sichert, dass einem kleinen *relativen Residuum* ein kleiner *absoluter Fehler* bei der Berechnung des Eigenwertes, der am dichtesten bei $\widehat{\lambda}$ liegt, entspricht.
Betrachten wir die folgende *a posteriori* Abschätzung für den Eigenvektor $\widehat{\mathbf{x}}$ (zum Beweis siehe [IK66], S. 142-143).

Eigenschaft 5.6 *Unter den Voraussetzungen von Theorem* 5.5 *nehmen wir an, dass* $|\lambda_i - \widehat{\lambda}| \leq \|\widehat{\mathbf{r}}\|_2$ *für* $i = 1, \ldots, m$ *und* $|\lambda_i - \widehat{\lambda}| \geq \delta > 0$ *für* $i = m+1, \ldots, n$ *erfüllt ist. Dann gilt*

$$d(\widehat{\mathbf{x}}, \mathbf{U}_m) \leq \frac{\|\widehat{\mathbf{r}}\|_2}{\delta}, \tag{5.15}$$

wobei $d(\widehat{\mathbf{x}}, \mathbf{U}_m)$ *der Euklidische Abstand zwischen* $\widehat{\mathbf{x}}$ *und dem von den Eigenvektoren* $\mathbf{u}_i$, $i = 1, \ldots, m$ *zu den Eigenwerten* λ_i *von* A *aufgespannten Raum* $\mathbf{U}_m$ *ist.*

Beachte, dass die *a posteriori* Abschätzung (5.15) sichert, dass einem kleinen *Residuum* ein kleiner *absoluter Fehler* bei der Approximation des Eigenvektors entspricht, der zu dem am dichtesten bei $\widehat{\lambda}$ liegenden Eigenwert von A gehört, vorausgesetzt, die Eigenwerte von A sind gut separiert (d.h. wenn δ hinreichend groß ist).
Im allgemeinen Fall einer nicht hermitischen Matrix A kann eine *a posteriori* Abschätzung für den Eigenwert $\widehat{\lambda}$ nur dann gegeben werden, wenn die Matrix der Eigenvektoren verfügbar ist. Wir haben das folgende Resultat (für den Beweis verweisen wir auf [IK66], S. 146).

Eigenschaft 5.7 *Sei* $\mathrm{A} \in \mathbb{C}^{n\times n}$ *eine diagonalisierbare Matrix mit der Matrix der Eigenvektoren* $\mathrm{X} = [\mathbf{x}_1, \ldots, \mathbf{x}_n]$. *Wenn, für gewisses* $\varepsilon > 0$,

$$\|\widehat{\mathbf{r}}\|_2 \leq \varepsilon \|\widehat{\mathbf{x}}\|_2,$$

so gilt

$$\min_{\lambda_i \in \sigma(\mathrm{A})} |\widehat{\lambda} - \lambda_i| \leq \varepsilon \|\mathrm{X}^{-1}\|_2 \|\mathrm{X}\|_2.$$

Diese Abschätzung ist nur von geringem praktischen Nutzen, da sie die Kenntnis aller Eigenvektoren von A erfordert. Beispiele von *a posteriori* Abschätzungen, die tatsächlich in einem numerischen Algorithmus implementiert werden können, werden in den Abschnitten 5.3.1 und 5.3.2 gegeben.

5.3 Die Methode der Vektoriteration

Die *Methode der Vektoriteration* ist sehr gut zur Approximation der *extremalen* Eigenwerte der Matrix, d.h. des betragsmäßig größten und kleinsten Eigenwertes, bezeichnet durch λ_1 bzw. λ_n, sowie der zugehörigen Eigenvektoren geeignet.

Die Lösung eines solchen Problems ist von großem Interesse in verschiedenen realen Anwendungen (geoseismische, Maschinen- und Strukturschwingungen, elektrische Netzwerkanalyse, Quantenmechanik, ...), wo die Berechnung von λ_n (und des zugehörigen Eigenvektors $\mathbf{x}_n$) bei der Bestimmung der *Eigenfrequenz* (und der entsprechenden *Grundschwingung*) eines gegebenen physikalischen Systems auftritt. Wir werden darauf in Abschnitt 5.12 zurückkommen.

Die Kenntnis von Approximationen für λ_1 und λ_n kann auch bei der Analyse numerischer Methoden nützlich sein. Zum Beispiel kann man, wenn A symmetrisch und positiv definit ist, den optimalen Wert des Beschleunigungsparameters des Richardson-Verfahrens bestimmen und den Fehlerreduktionsfaktor (siehe Kapitel 4) abschätzen, sowie die Stabilitätsanalyse von Diskretisierungsmethoden für Systeme von gewöhnlichen Differentialgleichungen (siehe Kapitel 11 in Band 2) ausführen.

5.3.1 *Approximation des betragsmäßig größten Eigenwertes*

Sei $A \in \mathbb{C}^{n\times n}$ eine diagonalisierbare Matrix und sei $X \in \mathbb{C}^{n\times n}$ die Matrix ihrer Eigenvektoren $\mathbf{x}_i$, für $i = 1, \ldots, n$. Wir wollen auch annehmen, dass die Eigenwerte von A in der Form

$$|\lambda_1| > |\lambda_2| \geq |\lambda_3| \ldots \geq |\lambda_n| \tag{5.16}$$

geordnet sind, wobei λ_1 die algebraische Vielfachheit 1 hat. Unter diesen Annahmen heißt λ_1 *dominanter* Eigenwert der Matrix A.
Für einen beliebig gegebenen Anfangsvektor $\mathbf{q}^{(0)} \in \mathbb{C}^n$ mit der Euklidischen Norm gleich 1, betrachten wir für $k = 1, 2, \ldots$ die folgende Iteration, die sich auf die Berechnung der Potenzen von Matrizen gründet, allgemeinhin als *Vektoriteration* oder auch *Potenzmethode* (engl. power method) bekannt:

$$\begin{aligned} \mathbf{z}^{(k)} &= A\mathbf{q}^{(k-1)} \\ \mathbf{q}^{(k)} &= \mathbf{z}^{(k)}/\|\mathbf{z}^{(k)}\|_2 \\ \nu^{(k)} &= (\mathbf{q}^{(k)})^H A\mathbf{q}^{(k)}. \end{aligned} \tag{5.17}$$

Wir wollen die Konvergenzeigenschaften der Methode (5.17) analysieren. Durch Induktion bezüglich k kann man zeigen, dass

$$\mathbf{q}^{(k)} = \frac{A^k\mathbf{q}^{(0)}}{\|A^k\mathbf{q}^{(0)}\|_2}, \qquad k \geq 1. \tag{5.18}$$

Diese Beziehung erklärt die Rolle die die Potenzen von A bei der Methode spielen. Da A diagonalisierbar ist, bilden ihre Eigenwerte $\mathbf{x}_i$ eine Basis in $\mathbb{C}^n$; es ist somit möglich $\mathbf{q}^{(0)}$ in der Form

$$\mathbf{q}^{(0)} = \sum_{i=1}^{n} \alpha_i \mathbf{x}_i, \qquad \alpha_i \in \mathbb{C}, \qquad i = 1, \ldots, n \tag{5.19}$$

darzustellen. Darüber hinaus haben wir wegen $A\mathbf{x}_i = \lambda_i \mathbf{x}_i$

$$A^k\mathbf{q}^{(0)} = \alpha_1\lambda_1^k \left(\mathbf{x}_1 + \sum_{i=2}^{n} \frac{\alpha_i}{\alpha_1} \left(\frac{\lambda_i}{\lambda_1}\right)^k \mathbf{x}_i \right), \; k = 1, 2, \ldots \tag{5.20}$$

Da $|\lambda_i/\lambda_1| < 1$ für $i = 2, \ldots, n$ ist, tendiert der Vektor $A^k\mathbf{q}^{(0)}$ (und wegen (5.18) auch $\mathbf{q}^{(k)}$) mit wachsendem k eine zunehmend bedeutende Komponente in Richtung des Eigenvektors $\mathbf{x}_1$ anzunehmen, wohingegen seine Komponenten in den anderen Richtungen $\mathbf{x}_j$ fallen.

Aus (5.18) und (5.20) bekommen wir

$$\mathbf{q}^{(k)} = \frac{\alpha_1\lambda_1^k(\mathbf{x}_1 + \mathbf{y}^{(k)})}{\|\alpha_1\lambda_1^k(\mathbf{x}_1 + \mathbf{y}^{(k)})\|_2} = \mu_k \frac{\mathbf{x}_1 + \mathbf{y}^{(k)}}{\|\mathbf{x}_1 + \mathbf{y}^{(k)}\|_2},$$

wobei μ_k das Vorzeichen von $\alpha_1 \lambda_1^k$ ist und $\mathbf{y}^{(k)}$ einen Vektor bezeichnet, der für $k \to \infty$ verschwindet.

Für $k \to \infty$ richtet sich somit der Vektor $\mathbf{q}^{(k)}$ selbst in Richtung des Eigenvektors $\mathbf{x}_1$ aus, und in jedem Schritt k gilt folgende Fehlerabschätzung:

Theorem 5.6 *Sei* $\mathrm{A} \in \mathbb{C}^{n\times n}$ *eine diagonalisierbare Matrix, deren Eigenwerte* (5.16) *genügen. Angenommen, dass* $\alpha_1 \neq 0$, *so existiert eine Konstante* $C > 0$, *derart dass*

$$\|\tilde{\mathbf{q}}^{(k)} - \mathbf{x}_1\|_2 \le C \left|\frac{\lambda_2}{\lambda_1}\right|^k, \qquad k \ge 1, \tag{5.21}$$

wobei

$$\tilde{\mathbf{q}}^{(k)} = \frac{\mathbf{q}^{(k)} \|\mathrm{A}^k \mathbf{q}^{(0)}\|_2}{\alpha_1 \lambda_1^k} = \mathbf{x}_1 + \sum_{i=2}^{n} \frac{\alpha_i}{\alpha_1} \left(\frac{\lambda_i}{\lambda_1}\right)^k \mathbf{x}_i, \qquad k = 1, 2, \ldots \tag{5.22}$$

Beweis. Da A diagonalisierbar ist, können wir, ohne Beschränkung der Allgemeinheit, die nicht singuläre Matrix X auf solche Weise auswählen, dass ihre Spalten die euklidische Länge 1 haben, d.h. $\|\mathbf{x}_i\|_2 = 1$ für $i = 1, \ldots, n$. Aus (5.20) folgt somit

$$\begin{aligned} \|\mathbf{x}_1 + \sum_{i=2}^{n} \left[\frac{\alpha_i}{\alpha_1}\left(\frac{\lambda_i}{\lambda_1}\right)^k \mathbf{x}_i\right] - \mathbf{x}_1\|_2 &= \|\sum_{i=2}^{n} \frac{\alpha_i}{\alpha_1}\left(\frac{\lambda_i}{\lambda_1}\right)^k \mathbf{x}_i\|_2 \\ \le \left(\sum_{i=2}^{n} \left[\frac{\alpha_i}{\alpha_1}\right]^2 \left[\frac{\lambda_i}{\lambda_1}\right]^{2k}\right)^{1/2} &\le \left|\frac{\lambda_2}{\lambda_1}\right|^k \left(\sum_{i=2}^{n} \left[\frac{\alpha_i}{\alpha_1}\right]^2\right)^{1/2}, \end{aligned}$$

dies ist (5.21) mit $C = \left(\sum_{i=2}^{n} (\alpha_i/\alpha_1)^2\right)^{1/2}$. ◇

Abschätzung (5.21) drückt die Konvergenz der Folge $\tilde{\mathbf{q}}^{(k)}$ gegen $\mathbf{x}_1$ aus. Deshalb konvergiert die Folge der Rayleigh-Quotienten

$$((\tilde{\mathbf{q}}^{(k)})^H \mathrm{A} \tilde{\mathbf{q}}^{(k)})/\|\tilde{\mathbf{q}}^{(k)}\|_2^2 = \left(\mathbf{q}^{(k)}\right)^H \mathrm{A} \mathbf{q}^{(k)} = \nu^{(k)}$$

gegen λ_1. Folglich haben wir $\lim_{k\to\infty} \nu^{(k)} = \lambda_1$ und die Konvergenz wird um so schneller sein, je kleiner das Verhältnis $|\lambda_2/\lambda_1|$ ist.

Ist die Matrix A *reell* und *symmetrisch*, so kann unter der Voraussetzung $\alpha_1 \neq 0$ bewiesen werden, dass

$$|\lambda_1 - \nu^{(k)}| \le |\lambda_1 - \lambda_n| \tan^2(\theta_0) \left|\frac{\lambda_2}{\lambda_1}\right|^{2k} \tag{5.23}$$

gilt (siehe [GL89], S. 406-407), wobei $\cos(\theta_0) = |\mathbf{x}_1^T \mathbf{q}^{(0)}| \neq 0$. Ungleichung (5.23) besagt, dass die Konvergenz der Folge $\nu^{(k)}$ gegen λ_1 *quadratisch* in

Bezug auf das Verhältnis $|\lambda_2/\lambda_1|$ ist (wir verweisen für numerische Ergebnisse auf Abschnitt 5.3.3).

Wir beenden diesen Abschnitt mit einem Abbruchkriterium für die Iteration (5.17). Zu diesem Zweck führen wir das Residuum im Schritt k,

$$\mathbf{r}^{(k)} = \mathrm{A}\mathbf{q}^{(k)} - \nu^{(k)}\mathbf{q}^{(k)}, \qquad k \geq 1,$$

und, für $\varepsilon > 0$ die Matrix $\varepsilon \mathrm{E}^{(k)} = -\mathbf{r}^{(k)} \left[\mathbf{q}^{(k)}\right]^H \in \mathbb{C}^{n\times n}$ mit $\|\mathrm{E}^{(k)}\|_2 = 1$ ein. Da

$$\varepsilon \mathrm{E}^{(k)}\mathbf{q}^{(k)} = -\mathbf{r}^{(k)}, \qquad k \geq 1 \tag{5.24}$$

gilt, erhalten wir $\left(\mathrm{A} + \varepsilon \mathrm{E}^{(k)}\right)\mathbf{q}^{(k)} = \nu^{(k)}\mathbf{q}^{(k)}$. Im Ergebnis ist in jedem Schritt der Vektoriteration $\nu^{(k)}$ ein *Eigenwert der gestörten Matrix* $\mathrm{A} + \varepsilon\mathrm{E}^{(k)}$. Aus (5.24) und aus Definition (1.20) folgt weiter $\varepsilon = \|\mathbf{r}^{(k)}\|_2$ für $k = 1, 2, \ldots$. Setzen wir diese Identität wieder in (5.10) ein und approximieren die partielle Ableitung in (5.10) durch den Differenzenquotienten $|\lambda_1 - \nu^{(k)}|/\varepsilon$, so bekommen wir

$$|\lambda_1 - \nu^{(k)}| \simeq \frac{\|\mathbf{r}^{(k)}\|_2}{|\cos(\theta_\lambda)|}, \qquad k \geq 1, \tag{5.25}$$

wobei θ_λ der Winkel zwischen dem Rechts- und Linkseigenvektor $\mathbf{x}_1$ und $\mathbf{y}_1$ ist, die zu λ_1 gehören. Beachte, dass wenn die Matrix A hermitisch ist, $\cos(\theta_\lambda) = 1$ gilt, so dass (5.25) eine Abschätzung liefert, die analog zu (5.13) ist.

Um die Abschätzung (5.25) in der Praxis zu verwenden, ist es notwendig in jedem Schritt k den Ausdruck $|\cos(\theta_\lambda)|$ durch den Betrag des Skalarproduktes zweier durch die Vektoriteration berechneten Approximationen $\mathbf{q}^{(k)}$ und $\mathbf{w}^{(k)}$ von $\mathbf{x}_1$ und $\mathbf{y}_1$ zu ersetzen. Somit wird folgende *a posteriori Abschätzung* erhalten:

$$|\lambda_1 - \nu^{(k)}| \simeq \frac{\|\mathbf{r}^{(k)}\|_2}{|(\mathbf{w}^{(k)})^H\mathbf{q}^{(k)}|}, \qquad k \geq 1. \tag{5.26}$$

Beispiele für die Anwendung von (5.26) werden in Abschnitt 5.3.3 besprochen.

5.3.2 Inverse Iteration

In diesem Abschnitt suchen wir eine Approximation des Eigenwertes einer Matrix $\mathrm{A} \in \mathbb{C}^{n\times n}$, der am *dichtesten* an einer gegebenen Zahl $\mu \in \mathbb{C}$ liegt, wobei $\mu \notin \sigma(\mathrm{A})$. Dazu kann die Vektoriteration (5.17) auf die Matrix $(\mathrm{M}_\mu)^{-1} = (\mathrm{A} - \mu\mathrm{I})^{-1}$ angewandt werden, was auf die so genannte *inverse Iteration* oder *inverse Potenzmethode* führt. Die Zahl μ heißt *Verschiebung*.

Die Eigenwerte von M_μ^{-1} sind $\xi_i = (\lambda_i - \mu)^{-1}$; wir wollen annehmen, dass eine ganze Zahl m existiert, so dass

$$|\lambda_m - \mu| < |\lambda_i - \mu|, \qquad \forall i = 1, \ldots, n \qquad \text{und } i \neq m. \tag{5.27}$$

Dies läuft auf die Forderung hinaus, dass der Eigenwert λ_m, der am dichtesten bei μ liegt, die Vielfachheit 1 hat. Darüber hinaus zeigt (5.27), dass ξ_m der betragsmäßig größte Eigenwert von M_μ^{-1} ist; insbesondere wenn $\mu = 0$ gilt, ist λ_m der betragsmäßig kleinste Eigenwert von A.

Mit einem beliebig gegebenen Anfangsvektor $\mathbf{q}^{(0)} \in \mathbb{C}^n$ der Euklidischen Länge 1 wird die folgende Folge für $k = 1, 2, \ldots$ konstruiert:

$$\begin{aligned} (A - \mu I)\, \mathbf{z}^{(k)} &= \mathbf{q}^{(k-1)} \\ \mathbf{q}^{(k)} &= \mathbf{z}^{(k)} / \|\mathbf{z}^{(k)}\|_2 \\ \sigma^{(k)} &= (\mathbf{q}^{(k)})^H A \mathbf{q}^{(k)}. \end{aligned} \tag{5.28}$$

Beachte, dass die Eigenvektoren von M_μ die gleichen wie die von A sind, weil $M_\mu = X(\Lambda - \mu I_n) X^{-1}$ gilt, wobei $\Lambda = \mathrm{diag}(\lambda_1, \ldots, \lambda_n)$. Aus diesem Grund wird der Rayleigh-Quotient in (5.28) direkt mit der Matrix A (und nicht mit M_μ^{-1}) berechnet. Der Hauptunterschied bezüglich (5.17) ist, dass in jedem Schritt k ein lineares System mit der Koeffizientenmatrix $M_\mu = A - \mu I$ *gelöst werden muss*. Zweckmäßigerweise wird die LU-Faktorisierung von M_μ ein für alle Mal bei $k = 1$ berechnet, so dass in jedem Schritt nur zwei Dreieckssysteme mit einem Aufwand von n^2 flops gelöst werden müssen.

Obwohl die inverse Iteration numerisch teurer als die Potenzmethode (5.17) ist, hat sie den Vorteil, dass sie gegen jeden gewünschten Eigenwert von A konvergieren kann (nämlich gegen den, der am dichtesten an der Verschiebung μ liegt. Die inverse Iteration ist daher vorzüglich zur Verbesserung einer Anfangsschätzung μ eines Eigenwertes von A geeignet, die beispielsweise durch Anwendung der in Abschnitt 5.1 eingeführten Lokalisierungstechniken erhalten werden kann. Die inverse Iteration kann auch effizient zur Berechnung des Eigenvektors, der zu einem gegebenen (approximativen) Eigenwert gehört, verwendet werden, wie in Abschnitt 5.8.1 beschrieben ist.

Mit Blick auf die Konvergenzanalysis der Iteration (5.28) nehmen wir an, dass A diagonalisierbar ist, so dass $\mathbf{q}^{(0)}$ in der Form (5.19) dargestellt werden kann. In gleicher Weise wie bei der Potenzmethode setzen wir

$$\tilde{\mathbf{q}}^{(k)} = \mathbf{x}_m + \sum_{i=1, i \neq m}^{n} \frac{\alpha_i}{\alpha_m} \left(\frac{\xi_i}{\xi_m} \right)^k \mathbf{x}_i,$$

wobei $\mathbf{x}_i$ die Eigenvektoren von M_μ^{-1} (und somit auch von A) sind, während die α_i wie in (5.19) sind. Somit erhalten wir unter Beachtung der Definition von ξ_i und (5.27)

$$\lim_{k \to \infty} \tilde{\mathbf{q}}^{(k)} = \mathbf{x}_m, \qquad \lim_{k \to \infty} \sigma^{(k)} = \lambda_m.$$

Die Konvergenz wird um so schneller sein, je dichter μ an λ_m liegt. Unter den gleichen Annahmen, die zum Beweis von (5.26) geführt haben, kann folgende *a posteriori* Abschätzung für die Approximation von λ_m erhalten werden

$$|\lambda_m - \sigma^{(k)}| \simeq \frac{\|\widehat{\mathbf{r}}^{(k)}\|_2}{|(\widehat{\mathbf{w}}^{(k)})^H \mathbf{q}^{(k)}|}, \qquad k \geq 1, \tag{5.29}$$

wobei $\widehat{\mathbf{r}}^{(k)} = \mathrm{A}\mathbf{q}^{(k)} - \sigma^{(k)}\mathbf{q}^{(k)}$ und $\widehat{\mathbf{w}}^{(k)}$ die k-te Iterierte der inversen Potenzmethode, um den zu λ_m gehörenden Linkseigenvektor zu approximieren, sind.

5.3.3 Implementierungsaspekte

Die Konvergenzanalysis von Abschnitt 5.3.1 zeigt, dass die Effektivität der Potenzmethode stark davon abhängt, dass die dominanten Eigenwerte *gut separiert* sind (d.h., dass $|\lambda_2|/|\lambda_1| \ll 1$ gilt). Wir wollen nun das Verhalten der Iteration (5.17) untersuchen, wenn *zwei* dominante Eigenwerte *gleichen* Betrages existieren (d.h. $|\lambda_2| = |\lambda_1|$ gilt). Drei Klassen müssen unterschieden werden:

1. $\lambda_2 = \lambda_1$: die beiden dominanten Eigenwerte stimmen überein. Die Methode bleibt konvergent, da für k hinreichend groß (5.20)

$$\mathrm{A}^k\mathbf{q}^{(0)} \simeq \lambda_1^k\,(\alpha_1\mathbf{x}_1 + \alpha_2\mathbf{x}_2)$$

liefert, was ein Eigenvektor von A ist. Für $k \to \infty$ konvergiert die Folge $\tilde{\mathbf{q}}^{(k)}$ (nach geeigneter Umbenennung) gegen einen Vektor, der im von den Eigenvektoren $\mathbf{x}_1$ und $\mathbf{x}_2$ aufgespannten Teilraum liegt, während die Folge $\nu^{(k)}$ gegen λ_1 konvergent bleibt.

2. $\lambda_2 = -\lambda_1$: die beiden dominanten Eigenwerte sind entgegengesetzt. In diesem Fall kann der betragsmäßig größte Eigenwert durch Anwendung der Potenzmethode auf die Matrix A^2 approximiert werden. In der Tat, für $i = 1, \ldots, n$ gilt $\lambda_i(\mathrm{A}^2) = [\lambda_i(\mathrm{A})]^2$, so dass $\lambda_1^2 = \lambda_2^2$ und die Analysis reduziert sich auf den vorigen Fall, wobei nun die Matrix A^2 ist.

3. $\lambda_2 = \overline{\lambda}_1$: die beiden dominanten Eigenwerte sind konjugiert komplex. Hier entstehen ungedämpfte Oszillationen in der Folge von Vektoren $\mathbf{q}^{(k)}$ und die Potenzmethode ist nicht konvergent (siehe [Wil65], Kapiter 9, Abschnitt 12).

Wie bei der Computerimplementation von (5.17) ist es auch hier nützlich zu betonen, dass das Normalisieren des Vektors $\mathbf{q}^{(k)}$ auf 1 vor *Überlauf* (wenn $|\lambda_1| > 1$ ist) oder vor *Unterlauf* (wenn $|\lambda_1| < 1$ ist) in (5.20) schützt. Wir weisen auch darauf hin, dass die Forderung $\alpha_1 \neq 0$ (die *a priori* nicht erfüllbar ist, wenn keine Information über den Eigenvektor $\mathbf{x}_1$ verfügbar ist) für die tatsächliche Konvergenz des Algorithmus nicht wesentlich ist.

Obgleich bewiesen werden kann, dass bei exakter Arithmetik die Folge (5.17) gegen das Paar $(\lambda_2, \mathbf{x}_2)$ konvergiert, wenn $\alpha_1 = 0$ gilt (siehe Übung 10), sichert das Auftreten von (unvermeidlichen) Rundungsfehlern in der Praxis tatsächlich, dass der Vektor $\mathbf{q}^{(k)}$ eine *nichtverschwindende* Komponente auch in $\mathbf{x}_1$-Richtung enthält. Dies ermöglicht dem Eigenwert λ_1 "Aufzuschauen" und der Potenzmethode schnell gegen ihn zu konvergieren.
Eine Implementation der Potenzmethode wird in Programm 26 gegeben. In diesem und im folgenden Algorithmus basiert der Konvergenztest auf der *a posteriori* Abschätzung (5.26).

Hier und im Rest des Kapitels sind die Eingabedaten `z0`, `toll` und `nmax` der Anfangsvektor, die Toleranz des Abbruchtests und die maximal zulässige Zahl von Iterationen. Bei der Ausgabe enthalten die Vektoren `nu1` und `err` die Folgen $\{\nu^{(k)}\}$ und $\{\|\mathbf{r}^{(k)}\|_2/|\cos(\theta_\lambda)|\}$ (siehe (5.26)), während `x1` und `niter` die Approximation des Eigenvektors $\mathbf{x}_1$ und die Iterationszahl, die der Algorithmus zur Konvergenz benötigt, sind.

Program 26 - powerm : Potenzmethode

```
function [nu1,x1,niter,err]=powerm(A,z0,toll,nmax)
q=z0/norm(z0); q2=q; err=[]; nu1=[]; res=toll+1; niter=0; z=A*q;
while (res >= toll & niter <= nmax)
 q=z/norm(z); z=A*q; lam=q'*z; x1=q;
 z2=q2'*A; q2=z2/norm(z2); q2=q2';
 y1=q2; costheta=abs(y1'*x1);
 if (costheta >= 5e-2),
   niter=niter+1; res=norm(z-lam*q)/costheta;
   err=[err; res]; nu1=[nu1; lam];
 else
   disp(' Multiple eigenvalue '); break;
 end
end
```

Ein Programmcode der inversen Potenzmethode wird in Programm 27 gezeigt. Der Eingabeparameter `mu` ist die Anfangsapproximation des Eigenwertes. Bei der Ausgabe enthalten die Vektoren `sigma` und `err` die Folgen $\{\sigma^{(k)}\}$ und $\left\{\|\widehat{\mathbf{r}}^{(k)}\|_2/|(\widehat{\mathbf{w}}^{(k)})^H \ \mathbf{q}^{(k)}|\right\}$ (siehe (5.29)). Die LU-Faktorisierung (mit partieller Pivotisierung) der Matrix M_μ wird durch die MATLAB Funktion `lu` durchgeführt.

Program 27 - invpower : Inverse Potenzmethode

```
function [sigma,x,niter,err]=invpower(A,z0,mu,toll,nmax)
n=max(size(A)); M=A-mu*eye(n); [L,U,P]=lu(M);
q=z0/norm(z0); q2=q'; err=[]; sigma=[]; res=toll+1; niter=0;
while (res >= toll & niter <= nmax)
 niter=niter+1; b=P*q; y=L\b; z=U\y;
 q=z/norm(z); z=A*q; lam=q'*z;
 b=q2'; y=U'\b; w=L'\y;
 q2=(P'*w)'; q2=q2/norm(q2); costheta=abs(q2*q);
 if (costheta >= 5e-2),
   res=norm(z-lam*q)/costheta; err=[err; res]; sigma=[sigma; lam];
 else,
   disp(' Multiple eigenvalue '); break;
 end
x=q;
end
```

Beispiel 5.3 Die Matrix A in (5.30)

$$A = \begin{bmatrix} 15 & -2 & 2 \\ 1 & 10 & -3 \\ -2 & 1 & 0 \end{bmatrix}, \quad V = \begin{bmatrix} -0.944 & 0.393 & -0.088 \\ -0.312 & 0.919 & 0.309 \\ 0.112 & 0.013 & 0.947 \end{bmatrix} \tag{5.30}$$

hat die folgenden Eigenwerte (auf fünf signifikante Ziffern): $\lambda_1 = 14.103$, $\lambda_2 = 10.385$ and $\lambda_3 = 0.512$, während die entsprechenden Eigenvektoren die Spaltenvektoren der Matrix V sind.

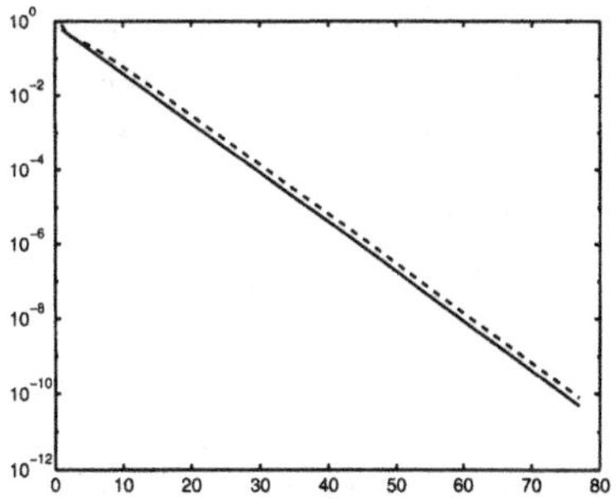

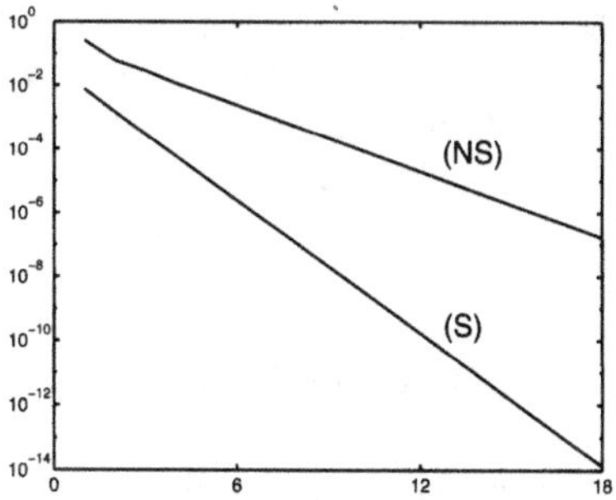

Abbildung 5.2. Vergleich der *a posteriori* Fehlerabschätzung mit dem tatsächlichen absoluten Fehler für die Matrix A in (5.30) (links); Konvergenzkurven für die Potenzmethode angewandt auf die Matrix A in (5.31) in ihrer symmetrischen (S) und unsymmetrischen (NS) Form (rechts).

Um das Paar $(\lambda_1, \mathbf{x}_1)$ zu approximieren, haben wir das Programm 26 mit dem Anfangsdatum $\mathbf{z}^{(0)} = (1,1,1)^T$ gestartet. Nach 71 Iterationen der Potenzmethode sind die absoluten Fehler $|\lambda_1 - \nu^{(71)}| = 7.91 \cdot 10^{-11}$ und $\|\mathbf{x}_1 - \mathbf{x}_1^{(71)}\|_\infty = 1.42 \cdot 10^{-11}$.

In einem zweiten Lauf haben wir $\mathbf{z}^{(0)} = \mathbf{x}_2 + \mathbf{x}_3$ verwendet (beachte, dass bei dieser Wahl $\alpha_1 = 0$ gilt). Nach 215 Iterationen sind die absoluten Fehler $|\lambda_1 - \nu^{(215)}| = 4.26 \cdot 10^{-14}$ und $\|\mathbf{x}_1 - \mathbf{x}_1^{(215)}\|_\infty = 1.38 \cdot 10^{-14}$.
Abbildung 5.2 (links) zeigt die Verlässlichkeit der *a posteriori* Abschätzung (5.26). Die Folgen $|\lambda_1 - \nu^{(k)}|$ (durchgezogene Linie) und die entsprechende *a posteriori* Abschätzung (5.26) (gestrichelte Linie) sind als Funktion der Iterationszahl (auf der Abzisse) dargestellt. Beachte die ausgezeichnete Übereinstimmung beider Kurven.

Die symmetrische Matrix A in (5.31)

$$\mathrm{A} = \begin{bmatrix} 1 & 3 & 4 \\ 3 & 1 & 2 \\ 4 & 2 & 1 \end{bmatrix}, \quad \mathrm{T} = \begin{bmatrix} 8 & 1 & 6 \\ 3 & 5 & 7 \\ 4 & 9 & 2 \end{bmatrix} \tag{5.31}$$

besitzt das folgende Spektrum: $\lambda_1 = 7.047$, $\lambda_2 = -3.1879$ und $\lambda_3 = -0.8868$ (auf fünf signifikante Ziffern).
Es ist interessant, das Verhalten der Potenzmethode zu vergleichen, wenn λ_1 mit der symmetrischen Matrix A bzw. mit der zu ihr ähnlichen Matrix $\mathrm{M} = \mathrm{T}^{-1}\mathrm{AT}$ berechnet wird, wobei T die nicht singuläre (und nicht orthogonale) Matrix in (5.31) ist.
Bei der Ausführung des Programmes 26 mit $\mathbf{z}^{(0)} = (1,1,1)^T$ konvergiert die Potenzmethode gegen den Eigenwert λ_1 in 18 und 30 Iterationen für die Matrizen A bzw. M. Die Folge der absoluten Fehler $|\lambda_1 - \nu^{(k)}|$ ist in Abbildung 5.2 (rechts) dargestellt, wobei (S) und (NS) sich auf die Berechnungen mit A bzw, M beziehen. Beachte die schnelle Fehlerreduktion im symmetrischen Fall, die der quadratischen Konvergenz der Potenzmethode entspricht (siehe Abschnitt 5.3.1).
Wir verwenden schließlich die inverse Potenzmethode (5.28), um den betragsmäßig kleinsten Eigenwert $\lambda_3 = 0.512$ der Matrix A in (5.30) zu berechnen. Bei Ausführung des Programmes 27 mit $\mathbf{q}^{(0)} = (1,1,1)^T/\sqrt{3}$ konvergiert die Methode in 9 Iterationen mit den absoluten Fehlern $|\lambda_3 - \sigma^{(9)}| = 1.194 \cdot 10^{-12}$ und $\|\mathbf{x}_3 - \mathbf{x}_3^{(9)}\|_\infty = 4.59 \cdot 10^{-13}$. •

5.4 Die QR-Iteration

In diesem Abschnitt stellen wir einige iterative Techniken für die *gleichzeitige* Approximation *aller* Eigenwerte einer gegebenen Matrix A vor. Die grundlegende Idee besteht darin, durch Reduktion von A mit Hilfe geeigneter Ähnlichkeitstransformationen auf eine Form zu kommen, in der die Berechnung der Eigenwerte leichter als in der ursprünglich gegebenen Form ist.

Das Problem wäre umfassend gelöst, wenn die unitäre Matrix U im Zerlegungssatz 1.5 von Schur auf direkte Weise, d.h. mit einer endlichen Anzahl an Operationen, berechnet werden könnte, weil dann $\mathrm{T} = \mathrm{U}^H \mathrm{AU}$ gilt und T eine obere Dreiecksmatrix mit $t_{ii} = \lambda_i(\mathrm{A})$ für $i = 1, \ldots, n$ ist.

Unglücklicherweise folgt aus dem Abelschen Theorem, dass für $n \geq 5$ die Matrix U nicht auf elementare Art und Weise berechnet werden kann (siehe Übung 8). Folglich kann unser Problem nur durch Übergang zu iterativen Techniken gelöst werden.
Der Basisalgorithmus in diesem Zusammenhang ist die *QR-Iteration*, die hier nur im Fall reeller Matrizen untersucht wird. (Für einige Bemerkungen zur Erweiterung des Algorithmus auf den komplexen Fall siehe [GL89], Abschnitt 5.2.10 und [Dem97], Abschnitt 4.2.1).

Seien $\mathrm{A} \in \mathbb{R}^{n\times n}$, $\mathrm{Q}^{(0)} \in \mathbb{R}^{n\times n}$ eine gegebene orthogonale Matrix und $\mathrm{T}^{(0)} = (\mathrm{Q}^{(0)})^T \mathrm{AQ}^{(0)}$. Die QR-Iteration besteht für $k = 1, 2, \ldots$, bis zur Konvergenz in der Durchführung von:

$$\begin{aligned} &\text{bestimme } \mathrm{Q}^{(k)}, \mathrm{R}^{(k)} \text{ so dass} \\ &\mathrm{Q}^{(k)}\mathrm{R}^{(k)} = \mathrm{T}^{(k-1)} \qquad \text{(QR-Faktorisierung);} \\ &\text{setze dann} \\ &\mathrm{T}^{(k)} = \mathrm{R}^{(k)}\mathrm{Q}^{(k)}. \end{aligned} \tag{5.32}$$

In jedem Schritt $k \geq 1$ ist die erste Phase der Iteration die Faktorisierung der Matrix $\mathrm{T}^{(k-1)}$ in das Produkt einer orthogonalen Matrix $\mathrm{Q}^{(k)}$ mit einer oberen Dreiecksmatrix $\mathrm{R}^{(k)}$ (siehe Abschnitt 5.6.3). Die zweite Phase ist ein einfaches Matrizenprodukt. Beachte, dass

$$\begin{aligned} \mathrm{T}^{(k)} &= \mathrm{R}^{(k)}\mathrm{Q}^{(k)} = (\mathrm{Q}^{(k)})^T(\mathrm{Q}^{(k)}\mathrm{R}^{(k)})\mathrm{Q}^{(k)} = (\mathrm{Q}^{(k)})^T\mathrm{T}^{(k-1)}\mathrm{Q}^{(k)} \\ &= (\mathrm{Q}^{(0)}\mathrm{Q}^{(1)}\ldots\mathrm{Q}^{(k)})^T\mathrm{A}(\mathrm{Q}^{(0)}\mathrm{Q}^{(1)}\ldots\mathrm{Q}^{(k)}), \qquad k \geq 0, \end{aligned} \tag{5.33}$$

d.h. jede Matrix $\mathrm{T}^{(k)}$ ist *orthogonal ähnlich* zu A. Dies ist besonders für die *Stabilität* der Methode relevant, da, wie in Abschnitt 5.2 gezeigt wurde, die Kondition des Matrixeigenwertproblems für $\mathrm{T}^{(k)}$ nicht schlechter als die für A ist (siehe auch [GL89], S. 360).

Eine Grundform der QR-Iteration (5.32), bei der $\mathrm{Q}^{(0)} = \mathrm{I}_n$ angenommen wird, wird in Abschnitt 5.5 studiert, wohingegen eine numerisch effizientere Form, beginnend mit $\mathrm{T}^{(0)}$ in oberer Hessenberg-Form, im Detail in Abschnitt 5.6 beschrieben wird..

Wenn A reelle, betragsmäßig verschiedene Eigenwerte hat, werden wir in Abschnitt 5.5 sehen, dass der Grenzwert von $\mathrm{T}^{(k)}$ eine obere Dreiecksmatrix (mit den Eigenwerten von A auf der Hauptdiagonalen) ist. Hat jedoch A komplexe Eigenwerte, kann der Grenzwert von $\mathrm{T}^{(k)}$ *keine* obere Dreiecksmatrix T sein. In der Tat, wenn dies der Fall wäre, würde T notwendigerweise reelle Eigenwerte besitzen, obgleich T ähnlich zu A ist.

Das Scheitern der Konvergenz gegen eine Dreiecksmatrix kann auch in allgemeineren Situationen auftreten, wie in Beispiel 5.9 erwähnt.

Hierfür ist es notwendig, Varianten der QR-Iteration (5.32) einzuführen, die auf Deflation und *Verschiebungen* basieren (siehe Abschnitt 5.7 und für eine detailliertere Diskussion des Gegenstandes [GL89], Kapitel 7, [Dat95], Kapitel 8 und [Dem97], Kapitel 4).
Diese Techniken gestatten $T^{(k)}$ gegen eine obere *quasi-Dreiecksmatrix* zu konvergieren, die als die *reelle Schur-Zerlegung* von A bekannt ist. Für diese gilt das folgende Resultat (zum Beweis verweisen wir auf [GL89], S. 341-342).

Eigenschaft 5.8 *Zu einer gegebenen Matrix* $\mathrm{A} \in \mathbb{R}^{n\times n}$ *gibt es eine orthogonale Matrix* $\mathrm{Q} \in \mathbb{R}^{n\times n}$*, so dass*

$$\mathrm{Q}^T\mathrm{AQ} = \begin{bmatrix} \mathrm{R}_{11} & \mathrm{R}_{12} & \dots & \mathrm{R}_{1m} \\ 0 & \mathrm{R}_{22} & \dots & \mathrm{R}_{2m} \\ \vdots & \vdots & \ddots & \vdots \\ 0 & 0 & \dots & \mathrm{R}_{mm} \end{bmatrix}, \tag{5.34}$$

wobei jeder Block R_{ii} *entweder eine reelle Zahl oder eine Matrix der Ordnung 2 mit konjugiert komplexen Eigenwerten ist und*

$$\mathrm{Q} = \lim_{k\to\infty} \left[\mathrm{Q}^{(0)}\mathrm{Q}^{(1)}\cdots\mathrm{Q}^{(k)}\right] \tag{5.35}$$

gilt, wobei $\mathrm{Q}^{(k)}$ *die durch den* k*-ten Faktorisierungsschritt der QR-Iteration* (5.32) *erzeugte orthogonale Matrix ist.*

Die QR-Iteration kann auch verwendet werden, um alle Eigenvektoren einer gegebenen Matrix zu berechnen. Zu diesem Zweck beschreiben wir in Abschnitt 5.8 zwei mögliche Zugänge, einen der auf der Koppelung zwischen (5.32) und der inversen Iteration (5.28) basiert, und einen anderen, der auf der reellen Schur-Form (5.34) arbeitet.

5.5 Das Basisverfahren der QR-Iteration

In der Grundversion der QR-Methode setzt man $\mathrm{Q}^{(0)} = \mathrm{I}_n$, so dass $\mathrm{T}^{(0)} = \mathrm{A}$ gilt. In jedem Schritt $k \geq 1$ kann die QR-Faktorisierung der Matrix $\mathrm{T}^{(k-1)}$ unter Verwendung des in Abschnitt 3.4.3 eingeführten Gram-Schmidt-Verfahrens ausgeführt werden, zu Kosten der Ordnung $2n^3$ flops (für eine vollbesetzte Matrix A). Es gilt das folgende Konvergenzresultat (zum Beweis siehe [GL89] Theorem 7.3.1, oder [Wil65], S. 517-519).

Eigenschaft 5.9 (Konvergenz der QR-Methode) *Sei* A $\in \mathbb{R}^{n\times n}$ *eine Matrix mit*

$$|\lambda_1| > |\lambda_2| > \ldots > |\lambda_n|.$$

Dann

$$\lim_{k\to+\infty} \mathrm{T}^{(k)} = \begin{bmatrix} \lambda_1 & t_{12} & \ldots & t_{1n} \\ 0 & \lambda_2 & t_{23} & \ldots \\ \vdots & \vdots & \ddots & \vdots \\ 0 & 0 & \ldots & \lambda_n \end{bmatrix}. \tag{5.36}$$

Hinsichtlich der Konvergenzrate haben wir

$$|t_{i,i-1}^{(k)}| = \mathcal{O}\left(\left|\frac{\lambda_i}{\lambda_{i-1}}\right|^k\right), \qquad i = 2,\ldots,n, \qquad \text{für } k \to +\infty. \tag{5.37}$$

Unter der zusätzlichen Annahme, dass A *symmetrisch ist, konvergiert die Folge* $\{\mathrm{T}^{(k)}\}$ *gegen eine Diagonalmatrix.*

Wenn die Eigenwerte von A, obgleich verschieden, *nicht wohl-separiert sind*, folgt aus (5.37), dass die Konvergenz von $\mathrm{T}^{(k)}$ gegen eine Dreiecksmatrix ziemlich langsam sein kann. Mit dem Ziel ihrer Beschleunigung kann man zu den so-genannten *Verschiebungstechniken* greifen, die im Abschnitt 5.7 besprochen werden.

Bemerkung 5.2 Es ist immer möglich, die Matrix A auf eine Dreiecksform mit Hilfe eines iterativen Algorithmus, der *nichtorthogonale* Ähnlichkeitstransformationen verwendet, zu reduzieren. In einem solchen Fall kann die so-genannte *LR-Iteration* (auch als *Rutishauser-Methode* bekannt, [Rut58]) verwendet werden, aus der die QR-Methode tatsächlich hergeleitet wurde (siehe auch [Fra61], [Wil65]). Die LR-Iteration basiert auf der Faktorisierung der Matrix A in das Produkt zweier Matrizen L und R, untere Einheitsdreiecksmatrix bzw. obere Dreieckmatrix, und auf der (nichtorthogonalen) Ähnlichkeitstransformation

$$\mathrm{L}^{-1}\mathrm{AL} = \mathrm{L}^{-1}(\mathrm{LR})\mathrm{L} = \mathrm{RL}.$$

Die seltene Verwendung der LR-Methode in praktischen Berechnungen ist auf den Verlust an Genauigkeit zurückzuführen, der bei der LR-Faktorisierung wegen des betragsmäßigen Anwachsens der oberen Diagonaleinträge von R auftreten kann. Dieser Aspekt wird zusammen mit Details der Implementierung des Algorithmus und einigen Vergleichen mit der QR-Methode in [Wil65], Kapitel 8 studiert. ■

Beispiel 5.4 Wir wenden die QR-Methode auf die symmetrische Matrix A$\in \mathbb{R}^{4\times 4}$ mit $a_{ii} = 4$, für $i = 1,\ldots,4$, und $a_{ij} = 4 + i - j$ für $i < j \leq 4$ an, deren

Eigenwerte (auf drei führende Ziffern) $\lambda_1 = 11.09$, $\lambda_2 = 3.41$, $\lambda_3 = 0.90$ und $\lambda_4 = 0.59$ sind. Nach 20 Iterationen erhalten wir

$$\mathrm{T}^{(20)} = \begin{bmatrix} \boxed{11.09} & 6.44 \cdot 10^{-10} & -3.62 \cdot 10^{-15} & 9.49 \cdot 10^{-15} \\ 6.47 \cdot 10^{-10} & \boxed{3.41} & 1.43 \cdot 10^{-11} & 4.60 \cdot 10^{-16} \\ 1.74 \cdot 10^{-21} & 1.43 \cdot 10^{-11} & \boxed{0.90} & 1.16 \cdot 10^{-4} \\ 2.32 \cdot 10^{-25} & 2.68 \cdot 10^{-15} & 1.16 \cdot 10^{-4} & \boxed{0.58} \end{bmatrix}.$$

Beachte die "fast-diagonaleSStruktur der Matrix $\mathrm{T}^{(20)}$ und gleichzeitig den Einfluß von Rundungsfehlern, der die erwartete Symmetrie leicht ändert. Gute Übereinstimmung kann auch zwischen den Unterdiagonaleinträgen und der Abschätzung (5.37) festgestellt werden. •

Eine Implementation der Grundform der QR-Iteration wird in Programm 28 vorgestellt. Die QR-Faktorisierung wird unter Verwendung der modifizierten Gram-Schmidt-Methode (Programm 8) ausgeführt. Der Eingabeparameter `niter` bezeichnet die maximal zulässige Zahl an Iterationen, während die Ausgabeparameter `T`, `Q` und `R` die Matrizen T, Q und R in (5.32) nach `niter` Iterationen des QR-Verfahrens sind.

Program 28 - basicqr : Grundform der QR-Iteration

```
function [T,Q,R]=basicqr(A,niter)
T=A;
for i=1:niter,
   [Q,R]=mod_grams(T);
   T=R*Q;
end
```

5.6 Die QR-Methode für Matrizen in Hessenberg-Form

Die Implementation der im vorigen Abschnitt diskutierten QR-Methode erfordert (für eine vollbesetzte Matrix) einen Aufwand der Ordnung von n^3 flops pro Iteration. In diesem Abschnitt skizzieren wir eine Variante der QR-Iteration, die als *Hessenberg-QR-Iteration* bekannt ist, mit bedeutend reduziertem numerischen Aufwand. Die Idee besteht darin, die Iteration mit einer Matrix $\mathrm{T}^{(0)}$ in *oberer Hessenberg* Form zu beginnen, d.h. $t_{ij}^{(0)} = 0$ für $i > j + 1$. Tatsächlich kann gezeigt werden, dass bei dieser Wahl die Berechnung von $\mathrm{T}^{(k)}$ in (5.32) nur n^2 flops pro Iteration erfordert.

Um maximale Effizienz und Stabilität des Algorithmus zu erreichen, werden geeignete *Transformationsmatrizen* verwendet. Genauer gesagt wird die vorbereitende Reduktion der Matrix A auf obere Hessenberg-Form durch Householder-Matrizen realisiert, während die QR-Faktorisierung von $T^{(k)}$ unter Verwendung von Givens-Matrizen anstelle des in Abschnitt 3.4.3 eingeführten, modifizierten Gram-Schmidt-Verfahrens ausgeführt wird. Wir beschreiben Householder- und Givens-Matrizen kurz im nächsten Abschnitt und verweisen auf Abschnitt 5.6.5 für ihre Implementation. Der Algorithmus und Berechnungsbeispiele der reellen Schur-Form von A ausgehend von ihrer oberen Hessenberg-Form werden dann in Abschnitt 5.6.4 diskutiert.

5.6.1 Householder- und Givens-Transformationsmatrizen

Für jeden Vektor $\mathbf{v} \in \mathbb{R}^n$ führen wir die orthogonale und symmetrische Matrix

$$P = I - 2\mathbf{v}\mathbf{v}^T/\|\mathbf{v}\|_2^2 \tag{5.38}$$

ein. Für einen gegebenen Vektor $\mathbf{x} \in \mathbb{R}^n$ ist der Vektor $\mathbf{y} = P\mathbf{x}$ die Spiegelung von $\mathbf{x}$ bezüglich der Hyperebene $\pi = \text{span}\{\mathbf{v}\}^\perp$, die durch die Menge von Vektoren gebildet wird, die orthogonal zu $\mathbf{v}$ sind (siehe Abbildung 5.3, links). Die Matrix P und der Vektor $\mathbf{v}$ werden die *Householder-Spiegelungsmatrix* bzw. der *Householder-Vektor* genannt.

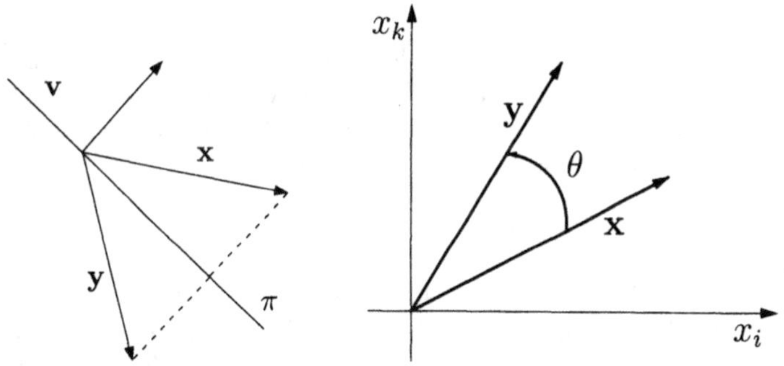

Abbildung 5.3. Spiegelung an der zu $\mathbf{v}$ orthogonalen Hyperebene (links); Drehung um einen Winkel θ in der Ebene (x_i, x_k) (rechts).

Householder-Matrizen können verwendet werden, um einen Block von Komponenten eines gegebenen Vektors $\mathbf{x} \in \mathbb{R}^n$ *zu Null zu setzen.* Wenn man insbesondere alle Komponenten von $\mathbf{x}$ Null setzen möchte, außer der m-ten, müsste der Householder-Vektor in der Form

$$\mathbf{v} = \mathbf{x} \pm \|\mathbf{x}\|_2\mathbf{e}_m, \tag{5.39}$$

gewählt werden, wobei $\mathbf{e}_m$ der m-te Einheitsvektor von $\mathbb{R}^n$ ist. Die durch (5.38) berechnete Matrix P hängt selbst vom Vektor $\mathbf{x}$ ab und es kann gezeigt werden, dass

$$\mathrm{P}\mathbf{x} = \left[0, 0, \ldots, \underbrace{\pm\|\mathbf{x}\|_2}_{m}, 0, \ldots, 0\right]^T \tag{5.40}$$

gilt.

Beispiel 5.5 Seien $\mathbf{x} = [1, 1, 1, 1]^T$ und $m = 3$. Dann gilt

$$\mathbf{v} = \begin{bmatrix} 1 \\ 1 \\ 3 \\ 1 \end{bmatrix}, \quad \mathrm{P} = \frac{1}{6}\begin{bmatrix} 5 & -1 & -3 & -1 \\ -1 & 5 & -3 & -1 \\ -3 & -3 & -3 & -3 \\ -1 & -1 & -3 & 5 \end{bmatrix}, \quad \mathrm{P}\mathbf{x} = \begin{bmatrix} 0 \\ 0 \\ -2 \\ 0 \end{bmatrix}.$$

•

Wenn für gewisses $k \geq 1$, die ersten k Komponenten von $\mathbf{x}$ unverändert bleiben sollen, während die Komponenten beginnend mit $k+2$ Null zu setzen sind, nimmt die Householder-Matrix $\mathrm{P} = \mathrm{P}_{(k)}$ die folgende Form an

$$\mathrm{P}_{(k)} = \begin{bmatrix} \mathrm{I}_k & 0 \\ 0 & \mathrm{R}_{n-k} \end{bmatrix}, \quad \mathrm{R}_{n-k} = \mathrm{I}_{n-k} - 2\frac{\mathbf{w}^{(k)}(\mathbf{w}^{(k)})^T}{\|\mathbf{w}^{(k)}\|_2^2}. \tag{5.41}$$

Wie üblich ist I_k die Einheitsmatrix der Ordnung k, während R_{n-k} die elementare Householder-Matrix der Ordnung $n-k$ ist, die mit der Spiegelung an der zum Vektor $\mathbf{w}^{(k)} \in \mathbb{R}^{n-k}$ orthogonalen Hyperebene verbunden ist. Gemäß (5.39) ist der Householder-Vektor durch

$$\mathbf{w}^{(k)} = \mathbf{x}^{(n-k)} \pm \|\mathbf{x}^{(n-k)}\|_2 \mathbf{e}_1^{(n-k)} \tag{5.42}$$

gegeben, wobei $\mathbf{x}^{(n-k)} \in \mathbb{R}^{n-k}$ der von den letzten $n-k$ Komponenten von $\mathbf{x}$ gebildete Vektor und $\mathbf{e}_1^{(n-k)}$ der erste Einheitsvektor der natürlichen Basis von $\mathbb{R}^{n-k}$ sind. Wir bemerken, dass $\mathrm{P}_{(k)}$ eine Funktion von $\mathbf{x}$ durch $\mathbf{w}^{(k)}$ ist. Das Kriterium zur Festlegung des Vorzeichens in der Definition von $\mathbf{w}^{(k)}$ wird in Abschnitt 5.6.5 diskutiert.

Die Komponenten des transformierten Vektors $\mathbf{y} = \mathrm{P}_{(k)}\,\mathbf{x}$ lauten

$$\begin{cases} y_j = x_j & j = 1, \cdots, k, \\ y_j = 0 & j = k+2, \cdots, n, \\ y_{k+1} = \pm\|\mathbf{x}^{(n-k)}\|_2. \end{cases}$$

Die Householder-Matrizen werden in Abschnitt 5.6.2 verwendet, um die Reduktion einer gegebenen Matrix A auf eine Matrix $\mathrm{H}^{(0)}$ in oberer Hessenberg-Form auszuführen. Dies ist der erste Schritt einer effizienten Implementierung der QR-Iteration (5.32) mit $\mathrm{T}^{(0)} = \mathrm{H}^{(0)}$ (siehe Abschnitt 5.6).

Beispiel 5.6 Sei $\mathbf{x}=[1,2,3,4,5]^T$ und $k=1$ (dies bedeutet, dass wir die Komponenten x_j, mit $j=3,4,5$, Null setzen wollen). Die Matrix $\mathrm{P}_{(1)}$ und der transformierte Vektor $\mathbf{y}=\mathrm{P}_{(1)}\,\mathbf{x}$ sind dann durch

$$
\mathrm{P}_{(1)} = \left[\begin{array}{ccccc}
1 & 0 & 0 & 0 & 0\\
0 & 0.2722 & 0.4082 & 0.5443 & 0.6804\\
0 & 0.4082 & 0.7710 & -0.3053 & -0.3816\\
0 & 0.5443 & -0.3053 & 0.5929 & -0.5089\\
0 & 0.6804 & -0.3816 & -0.5089 & 0.3639
\end{array}\right], \quad \mathbf{y} = \left[\begin{array}{c}
1\\ 7.3485\\ 0\\ 0\\ 0
\end{array}\right]
$$

gegeben. •

Die *Givens-Elementarmatrizen* sind orthogonale Drehungsmatrizen die es ermöglichen auf selektive Weise die Einträge eines Vektors oder einer Matrix Null zu setzen. Für ein gegebenes Indexpaar i und k, und einen gegebenen Winkel θ, sind diese Matrizen wie folgt definiert

$$
\mathrm{G}(i,k,\theta) = \mathrm{I}_n - \mathrm{Y}, \tag{5.43}
$$

wobei $\mathrm{Y} \in \mathbb{R}^{n\times n}$ eine Nullmatrix bis auf die folgenden Einträge ist: $y_{ii} = y_{kk} = 1-\cos(\theta)$, $y_{ik} = -\sin(\theta) = -y_{ki}$. Eine Givens-Matrix ist von der Form

$$
\mathrm{G}(i,k,\theta) = \begin{array}{cc}
\begin{array}{ccccccccc} &&& i && k &&& \end{array} & \\
\left[\begin{array}{ccccccccc}
1 &&&&&&&& 0\\
&1&&&&&&&\\
&&\ddots&&&&&&\\
&&&\cos(\theta)&&\sin(\theta)&&&\\
&&&&\ddots&&&&\\
&&&-\sin(\theta)&&\cos(\theta)&&&\\
&&&&&&\ddots&&\\
&&&&&&&1&\\
0&&&&&&&&1
\end{array}\right]. & \begin{array}{c} \\ \\ \\ i\\ \\ k\\ \\ \\ \\ \end{array}
\end{array}
$$

Für einen gegebenen Vektor $\mathbf{x} \in \mathbb{R}^n$ ist das Produkt $\mathbf{y} = (\mathrm{G}(i,k,\theta))^T\mathbf{x}$ äquivalent zur Drehung von $\mathbf{x}$ um einen Winkel θ entgegen dem Uhrzeigersinn in der Koordinatenebene (x_i, x_k) (siehe Abbildung 5.3, rechts). Mit $c=\cos\theta$, $s=\sin\theta$ folgt, dass

$$
y_j = \begin{cases}
x_j & j \neq i,k,\\
cx_i - sx_k & j = i,\\
sx_i + cx_k & j = k.
\end{cases} \tag{5.44}
$$

Sei $\alpha_{ik} = \sqrt{x_i^2 + x_k^2}$ und beachte, dass wenn c und s den Beziehungen $c = x_i/\alpha_{ik}$, $s = -x_k/\alpha_{ik}$ genügen (in solch einem Fall ist $\theta = \arctan(-x_k/x_i)$), wir $y_k = 0$, $y_i = \alpha_{ik}$ und $y_j = x_j$ für $j \neq i, k$ bekommen. Analog, wenn $c = x_k/\alpha_{ik}$, $s = x_i/\alpha_{ik}$ (d.h. $\theta = \arctan(x_i/x_k)$) gilt, dann folgt $y_i = 0$, $y_k = \alpha_{ik}$ und $y_j = x_j$ für $j \neq i, k$.
Die Givens-Drehungsmatrizen werden verwendet, um im Abschnitt 5.6.3 den QR-Faktorisierungsschritt im Algorithmus (5.32) auszuführen, und in Abschnitt 5.10.1, wo die Jacobi-Methode für symmetrische Matrizen betrachtet wird.

Bemerkung 5.3 (Householder-Deflation für die Vektoriteration) Die elementaren Householdertranformationen können bequem zur Berechnung des ersten (größten oder kleinsten) Eigenwertes einer gegebenen Matrix $\mathrm{A} \in \mathbb{R}^{n\times n}$ verwendet werden. Angenommen die Eigenwerte von A sind wie in (5.16) geordnet und angenommen, dass das Eigenwert-Eigenvektor-Paar $(\lambda_1, \mathbf{x}_1)$ unter Verwendung der Potenzmethode berechnet wurde. Dann kann die Matrix A in die folgende Blockform transformiert werden (zum Beweis siehe [Dat95], Theorem 8.5.4, S. 418)

$$\mathrm{A}_1 = \mathrm{HAH} = \begin{pmatrix} \lambda_1 & \mathbf{b}^T \\ 0 & \mathrm{A}_2 \end{pmatrix},$$

wobei $\mathbf{b} \in \mathbb{R}^{n-1}$, H die Householder-Matrix mit $\mathrm{H}\mathbf{x}_1 = \alpha\mathbf{x}_1$ für gewisses $\alpha \in \mathbb{R}$ ist, die Matrix $\mathrm{A}_2 \in \mathbb{R}^{(n-1)\times(n-1)}$ und die Eigenwerte von A_2 die gleichen wie die von A mit Ausnahme von λ_1 sind. Die Matrix H kann durch Verwendung von (5.38) mit $\mathbf{v} = \mathbf{x}_1 \pm \|\mathbf{x}_1\|_2\mathbf{e}_1$ berechnet werden.

Die *Deflation* besteht in der Berechnung des zweiten dominanten (subdominanten) Eigenwertes von A durch Anwendung der Potenzmethode auf A_2, vorausgesetzt, dass $|\lambda_2| \neq |\lambda_3|$. Ist erst einmal λ_2 verfügbar, kann der entsprechende Eigenvektor $\mathbf{x}_2$ durch Anwendung der inversen Potenziteration auf die Matrix A mit $\mu = \lambda_2$ (siehe Abschnitt 5.3.2) berechnet werden und mit den restlichen Eigenwert-Eigenvektor-Paaren in gleicher Weise fortgefahren werden. Ein Beispiel der Deflation wird in Abschnitt 5.12.2 vorgestellt. ■

5.6.2 Reduktion einer Matrix in Hessenberg-Form

Eine gegebene Matrix $\mathrm{A} \in \mathbb{R}^{n\times n}$ kann durch Ähnlichkeitstransformation auf *obere Hessenberg-Form* mit dem Aufwand von n^3 flops transformiert werden. Der Algorithmus erfordert $n-2$ Schritte und die Ähnlichkeitstransformation Q kann als Produkt von Householder-Matrizen $\mathrm{P}_{(1)} \cdots \mathrm{P}_{(n-2)}$ berechnet werden. Das Reduktionsverfahren hierfür ist gemeinhin als die *Householder-Methode* bekannt.

Genauer besteht der k-te Schritt in einer Ähnlichkeitstransformation von A durch die Householder-Matrix $\mathrm{P}_{(k)}$, die beabsichtigt die Elemente in den

Positionen $k+2,\ldots,n$ der k-ten Spalte von A für $k=1,\ldots,(n-2)$ Null zu setzen (siehe Abschnitt 5.6.1). Zum Beispiel liefert im Fall $n=4$ der Reduktionsprozess

$$\begin{bmatrix} \bullet & \bullet & \bullet & \bullet \\ \bullet & \bullet & \bullet & \bullet \\ \bullet & \bullet & \bullet & \bullet \\ \bullet & \bullet & \bullet & \bullet \end{bmatrix} \underset{\mathrm{P}_{(1)}}{\longrightarrow} \begin{bmatrix} \bullet & \bullet & \bullet & \bullet \\ \bullet & \bullet & \bullet & \bullet \\ 0 & \bullet & \bullet & \bullet \\ 0 & \bullet & \bullet & \bullet \end{bmatrix} \underset{\mathrm{P}_{(2)}}{\longrightarrow} \begin{bmatrix} \bullet & \bullet & \bullet & \bullet \\ \bullet & \bullet & \bullet & \bullet \\ 0 & \bullet & \bullet & \bullet \\ 0 & 0 & \bullet & \bullet \end{bmatrix},$$

wobei durch $\bullet$ die Einträge der Matrix bezeichnet wurden, die *a priori* nicht Null sind. Für gegebenes $\mathrm{A}^{(0)}=\mathrm{A}$ erzeugt die Methode eine Folge von Matrizen $\mathrm{A}^{(k)}$, die orthogonal ähnlich zu A sind, nämlich

$$\begin{aligned} \mathrm{A}^{(k)} &= \mathrm{P}_{(k)}^T \mathrm{A}^{(k-1)} \mathrm{P}_{(k)} = (\mathrm{P}_{(k)} \cdots \mathrm{P}_{(1)})^T \mathrm{A} (\mathrm{P}_{(k)} \cdots \mathrm{P}_{(1)}) \\ &= \mathrm{Q}_{(k)}^T \mathrm{A} \mathrm{Q}_{(k)}, \qquad k \geq 1. \end{aligned} \tag{5.45}$$

Für jedes $k\geq 1$ ist die Matrix $\mathrm{P}_{(k)}$ durch (5.41) gegeben, wobei $\mathbf{x}$ durch den k-ten Spaltenvektor in der Matrix $\mathrm{A}^{(k-1)}$ ersetzt ist. Aus der Definition (5.41) kann leicht erhalten werden, dass die Operation $\mathrm{P}_{(k)}^T\ \mathrm{A}^{(k-1)}$ die ersten k Zeilen von $\mathrm{A}^{(k-1)}$ unverändert lässt, während $\mathrm{P}_{(k)}^T\ \mathrm{A}^{(k-1)}$ $\mathrm{P}_{(k)}=\mathrm{A}^{(k)}$ das Gleiche bezüglich der ersten k Spalten bewirkt. Nach $n-2$ Schritten der Householder-Reduktion erhalten wir eine Matrix $\mathrm{H}=\mathrm{A}^{(n-2)}$ in oberer Hessenberg-Form.

Bemerkung 5.4 (Der symmetrische Fall) Ist A symmetrisch, so ändert die Transformation (5.45) diese Eigenschaft nicht. Tatsächlich gilt

$$(\mathrm{A}^{(k)})^T = (\mathrm{Q}_{(k)}^T \mathrm{A} \mathrm{Q}_{(k)})^T = \mathrm{A}^{(k)}, \qquad \forall k \geq 1,$$

so dass H *tridiagonal* sein muss. Ihre Eigenwerte lassen sich effizient unter Verwendung der *Methode der Sturmschen Ketten* mit einem Aufwand von n flops berechnen, wie es in Abschnitt 5.10.2 besprochen wird. ■

Ein Programmcode der Householder-Reduktionsmethode wird in Programm 29 gezeigt. Um den Householdervektor zu berechnen, wird Programm 32 verwendet. Die beiden Matrizen H und Q, sind bei der Ausgabe in Hessenberg-Form bzw. orthogonal und genügen der Beziehung $\mathrm{H}=\mathrm{Q}^T\mathrm{AQ}$.

Program 29 - houshess : Hessenberg-Householder-Methode

```
function [H,Q]=houshess(A)
n=max(size(A)); Q=eye(n); H=A;
for k=1:(n-2),
   [v,beta]=vhouse(H(k+1:n,k)); I=eye(k); N=zeros(k,n-k);
   m=length(v); R=eye(m)-beta*v*v'; H(k+1:n,k:n)=R*H(k+1:n,k:n);
   H(1:n,k+1:n)=H(1:n,k+1:n)*R; P=[I, N; N', R]; Q=Q*P;
end
```

Der in Programm 29 implementierte Algorithmus erfordert Kosten von $10n^3/3$ flops und ist in Bezug auf Rundungsfehler gut-konditioniert. Tatsächlich gilt folgende Fehlerabschätzung (siehe [Wil65], S. 351)

$$\widehat{\mathrm{H}} = \mathrm{Q}^T(\mathrm{A}+\mathrm{E})\,\mathrm{Q}, \qquad \|\mathrm{E}\|_F \leq cn^2\mathrm{u}\|\mathrm{A}\|_F \tag{5.46}$$

wobei $\widehat{\mathrm{H}}$ die durch Programm 29 berechnete Hessenberg-Matrix, Q eine orthogonale Matrix, c eine Konstante, u die *Rundungsfehlereinheit* und $\|\cdot\|_F$ die Frobenius Norm sind (siehe (1.18)).

Beispiel 5.7 Betrachte die Reduktion auf obere Hessenberg-Form der Hilbert-Matrix $\mathrm{H}_4 \in \mathbb{R}^{4\times 4}$. Da H_4 symmetrisch ist, sollte ihre Hessenberg-Form eine tridiagonale, symmetrische Matrix sein. Programm 29 liefert die folgenden Resultate

$$\mathrm{Q} = \begin{bmatrix} 1.00 & 0 & 0 & 0 \\ 0 & 0.77 & -0.61 & 0.20 \\ 0 & 0.51 & 0.40 & -0.76 \\ 0 & 0.38 & 0.69 & 0.61 \end{bmatrix}, \quad \mathrm{H} = \begin{bmatrix} 1.00 & 0.65 & 0 & 0 \\ 0.65 & 0.65 & 0.06 & 0 \\ 0 & 0.06 & 0.02 & 0.001 \\ 0 & 0 & 0.001 & 0.0003 \end{bmatrix}.$$

Die Genauigkeit des Transformationsverfahrens (5.45) kann durch Berechnung der $\|\cdot\|_F$ Norm der Differenz zwischen H und $\mathrm{Q}^T\mathrm{H}_4\mathrm{Q}$ gemessen werden. Dies ergibt $\|\mathrm{H}-\mathrm{Q}^T\mathrm{H}_4\mathrm{Q}\|_F = 3.38\cdot 10^{-17}$, was die Stabilitätsabschätzung (5.46) bestätigt. •

5.6.3 QR-Faktorisierung einer Matrix in Hessenberg-Form

In diesem Abschnitt erklären wir, wie der allgemeine Schritt der QR-Iteration, beginnend mit einer Matrix $\mathrm{T}^{(0)} = \mathrm{H}^{(0)}$ in oberer Hessenberg-Form effizient implementiert wird.

Für jedes $k \geq 1$, besteht die erste Phase in der Berechnung der QR-Faktorisierung von $\mathrm{H}^{(k-1)}$ mittels $n-1$ Givens-Drehungen

$$\left(\mathrm{Q}^{(k)}\right)^T \mathrm{H}^{(k-1)} = \left(\mathrm{G}_{n-1}^{(k)}\right)^T \dots \left(\mathrm{G}_1^{(k)}\right)^T \mathrm{H}^{(k-1)} = \mathrm{R}^{(k)}, \tag{5.47}$$

wobei für jedes $j = 1,\dots,n-1$, $\mathrm{G}_j^{(k)} = \mathrm{G}(j,j+1,\theta_j)^{(k)}$ die j-te Givens-Drehungsmatrix (5.43) für jedes $k \geq 1$ ist, in der θ_j gemäß (5.44) auf solche Weise gewählt wird, dass der Eintrag der Indizes $(j+1, j)$ der Matrix $\left(\mathrm{G}_j^{(k)}\right)^T \cdots \left(\mathrm{G}_1^{(k)}\right)^T \mathrm{H}^{(k-1)}$ auf Null gesetzt wird. Das Produkt (5.47) erfordert einen numerischen Aufwand von $3n^2$ flops.

Der nächste Schritt besteht in der Vervollständigung der orthogonalen Ähnlichkeitstransformation

$$\mathrm{H}^{(k)} = \mathrm{R}^{(k)}\mathrm{Q}^{(k)} = \mathrm{R}^{(k)}\left(\mathrm{G}_1^{(k)} \ldots \mathrm{G}_{n-1}^{(k)}\right). \tag{5.48}$$

Die orthogonale Matrix $\mathrm{Q}^{(k)} = \left(\mathrm{G}_1^{(k)} \ldots \mathrm{G}_{n-1}^{(k)}\right)$ ist in oberer Hessenberg-Form. Nehmen wir z.B. $n = 3$, und rufen uns Abschnitt 5.6.1 in Erinnerung, so erhalten wir tatsächlich

$$\mathrm{Q}^{(k)} = \mathrm{G}_1^{(k)}\mathrm{G}_2^{(k)} = \begin{bmatrix} \bullet & \bullet & 0 \\ \bullet & \bullet & 0 \\ 0 & 0 & 1 \end{bmatrix} \begin{bmatrix} 1 & 0 & 0 \\ 0 & \bullet & \bullet \\ 0 & \bullet & \bullet \end{bmatrix} = \begin{bmatrix} \bullet & \bullet & \bullet \\ \bullet & \bullet & \bullet \\ 0 & \bullet & \bullet \end{bmatrix}.$$

Auch (5.48) erfordert einen Aufwand von $3n^2$ Operationen, was zu einem Gesamtaufwand von $6n^2$ flops führt. Folglich erbringt die Ausführung der QR-Faktorisierung mit elementaren Givens-Drehungen auf eine Ausgangsmatrix in oberer Hessenberg-Form eine Reduktion des Operationsaufwandes von *einer Größenordnung* gegenüber der entsprechenden Faktorisierung mit dem modifizierten Gram-Schmidt-Verfahren von Abschnitt 5.5.

5.6.4 Die Basisform der QR-Iteration beginnend mit oberer Hessenberg-Form

Eine Basisimplementation der QR-Iteration, um die reelle Schur-Zerlegung einer Matrix A zu erzeugen, ist in Programm 30 gegeben.

Dieses Programm verwendet Programm 29, um A auf obere Hessenberg-Form zu reduzieren; dann wird jeder QR-Faktorisierungsschritt in (5.32) mit Programm 31 ausgeführt, das Givens-Drehungen verwendet. Die Gesamteffizienz des Algorithmus wird gesichert durch Vor- und Nachmultiplikation mit Givens-Matrizen, wie in Abschnitt 5.6.5 erklärt, und durch Konstruktion der Matrix $\mathrm{Q}^{(k)} = \mathrm{G}_1^{(k)} \ldots \mathrm{G}_{n-1}^{(k)}$ in der Funktion `prodgiv`, mit einem Aufwand von $n^2 - 2$ flops und *ohne* explizite Bildung der Givens-Matrizen $\mathrm{G}_j^{(k)}$, für $j = 1, \ldots, n-1$.

Was die Stabilität der QR-Iteration in Bezug auf die Ausbreitung von Rundungsfehlern anbetrifft, kann gezeigt werden, dass die berechnete reelle Schur-Form $\widehat{\mathrm{T}}$ orthogonal ähnlich zu einer Matrix "dicht" an A ist, d.h.

$$\widehat{\mathrm{T}} = \mathrm{Q}^T(\mathrm{A} + \mathrm{E})\mathrm{Q},$$

wobei Q orthogonal und $\|\mathrm{E}\|_2 \simeq \mathrm{u}\|\mathrm{A}\|_2$ sind, mit u die *Maschinengenauigkeit.*

Programm 30 gibt in der Ausgabe nach `niter` Iterationen des QR-Verfahrens die Matrizen T, Q und R in (5.32) zurück.

Program 30 - hessqr : Hessenberg-QR-Methode

```
function [T,Q,R]=hessqr(A,niter)
n=max(size(A));
[T,Qhess]=houshess(A);
for j=1:niter
   [Q,R,c,s]= qrgivens(T);
   T=R;
   for k=1:n-1,
      T=gacol(T,c(k),s(k),1,k+1,k,k+1);
   end
end
```

Program 31 - qrgivens : QR-Faktorisierung mit Givens-Drehungen

```
function [Q,R,c,s]= qrgivens(H)
[m,n]=size(H);
for k=1:n-1
   [c(k),s(k)]=givcos(H(k,k),H(k+1,k));
   H=garow(H,c(k),s(k),k,k+1,k,n);
end
R=H; Q=prodgiv(c,s,n);

function Q=prodgiv(c,s,n)
n1=n-1; n2=n-2;
Q=eye(n); Q(n1,n1)=c(n1); Q(n,n)=c(n1);
Q(n1,n)=s(n1); Q(n,n1)=-s(n1);
for k=n2:-1:1,
  k1=k+1; Q(k,k)=c(k); Q(k1,k)=-s(k);
  q=Q(k1,k1:n); Q(k,k1:n)=s(k)*q;
  Q(k1,k1:n)=c(k)*q;
end
```

Beispiel 5.8 Betrachte die Matrix A (bereits in Hessenberg-Form)

$$
A = \begin{bmatrix} 3 & 17 & -37 & 18 & -40 \\ 1 & 0 & 0 & 0 & 0 \\ 0 & 1 & 0 & 0 & 0 \\ 0 & 0 & 1 & 0 & 0 \\ 0 & 0 & 0 & 1 & 0 \end{bmatrix}.
$$

Um ihre Eigenwerte zu berechnen, die -4, $\pm i$, 2 und 5 sind, wenden wir die QR-Methode an und berechnen die Matrix $T^{(40)}$ nach 40 Iterationen mit dem Programm 30. Beachte, dass der Algorithmus zur reellen Schur-Zerlegung (5.34) von A konvergiert, mit drei Blöcken R_{ii} der Ordnung 1 ($i = 1, 2, 3$) und dem Block $R_{44} = T^{(40)}(4:5, 4:5)$, der die Eigenwerte $\pm i$ hat

$$T^{(40)} = \begin{bmatrix} 4.9997 & 18.9739 & -34.2570 & 32.8760 & -28.4604 \\ 0 & -3.9997 & 6.7693 & -6.4968 & 5.6216 \\ 0 & 0 & 2 & -1.4557 & 1.1562 \\ 0 & 0 & 0 & 0.3129 & -0.8709 \\ 0 & 0 & 0 & 1.2607 & -0.3129 \end{bmatrix}.$$

•

Beispiel 5.9 Wir wollen die QR-Methode verwenden, um die reelle Schur-Zerlegung der nachfolgend angegebenen Matrix A nach ihrer Reduktion auf obere Hessenberg-Form zu erzeugen

$$A = \begin{bmatrix} 17 & 24 & 1 & 8 & 15 \\ 23 & 5 & 7 & 14 & 16 \\ 4 & 6 & 13 & 20 & 22 \\ 10 & 12 & 19 & 21 & 3 \\ 11 & 18 & 25 & 2 & 9 \end{bmatrix}.$$

Die Eigenwerte von A sind reell und (auf vier signifikante Ziffern) durch $\lambda_1 = 65$, $\lambda_{2,3} = \pm 21.28$ und $\lambda_{4,5} = \pm 13.13$ gegeben. Nach 40 Iterationen des Programmes 30 lautet die berechnete Matrix

$$T^{(40)} = \begin{bmatrix} 65 & 0 & 0 & 0 & 0 \\ 0 & 14.6701 & 14.2435 & 4.4848 & -3.4375 \\ 0 & 16.6735 & -14.6701 & -1.2159 & 2.0416 \\ 0 & 0 & 0 & -13.0293 & -0.7643 \\ 0 & 0 & 0 & -3.3173 & 13.0293 \end{bmatrix}.$$

Sie ist *nicht* eine obere Dreiecksmatrix, sondern von oberer Blockdreiecksform, mit einem Diagonalblock $R_{11} = 65$ und den zwei Blöcken

$$R_{22} = \begin{bmatrix} 14.6701 & 14.2435 \\ 16.6735 & -14.6701 \end{bmatrix}, \quad R_{33} = \begin{bmatrix} -13.0293 & -0.7643 \\ -3.3173 & 13.0293 \end{bmatrix},$$

die die Spektren $\sigma(R_{22}) = \lambda_{2,3}$ bzw. $\sigma(R_{33}) = \lambda_{4,5}$ haben.

Es ist wichtig, zu erkennen, dass die Matrix $T^{(40)}$ *nicht* die reelle Schur-Zerlegung von A ist, sondern nur eine "Mogelpackung". Damit die QR-Methode gegen die reelle Schur-Zerlegung von A konvergiert, ist es tatsächlich erforderlich zu den in Abschnitt 5.7 eingeführten *Verschiebungstechniken* zu greifen. •

5.6.5 Implementation der Transformationsmatrizen

In der Definition (5.42) ist es zweckmäßig das Minuszeichen zu wählen, was $\mathbf{w}^{(k)} = \mathbf{x}^{(n-k)} - \|\mathbf{x}^{(n-k)}\|_2 \mathbf{e}_1^{(n-k)}$ ergibt, so dass der Vektor $\mathrm{R}_{n-k}\mathbf{x}^{(n-k)}$ ein positives Vielfache von $\mathbf{e}_1^{(n-k)}$ ist. Ist x_{k+1} positiv, kann die Berechnung, um numerische Auslöschungen zu vermeiden, wie folgt umgeschrieben werden

$$w_1^{(k)} = \frac{x_{k+1}^2 - \|\mathbf{x}^{(n-k)}\|_2^2}{x_{k+1} + \|\mathbf{x}^{(n-k)}\|_2} = \frac{-\sum\limits_{j=k+2}^{n} x_j^2}{x_{k+1} + \|\mathbf{x}^{(n-k)}\|_2}.$$

Die Konstruktion des Householder-Vektors wird in Programm 32 durchgeführt, das als Eingabe einen Vektor $\mathbf{p} \in \mathbb{R}^{n-k}$ nimmt (früher den Vektor $\mathbf{x}^{(n-k)}$) und einen Vektor $\mathbf{q} \in \mathbb{R}^{n-k}$ (den Householder-Vektor $\mathbf{w}^{(k)}$) zurückgibt, mit einem Aufwand von n flops.

Wenn $\mathrm{M} \in \mathbb{R}^{m\times m}$ die allgemeine Matrix ist, auf die die Householder-Matrix P (5.38) angewandt wird (wobei I die Identität der Ordnung m bezeichnet und $\mathbf{v} \in \mathbb{R}^m$), dann gilt mit $\mathbf{w} = \mathrm{M}^T\mathbf{v}$

$$\mathrm{PM} = \mathrm{M} - \beta\mathbf{v}\mathbf{w}^T, \qquad \beta = 2/\|\mathbf{v}\|_2^2. \tag{5.49}$$

Daher läuft die Ausführung des Produktes PM auf ein Matrix-Vektor-Produkt ($\mathbf{w} = \mathrm{M}^T\mathbf{v}$) plus einem äußeren Vektor-Vektor-Produkt ($\mathbf{v}\mathbf{w}^T$) hinaus. Der Gesamtaufwand des Produktes PM ist somit gleich $2(m^2+m)$ flops. Ähnliche Überlegungen gelten im Fall, wo das Produkt MP zu berechnen ist; definieren wir $\mathbf{w} = \mathrm{M}\mathbf{v}$, so erhalten wir

$$\mathrm{MP} = \mathrm{M} - \beta\mathbf{w}\mathbf{v}^T. \tag{5.50}$$

Beachte, dass (5.49) und (5.50) *nicht* die explizite Konstruktion der Matrix P erfordern. Dies reduziert den numerischen Aufwand auf m^2 flops, während die Ausführung des Produktes PM *ohne* Berücksichtigung der speziellen Struktur von P den Operationsaufwand auf m^3 flops anwachsen ließe.

Program 32 - vhouse : Konstruktion des Householder-Vektors

```
function [v,beta]=vhouse(x)
n=length(x); x=x/norm(x); s=x(2:n)'*x(2:n); v=[1; x(2:n)];
if (s==0), beta=0;
else
  mu=sqrt(x(1)^2+s);
  if (x(1) <= 0), v(1)=x(1)-mu;
  else,         v(1)=-s/(x(1)+mu); end
  beta=2*v(1)^2/(s+v(1)^2); v=v/v(1);
end
```

Bezüglich der Givens-Drehungsmatrizen wird die Berechnung von c und s wie folgt ausgeführt. Seien i und k zwei feste Indizes und nehmen wir an, dass die k-te Komponente eines gegebenen Vektors $\mathbf{x} \in \mathbb{R}^n$ Null gesetzt werden muss. Sei $r = \sqrt{x_i^2 + x_k^2}$. Die Relation (5.44) liefert

$$\begin{bmatrix} c & -s \\ s & c \end{bmatrix} \begin{bmatrix} x_i \\ x_k \end{bmatrix} = \begin{bmatrix} r \\ 0 \end{bmatrix}, \tag{5.51}$$

folglich gibt es keinen Grund θ explizit zu berechnen, noch irgendeine trigonometriche Funktion auszuwerten.

Die Ausführung des Programms 33 zur Lösung des Systems (5.51) erfordert 5 flops, plus der Auswertung einer Quadratwurzel. Wie schon im Fall der Householder-Matrizen bemerkt worden ist, müssen wir sogar für die Givens-Drehungen nicht explizit die Matrix $\mathrm{G}(i,k,\theta)$ berechnen, um ihr Produkt mit einer gegebenen Matrix M$\in \mathbb{R}^{m\times m}$ zu berechnen. Zu diesem Zweck werden die Programme 34 und 35 verwendet, beide mit einem Aufwand von $6m$ flops. Anhand der Struktur (5.43) der Matrix $\mathrm{G}(i,k,\theta)$ wird klar, dass der erste Algorithmus nur die Zeilen i und k von M, der zweite nur die Spalten i und k von M ändert.

Wir schliessen mit der Bemerkung, dass die Berechnung des Householder-Vektors $\mathbf{v}$ und des Givens Sinus und Cosinus (c, s) *gut-konditionierte* Operationen in Bezug auf Rundungsfehler sind (siehe [GL89], S. 212-217 und die dort angegebene Literatur).

Die Lösung des Systems (5.51) ist im Programm 33 implementiert. Die Eingabeparameter sind die Vektorkomponenten x_i und x_k, während die Ausgabeparameter der Givens Cosinus und Sinus c und s sind.

Program 33 - givcos : Berechnung des Givens Cosinus und Sinus

```
function [c,s]=givcos(xi, xk)
if (xk==0), c=1; s=0; else,
  if abs(xk) > abs(xi)
    t=-xi/xk; s=1/sqrt(1+t^2); c=s*t;
  else
    t=-xk/xi; c=1/sqrt(1+t^2); s=c*t;
  end
end
```

Die Programme 34 und 35 berechnen $\mathrm{G}(i,k,\theta)^T\mathrm{M}$ bzw. $\mathrm{MG}(i,k,\theta)$. Die Eingabeparameter `c` und `s` sind der Givens Cosinus und Sinus. Im Programm 34 identifizieren die Indizes `i` und `k` die Zeilen und Spalten der Matrix M, die durch den Update $\mathrm{M} \leftarrow \mathrm{G}(i,k,\theta)^T\mathrm{M}$ beeinflusst werden, während `j1` und `j2` die Indizes der in der Berechnung enthaltenen Spalten sind. Ähnlich identifizieren in Programm 35 `i` und `k` die Spalten, die durch den Update $\mathrm{M} \leftarrow \mathrm{MG}(i,k,\theta)$ beeinflusst werden, während `j1` und `j2` die Indizes der Zeilen sind, die bei der Berechnung involviert sind.

Program 34 - garow : Produkt $G(i,k,\theta)^T M$

```
function [M]=garow(M,c,s,i,k,j1,j2)
for j=j1:j2
   t1=M(i,j);
   t2=M(k,j);
   M(i,j)=c*t1-s*t2;
   M(k,j)=s*t1+c*t2;
end
```

Program 35 - gacol : Produkt $MG(i,k,\theta)$

```
function [M]=gacol(M,c,s,j1,j2,i,k)
for j=j1:j2
   t1=M(j,i);
   t2=M(j,k);
   M(j,i)=c*t1-s*t2;
   M(j,k)=s*t1+c*t2;
end
```

5.7 Die QR-Iteration mit Verschiebungen

Beispiel 5.9 zeigt, dass die QR-Iteration nicht immer gegen die reelle Schur-Form einer gegebenen Matrix A konvergiert. Damit dies gelingt, besteht ein effektiver Ansatz in der Integration einer Verschiebungstechnik in der QR-Iteration (5.32) ähnlich der für die inverse Iteration in Abschnitt 5.3.2 eingeführten.

Dies führt zur in Abschnitt 5.7.1 beschriebenen *QR-Methode mit einfacher Verschiebung*, die verwendet wird, um die Konvergenz der QR-Iteration zu beschleunigen, wenn A Eigenwerte besitzt, die dem Betrage nach sehr dicht beieinander liegen.

Im Abschnitt 5.7.2 wird eine kompliziertere Verschiebungstechnik betrachtet, die die Konvergenz der QR-Iteration gegen die (approximative) *Schur-Form* der Matrix A garantiert (siehe Eigenschaft 5.8). Die resultierende Methode (bekannt als *QR-Iteration mit doppelter Verschiebung*) ist die populärste Version der QR-Iteration (5.32) zur Lösung des Matrixeigenwertproblems und in der MATLAB Funktion `eig` implementiert.

5.7.1 Die QR-Methode mit einfacher Verschiebung

Sei $\mu \in \mathbb{R}$ gegeben. Die QR-Iteration *mit Verschiebung* ist wie folgt definiert. Für $k = 1, 2, \ldots$, bis zur Konvergenz:

$$
\begin{aligned}
&\text{bestimme } \mathrm{Q}^{(k)}, \mathrm{R}^{(k)}, \text{ so dass}\\
&\mathrm{Q}^{(k)}\mathrm{R}^{(k)} = \mathrm{T}^{(k-1)} - \mu \mathrm{I} \qquad \text{(QR-Faktorisierung);}\\
&\text{setze dann}\\
&\mathrm{T}^{(k)} = \mathrm{R}^{(k)}\mathrm{Q}^{(k)} + \mu \mathrm{I}.
\end{aligned}
\tag{5.52}
$$

wobei $\mathrm{T}^{(0)} = \left(\mathrm{Q}^{(0)}\right)^T \mathrm{A}\mathrm{Q}^{(0)}$ in oberer Hessenberg-Form ist. Da die QR-Faktorisierung in (5.52) auf die verschobene Matrix $\mathrm{T}^{(k-1)} - \mu\mathrm{I}$ ausgeführt wird, wird der Skalar μ *Verschiebung* genannt. Die Folge der durch (5.52) erzeugten Matrizen $\mathrm{T}^{(k)}$ ist noch ähnlich zur Ausgangsmatrix A, da für jedes $k \geq 1$

$$
\begin{aligned}
\mathrm{R}^{(k)}\mathrm{Q}^{(k)} + \mu\mathrm{I} &= \left(\mathrm{Q}^{(k)}\right)^T \left(\mathrm{Q}^{(k)}\mathrm{R}^{(k)}\mathrm{Q}^{(k)} + \mu\mathrm{Q}^{(k)}\right)\\
&= \left(\mathrm{Q}^{(k)}\right)^T \left(\mathrm{Q}^{(k)}\mathrm{R}^{(k)} + \mu\mathrm{I}\right)\mathrm{Q}^{(k)} = \left(\mathrm{Q}^{(k)}\right)^T \mathrm{T}^{(k-1)}\mathrm{Q}^{(k)}\\
&= (\mathrm{Q}^{(0)}\mathrm{Q}^{(1)}\ldots\mathrm{Q}^{(k)})^T\mathrm{A}(\mathrm{Q}^{(0)}\mathrm{Q}^{(1)}\ldots\mathrm{Q}^{(k)}), \qquad k \geq 0.
\end{aligned}
$$

Angenommen, dass μ fest ist und dass die Eigenwerte von A auf solche Weise geordnet sind, dass

$$|\lambda_1 - \mu| \geq |\lambda_2 - \mu| \geq \ldots \geq |\lambda_n - \mu|.$$

Dann kann gezeigt werden, dass für $1 < j \leq n$ die Unterdiagonaleinträge $t_{j,j-1}^{(k)}$ mit einer Rate gegen Null gehen, die proportional zum Verhältnis

$$|(\lambda_j - \mu)/(\lambda_{j-1} - \mu)|^k$$

ist. Dies erweitert das Konvergenzresultat (5.37) auf die QR-Methode mit Verschiebung (siehe [GL89], Abschnitte 7.5.2 und 7.3).

Das obige Resultat legt nahe μ auf solche Weise zu wählen, dass

$$|\lambda_n - \mu| < |\lambda_i - \mu|, \qquad i = 1, \ldots, n-1,$$

gilt, weil dann die Matrixeinträge $t_{n,n-1}^{(k)}$ in der Iteration (5.52) schnell gegen Null für wachsende k gehen. (Im Grenzfall, wenn μ gleich einem Eigenwert von $\mathrm{T}^{(k)}$ wäre, d.h. von A, ist dann $t_{n,n-1}^{(k)} = 0$ und $t_{n,n}^{(k)} = \mu$). In der Praxis nimmt man

$$\mu = t_{n,n}^{(k)}, \tag{5.53}$$

was die sogenannte *QR-Iteration mit einfacher Verschiebung liefert.* Entsprechend ist die Konvergenz der Folge $\left\{t_{n,n-1}^{(k)}\right\}$ gegen Null *quadratisch* im Sinne, dass wenn $|t^{(k)}_{n,n-1}|/\|\mathrm{T}^{(0)}\|_2 = \eta_k < 1$ für gewisses $k \geq 0$ gilt, dann $|t^{(k+1)}_{n,n-1}|/\|\mathrm{T}^{(0)}\|_2 = \mathcal{O}(\eta_k^2)$ (siehe [Dem97], S. 161-163 und [GL89], S. 354-355).

Dies kann vorteilhaft ausgenutzt werden, wenn die QR-Iteration mit einfacher Verschiebung durch Überwachung der Größe der Unterdiagonaleinträge $|t^{(k)}_{n,n-1}|$ programmiert wird. In der Praxis wird $t^{(k)}_{n,n-1}$ Null gesetzt, wenn

$$|t^{(k)}_{n,n-1}| \leq \varepsilon(|t^{(k)}_{n-1,n-1}| + |t^{(k)}_{n,n}|), \qquad k \geq 0, \tag{5.54}$$

für ein vorgeschriebenes ε, im allgemeinen von der Ordnung der *Rundungsfehlereinheit* gilt. (Dieser Konvergenztest ist in der Bibliothek EISPACK aufgenommen). Wenn A eine Hessenberg-Matrix ist und wenn $a^{(k)}_{n,n-1}$ für ein bestimmtes k Null gesetzt wird, liefert $t^{(k)}_{n,n}$ die gewünschte Approximation von λ_n. Dann kann die QR-Iteration mit Verschiebung mit der Matrix $\mathrm{T}^{(k)}(1:n-1, 1:n-1)$ fortgesetzt werden, und so weiter. Dies ist ein *Deflationsalgorithmus* (für ein anderes Beispiel siehe Bemerkung 5.3).

Beispiel 5.10 Wir betrachten wieder die Matrix A aus Beispiel 5.9. Programm 36, mit `toll` gleich der *Rundungseinheit*, konvergiert in 14 Iterationen gegen die folgende approximative, reelle Schur-Form von A, die die korrekten Eigenwerte der Matrix A auf ihrer Diagonale zeigt (auf sechs signifikante Ziffern)

$$\mathrm{T}^{(40)} = \begin{bmatrix} 65 & 0 & 0 & 0 & 0 \\ 0 & -21.2768 & 2.5888 & -0.0445 & -4.2959 \\ 0 & 0 & -13.1263 & -4.0294 & -13.079 \\ 0 & 0 & 0 & 21.2768 & -2.6197 \\ 0 & 0 & 0 & 0 & 13.1263 \end{bmatrix}.$$

Wir führen in Tabelle 5.2 die Konvergenzrate $p^{(k)}$ der Folge $\left\{t^{(k)}_{n,n-1}\right\}$ $(n = 5)$ auf, die durch

$$p^{(k)} = 1 + \frac{1}{\log(\eta_k)} \log \frac{|t^{(k)}_{n,n-1}|}{|t^{(k-1)}_{n,n-1}|}, \qquad k \geq 1$$

berechnet wurde. Die Resultate zeigen gute Übereinstimmung mit der erwarteten quadratischen Konvergenz.

•

Ein Programmcode der QR-Iteration mit einfacher Verschiebung (5.52) ist in Programm 36 gegeben. Der Code verwendet Programm 29, um die Matrix A auf obere Hessenberg-Form zu reduzieren, und Programm 31, um den QR-Faktorisierungsschritt auszuführen. Die Eingabeparameter `toll` und `itmax` sind die Toleranz ε in (5.54) bzw. die maximal zulässige Anzahl

Tabelle 5.2. Konvergenzrate der Folge $\left\{t_{n,n-1}^{(k)}\right\}$ bei der QR-Iteration mit einfacher Verschiebung.

k	$\lvert t_{n,n-1}^{(k)}\rvert/\Vert\mathrm{T}^{(0)}\Vert_2$	$p^{(k)}$
0	0.13865	
1	$1.5401 \cdot 10^{-2}$	2.1122
2	$1.2213 \cdot 10^{-4}$	2.1591
3	$1.8268 \cdot 10^{-8}$	1.9775
4	$8.9036 \cdot 10^{-16}$	1.9449

an Iterationen. Als Ausgabe gibt das Programm die (approximative) reelle Schur-Form von A und die Zahl der für ihre Berechnung erforderlichen Iterationen zurück.

Program 36 - qrshift : QR-Iteration mit einfacher Verschiebung

```
function [T,iter]=qrshift(A,toll,itmax)
n=max(size(A)); iter=0; [T,Q]=houshess(A);
for k=n:-1:2
  I=eye(k);
  while abs(T(k,k-1)) > toll*(abs(T(k,k))+abs(T(k-1,k-1)))
    iter=iter+1;
    if (iter > itmax),
      return
    end
    mu=T(k,k); [Q,R,c,s]=qrgivens(T(1:k,1:k)-mu*I);
    T(1:k,1:k)=R*Q+mu*I;
  end
  T(k,k-1)=0;
end
```

5.7.2 Die QR-Methode mit doppelter Verschiebung

Die QR-Iteration mit einfacher Verschiebung (5.52) mit der Wahl (5.53) für μ ist effektiv, wenn die Eigenwerte von A reell sind, jedoch nicht immer ausreichend, wenn wie im folgenden Beispiel konjugiert komplexe Eigenwerte auftreten.

Beispiel 5.11 Die Matrix $\mathrm{A} \in \mathbb{R}^{4\times 4}$ (unten auf fünf signifikante Ziffern angegeben)

$$\mathrm{A} = \begin{bmatrix} 1.5726 & -0.6392 & 3.7696 & -1.3143 \\ 0.2166 & -0.0420 & 0.4006 & -1.2054 \\ 0.0226 & 0.3592 & 0.2045 & -0.1411 \\ -0.1814 & 1.1146 & -3.2330 & 1.2648 \end{bmatrix}$$

hat die Eigenwerte $\{\pm i, 1, 2\}$, mit i die imaginäre Einheit. Die Ausführung des Programmes 36 mit `toll` gleich der *Rundungseinheit* liefert nach 100 Iterationen

$$\mathrm{T}^{(101)} = \begin{bmatrix} 2 & 1.1999 & 0.5148 & 4.9004 \\ 0 & -0.0001 & -0.8575 & 0.7182 \\ 0 & 1.1662 & 0.0001 & -0.8186 \\ 0 & 0 & 0 & 1 \end{bmatrix}.$$

Die erhaltene Matrix ist die reelle Schur-Form von A, wobei der 2×2 Block $\mathrm{T}^{(101)}(2{:}3, 2{:}3)$ konjugiert komplexe Eigenwerte $\pm i$ hat. Diese Eigenwerte können nicht mit dem Algorithmus (5.52)-(5.53) berechnet werden, da μ reell ist. •

Das Problem bei diesem Beispiel ist, dass das Arbeiten mit reellen Matrizen notwendigerweise eine reelle Verschiebung liefert, wohingegen man eine *komplexe* benötigen würde. Die *QR-Iteration mit doppelter Verschiebung* ist gebildet worden, um komplexe Eigenwerte zu berücksichtigen, und erlaubt die 2×2 Diagonalblöcke der reellen Schur-Form von A zu entfernen.

Angenommen die QR-Iteration mit einfacher Verschiebung (5.52) macht im Schritt k einen 2×2 Diagonalblock $\mathrm{R}_{kk}^{(k)}$ ausfindig, der nicht auf obere Dreiecksform reduziert werden kann. Da die Iteration gegen die reelle Schur-Form der Matrix A konvergiert, sind die beiden Eigenwerte von $\mathrm{R}_{kk}^{(k)}$ konjugiert komplex und werden mit $\lambda^{(k)}$ und $\bar{\lambda}^{(k)}$ bezeichnet. Die *doppelte Verschiebungsstrategie* besteht in folgenden Schritten:

$$\begin{aligned}
&\text{bestimme } \mathrm{Q}^{(k)}, \mathrm{R}^{(k)}, \text{ so dass} \\
&\mathrm{Q}^{(k)}\mathrm{R}^{(k)} = \mathrm{T}^{(k-1)} - \lambda^{(k)}\mathrm{I} \qquad \text{(erste QR-Faktorisierung);} \\
&\text{setze dann} \\
&\mathrm{T}^{(k)} = \mathrm{R}^{(k)}\mathrm{Q}^{(k)} + \lambda^{(k)}\mathrm{I}; \\
&\text{bestimme } \mathrm{Q}^{(k+1)}, \mathrm{R}^{(k+1)}, \text{ so dass} \\
&\mathrm{Q}^{(k+1)}\mathrm{R}^{(k+1)} = \mathrm{T}^{(k)} - \bar{\lambda}^{(k)}\mathrm{I} \qquad \text{(zweite QR-Faktorisierung);} \\
&\text{setze dann} \\
&\mathrm{T}^{(k+1)} = \mathrm{R}^{(k+1)}\mathrm{Q}^{(k+1)} + \bar{\lambda}^{(k)}\mathrm{I}.
\end{aligned} \tag{5.55}$$

Wenn einmal eine doppelte Verschiebung ausgeführt wurde, wird die QR-Iteration mit einfacher Verschiebung fortgesetzt bis eine Situation analog der obigen angetroffenen wird.

Die die doppelte Verschiebungsstrategie beinhaltende QR-Iteration ist der effektivste Algorithmus zur Berechnung von Eigenwerten und liefert die approximative Schur-Form einer gegebenen Matrix A. Ihre tatsächliche Implementation ist weit schwieriger als der oben skizzierte Abriss und wird

QR-Iteration mit *Francis-Verschiebung* genannt (siehe [Fra61] und auch [GL89], Abschnitt 7.5 und [Dem97], Abschnitt 4.4.5). Wie im Fall der QR-Iteration mit einfacher Verschiebung, kann quadratische Konvergenz auch für die QR-Methode mit Francis-Verschiebung bewiesen werden. Jedoch wurden kürzlich spezielle Matrizen gefunden, für die die Methode nicht konvergiert (für ein Beispiel siehe Übung 14 und Bemerkung 5.13). Wir verweisen hinsichtlich der Analyse und Gegenmittel auf [Bat90], [Day96], obwohl das Finden einer Verschiebungsstrategie, die die Konvergenz der QR-Iteration für alle Matrizen garantiert, noch ein offenes Problem ist.

Beispiel 5.12 Wir wollen die QR-Iteration mit doppelter Verschiebung auf die Matrix A aus Beispiel 5.11 anwenden. Nach 97 Iterationen des Programmes 37, mit `toll` gleich der *Rundungseinheit*, erhalten wir die folgende (approximative) Schur-Form von A, die auf ihrer Diagonalen die vier Eigenwerte von A zeigt

$$\mathrm{T}^{(97)} = \begin{bmatrix} 2 & 1+2i & -2.33+0.86i & 4.90 \\ 0 & 5.02\cdot 10^{-14}+i & -2.02+6.91\cdot 10^{-14}i & 0.72 \\ t_{31}^{(97)} & 0 & -1.78\cdot 10^{-14}-i & -0.82 \\ t_{41}^{(97)} & t_{42}^{(97)} & 0 & 1 \end{bmatrix},$$

wobei $t_{31}^{(97)} = 2.06\cdot 10^{-17} + 7.15\cdot 10^{-49}i$, $t_{41}^{(97)} = -5.59\cdot 10^{-17}$ und $t_{42}^{(97)} = -4.26\cdot 10^{-18}$ sind. •

Beispiel 5.13 Betrachte die in Abschnitt 10.10.3 von Band 2 untersuchte pseudo-spektrale Differentiationsmatrix D mit den Einträgen

$$D_{ij} = \begin{cases} \frac{d_i}{d_j}\frac{(-1)^{i+j}}{\overline{x}_i-\overline{x}_j}, & i\neq j, \\ \frac{-\overline{x}_j}{2(1-\overline{x}_j^2)}, & 1\leq i=j\leq n-1, \\ -\frac{2n^2+1}{6}, & i=j=0, \\ \frac{2n^2+1}{6}, & i=j=n, \end{cases}$$

wobei $d_0 = d_n = 2$, $d_j = 1$ für $j = 1,\dots,n-1$, $\overline{x}_j = -\cos\frac{\pi j}{n}$ für $j = 0,\dots,n$ mit $n = 4$ gilt. Diese Matrix ist singulär mit einem Eigenwert $\lambda = 0$ der algebraischen Vielfachheit 5 (siehe [CHQZ88], S. 44). In diesem Fall liefert die QR-Methode mit doppelter Verschiebung eine ungenaue Approximation des Spektrums der Matrix. Verwenden wir Programm 37 mit `toll=eps`, so konvergiert die Methode nach 59 Iterationen gegen eine obere Dreiecksmatrix mit den Diagonaleinträgen 0.0020, $0.0006 \pm 0.0019i$ bzw. $-0.0017 \pm 0.0012i$. Die Verwendung der MATLAB Funktion `eig` liefert stattdessen die Eigenwerte -0.0024, $-0.0007 \pm 0.0023i$ und $0.0019 \pm 0.0014i$. •

Eine Basisimplementation der QR-Iteration mit doppelter Verschiebung wird in Programm 37 gezeigt. Die Eingabe/Ausgabeparameter sind die gleichen wie die im Programm 36 verwendeten. Die Ausgabematrix T ist die approximative Schur-Form der Matrix A.

Program 37 - qr2shift : QR-Iteration mit doppelter Verschiebung

```
function [T,iter]=qr2shift(A,toll,itmax)
n=max(size(A)); iter=0; [T,Q]=houshess(A);
for k=n:-1:2
  I=eye(k);
  while abs(T(k,k-1)) > toll*(abs(T(k,k))+abs(T(k-1,k-1)))
    iter=iter+1; if (iter > itmax), return, end
    mu=T(k,k); [Q,R,c,s]=qrgivens(T(1:k,1:k)-mu*I);
    T(1:k,1:k)=R*Q+mu*I;
    if (k > 2),
      Tdiag2=abs(T(k-1,k-1))+abs(T(k-2,k-2));
      if abs(T(k-1,k-2)) ¡= toll*Tdiag2;
        [lambda]=eig(T(k-1:k,k-1:k));
        [Q,R,c,s]=qrgivens(T(1:k,1:k)-lambda(1)*I);
        T(1:k,1:k)=R*Q+lambda(1)*I;
        [Q,R,c,s]=qrgivens(T(1:k,1:k)-lambda(2)*I);
        T(1:k,1:k)=R*Q+lambda(2)*I;
      end
    end
  end, T(k,k-1)=0;
end
I=eye(2);
while (abs(T(2,1)) > toll*(abs(T(2,2))+abs(T(1,1)))) & (iter <= itmax)
  iter=iter+1; mu=T(2,2);
  [Q,R,c,s]=qrgivens(T(1:2,1:2)-mu*I); T(1:2,1:2)=R*Q+mu*I;
end
```

5.8 Berechnung der Eigenvektoren und die SVD einer Matrix

Die in Abschnitt 5.3.2 beschriebenen Potenz- und inversen Iterationen können verwendet werden, um eine ausgewählte Anzahl von Eigenwert-Eigenvektor-Paaren zu berechnen. Werden alle Eigenwerte und Eigenvektoren benötigt, so kann die QR-Iteration vorteilhaft verwendet werden, um die Eigenvektoren, wie in den Abschnitten 5.8.1 und 5.8.2 gezeigt, zu berechnen. Im Abschnitt 5.8.3 werden wir uns mit der Berechnung der Singulärwertzerlegung (SVD) einer gegebenen Matrix beschäftigen.

5.8.1 Die inverse Hessenberg-Iteration

Für jeden approximativen Eigenwert λ, der durch die QR-Iteration wie in Abschnitt 5.7.2 berechnet wurde, kann die inverse Iteration (5.28) auf die Matrix $\mathrm{H} = \mathrm{Q}^T\mathrm{AQ}$ in Hessenberg-Form angewandt werden, was einen genäherten Eigenvektor $\mathbf{q}$ liefert. Dann wird der mit λ verbundene Eigenvektor $\mathbf{x}$ als $\mathbf{x} = \mathrm{Q}\mathbf{q}$ berechnet. Natürlich kann man die Struktur der Hessenberg-Matrix für eine effiziente Lösung des linearen Systems in jedem Schritt von (5.28) ausnutzen. Typischerweise ist nur eine Iteration erforderlich, um eine adäquate Approximation des gewünschten Eigenvektors $\mathbf{x}$ zu erreichen (siehe [GL89], Abschnitt 7.6.1 und [PW79] für weitere Details).

5.8.2 Berechnung der Eigenvektoren aus der Schur-Form einer Matrix

Angenommen, dass die (approximative) Schur-Form $\mathrm{Q}^H\mathrm{AQ}=\mathrm{T}$ einer gegebenen Matrix $\mathrm{A}\in \mathbb{R}^{n\times n}$ mittels QR-Iteration mit doppelter Verschiebung berechnet wurde, wobei Q eine unitäre Matrix und T eine obere Dreiecksmatrix seien.

Gilt $\mathrm{A}\mathbf{x}=\lambda\mathbf{x}$, so haben wir $\mathrm{Q}^H\mathrm{AQQ}^H\mathbf{x}= \mathrm{Q}^H\ \lambda\mathbf{x}$, d.h. wenn wir $\mathbf{y}=\mathrm{Q}^H\mathbf{x}$ setzen, folgt $\mathrm{T}\ \mathbf{y}=\lambda\mathbf{y}$. Daher ist $\mathbf{y}$ ein Eigenvektor von T, so dass wir zur Berechnung der Eigenvektoren von A direkt mit der Schur-Form T arbeiten können.

Nehmen wir zur Vereinfachung an, dass $\lambda = t_{kk} \in \mathbb{C}$ ein einfacher Eigenwert von A ist. Dann kann die obere Dreiecksmatrix T wie folgt zerlegt werden

$$\mathrm{T} = \begin{bmatrix} \mathrm{T}_{11} & \mathbf{v} & \mathrm{T}_{13} \\ 0 & \lambda & \mathbf{w}^T \\ 0 & 0 & \mathrm{T}_{33} \end{bmatrix},$$

wobei $\mathrm{T}_{11} \in \mathbb{C}^{(k-1)\times(k-1)}$ und $\mathrm{T}_{33} \in \mathbb{C}^{(n-k)\times(n-k)}$ obere Dreiecksmatrizen, $\mathbf{v}\in \mathbb{C}^{k-1}$, $\mathbf{w}\in \mathbb{C}^{n-k}$ und $\lambda \notin \sigma(\mathrm{T}_{11}) \cup \sigma(\mathrm{T}_{33})$ sind.

Somit kann, wenn wir $\mathbf{y} = \left(\mathbf{y}_{k-1}^T, y, \mathbf{y}_{n-k}^T\right)$, mit $\mathbf{y}_{k-1} \in \mathbb{C}^{k-1}$, $y \in \mathbb{C}$ und $\mathbf{y}_{n-k} \in \mathbb{C}^{n-k}$ setzen, das Matrixeigenwertproblem $(\mathrm{T} - \lambda\mathrm{I})\ \mathbf{y}=\mathbf{0}$ in der Form

$$\left\{\begin{array}{lllll} (\mathrm{T}_{11} - \lambda\mathrm{I}_{k-1})\mathbf{y}_{k-1}+ & \mathbf{v}y+ & \mathrm{T}_{13}\mathbf{y}_{n-k} & = & \mathbf{0} \\ & & \mathbf{w}^T\mathbf{y}_{n-k} & = & 0 \\ & & (\mathrm{T}_{33} - \lambda\mathrm{I}_{n-k})\mathbf{y}_{n-k} & = & \mathbf{0} \end{array}\right. \qquad (5.56)$$

geschrieben werden. Da λ einfach ist, sind beide Matrizen $\mathrm{T}_{11} - \lambda\mathrm{I}_{k-1}$ und $\mathrm{T}_{33} - \lambda\mathrm{I}_{n-k}$ nichtsingulär, so dass die dritte Gleichung in (5.56) $\mathbf{y}_{n-k} = \mathbf{0}$ liefert und die erste Gleichung

$$(\mathrm{T}_{11} - \lambda\mathrm{I}_{k-1})\mathbf{y}_{k-1} = -\mathbf{v}y$$

wird. Setzen wir beliebig $y = 1$ und lösen das obige Dreieckssystem für $\mathbf{y}_{k-1}$, so erhalten wir (formal)

$$\mathbf{y} = \begin{pmatrix} -(\mathrm{T}_{11} - \lambda \mathrm{I}_{k-1})^{-1}\mathbf{v} \\ 1 \\ 0 \end{pmatrix}.$$

Der gewünschte Eigenvektor $\mathbf{x}$ kann dann als $\mathbf{x}$=Q$\mathbf{y}$ berechnet werden.

Eine effiziente Implementation des obigen Verfahrens ist in der MATLAB Funktion `eig` durchgeführt. Das Aufrufen dieser Funktion im Format `[V, D]= eig(A)` liefert die Matrix `V`, deren Spalten die Rechtseigenvektoren von A sind, und die Diagonalmatrix `D`, die die Eigenwerte von A enthält. Weitere Details können in der `strvec` Unterroutine in der LAPACK Bibliothek gefunden werden, während für die Berechnung von Eigenvektoren im Fall, in dem A symmetrisch ist, wir auf [GL89], Kapitel 8 und [Dem97], Abschnitt 5.3 verweisen.

5.8.3 Approximative Berechnung der SVD einer Matrix

In diesem Abschnitt beschreiben wir den Golub-Kahan-Reinsch-Algorithmus zur Berechnung der SVD einer Matrix $\mathrm{A} \in \mathbb{R}^{m \times n}$ mit $m \geq n$ (siehe [GL89], Abschnitt 5.4). Die Methode besteht aus zwei Phasen, einer direkten und einer iterativen.

In der ersten Phase wird A auf eine obere Trapezmatrix der Form

$$\mathcal{U}^T \mathrm{A} \mathcal{V} = \begin{pmatrix} \mathrm{B} \\ 0 \end{pmatrix} \tag{5.57}$$

transformiert, wobei $\mathcal{U}$ und $\mathcal{V}$ zwei orthogonale Matrizen und $\mathrm{B} \in \mathbb{R}^{n \times n}$ eine obere bidiagonale Matrix sind. Die Matrizen $\mathcal{U}$ und $\mathcal{V}$ werden unter Verwendung der $n + m - 3$ Householder-Matrizen $\mathcal{U}_1, \ldots, \mathcal{U}_{m-1}, \mathcal{V}_1, \ldots, \mathcal{V}_{n-2}$ wie folgt erzeugt.

Der Algorithmus erzeugt anfänglich $\mathcal{U}_1$ auf solche Weise, dass die Matrix $\mathrm{A}^{(1)} = \mathcal{U}_1 \mathrm{A}$ die Eigenschaft $a_{i1}^{(1)} = 0$ wenn $i > 1$ besitzt. Dann wird $\mathcal{V}_1$ derart bestimmt, dass $\mathrm{A}^{(2)} = \mathrm{A}^{(1)} \mathcal{V}_1$ die Einträge $a_{1j}^{(2)} = 0$ für $j > 2$ hat, indem gleichzeitig die Nulleinträge des vorangegangenen Schrittes erhalten bleiben. Das Verfahren wird, beginnend mit $\mathrm{A}^{(2)}$, wiederholt, und indem wir $\mathcal{U}_2$ derart nehmen, dass $\mathrm{A}^{(3)} = \mathcal{U}_2 \mathrm{A}^{(2)}$ die Einträge $a_{i2}^{(3)} = 0$ für $i > 2$ besitzt, und $\mathcal{V}_2$ so bestimmen, dass $\mathrm{A}^{(4)} = \mathrm{A}^{(3)} \mathcal{V}_2$ die Einträge $a_{2j}^{(4)} = 0$ für $j > 3$ hat, wobei die schon erzeugten Nulleinträge erhalten bleiben. Zum Beispiel liefern im Fall $m = 5$, $n = 4$ die ersten beiden Schritte im

Reduktionsverfahren

$$\mathrm{A}^{(1)} = \mathcal{U}_1\mathrm{A} = \begin{bmatrix} \bullet & \bullet & \bullet & \bullet \\ 0 & \bullet & \bullet & \bullet \\ 0 & \bullet & \bullet & \bullet \\ 0 & \bullet & \bullet & \bullet \\ 0 & \bullet & \bullet & \bullet \end{bmatrix} \longrightarrow \mathrm{A}^{(2)} = \mathrm{A}^{(1)}\mathcal{V}_1 = \begin{bmatrix} \bullet & \bullet & 0 & 0 \\ 0 & \bullet & \bullet & \bullet \\ 0 & \bullet & \bullet & \bullet \\ 0 & \bullet & \bullet & \bullet \\ 0 & \bullet & \bullet & \bullet \end{bmatrix},$$

wobei wir durch $\bullet$ die Einträge der Matrizen bezeichnet haben, die prinzipiell von Null verschieden sind. Nach höchstens $m-1$ Schritten finden wir (5.57) mit

$$\mathcal{U} = \mathcal{U}_1\mathcal{U}_2 \ldots \mathcal{U}_{m-1}, \quad \mathcal{V} = \mathcal{V}_1\mathcal{V}_2 \ldots \mathcal{V}_{n-2}.$$

In der zweiten Phase wird die erhaltene Matrix B auf eine Diagonalmatrix Σ unter Verwendung der QR-Iteration reduziert. Genauer wird eine Folge oberer bidiagonaler Matrizen $\mathrm{B}^{(k)}$ derart konstruiert, dass ihre Außerdiagonalelemente für $k \to \infty$ quadratisch gegen Null gehen und die Diagonaleinträge gegen die Singulärwerte σ_i von A konvergieren. Im Grenzfall erzeugt der Prozess zwei orthogonale Matrizen $\mathcal{W}$ und $\mathcal{Z}$, so dass

$$\mathcal{W}^T\mathrm{B}\mathcal{Z} = \Sigma = \mathrm{diag}(\sigma_1, \ldots, \sigma_n).$$

Die SVD von A ist dann durch

$$\mathrm{U}^T\mathrm{AV} = \begin{pmatrix} \Sigma \\ 0 \end{pmatrix}$$

gegeben, mit $\mathrm{U} = \mathcal{U}\mathrm{diag}(\mathcal{W}, \mathrm{I}_{m-n})$ und $\mathrm{V} = \mathcal{V}\mathcal{Z}$.

Der numerische Aufwand dieses Verfahrens ist $2m^2n + 4mn^2 + \frac{9}{2}n^3$ flops, der sich auf $2mn^2 - \frac{2}{3}n^3$ flops reduziert, wenn nur die Singulärwerte berechnet werden. In diesem Fall ist, wenn wir uns erinnern was in Abschnitt 3.13 über $\mathrm{A}^T\mathrm{A}$ gesagt wurde, die in diesem Abschnitt vorgestellte Methode der direkten Berechnung der Eigenwerte von $\mathrm{A}^T\mathrm{A}$ und ihrer anschließenden Quadratwurzelbestimmung vorzuziehen.

Was die Stabilität dieses Verfahrens anbelangt, kann gezeigt werden, dass das berechnete σ_i sich als Singulärwert der Matrix $\mathrm{A} + \delta\mathrm{A}$ mit

$$\|\delta\mathrm{A}\|_2 \leq C_{mn}\mathrm{u}\|\mathrm{A}\|_2$$

ergibt, C_{mn} ist dabei eine Konstante, die von n, m und der *Rundungseinheit* u abhängt. Zu anderen Herangehensweisen zur Berechnung der SVD einer Matrix siehe [Dat95] und [GL89].

5.9 Das verallgemeinerte Eigenwertproblem

Seien $A, B \in \mathbb{C}^{n\times n}$ zwei gegebene Matrizen; für jedes $z \in \mathbb{C}$ nennen wir $A-zB$ ein *Matrixbüschel* und bezeichnen es durch (A,B). Die Menge σ(A,B) der Eigenwerte von (A,B) wird definiert als

$$\sigma(A, B) = \{\mu \in \mathbb{C} : \det(A - \mu B) = 0\}.$$

Das *verallgemeinerte Matrixeigenwertproblem* kann wie folgt formuliert werden: Finde $\lambda \in \sigma(A,B)$ und einen nichtverschwindenden Vektor $\mathbf{x} \in \mathbb{C}^n$, so dass

$$A\mathbf{x} = \lambda B\mathbf{x}. \tag{5.58}$$

Das Paar $(\lambda, \mathbf{x})$, das (5.58) genügt, ist ein Eigenwert-Eigenvektor-Paar des Büschels (A,B). Beachte, dass das bislang betrachtete Standard Matrixeigenwertproblem aus (5.58) durch Setzen von $B=I_n$ folgt.

Probleme der Form (5.58) treten häufig in ingenieurtechnischen Anwendungen auf, z.B. beim Studium der Schwingungen von Strukturen (Gebäude, Flugzeuge, Brücken) oder bei der modalen Analyse von Wellenleitern (siehe [Inm94] und [Bos93]). Ein anderes Beispiel ist die Berechnung der extremalen Eigenwerte einer vorkonditionierten Matrix $P^{-1}A$ (in diesem Fall ist $B = P$ in (5.58)), wenn ein lineares System mit einer iterativen Methode (siehe Bemerkung 4.2) gelöst wird.

Wir wollen einige Definitionen einführen. Wir sagen, dass das Büschel (A,B) *regulär* ist, wenn det(A-zB) nicht identisch Null ist, andernfalls ist das Büschel *singulär*. Ist (A,B) regulär, so ist $p(z) = \det(A - zB)$ das *charakteristische Polynom* des Büschels; bezeichnet k den Grad von p, sind die Eigenwerte von (A,B) definiert als:

1. die Wurzeln von $p(z) = 0$, wenn $k = n$;
2. ∞ wenn $k < n$ (mit der Vielfachheit $n - k$).

Beispiel 5.14 (aus [Par80], [Saa92] und [GL89] entnommen)

$$A = \begin{bmatrix} -1 & 0 \\ 0 & 1 \end{bmatrix}, \quad B = \begin{bmatrix} 0 & 1 \\ 1 & 0 \end{bmatrix} \quad p(z) = z^2 + 1 \quad \Longrightarrow \quad \sigma(A, B) = \pm i$$

$$A = \begin{bmatrix} -1 & 0 \\ 0 & 0 \end{bmatrix}, \quad B = \begin{bmatrix} 0 & 0 \\ 0 & 1 \end{bmatrix} \quad p(z) = z \quad \Longrightarrow \quad \sigma(A, B) = \{0, \infty\}$$

$$A = \begin{bmatrix} 1 & 2 \\ 0 & 0 \end{bmatrix}, \quad B = \begin{bmatrix} 1 & 0 \\ 0 & 0 \end{bmatrix} \quad p(z) = 0 \quad \Longrightarrow \quad \sigma(A, B) = \mathbb{C}.$$

Das erste Paar von Matrizen zeigt, dass symmetrische Büschel, im Gegensatz zu symmetrischen Matrizen, *konjugiert komplexe* Eigenwerte haben können. Das zweite Paar ist ein reguläres Büschel, das einen Eigenwert besitzt, der gleich Unendlich ist, wohingegen das dritte Paar ein Beispiel eines singulären Büschels darstellt. •

5.9.1 Berechnung der verallgemeinerten reellen Schur-Form

Die Definitionen und obigen Beispiele beinhalten, dass das Büschel (A,B) n endliche Eigenwerte genau dann hat, wenn B nichtsingulär ist.

Ein möglicher Zugang zur Lösung des Problems (5.58) in einem solchen Fall ist, das Problem in das äquivalente Eigenwertproblem $C\mathbf{x} = \lambda\mathbf{x}$ zu transformieren, wobei die Matrix C die Lösung des Systems BC = A ist, und dann die QR-Iteration auf C anzuwenden. Für die eigentliche Berechnung der Matrix C kann man die Gauß-Elimination mit Pivotsuche oder die in Abschnitt 3.6 gezeigten Techniken anwenden. Dieses Verfahren kann ungenaue Ergebnisse liefern, wenn B schlecht konditioniert ist, weil die Berechnung von C durch Rundungsfehler der Ordnung $\mathbf{u}\ \|A\|_2\|B^{-1}\|_2$ beeinflusst wird (siehe [GL89], S. 376).

Ein attraktiverer Zugang basiert auf folgendem Resultat, das den Schur-Zerlegungssatz 1.5 auf den Fall eines regulären Matrixbüschels verallgemeinert (für einen Beweis siehe [Dat95], S. 497).

Eigenschaft 5.10 (Verallgemeinerte Schur-Zerlegung) *Sei* (A,B) *ein reguläres Büschel. Dann gibt es zwei unitäre Matrizen* U *und* Z, *so dass* $U^HAZ = T$, $U^HBZ = S$ *gilt, wobei* T *und* S *obere Dreiecksmatrizen sind. Für* $i = 1, \ldots, n$ *sind die Eigenwerte von* (A,B) *durch*

$$\lambda_i = t_{ii}/s_{ii}, \quad \textit{wenn } s_{ii} \neq 0,$$

$$\lambda_i = \infty, \quad \textit{wenn } t_{ii} \neq 0,\ s_{ii} = 0$$

gegeben.

Genau wie beim Matrixeigenwertproblem, kann die verallgemeinerte Schur-Form nicht explizit berechnet werden, daher muss das Gegenstück zur reellen Schur-Form (5.34) berechnet werden. Unter der Annahme, dass die Matrizen A und B reell sind, kann gezeigt werden, dass zwei orthogonale Matrizen $\tilde{U}$ und $\tilde{Z}$ existieren, so dass $\tilde{T} = \tilde{U}^T A\tilde{Z}$ eine obere quasi Dreiecksmatrix und $\tilde{S} = \tilde{U}^T B\tilde{Z}$ eine obere Dreiecksmatrix sind. Diese Zerlegung ist als *verallgemeinerte reelle Schur-Zerlegung* eines Paares (A,B) bekannt und kann durch eine geeignet modifizierte Version des QR-Algorithmus berechnet werden, der als *QZ-Iteration* bekannt ist, die aus den folgenden Schritten besteht (für eine detailiertere Beschreibung siehe [GL89], Abschnitt 7.7, [Dat95], Abschnitt 9.3):

1. reduziere A und B auf obere Hessenberg-Form bzw. obere Dreiecksform, d.h. finde zwei orthogonale Matrizen Q und Z, so dass $\mathcal{A} = Q^TAZ$ obere Hessenberg-Form und $\mathcal{B} = Q^TBZ$ obere Dreiecksform besitzt;

2. die QR-Iteration wird auf die Matrix $\mathcal{A}\mathcal{B}^{-1}$ angewandt, um sie auf die reelle Schur-Form zu reduzieren.

Um Computerressourcen zu sparen, überschreibt der QZ-Algorithmus die Matrizen A und B mit ihren oberen Hessenberg- und Dreiecksformen und erfordert $30n^3$ flops; ein zusätzlicher Aufwand von $36n^3$ Operationen wird erforderlich, wenn Q und Z auch benötigt werden. Die Methode ist in der LAPACK Bibliothek in der Unterroutine **sgges** implementiert und kann in der MATLAB Umgebung mit dem Kommando **eig(A,B)** aufgerufen werden.

5.9.2 Verallgemeinerte reelle Schur-Form von symmetrisch-definiten Büscheln

Eine bemerkenswerte Situation tritt auf, wenn sowohl A als auch B symmetrisch und eine von ihnen, sagen wir B, auch positiv definit sind. In diesem Fall bildet das Paar (A,B) ein *symmetrisch-definites* Büschel, für das das folgende Resultat gilt.

Theorem 5.7 *Das symmetrisch-definite Büschel* (A,B) *hat reelle Eigenwerte und linear unabhängige Eigenvektoren. Darüber hinaus können die Matrizen* A *und* B *gleichzeitig diagonalisiert werden. Genauer, es gibt eine nichtsinguläre Matrix* $X \in \mathbb{R}^{n\times n}$, *so dass*

$$X^T AX = \Lambda = \text{diag}(\lambda_1, \lambda_2, \ldots, \lambda_n), \quad X^T BX = I_n,$$

wobei λ_i *für* $i = 1, \ldots, n$ *die Eigenwerte des Büschels* (A, B) *sind.*

Beweis. Da B symmetrisch positiv definit ist, gibt es eine eindeutig bestimmte Cholesky-Faktorisierung $B = H^T H$, wobei H obere Dreiecksmatrix ist (siehe Abschnitt 3.4.2). Aus (5.58) folgern wir, dass $C\mathbf{z} = \lambda\mathbf{z}$ mit $C = H^{-T}AH^{-1}$, $\mathbf{z} = H\mathbf{x}$ gilt, wobei $(\lambda, \mathbf{x})$ ein Eigenwert-Eigenvektor-Paar von (A,B) ist.

Die Matrix C ist symmetrisch; daher sind ihre Eigenwerte reell und eine Menge orthonormaler Eigenvektoren $(\mathbf{y}_1, \ldots, \mathbf{y}_n) = Y$ existiert. Folglich gestattet das Setzen $X = H^{-1}Y$ das gleichzeitige Diagonalisieren sowohl von A als auch B, denn

$$X^T AX = Y^T H^{-T} AH^{-1} Y = Y^T CY = \Lambda = \text{diag}(\lambda_1, \ldots, \lambda_n),$$

$$X^T BX = Y^T H^{-T} BH^{-1} Y = Y^T Y = I_n.$$

◇

Der folgende QR-Cholesky-Algorithmus berechnet die Eigenwerte λ_i und die entsprechenden Eigenvektoren $\mathbf{x}_i$ eines symmetrisch-definiten Büschels (A,B), für $i = 1, \ldots, n$ (für weitere Details siehe [GL89], Abschnitt 8.7, [Dat95], Abschnitt 9.5):

1. berechne die Cholesky-Faktorisierung $B = H^T H$;

2. berechne $C = H^{-T} AH^{-1}$;

3. für $i = 1, \ldots, n$, berechne die Eigenwerte λ_i und Eigenvektoren $\mathbf{z}_i$ der symmetrischen Matrix C unter Verwendung der QR-Iteration. Konstruiere dann aus der Menge $\{\mathbf{z}_i\}$ eine orthonormale Menge von Eigenvektoren $\{\mathbf{y}_i\}$ (z.B. unter Verwendung des modifizierten Gram-Schmidt-Verfahrens von Abschnitt 3.4.3);

4. für $i = 1, \ldots, n$, berechne die Eigenvektoren $\mathbf{x}_i$ des Büschels (A,B) durch Lösung des Systems $\mathrm{H}\mathbf{x}_i = \mathbf{y}_i$.

Dieser Algorithmus erfordert eine Ordnung von $14n^3$ flops. Es kann gezeigt werden (siehe [GL89], S. 464), dass wenn $\hat{\lambda}$ ein berechneter Eigenwert ist, dann

$$\hat{\lambda} \in \sigma(\mathrm{H}^{-T}\mathrm{A}\mathrm{H}^{-1} + \mathrm{E}), \qquad \text{mit } \|\mathrm{E}\|_2 \simeq \mathrm{u}\|\mathrm{A}\|_2\|\mathrm{B}^{-1}\|_2$$

gilt. Folglich kann das verallgemeinerte Eigenwertproblem im symmetrisch-definiten Fall instabil in Bezug auf die Ausbreitung von Rundungsfehlern werden, wenn B schlecht konditioniert ist. Für eine stabilisierte Version der QR-Cholesky-Methode, siehe [GL89], S. 464 und die dort zitierte Literatur.

5.10 Methoden für Eigenwerte symmetrischer Matrizen

In diesem Abschnitt behandeln wir die Berechnung der Eigenwerte einer symmetrischen Matrix $\mathrm{A} \in \mathbb{R}^{n\times n}$. Neben der zuvor studierten QR-Methode sind spezifische Algorithmen verfügbar, die die Symmetrie von A ausnutzen.

Wir beginnen mit der Jacobi-Methode, die eine Folge von zu A orthogonal ähnlichen Matrizen erzeugt und gegen die diagonale Schur-Form von A konvergiert. Dann werden die Sturmschen Ketten und das Lanczos-Verfahren zur Behandlung des Falles tridiagonaler Matrizen bzw. großer schwach besetzter Matrizen vorgestellt.

5.10.1 Die Jacobi-Methode

Die Jacobi-Methode erzeugt eine Folge von Matrizen $\mathrm{A}^{(k)}$, die orthogonal ähnlich zur Matrix A sind und gegen eine Diagonalmatrix konvergieren, deren Einträge die Eigenwerte von A sind. Dies wird durch Verwendung der Givens-Ähnlichkeitstransformationen (5.43) wie folgt erreicht.

Sei $\mathrm{A}^{(0)} = \mathrm{A}$ gegeben. Für jedes $k = 1, 2, \ldots$, wird ein Indexpaar p und q, mit $1 \le p < q \le n$, fixiert. Danach wird mit $\mathrm{G}_{pq} = \mathrm{G}(p, q, \theta)$ die zu A orthogonal ähnliche Matrix $\mathrm{A}^{(k)} = (\mathrm{G}_{pq})^T \mathrm{A}^{(k-1)} \mathrm{G}_{pq}$ konstruiert, so dass

$$a_{ij}^{(k)} = 0 \quad \text{für} \quad (i, j) = (p, q) \tag{5.59}$$

gilt. Seien $c = \cos\theta$ und $s = \sin\theta$. Das Verfahren zur Berechnung der Einträge von $\mathrm{A}^{(k)}$, die bezüglich jener von $\mathrm{A}^{(k-1)}$ geändert werden, kann in der Form

$$\begin{bmatrix} a_{pp}^{(k)} & a_{pq}^{(k)} \\ a_{pq}^{(k)} & a_{qq}^{(k)} \end{bmatrix} = \begin{bmatrix} c & s \\ -s & c \end{bmatrix}^T \begin{bmatrix} a_{pp}^{(k-1)} & a_{pq}^{(k-1)} \\ a_{pq}^{(k-1)} & a_{qq}^{(k-1)} \end{bmatrix} \begin{bmatrix} c & s \\ -s & c \end{bmatrix} \tag{5.60}$$

geschrieben werden. Ist $a_{pq}^{(k-1)} = 0$ so können wir (5.59) durch $c = 1$ und $s = 0$ erfüllen. Ist $a_{pq}^{(k-1)} \neq 0$, so erfordert (5.60) die Lösung des folgenden algebraischen Systems mit $t = s/c$

$$t^2 + 2\eta t - 1 = 0, \qquad \eta = \frac{a_{qq}^{(k-1)} - a_{pp}^{(k-1)}}{2a_{pq}^{(k-1)}}. \tag{5.61}$$

Die Wurzel $t = 1/(\eta + \sqrt{1+\eta^2})$ wird in (5.61) gewählt, wenn $\eta \geq 0$, andernfalls nehmen wir $t = -1/(-\eta + \sqrt{1+\eta^2})$; danach setzen wir

$$c = \frac{1}{\sqrt{1+t^2}}, \qquad s = ct. \tag{5.62}$$

Um die Rate zu studieren, mit der die Nebendiagonaleinträge von $\mathrm{A}^{(k)}$ gegen Null gehen, ist es zweckmäßig für jede Matrix $\mathrm{M} \in \mathbb{R}^{n\times n}$ die nichtnegative Größe

$$\Psi(\mathrm{M}) = \left(\sum_{\substack{i,j=1 \\ i\neq j}}^{n} m_{ij}^2 \right)^{1/2} = \left(\|\mathrm{M}\|_F^2 - \sum_{i=1}^{n} m_{ii}^2 \right)^{1/2} \tag{5.63}$$

einzuführen. Die Jacobi-Methode sichert, dass $\Psi(\mathrm{A}^{(k)}) \leq \Psi(\mathrm{A}^{(k-1)})$ für jedes $k \geq 1$. Tatsächlich liefert die Berechnung von (5.63) für die Matrix $\mathrm{A}^{(k)}$

$$(\Psi(\mathrm{A}^{(k)}))^2 = (\Psi(\mathrm{A}^{(k-1)}))^2 - 2\left(a_{pq}^{(k-1)}\right)^2 \leq (\Psi(\mathrm{A}^{(k-1)}))^2. \tag{5.64}$$

Die Abschätzung (5.64) legt nahe, dass in jedem Schritt k, die optimale Wahl der Indizes p und q die ist, die dem Eintrag in $\mathrm{A}^{(k-1)}$ entspricht, so dass

$$|a_{pq}^{(k-1)}| = \max_{i\neq j} |a_{ij}^{(k-1)}|.$$

Der numerische Aufwand dieser Strategie ist von der Ordnung n^2 flops für die Suche des betragsmäßig größten Eintrages, während der Aktualisierungsschritt $\mathrm{A}^{(k)} = (\mathrm{G}_{pq})^T \mathrm{A}^{(k-1)} \mathrm{G}_{pq}$ nur einen Aufwand von n flops erfordert, wie schon in Abschnitt 5.6.5 vermerkt wurde. Es ist folglich zweckmäßig, zur sogenannten *zeilenzyklischen Jacobi-Methode* zu greifen, bei der die Wahl der Indizes p und q durch einen Zeilenzyklus der Matrix $A^{(k)}$ entsprechend folgendem Algorithmus durchgeführt wird: für jedes $k = 1, 2, \ldots$ und für jede i-te Zeile von $A^{(k)}$ $(i = 1, \ldots, n-1)$, setzen wir $p = i$ und $q = (i+1), \ldots, n$. Jeder komplette Zyklus erfordert $N = n(n-1)/2$ Jacobi-Transformationen. Unter der Annahme $|\lambda_i - \lambda_j| \geq \delta$ für $i \neq j$, kann gezeigt werden, dass die zyklische Jacobi-Methode quadratisch konvergiert, d.h. (siehe [Wil65], [Wil62])

$$\Psi(A^{(k+N)}) \leq \frac{1}{\delta\sqrt{2}}(\Psi(A^{(k)}))^2, \qquad k = 1, 2, \ldots$$

Für weitere Details des Algorithmus verweisen wir auf [GL89], Abschnitt 8.4.

Beispiel 5.15 Wir wollen die zyklische Jacobi-Methode auf die Hilbert-Matrix H_4 anwenden, deren Eigenwerte (auf fünf signifikante Ziffern) $\lambda_1 = 1.5002$, $\lambda_2 = 1.6914 \cdot 10^{-1}$, $\lambda_3 = 6.7383 \cdot 10^{-3}$ und $\lambda_4 = 9.6702 \cdot 10^{-5}$ lauten. Bei Ausführung des Programmes 40 mit `toll` $= 10^{-15}$ konvergiert die Methode in 3 Zyklen gegen eine Matrix, deren Diagonaleinträge mit den Eigenwerten von H_4 bis auf $4.4409 \cdot 10^{-16}$ übereinstimmen. Was die Nichtdiagonaleinträge anbetrifft, sind die durch $\Psi(H_4^{(k)})$ erreichten Werte in der Tabelle 5.3 aufgeführt. •

Tabelle 5.3. Konvergenz des zyklischen Jacobi-Algorithmus.

Zyklus	$\Psi(H_4^{(k)})$	*Zyklus*	$\Psi(H_4^{(k)})$	*Zyklus*	$\Psi(H_4^{(k)})$
1	$5.262 \cdot 10^{-2}$	2	$3.824 \cdot 10^{-5}$	3	$5.313 \cdot 10^{-16}$

Formel (5.63) und (5.62) sind in den Programmen 38 und 39 implementiert.

Program 38 - psinorm : Auswertung von $\Psi(A)$

```
function [psi]=psinorm(A)
n=max(size(A)); psi=0;
for i=1:(n-1), for j=(i+1):n, psi=psi+A(i,j)^2+A(j,i)^2; end; end; psi=sqrt(psi);
```

Program 39 - symschur : Auswertung von c und s

```
function [c,s]=symschur(A,p,q)
if (A(p,q)==0), c=1; s=0; else,
 eta=(A(q,q)-A(p,p))/(2*A(p,q));
 if (eta >= 0), t=1/(eta+sqrt(1+eta^2));
 else, t=-1/(-eta+sqrt(1+eta^2)); end; c=1/sqrt(1+t^2); s=c*t;
end
```

Ein Programmcode der zyklischen Jacobi-Methode ist im Programm 40 implementiert. Dieses Programm bekommt als Eingabeparameter die symmetrische Matrix $A \in \mathbb{R}^{n \times n}$ und eine Toleranz `toll`. Das Programm gibt eine Matrix D = $G^T AG$, G orthogonal, so dass $\Psi(D) \leq \texttt{toll}\|A\|_F$, den Wert von $\Psi(D)$ und die Zahl der Zyklen, um Konvergenz zu erreichen, zurück.

Program 40 - cycjacobi : Zyklische Jacobi-Methode für symmetrische Matrizen

```
function [D,sweep,psi]=cycjacobi(A,toll)
n=max(size(A)); D=A; psiD=norm(A,'fro');
epsi=toll*psiD; psiD=psinorm(D); [psi]=psiD; sweep=0;
while (psiD > epsi), sweep=sweep+1;
 for p=1:(n-1), for q=(p+1):n
  [c,s]=symschur(D,p,q); [D]=gacol(D,c,s,1,n,p,q); [D]=garow(D,c,s,p,q,1,n);
 end; end; psiD=psinorm(D); psi=[psi; psiD];
end
```

5.10.2 Die Methode der Sturmschen Ketten

In diesem Abschnitt behandeln wir die Berechnung der Eigenwerte einer reellen, tridiagonalen und symmetrischen Matrix T. Typische Beispiele eines solchen Problems erscheinen, wenn die Householder-Transformation auf eine gegebene symmetrische Matrix A (siehe Abschnitt 5.6.2) angewandt wird, oder wenn Randwertprobleme in einer Raumdimension (für ein Beispiel siehe Abschnitt 5.12.1) gelöst werden.

Wir analysieren die *Methode der Sturmschen Ketten*, oder *Givens-Methode*, die in [Giv54] eingeführt wurde. Für $i = 1, \ldots, n$, bezeichnen wir durch d_i die Diagonaleinträge von T und durch b_i, $i = 1, \ldots, n-1$, die oberhalb bzw. unterhalb der Diagonalen von T stehenden Elemente. Wir werden annehmen, dass $b_i \neq 0$ für jedes i. Andernfalls reduziert sich die Berechnung auf Probleme geringerer Komplexität.

Seien T_i der Hauptminor der Ordnung i der Matrix T und $p_0(x) = 1$. Wir definieren für $i = 1, \ldots, n$ die folgende Folge von Polynomen $p_i(x) = \det(T_i - xI_i)$

$$
\begin{aligned}
p_1(x) &= d_1 - x \\
p_i(x) &= (d_i - x)p_{i-1}(x) - b_{i-1}^2 p_{i-2}(x), \quad i = 2, \ldots, n.
\end{aligned} \tag{5.65}
$$

Es kann gezeigt werden, dass p_n das charakteristische Polynom von T ist; der numerische Aufwand zu seiner Auswertung im Punkt x ist von der Ordnung $2n$ flops. Die Folge (5.65) wird die *Sturmsche Kette* genannt, wegen des folgenden Resultates, für dessen Beweis wir auf [Wil65], Kapitel 2, Abschnitt 47 und Kapitel 5, Abschnitt 37 verweisen.

Eigenschaft 5.11 (Sturmsche Ketten) *Für $i = 2, \ldots, n$ separieren die Eigenwerte T_{i-1} strikt die von T_i, d.h.*

$$\lambda_i(T_i) < \lambda_{i-1}(T_{i-1}) < \lambda_{i-1}(T_i) < \ldots < \lambda_2(T_i) < \lambda_1(T_{i-1}) < \lambda_1(T_i).$$

Darüber hinaus sei für jede reelle Zahl μ

$$\mathcal{S}_\mu = \{p_0(\mu), p_1(\mu), \ldots, p_n(\mu)\}.$$

Dann liefert die Zahl $s(\mu)$ *der Vorzeichenwechseln in* $\mathcal{S}_\mu$ *die Zahl von Eigenwerten von* T, *die strikt kleiner als* μ *sind, mit der Übereinkunft, dass* $p_i(\mu)$ *entgegengesetztes Vorzeichen von* $p_{i-1}(\mu)$ *hat, falls* $p_i(\mu) = 0$ *(zwei aufeinanderfolgende Elemente können nicht im gleichen Wert von* μ *verschwinden).*

Beispiel 5.16 Sei T der tridiagonale Teil der Hilbert Matrix $\mathrm{H}_4 \in \mathbb{R}^{4\times 4}$, die die Einträge $h_{ij} = 1/(i+j-1)$ hat. Die Eigenwerte von T sind (bis auf fünf signifikante Ziffern) $\lambda_1 = 1.2813$, $\lambda_2 = 0.4205$, $\lambda_3 = -0.1417$ und $\lambda_4 = 0.1161$. Nehmen wir $\mu = 0$, so berechnet Programm 41 die folgende Sturmsche Kette

$$\mathcal{S}_0 = \{p_0(0), p_1(0), p_2(0), p_3(0), p_4(0)\} = \{1, 1, 0.0833, -0.0458, -0.0089\},$$

aus der man durch Anwendung der Eigenschaft 5.11 schliesst, dass die Matrix T einen Eigenwert kleiner als Null hat. Im Fall der Matrix $\mathrm{T} = \mathrm{tridiag}_4(-1, 2, -1)$ mit den Eigenwerten {0.38, 1.38, 2.62, 3.62} (auf drei signifikante Ziffern), bekommen wir, wenn wir $\mu = 3$ setzen

$$\{p_0(3), p_1(3), p_2(3), p_3(3), p_4(3)\} = \{1, -1, 0, 1, -1\},$$

was zeigt, dass die Matrix T drei Eigenwerte kleiner als 3 hat, da drei Vorzeichenwechsel auftreten. •

Die Givens-Methode für die Berechnung der Eigenwerte von T findet wie folgt statt. Sei $b_0 = b_n = 0$. Theorem 5.2 liefert das Intervall $\mathcal{J} = [\alpha, \beta]$, das das Spektrum von T enthält, wobei

$$\alpha = \min_{1\le i\le n} \left[d_i - (|b_{i-1}| + |b_i|)\right], \qquad \beta = \max_{1\le i\le n} \left[d_i + (|b_{i-1}| + |b_i|)\right].$$

Die Menge $\mathcal{J}$ wird als ein Startwert bei der Suche nach allgemeinen Eigenwerten λ_i der Matrix T, für $i = 1, \ldots, n$, unter Verwendung der Bisektionsmethode (siehe Kapitel 6) benutzt.

Genauer gesagt setzen wir für gegebene $a^{(0)} = \alpha$ und $b^{(0)} = \beta$ $c^{(0)} = (\alpha+\beta)/2$ und berechnen $s(c^{(0)})$; Eigenschaft 5.11 ausnutzend setzen wir $b^{(1)} = c^{(0)}$ wenn $s(c^{(0)}) > (n-i)$ gilt, andernfalls setzen wir $a^{(1)} = c^{(0)}$. Nach r Iterationen, liefert der Wert $c^{(r)} = (a^{(r)} + b^{(r)})/2$ eine Approximation von λ_i innerhalb der Toleranz $(|\alpha| + |\beta|) \cdot 2^{-(r+1)}$, wie in (6.9) gezeigt wird.

Ein systematisches Verfahren kann gebildet werden, um jede Information über die Position innerhalb des Intervalls von Eigenwerten von T zu speichern, die durch die Givens-Methode berechnet werden. Der resultierende Algorithmus erzeugt eine Folge von benachbarten Teilintervallen $a_j^{(r)}, b_j^{(r)}$, für $j = 1, \ldots, n$, von denen jedes eine beliebig kleine Länge besitzt und einen Eigenwert λ_j von T enthält (zu weiteren Details siehe [BMW67]).

Beispiel 5.17 Wir wollen die Givens-Methode verwenden, um den Eigenwert $\lambda_2 \simeq 2.62$ der in Beispiel 5.16 betrachteten Matrix T zu berechnen. Sei im Programm 42 `toll`$=10^{-4}$. Wir erhalten die in Tabelle 5.4 angegebenen Werte, die die Konvergenz der Folge $c^{(k)}$ gegen den gewünschten Eigenwert in 13 Iterationen zeigt. Der Kürze halber, haben wir $s^{(k)} = s(c^{(k)})$ bezeichnet. Ähnliche Ergebnisse werden durch Ausführung des Programmes 42 erhalten, um die restlichen Eigenwerte von T zu bestimmen. •

Tabelle 5.4. Konvergenz der Givens-Methode zur Berechnung des Eigenwertes λ_2 der Matrix T in Beispiel 5.16.

k	$a^{(k)}$	$b^{(k)}$	$c^{(k)}$	$s^{(k)}$	k	$a^{(k)}$	$b^{(k)}$	$c^{(k)}$	$s^{(k)}$
0	0	4.000	2.0000	2	7	2.5938	2.625	2.6094	2
1	2.0000	4.000	3.0000	3	8	2.6094	2.625	2.6172	2
2	2.0000	3.000	2.5000	2	9	2.6094	2.625	2.6172	2
3	2.5000	3.000	2.7500	3	10	2.6172	2.625	2.6211	3
4	2.5000	2.750	2.6250	3	11	2.6172	2.621	2.6191	3
5	2.5000	2.625	2.5625	2	12	2.6172	2.619	2.6182	3
6	2.5625	2.625	2.5938	2	13	2.6172	2.618	2.6177	2

Eine Implementation der polynomialen Auswertung (5.65) ist in Programm 41 gegeben. Dieses Programm erhält als Eingabe die Vektoren `dd` und `bb`, die die Haupt- und die oberen Diagonalen von T enthält. Die Ausgabewerte $p_i(x)$ werden für $i = 0, \ldots, n$ im Vektor `p` gespeichert..

Program 41 - sturm : Auswertung Sturmscher Ketten

```
function [p]=sturm(dd,bb,x)
n=length(dd); p(1)=1;  p(2)=d(1)-x;
for i=2:n, p(i+1)=(dd(i)-x)*p(i)-bb(i-1)^2*p(i-1); end
```

Eine Basisimplementation der Givens-Methode wird im Programm 42 gezeigt. Bei der Eingabe ist `ind` der Zeiger auf den gesuchten Eigenwert, während die anderen Parameter ähnlich zu denen im Programm 41 sind. Bei der Ausgabe werden die Werte der Elemente der Folgen $a^{(k)}$, $b^{(k)}$ und $c^{(k)}$ zurückgegeben, zusammen mit der erforderlichen Zahl an Iterationen `niter` und der Folge der Vorzeichenwechsel $s(c^{(k)})$.

Program 42 - givsturm : Givens-Methode mit Sturmscher Kette

```
function [ak,bk,ck,nch,niter]=givsturm(dd,bb,ind,toll)
[a, b]=bound(dd,bb); dist=abs(b-a); s=abs(b)+abs(a);
n=length(d); niter=0; nch=[];
while (dist > (toll*s)),
   niter=niter+1; c=(b+a)/2;
   ak(niter)=a; bk(niter)=b; ck(niter)=c;
   nch(niter)=chcksign(dd,bb,c);
   if (nch(niter) > (n-ind)), b=c;
```

```
    else, a=c; end; dist=abs(b-a); s=abs(b)+abs(a);
end
```

Program 43 - chcksign : Vorzeichenwechsel in der Sturmschen Kette

```
function nch=chcksign(dd,bb,x)
[p]=sturm(dd,bb,x); n=length(dd); nch=0; s=0;
for i=2:(n+1),
    if ((p(i)*p(i-1)) <= 0), nch=nch+1; end
    if (p(i)==0), s=s+1; end
end
nch=nch-s;
```

Program 44 - bound : Berechnung des Intervalls $\mathcal{J} = [\alpha, \beta]$

```
function [alfa,beta]=bound(dd,bb)
n=length(dd); alfa=dd(1)-abs(bb(1)); temp=dd(n)-abs(bb(n-1));
if (temp < alfa), alfa=temp; end;
for i=2:(n-1),
    temp=dd(i)-abs(bb(i-1))-abs(bb(i));
    if (temp < alfa), alfa=temp; end;
end
beta=dd(1)+abs(bb(1)); temp=dd(n)+abs(bb(n-1));
if (temp > beta), beta=temp; end;
for i=2:(n-1),
    temp=dd(i)+abs(bb(i-1))+abs(bb(i));
    if (temp > beta), beta=temp; end;
end
```

5.11 Das Lanczos-Verfahren

Sei $A \in \mathbb{R}^{n\times n}$ eine symmetrische schwach besetzte Matrix, deren (reelle) Eigenwerte in der Form

$$\lambda_1 \geq \lambda_2 \geq \ldots \geq \lambda_{n-1} \geq \lambda_n \tag{5.66}$$

geordnet sind. Wenn n sehr groß ist, kann das in Abschnitt 4.4.3 beschriebene Lanczos-Verfahren [Lan50] angewandt werden, um die extremalen Eigenwerte λ_n und λ_1 zu bestimmen. Es erzeugt eine Folge von Tridiagonalmatrizen H_m, deren extremale Eigenwerte schnell gegen die extremalen Eigenwerte von A konvergieren.

Um die Konvergenz des Tridiagonalisierungsprozesse abzuschätzen, führen wir den Rayleigh-Quotient $r(\mathbf{x}) = (\mathbf{x}^T A\mathbf{x})/(\mathbf{x}^T\mathbf{x})$ der mit einem Nichtnullvektor $\mathbf{x} \in \mathbb{R}^n$ verbunden ist, ein. Es gelten die folgenden Resultate, die als Courant-Fisher-Theorem bekannt sind (für den Beweis siehe [GL89], S. 394)

$$\lambda_1(\mathrm{A}) = \max_{\substack{\mathbf{x}\in\mathbb{R}^n \\ \mathbf{x}\neq\mathbf{0}}} r(\mathbf{x}), \qquad \lambda_n(\mathrm{A}) = \min_{\substack{\mathbf{x}\in\mathbb{R}^n \\ \mathbf{x}\neq\mathbf{0}}} r(\mathbf{x}).$$

Ihre Anwendung auf die Matrix $\mathrm{H}_m = \mathrm{V}_m^T \mathrm{A} \mathrm{V}_m$ ergibt

$$\begin{aligned} \lambda_1(\mathrm{H}_m) &= \max_{\substack{\mathbf{x}\in\mathbb{R}^n \\ \mathbf{x}\neq\mathbf{0}}} \frac{(\mathrm{V}_m\mathbf{x})^T\mathrm{A}(\mathrm{V}_m\mathbf{x})}{\mathbf{x}^T\mathbf{x}} = \max_{\|\mathbf{x}\|_2=1} r(\mathrm{H}_m\mathbf{x}) \leq \lambda_1(\mathrm{A}) \\ \lambda_m(\mathrm{H}_m) &= \min_{\substack{\mathbf{x}\in\mathbb{R}^n \\ \mathbf{x}\neq\mathbf{0}}} \frac{(\mathrm{V}_m\mathbf{x})^T\mathrm{A}(\mathrm{V}_m\mathbf{x})}{\mathbf{x}^T\mathbf{x}} = \min_{\|\mathbf{x}\|_2=1} r(\mathrm{H}_m\mathbf{x}) \geq \lambda_n(\mathrm{A}). \end{aligned} \tag{5.67}$$

In jedem Schritt der Lanczos-Methode liefern die Abschätzungen (5.67) eine untere und obere Schranke für die extremalen Eigenwerte von A. Die Konvergenz der Folgen $\{\lambda_1(\mathrm{H}_m)\}$ und $\{\lambda_m(\mathrm{H}_m)\}$ gegen λ_1 bzw. λ_n gründet sich auf die folgende Eigenschaft, für deren Beweis wir auf [GL89], S. 475-477 verweisen.

Eigenschaft 5.12 *Sei* $\mathrm{A} \in \mathbb{R}^{n\times n}$ *eine symmetrische Matrix mit Eigenwerten, die wie in* (5.66) *geordnet sind und seien* $\mathbf{u}_1, \ldots, \mathbf{u}_n$ *die zugeordneten orthonormalen Eigenvektoren. Bezeichnen* $\eta_1, \ldots, \eta_m$ *die Eigenwerte von* H_m*, mit* $\eta_1 \geq \eta_2 \geq \ldots \geq \eta_m$*, dann gilt*

$$\lambda_1 \geq \eta_1 \geq \lambda_1 - \frac{(\lambda_1 - \lambda_n)(\tan\phi_1)^2}{(T_{m-1}(1+2\rho_1))^2},$$

wobei $\cos\phi_1 = |(\mathbf{q}^{(1)})^T\mathbf{u}_1|$, $\rho_1 = (\lambda_1 - \lambda_2)/(\lambda_2 - \lambda_n)$ *und* $T_{m-1}(x)$ *das Chebyshev Polynom vom Grade* $m-1$ *sind. (siehe Abschnitt 10.1.1 in Band 2).*

Ein ähnliches Ergebnis gilt natürlich für die Konvergenzabschätzung der Eigenwerte η_m bis λ_n

$$\lambda_n \leq \eta_m \leq \lambda_n + \frac{(\lambda_1 - \lambda_n)(\tan\phi_n)^2}{(T_{m-1}(1+2\rho_n))^2},$$

wobei $\rho_n = (\lambda_{n-1} - \lambda_n)/(\lambda_1 - \lambda_{n-1})$ und $\cos\phi_n = |(\mathbf{q}^{(n)})^T\mathbf{u}_n|$.

Eine naive Implementation des Lanczos-Algorithmus kann durch numerische Instabilitäten, die auf der Ausbreitung von Rundungsfehlern beruhen, beeinflusst werden. Insbesondere werden die Lanczos Vektoren nicht wechselseitigen Orthogonalitätsbeziehungen genügen, was die extremalen Eigenschaften (5.67) verfälscht. Dies erfordert sorgfältige Programmierung der Lanczos-Iteration durch Einbau geeigneter Reorthogonalisierungsverfahren wie in [GL89], Abschnitte 9.2.3-9.2.4 beschrieben.

Trotz dieser Grenze hat das Lanczos-Verfahren zwei wichtige Merkmale: Es *erhält* das Besetztheitsmuster der Matrix (im Unterschied zur Householder-Tridiagonalisierung), und eine solche Eigenschaft macht es attraktiv, wenn man es mit Matrizen hoher Dimension zu tun hat; ferner konvergiert es gegen die extremalen Eigenwerte von A viel schneller, als es die Potenzmethode tut (siehe [Kan66], [GL89], S. 477).

Das Lanczos-Verfahren kann auf die Berechnung der extremalen Eigenwerte einer unsymmetrischen Matrix nach dem gleichen Muster wie in Abschnitt 4.5 im Fall der Lösung eines linearen Systems erweitert werden. Details über die praktische Implementation des Algorithmus und eine theoretische Konvergenzanalyse können in [LS96] und [Jia95], gefunden werden, während einige Dokumentationen der letzen Software unter NETLIB/scalapack/readme.arpack gefunden werden können (siehe auch das MATLAB Kommando `eigs`).

Eine Implementation des Lanczos-Algorithmus wird in Programm 45 gezeigt. Der Eingabeparameter `m` ist die Größe des Krylov Teilraumes beim Tridiagonalisierungsverfahren, während `toll` eine Toleranz ist, die die Größe des Zuwachses der berechneten Eigenwerte zwischen zwei Iterationen überwacht. Die Ausgabevektoren `lmin`, `lmax` und `deltaeig` enthalten die Folgen der genäherten extremalen Eigenwerte und ihrer Zuwächse zwischen zwei sukzessiven Iterationen. Programm 42 wird zur Berechnung der Eigenwerte der tridiagonalen Matrix H_m aufgerufen.

Program 45 - eiglancz : Extremale Eigenwerte einer symmetrischen Matrix

```
function [lmin,lmax,deltaeig,k]=eiglancz(A,m,toll)
n=size(A); V=[0*[1:n]',[1,0*[1:n-1]]'];
beta(1)=0; normb=1; k=1; deltaeig(1)=1;
while  k <= m & normb >= eps & deltaeig(k) < toll
  vk = V(:,k+1);   w = A*vk-beta(k)*V(:,k);
  alpha(k)= w'*vk; w = w - alpha(k)*vk;
  normb = norm(w,2); beta(k+1)=normb;
  if normb ~= 0
    V=[V,w/normb];
    if k==1
      lmin(1)=alpha; lmax(1)=alpha;
      k=k+1; deltaeig(k)=1;
    else
      d=alpha; b=beta(2:length(beta)-1);
      [ak,bk,ck,nch,niter]=givsturm(d,b,1,toll);
      lmax(k)=(ak(niter)+bk(niter))/2;
      [ak,bk,ck,nch,niter]=givsturm(d,b,k,toll);
      lmin(k)=(ak(niter)+bk(niter))/2;
      deltaeig(k+1)=max(abs(lmin(k)-lmin(k-1)),abs(lmax(k)-lmax(k-1)));
      k=k+1;
    end
  else
    disp('Breakdown');
    d=alpha; b=beta(2:length(beta)-1);
```

```
    [ak,bk,ck,nch,niter]=givsturm(d,b,1,toll);
    lmax(k)=(ak(niter)+bk(niter))/2;
    [ak,bk,ck,nch,niter]=givsturm(d,b,k,toll);
    lmin(k)=(ak(niter)+bk(niter))/2;
    deltaeig(k+1)=max(abs(lmin(k)-lmin(k-1)),abs(lmax(k)-lmax(k-1)));
    k=k+1;
  end
end
k=k-1;
return
```

Beispiel 5.18 Betrachte das Eigenwertproblem für die Matrix A$\in \mathbb{R}^{n\times n}$ mit $n = 100$, die Diagonaleinträge gleich 2 und Nichtdiagonaleinträge gleich -1 auf der oberen und unteren 10. Diagonale hat. Programm 45, mit `m`=100 und `toll`=`eps`, benötigt 10 Iterationen, um die extremalen Eigenwerte von A mit einem absoluten Fehler von der Ordnung der Maschinengenauigkeit zu approximieren. •

5.12 Anwendungen

Ein klassisches Problem in den Ingenieurwissenschaften ist die Bestimmung der *Eigen- oder natürlichen Frequenzen* eines Systems (mechanisches, strukturelles oder elektrisches). Typischerweise führt dies auf die Lösung eines Matrixeigenwertproblems. Zwei aus strukturmechanischen Anwendungen kommenden Beispiele werden in den folgenden Abschnitten vorgestellt, wobei das Knickproblem eines Balkens und die freien Schwingungen einer Brücke betrachtet werden.

5.12.1 Analyse der Knicklast eines Balkens

Betrachten wir den in Abbildung 5.4 dargestellten homogenen und dünnen Balken der Länge L. Der Balken ist einfach am Ende unterstützt und einer Normaldrucklast P in $x = L$ unterworfen. Bezeichne $y(x)$ die vertikale Verschiebung des Balkens; die Strukturzwänge fordern, dass $y(0) = y(L) = 0$. Wir wollen das Problem der Durchbiegung des Balkens betrachten. Dies läuft auf die Bestimmung einer *kritischen Last* P_{cr} hinaus, d.h. dem kleinsten Wert von P, so dass eine Gleichgewichtskonfiguration des Balkens existiert, die *verschieden* vom geradlinigen Verlauf ist. Das Erreichen des Zustandes der kritischen Last ist ein Warnzeichen der *Instabilität* der Struktur, so dass es ziemlich wichtig ist, den Wert genau zu bestimmen.

Die explizite Berechnung der kritischen Last kann unter der Annahme kleiner Verschiebungen ausgeführt werden, indem die Gleichgewichtsbedingung für die Struktur in ihrer deformierten Konfiguration (in Abbildung 5.4

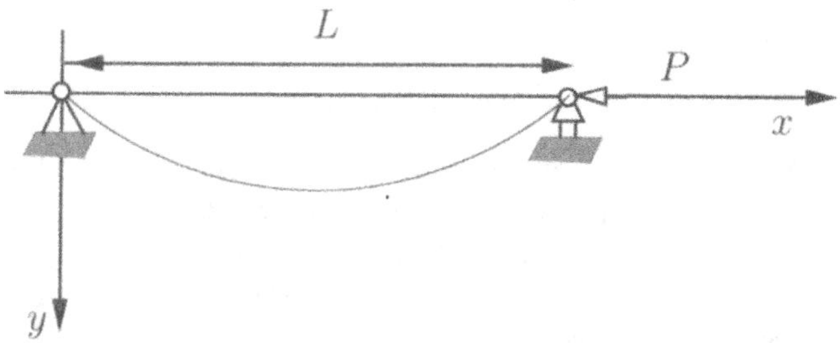

Abbildung 5.4. Ein einfach unterstützter Balken unter dem Einfluss einer Normaldrucklast.

dünner gezeichnet) geschrieben wird

$$\begin{cases} -E\,(J(x)y'(x))' = M_e(x), & 0 < x < L \\ y(0) = y(L) = 0, \end{cases} \tag{5.68}$$

wobei E der konstante Young-Modul des Balkens und $M_e(x) = Py(x)$ das Moment der Last P bezüglich eines allgemeinen Punktes des Balkens der Abszisse x sind. In (5.68) nehmen wir an, dass das Trägheitsmoment J entlang des Balkens variieren kann, was tatsächlich der Fall ist, wenn der Balken einen nichtgleichförmigen Querschnitt hat.

Gleichung (5.68) drückt das Gleichgewicht zwischen dem äußeren Moment M_e und dem inneren Moment $M_i = -E(Jy')'$, das danach strebt, die geradlinige Gleichgewichtskonfiguration des Balkens wiederherzustellen. Wenn die stabilisierende Wirkung M_i über die destabilisierende Wirkung M_e dominiert, ist das Gleichgewicht der anfänglichen geradlinigen Konfiguration stabil. Es ist klar, dass die kritische Situation (Knicken des Balkens) auftritt, wenn $M_i = M_e$ gilt.
Nehmen wir an, dass J konstant ist und setzen $\alpha^2 = P/(EJ)$. Aus der Lösung des Randwertproblems (5.68) bekommen wir die Gleichung $C \sin \alpha L = 0$, die die nichttrivialen Lösungen $\alpha = (k\pi)/L, k = 1, 2, \ldots$ besitzt. Nehmen wir $k = 1$, bekommen wir den Wert der kritischen Last $P_{cr} = \frac{\pi^2 EJ}{L^2}$.

Um das Randwertproblem (5.68) numerisch zu lösen, ist es zweckmäßig für $n \geq 1$ die Diskretisierungsknoten $x_j = jh$, mit $h = L/(n+1)$ und $j = 1, \ldots, n$ einzuführen, und somit den Vektor der *angenäherten Knotenverschiebungen* u_j in den inneren Knoten x_j (wobei $u_0 = y(0) = 0$, $u_{n+1} = y(L) = 0$) zu definieren. Dann läuft unter Verwendung der finiten Differenzenmethode (siehe Abschnitt 12.2 in Band 2) die Berechnung der kritischen Last auf die Bestimmung des *kleinsten* Eigenwertes der tridiagonalen, symmetrischen und positiv definiten Matrix $\mathrm{A} = \mathrm{tridiag}_n(-1, 2, -1) \in \mathbb{R}^{n \times n}$ hinaus.
Es kann in der Tat gezeigt werden, dass die finite Differenzen Diskretisierung des Problems (5.68) mittels zentraler Differenzen auf das folgende

Matrixeigenwertproblem führt

$$\mathrm{A}\mathbf{u} = \alpha^2 h^2 \mathbf{u},$$

wobei $\mathbf{u} \in \mathbb{R}^n$ der Vektor der Knotenverschiebungen u_j ist. Das diskrete Gegenstück der Bedingung $C\sin(\alpha) = 0$ erfordert, dass $Ph^2/(EJ)$ mit den Eigenwerten von A übereinstimmt, wenn P variiert.

Bezeichnen λ_{min} und P_{cr}^h, den kleinsten Eigenwert von A bzw, den genäherten Wert der kritischen Last, so gilt $P_{cr}^h = (\lambda_{min} EJ)/h^2$. Sei $\theta = \pi/(n+1)$, so kann gezeigt werden (siehe Übung 3, Kapitel 4), dass die Eigenwerte der Matrix A

$$\lambda_j = 2(1 - \cos(j\theta)), \qquad j = 1, \ldots, n. \tag{5.69}$$

sind. Die numerische Berechnung von λ_{min} kann unter Verwendung des in Abschnitt 5.10.2 beschriebenen Givens-Algorithmus ausgeführt werden, wobei $n = 10$ angenommen wird. Durch Ausführung des Programmes 42 mit einer absoluten Toleranz gleich der *Rundungseinheit*, wurde die Lösung $\lambda_{min} \simeq 0.081$ nach 57 Iterationen erhalten.

Es ist auch interessant den Fall zu analysieren, in dem der Balken einen ungleichförmigen Querschnitt hat, da der Wert der kritischen Last verschieden zur vorherigen Situation, *a priori* nicht exakt bekannt ist. Wir nehmen an, dass für jedes $x \in [0, L]$, der Abschnitt des Balkens rechteckig mit fester Tiefe a und variabler Höhe σ ist, die gemäß der Beziehung

$$\sigma(x) = s\left[1 + \left(\frac{S}{s} - 1\right)\left(\frac{x}{L} - 1\right)^2\right], \qquad 0 \le x \le L$$

variiert, wobei S und s die Werte in den Endpunkten, mit $S \ge s > 0$, sind. Das Trägheitsmoment ist als eine Funktion von x durch $J(x) = (1/12)a\sigma^3(x)$ gegeben; ähnlich wie zuvor gelangen wir zu einem System linearer algebraischer Gleichungen der Form

$$\tilde{\mathrm{A}}\mathbf{u} = (P/E)h^2\mathbf{u},$$

wobei nun $\tilde{\mathrm{A}} = \mathrm{tridiag}_n(\mathbf{b}, \mathbf{d}, \mathbf{b})$ eine tridiagonale, symmetrische und positiv definite Matrix ist, die die Diagonaleinträge $d_i = J(x_{i-1/2}) + J(x_{i+1/2})$, für $i = 1, \ldots, n$, und die Außerdiagonaleinträge $b_i = -J(x_{i+1/2})$, für $i = 1, \ldots, n-1$, hat.

Wir nehmen die folgenden Werte der Parameter an: $a = 0.4\,[m]$, $s = a$, $S = 0.5\,[m]$ und $L = 10\,[m]$. Um einen korrekten Dimensionsvergleich zu sichern, haben wir den kleinsten Eigenwert der Matrix A im gleichförmigen Fall (der $S = s = a$ entspricht) mit $\bar{J} = a^4/12$ multipliziert und $\lambda_{min} = 1.7283 \cdot 10^{-4}$ erhalten. Die Ausführung des Programmes 42 mit $n = 10$ liefert im ungleichförmigen Fall den Wert $\lambda_{min} = 2.243 \cdot 10^{-4}$. Dieses Ergebnis bestätigt, dass die kritische Last größer ist für einen Balken, der einen breiteren Querschnitt bei $x = 0$ hat, d.h. die Struktur geht in das Instabilitätsregime für höhere Werte der Last über verglichen mit dem gleichförmigen Fall.

5.12.2 Freie dynamische Schwingungen einer Brücke

Wir werden uns mit der Analyse der freien Reaktion einer Brücke, deren schematische Struktur in Abbildung 5.5 gezeigt ist, befassen. Die Anzahl der Knoten der Struktur ist $2n$, die der Balken $5n$. Jeder horizontale und vertikale Balken hat die Masse m, während die Diagonalbalken die Masse $m\sqrt{2}$ besitzen. Die Steifheit eines jeden Balkens wird dargestellt durch die Federkonstante κ. Die mit "0" und "$2n+1$" markierten Knoten sind fest am Boden fixiert.

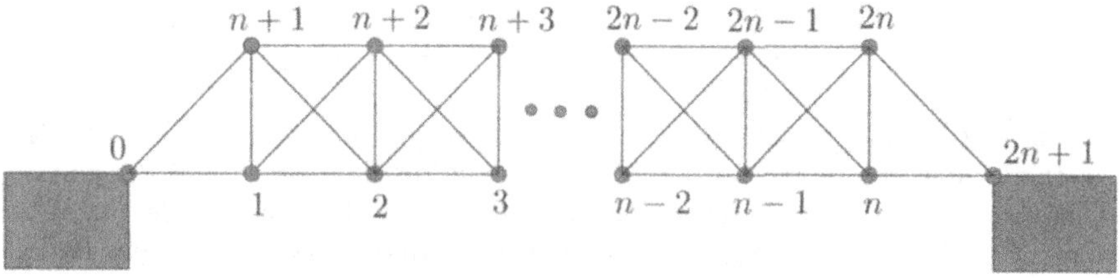

Abbildung 5.5. Schematische Struktur einer Brücke

Bezeichnen wir durch $\mathbf{x}$ und $\mathbf{y}$ die Vektoren der $2n$ horizontalen und vertikalen Knotenverschiebungen, so kann die freie Reaktion der Brücke durch Lösung des verallgemeinerten Eigenwertproblems

$$\mathrm{M}\mathbf{x} = \lambda \mathrm{K}\mathbf{x}, \qquad \mathrm{M}\mathbf{y} = \lambda \mathrm{K}\mathbf{y} \tag{5.70}$$

studiert werden. In (5.70) sind $\mathrm{M} = m\mathrm{diag}_{2n}(\alpha, \mathbf{b}, \alpha, \gamma, \mathbf{b}, \gamma)$, wobei $\alpha = 3 + \sqrt{2}$, $\mathbf{b} = (\beta, \ldots, \beta)^T \in \mathbb{R}^{n-2}$ mit $\beta = 3/2 + \sqrt{2}$ und $\gamma = 1 + \sqrt{2}$, und

$$\mathrm{K} = \kappa \begin{pmatrix} K_{11} & K_{12} \\ K_{12} & K_{11} \end{pmatrix}$$

mit einer positiven Konstanten κ und $K_{12} = \mathrm{tridiag}_n(-1, -1, -1)$, $K_{11} = \mathrm{tridiag}_n(-1, \mathbf{d}, -1)$ mit $\mathbf{d} = (4, 5, \ldots, 5, 4)^T \in \mathbb{R}^n$ bezeichnen. Die Diagonalmatrix M ist die *Massematrix*, die symmetrische und positiv definite Matrix K ist die *Steifigkeitsmatrix*.
Für $k = 1, \ldots, 2n$ bezeichnen wir durch $(\lambda_k, \mathbf{z}_k)$ jedes Eigenwert-Eigenvektor-Paar von (5.70) und nennen $\omega_k = \sqrt{\lambda_k}$ die *Eigenfrequenzen* und $\mathbf{z}_k$ die *Moden* der Schwingung der Brücke. Die Untersuchung der Eigenschwingungen ist von primärem Interesse beim Design einer Struktur, wie einer Brücke oder mehrstöckigen Gebäudes. Wenn die Erregungsfrequenz einer äußeren Kraft (Fahrzeug, Wind oder, noch schlimmer, ein Erdbeben) mit einer der Eigenfrequenzen der Struktur übereinstimmt, tritt der Zustand der *Resonanz* ein und im Ergebnis können große Oszillationen erscheinen.

Wir wollen uns mit der numerischen Lösung des Matrixeigenwertproblems (5.70) beschäftigen. Zu diesem Zweck führen wir den Variablenwechsel $\mathbf{z} = \mathrm{M}^{1/2}\mathbf{x}$ (oder $\mathbf{z} = \mathrm{M}^{1/2}\mathbf{y}$) durch, so dass jedes verallgemeinerte

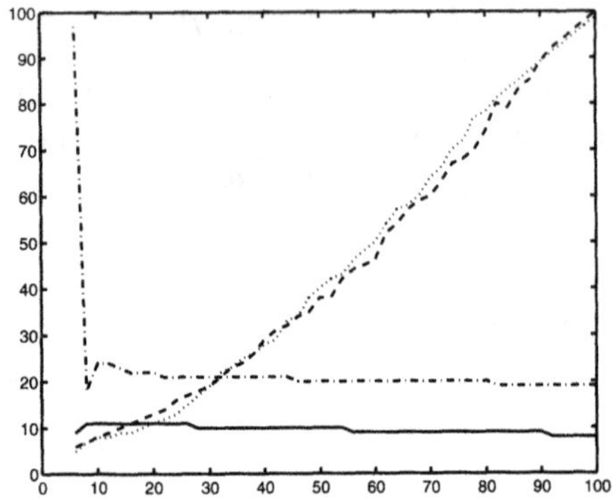

Abbildung 5.6. Iterationszahl des Lanczos-Verfahrens und der inversen Potenzmethode über die Größe $2n$ der Matrix C. Die durchgezogene und die gestrichelt-punktierte Kurve beziehen sich auf die inverse Potenzmethode (für $\tilde{\lambda}_{2n}$ bzw. $\tilde{\lambda}_{2n-1}$), während die gestrichelte und gepunktete Kurve sich auf das Lanczos-Verfahren beziehen (ebenso für $\tilde{\lambda}_{2n}$ bzw. $\tilde{\lambda}_{2n-1}$).

Eigenwertproblem in (5.70) zweckmäßig in

$$\mathrm{C}\mathbf{z} = \tilde{\lambda}\mathbf{z}$$

umformuliert werden kann, wobei $\tilde{\lambda} = 1/\lambda$ und $\mathrm{C} = \mathrm{M}^{-1/2}\mathrm{K}\mathrm{M}^{-1/2}$ symmetrisch und positiv definit ist. Diese Eigenschaft erlaubt uns das in Abschnitt 5.11 beschriebene Lanczos-Verfahren zu benutzen und sichert auch die quadratische Konvergenz der Potenziterationen (siehe Abschnitt 5.11).

Wir approximieren die ersten beiden subdominanten Eigenwerte $\tilde{\lambda}_{2n}$ und $\tilde{\lambda}_{2n-1}$ der Matrix C (d.h. ihr kleinster und zweitkleinster Eigenwert) im Fall $m = \kappa = 1$ unter Verwendung der in Bemerkung 5.3 betrachteten Deflation. Die inverse Potenziteration und das Lanczos-Verfahren werden bei der Berechnung von $\tilde{\lambda}_{2n}$ und $\tilde{\lambda}_{2n-1}$ in Abbildung 5.6 verglichen.

Die Ergebnisse zeigen die Überlegenheit des Lanczos-Verfahrens über die inversen Iterationen nur, wenn die Matrix C von kleiner Dimension ist.

Dies ist der Tatsache zuzuschreiben, dass mit wachsendem n wächst, der zunehmende Einfluss von Rundungsfehlern die paarweise Orthogonalität der Lanczos-Vektoren stört, und daher ein Anwachsen der Iterationszahl bis zur Konvergenz der Methode verursacht. Geeignete Reorthogonalisierungsverfahren sind folglich erforderlich, um die Leistungsfähigkeit der Lanczos-Iteration, wie in Abschnitt 5.11 aufgezeigt, zu verbessern.

Wir beenden die Analyse der Eigenschwingungen einer Brücke, in dem wir in Abbildung 5.7 (im Fall $n = 5$, $m = 10$ und $\kappa = 1$) die Schwingungsmoden $\mathbf{z}_8$ und $\mathbf{z}_{10}$ zeigen, die den Eigenfrequenzen $\omega_8 = 990.42$ und $\omega_{10} = 2904.59$ entsprechen. Die MATLAB Funktion `eig` ist verwendet worden, um das verallgemeinerte Eigenwertproblem (5.70) wie in Abschnitt 5.9.1 erklärt zu lösen.

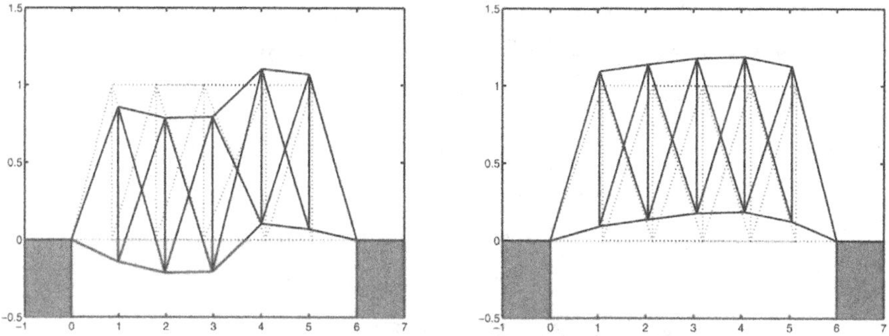

Abbildung 5.7. Schwingungsmoden, die den Eigenfrequenzen ω_8 (links) und ω_{10} (rechts). Die undeformierte Konfiguration der Brücke ist in gepunkteter Linie dargestellt.

5.13 Übungen

1. Unter Nutzung des Gershgorin Theorems, lokalisiere man die Eigenwerte der Matrix A, die man aus $\mathrm{A} = (\mathrm{P}^{-1}\mathrm{DP})^T$ und Nullsetzen von $a_{13}, a_{23} = 0$, erhält, wobei D und P durch $\mathrm{D}=\mathrm{diag}_3(1, 50, 100)$ bzw.

$$\mathrm{P} = \begin{bmatrix} 1 & 1 & 1 \\ 10 & 20 & 30 \\ 100 & 50 & 60 \end{bmatrix} \textit{gegebensind.}$$

[*Lösung* : $\sigma(\mathrm{A}) = \{-151.84, 80.34, 222.5\}$.]

2. Lokalisiere das Spektrum der Matrix

$$\mathrm{A} = \begin{bmatrix} 1 & 2 & -1 \\ 2 & 7 & 0 \\ -1 & 0 & 5 \end{bmatrix}.$$

[*Lösung* : $\sigma(\mathrm{A}) \subset [-2, 9]$.]

3. Zeichne den orientierten Graphen der Matrix

$$\mathrm{A} = \begin{bmatrix} 1 & 3 & 0 \\ 0 & 2 & -1 \\ -1 & 0 & 2 \end{bmatrix}.$$

4. Überprüfe, ob die folgenden Matrizen reduzibel sind.

$$\mathrm{A}_1 = \begin{bmatrix} 1 & 0 & -1 & 0 \\ 2 & 3 & -2 & 1 \\ -1 & 0 & -2 & 0 \\ 1 & -1 & 1 & 4 \end{bmatrix}, \quad \mathrm{A}_2 = \begin{bmatrix} 0 & 0 & 1 & 0 \\ 0 & 0 & 0 & 1 \\ 0 & 1 & 0 & 0 \\ 1 & 0 & 0 & 0 \end{bmatrix}.$$

[*Lösung* : A_1, reduzibel; A_2, irreduzibel.]

5. Gib eine Abschätzung der Zahl komplexer Eigenwerte der Matrix

$$A = \begin{bmatrix} -4 & 0 & 0 & 0.5 & 0 \\ 2 & 2 & 4 & -3 & 1 \\ 0.5 & 0 & -1 & 0 & 0 \\ 0.5 & 0 & 0.2 & 3 & 0 \\ 2 & 0.5 & -1 & 3 & 4 \end{bmatrix}$$

an. [*Hinweis* : Zeige, dass A auf die Form

$$A = \begin{bmatrix} M_1 & M_2 \\ 0 & M_3 \end{bmatrix}$$

reduziert werden kann, wobei $M_1 \in \mathbb{R}^{2\times 2}$ und $M_2 \in \mathbb{R}^{3\times 3}$. Studiere dann die Eigenwerte der Blöcke M_1 und M_2 unter Verwendung der Gershgorin Theoreme und überprüfe, dass A keine komplexen Eigenwerte hat.]

6. Sei $A \in \mathbb{C}^{n\times n}$ eine Diagonalmatrix und sei $\widetilde{A} = A + E$ eine Störung von A mit $e_{ii} = 0$ für $i = 1, \ldots, n$. Zeige, dass

$$|\lambda_i(\widetilde{A}) - \lambda_i(A)| \leq \sum_{j=1}^{n} |e_{ij}|, \qquad i = 1, \ldots, n. \tag{5.71}$$

7. Wende Abschätzung (5.71) auf den Fall an, in dem A und E, für $\varepsilon \geq 0$, die folgenden Matrizen sind

$$A = \begin{bmatrix} 1 & 0 \\ 0 & 2 \end{bmatrix}, \qquad E = \begin{bmatrix} 0 & \varepsilon \\ \varepsilon & 0 \end{bmatrix}.$$

[*Lösung* : $\sigma(A) = \{1, 2\}$ und $\sigma(\widetilde{A}) = \{(3 \mp \sqrt{1+4\varepsilon^2})/2\}$.]

8. Zeige, dass das Auffinden der Nullstellen eines Polynoms vom Grade $\leq n$ mit reellen Koeffizienten

$$p_n(x) = \sum_{k=0}^{n} a_k x^k = a_0 + a_1 x + \ldots + a_n x^n, \quad a_n \neq 0, \quad a_k \in \mathbb{R}, \ k = 0, \ldots n$$

äquivalent zur Bestimmung des Spektrums der Frobenius-Matrix (auch als die *Begleitmatrix* bekannt) $C \in \mathbb{R}^{n\times n}$,

$$C = \begin{bmatrix} -(a_{n-1}/a_n) & -(a_{n-2}/a_n) & \ldots & -(a_1/a_n) & -(a_0/a_n) \\ 1 & 0 & \ldots & 0 & 0 \\ 0 & 1 & \ldots & 0 & 0 \\ \vdots & \vdots & \ddots & \vdots & \vdots \\ 0 & 0 & \ldots & 1 & 0 \end{bmatrix}, \tag{5.72}$$

die mit p_n verbunden ist, ist. Eine wichtige Konsequenz des obigen Resultates ist, dass aufgrund des Abelschen Satzes im Allgemeinen keine direkten Methoden zur Berechnung der Eigenwerte einer gegebenen Matrix für $n \geq 5$ existieren.

9. Zeige, dass wenn die Matrix $A \in \mathbb{C}^{n\times n}$ Eigenwert-Eigenvektor-Paare $(\lambda, \mathbf{x})$ besitzt, dann auch die Matrix $U^H AU$, mit U unitär, Eigenwert-Eigenvektor-Paare $(\lambda, U^H\mathbf{x})$ hat. (Ähnlichkeitstransformation unter Verwendung einer orthogonalen Matrix).

10. Angenommen, dass alle Annahmen, die für die Anwendung der Potenzmethode erforderlich sind, außer der Forderung $\alpha_1 \neq 0$ (siehe Abschnitt 5.3.1), erfüllt sind. Zeige, dass in einem derartigen Fall die Folge (5.17) gegen das Eigenwert-Eigenvektor-Paar $(\lambda_2, \mathbf{x}_2)$ konvergiert. Studiere dann experimentell das Verhalten der Methode durch Berechnung des Paares $(\lambda_1, \mathbf{x}_1)$ für die Matrix

$$A = \begin{bmatrix} 1 & -1 & 2 \\ -2 & 0 & 5 \\ 6 & -3 & 6 \end{bmatrix}.$$

Verwende dazu Programm 26 mit $\mathbf{q}^{(0)} = \mathbf{1}^T/\sqrt{3}$ bzw. $\mathbf{q}^{(0)} = \mathbf{w}^{(0)}/\|\mathbf{w}^{(0)}\|_2$, wobei $\mathbf{w}^{(0)} = (1/3)\mathbf{x}_2 - (2/3)\mathbf{x}_3$.

[*Lösung* : $\lambda_1 = 5$, $\lambda_2 = 3$, $\lambda_3 = -1$ und $\mathbf{x}_1 = [5, 16, 18]^T$, $\mathbf{x}_2 = [1, 6, 4]^T$, $\mathbf{x}_3 = [5, 16, 18]^T$.]

11. Zeige, dass die mit dem Polynom $p_n(x) = x^n + a_n x^{n-1} + \ldots + a_1$ verbundene *Begleitmatrix* in der alternativen Form (5.72) geschrieben werden kann.

$$A = \begin{bmatrix} 0 & a_1 & & & \mathbf{0} \\ -1 & 0 & a_2 & & \\ & \ddots & \ddots & \ddots & \\ & & -1 & 0 & a_{n-1} \\ \mathbf{0} & & & -1 & a_n \end{bmatrix}.$$

12. (Aus [FF63]) Angenommen, dass eine reelle Matrix $A \in \mathbb{R}^{n\times n}$ betragsmäßig zwei maximale komplexe Eigenwerte, gegeben durch $\lambda_1 = \rho e^{i\theta}$ und $\lambda_2 = \rho e^{-i\theta}$, mit $\theta \neq 0$, hat. Angenommen, dass darüber hinaus die restlichen Eigenwerte dem Betrage nach kleiner als ρ sind. Die Potenzmethode kann dann wie folgt modifiziert werden:

Seien $\mathbf{q}^{(0)}$ ein reeller Vektor und $\mathbf{q}^{(k)}$ der durch die Potenzmethode ohne Normalisierung gelieferte Vektor. Setze dann $x_k = \mathbf{q}_{n_0}^{(k)}$ für gewisses n_0, mit $1 \leq n_0 \leq n$. Beweise, dass

$$\rho^2 = \frac{x_k x_{k+2} - x_{k+1}^2}{x_{k-1}x_{k+1} - x_k^2} + \mathcal{O}\left(\|\frac{\lambda_3}{\rho}\|^k\right),$$

$$\cos(\theta) = \frac{\rho x_{k-1} + r^{-1}x_{k+1}}{2x_k} + \mathcal{O}\left(\|\frac{\lambda_3}{\rho}\|^k\right).$$

[*Hinweis* : Zeige zuerst, dass

$$x_k = C(\rho^k \cos(k\theta + \alpha)) + \mathcal{O}\left(\|\frac{\lambda_3}{\rho}\|^k\right),$$

wobei α von den Komponenten des Anfangsvektors entlang der Richtungen der Eigenvektoren abhängt, die mit λ_1 und λ_2 verbunden sind.]

13. Wende die modifizierte Potenzmethode von Übung 12 auf die Matrix

$$A = \begin{bmatrix} 1 & -\frac{1}{4} & \frac{1}{4} \\ 1 & 0 & 0 \\ 0 & 1 & 0 \end{bmatrix}$$

an und vergleiche die erhaltenen Ergebnisse mit denen die von der Standard Potenzmethode geliefert werden.

14. (Genommen aus [Dem97]). Wende die QR-Iteration mit doppelter Verschiebung zur Berechnung der Eigenwerte der Matrix

$$A = \begin{bmatrix} 0 & 0 & 1 \\ 1 & 0 & 0 \\ 0 & 1 & 0 \end{bmatrix}$$

an. Starte Programm 37 mit `toll=eps`, `itmax=100` und kommentiere die Form der erhaltenen Matrix $T^{(\mathtt{iter})}$ nach `iter` Iterationen des Algorithmus. [*Lösung*: Die Eigenwerte von A sind die Lösungen von $\lambda^3 - 1 = 0$, d.h. $\sigma(A) = \{1, -1/2 \pm \sqrt{3}/2i\}$. Nach `iter=100` Iterationen liefert Programm 37 die Matrix

$$T^{(100)} = \begin{bmatrix} 0 & 0 & -1 \\ 1 & 0 & 0 \\ 0 & -1 & 0 \end{bmatrix},$$

was bedeutet, dass die QR-Iteration A unverändert lässt (außer Vorzeichenwechsel, die für Eigenwertberechnungen nicht relevant sind). Dies ist ein einfaches aber krasses Beispiel einer Matrix, für die die QR-Methode mit doppelter Verschiebung nicht konvergiert.]

6

Bestimmung der Wurzeln nichtlinearer Gleichungen

Dieses Kapitel ist der numerischen Approximation von Nullstellen einer reell-wertigen Funktion einer reellen Variablen gewidmet, d.h.

$$\text{gegeben } f : \mathcal{I} = (a,b) \subseteq \mathbb{R} \to \mathbb{R}, \text{ finde } \alpha \in \mathbb{R} \text{ so dass } f(\alpha) = 0. \tag{6.1}$$

Die Analyse des Problems (6.1) im Fall eines Systems nichtlinearer Gleichungen werden wir in Kapitel 7 behandeln.

Methoden zur numerischen Approximation einer Nullstelle von f sind üblicherweise iterativ. Das Ziel besteht darin, eine Folge von Werten $x^{(k)}$ derart zu bestimmen, dass

$$\lim_{k\to\infty} x^{(k)} = \alpha.$$

Die Konvergenz der Iteration wird durch folgende Definition charakterisiert.

Definition 6.1 Eine durch eine numerische Methode erzeugte Folge $\{x^{(k)}\}$ heißt *von der Ordnung* $p \geq 1$ *gegen* α *konvergent*, wenn

$$\exists C > 0 : \frac{|x^{(k+1)} - \alpha|}{|x^{(k)} - \alpha|^p} \leq C, \ \forall k \geq k_0, \tag{6.2}$$

wobei $k_0 \geq 0$ eine geeignete ganze Zahl ist. In diesem Fall, sagt man, die Methode konvergiert mit der *Ordnung* p. Beachte, dass für die Konvergenz von $x^{(k)}$ gegen α im Fall $p = 1$ die Bedingung $C < 1$ in (6.2) notwendig ist. In diesem Fall wird die Konstante C *Konvergenzfaktor* der Methode genannt. ■

Im Unterschied zu linearen Systemen hängt die Konvergenz der Verfahren zur Nullstellenbestimmung im Allgemeinen von der Wahl des Anfangsdatums $x^{(0)}$ ab. Dies erlaubt nur *lokale* Konvergenzresultate abzuleiten, d.h. solche, die für jedes $x^{(0)}$ aus einer geeigneten Umgebung der Nullstelle α gelten. Methoden, die gegen α *für jede* Wahl von $x^{(0)}$ im Intervall $\mathcal{I}$ gelten, heißen *global konvergent* gegen α.

6.1 Kondition einer nichtlinearen Gleichung

Betrachten wir die nichtlineare Gleichung $f(x) = \varphi(x) - d = 0$ und nehmen wir an, dass f eine stetig differenzierbare Funktion ist. Wir wollen die Sensitivität der Nullstellenbestimmung von f im Hinblick auf Änderungen im Datum d analysieren.

Das Problem ist nur dann korrekt gestellt, wenn die Funktion φ invertierbar ist. In einem solchen Fall bekommt man tatsächlich $\alpha = \varphi^{-1}(d)$, woraus unter Verwendung der Notation in Kapitel 2 folgt, dass die Resolvente G gleich φ^{-1} ist. Andererseits gilt $(\varphi^{-1})'(d) = 1/\varphi'(\alpha)$, so dass die Formeln (2.7) für die approximierte (relative und absolute) Konditionszahl nun

$$K(d) \simeq \frac{|d|}{|\alpha||f'(\alpha)|}, \qquad K_{abs}(d) \simeq \frac{1}{|f'(\alpha)|} \tag{6.3}$$

lauten. Das Problem ist folglich schlecht konditioniert, wenn $f'(\alpha)$ "klein" ist, und gut konditioniert, wenn $f'(\alpha)$ "groß" ist.

Die Analyse, die auf (6.3) führt, kann im Fall, dass α eine Nullstelle von f der Vielfachheit $m > 1$ ist, wie folgt verallgemeinert werden. Entwickeln wir φ in eine Taylorreihe um α bis zum Term m-ter Ordnung, so erhalten wir

$$d + \delta d = \varphi(\alpha + \delta\alpha) = \varphi(\alpha) + \sum_{k=1}^{m} \frac{\varphi^{(k)}(\alpha)}{k!}(\delta\alpha)^k + o((\delta\alpha)^m).$$

Da $\varphi^{(k)}(\alpha) = 0$ für $k = 1, \ldots, m-1$ ist, gilt

$$\delta d = f^{(m)}(\alpha)(\delta\alpha)^m/m!\,,$$

so dass eine Approximation der absoluten Konditionszahl

$$K_{abs}(d) \simeq \left|\frac{m!\delta d}{f^{(m)}(\alpha)}\right|^{1/m} \frac{1}{|\delta d|} \tag{6.4}$$

ist. Beachte, dass (6.3) der Spezialfall von (6.4) für $m = 1$ ist. Aus (6.4) folgt auch, dass selbst im Fall δd hinreichend klein, um $|m!\delta d/f^{(m)}(\alpha)| < 1$ zu machen, dennoch $K_{abs}(d)$ eine große Zahl sein kann. Wir schließen daher, dass das Problem der Nullstellenbestimmung einer nichtlinearen Gleichung gut konditioniert ist, wenn α eine einfache Nullstelle und $|f'(\alpha)|$ verschieden von Null ist, andernfalls ist das Problem schlecht konditioniert.

Wir wollen nun das folgende Problem betrachten, dass eng mit der obigen Analysis verbunden ist. Nehmen wir $d = 0$ an und sei α eine einfache Wurzel von f; für $\hat{\alpha} \neq \alpha$ sei darüber hinaus $f(\hat{\alpha}) = \hat{r} \neq 0$. Wir suchen eine Schranke für die Differenz $\hat{\alpha} - \alpha$ als Funktion des *Residuum* $\hat{r}$. Anwendung von (6.3) liefert

$$K_{abs}(0) \simeq \frac{1}{|f'(\alpha)|}.$$

Setzen wir in der Definition von K_{abs} (siehe (2.5)) $\delta x = \hat{\alpha} - \alpha$ und $\delta d = \hat{r}$ ein, so erhalten wir

$$\frac{|\hat{\alpha} - \alpha|}{|\alpha|} \lesssim \frac{|\hat{r}|}{|f'(\alpha)||\alpha|}, \tag{6.5}$$

wobei folgende Übereinkunft getroffen wurde: wenn $a \leq b$ und $b \simeq c$ gelten, so schreiben wir $a \lesssim c$. Hat α die Vielfachheit $m > 1$, bekommen wir unter Verwendung von (6.4) anstelle von (6.3) und dem obigen Vorgehen

$$\frac{|\hat{\alpha} - \alpha|}{|\alpha|} \lesssim \left(\frac{m!}{|f^{(m)}(\alpha)||\alpha|^m} \right)^{1/m} |\hat{r}|^{1/m}. \tag{6.6}$$

Diese Abschätzungen werden für die Analyse von Abbruchkriterien iterativer Methoden (siehe Abschnitt 6.5) nützlich sein.

Ein bemerkenswertes Beispiel eines nichtlinearen Problems ist der Fall, in dem f ein Polynom p_n vom Grade n ist. In diesem Fall gibt es genau n reelle oder komplexe Nullstellen α_i, jede entsprechend ihrer Vielfachheit gezählt. Wir wollen die Sensitivität der Nullstellen von p_n bezüglich der Änderungen ihrer Koeffizienten untersuchen.

Sei mit diesem Ziel $\hat{p}_n = p_n + q_n$, wobei q_n ein gestörtes Polynom vom Grade n ist, und seien $\hat{\alpha}_i$ die entsprechenden Nullstellen von $\hat{p}_n$. Die direkte Verwendung von (6.6) liefert für jede Nullstelle α_i die folgende Abschätzung

$$E^i_{rel} = \frac{|\hat{\alpha}_i - \alpha_i|}{|\alpha_i|} \lesssim \left(\frac{m!}{|p_n^{(m)}(\alpha_i)||\alpha_i|^m} \right)^{1/m} |q_n(\hat{\alpha}_i)|^{1/m} = S^i, \tag{6.7}$$

wobei m die Vielfachheit der gerade betrachteten Nullstelle und $q_n(\hat{\alpha}_i) = -p_n(\hat{\alpha}_i)$ das "Residuum" des Polynoms p_n an der gestörten Nullstelle sind.

Bemerkung 6.1 Es gibt eine formale Analogie zwischen den bisher für das nichtlineare Problem $\varphi(\alpha) = d$ erhaltenen *a priori* Abschätzungen und denen, die in Abschnitt 3.1.2 für lineare Systeme entwickelt wurden, vorausgesetzt, dass A der Abbildung φ und $\mathbf{b}$ dem d entsprechen. Genauer gesagt ist (6.5) das Analog zu (3.9), wenn δA=0 ist. Das gleiche gilt für (6.7) (für $m = 1$), wenn $\boldsymbol{\delta}\mathbf{b} = \mathbf{0}$ ist. ■

Beispiel 6.1 Seien $p_4(x) = (x-1)^4$ und $\hat{p}_4(x) = (x-1)^4 - \varepsilon$ mit $0 < \varepsilon \ll 1$. Die Nullstellen $\hat{\alpha}_i = \alpha_i + \sqrt[4]{\varepsilon}$ des gestörten Polynoms sind einfach, wobei $\alpha_i = 1$ die (zusammenfallenden) Nullstellen von p_4 sind. Sie liegen im Abstand von $\pi/2$ auf dem Kreis vom Radius $\sqrt[4]{\varepsilon}$ mit Mittelpunkt in $z = (1,0)$ in der komplexen Ebene

Das Problem ist stabil (d.h. $\lim_{\varepsilon\to 0} \hat{\alpha}_i = 1$), aber *schlecht konditioniert*, da

$$\frac{|\hat{\alpha}_i - \alpha_i|}{|\alpha_i|} = \sqrt[4]{\varepsilon}, \qquad i = 1, \dots 4.$$

Wenn z.B. $\varepsilon = 10^{-4}$ gilt, ist die relative Änderung 10^{-1}. Beachte, dass die rechte Seite von (6.7) gerade $\sqrt[4]{\varepsilon}$ ist, so dass in diesem Fall (6.7) zu einer Gleichung wird. •

Beispiel 6.2 (Wilkinson). Betrachte das folgende Polynom

$$p_{10}(x) = \Pi_{k=1}^{10}(x+k) = x^{10} + 55x^9 + \dots + 10!.$$

Sei $\hat{p}_{10} = p_{10} + \varepsilon x^9$ mit $\varepsilon = 2^{-23} \simeq 1.2 \cdot 10^{-7}$. Wir wollen die Kondition der Nullstellenbestimmung von p_{10} bestimmen. Unter Verwendung von (6.7) mit $m = 1$ zeigen wir in Tabelle 6.1 für $i = 1, \dots, 10$ die relativen Fehler E^i_{rel} und die entsprechenden Abschätzungen S^i.

Diese Resultate zeigen, dass das Problem schlecht konditioniert ist, da der maximale relative Fehler für die Wurzel $\alpha_8 = -8$ drei Größenordnungen größer als die entsprechende absolute Störung ist. Darüber hinaus kann eine hervorragende Übereinstimmung zwischen der *a-priori* Abschätzung und dem tatsächlichen relativen Fehler beobachtet werden.

Tabelle 6.1. Relativer und geschätzter Fehler unter Verwendung von (6.7) für das Wilkinson Polynom vom Grade 10.

i	E^i_{rel}	S^i	i	E^i_{rel}	S^i
1	$3.039 \cdot 10^{-13}$	$3.285 \cdot 10^{-13}$	6	$6.956 \cdot 10^{-5}$	$6.956 \cdot 10^{-5}$
2	$7.562 \cdot 10^{-10}$	$7.568 \cdot 10^{-10}$	7	$1.589 \cdot 10^{-4}$	$1.588 \cdot 10^{-4}$
3	$7.758 \cdot 10^{-8}$	$7.759 \cdot 10^{-8}$	8	$1.984 \cdot 10^{-4}$	$1.987 \cdot 10^{-4}$
4	$1.808 \cdot 10^{-6}$	$1.808 \cdot 10^{-6}$	9	$1.273 \cdot 10^{-4}$	$1.271 \cdot 10^{-4}$
5	$1.616 \cdot 10^{-5}$	$1.616 \cdot 10^{-5}$	10	$3.283 \cdot 10^{-5}$	$3.286 \cdot 10^{-5}$

•

6.2 Ein geometrisches Verfahren zur Nullstellenbestimmung

In diesem Abschnitt führen wir folgende Methoden zur Nullstellenbestimmung ein: die Bisektionsmethode, das Sehnen-Verfahren, das Sekanten-Verfahren, die *Regula Falsi* und das Newton-Verfahren. Die Reihenfolge der

Darstellung spiegelt die wachsende Komplexität der Algorithmen wider. Im Fall der Bisektionsmethode ist die einzige Information, die verwendet wird, das *Vorzeichen* der Funktion f in den Endpunkten eines jeden Bisektionsintervalles, während bei allen anderen Algorithmen auch die *Werte* der Funktion und/oder ihrer Ableitungen berücksichtigt werden.

6.2.1 Die Bisektionsmethode

Die Bisektionsmethode basiert auf folgende Eigenschaft.

Eigenschaft 6.1 (Nullstellensatz für stetige Funktionen) *Sei eine stetige Funktion $f : [a, b] \to \mathbb{R}$ mit $f(a)f(b) < 0$ gegeben. Dann existiert ein $\alpha \in (a, b)$, so dass $f(\alpha) = 0$ gilt.*

Beginnend mit $\mathcal{I}_0 = [a, b]$ erzeugt die Bisektionsmethode eine Folge von Teilintervallen $\mathcal{I}_k = [a^{(k)}, b^{(k)}]$, $k \geq 0$, mit $\mathcal{I}_k \subset \mathcal{I}_{k-1}$, $k \geq 1$ und $f(a^{(k)})f(b^{(k)}) < 0$. Dabei wird zunächst mit $a^{(0)} = a$, $b^{(0)} = b$ und $x^{(0)} = (a^{(0)} + b^{(0)})/2$ begonnen, dann für $k \geq 0$

$$a^{(k+1)} = a^{(k)}, \; b^{(k+1)} = x^{(k)}, \quad \text{wenn } f(x^{(k)})f(a^{(k)}) < 0;$$
$$a^{(k+1)} = x^{(k)}, \; b^{(k+1)} = b^{(k)}, \quad \text{wenn } f(x^{(k)})f(b^{(k)}) < 0;$$

gesetzt und schließlich $x^{(k+1)} = (a^{(k+1)} + b^{(k+1)})/2$ ermittelt.

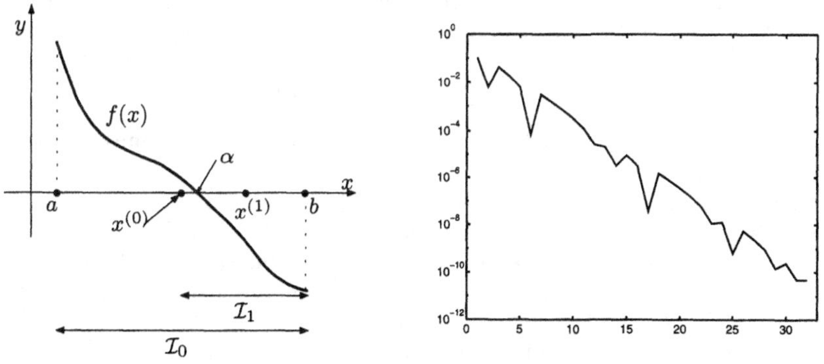

Abbildung 6.1. Die Bisektionsmethode. Die ersten beiden Schritte (links); Konvergenzverhalten für das Beispiel 6.3 (rechts). Die Iterationszahl und der absolute Fehler als Funktion von k sind auf der x- bzw. y-Achse dargestellt.

Die Bisektionsmethode bricht im m-ten Schritt ab, für den erstmals $|x^{(m)} - \alpha| \leq |\mathcal{I}_m| \leq \varepsilon$ gilt, wobei ε eine feste Toleranz und $|\mathcal{I}_m|$ die Länge von $\mathcal{I}_m$ bezeichnen. Mit Blick auf die *Konvergenzgeschwindigkeit* der Bisektionsmethode gilt für $|\mathcal{I}_0| = b - a$

$$|\mathcal{I}_k| = |\mathcal{I}_0|/2^k = (b - a)/2^k, \qquad k \geq 0. \tag{6.8}$$

Bezeichnen wir den *absoluten Fehler* im Schritt k durch $e^{(k)} = x^{(k)} - \alpha$, so folgt aus (6.8) die Abschätzung $|e^{(k)}| \leq (b-a)/2^k$, $k \geq 0$, die zugleich $\lim_{k\to\infty} |e^{(k)}| = 0$ beinhaltet.

Die Bisektionsmethode ist daher *global konvergent*. Um $|x^{(m)} - \alpha| \leq \varepsilon$ zu erhalten, müssen wir

$$m \geq \log_2(b-a) - \log_2(\varepsilon) = \frac{\log((b-a)/\varepsilon)}{\log(2)} \simeq \frac{\log((b-a)/\varepsilon)}{0.6931} \tag{6.9}$$

Bisektionsschritte durchführen. Um insbesondere eine signifikante Ziffer in der Genauigkeit der Approximation der Wurzel zu gewinnen (d.h., um $|x^{(k)} - \alpha| = |x^{(j)} - \alpha|/10$) zu sichern, benötigt man $k - j = \log_2(10) \simeq 3.32$ Bisektionen. Dies charakterisiert die Bisektionsmethode als einen Algorithmus mit sicherer, aber langsamer Konvergenz aus. Wir weisen auch darauf hin, dass die Bisektionsmethode im Allgemeinen keine *monotone* Reduktion des absoluten Fehlers zwischen zwei aufeinanderfolgenden Iterationen garantiert, d.h., wir können *a priori* nicht sichern, dass

$$|e^{(k+1)}| \leq \mathcal{M}_k |e^{(k)}|, \qquad \text{für jedes } k \geq 0, \tag{6.10}$$

mit $\mathcal{M}_k < 1$ gilt. Dies ist beispielsweise in der in Abbildung 6.1 (links) dargestellten Situation deutlich sichtbar, wo $|e^{(1)}| > |e^{(0)}|$ gilt. Die Nichterfüllung von (6.10) erlaubt es nicht, die Bisektionsmethode als eine Methode der Ordnung 1 im Sinne der Definition 6.1 zu klassifizieren.

Beispiel 6.3 Wir wollen die Konvergenzeigenschaften der Bisektionsmethode bei der Approximation der Wurzel $\alpha \simeq 0.9062$ des Legendre Polynoms vom Grade 5

$$L_5(x) = \frac{x}{8}(63x^4 - 70x^2 + 15),$$

dessen Wurzeln innerhalb des Intervalls $(-1, 1)$ liegen (siehe Abschnitt 10.1.2 in Band 2), untersuchen.

Das Programm 46 wurde mit `a` $= 0.6$, `b` $= 1$ (woraus $L_5(a) \cdot L_5(b) < 0$ folgt), `nmax` $= 100$, `toll` $= 10^{-10}$ ausgeführt und konvergierte in 32 Iterationen, was mit der theoretischen Abschätzung (6.9) übereinstimmt (tatsächlich gilt $m \geq 31.8974$). Das Konvergenzverhalten wird in Abbildung 6.1 (rechts) dargestellt und zeigt eine (mittlere) Reduktion des Fehlers um den Faktor 2, mit einem oszillatorischen Verhalten der Folge $\{x^{(k)}\}$. •

Die langsame Fehlerreduktion legt nahe, die Bisektionsmethode nur als eine Technik sich der Wurzel "zu nähern" zu verwenden. Tatsächlich erhält man nach wenigen Bisektionschritten oft schon eine vernünftige Approximation von α. Von dieser ausgehend kann dann eine Methode höherer Ordnung zur schnelle Konvergenz gegen die Lösung innerhalb einer festen Toleranz verwendet werden. Ein Beispiel für die Verwendung eines solchen gekoppelten Verfahrens wird in Abschnitt 6.7.1 beschrieben.

Der Bisektionsalgorithmus ist im Programm 46 implementiert. Die Eingabeparameter haben hier und im weiteren dieses Kapitels die folgende

Bedeutung: `a` und `b` bezeichnen die Endpunkte des Suchintervalls, `fun` ist die Variable, die den Ausdruck der Funktion f enthält, `toll` ist eine feste Toleranz und `nmax` ist die maximal zulässige Anzahl von Schritten für den Iterationsprozess.

In den Ausgabevektoren `xvect`, `xdif` und `fx` werden die Folgen $\{x^{(k)}\}$, $\{|x^{(k+1)} - x^{(k)}|\}$ bzw. $\{f(x^{(k)})\}$, für $k \geq 0$, gespeichert, wohingegen `nit` die Zahl der Iterationen bezeichnet, die erforderlich sind, um das Abbruchkriterium zu erfüllen. Im Fall der Bisektionsmethode ist der Programmcode beendet, sobald die halbe Länge des Suchintervalls kleiner als `toll` ist.

Program 46 - bisect : Bisektionsmethode

```
function [xvect,xdif,fx,nit]=bisect(a,b,toll,nmax,fun)
err=toll+1; nit=0; xvect=[]; fx=[]; xdif=[];
while (nit < nmax & err > toll)
   nit=nit+1; c=(a+b)/2; x=c; fc=eval(fun); xvect=[xvect;x];
   fx=[fx;fc]; x=a; if (fc*eval(fun) > 0), a=c; else, b=c; end;
   err=abs(b-a); xdif=[xdif;err];
end;
```

6.2.2 *Das Sehnenverfahren, das Sekantenverfahren, die Regula Falsi und das Newton-Verfahren*

Um Algorithmen mit besseren Konvergenzeigenschaften als die Bisektionsmethode zu entwickeln, ist es notwendig die Information der Werte von f und möglicherweise auch deren Ableitung f' (wenn f differenzierbar ist) oder einer geeigneten Approximation der Ableitung einzubeziehen.

Zu diesem Zweck entwickeln wir f in eine Taylorreihe um α und brechen die Entwicklung mit dem Term erster Ordnung ab. Für ein geeignetes ξ zwischen α und x wird folgende *linearisierte* Version des Problems (6.1) erhalten:

$$f(\alpha) = 0 = f(x) + (\alpha - x)f'(\xi). \tag{6.11}$$

Gleichung (6.11) ist die Grundlage folgender iterativen Methode: Für jedes $k \geq 0$ und gegebenes $x^{(k)}$ bestimme $x^{(k+1)}$ durch Lösung der Gleichung $f(x^{(k)}) + (x^{(k+1)} - x^{(k)})q_k = 0$, wobei q_k eine geeignete Approximation von $f'(x^{(k)})$ ist.

Die hier beschriebene Methode führt auf die Bestimmung des Schnittpunktes zwischen der x-Achse und der Geraden mit dem Anstieg q_k durch den Punkt $(x^{(k)}, f(x^{(k)}))$, und kann damit bequem in der Form

$$x^{(k+1)} = x^{(k)} - q_k^{-1} f(x^{(k)}), \qquad \forall k \geq 0$$

geschrieben werden. Im Folgenden betrachten wir vier spezielle Wahlen von q_k.

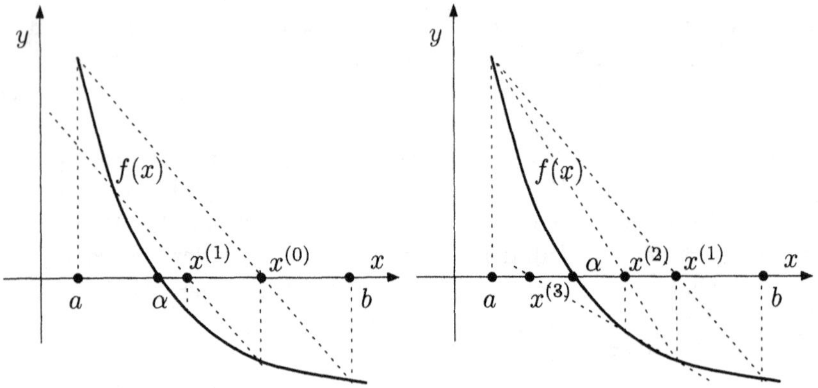

Abbildung 6.2. Der erste Schritt des Sehnenverfahrens (links) und die ersten drei Schritte des Sekantenverfahrens (rechts). Für diese Methode setzen wir $x^{(-1)} = b$ und $x^{(0)} = a$

Das Sehnenverfahren. Wir setzen

$$q_k = q = \frac{f(b) - f(a)}{b - a}, \qquad \forall k \geq 0,$$

woraus für gegebenen Anfangswert $x^{(0)}$ die rekursive Beziehung

$$x^{(k+1)} = x^{(k)} - \frac{b - a}{f(b) - f(a)} f(x^{(k)}), \qquad k \geq 0 \tag{6.12}$$

erhalten wird. In Abschnitt 6.3.1 werden wir sehen, dass die durch (6.12) erzeugte Folge gegen die Wurzel α mit der Konvergenzordnung $p = 1$ konvergiert.

Das Sekantenverfahren. Wir setzen

$$q_k = \frac{f(x^{(k)}) - f(x^{(k-1)})}{x^{(k)} - x^{(k-1)}}, \qquad \forall k \geq 0, \tag{6.13}$$

woraus für *zwei gegebene Werte* $x^{(-1)}$ und $x^{(0)}$ wir die Beziehung

$$x^{(k+1)} = x^{(k)} - \frac{x^{(k)} - x^{(k-1)}}{f(x^{(k)}) - f(x^{(k-1)})} f(x^{(k)}), \qquad k \geq 0 \tag{6.14}$$

erhalten.

Verglichen mit dem Sehnenverfahren benötigt das iterative Verfahren (6.14) einen zusätzlichen Anfangspunkt $x^{(-1)}$ und es müssen der entsprechende Funktionswert $f(x^{(-1)})$, sowie für jedes k der Differenzenquotient (6.13) berechnet werden. Der Vorteil, der sich aus dem erhöhten numerischen Aufwand ergibt, liegt in der höheren Konvergenzgeschwindigkeit des Sekantenverfahrens, die in der folgenden Eigenschaft formuliert wird. Sie ist zugleich ein erstes Beispiel eines *lokalen Konvergenzsatzes* (für den Beweis siehe [IK66], S. 99-101).

Eigenschaft 6.2 *Sei $f \in C^2(\mathcal{J})$, wobei $\mathcal{J}$ eine geeignete Umgebung der Wurzel α bezeichnet, und sei $f'(\alpha) \neq 0$. Wurden die Anfangsdaten $x^{(-1)}$ und $x^{(0)}$ in $\mathcal{J}$ hinreichend nahe bei α gewählt, so konvergiert die Folge* (6.14) *gegen α von der Ordnung $p = (1+\sqrt{5})/2 \simeq 1.63$.*

Die Regula Falsi. Diese Methode ist eine Variante des Sekantenverfahrens bei der anstelle der Sekante durch die Punkte $(x^{(k)}, f(x^{(k)}))$ und $(x^{(k-1)}, f(x^{(k-1)}))$, wir die durch die Punkte $(x^{(k)}, f(x^{(k)}))$ und $(x^{(k')}, f(x^{(k')}))$ verlaufende Sekante nehmen, wobei k' der maximale Index kleiner als k ist, für den $f(x^{(k')}) \cdot f(x^{(k)}) < 0$ gilt. Genauer gesagt, sind einmal zwei Werte $x^{(-1)}$ und $x^{(0)}$ derart gefunden, dass $f(x^{(-1)}) \cdot f(x^{(0)}) < 0$, so berechnen wir

$$x^{(k+1)} = x^{(k)} - \frac{x^{(k)} - x^{(k')}}{f(x^{(k)}) - f(x^{(k')})} f(x^{(k)}), \qquad k \geq 0. \tag{6.15}$$

Für eine vorgegebene feste Toleranz ε bricht die Iteration (6.15) im m-ten Schritt ab, wenn $|f(x^{(m)})| < \varepsilon$. Man beachte, dass die Folge der Indizes k' monoton nichtfallend ist; um im Schritt k den *neuen* Wert von k' zu finden, ist es daher nicht notwendig die ganze Folge zurück zu verfolgen, sondern es genügt bei dem Wert von k' anzuhalten, der im vorigen Schritt bestimmt wurde. Wir zeigen in Abbildung 6.3 (links) die ersten beiden Schritte von (6.15) im Spezialfall, in dem $x^{(k')}$ mit $x^{(-1)}$ für jedes $k \geq 0$ übereinstimmt.

Die *Regula Falsi* hat, obwohl sie von gleicher Komplexität wie das Sekantenverfahren ist, nur lineare Konvergenzordnung (siehe zum Beispiel [RR78], S. 339-340). Im Unterschied zur Sekantenmethode sind jedoch alle durch (6.15) erzeugten Iterierten im Ausgangsintervall $[x^{(-1)}, x^{(0)}]$ enthalten.

In Abbildung 6.3 (rechts) sind die ersten beiden Iterationen sowohl von der Sekantenmethode als auch der *Regula Falsi* beginnend mit gleichen Anfangsdaten $x^{(-1)}$ und $x^{(0)}$ gezeigt. Man beachte, dass die durch das Sekantenverfahren berechnete Iterierte $x^{(1)}$ mit der durch die *Regula Falsi* berechneten übereinstimmt, wobei der durch erstere Methode berechnete (und in der Abbildung durch $x_{Sec}^{(2)}$ bezeichnete) Wert, außerhalb des Suchintervalls $[x^{(-1)}, x^{(0)}]$ liegt, $x^{(2)}$ aber innerhalb.

In dieser Hinsicht kann die *Regula Falsi* ebenso wie die Bisektionmethode als ein *global konvergentes* Verfahren angesehen werden.

Newton-Verfahren. Wir nehmen an, dass $f \in C^1(\mathcal{I})$ mit $f'(\alpha) \neq 0$ (d.h. α ist eine einfache Nullstelle von f) gilt. Setzen wir

$$q_k = f'(x^{(k)}), \qquad \forall k \geq 0,$$

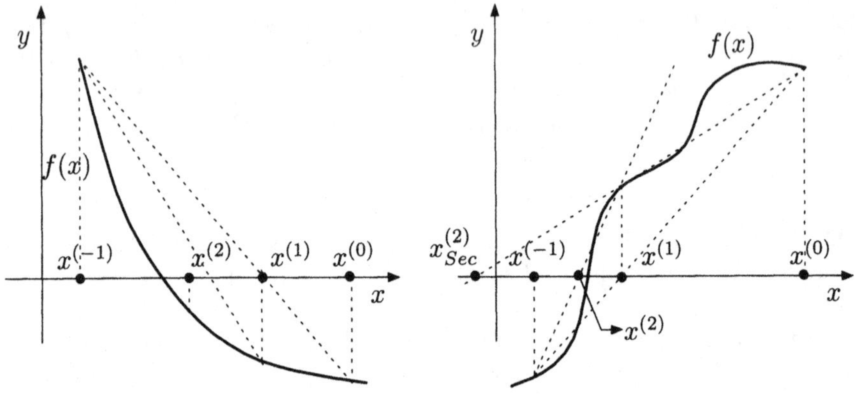

Abbildung 6.3. Die ersten beiden Schritte der *Regula Falsi* für zwei verschiedene Funktionen.

und bezeichnen den Anfangswert mit $x^{(0)}$, so erhalten wir das so-genannte *Newton-Verfahren*

$$x^{(k+1)} = x^{(k)} - \frac{f(x^{(k)})}{f'(x^{(k)})}, \qquad k \geq 0. \tag{6.16}$$

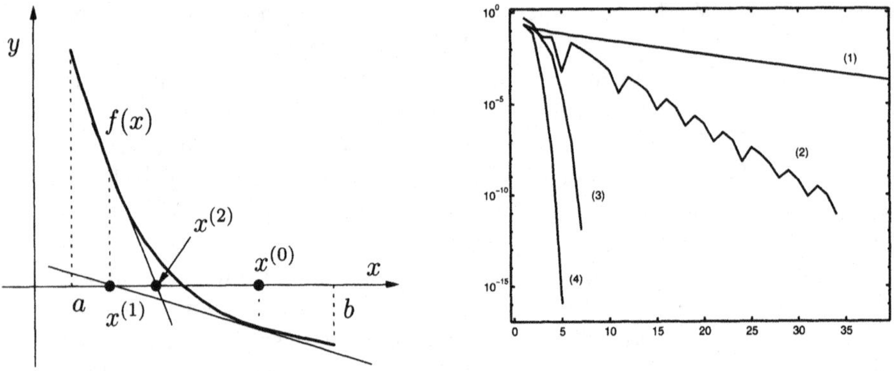

Abbildung 6.4. Die ersten beiden Schritte des Newton-Verfahrens (links); Konvergenzverhalten im Beispiel 6.4 für das Sehnenverfahren (1), die Bisektionsmethode (2), das Sekantenverfahren (3) und das Newton-Verfahren (4) (rechts). Die Zahl der Iterationen und der absolute Fehler als Funktion von k sind auf der x-Achse bzw. y-Achse dargestellt.

In der k-ten Iteration erfordert das Newton-Verfahren die *beiden* Funktionsauswertungen $f(x^{(k)})$ und $f'(x^{(k)})$. Der im Vergleich zu den früher betrachteten Methoden zusätzliche numerische Aufwand wird durch eine höhere Konvergenzrate, die beim Newton-Verfahren von der Ordnung 2 ist (siehe Abschnitt 6.3.1), mehr als kompensiert.

Beispiel 6.4 Wir wollen die bislang eingeführten Methoden zur Approximation der Wurzel $\alpha \simeq 0.5149$ der Funktion $f(x) = \cos^2(2x) - x^2$ im Intervall $(0, 1.5)$ vergleichen. Die Toleranz ε für den absoluten Fehler wurde gleich 10^{-10} genommen und die Konvergenzverläufe sind in Abbildung 6.4 (rechts) dargestellt. Für alle Methoden wurde der Startwert $x^{(0)}$ gleich 0.75 gesetzt. Für die Sekantenmethode wählen wir $x^{(-1)} = 0$.

Die Analyse der Resultate zeigt die langsame Konvergenz des Sehnenverfahrens. Die Fehlerkurve für die *Regula Falsi* ist ähnlich der des Sekantenverfahrens und wurde daher in Abbildung 6.4 nicht gezeigt.

Es ist interessant, die Leistungsfähigkeit des Newton-Verfahrens und der Sekantenmethode (beide sind von der Ordnung $p > 1$) hinsichtlich ihres numerischen Aufwandes zu vergleichen. Es kann tatsächlich bewiesen werden, dass es günstiger ist das Sekantenverfahren zu verwenden, wenn die Zahl der Gleitpunktoperationen zur Auswertung von f' ungefähr zweimal so hoch sind wie jene, die zur Auswertung von f benötigt werden (siehe [Atk89] S.71-73). Im vorliegenden Beispiel konvergiert das Newton-Verfahren gegen α in 6 Iterationen, anstelle von 7, aber das Sekanten-Verfahren braucht 94 flops im Gegensatz zu 177 vom Newton-Verfahren benötigten flops. •

Das Sehnenverfahren, die Sekantenmethode, die *Regula Falsi* und das Newton-Verfahren sind in den Programmen 47, 48, 49 bzw. 50 implementiert. Hier und im weiteren dieses Kapitels bezeichnen `x0` und `xm1` die Anfangsdaten $x^{(0)}$ und $x^{(-1)}$. Im Fall der *Regula Falsi* ist $|f(x^{(k)})| <$ `toll` der Abbruchtest, während für die anderen Methoden der Test $|x^{(k+1)} - x^{(k)}| <$ `toll` ist. Die Zeichenkette `dfun` enthält den Ausdruck für f', der im Newton-Verfahren verwendet wird.

Program 47 - chord : Das Sehnenverfahren

```
function [xvect,xdif,fx,nit]=chord(a,b,x0,nmax,toll,fun)
x=a; fa=eval(fun); x=b; fb=eval(fun); r=(fb-fa)/(b-a);
err=toll+1; nit=0; xvect=x0; x=x0; fx=eval(fun); xdif=[];
while (nit < nmax & err > toll),
   nit=nit+1; x=xvect(nit); xn=x-fx(nit)/r; err=abs(xn-x);
   xdif=[xdif; err]; x=xn; xvect=[xvect;x]; fx=[fx;eval(fun)];
end;
```

Program 48 - secant : Das Sekantenverfahren

```
function [xvect,xdif,fx,nit]=secant(xm1,x0,nmax,toll,fun)
x=xm1; fxm1=eval(fun); xvect=[x]; fx=[fxm1]; x=x0; fx0=eval(fun);
xvect=[xvect;x]; fx=[fx;fx0]; err=toll+1; nit=0; xdif=[];
while (nit < nmax & err > toll),
   nit=nit+1; x=x0-fx0*(x0-xm1)/(fx0-fxm1); xvect=[xvect;x];
   fnew=eval(fun); fx=[fx;fnew]; err=abs(x0-x); xdif=[xdif;err];
   xm1=x0; fxm1=fx0; x0=x; fx0=fnew;
end;
```

Program 49 - regfalsi : Die *Regula Falsi*

```
function [xvect,xdif,fx,nit]=regfalsi(xm1,x0,toll,nmax,fun)
nit=0; x=xm1; f=eval(fun); fx=[f]; x=x0; f=eval(fun); fx=[fx, f];
xvect=[xm1,x0]; xdif=[]; f=toll+1; kprime=1;
while (nit < nmax & (abs(f) > toll),
   nit=nit+1; dim=length(xvect);
   x=xvect(dim); fxk=eval(fun); xk=x; i=dim;
   while (i >= kprime), i=i-1; x=xvect(i); fxkpr=eval(fun);
     if ((fxkpr*fxk) < 0), xkpr=x; kprime=i; break; end;
   end;
   x=xk-fxk*(xk-xkpr)/(fxk-fxkpr); xvect=[xvect, x]; f=eval(fun);
   fx=[fx, f]; err=abs(x-xkpr); xdif=[xdif, err];
end;
```

Program 50 - newton : Newton-Verfahren

```
function [xvect,xdif,fx,nit]=newton(x0,nmax,toll,fun,dfun)
err=toll+1; nit=0; xvect=x0; x=x0; fx=eval(fun); xdif=[];
while (nit < nmax & err > toll),
   nit=nit+1; x=xvect(nit); dfx=eval(dfun);
   if (dfx == 0), err=toll*1.e-10;
     disp(' Stop for vanishing dfun ');
   else,
     xn=x-fx(nit)/dfx; err=abs(xn-x); xdif=[xdif; err];
     x=xn; xvect=[xvect;x]; fx=[fx;eval(fun)];
   end;
end;
```

6.2.3 Das Dekker-Brent-Verfahren

Das Dekker-Brent-Verfahren kombiniert die Bisektionsmethode mit dem Sekantenverfahren, um die Vorteile beider Verfahren zu nutzen. Dieser Algorithmus führt eine Iteration aus, bei der in jedem Schritt drei Abzissen a, b und c vorkommen. Im Allgemeinen sind b die letzte Iterierte und die beste Approximation an Null, a die vorherige Iterierte und c die vorherige oder eine ältere Iterierte, so dass $f(b)$ und $f(c)$ verschiedene Vorzeichen haben. Zu allen Zeiten schließen b und c die Nullstelle ein und es gilt $|f(b)| \leq |f(c)|$.

Wenn ein Interval $[a, b]$, das zumindest eine Wurzel α der Funktion $y = f(x)$ enthält, mit $f(a)f(b) < 0$ gefunden wurde, so erzeugt der Algorithmus eine Folge von Werten a, b und c, so dass α immer zwischen b und c liegt und bei Konvergenz die halbe Intervalllänge $|c-b|/2$ kleiner als eine vorgegebene Toleranz ist. Ist die Funktion f in Umgebung der gesuchten Wurzel hinreichend glatt, so konvergiert der Algorithmus überlinear (siehe [Dek69], [Bre73] Kapitel 4 und [Atk89], S.91-93).

Im Folgenden beschreiben wir die Hauptzüge des Algorithmus wie er in der MATLAB Funktion `fzero` implementiert ist. Der Parameter d wird

durchweg eine Korrektur des Punktes b sein, da es besser ist, Formeln derart aufzustellen, dass sie die gesuchte Größe als eine kleine Störung einer guten Approximation ausdrücken. Wenn beispielsweise der neue Wert von b durch $(b+c)/2$ (Bisektionsschritt) berechnet würde, könnte eine numerische Auslöschung entstehen, während die Berechnung von b als $b+(c-b)/2$ eine stabilere Formel ergibt.
Bezeichnet ε eine vorgegebene Toleranz (üblicherweise die Maschinengenauigkeit) und wird zu Beginn $c = b$ gesetzt, so lautet das Dekker-Brent-Verfahren wie folgt:

Überprüfe zunächst, ob $f(b) = 0$. Ist dies der Fall, so bricht der Algorithmus ab und gibt b als die Näherung der Nullstelle von f zurück. Andernfalls werden folgende Schritte ausgeführt:

1. Ist $f(b)f(c) > 0$, setze $c = a$, $d = b - a$ und $e = d$.

2. Ist $|f(c)| < |f(b)|$, führe den Austausch $a = b$, $b = c$ und $c = a$ durch.

3. Setze $\delta = 2\varepsilon \max\{|b|, 1\}$ und $m = (c-b)/2$. Wenn $|m| \leq \delta$ oder $f(b) = 0$ gilt, so bricht der Algorithmus ab und gibt b als Nährung der Nullstelle von f zurück.

4. Wähle Bisektion oder Interpolation.

   (a) Ist $|e| < \delta$ oder $|f(a)| \leq |f(b)|$, so wird ein Bisektionsschritt genommen, d.h. $d = m$ und $e = m$ gesetzt; andernfalls der Interpolationschritt ausgeführt.

   (b) Ist $a = c$, führe eine *lineare Interpolation* aus, d.h. berechne die Nullstelle der Geraden durch die Punkte $(b, f(b))$ und $(c, f(c))$ als eine Korrektur δb zum Punkte b. Dies läuft auf einen Schritt des *Sekantenverfahrens* auf einem Intervall hinaus, das b und c als Endpunkte hat.
   Ist $a \neq c$, führe eine *inverse quadratische Interpolation* aus, d.h. konstruiere das Polynom zweiten Grades *in* y, das die Punkte $(f(a), a)$, $(f(b), b)$ und $(f(c), c)$ interpoliert, und dessen Wert in $y = 0$ als eine Korrektur δb zum Punkte b berechnet wird. Beachte, dass zu diesem Zeitpunkt die Werte $f(a)$, $f(b)$ und $f(c)$ voneinander verschieden sind, wobei $|f(a)| > |f(b)|$, $f(b)f(c) < 0$ und $a \neq c$ gilt.
   Dann überprüft der Algorithmus, ob der Punkt $b + \delta b$ akzeptiert werden kann. Dies ist eine ziemlich technische Angelegenheit, aber sie läuft im wesentlichen darauf hinaus, festzustellen, ob der Punkt innerhalb des aktuellen Intervalls und nicht zu dicht an den Endpunkten liegt. Dies garantiert, dass die Länge des Intervalls sich um einen großen Faktor verringert, wenn die Funktion sich gut verhält. Wird der Punkt akzeptiert, so wird

$e = d$ und $d = \delta b$ gesetzt, d.h. die Interpolation wird tatsächlich ausgeführt, andernfalls wird ein Bisektionsschritt durch Setzen von $d = m$ und $e = m$ durchgeführt.

5. Der Algorithmus aktualisiert nun die laufende Iterierte. Setze $a = b$ und wenn $|d| > \delta$ dann $b = b + d$ andernfalls $b = b + \delta \text{sign}(m)$ und kehre zum Schritt 1 zurück.

Beispiel 6.5 Betrachten wir die Bestimmung von Wurzeln der Funktion f, die in Beispiel 6.4 betrachtet wurde, und nehmen wir ε gleich der *Rundungsfehlereinheit*. Die MATLAB Funktion `fzero` ist verwendet worden. Sie bestimmt automatisch die Werte a und b, beginnend mit einem vom Nutzer gelieferten Startwert ξ. Beginnend mit $\xi = 1.5$ findet der Algorithmus die Werte $a = 0.3$ und $b = 2.1$; Konvergenz wird in 5 Iterationen erreicht und die Folgen der Werte a, b, c und $f(b)$ sind in Tabelle 6.2 dargestellt.

Beachte, dass sich die tabellarisierten Werte auf den Zustand des Algorithmus vor dem 3. Schritt beziehen und somit nach möglichen Wechseln zwischen a und b. •

Tabelle 6.2. Lösung der Gleichung $\cos^2(2x) - x^2 = 0$ unter Verwendung des Dekker-Brent-Algorithmus. Die Zahl k bezeichnet die aktuelle Iteration.

k	a	b	c	$f(b)$
0	2.1	0.3	2.1	0.5912
1	0.3	0.5235	0.3	$-2.39 \cdot 10^{-2}$
2	0.5235	0.5148	0.5235	$3.11 \cdot 10^{-4}$
3	0.5148	0.5149	0.5148	$-8.8 \cdot 10^{-7}$
4	0.5149	0.5149	0.5148	$-3.07 \cdot 10^{-11}$

6.3 Fixpunkt-Iterationen für nichtlineare Gleichungen

In diesem Abschnitt wird ein allgemeiner Rahmen für die Bestimmung von Nullstellen einer nichtlinearen Funktion gegeben. Die Methode basiert auf der Tatsache, dass es für eine gegebene Funktion $f : [a, b] \to \mathbb{R}$ immer möglich ist, das Problem $f(x) = 0$ auf ein äquivalentes Problem $x - \phi(x) = 0$ zu transformieren, wobei die Hilfsfunktion $\phi : [a, b] \to \mathbb{R}$ auf solche Weise zu wählen ist, dass $\phi(\alpha) = \alpha$ genau dann gilt, wenn $f(\alpha) = 0$. Die Approximation der Nullstellen einer Funktion wird somit zum Problem des Aufsuchens von *Fixpunkten* der Abbildung ϕ, die durch den folgenden iterativen Algorithmus bestimmt werden:
für gegebenes $x^{(0)}$, bestimme

$$x^{(k+1)} = \phi(x^{(k)}), \qquad k \geq 0. \tag{6.17}$$

Wir sagen, dass (6.17) eine *Fixpunktiteration* und ϕ die mit ihr verbundene *Iterationsfunktion* ist. Manchmal wird (6.17) auch als *Picard-Iteration* für die Lösung von $f(x) = 0$ bezeichnet. Beachte, dass per Konstruktion die Methoden der Form (6.17) *streng konsistent* im Sinne der in Abschnitt 2.2 gegebenen Definition sind.

Die Wahl von ϕ ist nicht eindeutig. Zum Beispiel ist jede Funktion der Form $\phi(x) = x + F(f(x))$, bei der F eine stetige Funktion mit $F(0) = 0$ ist, eine zulässige Iterationsfunktion.
Die beiden folgenden Resultate liefern *hinreichende* Bedingungen für die Konvergenz der Fixpunktmethode gegen die Wurzel α des Problems (6.1). Diese Bedingungen werden präzise im folgenden Satz formuliert.

Theorem 6.1 (Konvergenz der Fixpunktiteration) *Betrachte die Folge $x^{(k+1)} = \phi(x^{(k)})$, für $k \geq 0$, bei gegebenen $x^{(0)}$. Angenommen, die Iterationsfunktion genügt den Voraussetzungen:*

1. $\phi : [a, b] \to [a, b]$;
2. $\phi \in C^1([a, b])$;
3. $\exists K < 1 : |\phi'(x)| \leq K \ \forall x \in [a, b]$.

Dann hat ϕ einen eindeutig bestimmten Fixpunkt α in $[a, b]$ und die Folge $\{x^{(k)}\}$ konvergiert gegen α für jede Wahl von $x^{(0)} \in [a, b]$. Darüber hinaus haben wir

$$\lim_{k\to\infty} \frac{x^{(k+1)} - \alpha}{x^{(k)} - \alpha} = \phi'(\alpha). \tag{6.18}$$

Beweis. Die Annahme *1.* und die Stetigkeit von ϕ gewährleisten, dass die Iterationsfunktion ϕ zumindest einen Fixpunkt in $[a, b]$ hat. Annahme *3.* sichert, dass ϕ eine *kontraktive Abbildung* ist, und garantiert die Eindeutigkeit des Fixpunktes. Angenommen es gäbe zwei verschiedene Werte $\alpha_1, \alpha_2 \in [a, b]$, so dass $\phi(\alpha_1) = \alpha_1$ und $\phi(\alpha_2) = \alpha_2$. Dann ergibt die Entwicklung von ϕ in eine Taylorreihe um α_1 bis zum Term erster Ordnung

$$|\alpha_2 - \alpha_1| = |\phi(\alpha_2) - \phi(\alpha_1)| = |\phi'(\eta)(\alpha_2 - \alpha_1)| \leq K|\alpha_2 - \alpha_1| < |\alpha_2 - \alpha_1|,$$

für $\eta \in (\alpha_1, \alpha_2)$, woraus notwendigerweise $\alpha_2 = \alpha_1$ folgt.

Die Konvergenzanalysis der Folge $\{x^{(k)}\}$ basiert wieder auf einer Taylorreihenentwicklung. Für jedes $k \geq 0$ gibt es einen Wert $\eta^{(k)}$ zwischen α und $x^{(k)}$, so dass

$$x^{(k+1)} - \alpha = \phi(x^{(k)}) - \phi(\alpha) = \phi'(\eta^{(k)})(x^{(k)} - \alpha) \tag{6.19}$$

gilt, woraus $|x^{(k+1)} - \alpha| \leq K|x^{(k)} - \alpha| \leq K^{k+1}|x^{(0)} - \alpha| \to 0$ für $k \to \infty$ folgt. Somit konvergiert $x^{(k)}$ gegen α und (6.19) ergibt

$$\lim_{k\to\infty} \frac{x^{(k+1)} - \alpha}{x^{(k)} - \alpha} = \lim_{k\to\infty} \phi'(\eta^{(k)}) = \phi'(\alpha),$$

d.h. (6.18) gilt. ◇

Die Größe $|\phi'(\alpha)|$ heißt der asymptotische Konvergenzfaktor. In Analogie zum Fall iterativer Methoden für lineare Systeme kann die asymptotische Konvergenzrate als

$$R = -\log(|\phi'(\alpha)|) \tag{6.20}$$

definiert werden. Theorem 6.1 sichert die Konvergenz der Folge $\{x^{(k)}\}$ gegen die Wurzel α für *jede Wahl* des Anfangswertes $x^{(0)} \in [a, b]$. In diesem Sinne stellt das Theorem ein Beispiel eines *globalen* Konvergenzresultates dar.

In der Praxis ist es jedoch häufig ziemlich schwierig *a priori* die Breite des Intervalls $[a, b]$ zu bestimmen; in einem solchen Fall kann das folgende Konvergenzresultat nützlich sein (siehe [OR70] für einen Beweis).

Eigenschaft 6.3 (Ostrowski-Theorem) *Sei α ein Fixpunkt einer Funktion ϕ, die stetig differenzierbar in einer Nachbarschaft $\mathcal{J}$ von α ist. Ist $|\phi'(\alpha)| < 1$, so existiert ein $\delta > 0$, so dass die Folge $\{x^{(k)}\}$ gegen α für jedes $x^{(0)}$ mit $|x^{(0)} - \alpha| < \delta$ konvergiert.*

Bemerkung 6.2 Ist $|\phi'(\alpha)| > 1$, so folgt aus (6.19), dass für hinreichend nahe bei α liegendes $x^{(n)}$ wegen $|\phi'(x^{(n)})| > 1$ die Beziehung $|\alpha - x^{(n+1)}| > |\alpha - x^{(n)}|$ gelten muss, und damit keine Konvergenz möglich ist. Im Fall $|\phi'(\alpha)| = 1$ kann keine allgemeine Schlussfolgerung gezogen werden, da sowohl Konvergenz als auch Divergenz in Abhängigkeit vom betrachteten Problem möglich ist. ■

Beispiel 6.6 Sei $\phi(x) = x - x^3$ mit dem Fixpunkt $\alpha = 0$. Obgleich $\phi'(\alpha) = 1$ ist, haben wir $x^{(k)} \in (-1, 1)$ für $k \geq 1$ wenn $x^{(0)} \in [-1, 1]$, und die Folge konvergiert (sehr langsam) gegen α (wenn $x^{(0)} = \pm 1$ gilt haben wir sogar $x^{(k)} = \alpha$ für jedes $k \geq 1$). Beginnend mit $x^{(0)} = 1/2$ beträgt der absolute Fehler nach 2000 Iterationen 0.0158. Sei nun $\phi(x) = x + x^3$ mit dem gleichen Fixpunkt $\alpha = 0$. Wieder gilt $\phi'(\alpha) = 1$, aber in diesem Fall divergiert die Folge $x^{(k)}$ für jede Wahl $x^{(0)} \neq 0$. •

Wir sagen, dass eine Fixpunktmethode die *Ordnung* p hat (p muss nicht notwendig ganz sein), wenn die durch das Verfahren generierte Folge gemäß Definition 6.1 gegen den Fixpunkt α mit der Ordnung p konvergiert.

Eigenschaft 6.4 *Ist $\phi \in C^{p+1}(\mathcal{J})$ für eine geeignete Umgebung $\mathcal{J}$ von α und gilt für eine ganze Zahl $p \geq 1$, $\phi^{(i)}(\alpha) = 0$ für $1 \leq i \leq p$ und $\phi^{(p+1)}(\alpha) \neq 0$, so hat die Fixpunktmethode mit der Iterationsfunktion ϕ die Ordnung $p + 1$ und*

$$\lim_{k\to\infty} \frac{x^{(k+1)} - \alpha}{(x^{(k)} - \alpha)^{p+1}} = \frac{\phi^{(p+1)}(\alpha)}{(p+1)!}, \qquad p \geq 1. \tag{6.21}$$

Beweis. Wir entwickeln ϕ in eine Taylorreihe um $x = \alpha$ und erhalten

$$x^{(k+1)} - \alpha = \sum_{i=0}^{p} \frac{\phi^{(i)}(\alpha)}{i!}(x^{(k)} - \alpha)^i + \frac{\phi^{(p+1)}(\eta)}{(p+1)!}(x^{(k)} - \alpha)^{p+1} - \phi(\alpha),$$

für ein bestimmtes η zwischen $x^{(k)}$ und α. Folglich haben wir

$$\lim_{k\to\infty} \frac{x^{(k+1)} - \alpha}{(x^{(k)} - \alpha)^{p+1}} = \lim_{k\to\infty} \frac{\phi^{(p+1)}(\eta)}{(p+1)!} = \frac{\phi^{(p+1)}(\alpha)}{(p+1)!}.$$

◇

Die Konvergenz der Folge gegen die Wurzel α wird bei fester Ordnung p schneller werden, wenn die Größe auf der rechten Seite von (6.21) kleiner wird.

Die Fixpunktmethode (6.17) ist im Programm 51 implementiert. Die Variable `phi` enthält den Ausdruck der Iterationsfunktion ϕ.

Program 51 - fixpoint : Fixpunktiteration

```
function [xvect,xdif,fx,nit]=fixpoint(x0,nmax,toll,fun,phi)
err=toll+1; nit=0; xvect=x0; x=x0; fx=eval(fun); xdif=[];
while (nit < nmax & err > toll),
  nit=nit+1; x=xvect(nit); xn=eval(phi); err=abs(xn-x);
  xdif=[xdif; err]; x=xn; xvect=[xvect;x]; fx=[fx;eval(fun)];
end;
```

6.3.1 *Konvergenzresultate für einige Fixpunktmethoden*

Theorem 6.1 liefert ein theoretisches Werkzeug zur Analyse gewisser iterativer Methoden, die in Abschnitt 6.2.2 eingeführt wurden.

Das Sehnenverfahren. Die Gleichung (6.12) ist ein Spezialfall von (6.17), bei dem wir $\phi(x) = \phi_{chord}(x) = x - q^{-1}f(x) = x - (b-a)/(f(b)-f(a))f(x)$ setzen. Ist $f'(\alpha) = 0$, so gilt $\phi'_{chord}(\alpha) = 1$ und die Methode konvergiert nicht zwingend. Andererseits ist die Bedingung $|\phi'_{chord}(\alpha)| < 1$ äquivalent zur Forderung $0 < q^{-1}f'(\alpha) < 2$.

Daher muss der Anstieg q des Sehnenverfahrens das gleiche Vorzeichen wie $f'(\alpha)$ haben, und das Suchintervall $[a, b]$ die Bedingung

$$(b-a) < 2\frac{f(b) - f(a)}{f'(\alpha)}$$

erfüllen. Das Sehnenverfahren konvergiert in einer Iteration, wenn f eine Gerade ist, andernfalls konvergiert es linear, abgesehen vom (glücklichen) Fall, in dem $f'(\alpha) = (f(b) - f(a))/(b - a)$, für den $\phi'_{chord}(\alpha) = 0$.

Newton-Verfahren. Die Gleichung (6.16) kann in der allgemeinen Form (6.17) dargestellt werden, indem man

$$\phi_{Newt}(x) = x - \frac{f(x)}{f'(x)}$$

setzt. Sei $f'(\alpha) \neq 0$ (d.h. α eine einfache Nullstelle). Dann folgt

$$\phi'_{Newt}(\alpha) = 0, \qquad \phi''_{Newt}(\alpha) = \frac{f''(\alpha)}{f'(\alpha)}.$$

Hat die Wurzel α die Vielfachheit $m > 1$, so ist das Verfahren (6.16) nicht mehr von zweiter Ordnung konvergent. Tatsächlich haben wir (siehe Übung 2)

$$\phi'_{Newt}(\alpha) = 1 - \frac{1}{m}. \tag{6.22}$$

Ist der Wert m *a-priori* bekannt, kann die quadratische Konvergenz des Newton-Verfahrens durch Übergang zum so genannten *modifizierten Newton-Verfahren*

$$x^{(k+1)} = x^{(k)} - m\frac{f(x^{(k)})}{f'(x^{(k)})}, \qquad k \geq 0 \tag{6.23}$$

erhalten werden. Für die Analyse der Konvergenzordnung der Iteration (6.23) siehe Übung 2.

6.4 Nullstellen algebraischer Gleichungen

In diesem Abschnitt widmen wir uns dem Spezialfall, in dem f ein Polynom vom Grade $n \geq 0$ ist, d.h. eine Funktion der Form

$$p_n(x) = \sum_{k=0}^{n} a_k x^k, \tag{6.24}$$

wobei $a_k \in \mathbb{R}$ gegebene Koeffizienten sind.

Die obige Darstellung von p_n ist nicht die einzig mögliche. Tatsächlich kann man auch

$$p_n(x) = a_n(x - \alpha_1)^{m_1} ... (x - \alpha_k)^{m_k}, \qquad \sum_{l=1}^{k} m_l = n$$

schreiben, wobei α_i und m_i die i-te Wurzel von p_n bzw. ihre Vielfachheit bezeichnen. Andere Darstellungen sind ebenso möglich, siehe Abschnitt 6.4.1.

Da die Koeffizienten a_k reell sind, ist, wenn α eine Nullstelle von p_n ist, auch die konjugiert komplexe Zahl $\bar{\alpha}$ eine Nullstelle von p_n.

Das Theorem von Abel besagt, dass für $n \geq 5$ keine explizite Formel für die Nullstellen von p_n existiert (siehe zum Beispiel [MM71], Theorem 10.1). Dies motiviert das numerische Lösen der nichtlinearen Gleichung $p_n(x) = 0$. Da für die bislang eingeführten Methoden ein geeignetes Suchintervall $[a, b]$ oder ein Startwert $x^{(0)}$ bereitgestellt werden muss, erwähnen wir zwei Resultate, die zur *Lokalisierung* der Nullstellen eines Polynoms nützlich sein können.

Eigenschaft 6.5 (Descartes'sche Vorzeichenregel) *Sei $p_n \in \mathbb{P}_n$. Bezeichne ν die Anzahl der Vorzeichenwechsel in der Menge der Koeffizienten $\{a_j\}$ und k die Zahl der reellen positiven Wurzeln von p_n (jede entsprechend ihrer Vielfachheit gezählt). Dann sind $k \leq \nu$ und $\nu - k$ gerade Zahlen.*

Eigenschaft 6.6 (Cauchy-Theorem) *Alle Nullstellen von p_n sind in einem Kreis Γ in der komplexen Ebene*

$$\Gamma = \{z \in \mathbb{C} : \ |z| \leq 1 + \eta_k\}, \qquad \textit{wobei } \eta_k = \max_{0 \leq k \leq n-1} |a_k/a_n|,$$

enthalten.

Die zweite Eigenschaft ist von geringem Wert, wenn $\eta_k \gg 1$. In solch einem Fall ist es zweckmäßig, eine *Verschiebung* durch einen geeigneten Koordinatenwechsel durchzuführen.

6.4.1 Das Hornerschema und die Reduktion

In diesem Abschnitt beschreiben wir das Hornerschema zur effizienten Auswertung eines Polynoms (und seiner Ableitungen) in einem gegebenen Punkt z. Der Algorithmus ermöglicht die automatische Erzeugung eines Verfahrens, *Reduktionsverfahren* genannt, für die sukzessive Approximation *aller* Wurzeln des Polynoms.

Das Hornerschema basiert auf der Beobachtung, dass jedes Polynom $p_n \in \mathbb{P}_n$ in der Form

$$p_n(x) = a_0 + x(a_1 + x(a_2 + \ldots + x(a_{n-1} + a_n x) \ldots)) \tag{6.25}$$

geschrieben werden kann. Die Formeln (6.24) und (6.25) sind vom allgebraischen Standpunkt her vollständig äquivalent; trotzdem erfordert die Auswertung von $p_n(x)$ gemäß (6.24) n Summen und $2n - 1$ Multiplikationen, während (6.25) nur n Summen und n Multiplikationen erfordert. Der zweite Ausdruck, der als *geschachtelte Multiplikation* bekannt ist, ist der grundlegende Bestandteil des Hornerschemas. Das Verfahren wertet das Polynom p_n in einem Punkt z durch den folgenden *synthetischen Divisionsalgorithmus*

$$\begin{aligned} b_n &= a_n, \\ b_k &= a_k + b_{k+1} z, \quad k = n-1, n-2, ..., 0, \end{aligned} \tag{6.26}$$

effizient aus, der im Programm 52 implementiert ist. Die Koeffizienten a_j des Polynoms werden im Vektor **a** von a_n zurück nach a_0 geordnet gespeichert.

Program 52 - horner : Synthetischer Divisionsalgorithmus

```
function [pnz,b] = horner(a,n,z)
b(1)=a(1); for j=2:n+1, b(j)=a(j)+b(j-1)*z; end; pnz=b(n+1);
```

Alle Koeffizienten b_k in (6.26) hängen von z und $b_0 = p_n(z)$ ab. Das Polynom

$$q_{n-1}(x;z) = b_1 + b_2 x + ... + b_n x^{n-1} = \sum_{k=1}^{n} b_k x^{k-1} \tag{6.27}$$

ist vom Grad $n-1$ in der Variablen x und hängt vom Parameter z über die Koeffizienten b_k ab; es wird das *assoziierte Polynom* zu p_n genannt. Wir wollen nun an folgende Eigenschaft der *Polynomdivision erinnern*:

zu zwei gegebenen Polynomen $h_n \in \mathbb{P}_n$ und $g_m \in \mathbb{P}_m$ mit $m \leq n$, gibt es ein eindeutig bestimmtes Polynom $\delta \in \mathbb{P}_{n-m}$ und ein eindeutig bestimmtes Polynom $\rho \in \mathbb{P}_{m-1}$, so dass

$$h_n(x) = g_m(x)\delta(x) + \rho(x). \tag{6.28}$$

Dann folgt aus (6.28) durch Division von p_n durch $x - z$

$$p_n(x) = b_0 + (x - z)q_{n-1}(x;z),$$

wobei durch q_{n-1} der Quotient und durch b_0 der Rest der Division bezeichnet wurden. Ist z eine Nullstelle von p_n, so gilt $b_0 = p_n(z) = 0$ und folglich $p_n(x) = (x-z)q_{n-1}(x;z)$. In solch einem Fall liefert die algebraische Gleichung $q_{n-1}(x;z) = 0$ die $n-1$ verbleibenden Wurzeln von $p_n(x)$. Diese Beobachtung legt das folgende *Reduktionsverfahren* zur Bestimmung der Wurzeln von p_n nahe. Für $m = n, n-1, \ldots, 1$:

1. finde eine Wurzel r von p_m unter Verwendung geeigneter Approximationsmethoden;

2. werte $q_{m-1}(x;r)$ mittels (6.26) aus;

3. setze $p_{m-1} = q_{m-1}$.

In den zwei kommenden Abschnitten werden einige Reduktionsverfahren angesprochen, die eine präzise Wahl für das Schema im Punkt 1 machen.

6.4.2 Das Newton-Horner-Schema

Ein erstes Beispiel eines Reduktionsverfahrens verwendet das Newton-Verfahren zur Berechnung der Wurzel r im Schritt 1 des Verfahrens des vorigen Abschnittes. Die Implementation des Newton-Verfahren profitiert zusätzlich vom Horner-Algorithmus (6.26). Ist nämlich q_{n-1} das in (6.27) definierte, assoziierte Polynom von p_n, so gilt $p'_n(z) = q_{n-1}(z;z)$, denn $p'_n(x) = q_{n-1}(x;z) + (x-z)q'_{n-1}(x;z)$. Aufgrund dieser Eigenschaft nimmt das Newton-Horner-Schema zur Approximation einer (reellen oder komplexen) Wurzel r_j von p_n $(j = 1, \ldots, n)$ die folgende Form an:
löse für eine gegebene Anfangsschätzung $r_j^{(0)}$ der Wurzel für jedes $k \geq 0$

$$r_j^{(k+1)} = r_j^{(k)} - \frac{p_n(r_j^{(k)})}{p'_n(r_j^{(k)})} = r_j^{(k)} - \frac{p_n(r_j^{(k)})}{q_{n-1}(r_j^{(k)}; r_j^{(k)})}. \tag{6.29}$$

Wenn für die Iteration (6.29) Konvergenz erzielt wurde, ist die Polynomreduktion durchgeführt, diese Reduktion wird durch den Fakt, dass $p_n(x) = (x - r_j)p_{n-1}(x)$ gilt, unterstützt. Dann wird die Approximation einer Wurzel von $p_{n-1}(x)$ ausgeführt usw., bis alle Wurzeln von p_n gefunden sind

Bezeichnen wir durch $n_k = n - k$ den Grad des Polynoms, das in jedem Schritt des Reduktionsverfahrens für $k = 0, \ldots, n-1$, erhalten wurde, so beträgt der numerische Aufwand jeder Newton-Horner-Iteration (6.29) $4n_k$. Ist $r_j \in \mathbb{C}$, so ist es erforderlich in komplexer Arithmetik zu arbeiten und $r_j^{(0)} \in \mathbb{C}$ zu nehmen; andernfalls würde das Newton-Horner-Schema (6.29) eine Folge $\{r_j^{(k)}\}$ von *reellen* Zahlen liefern.

Das Reduktionsverfahren kann durch die Ausbreitung von Rundungsfehlern beeinflusst werden und infolge dessen zu ungenauen Ergebnissen führen. Der Stabilität zuliebe ist es daher zweckmäßig die erste Wurzel r_1 minimalen Betrages, die bezüglich der Schlechtkonditioniertheit des Problems (siehe Beispiel 2.7, Kapitel 2) am sensitivsten ist, zuerst zu approximieren und danach mit den weiteren Wurzeln r_2, ..., fortzufahren, bis die betragsmäßig größte Wurzel berechnet ist. Um r_1 zu lokalisieren, können die in Abschnitt 5.1 beschriebenen Techniken oder die Methode der *Sturmschen Ketten* verwendet werden (siehe [IK66], S. 126).
Eine weitere Verbesserung der Genauigkeit kann erzielt werden, wenn eine Approximation $\widetilde{r}_j$ der Wurzel r_j bekannt ist, indem man auf das *Orginalpolynom* p_n zurückgeht und eine neue Approximation von r_j mit dem Newton-Horner-Schema (6.29) erzeugt, wobei als Startwert $r_j^{(0)} = \widetilde{r}_j$ dient. Diese Kombination von Reduktion und sukzessiver Korrektur der Wurzel wird das Newton-Horner-Schema *mit Nachiteration* genannt.

Beispiel 6.7 Wir wollen die Leistungsfähigkeit des Newton-Horner-Schemas in zwei Fällen studieren; im ersten hat das Polynom reelle Wurzeln, während es im zweiten Fall zwei Paare konjugiert komplexer Nullstellen gibt. Um die Bedeutung der Nachiteration herauszufinden, haben wir (6.29) sowohl mit als auch ohne Nachiteration implementiert (Methoden `NwtRef` bzw. `Nwt`). Die Näherungslösungen, die unter Verwendung der Methode `Nwt` erzielt wurden, werden durch r_j bezeichnet, wohingegen s_j die mit der Methode `NwtRef` berechneten sind. Was die numerischen Experimente anbetrifft, wurden die Rechnungen in komplexer Arithmetik mit $x^{(0)} = 0 + i\,0$, i die imaginäre Einheit, `nmax` $= 100$ und `toll` $= 10^{-5}$ ausgeführt. Die Toleranz für den Abbruchtest im Nachiterationszyklus wurde auf 10^{-3}`toll` gesetzt.

1) $p_5(x) = x^5 + x^4 - 9x^3 - x^2 + 20x - 12 = (x-1)^2(x-2)(x+2)(x+3)$.

Wir geben in Tabelle 6.4(a) und 6.4(b) die Näherungswurzeln r_j $(j = 1, \ldots, 5)$ und die Zahl der Newton-Iterationen (`Nit`) an, die erforderlich waren, um jede von ihnen zu bekommen; im Fall der Methode `NwtRef` geben wir auch die Zahl von zusätzlichen Newton-Iterationen für die Nachiteration (`Extra`) an.

Tabelle 6.3. Wurzeln des Polynoms p_5. Durch das Newton-Horner-Schema berechnete Wurzeln ohne Nachiteration (links) und mit Nachiteration (rechts).

r_j	Nit
0.99999348047830	17
$1 - i3.56 \cdot 10^{-25}$	6
$2 - i2.24 \cdot 10^{-13}$	9
$-2 - i1.70 \cdot 10^{-10}$	7
$-3 + i5.62 \cdot 10^{-6}$	1

(a)

s_j	Nit	Extra
0.9999999899210124	17	10
$1 - i2.40 \cdot 10^{-28}$	6	10
$2 + i1.12 \cdot 10^{-22}$	9	1
$-2 + i8.18 \cdot 10^{-22}$	7	1
$-3 - i7.06 \cdot 10^{-21}$	1	2

(b)

Beachte ein prägnantes Anwachsen der Genauigkeit der Nullstellenbestimmung aufgrund der Nachiteration, sogar bei wenigen zusätzlichen Iterationen.

2) $p_6(x) = x^6 - 2x^5 + 5x^4 - 6x^3 + 2x^2 + 8x - 8$.

Die Nullstellen von p_6 sind komplexe Zahlen $\{1, -1, 1 \pm i, \pm 2i\}$. Wir geben unten die Approximationen der Wurzeln von p_6, durch r_j, $(j = 1, \ldots, 6)$ bezeichnet, an, die unter Verwendung der Methode `Nwt` mit 2, 1, 1, 7, 7 bzw. 1 Iteration erhalten wurden. Daneben zeigen wir auch die durch die Methode `NwtRef` berechneten und bei maximal 2 zusätzliche Iterationen erhaltenen Approximationen s_j.

•

Ein Programmcode des Newton-Horner-Algorithmus wird in Programm 53 gezeigt. Die Eingabeparameter sind `A` (ein Vektor, der die Koeffizienten des Polynoms enthält), `n` (der Grad des Polynoms), `toll` (Toleranz der maximalen Variation zwischen aufeinanderfolgenden Iterationen beim Newton-Verfahren), `x0` (Startwert mit $x^{(0)} \in \mathbb{R}$), `nmax` (Maximalzahl

Tabelle 6.4. Wurzeln des Polynoms p_6 die unter Verwendung des Newton-Horner-Schemas ohne (links) und mit (rechts) Nachiteration erhalten wurden.

r_j	Nwt	s_j	NwtRef
r_1	1	s_1	1
r_2	$-0.99 - i9.54 \cdot 10^{-17}$	s_2	$-1 + i1.23 \cdot 10^{-32}$
r_3	1+i	s_3	1+i
r_4	1-i	s_4	1-i
r_5	$-1.31 \cdot 10^{-8} + i2$	s_5	$-5.66 \cdot 10^{-17} + i2$
r_6	-$i2$	s_6	-$i2$

zulässiger Iterationen für das Newton-Verfahren) und `iref` (für `iref` $= 1$ ist der Nachiterationsalgorithmus aktiv). Für die Behandlung des allgemeinen Falles komplexer Nullstellen wird der Anfangswert automatisch auf $z = x^{(0)} + ix^{(0)}$ mit $i = \sqrt{-1}$ gesetzt.

Das Programm gibt als Ausgabevariable **xn** (einen Vektor, der die Folge der Iterationen für jede Nullstelle von $p_n(x)$ enthält), `iter` (einen Vektor, der die Anzahl der benötigten Iterationen zur Approximation jeder Wurzel enthält), `itrefin` (einen Vektor, der die erforderlichen Newton-Iterationen zur Verbesserung jeder Abschätzung der berechneten Wurzel enthält) und `root` (einen Vektor, der die berechneten Wurzeln enthält) zurück.

Program 53 - newthorn : Newton-Horner-Schema mit Nachiteration

```
function [xn,iter,root,itrefin]=newthorn(A,n,toll,x0,nmax,iref)
apoly=A;
for i=1:n, it=1; xn(it,i)=x0+sqrt(-1)*x0; err=toll+1; Ndeg=n-i+1;
  if (Ndeg == 1), it=it+1; xn(it,i)=-A(2)/A(1);
  else
     while (it < nmax & err > toll),
       [px,B]=horner(A,Ndeg,xn(it,i));
       [pdx,C]=horner(B,Ndeg-1,xn(it,i));
       it=it+1; if (pdx ~=0), xn(it,i)=xn(it-1,i)-px/pdx;
       err=max(abs(xn(it,i)-xn(it-1,i)),abs(px));
       else,
          disp(' Stop due to a vanishing p'' ');
          err=0; xn(it,i)=xn(it-1,i);
       end
     end
  end
  A=B;
  if (iref==1), alfa=xn(it,i); itr=1; err=toll+1;
     while ((err > toll*1e-3) & (itr < nmax))
      [px,B]=horner(apoly,n,alfa);
      [pdx,C]=horner(B,n-1,alfa); itr=itr+1;
      if (pdx~=0)
        alfa2=alfa-px/pdx;
        err=max(abs(alfa2-alfa),abs(px)); alfa=alfa2;
```

```
      else,
        disp(' Stop due to a vanishing p'' '); err=0;
      end
    end; itrefin(i)=itr-1; xn(it,i)=alfa;
  end
  iter(i)=it-1; root(i)=xn(it,i); x0=root(i);
end
```

6.4.3 Das Muller-Verfahren

Ein zweites Beispiel der Reduktion nutzt das Muller-Verfahren zur Bestimmung einer Approximation der Wurzel r im 1. Schritt des im Abschnitt 6.4.1 beschriebenen Verfahrens (siehe [Mul56]). Im Unterschied zum Newton-Verfahren oder zum Sekantenverfahren, ist die Muller-Methode in der Lage komplexe Nullstellen einer gegebenen Funktion f zu berechnen, selbst im Fall, wenn von einem reellen Anfangsdatum gestartet wird; darüber hinaus ist die Konvergenz fast quadratisch.

Die Wirkung der Muller-Methode ist in Abbildung 6.5 veranschaulicht. Das Schema erweitert das Sekantenverfahren, indem es das in (6.13) eingeführte lineare Polynom durch ein Polynom zweiten Grades wie folgt ersetzt. Sind drei verschiedene Punkte $x^{(0)}$, $x^{(1)}$ und $x^{(2)}$ gegeben, so wird der neue Punkt $x^{(3)}$ durch Nullsetzen von $p_2(x^{(3)}) = 0$ bestimmt, wobei $p_2 \in \mathbb{P}_2$ das eindeutig bestimmte Polynom ist, das f in den Punkten $x^{(i)}$, $i = 0, 1, 2$, interpoliert, d.h. $p_2(x^{(i)}) = f(x^{(i)})$ gilt für $i = 0, 1, 2$. Deshalb

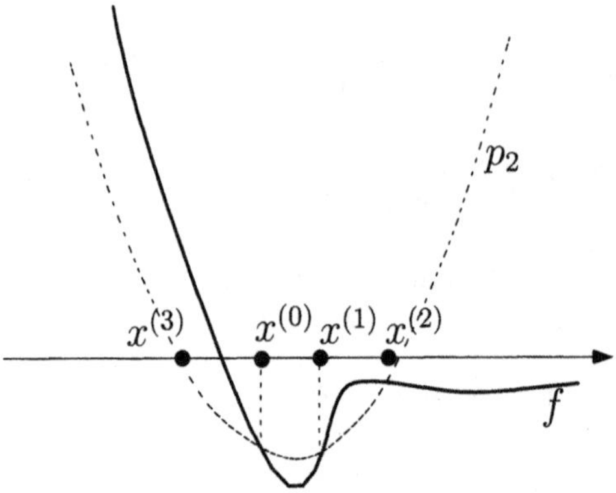

Abbildung 6.5. Der erste Schritt der Muller-Methode

gilt

$$p_2(x) = f(x^{(2)}) + (x - x^{(2)})f[x^{(2)}, x^{(1)}] + (x - x^{(2)})(x - x^{(1)})f[x^{(2)}, x^{(1)}, x^{(0)}],$$

wobei

$$f[\xi, \eta] = \frac{f(\eta) - f(\xi)}{\eta - \xi}, \quad f[\xi, \eta, \tau] = \frac{f[\eta, \tau] - f[\xi, \eta]}{\tau - \xi}$$

die *dividierten Differenzen* der Ordnung 1 und 2 verbunden mit den Punkten ξ, η und τ sind (siehe Abschnitt 8.2.1 in Band 2). Unter Beachtung von $x - x^{(1)} = (x - x^{(2)}) + (x^{(2)} - x^{(1)})$ bekommen wir

$$p_2(x) = f(x^{(2)}) + w(x - x^{(2)}) + f[x^{(2)}, x^{(1)}, x^{(0)}](x - x^{(2)})^2,$$

wobei die Definition

$$\begin{aligned} w &= f[x^{(2)}, x^{(1)}] + (x^{(2)} - x^{(1)}) f[x^{(2)}, x^{(1)}, x^{(0)}] \\ &= f[x^{(2)}, x^{(1)}] + f[x^{(2)}, x^{(0)}] - f[x^{(0)}, x^{(1)}] \end{aligned}$$

verwendet wurde. Aus der Forderung, dass $p_2(x^{(3)}) = 0$ gilt, folgt

$$x^{(3)} = x^{(2)} + \frac{-w \pm \left\{w^2 - 4f(x^{(2)}) f[x^{(2)}, x^{(1)}, x^{(0)}]\right\}^{1/2}}{2f[x^{(2)}, x^{(1)}, x^{(0)}]}.$$

Ähnliche Berechnungen müssen durchgeführt werden, um $x^{(4)}$ ausgehend von $x^{(1)}$, $x^{(2)}$ und $x^{(3)}$ zu bekommen, und allgemeiner, um $x^{(k+1)}$ ausgehend von $x^{(k-2)}$, $x^{(k-1)}$ und $x^{(k)}$, mit $k \geq 2$, aus folgender Formel zu finden (beachte, dass der Zähler rational gemacht wurde)

$$x^{(k+1)} = x^{(k)} - \frac{2f(x^{(k)})}{w \mp \left\{w^2 - 4f(x^{(k)}) f[x^{(k)}, x^{(k-1)}, x^{(k-2)}]\right\}^{1/2}}. \tag{6.30}$$

Das Vorzeichen in (6.30) wird derart gewählt, dass der Betrag des Nenners maximiert wird. Angenommen, dass $f \in C^3(\mathcal{J})$ in einer geeigneten Nachbarschaft $\mathcal{J}$ der Wurzel α, mit $f'(\alpha) \neq 0$, gilt, so ist die Konvergenz fast von quadratischer Ordnung. Der Fehler $e^{(k)} = \alpha - x^{(k)}$ genügt genauer folgender Beziehung (für den Beweis siehe [Hil87])

$$\lim_{k \to \infty} \frac{|e^{(k+1)}|}{|e^{(k)}|^p} = \frac{1}{6} \left| \frac{f'''(\alpha)}{f'(\alpha)} \right|, \qquad p \simeq 1.84.$$

Beispiel 6.8 Wir wollen die Muller-Methode zur Approximation der Wurzeln des in Beispiel 6.7 untersuchten Polynoms p_6 verwenden. Die Toleranz des Abbruchtests ist `toll` $= 10^{-6}$, während $x^{(0)} = -5$, $x^{(1)} = 0$ und $x^{(2)} = 5$ die Eingabedaten in (6.30) sind. Wir zeigen in Tabelle 6.5 die genäherten, durch s_j und r_j $(j = 1, \ldots, 5)$ bezeichneten Wurzeln von p_6, wobei wie im Beispiel 6.7 s_j und r_j durch Ein- bzw. Ausschaltens der Nachiteration erhalten wurden. Um die Wurzeln r_j zu berechnen, sind 12, 11, 9, 9, 2 bzw. 1 Iteration nötig, wobei nur eine zusätzliche Iteration genommen wurde, um alle Wurzeln zu verbessern.
Sogar in diesem Beispiel kann man die Leistungsfähigkeit der Nachiteration, die auf dem Newton-Verfahren basiert, auf die Genauigkeit der durch (6.30) gelieferten Lösung beobachten. •

Tabelle 6.5. Wurzeln des Polynoms p_6 mit der Muller-Methode ohne (r_j) und mit (s_j) Nachiteration.

r_j		s_j	
r_1	$1 + i2.2 \cdot 10^{-15}$	s_1	$1 + i9.9 \cdot 10^{-18}$
r_2	$-1 - i8.4 \cdot 10^{-16}$	s_2	-1
r_3	$0.99 + i$	s_3	$1 + i$
r_4	$0.99 - i$	s_4	$1 - i$
r_5	$-1.1 \cdot 10^{-15} + i1.99$	s_5	$i2$
r_6	$-1.0 \cdot 10^{-15} - i2$	s_6	-$i2$

Die Muller-Methode ist im Programm 54 im Spezialfall implementiert, in dem f ein Polynom vom Grade n ist. Der Reduktionsprozess enthält auch eine Nachiterationphase; die Auswertung von $f(x^{(k-2)})$, $f(x^{(k-1)})$ und $f(x^{(k)})$, mit $k \geq 2$, wird unter Verwendung des Programms 52 ausgeführt. Die Eingabe- und Ausgabeparameter sind analog zu den im Programm 53 beschriebenen Parametern.

Program 54 - mulldefl : Muller-Methode mit Nachiteration

```
function [xn,iter,root,itrefin]=mulldefl(A,n,toll,x0,x1,x2,nmax,iref)
apoly=A;
for i=1:n
 xn(1,i)=x0; xn(2,i)=x1; xn(3,i)=x2; it=0; err=toll+1; k=2; Ndeg=n-i+1;
 if (Ndeg == 1), it=it+1; k=0; xn(it,i)=-A(2)/A(1);
 else
 while ((err > toll) & (it < nmax)),
  k=k+1; it=it+1; [f0,B]=horner(A,Ndeg,xn(k-2,i));
  [f1,B]=horner(A,Ndeg,xn(k-1,i)); [f2,B]=horner(A,Ndeg,xn(k,i));
  f01=(f1-f0)/(xn(k-1,i)-xn(k-2,i)); f12=(f2-f1)/(xn(k,i)-xn(k-1,i));
  f012=(f12-f01)/(xn(k,i)-xn(k-2,i)); w=f12+(xn(k,i)-xn(k-1,i))*f012;
  arg=w^2-4*f2*f012; d1=w-sqrt(arg); d2=w+sqrt(arg); den=max(d1,d2);
  if (den~=0); xn(k+1,i)=xn(k,i)-(2*f2)/den;
    err=abs(xn(k+1,i)-xn(k,i));
  else
    disp(' Vanishing denominator '); return; end;
  end; end; radix=xn(k+1,i);
  if (iref==1),
    alfa=radix; itr=1; err=toll+1;
    while ((err > toll*1e-3) & (itr < nmax)),
     [px,B]=horner(apoly,n,alfa); [pdx,C]=horner(B,n-1,alfa);
     if (pdx == 0), disp(' Vanishing derivative '); err=0; end;
     itr=itr+1; if (pdx~=0), alfa2=alfa-px/pdx;
     err=abs(alfa2-alfa); alfa=alfa2; end;
    end; itrefin(i)=itr-1; xn(k+1,i)=alfa; radix=alfa;
  end
 iter(i)=it; root(i)=radix; [px,B]=horner(A,Ndeg-1,xn(k+1,i)); A=B;
end
```

6.5 Abbruchkriterien

Angenommen, dass $\{x^{(k)}\}$ eine Folge ist, die gegen eine Nullstelle α der Funktion f konvergiert. In diesem Abschnitt liefern wir einige Abbruchkriterien zum Beenden des α approximierenden Iterationsprozesses. Analog zu Abschnitt 4.6, in dem der Fall iterativer Methoden für lineare Systeme studiert wurde, gibt es zwei mögliche Kriterien: ein Abbruchtest basierend auf dem Residuum und einen auf dem Zuwachs bezogenen Abbruchtest. Im Folgenden bezeichnen ε eine feste Toleranz für die genäherte Berechnung von α und $e^{(k)} = \alpha - x^{(k)}$ den absoluten Fehler. Wir werden ferner annehmen, dass f stetig differenzierbar in einer geeigneten Nachbarschaft der Wurzel α ist.

1. **Kontrolle des Residuum**: *Der iterative Prozess bricht im ersten Schritt k ab, in dem* $|f(x^{(k)})| < \varepsilon$ gilt.

Es können sich Situationen ergeben, bei denen sich der Test als zu restriktiv oder ausgesprochen optimistisch herausstellt (siehe Abbildung 6.6). Die Anwendung der Abschätzung (6.6) auf den vorliegenden Fall ergibt

$$\frac{|e^{(k)}|}{|\alpha|} \lesssim \left(\frac{m!}{|f^{(m)}(\alpha)||\alpha|^m}\right)^{1/m} |f(x^{(k)})|^{1/m}.$$

Insbesondere ist im Fall einfacher Wurzeln der Fehler durch das Residuum bis auf den Faktor $1/|f'(\alpha)|$ beschränkt, so dass die folgenden Schlüsse gezogen werden können:

1. ist $|f'(\alpha)| \simeq 1$, so ist $|e^{(k)}| \simeq \varepsilon$; daher liefert der Test eine zufrieden stellende Indikation des Fehlers;

2. ist $|f'(\alpha)| \ll 1$, ist der Test nicht verlässlich, da $|e^{(k)}|$ in bezug auf ε ziemlich groß werden kann;

3. ist schließlich $|f'(\alpha)| \gg 1$, so bekommen wir $|e^{(k)}| \ll \varepsilon$ und der Test ist zu restriktiv.

Wir verweisen auf Abbildung 6.6 für eine Veranschaulichung der letzten beiden Fälle.
Die Schlußfolgerungen, die wir gezogen haben, stimmen mit den in Beispiel 2.4 gezogenen überein. Tatsächlich ist im Fall $f'(\alpha) \simeq 0$ die Konditionszahl des Problems $f(x) = 0$ sehr hoch und das Residuum liefert folglich keinen guten Fehlerindikator.

2. **Kontrolle des Zuwachses**: *Der iterative Prozess bricht ab, sobald* $|x^{(k+1)} - x^{(k)}| < \varepsilon$ *gilt.*

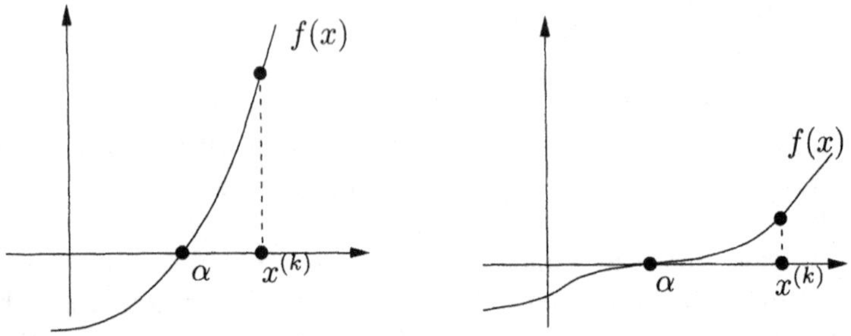

Abbildung 6.6. Zwei Situationen, bei denen der auf das Residuum basierte Abbruchtest entweder zu restriktiv ($|e^{(k)}| \ll |f(x^{(k)})|$, links) oder zu optimistisch ($|e^{(k)}| \gg |f(x^{(k)})|$, rechts) ist.

Sei $\{x^{(k)}\}$ durch die Fixpunktmethode $x^{(k+1)} = \phi(x^{(k)})$ erzeugt. Unter Nutzung des Mittelwertsatzes erhalten wir

$$e^{(k+1)} = \phi(\alpha) - \phi(x^{(k)}) = \phi'(\xi^{(k)})e^{(k)},$$

wobei $\xi^{(k)}$ zwischen $x^{(k)}$ und α liegt. Dann gilt

$$x^{(k+1)} - x^{(k)} = e^{(k)} - e^{(k+1)} = \left(1 - \phi'(\xi^{(k)})\right) e^{(k)},$$

so dass unter der Annahme, dass wir $\phi'(\xi^{(k)})$ durch $\phi'(\alpha)$ ersetzen können,

$$e^{(k)} \simeq \frac{1}{1-\phi'(\alpha)}(x^{(k+1)} - x^{(k)}) \tag{6.31}$$

folgt.

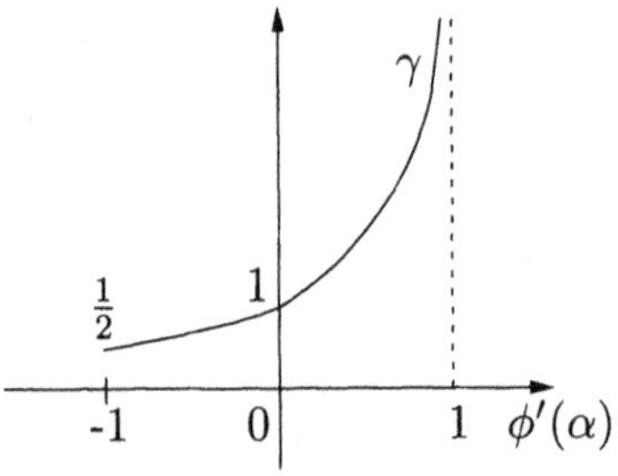

Abbildung 6.7. Verhalten von $\gamma = 1/(1-\phi'(\alpha))$ als eine Funktion von $\phi'(\alpha)$.

Wie in Abbildung 6.7 gezeigt, können wir schließen, dass der Test

- ungeeignet ist, wenn $\phi'(\alpha)$ nahe bei 1 liegt;
- eine optimale Balance zwischen Zuwachs und Fehler im Fall von Methoden zweiter Ordnung liefert, für die $\phi'(\alpha) = 0$ wie im Fall des Newton-Verfahrens gilt;
- noch zufrieden stellend ist, wenn $-1 < \phi'(\alpha) < 0$.

Beispiel 6.9 Die Nullstelle der Funktion $f(x) = e^{-x} - \eta$ ist $\alpha = -\log(\eta)$. Für $\eta = 10^{-9}$ ist $\alpha \simeq 20.723$ und $f'(\alpha) = -e^{-\alpha} \simeq -10^{-9}$. Wir sind somit im Fall $|f'(\alpha)| \ll 1$ und wir wollen das Verhalten des Newton-Verfahrens bei der Approximation von α studieren, wenn die obigen zwei Abbruchkriterien bei den Berechnungen angewandt werden.
In den Tabellen 6.6 und 6.7 zeigen wir die erhaltenen Ergebnisse unter Verwendung des auf die Kontrolle des Residuums (1) bzw. des Zuwachses (2) basierten Tests. Wir haben $x^{(0)} = 0$ genommen und zwei unterschiedliche Werte der Toleranz verwendet. Die Zahl der von der Methode erforderlichen Iterationen wird mit `nit` bezeichnet.

Gemäß (6.31) ist, da $\phi'(\alpha) = 0$ gilt, der auf dem Zuwachs basierte Abbruchtest für beide (recht verschiedene) Werte der Abbruchtoleranz ε verlässlich. Der auf dem Residuum basierte Test hingegen liefert eine akzeptable Schätzung der Wurzel nur für sehr kleine Toleranzen, während sie vollständig falsch für große Werte von ε ist.

Tabelle 6.6. Newton-Verfahren zur Approximation der Wurzel von $f(x) = e^{-x} - \eta = 0$. Der Abbruchtest basiert auf der Kontrolle des Residuum.

ε	`nit`	$\lvert f(x^{(\mathtt{nit})})\rvert$	$\lvert\alpha - x^{(\mathtt{nit})}\rvert$	$\lvert\alpha - x^{(\mathtt{nit})}\rvert/\alpha$
10^{-10}	22	$5.9 \cdot 10^{-11}$	$5.7 \cdot 10^{-2}$	0.27
10^{-3}	7	$9.1 \cdot 10^{-4}$	13.7	66.2

Tabelle 6.7. Newton-Verfahren zur Approximation der Wurzel von $f(x) = e^{-x} - \eta = 0$. Der Abbruchtest basiert auf der Kontrolle des Zuwachses.

ε	`nit`	$\lvert x^{(\mathtt{nit})} - x^{(\mathtt{nit}-1)}\rvert$	$\lvert\alpha - x^{(\mathtt{nit})}\rvert$	$\lvert\alpha - x^{(\mathtt{nit})}\rvert/\alpha$
10^{-10}	26	$8.4 \cdot 10^{-13}$	$\simeq 0$	$\simeq 0$
10^{-3}	25	$1.3 \cdot 10^{-6}$	$8.4 \cdot 10^{-13}$	$4 \cdot 10^{-12}$

•

6.6 Nachbearbeitungstechniken für iterative Methoden

Wir beenden dieses Kapitel durch Einführung zweier Algorithmen, die auf eine Beschleunigung der Konvergenz iterativer Methoden für die Nullstellensuche einer Funktion zielen.

6.6.1 Aitken-Beschleunigung

Wir beschreiben diese Technik im Fall linear konvergenter Fixpunktmethoden und verweisen auf [IK66], S.104–108, für den Fall von Methoden höherer Ordnung.

Betrachte eine Fixpunktiteration, die linear gegen eine Nullstelle α einer gegebenen Funktion f konvergiert. Bezeichnen wir durch λ eine Approximation von $\phi'(\alpha)$, die geeignet zu bestimmen ist, und rufen uns (6.18) in Erinnerung, so haben wir für $k \geq 1$

$$\begin{aligned}\alpha &\simeq \frac{x^{(k)} - \lambda x^{(k-1)}}{1-\lambda} = \frac{x^{(k)} - \lambda x^{(k)} + \lambda x^{(k)} - \lambda x^{(k-1)}}{1-\lambda} \\ &= x^{(k)} + \frac{\lambda}{1-\lambda}(x^{(k)} - x^{(k-1)}).\end{aligned} \tag{6.32}$$

Die Aitken-Methode liefert einen einfachen Weg zur Berechnung von λ, das die Konvergenz der Folge $\{x^{(k)}\}$ gegen die Wurzel α zu beschleunigen vermag. Mit diesem Ziel, betrachten wir für $k \geq 2$ den folgenden Quotienten

$$\lambda^{(k)} = \frac{x^{(k)} - x^{(k-1)}}{x^{(k-1)} - x^{(k-2)}}, \tag{6.33}$$

und zeigen, dass

$$\lim_{k\to\infty} \lambda^{(k)} = \phi'(\alpha) \tag{6.34}$$

gilt. Für hinreichend große k ist

$$x^{(k+2)} - \alpha \simeq \phi'(\alpha)(x^{(k+1)} - \alpha)$$

und wir erhalten durch Umformen von (6.33)

$$\begin{aligned}\lim_{k\to\infty} \lambda^{(k)} &= \lim_{k\to\infty} \frac{x^{(k)} - x^{(k-1)}}{x^{(k-1)} - x^{(k-2)}} = \lim_{k\to\infty} \frac{(x^{(k)} - \alpha) - (x^{(k-1)} - \alpha)}{(x^{(k-1)} - \alpha) - (x^{(k-2)} - \alpha)} \\ &= \lim_{k\to\infty} \frac{\dfrac{x^{(k)} - \alpha}{x^{(k-1)} - \alpha} - 1}{1 - \dfrac{x^{(k-2)} - \alpha}{x^{(k-1)} - \alpha}} = \frac{\phi'(\alpha) - 1}{1 - \dfrac{1}{\phi'(\alpha)}} = \phi'(\alpha),\end{aligned}$$

was (6.34) zeigt. Die Substitution von λ in (6.32) durch die in (6.33) gegebene Approximation $\lambda^{(k)}$ liefert die aktualisierte Schätzung von α

$$\alpha \simeq x^{(k)} + \frac{\lambda^{(k)}}{1-\lambda^{(k)}}(x^{(k)} - x^{(k-1)}), \tag{6.35}$$

die streng genommen, nur für ein hinreichend großes k von Bedeutung ist. Wenn wir jedoch annehmen, dass (6.35) für jedes $k \geq 2$ gilt, und die neue Approximation von α durch $\widehat{x}^{(k)}$ bezeichnen, entsteht durch Rücksubstitution von (6.33) in (6.35)

$$\widehat{x}^{(k)} = x^{(k)} - \frac{(x^{(k)} - x^{(k-1)})^2}{(x^{(k)} - x^{(k-1)}) - (x^{(k-1)} - x^{(k-2)})}, \qquad k \geq 2. \tag{6.36}$$

Diese Beziehung ist als *Aitkens Extrapolationsformel bekannt.*
Seien für $k \geq 2$

$$\triangle x^{(k)} = x^{(k)} - x^{(k-1)}, \qquad \triangle^2 x^{(k)} = \triangle(\triangle x^{(k)}) = \triangle x^{(k+1)} - \triangle x^{(k)},$$

so kann die Formel (6.36) in der Form

$$\widehat{x}^{(k)} = x^{(k)} - \frac{(\triangle x^{(k)})^2}{\triangle^2 x^{(k-1)}}, \qquad k \geq 2, \tag{6.37}$$

geschrieben werden. Die Form (6.37) erklärt die Ursache, warum die Methode (6.36) gemeinhin bekannter als *Aitkens* $\triangle^2$ *Methode* bekannt ist.
Für die Konvergenzanalysis der Aitken-Methode ist es nützlich (6.36) als eine Fixpunktmethode in der Form (6.17) mit der Iterationsfunktion

$$\phi_\triangle(x) = \frac{x\phi(\phi(x)) - \phi^2(x)}{\phi(\phi(x)) - 2\phi(x) + x} \tag{6.38}$$

zu schreiben. Diese Funktion ist in $x = \alpha$ unbestimmt, da $\phi(\alpha) = \alpha$ gilt; jedoch kann man durch Anwendung der L'Hospital'schen Regel leicht feststellen, dass unter der Annahme, dass ϕ differenzierbar in α ist und $\phi'(\alpha) \neq 1$, $\lim_{x\to\alpha} \phi_\triangle(x) = \alpha$ gilt. Folglich ist $\phi_\triangle$ konsistent und besitzt eine stetige Erweiterung in α, das gleiche gilt, wenn α eine mehrfache Nullstelle von f ist. Ferner kann gezeigt werden, dass die Fixpunkte von (6.38) mit denen von ϕ übereinstimmen, sogar im Fall, wenn α eine mehrfache Wurzel von f ist (siehe [IK66], S. 104-106).

Aus (6.38) schließen wir, dass die Aitken-Methode auf eine Fixpunktmethode $x = \phi(x)$ beliebiger Ordnung angewendet werden kann. Tatsächlich gilt folgendes Resultat.

Eigenschaft 6.7 (Konvergenz der Aitken-Methode) *Sei $x^{(k)}$, $k \geq 0$, mit $x^{(k+1)} = \phi(x^{(k)})$ eine Fixpunktiteration der Ordnung $p \geq 1$ für die Approximation einer einfachen Nullstelle α einer Funktion f. Für $p = 1$ konvergiert die Aitken-Methode gegen α mit der Ordnung 2, während für $p \geq 2$ die Konvergenzordnung $2p - 1$ ist. Insbesondere ist für $p = 1$ die Aitken-Methode sogar konvergent, wenn es die Fixpunktmethode nicht ist. Hat α die Vielfachheit $m \geq 2$ und ist die Methode $x^{(k+1)} = \phi(x^{(k)})$ von erster Ordnung konvergent, so konvergiert die Aitken-Methode linear mit dem Konvergenzfaktor $C = 1 - 1/m$.*

Beispiel 6.10 Wir betrachten die Berechnung der einfachen Nullstelle $\alpha = 1$ der Funktion $f(x) = (x-1)e^x$. Dazu verwenden wir drei Fixpunktmethoden, deren Iterationsfunktionen $\phi_0(x) = \log(xe^x)$, $\phi_1(x) = (e^x + x)/(e^x + 1)$ bzw. $\phi_2(x) = (x^2 - x + 1)/x$ (für $x \neq 0$) sind. Man beachte, dass die entsprechende Fixpunktmethode wegen $|\phi_0'(1)| = 2$ nicht konvergiert, während in den beiden anderen Fällen die Methoden die Ordnung 1 bzw. 2 haben.

Wir wollen die Leistungsfähigkeit der Aitken-Methode testen, indem wir das Programm 55 mit $x^{(0)} = 2$, `toll` $= 10^{-10}$ und in komplexer Arithmetik ausführen. Man beachte, dass im Fall von ϕ_0 dies komplexe Zahlen liefert, wenn $x^{(k)}$ negativ wird. In Übereinstimmung mit der Eigenschaft 6.7 konvergiert die Aitken-Methode angewandt auf die Iterationsfunktion ϕ_0 in 8 Schritten gegen den Wert $x^{(8)} = 1.000002 + i\, 0.000002$. In den beiden anderen Fällen konvergiert die Methode erster Ordnung gegen α in 18 Iterationen, verglichen mit 4 Iterationen die von der Aitken-Methode benötigt werden, während im Fall der Iterationsfunktion ϕ_2 Konvergenz in 7 Iterationen erreicht wird, gegenüber 5 von der Aitken-Methode benötigten Iterationen. •

Die Aitken-Methode ist im Programm 55 implementiert. Die Ein-/Ausgabeparameter sind die gleichen wie die im vorherigen Programm in diesem Kapitel.

Program 55 - aitken : Aitken Extrapolation

```
function [xvect,xdif,fx,nit]=aitken(x0,nmax,toll,phi,fun)
nit=0; xvect=[x0]; x=x0; fxn=eval(fun);
fx=[fxn]; xdif=[]; err=toll+1;
while err >= toll & nit <= nmax
  nit=nit+1; xv=xvect(nit); x=xv; phix=eval(phi);
  x=phix; phixx=eval(phi); den=phixx-2*phix+xv;
  if den == 0,  err=toll*1.e-01;
  else, xn=(xv*phixx-phix^2)/den; xvect=[xvect; xn];
    xdif=[xdif; abs(xn-xv)]; x=xn; fxn=abs(eval(fun));
    fx=[fx; fxn]; err=fxn;
  end
end
```

6.6.2 Techniken für mehrfache Wurzeln

Wie schon bei der Herleitung der Aitken Beschleunigung bemerkt wurde, liefern die Quotienten der Zuwächse von aufeinander folgenden Iterierten, $\lambda^{(k)}$ in (6.33), einen Weg zur Abschätzung des asymptotischen Konvergenzfaktors $\phi'(\alpha)$.

Diese Information kann auch zur Abschätzung der Vielfachheit einer Wurzel einer nichtlinearen Gleichung verwendet werden und liefert damit ein Werkzeug für die Modifikation des Newton-Verfahrens zur Wiederherstellung ihrer quadratischen Konvergenz (siehe (6.23)). Definieren wir die Folge $m^{(k)}$ durch die Beziehung $\lambda^{(k)} = 1 - 1/m^{(k)}$, und rufen uns (6.22) in Erinnerung, so folgt, dass tatsächlich $m^{(k)}$ gegen m für $k \to \infty$ konvergiert. Ist die Vielfachheit m *a-priori* bekannt, so ist es sehr zweckmäßig, das modifizierte Newton-Verfahren (6.23) zu verwenden. In anderen Fällen kann das folgende *adaptive Newton-Verfahren* verwendet werden

$$x^{(k+1)} = x^{(k)} - m^{(k)} \frac{f(x^{(k)})}{f'(x^{(k)})}, \qquad k \geq 2, \tag{6.39}$$

wobei wir

$$m^{(k)} = \frac{1}{1-\lambda^{(k)}} = \frac{x^{(k-1)} - x^{(k-2)}}{2x^{(k-1)} - x^{(k)} - x^{(k-2)}} \tag{6.40}$$

gesetzt haben.

Beispiel 6.11 Wir wollen die Leistungsfähigkeit des Newton-Verfahrens in seinen drei bislang vorgeschlagenen Versionen (standard (6.16), modifizierte (6.23) und adaptive (6.39)) testen, um die Nullstelle $\alpha = 1$ der Funktion $f(x) = (x^2-1)^p \log x$ (für $p \geq 1$ und $x > 0$) zu approximieren. Die gewünschte Wurzel hat die Vielfachheit $m = p + 1$. Es wurden die Werte $p = 2, 4, 6$ betrachtet und in den numerischen Berechnungen ist immer $x^{(0)} = 0.8$, `toll`$=10^{-10}$ gewählt worden.

Die erzielten Ergebnisse sind in Tabelle 6.8 zusammengefaßt, wobei für jede Methode die Zahl der zur Konvergenz erforderlichen Iterationen n_{it} angegeben wurde. Im Fall der adaptiven Methode haben wir neben dem Wert von n_{it} auch in Klammern die Schätzung $m^{(n_{it})}$ der Vielfachheit m, die durch das Programm 56 geliefert wurde, angegeben. •

Tabelle 6.8. Lösung des Problems $(x^2-1)^p \log x = 0$ im Intervall $[0.5, 1.5]$ mit $p = 2, 4, 6$

m	standard	adaptiv	modifiziert
3	51	13 (2.9860)	4
5	90	16 (4.9143)	5
7	127	18 (6.7792)	5

Im Falle von Beispiel 6.11 konvergiert das adaptive Newton-Verfahren schneller als die Standard Methode, aber weniger schnell als das modifizierte Newton-Verfahren. Es sollte jedoch vermerkt werden, dass die adaptive Methode als ein nützliches Nebenprodukt eine gute Schätzung der Vielfachheit der Wurzel liefert, was vorteilhaft beim Reduktionsverfahren für die Approximation der Wurzeln eines Polynoms verwendet werden kann.

Der Algorithmus 6.39 ist mit der adaptiven Schätzung (6.40) der Vielfachheit der Wurzel im Programm 56 implementiert. Um den Beginn von numerischen Instabilitäten zu vermeiden, wird die Aktualisierung von $m^{(k)}$ nur durchgeführt, wenn die Variation zwischen zwei aufeinander folgenden Iterierten hinreichend verkleinert wurde. Die Ein-/Ausgabeparameter sind die gleichen wie die des vorherigen Programms in diesem Kapitel.

Program 56 - adptnewt : Adaptives Newton-Verfahren

```
function [xvect,xdif,fx,nit,m] = adptnewt(x0,nmax,toll,fun,dfun)
xvect=x0; nit=0; r=[1]; err=toll+1; m=[1]; xdif=[];
while (nit < nmax) & (err > toll)
  nit=nit+1; x=xvect(nit); fx(nit)=eval(fun); f1x=eval(dfun);
  if (f1x == 0), disp(' Stop due to vanishing derivative '); return; end;
  x=x-m(nit)*fx(nit)/f1x; xvect=[xvect;x]; fx=[fx;eval(fun)];
  rd=err; err=abs(xvect(nit+1)-xvect(nit)); xdif=[xdif;err];
  ra=err/rd; r=[r;ra]; diff=abs(r(nit+1)-r(nit));
  if (diff < 1.e-3) & (r(nit+1) > 1.e-2),
    m(nit+1)=max(m(nit),1/abs(1-r(nit+1)));
  else, m(nit+1)=m(nit); end
end
```

6.7 Anwendungen

Wir wenden die bisher betrachteten iterativen Methoden auf die Lösung zweier Probleme an, die beim Studium thermischer Eigenschaften von Gasen bzw. in der Elektronik auftreten.

6.7.1 Analyse der Zustandsgleichung für reale Gase

Die Zustandsgleichung $Pv = RT$ für ein Mol eines idealen Gases stellt eine Relation zwischen dem Druck P des Gases (in Pascal $[Pa]$), dem spezifischen Volumen v (in Kubikmeter pro Kilogramm $[m^3kg^{-1}]$) und seiner Temperatur T (in Kelvin $[K]$) her, wobei R die universelle Gaskonstante ausgedrückt in $[Jkg^{-1}K^{-1}]$ (Joule pro Kilogramm pro Kelvin) ist.

Für ein reales Gas geht die Ableitung von der Zustandsgleichung eines idealen Gases auf van der Waals zurück und berücksichtigt die intermolekulare Interaktion und den Raum, der durch Moleküle endlicher Größe ausgefüllt ist (siehe [Sla63]).

Bezeichnen wir durch α und β die Gaskonstanten gemäß dem Modell von van der Waals, so müssen wir zur Bestimmung des spezifischen Volumens v des Gases bei bekannten P und T die nichtlineare Gleichung

$$f(v) = (P + \alpha/v^2)(v - \beta) - RT = 0 \qquad (6.41)$$

lösen. Hierzu wollen wir das Newton-Verfahren (6.16) im Fall von Kohlendioxid (CO_2) bei einem Druck von $P = 10[atm]$ (gleich $1013250[Pa]$) und der Temperatur von $T = 300[K]$ verwenden. In diesem Fall sind $\alpha = 188.33[Pam^6kg^{-2}]$ und $\beta = 9.77 \cdot 10^{-4}[m^3kg^{-1}]$; zum Vergleich ist die unter der Annahme eines idealen Gases berechnete Lösung $\tilde{v} \simeq 0.056[m^3Kg^{-1}]$.

Wir geben in Tabelle 6.9 die durch Ausführung des Programms 50 erhaltenen Ergebnisse für verschiedene Wahl des Startwertes an. Wir haben mit N_{it} die Zahl der Iterationen bezeichnet, die vom Newton-Verfahren bis zur Konvergenz gegen die Wurzel v^* von $f(v) = 0$ bei Verwendung einer absoluten Toleranz gleich der *Rundungseinheit* benötigt werden.

Tabelle 6.9. Konvergenz des Newton-Verfahrens gegen die Wurzel der Gleichung (6.41).

$v^{(0)}$	N_{it}	$v^{(0)}$	N_{it}	$v^{(0)}$	N_{it}	$v^{(0)}$	N_{it}
10^{-4}	47	10^{-2}	7	10^{-3}	21	10^{-1}	5

Die berechnete Approximation von v^* ist $v^{N_{it}} \simeq 0.0535$. Um die Fälle einer strengen Abhängigkeit von N_{it} vom Wert $v^{(0)}$ zu analysieren, wollen wir die Ableitung $f'(v) = P - \alpha v^{-2} + 2\alpha\beta v^{-3}$ untersuchen. Für $v > 0$ ist $f'(v) = 0$ bei $v_M \simeq 1.99 \cdot 10^{-3}[m^3kg^{-1}]$ (relatives Maximum) und bei $v_m \simeq 1.25 \cdot 10^{-2}[m^3kg^{-1}]$ (relatives Minimum), wie im Graph der Abbildung 6.8 (links) ersichtlich.
Eine Wahl von $v^{(0)}$ im Intervall $(0, v_m)$ (mit $v^{(0)} \neq v_M$) führt folglich notwendigerweise zu einer langsamen Konvergenz des Newton-Verfahrens, wie in Abbildung 6.8 (rechts) gezeigt, in der die Folge $\{|v^{(k+1)} - v^{(k)}|\}$ für $k \geq 0$ durch eine mit Vollkreisen markierte Linie dargestellt ist.

Ein möglicher Ausweg besteht in der Wahl eines polyalgorithmischen Verfahrens, das auf der sequentiellen Verwendung der Bisektionsmethode und dem Newton-Verfahren basiert (siehe Abschnitt 6.2.1). Die Ausführung des Bisektion-Newton-Verfahrens mit den Endpunkten $a = 10^{-4}[m^3kg^{-1}]$ und $b = 0.1[m^3kg^{-1}]$ des Suchintervalls sowie einer absoluten Toleranz von $10^{-3}[m^3kg^{-1}]$, liefert eine Gesamtkonvergenz des Algorithmus gegen die Wurzel v^* in 11 Iterationen bei einer Genauigkeit, die in der Größenordnung der *Rundungseinheit* liegt. Die grafische Darstellung der Folge $\{|v^{(k+1)} - v^{(k)}|\}$, für $k \geq 0$, ist in Abbildung 6.8 (rechts) gezeigt.

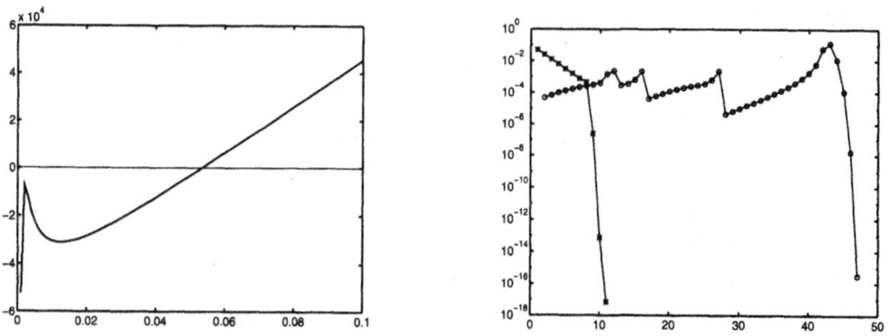

Abbildung 6.8. Graph der Funktion f in (6.41) (links); Zuwächse $|v^{(k+1)} - v^{(k)}|$, berechnet durch das Newton-Verfahren (mit Kreisen markierte Kurve) und das Bisektion-Newton-Verfahren (mit Sternen markierte Kurve).

6.7.2 Analyse einer nichtlinearen elektrischen Schaltung

Wir betrachten die in Abbildung 6.9 (links) dargestellte elektrische Schaltung, wobei v bzw. j die Durchbruchspannung durch das Bauteil D (*Tunneldiode* genannt) und den durch D fließenden Strom bezeichnen, während R und E ein Widerstand und ein Spannungsgenerator mit gegebenen Werten sind.

Die Schaltung wird gewöhnlich als Vorspannungseinheit für elektronische Geräte benutzt, die bei hoher Frequenz arbeiten (siehe [Col66]). Bei diesen Anwendungen werden die Parameter R und E derart eingestellt, dass v einen inneren Wert des Intervalls erreicht, in dem $g'(v) < 0$ gilt. Hierbei ist g die Funktion, die für D die Schranke zwischen Strom und Spannung beschreibt und in Abbildung 6.9 (rechts) dargestellt ist. Explizit gilt $g = \alpha(e^{v/\beta} - 1) - \mu v(v - \gamma)$ mit geeigneten Konstanten α, β, γ und μ.

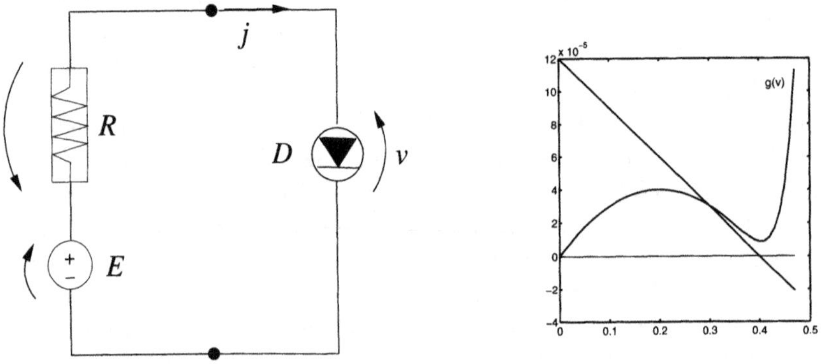

Abbildung 6.9. Tunneldiodenschaltung (links) und Arbeitspunktberechnung (rechts).

Unser Ziel ist die Bestimmung des *Arbeitspunktes* der vorliegenden Schaltung, d.h. der Werte, die von v und j für gegebene Parameter R und E erreicht werden. Dazu schreiben wir die Kirchhoff-Gesetze für die Spannungen in diesem Schaltkreis auf und erhalten die folgende nichtlineare Gleichung

$$f(v) = v\left(\frac{1}{R} + \mu\gamma\right) - \mu v^2 + \alpha(e^{v/\beta} - 1) - \frac{E}{R} = 0. \qquad (6.42)$$

Vom graphischen Standpunkt aus gesehen, führt die Suche des Arbeitspunktes der Schaltung auf die Bestimmung des Schnittpunktes zwischen der Funktion g und der Geraden mit der Gleichung $j = (E-v)/R$, wie in Abbildung 6.9 (rechts) dargestellt. Wir nehmen die folgenden (der Wirklichkeit entsprechenden) Werte für die Parameter des Problems an: $E/R = 1.2 \cdot 10^{-4}$ $[A]$, $\alpha = 10^{-12}$ $[A]$, $\beta^{-1} = 40$ $[V^{-1}]$, $\mu = 10^{-3}$ $[AV^{-2}]$ und $\gamma = 0.4$ $[V]$. Die Lösung von (6.42), die bei den betrachteten Parameter eindeutig ist, ist $v^* \simeq 0.3$ $[V]$.

Um v^* zu approximieren, vergleichen wir die wichtigsten in diesem Kapitel eingeführten iterativen Verfahren. Wir haben $v^{(0)} = 0\,[V]$ für das Newton-Verfahren genommen, $\xi = 0$ für den Dekker-Brent-Algorithmus (zur Bedeutung von ξ siehe Beispiel 6.5), während für alle anderen Schemen das Suchintervall gleich $[0, 0.5]$ gewählt wurde. Die Abbruchtoleranz `toll` wurde auf 10^{-10} gesetzt. Die erhaltenen Ergebnisse sind in Tabelle 6.10 gezeigt, wobei `nit` bzw. $f^{(\mathtt{nit})}$ die Zahl der von der Methode erforderlichen Iterationen bis zur Konvergenz und den Wert von f im berechneten Lösungspunkt bezeichnen.

Man beachte die extrem langsame Konvergenz der *Regula Falsi*, die darauf zurückzuführen ist, dass der Wert $v^{(k')}$ immer mit dem rechten Endpunkt $v = 0.5$ zusammen fällt und die Funktion f in der Umgebung von v^* eine Ableitung nahe Null besitzt. Eine analoge Interpretation gilt für die Sehnenmethode.

Tabelle 6.10. Konvergenz der Methoden für die Approximation von Wurzeln der Gleichung (6.42).

Methode	`nit`	$f^{(\mathtt{nit})}$	Methode	`nit`	$f^{(\mathtt{nit})}$
Bisektion	33	$-1.12 \cdot 10^{-15}$	Dekker-Brent	11	$1.09 \cdot 10^{-14}$
Regula Falsi	225	$-9.77 \cdot 10^{-11}$	Sekanten	11	$2.7 \cdot 10^{-20}$
Sehnen	186	$-9.80 \cdot 10^{-14}$	Newton	8	$-1.35 \cdot 10^{-20}$

6.8 Übungen

1. Leite geometrisch die Folge der ersten Iterierten bei der Approximation der Nullstelle der Funktion $f(x) = x^2 - 2$ im Intervall $[1, 3]$ her, die durch Bisektion, *Regula Falsi*, Sekanten- und Newton-Verfahren berechnet werden.

2. Sei f eine stetige Funktion, die m-mal differenzierbar ($m \geq 1$) ist, so dass $f(\alpha) = \ldots = f^{(m-1)}(\alpha) = 0$ und $f^{(m)}(\alpha) \neq 0$ gilt. Beweise (6.22) und zeige, dass das modifizierte Newton-Verfahren (6.23) die Konvergenzordnung 2 hat.

   [*Hinweis*: sei $f(x) = (x - \alpha)^m h(x)$, und h eine Funktion, so dass $h(\alpha) \neq 0$.]

3. Sei $f(x) = \cos^2(2x) - x^2$ eine Funktion auf dem Intervall $0 \leq x \leq 1.5$, die in Beispiel 6.4 untersucht wurde. Bei fester Toleranz $\varepsilon = 10^{-10}$ für den absoluten Fehler, bestimme man experimentiell die Teilintervalle, für die das Newton-Verfahren gegen die Nullstelle $\alpha \simeq 0.5149$ konvergiert.

   [*Lösung*: für $0 < x^{(0)} \leq 0.02$, $0.94 \leq x^{(0)} \leq 1.13$ und $1.476 \leq x^{(0)} \leq 1.5$, konvergiert die Methode gegen die Lösung $-\alpha$. Für jeden anderen Wert von $x^{(0)}$ in $[0, 1.5]$ konvergiert die Methode gegen α.]

4. Zeige folgende Eigenschaften:

   (a) $0 < \phi'(\alpha) < 1$: *monotone* Konvergenz, d.h. der Fehler $x^{(k)} - \alpha$ behält das Vorzeichen bei Variation von k bei;

   (b) $-1 < \phi'(\alpha) < 0$: oszillatorische Konvergenz, d.h. $x^{(k)} - \alpha$ ändert das Vorzeichen, wenn k variiert;

   (c) $|\phi'(\alpha)| > 1$: Divergenz. Genauer, ist $\phi'(\alpha) > 1$, so divergiert die Folge monoton, während für $\phi'(\alpha) < -1$ sie mit oszillatorischem Vorzeichen divergiert.

5. Betrachte für $k \geq 0$ die Fixpunktmethode, die als *Steffensens-Methode*

$$x^{(k+1)} = x^{(k)} - \frac{f(x^{(k)})}{\varphi(x^{(k)})}, \quad \varphi(x^{(k)}) = \frac{f(x^{(k)} + f(x^{(k)})) - f(x^{(k)})}{f(x^{(k)})}$$

   bekannt ist, und beweise, dass es eine Methode zweiter Ordnung ist. Implementiere die Steffensen-Methode in einen MATLAB Code und verwende diesen, um die Wurzel der nichtlinearen Gleichung $e^{-x} - \sin(x) = 0$ zu approximieren.

6. Analysiere die Konvergenz der Fixpunktiteration $x^{(k+1)} = \phi_j(x^{(k)})$ für die Berechnung der Nullstellen $\alpha_1 = -1$ und $\alpha_2 = 2$ der Funktion $f(x) = x^2 - x - 2$, wenn die folgenden Iterationsfunktionen verwendet werden: $\phi_1(x) = x^2 - 2$, $\phi_2(x) = \sqrt{2+x}$, $\phi_3(x) = -\sqrt{2+x}$ und $\phi_4(x) = 1 + 2/x$, $x \neq 0$.

   [*Lösung*: die Methode ist für ϕ_1 nicht konvergent, sie konvergiert nur mit ϕ_2 und ϕ_4 gegen α_2, während sie gegen α_1 nur mit ϕ_3 konvergiert.]

7. Betrachte für die Approximation der Nullstellen der Funktion $f(x) = (2x^2 - 3x - 2)/(x - 1)$ folgende Fixpunktmethoden:

   (1) $x^{(k+1)} = g(x^{(k)})$, wobei $g(x) = (3x^2 - 4x - 2)/(x - 1)$;

   (2) $x^{(k+1)} = h(x^{(k)})$, wobei $h(x) = x - 2 + x/(x - 1)$.

   Analysiere die Konvergenzeigenschaften der beiden Methoden und bestimme insbesondere ihre Ordnung. Überprüfe das Verhalten der beiden Schemata unter Verwendung des Programms 51 und liefere für die zweite Methode eine experimentielle Schätzung des Intervalls, so dass wenn $x^{(0)}$ aus dem Intervall gewählt wurde, die Methode gegen $\alpha = 2$ konvergiert.

   [*Lösung*: Nullstellen: $\alpha_1 = -1/2$ und $\alpha_2 = 2$. Methode (1) ist nicht konvergent, wohingegen (2) nur α_2 approximieren kann und von zweiter Ordnung ist. Konvergenz gilt für jedes $x^{(0)} > 1$.]

8. Schlage zumindest zwei Fixpunktmethoden zur Approximation der Nullstelle $\alpha \simeq 0.5885$ der Gleichung $e^{-x} - \sin(x) = 0$ vor und analysiere ihre Konvergenz.

9. Unter Verwendung der Descartes'schen Vorzeichenregel, bestimme die Zahl reeller Wurzeln der Polynome $p_6(x) = x^6 - x - 1$ und $p_4(x) = x^4 - x^3 - x^2 + x - 1$.

   [*Lösung*: sowohl p_6 als auch p_4 haben eine negative und eine positive reelle Wurzel.]

10. Sei $g : \mathbb{R} \to \mathbb{R}$ durch $g(x) = \sqrt{1+x^2}$ gegeben. Zeige, dass die Iterierten des Newton-Verfahrens für die Gleichung $g'(x) = 0$ folgenden Eigenschaften genügen:

$$(a) \quad |x^{(0)}| < 1 \Rightarrow g(x^{(k+1)}) < g(x^{(k)}),\ k \geq 0,\ \lim_{k\to\infty} x^{(k)} = 0,$$

$$(b) \quad |x^{(0)}| > 1 \Rightarrow g(x^{(k+1)}) > g(x^{(k)}),\ k \geq 0,\ \lim_{k\to\infty} |x^{(k)}| = +\infty.$$

7

Nichtlineare Systeme und numerische Optimierung

In diesem Kapitel widmen wir uns der numerischen Lösung von Systemen nichtlinearer Gleichungen und der Minimierung einer Funktion mehrerer Veränderlicher.

Die erste Aufgabe verallgemeinert die Nullstellensuche einer Funktion, die schon im Kapitel 6 betrachtet wurde, auf den n-dimensionalen Fall. Sie kann wie folgt formuliert werden: für gegebenes $\mathbf{F} : \mathbb{R}^n \to \mathbb{R}^n$,

$$\text{finde } \mathbf{x}^* \in \mathbb{R}^n, \text{ so dass } \mathbf{F}(\mathbf{x}^*) = \mathbf{0} \text{ gilt.} \tag{7.1}$$

Das Problem (7.1) wird durch Erweiterung einiger der im Kapitel 6 vorgeschlagenen Schemen auf mehrere Raumdimensionen gelöst werden.
Die grundlegende Formulierung der zweiten Aufgabe lautet: für eine gegebene *Zielfunktion* $f : \mathbb{R}^n \to \mathbb{R}$,

$$\text{minimiere } f(\mathbf{x}) \text{ im } \mathbb{R}^n. \tag{7.2}$$

Sie heißt *nichtrestringiertes Optimierungsproblem.*

Ein typisches Beispiel von (7.2) besteht in der Bestimmung der optimalen Verteilung von n Ressourcen, $x_1, x_2, \ldots, x_n$, die sich im gegenseitigen Wettbewerb befinden und einem speziellen Gesetz genügen. Im allgemeinen sind solche Ressourcen nicht unbegrenzt; dieser Umstand bedeutet vom mathematischen Standpunkt, dass das Minimum der Zielfunktion innerhalb einer Teilmenge $\Omega \subset \mathbb{R}^n$ liegt und dass möglicherweise gewisse zusätzliche Gleichungs- und Ungleichungsbedingungen erfüllt werden müssen.

Wenn es diese Restriktionen gibt, heißt das Optimierungsproblem *restringiert* und wird wie folgt formuliert: für die gegebene Zielfunktion f

$$\text{minimiere } f(\mathbf{x}) \quad \text{in } \Omega \subset \mathbb{R}^n. \tag{7.3}$$

Erwähnenswerte Beispiele von (7.3) sind jene, bei denen Ω durch Bedingungen wie $\mathbf{h}(\mathbf{x}) = \mathbf{0}$ (Nebenbedingungen in Gleichungsform) oder $\mathbf{h}(\mathbf{x}) \leq \mathbf{0}$ (Nebenbedingungen in Ungleichungsform) charakterisiert ist. Hierbei ist $\mathbf{h} : \mathbb{R}^n \to \mathbb{R}^m$, $m \leq n$, eine gegebene Funktion, die *Kostenfunktional* genannt wird, und die Bedingung $\mathbf{h}(\mathbf{x}) \leq \mathbf{0}$ wird elementweise als $h_i(\mathbf{x}) \leq 0$, für $i = 1, \ldots, m$, verstanden.

Wenn die Funktion $\mathbf{h}$ stetig und Ω zusammenhängend sind, so wird das Problem (7.3) üblicherweise als *nichtlineares Optimierungsproblem* bezeichnet. Wichtige Beispiele auf diesem Gebiet sind:

Konvexe Optimierung, falls f eine konvexe Funktion ist und und $\mathbf{h}$ konvexe Komponenten besitzt (siehe 7.21));

Lineare Optimierung, falls f und $\mathbf{h}$ linear sind;

Quadratische Optimierung, falls f quadratisch und $\mathbf{h}$ linear sind.

Die Probleme (7.1) und (7.2) sind stark miteinander verknüpft. Bezeichnen F_i die Komponenten von $\mathbf{F}$, so minimiert ein Punkt $\mathbf{x}^*$, der eine Lösung von (7.1) ist, die Funktion $f(\mathbf{x}) = \sum_{i=1}^n F_i^2(\mathbf{x})$. Unter der Annahme der Differenzierbarkeit von f führt umgekehrt das Nullsetzen der partiellen Ableitungen von f in einem Punkt $\mathbf{x}^*$, in dem f minimal ist, auf ein System nichtlinearer Gleichungen. Somit kann jedes System nichtlinearer Gleichungen mit einem geeigneten Minimierungsproblem und umgekehrt verbunden werden. Wir werden diese Beobachtung bei der Konstruktion effizienter numerischer Verfahren ausnutzen.

7.1 Lösung nichtlinearer Gleichungssysteme

Bevor wir das Problem (7.1) betrachten, wollen wir gewisse Bezeichnungen vereinbaren, die für das gesamten Kapitel gültig sind.

Für $k \geq 0$ sei $C^k(D)$ die Menge der k-mal stetig differenzierbaren Funktionen von D nach $\mathbb{R}^n$. Dabei kann sich die konkrete Bedeutung der Menge $D \subseteq \mathbb{R}^n$ zeitweise ändern. Wir nehmen stets an, dass $\mathbf{F} \in C^1(D)$ gilt, d.h. $\mathbf{F} : \mathbb{R}^n \to \mathbb{R}^n$ eine auf D stetig differenzierbare Funktion ist.

Wir bezeichnen ferner durch $\mathrm{J}_\mathbf{F}(\mathbf{x})$ die zu $\mathbf{F}$ gehörende Jacobi-Matrix im Punkt $\mathbf{x} = (x_1, \ldots, x_n)^T \in \mathbb{R}^n$. Sie ist definiert als

$$(\mathrm{J}_\mathbf{F}(\mathbf{x}))_{ij} = \left(\frac{\partial F_i}{\partial x_j}\right)(\mathbf{x}), \qquad i, j = 1, \ldots, n.$$

Für irgendeine gegebene Vektornorm $\|\cdot\|$ werden wir künftig die Kugel vom Radius R mit dem Mittelpunkt in $\mathbf{x}^*$ durch

$$B(\mathbf{x}^*; R) = \{\mathbf{y} \in \mathbb{R}^n : \ \|\mathbf{y} - \mathbf{x}^*\| < R\}$$

bezeichnen.

7.1.1 Newton-Verfahren und seine Varianten

Eine direkte Erweiterung des Newton-Verfahrens (6.16) für skalare Gleichungen auf den vektoriellen Fall kann wie folgt formuliert werden:

gegeben sei $\mathbf{x}^{(0)} \in \mathbb{R}^n$, für $k = 0, 1, \ldots$, bis zur Konvergenz:

$$\begin{array}{ll} \text{löse} & \mathrm{J}_{\mathbf{F}}(\mathbf{x}^{(k)})\boldsymbol{\delta}\mathbf{x}^{(k)} = -\mathbf{F}(\mathbf{x}^{(k)}); \\ \text{setze} & \mathbf{x}^{(k+1)} = \mathbf{x}^{(k)} + \boldsymbol{\delta}\mathbf{x}^{(k)}. \end{array} \tag{7.4}$$

In jedem Schritt k ist daher die Lösung eines linearen Systems mit der Matrix $\mathrm{J}_{\mathbf{F}}(\mathbf{x}^{(k)})$ erforderlich.

Beispiel 7.1 Wir betrachten das nichtlineare System

$$\begin{cases} e^{x_1^2+x_2^2} - 1 & = 0, \\ e^{x_1^2-x_2^2} - 1 & = 0, \end{cases}$$

das die eindeutig bestimmte Lösung $\mathbf{x}^* = \mathbf{0}$ hat. In diesem Fall gilt $\mathbf{F}(\mathbf{x}) = (e^{x_1^2+x_2^2} - 1, e^{x_1^2-x_2^2} - 1)$. Die Ausführung des Programms 57 führt beginnend mit dem Anfangsdatum $\mathbf{x}^{(0)} = (0.1, 0.1)^T$ nach Konvergenz in 15 Iterationen auf das Paar $(0.61 \cdot 10^{-5}, 0.61 \cdot 10^{-5})^T$, demonstriert folglich eine ziemlich schnelle Konvergenzrate. Die Ergebnisse ändern sich jedoch dramatisch, wenn der Startwert variiert wird. Wenn zum Beispiel $\mathbf{x}^{(0)} = (10, 10)^T$ ausgewählt wird, werden 220 Iterationen benötigt, um eine zur vorigen Lösung vergleichbare zu erhalten, während das Newton-Verfahren beginnend mit $\mathbf{x}^{(0)} = (20, 20)^T$ nicht konvergiert. •

Das vorige Beispiel zeigt die hohe Sensitivität des Newton-Verfahrens in Abhängigkeit von der Wahl des Anfangsdatums $\mathbf{x}^{(0)}$, was auch im folgenden lokalen Konvergenzresultat zum Ausdruck kommt.

Theorem 7.1 *Sei* $\mathbf{F} : \mathbb{R}^n \to \mathbb{R}^n$ *eine* C^1 *Funktion auf einer konvexen offenen Menge* D *des* $\mathbb{R}^n$, *die* $\mathbf{x}^*$ *enthält. Angenommen, dass* $\mathrm{J}_{\mathbf{F}}^{-1}(\mathbf{x}^*)$ *existiert und dass es positive Konstanten* R, C *und* L *derart gibt, dass* $\|\mathrm{J}_{\mathbf{F}}^{-1}(\mathbf{x}^*)\| \leq C$ *und*

$$\|\mathrm{J}_{\mathbf{F}}(\mathbf{x}) - \mathrm{J}_{\mathbf{F}}(\mathbf{y})\| \leq L\|\mathbf{x} - \mathbf{y}\| \quad \forall \mathbf{x}, \mathbf{y} \in B(\mathbf{x}^*; R)$$

gilt, wobei wir durch das gleiche Symbol $\|\cdot\|$ zwei konsistente Vektor und Matrixnormen bezeichnet haben. Dann gibt es ein $r > 0$, so dass für jedes $\mathbf{x}^{(0)} \in B(\mathbf{x}^*; r)$ die Folge (7.4) eindeutig bestimmt ist und gegen $\mathbf{x}^*$ konvergiert, wobei

$$\|\mathbf{x}^{(k+1)} - \mathbf{x}^*\| \leq CL\|\mathbf{x}^{(k)} - \mathbf{x}^*\|^2. \tag{7.5}$$

Beweis. Durch vollständige Induktion nach k wollen wir (7.5) zeigen und darüber hinaus, dass $\mathbf{x}^{(k+1)} \in B(\mathbf{x}^*; r)$, mit $r = \min(R, 1/(2CL))$ gilt. Zuerst beweisen wir, dass für jedes $\mathbf{x}^{(0)} \in B(\mathbf{x}^*; r)$, die inverse Matrix $\mathrm{J}_{\mathbf{F}}^{-1}(\mathbf{x}^{(0)})$ existiert. In der Tat gilt

$$\|\mathrm{J}_{\mathbf{F}}^{-1}(\mathbf{x}^*)[\mathrm{J}_{\mathbf{F}}(\mathbf{x}^{(0)}) - \mathrm{J}_{\mathbf{F}}(\mathbf{x}^*)]\| \leq \|\mathrm{J}_{\mathbf{F}}^{-1}(\mathbf{x}^*)\| \, \|\mathrm{J}_{\mathbf{F}}(\mathbf{x}^{(0)}) - \mathrm{J}_{\mathbf{F}}(\mathbf{x}^*)\| \leq CLr \leq \frac{1}{2},$$

und folglich können wir, dank Theorem 1.5, schliessen, dass $\mathrm{J}_{\mathbf{F}}^{-1}(\mathbf{x}^{(0)})$ existiert, denn

$$\|\mathrm{J}_{\mathbf{F}}^{-1}(\mathbf{x}^{(0)})\| \leq \frac{\|\mathrm{J}_{\mathbf{F}}^{-1}(\mathbf{x}^*)\|}{1 - \|\mathrm{J}_{\mathbf{F}}^{-1}(\mathbf{x}^*)[\mathrm{J}_{\mathbf{F}}(\mathbf{x}^{(0)}) - \mathrm{J}_{\mathbf{F}}(\mathbf{x}^*)]\|} \leq 2\|\mathrm{J}_{\mathbf{F}}^{-1}(\mathbf{x}^*)\| \leq 2C.$$

Somit ist $\mathbf{x}^{(1)}$ wohldefiniert und

$$\mathbf{x}^{(1)} - \mathbf{x}^* = \mathbf{x}^{(0)} - \mathbf{x}^* - \mathrm{J}_{\mathbf{F}}^{-1}(\mathbf{x}^{(0)})[\mathbf{F}(\mathbf{x}^{(0)}) - \mathbf{F}(\mathbf{x}^*)].$$

Durch Ausklammern von $\mathrm{J}_{\mathbf{F}}^{-1}(\mathbf{x}^{(0)})$ auf der rechten Seite und Übergang zu den Normen erhalten wir

$$\begin{aligned}\|\mathbf{x}^{(1)} - \mathbf{x}^*\| &\leq \|\mathrm{J}_{\mathbf{F}}^{-1}(\mathbf{x}^{(0)})\| \, \|\mathbf{F}(\mathbf{x}^*) - \mathbf{F}(\mathbf{x}^{(0)}) - \mathrm{J}_{\mathbf{F}}(\mathbf{x}^{(0)})[\mathbf{x}^* - \mathbf{x}^{(0)}]\| \\ &\leq 2C\frac{L}{2}\|\mathbf{x}^* - \mathbf{x}^{(0)}\|^2,\end{aligned}$$

wobei das Restglied der Taylorreihe von $\mathbf{F}$ verwendet wurde. Die letzte Beziehung beweist (7.5) im Fall $k = 0$; darüber hinaus haben wir wegen $\mathbf{x}^{(0)} \in B(\mathbf{x}^*; r)$ die Abschätzung $\|\mathbf{x}^* - \mathbf{x}^{(0)}\| \leq 1/(2CL)$, aus der $\|\mathbf{x}^{(1)} - \mathbf{x}^*\| \leq \frac{1}{2}\|\mathbf{x}^* - \mathbf{x}^{(0)}\|$ folgt. Dies garantiert, dass $\mathbf{x}^{(1)} \in B(\mathbf{x}^*; r)$.

Analog kann man zeigen, dass aus der Richtigkeit von (7.5) für ein bestimmtes k, die gleiche Ungleichung auch für $k + 1$ anstelle von k gilt. Dies beweist die Aussage des Theorems. ◇

Theorem 7.1 bestätigt somit die quadratische Konvergenz des Newton-Verfahren, wenn $\mathbf{x}^{(0)}$ hinreichend nahe bei der Lösung $\mathbf{x}^*$ liegt und die Jacobi-Matrix nicht singulär ist. Darüber hinaus bemerkenswert ist es bemerkenswert, dass der numerische Aufwand zur Lösung des linearen Systems (7.4) übermäßig groß werden kann, wenn n groß wird. $\mathrm{J}_{\mathbf{F}}(\mathbf{x}^{(k)})$ kann auch schlecht konditioniert sein, was das Erhalten einer genauen Lösung ziemlich schwierig macht. Aus diesen Gründen sind verschiedene Modifikationen des Newton-Verfahrens vorgeschlagen worden, die kurz in den folgenden Abschnitten betrachtet werden. Für weitere Details verweisen wir auf die Spezialliteratur (siehe [OR70], [DS83], [Erh97], [BS90] und die dort zitierte Literatur).

Bemerkung 7.1 Sei $\mathbf{G}(\mathbf{x}) = \mathbf{x} - \mathbf{F}(\mathbf{x})$ und bezeichne $\mathbf{r}^{(k)} = \mathbf{F}(\mathbf{x}^{(k)})$ das Residuum im Schritt k. Dann ergibt sich aus (7.4), dass das Newton-Verfahren alternativ in der Form

$$\left(\mathrm{I} - \mathrm{J}_{\mathbf{G}}(\mathbf{x}^{(k)})\right)\left(\mathbf{x}^{(k+1)} - \mathbf{x}^{(k)}\right) = -\mathbf{r}^{(k)}$$

geschrieben werden kann, wobei $\mathrm{J}_{\mathbf{G}}$ die Jacobi-Matrix bezeichnet, die mit $\mathbf{G}$ verbunden ist. Diese Gleichung erlaubt die Interpretation des Newton-Verfahrens als vorkonditioniertes stationäres Richardson-Verfahren. Damit können wir auch einen Parameter α einführen, um die Konvergenz der Iteration

$$\left(\mathrm{I} - \mathrm{J}_{\mathbf{G}}(\mathbf{x}^{(k)})\right)\left(\mathbf{x}^{(k+1)} - \mathbf{x}^{(k)}\right) = -\alpha_k\mathbf{r}^{(k)}$$

zu beschleunigen. Das Problem der Auswahl von α wird in Abschnitt 7.2.6 behandelt. ■

7.1.2 Modifiziertes Newton-Verfahren

Verschiedene Modifikationen des Newton-Verfahrens wurden vorgeschlagen, um die Kosten zu reduzieren, wenn die berechnete Lösung bereits hinreichend nahe bei $\mathbf{x}^*$ liegt. Weitere Varianten, die global konvergieren, werden bei der Lösung des Minimierungsproblems (7.2) eingeführt.

1. Zyklisches Aktualisieren der Jacobi-Matrix

Eine effiziente Alternative zur Methode (7.4) besteht darin, die Jacobi-Matrix (besser: ihre Faktorisierung) für eine bestimmte Zahl von, sagen wir $p \geq 2$, Schritten unverändert zu lassen. Im Allgemeinen ist eine Verschlechterung der Konvergenzrate mit einem Gewinn an numerischer Effizienz verbunden.

Programm 57 implementiert das Newton-Verfahren im Fall, in dem die LU-Faktorisierung der Jacobi-Matrix nur alle `p` Schritte aktualisiert wird. Die Programme, die zur Lösung der tridiagonalen Systeme verwendet werden, wurden im Kapitel 3 beschrieben.

Hier und bei weiteren Notationen in diesem Kapitel bezeichnen wir durch `x0` den Startvektor, durch `F` und `J` die Variablen, die die Funktionsausdrücke von $\mathbf{F}$ bzw. seiner Jacobi-Matrix $\mathrm{J}_{\mathbf{F}}$ enthalten. Die Parameter `toll` und `nmax` stellen die Abbruchtoleranz bei Konvergenz des iterativen Prozesses bzw. die maximal zulässige Zahl von Iterationen dar. Als Ausgabe enthält der Vektor `x` die Approximation der gesuchten Nullstelle von $\mathbf{F}$, während `nit` die Zahl der zur Konvergenz notwendigen Iterationen enthält.

Program 57 - newtonxsys : Newton-Verfahren für nichtlineare Systeme

```
function [x, nit] = newtonsys(F, J, x0, toll, nmax, p)
[n,m]=size(F); nit=0; Fxn=zeros(n,1); x=x0; err=toll+1;
for i=1:n, for j=1:n, Jxn(i,j)=eval(J((i-1)*n+j,:)); end; end
[L,U,P]=lu(Jxn); step=0;
while err > toll
  if step == p
    step = 0;
    for i=1:n;
      Fxn(i)=eval(F(i,:));
      for j=1:n; Jxn(i,j)=eval(J((i-1)*n+j,:)); end
    end
    [L,U,P]=lu(Jxn);
  else
    for i=1:n, Fxn(i)=eval(F(i,:)); end
  end
  nit=nit+1; step=step+1; Fxn=-P*Fxn; y=forward_col(L,Fxn);
  deltax=backward_col(U,y); x = x + deltax;  err=norm(deltax);
  if nit > nmax
     disp(' Fails to converge within maximum number of iterations ');
     break
  end
end
```

2. Inexakte Lösung der linearen Systeme

Eine andere Möglichkeit besteht darin, das lineare System (7.4) durch eine iterative Methode, bei der die maximale Zahl zulässiger Iterationen *a priori* fest ist, zu lösen. Die sich ergebenen Schemen werden als Newton-Jacobi-, Newton-SOR- oder Newton-Krylov-Methoden, in Übereinstimmung mit dem iterativen Prozess, der für das lineare System (siehe [BS90], [Kel99]) verwendet wird, bezeichnet. Hier beschränken wir uns auf die Beschreibung der Newton-SOR-Methode.

Wie in Abschnitt 4.2.1 wollen wir die Jacobi-Matrix im Schritt k gemäß

$$\mathrm{J}_{\mathbf{F}}(\mathbf{x}^{(k)}) = \mathrm{D}_k - \mathrm{E}_k - \mathrm{F}_k \tag{7.6}$$

zerlegen, wobei $\mathrm{D}_k = \mathrm{D}(\mathbf{x}^{(k)})$, $\mathrm{E}_k = \mathrm{E}(\mathbf{x}^{(k)})$ und $\mathrm{F}_k = \mathrm{F}(\mathbf{x}^{(k)})$ der Diagonalteil und der untere bzw. obere Dreiecksteil der Matrix $\mathrm{J}_{\mathbf{F}}(\mathbf{x}^{(k)})$ sind. Wir nehmen an, dass D_k nicht singulär ist. Das SOR-Verfahren zur Lösung des linearen Systems in (7.4) wird wie folgt organisiert: setze $\boldsymbol{\delta}\mathbf{x}_0^{(k)} = \mathbf{0}^T$, löse

$$\boldsymbol{\delta}\mathbf{x}_r^{(k)} = \mathrm{M}_k \boldsymbol{\delta}\mathbf{x}_{r-1}^{(k)} - \omega_k(\mathrm{D}_k - \omega_k \mathrm{E}_k)^{-1}\mathbf{F}(\mathbf{x}^{(k)}), \quad r = 1, 2, \ldots, \tag{7.7}$$

wobei M_k die Iterationsmatrix des SOR-Verfahrens

$$\mathrm{M}_k = [\mathrm{D}_k - \omega_k \mathrm{E}_k]^{-1} \; [(1-\omega_k)\mathrm{D}_k + \omega_k \mathrm{F}_k],$$

und ω_k ein positiver Relaxationsparameter sind, dessen optimaler Wert selten *a priori* bestimmt werden kann. Nehmen wir an, dass nur $r = m$ Schritte der Methode ausgeführt werden. Wegen $\boldsymbol{\delta}\mathbf{x}_r^{(k)} = \mathbf{x}_r^{(k)} - \mathbf{x}^{(k)}$ kann die weiterhin durch $\mathbf{x}^{(k+1)}$ bezeichnete Näherungslösung nach m Schritten in der Form (siehe Übung 1)

$$\mathbf{x}^{(k+1)} = \mathbf{x}^{(k)} - \omega_k \left(\mathrm{M}_k^{m-1} + \cdots + \mathrm{I}\right) \left(\mathrm{D}_k - \omega_k \mathrm{E}_k\right)^{-1} \mathbf{F}(\mathbf{x}^{(k)}) \tag{7.8}$$

geschrieben werden. Die Methode ist somit eine zusammengesetzte Iteration, bei der in jedem Schritt k, beginnend mit $\mathbf{x}^{(k)}$, m Schritte des SOR-Verfahrens ausgeführt werden, um das System (7.4) näherungsweise zu lösen.

Die Zahl m, und ebenso ω_k, kann vom Iterationsindex k abhängen; die einfachste Wahl läuft darauf hinaus, in jedem Newtonschritt nur eine Iteration des SOR-Verfahrens auszuführen, so dass wir für $r = 1$ aus (7.7) das einschrittige Newton-SOR-Verfahren

$$\mathbf{x}^{(k+1)} = \mathbf{x}^{(k)} - \omega_k \left(\mathrm{D}_k - \omega_k \mathrm{E}_k\right)^{-1} \mathbf{F}(\mathbf{x}^{(k)})$$

erhalten. Auf ähnliche Weise ergibt sich das vorkonditionierte Newton-Richardson-Verfahren mit der Matrix P_k, wenn nach der m-ten Iteration abgebrochen wird, zu

$$\mathbf{x}^{(k+1)} = \mathbf{x}^{(k)} - \left[\mathrm{I} + \mathrm{M}_k + \ldots + \mathrm{M}_k^{m-1}\right] \mathrm{P}_k^{-1} \mathbf{F}(\mathbf{x}^{(k)}),$$

wobei P_k der Vorkonditionierer von $\mathrm{J}_\mathbf{F}$ ist und

$$\mathrm{M}_k = \mathrm{P}_k^{-1} \mathrm{N}_k, \quad \mathrm{N}_k = \mathrm{P}_k - \mathrm{J}_\mathbf{F}(\mathbf{x}^{(k)}).$$

Für eine effiziente Implementation dieser Techniken verweisen wir auf das in [Kel99] entwickelte MATLAB Softwarepaket.

3. Differenzenapproximationen der Jacobi-Matrix

Eine weitere Möglichkeit besteht in der Ersetzung von $\mathrm{J}_\mathbf{F}(\mathbf{x}^{(k)})$ (dessen Berechnung oft sehr teuer ist) durch eine Approximation mittels n-dimensionaler Differenzen der Form

$$(\mathrm{J}_h^{(k)})_j = \frac{\mathbf{F}(\mathbf{x}^{(k)} + h_j^{(k)} \mathbf{e}_j) - \mathbf{F}(\mathbf{x}^{(k)})}{h_j^{(k)}}, \qquad \forall k \geq 0, \tag{7.9}$$

wobei $\mathbf{e}_j$ der j-te Vektor der kanonischen Basis im $\mathbb{R}^n$ ist und $h_j^{(k)} > 0$ die Zuwächse sind, die in jedem Schritt k der Iteration (7.4) geeignet zu wählen sind. Es kann das folgende Resultat gezeigt werden.

Eigenschaft 7.1 $\mathbf{F}$ *und* $\mathbf{x}^*$ *mögen den Voraussetzungen des Theorem* 7.1 *genügen, wobei* $\|\cdot\|$ *die* $\|\cdot\|_1$ *Vektornorm und die entsprechende induzierte*

Matrixnorm bezeichnen. Gibt es zwei positive Konstanten ε *und* h, *so dass* $\mathbf{x}^{(0)} \in B(\mathbf{x}^*, \varepsilon)$ *und* $0 < |h_j^{(k)}| \leq h$ *für* $j = 1, \ldots, n$ *gilt, dann ist die durch*

$$\mathbf{x}^{(k+1)} = \mathbf{x}^{(k)} - \left[\mathrm{J}_h^{(k)}\right]^{-1} \mathbf{F}(\mathbf{x}^{(k)}), \tag{7.10}$$

definierte Folge wohlbestimmt und konvergiert linear gegen $\mathbf{x}^*$. *Gibt es darüber hinaus eine positive Konstante* C, *so dass* $\max\limits_j |h_j^{(k)}| \leq C\|\mathbf{x}^{(k)} - \mathbf{x}^*\|$ *oder äquivalent, gibt es eine positive Konstante* c, *so dass* $\max\limits_j |h_j^{(k)}| \leq c\|\mathbf{F}(\mathbf{x}^{(k)})\|$ *gilt, konvergiert die Folge* (7.10) *quadratisch.*

Dieses Ergebnis liefert noch keinen konstruktiven Hinweis darauf, wie die Zuwächse $h_j^{(k)}$ zu berechnen sind. In dieser Hinsicht können folgende Bemerkungen gemacht werden. Der Abbruchfehler erster Ordnung bezüglich $h_j^{(k)}$, der aus der dividierten Differenz (7.10) resultiert, kann durch Verkleinern der Größen von $h_j^{(k)}$ reduziert werden. Andererseits kann ein zu kleiner Wert für $h_j^{(k)}$ zu großen Rundungsfehlern führen. Daher muss bei den Berechnungen ein Kompromiss zwischen der erforderlichen Begrenzung des Abbruchfehlers und der Sicherung einer bestimmten Genauigkeit gefunden werden.

Ein mögliches Vorgehen ist es,

$$h_j^{(k)} = \sqrt{\epsilon_M} \max\left\{|x_j^{(k)}|, M_j\right\} \mathrm{sign}(x_j)$$

zu wählen, wobei M_j ein Parameter ist, der die typische Größe der Lösungskomponente x_j charakterisiert. Weitere Verbesserungen können durch Verwendung von dividierten Differenzen höherer Ordnung zur Approximation der Ableitungen, wie etwa

$$(\mathrm{J}_h^{(k)})_j = \frac{\mathbf{F}(\mathbf{x}^{(k)} + h_j^{(k)}\mathbf{e}_j) - \mathbf{F}(\mathbf{x}^{(k)} - h_j^{(k)}\mathbf{e}_j)}{2h_j^{(k)}}, \qquad \forall k \geq 0$$

erreicht werden. Für weitere Details zu diesem Gegenstand siehe zum Beispiel [BS90].

7.1.3 Quasi-Newton-Verfahren

Mit diesen Ausdruck bezeichnen wir alle Schemen, bei denen global konvergente Methoden mit Newton-ähnlichen Verfahren gekoppelt werden, die nur lokal, aber von höherer als erster Ordnung konvergent sind.

In einem quasi-Newton Verfahren hat man bei gegebener, stetig differenzierbarer Funktion $\mathbf{F} : \mathbb{R}^n \to \mathbb{R}^n$, und einem Startwert $\mathbf{x}^{(0)} \in \mathbb{R}^n$ in jedem Schritt k die folgenden Operationen auszuführen:

1. berechne $\mathbf{F}(\mathbf{x}^{(k)})$;
2. wähle $\tilde{\mathrm{J}}_{\mathbf{F}}(\mathbf{x}^{(k)})$ entweder als die exakte Jacobi-Matrix $\mathrm{J}_{\mathbf{F}}(\mathbf{x}^{(k)})$ oder als eine Approximation von ihr;
3. löse das lineare System $\tilde{\mathrm{J}}_{\mathbf{F}}(\mathbf{x}^{(k)})\boldsymbol{\delta}\mathbf{x}^{(k)} = -\mathbf{F}(\mathbf{x}^{(k)})$;
4. setze $\mathbf{x}^{(k+1)} = \mathbf{x}^{(k)} + \alpha_k \boldsymbol{\delta}\mathbf{x}^{(k)}$, wobei α_k geeignete *Dämpfungsparameter* sind.

Schritt 4. ist folglich das charakterisierende Element dieser Familie von Methoden. Er wird in Abschnitt 7.2.6 angesprochen, wo ein Kriterium zur Auswahl der "Richtung" $\boldsymbol{\delta}\mathbf{x}^{(k)}$ geliefert werden wird.

7.1.4 Sekantenähnliche Verfahren

Diese Methoden werden ausgehend vom in Abschnitt 6.2 für skalare Funktionen eingeführten Sekantenverfahren konstruiert. Genauer charakterisiert lösen wir ausgehend von zwei gegebenen Vektoren $\mathbf{x}^{(0)}$ und $\mathbf{x}^{(1)}$ im allgemeinen Schritt $k \geq 1$ das lineare System

$$Q_k \delta\mathbf{x}^{(k+1)} = -\mathbf{F}(\mathbf{x}^{(k)}) \tag{7.11}$$

und setzen $\mathbf{x}^{(k+1)} = \mathbf{x}^{(k)} + \delta\mathbf{x}^{(k+1)}$. Q_k ist eine $n \times n$ Matrix, so dass

$$Q_k \delta\mathbf{x}^{(k)} = \mathbf{F}(\mathbf{x}^{(k)}) - \mathbf{F}(\mathbf{x}^{(k-1)}) = \mathbf{b}^{(k)}, \qquad k \geq 1$$

gilt, und wird durch formale Verallgemeinerung von (6.13) gewonnen. Jedoch reicht die obige algebraische Beziehung nicht aus, Q_k eindeutig festzulegen. Zu diesem Zweck fordern wir, dass Q_k für $k \geq n$ eine Lösung der folgenden Menge von n Systemen

$$Q_k \left(\mathbf{x}^{(k)} - \mathbf{x}^{(k-j)}\right) = \mathbf{F}(\mathbf{x}^{(k)}) - \mathbf{F}(\mathbf{x}^{(k-j)}), \qquad j = 1, \ldots, n \tag{7.12}$$

ist. Sind die Vektoren $\mathbf{x}^{(k-j)}$, ..., $\mathbf{x}^{(k)}$ linear unabhängig, so kann die Berechnung aller unbekannten Koeffizienten $\{(Q_k)_{lm}, l, m = 1, \ldots, n\}$ von Q_k aus dem System (7.12) erfolgen. In der Praxis tendieren die obigen Vektoren leider dazu, linear abhängig zu werden, und das resultierende Schema wird instabil, nicht zu erwähnen die Notwendigkeit für die Speicherung aller vorhergehenden n Iterierten.

Aus diesen Gründen wird ein alternativer Ansatz verfolgt, der auf die Erhaltung der Information zielt, die vom Verfahren schon im Schritt k geliefert wurde. Q_k wird derart gesucht, dass die Differenz zwischen den folgenden linearen Approximation von $\mathbf{F}(\mathbf{x}^{(k-1)})$ bzw. $\mathbf{F}(\mathbf{x}^{(k)})$

$$\mathbf{F}(\mathbf{x}^{(k)}) + Q_k(\mathbf{x} - \mathbf{x}^{(k)}), \quad \mathbf{F}(\mathbf{x}^{(k-1)}) + Q_{k-1}(\mathbf{x} - \mathbf{x}^{(k-1)})$$

unter der Nebenbedingung, dass Q_k dem System (7.12) genügt, minimiert wird. Verwenden wir (7.12) mit $j = 1$, so wird die Differenz zwischen den beiden Approximationen

$$\mathbf{d}_k = (Q_k - Q_{k-1}) \left(\mathbf{x} - \mathbf{x}^{(k-1)}\right). \tag{7.13}$$

Zerlegen wir den Vektor $\mathbf{x} - \mathbf{x}^{(k-1)}$ in der Form

$$\mathbf{x} - \mathbf{x}^{(k-1)} = \alpha \boldsymbol{\delta}\mathbf{x}^{(k)} + \mathbf{s},$$

wobei $\alpha \in \mathbb{R}$ und $\mathbf{s}^T \boldsymbol{\delta}\mathbf{x}^{(k)} = 0$. Somit wird (7.13)

$$\mathbf{d}_k = \alpha (Q_k - Q_{k-1}) \boldsymbol{\delta}\mathbf{x}^{(k)} + (Q_k - Q_{k-1}) \mathbf{s}.$$

Nur der zweite Term in der obigen Relation kann minimiert werden, da der erste unabhängig von Q_k, nämlich gleich

$$(Q_k - Q_{k-1})\boldsymbol{\delta}\mathbf{x}^{(k)} = \mathbf{b}^{(k)} - Q_{k-1}\boldsymbol{\delta}\mathbf{x}^{(k)}$$

ist.

Das Problem stellt sich damit wie folgt dar: Finde die Matrix Q_k, so dass $(Q_k - Q_{k-1})\,\mathbf{s}$ minimiert wird $\forall \mathbf{s}$ orthogonal zu $\boldsymbol{\delta}\mathbf{x}^{(k)}$ unter der Restriktion, dass (7.12) gilt. Es kann gezeigt werden, dass eine solche Matrix existiert und rekursiv wie folgt berechnet werden kann

$$Q_k = Q_{k-1} + \frac{(\mathbf{b}^{(k)} - Q_{k-1}\boldsymbol{\delta}\mathbf{x}^{(k)})\boldsymbol{\delta}\mathbf{x}^{(k)^T}}{\boldsymbol{\delta}\mathbf{x}^{(k)^T}\boldsymbol{\delta}\mathbf{x}^{(k)}}. \tag{7.14}$$

Die Methode (7.11) mit der Wahl (7.14) der Matrix Q_k ist als *Broyden-Verfahren* bekannt. Zur Initialisierung von (7.14) setzen wir Q_0 gleich der Matrix $J_{\mathbf{F}}(\mathbf{x}^{(0)})$ oder gleich irgendeiner Approximation von ihr, zum Beispiel der durch (7.9) gewonnenen. Bezüglich der Konvergenz des Broyden-Verfahrens gilt das folgende Resultat.

Eigenschaft 7.2 *Unter den Annahmen des Theorem* 7.1 *gibt es zwei positive Konstanten ε und γ derart, dass für*

$$\|\mathbf{x}^{(0)} - \mathbf{x}^*\| \leq \varepsilon, \quad \|Q_0 - \mathbf{J}_{\mathbf{F}}(\mathbf{x}^*)\| \leq \gamma,$$

die durch das Broyden-Verfahren erzeugte Folge von Vektoren wohldefiniert ist und superlinear gegen $\mathbf{x}^*$ konvergiert, d.h.

$$\|\mathbf{x}^{(k)} - \mathbf{x}^*\| \leq c_k \|\mathbf{x}^{(k-1)} - \mathbf{x}^*\| \tag{7.15}$$

gilt mit $\lim_{k\to\infty} c_k = 0$.

Unter zusätzlichen Annahmen ist es möglich zu beweisen, dass die Folge Q_k gegen $\mathbf{J}_\mathbf{F}(\mathbf{x}^*)$ konvergiert, eine Eigenschaft, die für die obige Methode nicht notwendig gilt, wie das Beispiel 7.3 demonstriert.

Es gibt verschiedene Varianten des Broyden-Verfahrens, die auf eine Reduktion des numerischen Aufwandes zielen, die aber gewöhnlich weniger stabil sind (siehe [DS83], Kapitel 8).

Das Programm 58 implementiert das Broyden-Verfahren (7.11)-(7.14). Wir haben durch `Q` die Anfangsapproximation Q_0 in (7.14) bezeichnet.

Program 58 - broyden : Broyden-Verfahren für nichtlineare Systeme

```
function [x,it]=broyden(x,Q,nmax,toll,f)
[n,m]=size(f); it=0;     err=1;
fk=zeros(n,1); fk1=fk;
for i=1:n,  fk(i)=eval(f(i,:)); end
while it < nmax & err > toll
  s=-Q \ fk;  x=s+x;  err=norm(s,inf);
  if err > toll
    for i=1:n,  fk1(i)=eval(f(i,:));  end
    Q=Q+1/(s'*s)*fk1*s'
  end
  it=it+1; fk=fk1;
end
```

Beispiel 7.2 Unter Verwendung des Broyden-Verfahrens wollen wir das nichtlineare System aus Beispiel 7.1 lösen. Die Methode konvergiert in 35 Iterationen zum Wert $(0.7 \cdot 10^{-8}, 0.7 \cdot 10^{-8})^T$ verglichen mit den 26 Iterationen, die das Newton-Verfahren erforderte, bei gleichem Startwert ($\mathbf{x}^{(0)} = (0.1, 0.1)^T$). Die Matrix Q_0 wurde gleich der Jacobi-Matrix im Punkt $\mathbf{x}^{(0)}$ gesetzt. Abbildung 7.1 zeigt das Verhalten der Euklidischen Norm des Fehlers beider Methoden •

Beispiel 7.3 Wir wollen das nichtlineare System $\mathbf{F}(\mathbf{x}) = (x_1 + x_2 - 3, x_1^2 + x_2^2 - 9)^T = \mathbf{0}$ mit dem Broyden-Verfahren lösen. Dieses System besitzt die beiden Lösungen $(0,3)^T$ und $(3,0)^T$. Das Broyden-Verfahren konvergiert beginnend mit $\mathbf{x}^{(0)} = (2,4)^T$ in 8 Iterationen gegen die Lösung $(0,3)^T$. Die Folge der Q_k, die in der Variablen `Q` des Programms 58 gespeichert wird, konvergiert jedoch nicht gegen die Jacobi-Matrix, denn es gilt

$$\lim_{k\to\infty} Q^{(k)} = \begin{bmatrix} 1 & 1 \\ 1.5 & 1.75 \end{bmatrix} \neq \mathbf{J}_\mathbf{F}[(0,3)^T] = \begin{bmatrix} 1 & 1 \\ 0 & 6 \end{bmatrix}.$$

•

7.1.5 *Fixpunktmethoden*

Wir schließen die Analyse der Methoden zur Lösung nichtlinearer Gleichungen mit der Erweiterung der im skalaren Fall eingeführten Fixpunkttech-

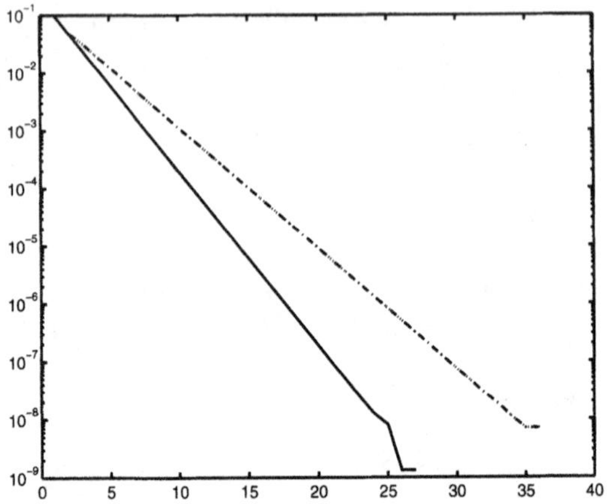

Abbildung 7.1. Euklidische Norm des Fehlers für das Newton-Verfahren (durchgezogene Linie) und das Broyden-Verfahren (gestrichelte Linie) im Fall des nichtlinearen Systems von Beispiel 7.1.

niken auf n Dimensionen ab. Dazu formulieren wir Problem (7.1) um:

$$\text{für gegebenes } \mathbf{G}: \mathbb{R}^n \to \mathbb{R}^n, \text{ finde } \mathbf{x}^* \in \mathbb{R}^n, \text{ so dass } \mathbf{G}(\mathbf{x}^*) = \mathbf{x}^*, \quad (7.16)$$

wobei $\mathbf{G}$ mit $\mathbf{F}$ durch folgende Eigenschaft verbunden ist: Ist $\mathbf{x}^*$ ein Fixpunkt von $\mathbf{G}$, so gilt $\mathbf{F}(\mathbf{x}^*) = \mathbf{0}$.
Analog zu dem in Abschnitt 6.3 gesagtem, führen wir für die Lösung von (7.16) iterative Methoden der Form

gegeben $\mathbf{x}^{(0)} \in \mathbb{R}^n$, für $k = 0, 1, \ldots$ finde bis zur Konvergenz

$$\mathbf{x}^{(k+1)} = \mathbf{G}(\mathbf{x}^{(k)}), \quad (7.17)$$

ein. Um die Konvergenz der Fixpunktiteration (7.17) zu analysieren, wird folgende Definition nützlich sein.

Definition 7.1 Eine Abbildung $\mathbf{G} : D \subset \mathbb{R}^n \to \mathbb{R}^n$ ist kontraktiv auf einer Menge $D_0 \subset D$, wenn eine Konstante $0 \leq \alpha < 1$ derart existiert, dass $\|\mathbf{G}(\mathbf{x}) - \mathbf{G}(\mathbf{y})\| \leq \alpha \|\mathbf{x} - \mathbf{y}\|$ für alle $\mathbf{x}$, $\mathbf{y}$ in D_0 gilt, wobei $\|\cdot\|$ eine geeignete Vektornorm ist. ■

Die Existenz und Eindeutigkeit eines Fixpunktes für $\mathbf{G}$ wird durch das folgende Theorem gewährleistet.

Theorem 7.2 (Kontraktionsabbildungstheorem) *Angenommen, dass* $\mathbf{G} : D \subset \mathbb{R}^n \to \mathbb{R}^n$ *auf einer abgeschlossenen Menge* $D_0 \subset D$ *kontraktiv ist und dass* $\mathbf{G}(\mathbf{x}) \subset D_0$ *für alle* $\mathbf{x} \in D_0$. *Dann hat* $\mathbf{G}$ *einen eindeutig bestimmten Fixpunkt in* D_0.

Beweis. Wir wollen zunächst die Eindeutigkeit des Fixpunktes zeigen. Dazu nehmen wir an, dass es zwei verschiedene Fixpunkte $\mathbf{x}^*$, $\mathbf{y}^*$ gibt. Dann gilt

$$\|\mathbf{x}^* - \mathbf{y}^*\| = \|\mathbf{G}(\mathbf{x}^*) - \mathbf{G}(\mathbf{y}^*)\| \leq \alpha\|\mathbf{x}^* - \mathbf{y}^*\|,$$

woraus $(1-\alpha)\|\mathbf{x}^* - \mathbf{y}^*\| \leq 0$ folgt. Da $(1-\alpha) > 0$, muss notwendigerweise $\|\mathbf{x}^* - \mathbf{y}^*\| = 0$, d.h. $\mathbf{x}^* = \mathbf{y}^*$ sein.

Um die Existenz eines Fixpunktes zu beweisen, zeigen wir, dass die durch (7.17) definierte Folge $\mathbf{x}^{(k)}$ eine Cauchyfolge ist. Dies wiederum beinhaltet, dass $\mathbf{x}^{(k)}$ gegen einen Punkt $\mathbf{x}^{(*)} \in D_0$ konvergiert. Sei $\mathbf{x}^{(0)}$ beliebig in D_0. Dann ist die Folge $\mathbf{x}^{(k)}$, da das Bild von $\mathbf{G}$ in D_0 enthalten ist, wohldefiniert und

$$\|\mathbf{x}^{(k+1)} - \mathbf{x}^{(k)}\| = \|\mathbf{G}(\mathbf{x}^{(k)}) - \mathbf{G}(\mathbf{x}^{(k-1)})\| \leq \alpha\|\mathbf{x}^{(k)} - \mathbf{x}^{(k-1)}\|.$$

Nach p Schritten, $p \geq 1$, erhalten wir

$$\begin{aligned}\|\mathbf{x}^{(k+p)} - \mathbf{x}^{(k)}\| &\leq \sum_{i=1}^{p}\|\mathbf{x}^{(k+i)} - \mathbf{x}^{(k+i-1)}\| \leq \left(\alpha^{p-1} + \ldots + 1\right)\|\mathbf{x}^{(k+1)} - \mathbf{x}^{(k)}\| \\ &\leq \frac{\alpha^k}{1-\alpha}\|\mathbf{x}^{(1)} - \mathbf{x}^{(0)}\|.\end{aligned}$$

Wegen der Stetigkeit von $\mathbf{G}$ folgt, dass $\lim_{k\to\infty} \mathbf{G}(\mathbf{x}^{(k)}) = \mathbf{G}(\mathbf{x}^{(*)})$, was beweist, dass $\mathbf{x}^{(*)}$ ein Fixpunkt für $\mathbf{G}$ ist. ◇

Die folgende Bedingung liefert eine hinreichende Bedingung für die Konvergenz der Iteration (7.17) (für einen Beweis siehe [OR70], S. 299-301) und erweitert das im skalaren Fall analoge Theorem 6.3.

Eigenschaft 7.3 *Angenommen, dass* $\mathbf{G} : D \subset \mathbb{R}^n \to \mathbb{R}^n$ *einen Fixpunkt* $\mathbf{x}^*$ *im Innern von* D *hat und dass* $\mathbf{G}$ *stetig differenzierbar in einer Umgebung von* $\mathbf{x}^*$ *ist. Wir bezeichnen durch* $\mathrm{J}_{\mathbf{G}}$ *die Jacobi-Matrix von* $\mathbf{G}$ *und nehmen* $\rho(\mathrm{J}_{\mathbf{G}}(\mathbf{x}^{(*)})) < 1$ *an. Dann gibt es eine Umgebung* S *von* $\mathbf{x}^*$, *so dass* $S \subset D$ *und für jedes* $\mathbf{x}^{(0)} \in S$ *die durch* (7.17) *definierten Iterierten alle in* D *liegen und gegen* $\mathbf{x}^*$ *konvergieren.*

Da der Spektralradius das Infimum der induzierten Matrixnormen ist, genügt es, wie üblich, zu prüfen, dass $\|\mathrm{J}_{\mathbf{G}}(\mathbf{x})\| < 1$ in irgendeiner Matrixnorm gilt.

Beispiel 7.4 Wir betrachten das nichtlineare System

$$\mathbf{F}(\mathbf{x}) = \left(x_1^2 + x_2^2 - 1, 2x_1 + x_2 - 1\right)^T = \mathbf{0},$$

dessen Lösungen $\mathbf{x}_1^* = (0,1)^T$ und $\mathbf{x}_2^* = (4/5, -3/5)^T$ sind. Zur Lösung wollen wir zwei Fixpunktschemen verwenden, die durch die folgenden Iterationsfunktionen definiert sind

$$\mathbf{G}_1(\mathbf{x}) = \begin{bmatrix} \dfrac{1-x_2}{2} \\ \sqrt{1-x_1^2} \end{bmatrix}, \quad \mathbf{G}_2(\mathbf{x}) = \begin{bmatrix} \dfrac{1-x_2}{2} \\ -\sqrt{1-x_1^2} \end{bmatrix}. \tag{7.18}$$

Es kann gezeigt werden, dass $\mathbf{G}_i(\mathbf{x}_i^*) = \mathbf{x}_i^*$ für $i = 1, 2$ gilt und dass die Jacobi-Matrizen von $\mathbf{G}_1$ und $\mathbf{G}_2$ in $\mathbf{x}_1^*$ bzw. $\mathbf{x}_2^*$

$$\mathrm{J}_{\mathbf{G}_1}(\mathbf{x}_1^*) = \begin{bmatrix} 0 & -\frac{1}{2} \\ 0 & 0 \end{bmatrix}, \quad \mathrm{J}_{\mathbf{G}_2}(\mathbf{x}_2^*) = \begin{bmatrix} 0 & -\frac{1}{2} \\ \frac{4}{3} & 0 \end{bmatrix}$$

sind. Die Spektralradien dieser Jacobi-Matrizen sind $\rho(\mathrm{J}_{\mathbf{G}_1}(\mathbf{x}_1^*)) = 0$ und $\rho(\mathrm{J}_{\mathbf{G}_2}(\mathbf{x}_2^*)) = \sqrt{2/3} \simeq 0.817 < 1$, so dass beide Methoden in einer geeigneten Umgebung ihrer jeweiligen Fixpunkte konvergieren.

Führen wir das Programm 59 mit einer Toleranz von 10^{-10} für die maximale absolute Differenz zwischen zwei sukzessiven Iterationen aus, so konvergiert das erste Schema beginnend mit $\mathbf{x}^{(0)} = (-0.9, 0.9)^T$ gegen $\mathbf{x}_1^*$ in 9 Iterationen, wohingegen das zweite beginnend mit $\mathbf{x}^{(0)} = (0.9, 0.9)^T$ in 115 Iterationen konvergiert. Der dramatische Wechsel im Konvergenzverhalten beider Methoden kann durch die Differenz der Spektralradien der entsprechenden Iterationsmatrizen erklärt werden. •

Bemerkung 7.2 Das Newton-Verfahren kann als eine Fixpunktiteration mit der Iterationsfunktion

$$\mathbf{G}_N(\mathbf{x}) = \mathbf{x} - \mathrm{J}_{\mathbf{F}}^{-1}(\mathbf{x})\mathbf{F}(\mathbf{x}) \tag{7.19}$$

angesehen werden. ■

Eine Implementation der Fixpunktmethode (7.17) wird im Programm 59 gezeigt. Wir haben durch `dim` die Größe des nichtlinearen Systems und durch `Phi` die Variablen, die die Funktionsausdrücke der Iterationsfunktion $\mathbf{G}$ enthalten, bezeichnet. In der Ausgabe enthält der Vektor `alpha` die Approximation der gesuchten Nullstelle von $\mathbf{F}$ und der Vektor `res` enthält die Folge der Maximumnormen der Residuen von $\mathbf{F}(\mathbf{x}^{(k)})$.

Program 59 - fixposys : Fixpunktmethode für nichtlineare Systeme

```
function [alpha, res, nit]=fixposys(dim, x0, nmax, toll, Phi, F)
x = x0; alpha=[x']; res = 0;
for k=1:dim,
    r=abs(eval(F(k,:))); if (r > res), res = r; end
end;
nit = 0; residual(1)=res;
while ((nit <= nmax) & (res >= toll)),
   nit = nit + 1;
   for k = 1:dim, xnew(k) = eval(Phi(k,:)); end
   x = xnew; res = 0; alpha=[alpha;x]; x=x';
   for k = 1:dim,
      r = abs(eval(F(k,:)));
      if (r > res), res=r; end,
    end
```

```
    residual(nit+1)=res;
end
res=residual';
```

7.2 Nichtrestringierte Optimierung

Wir kommen nun zu Minimierungsaufgaben. Die Lösung $\mathbf{x}^*$ von (7.2) heißt *globale Minimalstelle* von f. Der Punkt $\mathbf{x}^*$ heißt *lokale Minimalstelle* von f, wenn $\exists R > 0$, so dass

$$f(\mathbf{x}^*) \leq f(\mathbf{x}), \qquad \forall \mathbf{x} \in B(\mathbf{x}^*; R).$$

Im gesamten Abschnitt werden wir immer annehmen, dass $f \in C^1(\mathbb{R}^n)$ ist, und verweisen für den Fall eines nichtdifferenzierbaren f auf [Lem89]. Durch

$$\nabla f(\mathbf{x}) = \left(\frac{\partial f}{\partial x_1}(\mathbf{x}), \ldots, \frac{\partial f}{\partial x_n}(\mathbf{x})\right)^T$$

werden wir den *Gradienten* von f im Punkt $\mathbf{x}$ bezeichnen. Ist $\mathbf{d}$ ein Nichtnullvektor in $\mathbb{R}^n$, ist die Richtungsableitung von f bezüglich $\mathbf{d}$

$$\frac{\partial f}{\partial \mathbf{d}}(\mathbf{x}) = \lim_{\alpha \to 0} \frac{f(\mathbf{x} + \alpha \mathbf{d}) - f(\mathbf{x})}{\alpha}$$

und genügt $\partial f(\mathbf{x})/\partial \mathbf{d} = [\nabla \mathbf{f}(\mathbf{x})]^{\mathbf{T}} \mathbf{d}$. Bezeichnen wir durch $(\mathbf{x}, \mathbf{x} + \alpha \mathbf{d})$ das Segment in $\mathbb{R}^n$, das die Punkte $\mathbf{x}$ und $\mathbf{x} + \alpha \mathbf{d}$ mit $\alpha \in \mathbb{R}$ verbindet, so sichert die Taylorentwicklung, dass $\exists \boldsymbol{\xi} \in (\mathbf{x}, \mathbf{x} + \alpha \mathbf{d})$ mit

$$f(\mathbf{x} + \alpha \mathbf{d}) - f(\mathbf{x}) = \alpha \nabla f(\boldsymbol{\xi})^T \mathbf{d}. \tag{7.20}$$

Ist $f \in C^2(\mathbb{R}^n)$, so bezeichen wir durch $\mathrm{H}(\mathbf{x})$ (oder $\nabla^2 f(\mathbf{x})$) die *Hesse-Matrix* von f im Punkt $\mathbf{x}$, deren Einträge durch

$$h_{ij}(\mathbf{x}) = \frac{\partial^2 f(\mathbf{x})}{\partial x_i \partial x_j}, \quad i, j = 1, \ldots, n,$$

gegeben sind. In diesem Fall kann gezeigt werden, dass für $\mathbf{d} \neq \mathbf{0}$ die Richtungsableitung zweiter Ordnung existiert und in der Form

$$\frac{\partial^2 f}{\partial \mathbf{d}^2}(\mathbf{x}) = \mathbf{d}^T \mathrm{H}(\mathbf{x}) \mathbf{d}$$

darstellbar ist. Für ein geeignetes $\boldsymbol{\xi} \in (\mathbf{x}, \mathbf{x} + \mathbf{d})$ haben wir auch

$$f(\mathbf{x} + \mathbf{d}) - f(\mathbf{x}) = \nabla f(\mathbf{x})^T \mathbf{d} + \frac{1}{2} \mathbf{d}^T \mathrm{H}(\boldsymbol{\xi}) \mathbf{d}.$$

Existenz und Eindeutigkeit der Lösungen für (7.2) sind in $\mathbb{R}^n$ nicht gesichert. Nichtsdestotrotz können folgende Optimalitätsbedingungen bewiesen werden.

Eigenschaft 7.4 *Seien* $\mathbf{x}^* \in \mathbb{R}^n$ *eine lokale Minimalstelle von* f *und* $f \in C^1(B(\mathbf{x}^*; R))$ *für ein gewisses* $R > 0$. *Dann gilt* $\nabla f(\mathbf{x}^*) = \mathbf{0}$. *Ist darüber hinaus* $f \in C^2(B(\mathbf{x}^*; R))$, *dann ist* $\mathrm{H}(\mathbf{x}^*)$ *positiv semidefinit. Umgekehrt, wenn* $\nabla f(\mathbf{x}^*) = \mathbf{0}$ *und* $\mathrm{H}(\mathbf{x}^*)$ *positiv definit sind, ist* $\mathbf{x}^*$ *eine lokale Minimalstelle von* f *in* $B(\mathbf{x}^*; R)$.

Ein Punkt $\mathbf{x}^*$, für den $\nabla f(\mathbf{x}^*) = \mathbf{0}$ gilt, heißt ein *kritischer Punkt* für f. Diese Bedingung ist für Optimalität notwendig. Diese Bedingung ist auch hinreichend, wenn f eine konvexe Funktion auf $\mathbb{R}^n$ ist, d.h. wenn $\forall \mathbf{x}, \mathbf{y} \in \mathbb{R}^n$ und für jedes $\alpha \in [0, 1]$

$$f[\alpha \mathbf{x} + (1-\alpha)\mathbf{y}] \leq \alpha f(\mathbf{x}) + (1-\alpha) f(\mathbf{y}) \tag{7.21}$$

gilt. Für weitere und allgemeinere Existenzresultate siehe [Ber82].

7.2.1 Direkte Suchverfahren

In diesem Abschnitt behandeln wir *direkte* Methoden zur Lösung des Problems (7.2), die nur die Stetigkeit von f erfordern. In späteren Abschnitten werden wir die sogenannten *Abstiegsmethoden* einführen, die auch Werte der Ableitungen von f enthalten und im allgemeinen bessere Konvergenzeigenschaften besitzen.

Direkte Methoden werden im Fall nicht differenzierbarer Funktionen f verwendet, oder wenn die Berechnung der Ableitungen von f nichttrivial ist. Sie können auch zur Ermittlung eines Startwertes für ein Abstiegsverfahren verwendet werden. Zu weiteren Details verweisen wir auf [Wal75] und [Wol78].

Das Hooke- und Jeeves-Verfahren

Angenommen wir suchen eine Minimalstelle von f beginnend mit einem Startpunkt $\mathbf{x}^{(0)}$ und fordern, dass der Fehler im Residuum kleiner als eine bestimmte vorgegebene Toleranz ϵ ist. Das Hooke- und Jeeves-Verfahren berechnet einen neuen Punkt $\mathbf{x}^{(1)}$ unter Verwendung der Werte von f in geeigneten Punkten entlang der orthogonalen Koordinatenrichtungen um $\mathbf{x}^{(0)}$. Die Methode besteht aus zwei Schritten: einem *Erkundungsschritt* und einem *Fortschreitungsschritt*.

Der Erkundungsschritt beginnt mit der Berechnung von $f(\mathbf{x}^{(0)} + h_1\mathbf{e}_1)$, wobei $\mathbf{e}_1$ der erste Vektor der kanonischen Basis im $\mathbb{R}^n$ und h_1 eine positive reelle Zahl, die geeignet zu wählen ist, sind. Ist $f(\mathbf{x}^{(0)} + h_1\mathbf{e}_1) < f(\mathbf{x}^{(0)})$, so wird ein Erfolg registriert und der Startpunkt wird in $\mathbf{x}^{(0)} + h_1\mathbf{e}_1$ verlegt, von dem aus ein analoger Test im Punkt $\mathbf{x}^{(0)} + h_1\mathbf{e}_1 + h_2\mathbf{e}_2$ mit $h_2 \in \mathbb{R}^+$ ausgeführt wird.

Wenn jedoch stattdessen $f(\mathbf{x}^{(0)} + h_1\mathbf{e}_1) \geq f(\mathbf{x}^{(0)})$ gilt, wird ein Misserfolg registriert und ein ähnlicher Test in $\mathbf{x}^{(0)} - h_1\mathbf{e}_1$ ausgeführt. Wurde ein Erfolg registriert, erkundet die Methode wie zuvor das Verhalten von f

in der Richtung $\mathbf{e}_2$ ausgehend von diesem neuen Punkt wohingegen im Misserfolgsfall sie direkt dazu übergeht, die Richtung $\mathbf{e}_2$ zu untersuchen, unter Beibehaltung von $\mathbf{x}^{(0)}$ als Startpunkt für den Erkundungsschritt.

Um eine bestimmte Genauigkeit zu erreichen, muss die Schrittlänge h_i so gewählt werden, dass die Größen

$$|f(\mathbf{x}^{(0)} \pm h_j\mathbf{e}_j) - f(\mathbf{x}^{(0)})|, \quad j = 1, \ldots, n, \tag{7.22}$$

vergleichbare Größenordnungen haben.

Der Erkundungsschritt bricht ab, sobald alle n kartesischen Richtungen untersucht wurden. Somit erzeugt die Methode einen neuen Punkt $\mathbf{y}^{(0)}$ nach höchstens $2n + 1$ Funktionsauswertungen. Nur zwei Möglichkeiten können auftreten:

1. $\mathbf{y}^{(0)} = \mathbf{x}^{(0)}$. Wenn in diesem Fall $\max\limits_{i=1,\ldots,n} h_i \leq \epsilon$ gilt, bricht die Methode ab und liefert die Näherungslösung $\mathbf{x}^{(0)}$. Andernfalls werden die Schrittlängen h_i halbiert und ein weiterer Erkundungsschritt wird ausgehend von $\mathbf{x}^{(0)}$ durchgeführt;

2. $\mathbf{y}^{(0)} \neq \mathbf{x}^{(0)}$. Wenn $\max\limits_{i=1,\ldots,n} |h_i| < \epsilon$ gilt, bricht die Methode ab und liefert $\mathbf{y}^{(0)}$ als Näherungslösung, andernfalls beginnt der Fortschreitungsschritt. Der Fortschreitungschritt besteht besser aus dem Weiterbewegen des Punktes $\mathbf{y}^{(0)}$ entlang der Richtung $\mathbf{y}^{(0)} - \mathbf{x}^{(0)}$ (die die Richtung ist, in der im Erkundungsschritt das maximale Fallen von f registriert wurde), als einfach nur $\mathbf{y}^{(0)}$ als neuen Startpunkt $\mathbf{x}^{(1)}$ zu nehmen.

   Dieser neue Startpunkt wird stattdessen gleich $2\mathbf{y}^{(0)} - \mathbf{x}^{(0)}$ gesetzt. Von diesem Punkt ausgehend wird eine neue Reihe von Erkundungsschritten begonnen. Führt diese Erkundung zu einem Punkt $\mathbf{y}^{(1)}$, für den $f(\mathbf{y}^{(1)}) < f(\mathbf{y}^{(0)} - \mathbf{x}^{(0)})$ gilt, so wurde ein neuer Startpunkt für den nächsten Erkundungsschritt gefunden, andernfalls wird der Startwert für weitere Erkundungen gleich $\mathbf{y}^{(1)} = \mathbf{y}^{(0)} - \mathbf{x}^{(0)}$ gesetzt.

   Die Methode ist nun bereit, erneut vom zuletzt berechneten Punkt zu starten.

Das Programm 60 liefert eine Implementation der Hooke- und Jeeves-Methode. Die Eingabeparameter sind die Größe `n` des Problems, der Vektor `h` der Anfangsschritte entlang der kartesischen Richtungen, die Variable `f`, die den Funktionalausdruck von f in Abhängigkeit der Komponenten `x(1)`, ..., `x(n)` enthält, der Startpunkt `x0` und die Abbruchtoleranz `toll` gleich ϵ. Als Ausgabeparameter gibt der Programmcode die Minimalstelle von f, `x`, den Wert `minf`, den f in `x` annimmt, und die Zahl der benötigten Iterationen, um `x` bis zur gewünschten Genauigkeit zu berechnen, zurück. Der Erkundungsschritt wird durch das Programm 61 realisiert.

Program 60 - hookejeeves : Das Hooke- und Jeeves-(HJ)-Verfahren

```
function [x,minf,nit]=hookejeeves(n,h,f,x0,toll)
x = x0; minf = eval(f); nit = 0;
while h > toll
  [y] = explore(h,n,f,x);
  if y == x, h = h/2; else
    x = 2*y-x;    [z] = explore(h,n,f,x);
    if z == x,  x = y;  else,  x = z;  end
  end
  nit = nit +1;
end
minf = eval(f);
```

Program 61 - explore : Erkundungsschritt beim HJ-Verfahren

```
function [x]=explore(h,n,f,x0)
x = x0; f0 = eval(f);
for i=1:n
  x(i) = x(i) + h(i);  ff = eval(f);
  if ff < f0,   f0 = ff;  else
    x(i) = x0(i) - h(i);  ff = eval(f);
    if ff < f0,  f0 = ff;  else,  x(i) = x0 (i);  end
  end
end
```

Die Methode von Nelder und Mead

Diese in [NM65] vorgeschlagene Methode verwendet lokale lineare Approximationen von f, um eine Folge von Punkten $\mathbf{x}^{(k)}$, die Approximationen von $\mathbf{x}^*$ sind, ausgehend von einfachen geometrischen Überlegungen zu erzeugen. Um die Details des Algorithmus zu erklären, beginnen wir mit der Feststellung, dass eine Ebene im $\mathbb{R}^n$ eindeutig durch Vorgabe von $n+1$ Punkten, die nicht auf einer Hyperebene liegen dürfen, bestimmt ist.
Bezeichnen wir diese Punkte durch $\mathbf{x}^{(k)}$, für $k = 0, \ldots, n$. Sie könnten als

$$\mathbf{x}^{(k)} = \mathbf{x}^{(0)} + h_k \mathbf{e}_k, \quad k = 1, \ldots, n \tag{7.23}$$

erzeugt werden, wobei die Schrittlängen $h_k \in \mathbb{R}^+$ derart ausgewählt wurden, dass die Variationen (7.22) von vergleichbarer Größe sind.

Wir wollen nun durch $\mathbf{x}^{(M)}$, $\mathbf{x}^{(m)}$ und $\mathbf{x}^{(\mu)}$ jene Punkte der Menge $\{\mathbf{x}^{(k)}\}$ bezeichnen, in denen f seinen maximalen und minimalen Wert bzw. den unmittelbar vor dem Maximum liegenden annimmt. Ferner bezeichne $\mathbf{x}_c^{(k)}$ das *Zentrum* der Punkte $\mathbf{x}^{(k)}$, definiert als

$$\mathbf{x}_c^{(k)} = \frac{1}{n} \sum_{j=0, j\neq k}^{n} \mathbf{x}^{(j)}.$$

Die Methode erzeugt ausgehend von $\mathbf{x}^{(k)}$ eine Folge von Approximationen von $\mathbf{x}^*$ durch Verwendung von drei möglichen Transformationen: *Spiegelungen* in Bezug auf Zentren, *Streckungen* und *Stauchungen.* Wir erklären die Details des Algorithmus unter der Annahme, dass $n+1$ Anfangspunkte verfügbar sind.

1. Bestimme die Punkte $\mathbf{x}^{(M)}$, $\mathbf{x}^{(m)}$ und $\mathbf{x}^{(\mu)}$.

2. Berechne als eine Approximation von $\mathbf{x}^*$ den Punkt

$$\bar{\mathbf{x}} = \frac{1}{n+1}\sum_{i=0}^{n}\mathbf{x}^{(i)}$$

und prüfe, ob $\bar{\mathbf{x}}$ hinreichend dicht (im Sinne der gemachten Präzision) an $\mathbf{x}^*$ liegt. Typischerweise fordert man, dass die Standardabweichung der Werte $f(\mathbf{x}^{(0)}),\ldots,f(\mathbf{x}^{(n)})$ von

$$\bar{f} = \frac{1}{n+1}\sum_{i=0}^{n}f(\mathbf{x}^{(i)})$$

kleiner als eine feste Toleranz ε ist, d.h.

$$\frac{1}{n}\sum_{i=0}^{n}\left(f(\mathbf{x}^{(i)}) - \bar{f}\right)^2 < \varepsilon.$$

Andernfalls wird $\mathbf{x}^{(M)}$ bezüglich $\mathbf{x}_c^{(M)}$ gespiegelt, d.h. der folgende neue Punkt $\mathbf{x}_r$ berechnet sich zu

$$\mathbf{x}_r = (1+\alpha)\mathbf{x}_c^{(M)} - \alpha\mathbf{x}^{(M)},$$

wobei $\alpha \geq 0$ ein geeigneter Spiegelungsfaktor ist. Beachte, dass die Methode sich in die "Gegenrichtung" bezüglich $\mathbf{x}^{(M)}$ bewegt hat. Diese Festlegung hat eine geometrische Interpretation im Fall $n = 2$, da die Punkte $\mathbf{x}^{(k)}$ mit $\mathbf{x}^{(M)}$, $\mathbf{x}^{(m)}$ und $\mathbf{x}^{(\mu)}$ übereinstimmen. Sie definieren folglich eine Ebene deren Gefälle von $\mathbf{x}^{(M)}$ nach $\mathbf{x}^{(m)}$ zeigt und die Methode liefert gerade einen Schritt in diese Richtung.

3. Ist $f(\mathbf{x}^{(m)}) \leq f(\mathbf{x}^{(r)}) \leq f(\mathbf{x}^{(\mu)})$, so wird der Punkt $\mathbf{x}^{(M)}$ durch $\mathbf{x}^{(r)}$ ersetzt und der Algorithmus kehrt zum Schritt 2 zurück.

4. Ist $f(\mathbf{x}^{(r)}) < f(\mathbf{x}^{(m)})$, dann hat der Spiegelungsschritt eine neue Minimalstelle produziert. Dies bedeutet, dass die Minimalstelle außerhalb der durch die konvexe Hülle der betrachteten Punkte definierten Menge liegen könnte. Daher muss diese Menge durch Berechnung der neuen Ecke

$$\mathbf{x}^{(e)} = \beta\mathbf{x}^{(r)} + (1-\beta)\mathbf{x}_c^{(M)},$$

wobei $\beta > 1$ ein Streckungsfaktor ist, ausgedehnt werden. Danach gibt es vor Rückkehr zu Schritt 2 zwei Möglichkeiten:

4a. falls $f(\mathbf{x}^{(e)}) < f(\mathbf{x}^{(m)})$ gilt, wird $\mathbf{x}^{(M)}$ durch $\mathbf{x}^{(e)}$ ersetzt;

4b. wenn andernfalls $f(\mathbf{x}^{(e)}) \geq f(\mathbf{x}^{(m)})$ ist, wird $\mathbf{x}^{(M)}$ durch $\mathbf{x}^{(r)}$ ersetzt, denn $f(x^{(r)}) < f(x^{(m)})$.

5. Ist $f(\mathbf{x}^{(r)}) > f(\mathbf{x}^{(\mu)})$, so liegt die Minimalstelle voraussichtlich innerhalb einer Teilmenge der konvexen Hülle der Punkte $\{\mathbf{x}^{(k)}\}$ und, daher können zwei unterschiedliche Strategien zur Eingrenzung dieser Menge verfolgt werden. Ist $f(\mathbf{x}^{(r)}) < f(\mathbf{x}^{(M)})$, erzeugt die Kontraktion einen neuen Punkt der Form

$$\mathbf{x}^{(co)} = \gamma \mathbf{x}^{(r)} + (1-\gamma)\mathbf{x}_c^{(M)}, \quad \gamma \in (0,1),$$

andernfalls,

$$\mathbf{x}^{(co)} = \gamma \mathbf{x}^{(M)} + (1-\gamma)\mathbf{x}_c^{(M)}, \quad \gamma \in (0,1),$$

Schließlich wird, bevor wir zu Schritt 2 zurückkehren, der Punkt $\mathbf{x}^{(M)}$ durch $\mathbf{x}^{(co)}$ ersetzt, wenn $f(\mathbf{x}^{(co)}) < f(\mathbf{x}^{(M)})$ gilt, während für $f(\mathbf{x}^{(co)}) \geq f(\mathbf{x}^{(M)})$ oder wenn $f(\mathbf{x}^{(co)}) > f(\mathbf{x}^{(r)})$ gilt, n neue Punkte $\mathbf{x}^{(k)}$, $k = 1, \ldots, n$, durch Halbierung der Abstände zwischen den Orginalpunkten und $\mathbf{x}^{(0)}$ erzeugt werden.

Was die Wahl der Parameter α, β und γ anbetrifft, werden in [NM65] empirisch die folgenden Werte vorgeschlagen: $\alpha = 1$, $\beta = 2$ und $\gamma = 1/2$. Das resultierende Schema ist als *Simplexmethode* bekannt (dies darf nicht mit einer den gleichen Namen tragenden Methode in der linearen Optimierung verwechselt werden), weil die Menge von Punkten $\mathbf{x}^{(k)}$, gemeinsam mit ihren konvexen Linearkombinationen einen Simplex im $\mathbb{R}^n$ bilden.

Die Konvergenzrate des Verfahrens ist stark von der Orientierung des Ausgangssimplex abhängig. In Ermangelung an Information über das Verhalten von f stellt sich die Anfangswahl (7.23) in den meisten Fällen als geeignet heraus.

Wir bemerken abschließend, dass das Simplex-Verfahren der grundlegende Bestandteil der MATLAB Funktion `fmins` zur Minimierung von Funktionen in n Dimensionen ist.

Beispiel 7.5 Wir wollen die Leistungsfähigkeit des Simplex-Verfahrens mit der Hooke- und Jeeves-Methode bei der Minimierung der Rosenbrock-Funktion

$$f(\mathbf{x}) = 100(x_2 - x_1^2)^2 + (1 - x_1)^2. \tag{7.24}$$

vergleichen.

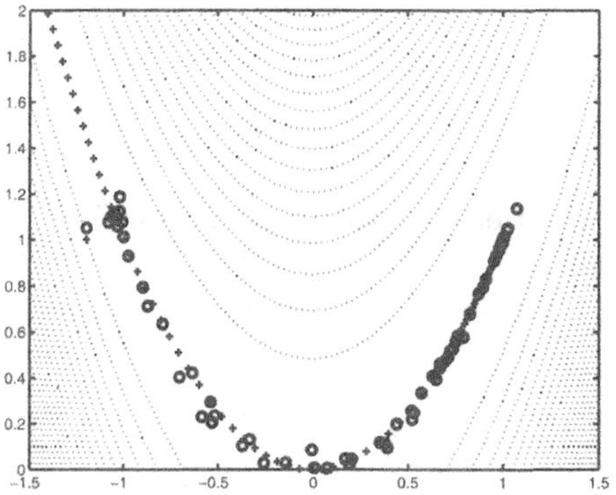

Abbildung 7.2. Konvergenzverläufe des Hooke- und Jeeves-Verfahrens (mit Kreuzen markierte Linie) und des Simplex-Verfahrens (mit Kreisen markierte Linie). Die Niveaulinien der zu minimierenden Funktion (7.24) sind gepunktet dargestellt.

Diese Funktion hat eine Minimalstelle in $(1,1)^T$ und bildet einen strengen Maßstab zur Testung numerischer Methoden für Minimumprobleme. Der Startpunkt wird für beide Methoden gleich $\mathbf{x}^{(0)} = (-1.2, 1)^T$ gesetzt, die Schrittlängen werden gleich $h_1 = 0.6$ und $h_2 = 0.5$ genommen, so dass (7.23) erfüllt ist. Die Abbruchtoleranz für das Residuum wird gleich 10^{-4} gesetzt. Für die Implementation der Simplex-Methode haben wir die MATLAB Funktion `fmins` verwendet.

Abbildung 7.2 zeigt die Iterierten, berechnet durch die Hooke- und Jeeves-Methode (von der aus Gründen der Übersichtlichkeit nur jede zehnte Iterierte eingezeichnet wurde) und durch die Simplex-Methode, überlagert von den Niveaulinien der Rosenbrock-Funktion. Der Graph demonstriert die Schwierigkeit dieses Testfalles; tatsächlich ist die Funktion gleich einem gekrümmten engen Tal, das sein Minimum entlang der Parabel $x_1^2 - x_2 = 0$ annimmt.

Die Simplex-Methode konvergiert in nur 165 Iterationen, während 935 für die Konvergenz der Hooke- und Jeeves-Methode benötigt werden. Das erste Schema ergibt die Lösung $(0.999987, 0.999978)^T$, wohingegen das letztere den Vektor $(0.9655, 0.9322)^T$ liefert. •

7.2.2 Abstiegsmethoden

In diesem Abschnitt führen wir iterative Verfahren ein, die komplizierter als jene sind, die in Abschnitt 7.2.1 studiert wurden. Sie lassen sich wie folgt formulieren:

bei gegebenem Startvektor $\mathbf{x}^{(0)} \in \mathbb{R}^n$
berechne für $k \geq 0$ bis zur Konvergenz

$$\mathbf{x}^{(k+1)} = \mathbf{x}^{(k)} + \alpha_k \mathbf{d}^{(k)}, \tag{7.25}$$

wobei $\mathbf{d}^{(k)}$ eine geeignet gewählte Richtung und α_k ein positiver Parameter (*Schrittweite* genannt), der den Schritt in Richtung $\mathbf{d}^{(k)}$ misst, sind. Diese

Richtung $\mathbf{d}^{(k)}$ ist eine *Abstiegsrichtung*, wenn Folgendes gilt:

$$\begin{aligned} &\mathbf{d}^{(k)^T}\nabla f(\mathbf{x}^{(k)}) < 0, \quad && \text{für } \nabla f(\mathbf{x}^{(k)}) \neq \mathbf{0}, \\ &\mathbf{d}^{(k)} = \mathbf{0}, && \text{für } \nabla f(\mathbf{x}^{(k)}) = \mathbf{0}. \end{aligned} \tag{7.26}$$

Eine *Abstiegsmethode* ist eine Methode der Form (7.25), bei der die Vektoren $\mathbf{d}^{(k)}$ Abstiegsrichtungen sind.

Die Eigenschaft (7.20) sichert, dass hinreichend kleine $\alpha_k > 0$ existieren, so dass

$$f(\mathbf{x}^{(k)} + \alpha_k \mathbf{d}^{(k)}) < f(\mathbf{x}^{(k)}), \tag{7.27}$$

vorausgesetzt, f ist stetig differenzierbar. Nehmen wir in (7.20) $\xi = \mathbf{x}^{(k)} + \vartheta\alpha_k\mathbf{d}^{(k)}$ mit $\vartheta \in (0,1)$ und verwenden die Stetigkeit von ∇f, so erhalten wir tatsächlich

$$f(\mathbf{x}^{(k)} + \alpha_k \mathbf{d}^{(k)}) - f(\mathbf{x}^{(k)}) = \alpha_k \nabla f(\mathbf{x}^{(k)})^T \mathbf{d}^{(k)} + \varepsilon, \tag{7.28}$$

wobei ε gegen Null strebt, wenn α_k gegen Null geht. Folglich stimmt für hinreichend kleine $\alpha_k > 0$ das Vorzeichen der linken Seite von (7.28) mit dem Vorzeichen von $\nabla f(\mathbf{x}^{(k)})^T\mathbf{d}^{(k)}$ überein, so dass (7.27) erfüllt ist, wenn $\mathbf{d}^{(k)}$ eine Abstiegsrichtung ist.

Verschiedene Definitionen von $\mathbf{d}^{(k)}$ entsprechen verschiedenen Methoden. Speziell erwähnen wir die folgenden:

- *Newton-Verfahren*, bei der

  $$\mathbf{d}^{(k)} = -\mathrm{H}^{-1}(\mathbf{x}^{(k)})\nabla f(\mathbf{x}^{(k)}),$$

  vorausgesetzt, H ist innerhalb einer hinreichend kleinen Umgebung des Punktes $\mathbf{x}^*$ positiv definit;

- *inexakte Newton-Verfahren*, bei denen

  $$\mathbf{d}^{(k)} = -\mathrm{B}_k^{-1}\nabla f(\mathbf{x}^{(k)}),$$

  wobei B_k eine geeignete Approximation von $\mathrm{H}(\mathbf{x}^{(k)})$ bezeichnet;

- die *Gradientenmethode* oder *Methode des steilsten Abstieges*, bei der $\mathbf{d}^{(k)} = -\nabla f(\mathbf{x}^{(k)})$ gilt. Diese Methode ist somit ein inexaktes Newton-Verfahren, bei der $\mathrm{B}_k = \mathrm{I}$. Sie kann auch als eine gradientenähnliche Methode angesehen werden, denn $\mathbf{d}^{(k)^T}\nabla f(\mathbf{x}^{(k)}) = -\|\nabla f(\mathbf{x}^{(k)})\|_2^2$;

- die *Methode konjugierter Gradienten*, für die

  $$\mathbf{d}^{(k)} = -\nabla f(\mathbf{x}^{(k)}) + \beta_k \mathbf{d}^{(k-1)}$$

  gilt, wobei β_k ein Skalar ist, der geeignet auf solche Weise auszuwählen ist, dass die Richtungen $\{\mathbf{d}^{(k)}\}$ sich als paarweise orthogonal in Bezug auf ein geeignetes Skalarprodukt erweisen.

Die Auswahl von $\mathbf{d}^{(k)}$ genügt nicht, um eine Abstiegsmethode vollständig zu charakterisieren. Es bleibt nämlich noch offen, wie α_k zu bestimmen ist, so dass (7.27) gilt, ohne zu extrem kleinen Schrittweiten α_k (und damit zu Methoden mit langsamer Konvergenz) greifen zu müssen.

Eine Methode zur Berechnung von α_k besteht in der Lösung des folgenden Minimumproblems in einer Dimension:

$$\text{finde } \alpha, \text{ so dass } \phi(\alpha) = f(\mathbf{x}^{(k)} + \alpha\mathbf{d}^{(k)}) \text{ minimiert wird.} \tag{7.29}$$

In diesem Fall haben wir das folgende Resultat.

Theorem 7.3 *Wird im Schritt k der Abstiegsmethode* (7.25) *der Parameter α_k gleich der exakten Lösung von* (7.29) *gesetzt, so gilt die Orthogonalitätseigenschaft*

$$\nabla f(\mathbf{x}^{(k+1)})^T \mathbf{d}^{(k)} = 0.$$

Beweis. Sei α_k eine Lösung von (7.29). Dann verschwindet die durch

$$\phi'(\alpha) = \sum_{i=1}^{n} \frac{\partial f}{\partial x_i}(\mathbf{x}^{(k)} + \alpha_k \mathbf{d}^{(k)}) \frac{\partial}{\partial \alpha}(x_i^{(k)} + \alpha d_i^{(k)}) = \nabla f(\mathbf{x}^{(k)} + \alpha_k \mathbf{d}^{(k)})^T \mathbf{d}^{(k)}$$

gegebene erste Ableitung von ϕ in $\alpha = \alpha_k$. Die Behauptung folgt nun aus der Definition von $\mathbf{x}^{(k+1)}$. ◇

Unglücklicherweise ist, abgesehen von Spezialfällen (die nichtsdestotrotz ganz relevant sind, siehe Abschnitt 7.2.4), die Ermittlung einer exakten Lösung von (7.29) nicht möglich, da dies ein nichtlineares Problem ist. Eine mögliche Strategie besteht in der Approximation von f entlang der Geraden $\mathbf{x}^{(k)} + \alpha\mathbf{d}^{(k)}$ durch ein Interpolationspolynom und anschließender Minimierung dieses Polynoms (siehe die quadratische Interpolationsmethode nach Powell und die kubische Interpolationsmethode nach Davidon in [Wal75]).

Allgemein gesprochen heißt ein Prozess, der zu einer Näherungslösung von (7.29) führt, *Liniensuchverfahren* und wird im nächsten Abschnitt besprochen.

7.2.3 Liniensuchverfahren

Die in diesem Abschnitt behandelten Methoden sind iterative Verfahren, die abbrechen, sobald ein Genauigkeitskriterium bezüglich α_k erfüllt ist. Wir werden annehmen, dass (7.26) gilt.

Praktische Erfahrungen zeigen, dass es nicht erforderlich ist, (7.29) genau zu lösen, um effiziente Methoden zu entwickeln, vielmehr ist entscheidend, gewisse Begrenzungen der Schrittlängen zu fordern (und somit die zulässigen Werte für α_k einzugrenzen). Tatsächlich scheint ohne Einführung irgendwelcher Beschränkungen eine sinnvolle Forderung an α_k zu sein, dass die neue Iterierte $\mathbf{x}^{(k+1)}$ die Ungleichung

$$f(\mathbf{x}^{(k+1)}) < f(\mathbf{x}^{(k)}) \tag{7.30}$$

erfüllt, wobei $\mathbf{x}^{(k)}$ und $\mathbf{d}^{(k)}$ fest gewählt sind. Für diesen Zweck kann das Verfahren, dass darauf beruht, mit einem (hinreichend großen) Wert der Schrittlänge α_k zu beginnen und diesen Wert zu halbieren, bis (7.30) erfüllt ist, zu vollständig falschen Ergebnissen führen (siehe [DS83]).

Strengere Kriterien als (7.30) sollten bei der Wahl möglicher Werte für α_k genommen werden. Dazu bemerken wir, dass bei den obigen Beispielen zwei Arten von Schwierigkeiten entstehen: eine langsame Abstiegsrate der Folge und die Verwendung von kleinen Schrittweiten.

Die erste Schwierigkeit kann durch die Forderung

$$\begin{aligned} 0 \geq v_M(\mathbf{x}^{(k+1)}) &= \frac{1}{\alpha_k}\left[f(\mathbf{x}^{(k)}) - f(\mathbf{x}^{(k)} + \alpha_k \mathbf{d}^{(k)})\right] \\ &\geq -\sigma \nabla f(\mathbf{x}^{(k)})^T \mathbf{d}^{(k)} \end{aligned} \tag{7.31}$$

mit $\sigma \in (0, 1/2)$ überwunden werden. Dies läuft auf die Forderung hinaus, dass die mittlere Abstiegsrate v_M von f entlang $\mathbf{d}^{(k)}$ in $\mathbf{x}^{(k+1)}$ zumindest gleich einem gegebenen Bruchteil der Anfangsabstiegsrate $\mathbf{x}^{(k)}$ ist. Um die Erzeugung zu kleiner Schrittweiten zu vermeiden, fordern wir, dass die Abstiegsrate in Richtung $\mathbf{d}^{(k)}$ in $\mathbf{x}^{(k+1)}$ nicht kleiner als ein gegebner Bruchteil der Abstiegsrate in $\mathbf{x}^{(k)}$

$$|\nabla f(\mathbf{x}^{(k)} + \alpha_k \mathbf{d}^{(k)})^T \mathbf{d}^{(k)}| \leq \beta |\nabla f(\mathbf{x}^{(k)})^T \mathbf{d}^{(k)}| \tag{7.32}$$

ist, mit $\beta \in (\sigma, 1)$, so dass auch (7.31) gilt. In der numerischen Praxis sind $\sigma \in [10^{-5}, 10^{-1}]$ und $\beta \in [10^{-1}, \frac{1}{2}]$ gebräuchliche Werte. Manchmal wird (7.32) durch die schwächere Bedingung

$$\nabla f(\mathbf{x}^{(k)} + \alpha_k \mathbf{d}^{(k)})^T \mathbf{d}^{(k)} \geq \beta \nabla f(\mathbf{x}^{(k)})^T \mathbf{d}^{(k)} \tag{7.33}$$

ersetzt (wir erinnern daran, dass $\nabla f(\mathbf{x}^{(k)})^T \mathbf{d}^{(k)}$ negativ ist, denn $\mathbf{d}^{(k)}$ ist eine Abstiegsrichtung).

Die folgende Eigenschaft sichert, dass es unter geeigneten Annahmen möglich ist, Werte von α_k zu finden, die (7.31),(7.32) oder (7.31),(7.33) erfüllen.

Eigenschaft 7.5 *Angenommen, dass $f(x) \geq M$ für jedes $x \in \mathbb{R}^n$. Dann gibt es für die Abstiegsmethode ein Intervall $I = [c, C]$, mit $0 < c < C$, so dass $\forall \alpha_k \in I$,* (7.31), (7.32) *(oder* (7.31),(7.33)*) mit $\sigma \in (0, 1/2)$ und $\beta \in (\sigma, 1)$ erfüllt sind.*

Unter der Bedingung des Erfüllens der Forderungen (7.31) und (7.32) sind verschiedene Wahlen für α_k verfügbar. Unter den *up-to-date* Strategien erinnern wir hier an die *Rückverfolgungstechniken*: nachdem $\sigma \in (0, 1/2)$

fixiert ist, beginne mit $\alpha_k = 1$ und fahre fort seinen Wert durch einen geeigneten Skalierungsfaktor $\rho \in (0,1)$ zu reduzieren (*Rückverfolgungsschritt*) bis (7.31) erfüllt ist. Dieses Verfahren ist im Programm 62 implementiert, das als Eingabeparameter den Vektor $\mathbf{x}$, der $\mathbf{x}^{(k)}$ enthält, die Makros f und J der Funktionalausdrücke von f und seiner Jacobi-Matrix, den Vektor d der Richtung $\mathbf{d}^{(k)}$, und einen Wert für σ (üblicherweise von der Ordnung 10^{-4}) und den Skalierungsfaktor ρ erfordert. Als Ausgabeparameter gibt der Programmcode den unter Verwendung eines geeigneten Wertes von α_k berechneten Vektor $\mathbf{x}^{(k+1)}$ zurück.

Program 62 - backtrackr : Rückverfolgung für Liniensuche

```
function [xnew]= backtrackr(sigma,rho,x,f,J,d)
alphak = 1; fk = eval(f); Jfk = eval (J);
xx = x; x = x + alphak * d; fk1 = eval (f);
while fk1 > fk + sigma * alphak * Jfk'*d
  alphak = alphak*rho;
  x = xx + alphak*d;
  fk1 = eval(f);
end
```

Andere gemeinhin verwendete Strategien sind jene, die durch *Armijo* und *Goldstein* entwickelt wurden (siehe [Arm66], [GP67]). Beide verwenden $\sigma \in (0, 1/2)$. Bei der Armijoformel nimmt man $\alpha_k = \beta^{m_k}\bar{\alpha}$, wobei $\beta \in (0,1)$, $\bar{\alpha} > 0$ und m_k die erste nichtnegative ganze Zahl ist, so dass (7.31) gilt. Bei der Goldsteinformel wird der Parameter α_k derart bestimmt, dass

$$\sigma \leq \frac{f(\mathbf{x}^{(k)} + \alpha_k \mathbf{d}^{(k)}) - f(\mathbf{x}^{(k)})}{\alpha_k \nabla f(\mathbf{x}^{(k)})^T \mathbf{d}^{(k)}} \leq 1 - \sigma. \tag{7.34}$$

Ein Verfahren zur Berechnung von α_k, das (7.34) genügt, wird in [Ber82], Kapitel 1, beschrieben. Natürlich kann man sogar $\alpha_k = \bar{\alpha}$ für jedes k wählen, was zweckmäßig ist, wenn die Auswertung von f kostenaufwendig ist.

In jedem Fall ist eine gute Wahl von $\bar{\alpha}$ erforderlich. Hierzu kann man wie folgt vorgehen. Für einen gegebenen Wert $\bar{\alpha}$ wird das Polynom Π_2 zweiten Grades in Richtung $\mathbf{d}^{(k)}$ aus den folgenden Interpolationsbedingungen

$$\begin{aligned}
&\Pi_2(\mathbf{x}^{(k)}) = f(\mathbf{x}^{(k)}),\\
&\Pi_2(\mathbf{x}^{(k)} + \bar{\alpha}\mathbf{d}^{(k)}) = f(\mathbf{x}^{(k)} + \bar{\alpha}\mathbf{d}^{(k)}),\\
&\Pi_2'(\mathbf{x}^{(k)}) = \nabla f(\mathbf{x}^{(k)})^T \mathbf{d}^{(k)}.
\end{aligned}$$

konstruiert. Als nächstes wird der Wert $\tilde{\alpha}$ berechnet, so dass Π_2 minimiert wird, dann setzen wir $\bar{\alpha} = \tilde{\alpha}$.

7.2.4 Abstiegsmethoden für quadratische Funktionen

Ein Fall bemerkenswerten Interesses, bei dem der Parameter α_k exakt berechnet werden kann, ist die Minimierung der quadratischen Funktion

$$f(\mathbf{x}) = \frac{1}{2}\mathbf{x}^T \mathrm{A}\mathbf{x} - \mathbf{b}^T\mathbf{x}, \tag{7.35}$$

wobei A$\in \mathbb{R}^{n\times n}$ eine symmetrische und positiv definite Matrix und $\mathbf{b} \in \mathbb{R}^n$ sind. In diesem Fall ist, wie bereits in Abschnitt 4.3.3 gezeigt wurde, eine notwendige Bedingung für eine Minimalstelle $\mathbf{x}^*$ von f die Forderung, dass $\mathbf{x}^*$ Lösung des linearen Systems (3.2) ist. In der Tat kann für eine quadratische Funktion f

$$\nabla f(\mathbf{x}) = \mathrm{A}\mathbf{x} - \mathbf{b} = -\mathbf{r}, \quad \mathrm{H}(\mathbf{x}) = \mathrm{A}$$

gezeigt werden. Folglich können alle in Abschnitt 4.3.3 für lineare Systeme entwickelten gradientenähnlichen iterativen Verfahren *kurzum* erweitert werden, um Minimumprobleme zu lösen.

Insbesondere können wir, indem wir eine feste Abstiegsrichtung $\mathbf{d}^{(k)}$ gewählt haben, den optimalen Wert des Beschleunigungsparameters α_k, der in (7.25) auftritt, derart bestimmen, dass der Punkt gefunden wird, in dem die Einschränkung der Funktion f auf die Richtung $\mathbf{d}^{(k)}$ minimiert wird. Durch Nullsetzen der Richtungsableitung erhalten wir

$$\frac{\mathrm{d}}{\mathrm{d}\alpha_k} f(\mathbf{x}^{(k)} + \alpha_k \mathbf{d}^{(k)}) = -\mathbf{d}^{(k)^T}\mathbf{r}^{(k)} + \alpha_k \mathbf{d}^{(k)^T}\mathrm{A}\mathbf{d}^{(k)} = 0,$$

woraus der folgende Ausdruck für α_k entsteht

$$\alpha_k = \frac{\mathbf{d}^{(k)^T}\mathbf{r}^{(k)}}{\mathbf{d}^{(k)^T}\mathrm{A}\mathbf{d}^{(k)}}. \tag{7.36}$$

Der durch den iterativen Prozess (7.25) im k-ten Schritt entstehende Fehler ist

$$\begin{aligned} \|\mathbf{x}^{(k+1)} - \mathbf{x}^*\|_\mathrm{A}^2 &= \left(\mathbf{x}^{(k+1)} - \mathbf{x}^*\right)^T \mathrm{A}\left(\mathbf{x}^{(k+1)} - \mathbf{x}^*\right) \\ &= \|\mathbf{x}^{(k)} - \mathbf{x}^*\|_\mathrm{A}^2 + 2\alpha_k \mathbf{d}^{(k)^T}\mathrm{A}\left(\mathbf{x}^{(k)} - \mathbf{x}^*\right) + \alpha_k^2 \mathbf{d}^{(k)^T}\mathrm{A}\mathbf{d}^{(k)}. \end{aligned} \tag{7.37}$$

Andererseits gilt $\|\mathbf{x}^{(k)} - \mathbf{x}^*\|_\mathrm{A}^2 = \mathbf{r}^{(k)^T}\mathrm{A}^{-1}\mathbf{r}^{(k)}$, so dass aus (7.37)

$$\|\mathbf{x}^{(k+1)} - \mathbf{x}^*\|_\mathrm{A}^2 = \rho_k \|\mathbf{x}^{(k)} - \mathbf{x}^*\|_\mathrm{A}^2 \tag{7.38}$$

folgt, wobei $\rho_k = 1 - \sigma_k$ mit

$$\sigma_k = (\mathbf{d}^{(k)^T}\mathbf{r}^{(k)})^2 / \left(\left(\mathbf{d}^{(k)}\right)^T \mathrm{A}\mathbf{d}^{(k)} \left(\mathbf{r}^{(k)}\right)^T \mathrm{A}^{-1}\mathbf{r}^{(k)}\right)$$

bezeichnet wurde. Da A symmetrisch und positiv definit ist, ist σ_k immer positiv. Darüber hinaus kann direkt gezeigt werden, dass ρ_k streng kleiner als 1 ist, außer im Fall, in dem $\mathbf{d}^{(k)}$ orthogonal zu $\mathbf{r}^{(k)}$ ist, wo $\rho_k = 1$.

Die Wahl $\mathbf{d}^{(k)} = \mathbf{r}^{(k)}$, die zur *Methode des steilsten Abstieges* führt, vermeidet das Auftreten des letztgenannten Falles. Für diese Wahl erhalten wir aus (7.38)

$$\|\mathbf{x}^{(k+1)} - \mathbf{x}^*\|_{\mathrm{A}} \leq \frac{\lambda_{max} - \lambda_{min}}{\lambda_{max} + \lambda_{min}} \|\mathbf{x}^{(k)} - \mathbf{x}^*\|_{\mathrm{A}} \tag{7.39}$$

durch Anwendung folgenden Resultates.

Lemma 7.1 (Kantorovich-Ungleichung) *Sei* $\mathrm{A} \in \mathbb{R}^{n\times n}$ *eine symmetrische positiv definite Matrix deren betragsmäßig größter bzw. kleinster Eigenwert* λ_{max} *und* λ_{min} *sind. Dann gilt* $\forall \mathbf{y} \in \mathbb{R}^n$, $\mathbf{y} \neq \mathbf{0}$,

$$\frac{(\mathbf{y}^T\mathbf{y})^2}{(\mathbf{y}^T\mathrm{A}\mathbf{y})(\mathbf{y}^T\mathrm{A}^{-1}\mathbf{y})} \geq \frac{4\lambda_{max}\lambda_{min}}{(\lambda_{max} + \lambda_{min})^2}.$$

Aus (7.39) folgt, dass für schlecht konditioniertes A der Fehlerreduktionsfaktor für die Methode des *steilsten Abstieges* nahe bei 1 liegt, was eine langsame Konvergenz gegen die Minimalstelle $\mathbf{x}^*$ ergibt. Wie in Abschnitt 4 ausgeführt, kann dieser Nachteil durch Einführung von Richtungen $\mathbf{d}^{(k)}$ überwunden werden, die paarweise A-konjugiert sind, d.h.

$$\mathbf{d}^{(k)^T}\mathrm{A}\mathbf{d}^{(m)} = 0, \quad \text{für } k \neq m.$$

Die entsprechenden Methoden haben die folgende endliche Abbrucheigenschaft.

Eigenschaft 7.6 *Eine Methode zur Berechnung der Minimalstelle* $\mathbf{x}^*$ *der quadratischen Funktion* (7.35), *die* A*-konjugierte Richtungen hat, bricht nach höchstens* n *Schritten ab, wenn der Beschleunigungsparameter* α_k *wie in* (7.36) *ausgewählt wurde. Darüber hinaus ist, für jedes* k, $\mathbf{x}^{(k+1)}$ *Minimalstelle von* f *über dem durch die Vektoren* $\mathbf{x}^{(0)}, \mathbf{d}^{(0)}, \ldots, \mathbf{d}^{(k)}$ *und*

$$\mathbf{r}^{(k+1)^T}\mathbf{d}^{(m)} = 0 \quad \forall m \leq k$$

erzeugten Teilraum.

Die A-konjugierten Richtungen können bestimmt werden, indem man dem in Abschnitt 4.3.4 beschriebenem Verfahren folgt. Sei $\mathbf{d}^{(0)} = \mathbf{r}^{(0)}$. Das Verfahren der *konjugierten Gradienten* zur Funkionswertminimierung ist dann

$$\begin{aligned}
\mathbf{d}^{(k+1)} &= \mathbf{r}^{(k)} + \beta_k \mathbf{d}^{(k)}, \\
\beta_k &= -\frac{\mathbf{r}^{(k+1)^T}\mathrm{A}\mathbf{d}^{(k)}}{\mathbf{d}^{(k)^T}\mathrm{A}\mathbf{d}^{(k)}} = \frac{\mathbf{r}^{(k+1)^T}\mathbf{r}^{(k+1)}}{\mathbf{r}^{(k)^T}\mathbf{r}^{(k)}}, \\
\mathbf{x}^{(k+1)} &= \mathbf{x}^{(k)} + \alpha_k \mathbf{d}^{(k)}.
\end{aligned}$$

Es genügt der folgenden Fehlerabschätzung

$$\|\mathbf{x}^{(k)} - \mathbf{x}^*\|_{\mathrm{A}} \leq 2 \left(\frac{\sqrt{K_2(\mathrm{A})} - 1}{\sqrt{K_2(\mathrm{A})} + 1} \right)^k \|\mathbf{x}^{(0)} - \mathbf{x}^*\|_{\mathrm{A}},$$

die durch Verringerung der Konditionszahl von A verbessert werden kann, d.h. durch Anwendung von in Abschnitt 4.3.2 behandelten Vorkonditionierungstechniken.

Bemerkung 7.3 (Der nichtquadratische Fall) Die Methode der konjugierten Richtungen kann auf den Fall erweitert werden, in dem f eine nichtquadratische Funktion ist. Jedoch kann in solch einem Fall der Beschlenigungsparameter α_k *a priori* nicht exakt bestimmt werden, sondern erfordert die Lösung eines lokalen Minimumproblems. Darüber hinaus können die Parameter β_k nicht mehr eindeutig gefunden werden. Unter den verlässlichen Formeln erinnern wir an die, die auf Fletcher-Reeves zurückgeht

$$\beta_1 = 0, \quad \beta_k = \frac{\|\nabla f(\mathbf{x}^{(k)})\|_2^2}{\|\nabla f(\mathbf{x}^{(k-1)})\|_2^2}, \quad \text{für } k > 1$$

und an die von Polak-Ribiére

$$\beta_1 = 0, \quad \beta_k = \frac{\nabla f(\mathbf{x}^{(k)})^T (\nabla f(\mathbf{x}^{(k)}) - \nabla f(\mathbf{x}^{(k-1)}))}{\|\nabla f(\mathbf{x}^{(k-1)})\|_2^2}, \qquad \text{für } k > 1.$$

■

7.2.5 Newton-ähnliche Methoden zur Minimierung von Funktionen

Eine Alternative ist durch das Newton-Verfahren gegeben, das sich von seiner für nichtlineare Systeme verwendeten Version darin unterscheidet, dass es nun nicht mehr auf f, sondern auf seinen Gradienten angewandt wird.

Unter Verwendung der Notation von Abschnitt 7.2.2 läuft das Newton-Verfahren darauf hinaus, für $k = 0, 1, \ldots,$ bis zur Konvergenz

$$\begin{aligned} \mathbf{d}^{(k)} &= -\mathrm{H}_k^{-1} \nabla f(\mathbf{x}^{(k)}), \\ \mathbf{x}^{(k+1)} &= \mathbf{x}^{(k)} + \mathbf{d}^{(k)}, \end{aligned} \tag{7.40}$$

zu berechnen, wobei $\mathbf{x}^{(0)} \in \mathbb{R}^n$ ein gegebener Startvektor ist und $\mathrm{H}_k = \mathrm{H}(\mathbf{x}^{(k)})$ gesetzt wurde. Die Methode kann durch Abbruch der Taylorentwicklung von $f(\mathbf{x}^{(k)})$ nach dem zweiten Glied hergeleitet werden

$$f(\mathbf{x}^{(k)} + \mathbf{p}) \simeq f(\mathbf{x}^{(k)}) + \nabla f(\mathbf{x}^{(k)})^T \mathbf{p} + \frac{1}{2} \mathbf{p}^T \mathrm{H}_k \mathbf{p}. \tag{7.41}$$

Wählen wir $\mathbf{p}$ in (7.41) auf solche Weise, dass der neue Vektor $\mathbf{x}^{(k+1)} = \mathbf{x}^{(k)} + \mathbf{p}$ der Beziehung $\nabla f(\mathbf{x}^{k+1}) = \mathbf{0}$ genügt, so gelangen wir zur Methode (7.40), die in einem Schritt konvergiert, wenn f quadratisch ist.

Im allgemeinen Fall gilt ein zu Theorem 7.1 analoges Resultat auch für die Funktionsminimierung. Die Methode (7.40) ist daher lokal quadratisch gegen die Minimalstelle $\mathbf{x}^*$ konvergent. Jedoch ist es nicht zweckmäßig das Newton-Verfahren von Beginn der Rechnung an zu verwenden, es sei denn $\mathbf{x}^{(0)}$ ist hinreichend nahe an $\mathbf{x}^*$. Andernfalls könnte H_k tatsächlich nicht invertierbar sein, und die Richtungen $\mathbf{d}^{(k)}$ könnten sich als keine Abstiegsrichtungen erweisen. Darüber hinaus schützt das Schema (7.40) im Fall, dass H_k nicht positiv definit ist, nicht davor gegen einen Sattelpunkt oder eine Maximalstelle zu konvergieren, die gleichfalls Punkte sind, in denen ∇f verschwindet. All diese Nachteile, zusammen mit den hohen numerischen Kosten (man erinnere sich, dass ein lineares System mit der Matrix H_k in jeder Iteration gelöst werden muss), legt eine geeignet modifizierte Methode (7.40) nahe, was auf die sogenannten *quasi-Newton*-Verfahren führt.

Eine erste Modifikation, die sich auf den Fall, in dem H_k nicht positiv definit ist, bezieht, liefert das sogenannte *Newton-Verfahren mit Verschiebung*. Die Idee ist, das Newton-Verfahren vor einer Konvergenz gegen eine Nichtminimalstelle von f zu bewahren, indem das Schema auf eine neue Hesse-Matrix $\tilde{\mathrm{H}}_k = \mathrm{H}_k + \mu_k \mathrm{I}_n$ angewandt wird, wobei I_n wie üblich die Einheitsmatrix der Ordnung n bezeichnet und μ_k derart ausgewählt wurde, dass $\tilde{\mathrm{H}}_k$ positiv definit ist. Das Problem ist, die *Verschiebung* μ_k mit einem reduzierten Aufwand zu bestimmen: Dies kann zum Beispiel durch Anwendung des Gershgorin Theorems auf die Matrix $\tilde{\mathrm{H}}_k$ (siehe Abschnitt 5.1) getan werden. Für weitere Details zu diesem Gegenstand verweisen wir auf [DS83] und [GMW81].

7.2.6 *Quasi-Newton-Verfahren*

Bei der k-ten Iteration führt ein *quasi-Newton-Verfahren* zur Funktionsminimierung die folgenden Schritte aus:

1. berechne die Hesse-Matrix H_k oder eine geeignete Approximation B_k;

2. finde eine Abstiegsrichtung $\mathbf{d}^{(k)}$ (nicht notwendig übereinstimmend mit der durch das Newton-Verfahren gelieferten Richtung) unter Verwendung von H_k oder B_k;

3. berechne den Beschleunigungsparameter α_k;

4. aktualisiere die Lösung durch $\mathbf{x}^{(k+1)} = \mathbf{x}^{(k)} + \alpha_k \mathbf{d}^{(k)}$ gemäß einem globalen Konvergenzkriterium.

Im Spezialfall $\mathbf{d}^{(k)} = -\mathrm{H}_k^{-1}\nabla f(\mathbf{x}^{(k)})$ wird das resultierende Schema *gedämpftes Newton-Verfahren* genannt. Um H_k oder B_k zu berechnen, kann man entweder zum Newton-Verfahren oder zu sekantenähnlichen Methoden greifen, die in Abschnitt 7.2.7 betrachtet werden.

Die Kriterien zur Auswahl des Parameters α_k, die in Abschnitt 7.2.3 diskutiert wurden, können nun nutzbringend verwendet werden, um global konvergente Methoden zu entwickeln. Eigenschaft 7.5 sichert, dass es Werte von α_k gibt, die (7.31), (7.33) oder (7.31), (7.32) genügen.

Nehmen wir dann an, dass eine Folge von Iterierten $\mathbf{x}^{(k)}$, die durch ein Abstiegsverfahren für gegebenes $\mathbf{x}^{(0)}$ erzeugt wurden gegen einen Vektor $\mathbf{x}^*$ konvergiert. Dieser Vektor wird im allgemeinen kein kritischer Punkt von f sein. Das folgende Resultat gibt gewisse Bedingungen, die sichern, dass der Grenzwert $\mathbf{x}^*$ der Folge auch ein kritischer Punkt von f ist.

Eigenschaft 7.7 (Konvergenz) *Sei $f : \mathbb{R}^n \rightarrow \mathbb{R}$ eine stetig differenzierbare Funktion und möge ein $L > 0$ existieren, so dass*

$$\|\nabla f(\mathbf{x}) - \nabla f(\mathbf{y})\|_2 \leq L\|\mathbf{x} - \mathbf{y}\|_2.$$

Ist dann $\{\mathbf{x}^{(k)}\}$ eine durch eine gradientenähnliche Methode erzeugte Folge, die (7.31) und (7.33) genügt, so tritt genau eines der folgenden Ereignisse ein:

1. $\nabla f(\mathbf{x}^{(k)}) = \mathbf{0}$ *für gewisses k;*

2. $\lim_{k\to\infty} f(\mathbf{x}^{(k)}) = -\infty$*;*

3. $\displaystyle\lim_{k\to\infty} \frac{\nabla f(\mathbf{x}^{(k)})^T \mathbf{d}^{(k)}}{\|\mathbf{d}^{(k)}\|_2} = 0.$

Somit ist, abgesehen von pathologischen Fällen, bei denen die Richtungen $\mathbf{d}^{(k)}$ zu groß oder zu klein bezüglich $\nabla f(\mathbf{x}^{(k)})$ oder sogar orthogonal zu $\nabla f(\mathbf{x}^{(k)})$ werden, jeder Grenzwert der Folge $\{\mathbf{x}^{(k)}\}$ ein kritischer Punkt von f.

Das Konvergenzresultat für die Folge $\mathbf{x}^{(k)}$ kann auch auf die Folge $f(\mathbf{x}^{(k)})$ ausgedehnt werden. Tatsächlich gilt das folgendes Resultat.

Eigenschaft 7.8 *Sei $\{\mathbf{x}^{(k)}\}$ eine konvergente Folge, die durch ein gradientenähnliches Verfahren erzeugt wurde, d.h. derart ist, dass jeder Grenzwert der Folge auch ein kritischer Punkt von f ist. Ist die Folge $\{\mathbf{x}^{(k)}\}$ beschränkt, so konvergiert $\nabla f(\mathbf{x}^{(k)})$ gegen Null für $k \rightarrow \infty$.*

Für Beweise der obigen Ergebnisse siehe [Wol69] und [Wol71].

7.2.7 Sekantenähnliche Verfahren

Bei Quasi-Newton-Methoden wird die Hesse-Matrix H durch eine geeignete Approximation ersetzt. Die allgemeine Iterationsvorschrift lautet

$$\mathbf{x}^{(k+1)} = \mathbf{x}^{(k)} - \mathrm{B}_k^{-1}\nabla f(\mathbf{x}^{(k)}) = \mathbf{x}^{(k)} + \mathbf{s}^{(k)}.$$

Angenommen, dass $f : \mathbb{R}^n \to \mathbb{R}$ von der Klasse C^2 auf einer offenen konvexen Menge $D \subset \mathbb{R}^n$ ist. In diesem Fall ist H symmetrisch und folglich sollte der Approximant B_k von H auch symmetrisch sein. Darüber hinaus würden wir, wenn B_k in einem Punkt $\mathbf{x}^{(k)}$ symmetrisch wäre, auch gern den nächsten Approximanten B_{k+1} symmetrisch im Punkt $\mathbf{x}^{(k+1)} = \mathbf{x}^{(k)} + \mathbf{s}^{(k)}$ haben.

Um B_{k+1} ausgehend von B_k zu erzeugen, betrachten wir die Taylorentwicklung

$$\nabla f(\mathbf{x}^{(k)}) = \nabla f(\mathbf{x}^{(k+1)}) + \mathrm{B}_{k+1}(\mathbf{x}^{(k)} - \mathbf{x}^{(k+1)}),$$

aus der wir

$$\mathrm{B}_{k+1}\mathbf{s}^{(k)} = \mathbf{y}^{(k)}, \quad \text{mit } \mathbf{y}^{(k)} = \nabla f(\mathbf{x}^{(k+1)}) - \nabla f(\mathbf{x}^{(k)})$$

erhalten. Verwenden wir wieder eine Reihenentwicklung von B, so gelangen wir zu der folgenden Approximation von H von erster Ordnung

$$\mathrm{B}_{k+1} = \mathrm{B}_k + \frac{(\mathbf{y}^{(k)} - \mathrm{B}_k\mathbf{s}^{(k)})\mathbf{c}^T}{\mathbf{c}^T\mathbf{s}^{(k)}}, \tag{7.42}$$

wobei $\mathbf{c} \in \mathbb{R}^n$ und wir $\mathbf{c}^T\mathbf{s}^{(k)} \neq 0$ angenommen haben. Wir bemerken, dass die Wahl $\mathbf{c} = \mathbf{s}^{(k)}$ das Broyden-Verfahren liefert, das bereits in Abschnitt 7.1.4 im Fall eines Systems nichtlinearer Gleichungen diskutiert wurde.

Da (7.42) nicht garantiert, dass B_{k+1} symmetrisch ist, ist eine geeignete Modifikation erforderlich. Ein Weg zur Konstruktion einer symmetrischen Approximierenden B_{k+1} besteht darin, in (7.42) $\mathbf{c} = \mathbf{y}^{(k)} - \mathrm{B}_k\mathbf{s}^{(k)}$ zu wählen, wobei wir $(\mathbf{y}^{(k)} - \mathrm{B}_k\mathbf{s}^{(k)})^T\mathbf{s}^{(k)} \neq 0$ annehmen. Auf diese Weise wird die symmetrische Approximation erster Ordnung

$$\mathrm{B}_{k+1} = \mathrm{B}_k + \frac{(\mathbf{y}^{(k)} - \mathrm{B}_k\mathbf{s}^{(k)})(\mathbf{y}^{(k)} - \mathrm{B}_k\mathbf{s}^{(k)})^T}{(\mathbf{y}^{(k)} - \mathrm{B}_k\mathbf{s}^{(k)})^T\mathbf{s}^{(k)}} \tag{7.43}$$

erhalten. Vom numerischen Standpunkt aus, ist das Ersetzen von H durch eine Näherung nicht befriedigend, da die Inverse der Approximation von H in den iterativen Methoden, mit denen wir uns beschäftigen, erscheint. Die Verwendung der Sherman-Morrison-Formel (3.57), mit $\mathrm{C}_k = \mathrm{B}_k^{-1}$, ergibt folgende Rekursionsbeziehung für die Berechnung der Inversen

$$\mathrm{C}_{k+1} = \mathrm{C}_k + \frac{(\mathbf{s}^{(k)} - \mathrm{C}_k\mathbf{y}^{(k)})(\mathbf{s}^{(k)} - \mathrm{C}_k\mathbf{y}^{(k)})^T}{(\mathbf{s}^{(k)} - \mathrm{C}_k\mathbf{y}^{(k)})^T\mathbf{y}^{(k)}}, \quad k = 0, 1, \ldots \tag{7.44}$$

wobei angenommen wurde, dass $\mathbf{y}^{(k)} = \mathrm{B}\mathbf{s}^{(k)}$, mit einer symmetrischen nichtsingulären Matrix B, und $(\mathbf{s}^{(k)} - \mathrm{C}_k\mathbf{y}^{(k)})^T\mathbf{y}^{(k)} \neq 0$ gelten.

Ein Algorithmus, der die Approximationen (7.43) oder (7.44) verwendet, ist aufgrund von Rundungsfehlern potentiell instabil, wenn $(\mathbf{s}^{(k)} - \mathrm{C}_k\mathbf{y}^{(k)})^T\mathbf{y}^{(k)} \simeq 0$ gilt. Aus diesem Grunde ist es zweckmäßig, das vorige Schema in einer stabileren Form darzustellen. Mit diesem Ziel führen wir anstelle von (7.42) die Approximation

$$\mathrm{B}_{k+1}^{(1)} = \mathrm{B}_k + \frac{(\mathbf{y}^{(k)} - \mathrm{B}_k\mathbf{s}^{(k)})\mathbf{c}^T}{\mathbf{c}^T\mathbf{s}^{(k)}}$$

ein und definieren $\mathrm{B}_{k+1}^{(2)}$ als den symmetrischen Teil

$$\mathrm{B}_{k+1}^{(2)} = \frac{\mathrm{B}_{k+1}^{(1)} + (\mathrm{B}_{k+1}^{(1)})^T}{2}.$$

Das Verfahren kann wie folgt iteriert werden

$$\begin{aligned}
\mathrm{B}_{k+1}^{(2j+1)} &= \mathrm{B}_{k+1}^{(2j)} + \frac{(\mathbf{y}^{(k)} - \mathrm{B}_{k+1}^{(2j)}\mathbf{s}^{(k)})\mathbf{c}^T}{\mathbf{c}^T\mathbf{s}}, \\
\mathrm{B}_{k+1}^{(2j+2)} &= \frac{\mathrm{B}_{k+1}^{(2j+1)} + (\mathrm{B}_{k+1}^{(2j+1)})^T}{2}
\end{aligned} \tag{7.45}$$

mit $k = 0, 1, \ldots$ und $\mathrm{B}_{k+1}^{(0)} = \mathrm{B}_k$. Es kann gezeigt werden, dass der Grenzwert von (7.45) für j gegen Unendlich gleich

$$\begin{aligned}
\lim_{j\to\infty} \mathrm{B}^{(j)} &= \mathrm{B}_{k+1} = \mathrm{B}_k + \frac{(\mathbf{y}^{(k)} - \mathrm{B}_k\mathbf{s}^{(k)})\mathbf{c}^T + \mathbf{c}(\mathbf{y}^{(k)} - \mathrm{B}_k\mathbf{s}^{(k)})^T}{\mathbf{c}^T\mathbf{s}^{(k)}} \\
&- \frac{(\mathbf{y}^{(k)} - \mathrm{B}_k\mathbf{s}^{(k)})^T\mathbf{s}^{(k)}}{(\mathbf{c}^T\mathbf{s}^{(k)})^2}\mathbf{c}\mathbf{c}^T
\end{aligned} \tag{7.46}$$

ist, wobei $\mathbf{c}^T\mathbf{s}^{(k)} \neq 0$ angenommen wurde. Ist $\mathbf{c} = \mathbf{s}^{(k)}$, so ist die (7.46) verwendende Methode als das *symmetrische Powell-Broyden-Verfahren* bekannt. Bezeichnen wir mit B_{SPB} die entsprechende Matrix B_{k+1}, so kann gezeigt werden, dass B_{SPB} die einzige Lösung des Problems:

$$\text{finde } \bar{\mathrm{B}}, \text{ so dass } \|\bar{\mathrm{B}} - \mathrm{B}\|_F \text{ minimiert wird,}$$

ist, wobei $\bar{\mathrm{B}}\mathbf{s}^{(k)} = \mathbf{y}^{(k)}$ und $\|\cdot\|_F$ die Frobeniusnorm sind.
Was den gemachten Fehler der Approximation von $\mathrm{H}(\mathbf{x}^{(k+1)})$ durch B_{SPB} anbetrifft, kann gezeigt werden, dass

$$\|\mathrm{B}_{SPB} - \mathrm{H}(\mathbf{x}^{(k+1)})\|_F \leq \|\mathrm{B}_k - \mathrm{H}(\mathbf{x}^{(k)})\|_F + 3L\|\mathbf{s}^{(k)}\|$$

gilt, wobei angenommen wurde, dass H Lipschitz-stetig mit der Lipschitzkonstanten L ist, und dass die Iterierten $\mathbf{x}^{(k+1)}$ und $\mathbf{x}^{(k)}$ zu D gehören.

Für die Behandlung des Spezialfalles, in dem die Hesse-Matrix nicht nur symmetrisch sondern auch positiv definit ist, verweisen wir auf [DS83], Abschnitt 9.2.

7.3 Optimierung unter Nebenbedingungen

Der einfachste Fall einer restringierten Optimierung kann wie folgt formuliert werden. Gegeben $f : \mathbb{R}^n \to \mathbb{R}$,

$$\text{minimiere } f(\mathbf{x}), \quad \text{mit } \mathbf{x} \in \Omega \subset \mathbb{R}^n. \tag{7.47}$$

Ein Punkt $\mathbf{x}^*$ heißt *globale Minimalstelle* in Ω, wenn er (7.47) genügt, und *lokale Minimalstelle*, wenn ein $R > 0$ existiert, so dass

$$f(\mathbf{x}^*) \leq f(\mathbf{x}), \quad \forall \mathbf{x} \in B(\mathbf{x}^*; R) \subset \Omega.$$

Die Existenz von Lösungen des Problems (7.47) ist zum Beispiel im Fall, in dem f stetig und Ω eine abgeschlossene und beschränkte Menge sind, durch den Satz von Weierstraß gesichert. Unter der Annahme, dass Ω eine konvexe Menge ist, gelten folgende Optimalitätsbedingungen.

Eigenschaft 7.9 *Seien $\Omega \subset \mathbb{R}^n$ eine konvexe Menge, $\mathbf{x}^* \in \Omega$ und $f \in C^1(B(\mathbf{x}^*; R))$ für ein geeignetes $R > 0$.*

1. *Ist $\mathbf{x}^*$ eine lokale Minimalstelle von f, so gilt*

$$\nabla f(\mathbf{x}^*)^T(\mathbf{x} - \mathbf{x}^*) \geq 0, \quad \forall \mathbf{x} \in \Omega; \tag{7.48}$$

2. *Ist darüber hinaus f konvex auf Ω (siehe* (7.21)*) und* (7.48) *erfüllt, so ist $\mathbf{x}^*$ eine globale Minimalstelle von f.*

Wir erinnern daran, dass $f : \Omega \to \mathbb{R}$ eine streng konvexe Funktion ist, wenn $\exists \rho > 0$, so dass

$$f[\alpha\mathbf{x} + (1-\alpha)\mathbf{y}] \leq \alpha f(\mathbf{x}) + (1-\alpha)f(\mathbf{y}) - \alpha(1-\alpha)\rho\|\mathbf{x} - \mathbf{y}\|_2^2, \tag{7.49}$$

$\forall \mathbf{x}, \mathbf{y} \in \Omega$ und $\forall \alpha \in [0,1]$. Es gilt das folgende Resultat.

Eigenschaft 7.10 *Seien $\Omega \subset \mathbb{R}^n$ eine abgeschlossene und konvexe Menge und f eine streng konvexe Funktion in Ω. Dann gibt es eine eindeutig bestimmte lokale Minimalstelle $\mathbf{x}^* \in \Omega$.*

Für die Beweise der in diesem Abschnitt zitierten Resultate und weitere Details verweisen wir durchweg auf [Avr76], [Ber82], [CCP70], [Lue73] und [Man69].

Ein bemerkenswertes Beispiel von (7.47) ist folgendes Problem: gegeben $f : \mathbb{R}^n \to \mathbb{R}$,

$$\text{minimiere } f(\mathbf{x}), \quad \text{unter der Nebenbedingung, dass } \mathbf{h}(\mathbf{x}) = \mathbf{0}, \qquad (7.50)$$

wobei $\mathbf{h} : \mathbb{R}^n \to \mathbb{R}^m$, mit $m \leq n$, eine gegebene Funktion der Veränderlichen $h_1, \ldots, h_m$ ist.

Definition 7.2 Ein Punkt $\mathbf{x}^* \in \mathbb{R}^n$, für den $\mathbf{h}(\mathbf{x}^*) = \mathbf{0}$ gilt, heißt *regulär*, wenn die Spaltenvektoren der Jacobi-Matrix $\mathrm{J}_{\mathbf{h}}(\mathbf{x}^*)$ linear unabhängig sind, wobei $h_i \in C^1(B(\mathbf{x}^*; R))$ für geeignetes $R > 0$ und $i = 1, \ldots, m$ angenommen wurde.

■

Unser Ziel ist nun, das Problem (7.50) in ein freies Minimierungsproblem der Form (7.2) umzuwandeln, auf das die in Abschnitt 7.2 eingeführten Methoden angewandt werden können.

Zu diesem Zweck führen wir die *Lagrange-Funktion* $\mathcal{L} : \mathbb{R}^n \times \mathbb{R}^m \to \mathbb{R}$

$$\mathcal{L}(\mathbf{x}, \boldsymbol{\lambda}) = f(\mathbf{x}) + \boldsymbol{\lambda}^T \mathbf{h}(\mathbf{x}),$$

ein, wobei der Vektor $\boldsymbol{\lambda}$ *Lagrange-Multiplikator* genannt wird. Ferner bezeichnen wir durch $\mathrm{J}_{\mathcal{L}}$ die mit $\mathcal{L}$ verbundene Jacobi-Matrix, wobei jedoch die partiellen Ableitungen nur in Bezug auf die Variablen $x_1, \ldots, x_n$ gebildet werden. Die Verbindung zwischen (7.2) und (7.50) wird dann ausgedrückt durch das folgende Resultat.

Eigenschaft 7.11 *Sei* $\mathbf{x}^*$ *eine lokale Minimalstelle für* (7.50) *und nehmen wir an, dass für ein geeignetes* $R > 0$, $f, h_i \in C^1(B(\mathbf{x}^*; R))$, *für* $i = 1, \ldots, m$ *gilt. Dann existiert ein eindeutig bestimmter Vektor* $\boldsymbol{\lambda}^* \in \mathbb{R}^m$, *so dass* $\mathrm{J}_{\mathcal{L}}(\mathbf{x}^*, \boldsymbol{\lambda}^*) = \mathbf{0}$.

Nehmen wir umgekehrt an, dass $\mathbf{x}^* \in \mathbb{R}^n$ *der Beziehung* $\mathbf{h}(\mathbf{x}^*) = \mathbf{0}$ *genügt und dass* $f, h_i \in C^2(B(\mathbf{x}^*; R))$ *für ein geeignetes* $R > 0$ *und* $i = 1, \ldots, m$ *gilt. Sei* $\mathrm{H}_{\mathcal{L}}$ *die Matrix der Einträge* $\partial^2 \mathcal{L}/\partial x_i \partial x_j$ *für* $i, j = 1, \ldots, n$. *Existiert ein Vektor* $\boldsymbol{\lambda}^* \in \mathbb{R}^m$ *derart, dass* $\mathrm{J}_{\mathcal{L}}(\mathbf{x}^*, \boldsymbol{\lambda}^*) = \mathbf{0}$ *und*

$$\mathbf{z}^T \mathrm{H}_{\mathcal{L}}(\mathbf{x}^*, \boldsymbol{\lambda}^*)\mathbf{z} > 0 \quad \forall \mathbf{z} \neq \mathbf{0}, \quad \textit{mit} \quad \nabla \mathbf{h}(\mathbf{x}^*)^T \mathbf{z} = 0$$

gilt, dann ist $\mathbf{x}^*$ *ein strenge lokale Minimalstelle von* (7.50).

Die letzte Problemklasse mit der wir uns beschäftigen werden, umfasst den Fall, in dem auch Ungleichungsnebenbedingungen vorhanden sind, d.h.: gegeben $f : \mathbb{R}^n \to \mathbb{R}$,

$$\begin{aligned} &\text{minimiere } f(\mathbf{x}) \text{ unter der Bedingung,} \\ &\text{dass } \mathbf{h}(\mathbf{x}) = \mathbf{0} \text{ und } \mathbf{g}(\mathbf{x}) \leq \mathbf{0}, \end{aligned} \qquad (7.51)$$

wobei $\mathbf{h} : \mathbb{R}^n \to \mathbb{R}^m$, mit $m \leq n$, und $\mathbf{g} : \mathbb{R}^n \to \mathbb{R}^r$ zwei gegebene Funktionen sind. Die Bedingung $\mathbf{g}(\mathbf{x}) \leq \mathbf{0}$ ist komponentenweise als $g_i(\mathbf{x}) \leq 0$ für $i = 1, \ldots, r$ zu verstehen. Nebenbedingungen in Ungleichungsform geben Anlass zu einigen zusätzlichen formalen Schwierigkeiten in Bezug auf den vorher untersuchten Fall, aber verhindern nicht die Überführung der Lösung von (7.51) auf die Minimierung einer geeigneten Lagrange-Funktion.

Insbesondere lautet Definition 7.2 nun

Definition 7.3 Angenommen, dass $h_i, g_j \in C^1(B(\mathbf{x}^*; R))$ für geeignetes $R > 0$, $i = 1, \ldots, m$ und $j = 1, \ldots, r$ gilt, und bezeichne $\mathcal{J}(\mathbf{x}^*)$ die Menge der Indizes j, so dass $g_j(\mathbf{x}^*) = 0$. Ein Punkt $\mathbf{x}^* \in \mathbb{R}^n$, für den $\mathbf{h}(\mathbf{x}^*) = \mathbf{0}$ und $\mathbf{g}(\mathbf{x}^*) \leq \mathbf{0}$ gilt, heißt *regulär*, wenn die Spaltenvektoren der Jacobi-Matrix $\mathrm{J}_{\mathbf{h}}(\mathbf{x}^*)$ gemeinsam mit den Vektoren $\nabla g_j(\mathbf{x}^*)$, $j \in \mathcal{J}(\mathbf{x}^*)$ eine Menge linear unabhängiger Vektoren bilden. ■

Abschließend gilt ein Pendant zur Eigenschaft 7.11, vorausgesetzt, dass anstelle von $\mathcal{L}$ die Lagrange-Funktion

$$\mathcal{M}(\mathbf{x}, \boldsymbol{\lambda}, \boldsymbol{\mu}) = f(\mathbf{x}) + \boldsymbol{\lambda}^T \mathbf{h}(\mathbf{x}) + \boldsymbol{\mu}^T \mathbf{g}(\mathbf{x})$$

verwendet wird und weitere Annahmen über die Nebenbedingungen getroffen werden.

Der Einfachheit halber formulieren wir in diesem Fall nur die folgende notwendige Bedingung für die Optimalität des Problems (7.51).

Eigenschaft 7.12 *Sei* $\mathbf{x}^*$ *eine reguläre lokale Minimalstelle für* (7.51) *und angenommen, dass* $f, h_i, g_j \in C^1(B(\mathbf{x}^*; R))$ *für ein geeignetes* $R > 0$, $i = 1, \ldots, m$, $j = 1, \ldots, r$ *gilt. Dann gibt es nur zwei Vektoren* $\boldsymbol{\lambda}^* \in \mathbb{R}^m$ *und* $\boldsymbol{\mu}^* \in \mathbb{R}^r$, *so dass* $\mathrm{J}_{\mathcal{M}}(\mathbf{x}^*, \boldsymbol{\lambda}^*, \boldsymbol{\mu}^*) = \mathbf{0}$ *mit* $\mu_j^* \geq 0$ *und* $\mu_j^* g_j(\mathbf{x}^*) = 0$ $\forall j = 1, \ldots, r$.

7.3.1 Notwendige Kuhn-Tucker Bedingungen für nichtlineare Optimierung

In diesem Abschnitt erinnern wir an einige als *Kuhn-Tucker Bedingungen* [KT51] bekannte Resultate, die im Allgemeinen die Existenz einer lokalen Lösung für das nichtlineare Optimierungsproblem sichern. Unter geeigneten Annahmen sichern sie auch die Existenz einer globalen Lösung. In diesem Abschnitt werden wir durchweg annehmen, dass ein Minimierungsproblem immer als ein Maximierungsproblem umformuliert werden kann.

Betrachten wir das allgemeine nichtlineare Optimierungsproblem:

$$\begin{aligned}
&\text{gegeben } f : \mathbb{R}^n \to \mathbb{R}, \\
&\text{maximiere } f(\mathbf{x}), \text{ unter den Bedingungen} \\
&g_i(\mathbf{x}) \leq b_i \quad i = 1, \ldots, l, \\
&g_i(\mathbf{x}) \geq b_i \quad i = l+1, \ldots, k, \\
&g_i(\mathbf{x}) = b_i \quad i = k+1, \ldots, m, \\
&\mathbf{x} \geq \mathbf{0}.
\end{aligned} \tag{7.52}$$

Ein Vektor $\mathbf{x}$, der die obigen Nebenbedingungen erfüllt, heißt *zulässige Lösung* von (7.52) und die Menge der zulässigen Lösungen heißt *zulässiger Bereich*. Wir nehmen von nun an an, dass $f, g_i \in C^1(\mathbb{R}^n)$, $i = 1, \ldots, m$, und definieren die Mengen $I_= = \{i : \; g_i(\mathbf{x}^*) = b_i\}$, $I_{\neq} = \{i : \; g_i(\mathbf{x}^*) \neq b_i\}$, $J_= = \{i : \; x_i^* = 0\}$, $J_> = \{i : \; x_i^* > 0\}$, wobei wir durch $\mathbf{x}^*$ eine lokale Maximalstelle von f bezeichnet haben. Wir verbinden mit (7.52) folgende Lagrangefunktion

$$\mathcal{L}(\mathbf{x}, \boldsymbol{\lambda}) = f(\mathbf{x}) + \sum_{i=1}^{m} \lambda_i \left[b_i - g_i(\mathbf{x})\right] - \sum_{i=m+1}^{m+n} \lambda_i x_{i-m}.$$

Es gilt das folgendes Resultat.

Eigenschaft 7.13 (Kuhn-Tucker Bedingungen I und II) *Hat f ein restringiertes lokales Maximum im Punkt $\mathbf{x} = \mathbf{x}^*$, so existiert notwendig ein Vektor $\boldsymbol{\lambda}^* \in \mathbb{R}^{m+n}$, so dass (erste Kuhn-Tucker Bedingung)*

$$\nabla_{\mathbf{x}} \mathcal{L}(\mathbf{x}^*, \boldsymbol{\lambda}^*) \leq 0,$$

wobei die strenge Ungleichung für jede Komponente $i \in J_>$ gilt. Ferner gilt (zweite Kuhn-Tucker Bedingung)

$$\left(\nabla_{\mathbf{x}} \mathcal{L}(\mathbf{x}^*, \boldsymbol{\lambda}^*)\right)^T \mathbf{x}^* = 0.$$

Die beiden anderen notwendigen Kuhn-Tucker Bedingungen lauten wie folgt:

Eigenschaft 7.14 *Unter der gleichen Annahme wie in Eigenschaft 7.13, erfordert die dritte Kuhn-Tucker Bedingung, dass:*

$$\begin{aligned}
\nabla_{\boldsymbol{\lambda}} \mathcal{L}(\mathbf{x}^*, \boldsymbol{\lambda}^*) &\geq 0 \quad i = 1, \ldots, l, \\
\nabla_{\boldsymbol{\lambda}} \mathcal{L}(\mathbf{x}^*, \boldsymbol{\lambda}^*) &\leq 0 \quad i = l+1, \ldots, k, \\
\nabla_{\boldsymbol{\lambda}} \mathcal{L}(\mathbf{x}^*, \boldsymbol{\lambda}^*) &= 0 \quad i = k+1, \ldots, m.
\end{aligned}$$

Ferner gilt (vierte Kuhn-Tucker Bedingung)

$$\left(\nabla_{\boldsymbol{\lambda}} \mathcal{L}(\mathbf{x}^*, \boldsymbol{\lambda}^*)\right)^T \mathbf{x}^* = 0.$$

Es ist wichtig zu vermerken, dass die Kuhn-Tucker Bedingungen unter der Voraussetzung gelten, dass der Vektor $\boldsymbol{\lambda}^*$ existiert. Um dies zu sichern ist es erforderlich, eine weitere geometrische Bedingung einzuführen (siehe [Wal75], S. 48).

Wir beenden diesen Abschnitt mit dem folgenden grundlegenden Theorem, das sich auf den Fall bezieht, in dem die Kuhn-Tucker Bedingungen auch hinreichend für die Existenz einer globalen Minimalstelle von f ist.

Eigenschaft 7.15 *Angenommen, dass die Funktion f in* (7.52) *konkav im zulässigen Bereich ist (d.h. $-f$ ist konvex). Nehmen wir auch an, dass der Punkt $(\mathbf{x}^*, \boldsymbol{\lambda}^*)$ allen notwendigen Kuhn-Tucker Bedingungen genügt und dass die Funktionen g_i, für die $\lambda_i^* > 0$ gilt, konvex sind, wohingegen jene, für die $\lambda_i^* < 0$ gilt, konkav sind. Dann ist $f(\mathbf{x}^*)$ die restringierte globale Maximalstelle von f für das Problem* (7.52).

7.3.2 Die Strafmethode

Die grundlegende Idee dieser Methode besteht darin, die Nebenbedingungen teilweise oder vollständig zu eliminieren, um das restringierte Problem in ein nichtrestringiertes Problem zu überführen. Das neue Problem ist durch das Vorhandensein eines Parameters charakterisiert, der ein Maß für die Genauigkeit liefert, mit der die Nebenbedingung tatsächlich erfüllt ist.

Wir wollen das restringierte Problem (7.50) betrachten, und nehmen an, dass wir die Lösung $\mathbf{x}^*$ nur in $\Omega \subset \mathbb{R}^n$ suchen. Wir nehmen weiter an, dass solch ein Problem zumindest eine Lösung in Ω besitzt, und schreiben wir es in der folgenden Form

$$\text{minimiere } \mathcal{L}_\alpha(\mathbf{x}) \quad \text{für } \mathbf{x} \in \Omega, \tag{7.53}$$

wobei

$$\mathcal{L}_\alpha(\mathbf{x}) = f(\mathbf{x}) + \frac{1}{2}\alpha\|\mathbf{h}(\mathbf{x})\|_2^2.$$

Die Funktion $\mathcal{L}_\alpha : \mathbb{R}^n \to \mathbb{R}$ heißt die *Straf-Lagrangefunktion*, und α *Strafparameter*. Es ist klar, dass wenn die Nebenbedingung exakt erfüllt ist, die Minimierung von f zur Minimierung von $\mathcal{L}_\alpha$ äquivalent ist.
Die Strafmethode ist ein iteratives Verfahren zur Lösung von (7.53).

Für $k = 0, 1, \ldots,$ bis zur Konvergenz löse man die Folge von Problemen

$$\text{minimiere } \mathcal{L}_{\alpha_k}(\mathbf{x}) \quad \text{mit } \mathbf{x} \in \Omega, \tag{7.54}$$

wobei $\{\alpha_k\}$ eine monoton wachsende Folge positiver Strafparameter ist, so dass $\alpha_k \to \infty$ für $k \to \infty$. Folglich haben wir nach der Wahl von α_k in jedem Schritt des Strafverfahrens ein Minimierungsproblem in Bezug auf die Variable $\mathbf{x}$ zu lösen, was zu einer Folge von Werten $\mathbf{x}_k^*$, den Lösungen von (7.54), führt. Wenn wir so vorgehen, strebt die Zielfunktion $\mathcal{L}_{\alpha_k}(\mathbf{x})$ gegen Unendlich, es sei denn $\mathbf{h}(\mathbf{x})$ ist gleich Null.

Die Minimierungsaufgaben können dann durch eine der in Abschnitt 7.2 eingeführten Methoden gelöst werden. Die folgende Eigenschaft sichert die Konvergenz der Strafmethode in der Form (7.53).

Eigenschaft 7.16 *Angenommen, dass* $f : \mathbb{R}^n \to \mathbb{R}$ *und* $\mathbf{h} : \mathbb{R}^n \to \mathbb{R}^m$, *mit* $m \leq n$, *stetige Funktionen auf einer abgeschlossenen Menge* $\Omega \subset \mathbb{R}^n$ *sind und dass die Folge von Strafparametern* $\alpha_k > 0$ *monoton divergiert. Sei schließlich* $\mathbf{x}_k^*$ *eine globale Minimalstelle des Problems* (7.54) *im Schritt* k. *Dann konvergiert für* $k \to \infty$ *die Folge* $\mathbf{x}_k^*$ *gegen den Punkt* $\mathbf{x}^*$, *der eine globale Minimalstelle von* f *in* Ω *ist und der Nebenbedingung* $\mathbf{h}(\mathbf{x}^*) = \mathbf{0}$ *genügt.*

Hinsichtlich der Auswahl der Parameter α_k kann gezeigt werden, dass große Werte von α_k das Minimierungsproblem (7.54) schlecht konditioniert und folglich seine Lösung unerschwinglich machen, es sei denn, der Anfangswert ist besonders nahe bei $\mathbf{x}^*$. Andererseits darf die Folge α_k nicht zu langsam wachsen, da dies die Gesamtkonvergenz der Methode negativ beeinflussen würde.

Eine Wahl die üblicherweise in der Praxis vorgenommen wird, ist einen nicht zu großen Wert α_0 auszuwählen und dann $\alpha_k = \beta\alpha_{k-1}$ für $k > 0$ zu setzen, wobei β eine ganze Zahl zwischen 4 und 10 ist (siehe [Ber82]). Zuletzt kann der Startwert für die zur Lösung des Minimierungsproblems (7.54) verwendete numerische Methode gleich der letzten berechneten Iterierten gesetzt werden.

Das Strafverfahren ist im Programm 63 implementiert. Es erfordert als Eingabeparameter die Funktionen `f`, `h`, einen Anfangswert `alpha0` für den Strafparameter und die Zahl `beta`.

Program 63 - lagrpen : Strafmethode

```
function [x,vinc,nit]=lagrpen(x0,alpha0,beta,f,h,toll)
x = x0; [r,c]=size(h); vinc = 0;
for i=1:r,    vinc = max(vinc,eval(h(i,1:c)));   end
norm2h=['(',h(1,1:c),')^2'];
for i=2:r,    norm2h=[norm2h,'+(',h(i,1:c),')^2'];    end
alpha = alpha0; options(1)=0; options(2)=toll*0.1; nit = 0;
while vinc > toll
  g=[f,'+0.5*',num2str(alpha,16),'*',norm2h];
  [x]=fmins(g,x,options);
  vinc=0; nit = nit + 1;
  for i=1:r,  vinc = max(vinc,eval(h(i,1:c)));  end
  alpha=alpha*beta;
end
```

Beispiel 7.6 Wir wollen die Strafmethode zur Berechnung der Minimalstelle von $f(\mathbf{x}) = 100(x_2 - x_1^2)^2 + (1 - x_1)^2$ unter der Nebenbedingung $h(\mathbf{x}) = (x_1 +$

$0.5)^2 + (x_2 + 0.5)^2 - 0.25 = 0$ verwenden. Die Kreuze in Abbildung 7.3 bezeichnen die Folge von durch das Programm 63 berechneten Iterierten, beginnend mit $\mathbf{x}^{(0)} = (1, 1)^T$ und $\alpha_0 = 0.1$, $\beta = 6$. Die Methode konvergiert in 12 Iterationen gegen den Wert $\mathbf{x} = (-0.2463, -0.0691)^T$, der der Nebenbedingung bis auf eine Toleranz von 10^{-4} genügt. •

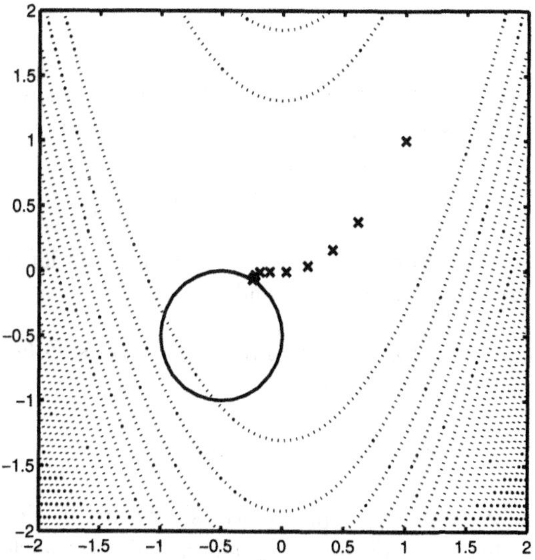

Abbildung 7.3. Konvergenzverlauf der Strafmethode in Beispiel 7.6

7.3.3 Die Methode der Langrangeschen Multiplikatoren

Eine Variante der Strafmethode verwendet (anstelle von $\mathcal{L}_\alpha(\mathbf{x})$ in (7.53)) die *modifizierte Lagrange-Funktion* $\mathcal{G}_\alpha : \mathbb{R}^n \times \mathbb{R}^m \to \mathbb{R}$, die durch

$$\mathcal{G}_\alpha(\mathbf{x}, \boldsymbol{\lambda}) = f(\mathbf{x}) + \boldsymbol{\lambda}^T \mathbf{h}(\mathbf{x}) + \frac{1}{2}\alpha\|\mathbf{h}(\mathbf{x})\|_2^2 \qquad (7.55)$$

gegeben ist, wobei $\boldsymbol{\lambda} \in \mathbb{R}^m$ ein Lagrange-Multiplikator ist. Es ist klar, dass eine Lösung $\mathbf{x}^*$ des Problems (7.50) auch Lösung von (7.55) ist, aber in Bezug auf (7.53) den Vorteil eines weiteren Freiheitsgrades $\boldsymbol{\lambda}$ zu besitzen. Die Strafmethode angewendet auf (7.55) lautet: für $k = 0, 1, \ldots$, löse die Folge von Problemen bis zur Konvergenz

$$\text{minimiere } \mathcal{G}_{\alpha_k}(\mathbf{x}, \boldsymbol{\lambda}_k) \quad \text{für } \mathbf{x} \in \Omega, \qquad (7.56)$$

wobei $\{\boldsymbol{\lambda}_k\}$ eine beschränkte Folge von unbekannten Vektoren im $\mathbb{R}^m$ ist, und die Parameter α_k wie oben definiert sind (beachte, dass wenn $\boldsymbol{\lambda}_k$ Null wäre, wir die Methode (7.54) zurück gewinnen würden).

Eigenschaft 7.16 gilt auch für die Methode (7.56), vorausgesetzt, die Multiplikatoren werden als beschränkt angenommen. Man beachte, dass die Existenz einer Minimalstelle von (7.56) nicht garantiert ist, selbst in dem Fall nicht, in dem f eine eindeutige globale Minimalstelle hat (siehe Beispiel 7.7). Dieser Umstand kann durch Addition weiterer nichtquadratischer Terme zur modifizierten Lagrange-Funktion (z.B. der Form $\|\mathbf{h}\|_2^p$, mit p groß) überwunden werden.

Beispiel 7.7 Wir wollen die Minimalstelle von $f(x) = -x^4$ unter der Nebenbedingung $x = 0$ bestimmen. Dieses Problem besitzt die eindeutige Lösung $x^* = 0$. Betrachtet man stattdessen die modifizierte Lagrange-Funktion

$$\mathcal{L}_{\alpha_k}(x, \lambda_k) = -x^4 + \lambda_k x + \frac{1}{2}\alpha_k x^2,$$

so findet man, dass sie für jedes α_k verschieden von Null nicht länger ein Minimum in $x = 0$ besitzt, obwohl sie dort verschwindet. •

Was die Wahl der Multiplikatoren anbetrifft, wird die Folge von Vektoren $\boldsymbol{\lambda}_k$ typischerweise durch die Formel

$$\boldsymbol{\lambda}_{k+1} = \boldsymbol{\lambda}_k + \alpha_k \mathbf{h}(\mathbf{x}^{(k)})$$

bestimmt, wobei $\boldsymbol{\lambda}_0$ ein gegebener Wert ist, während die Folge von α_k *a priori* gesetzt oder während der Laufzeit modifiziert werden kann.

Bezüglich der Konvergenzeigenschaften der Methode der Lagrange-Multiplikatoren gilt das folgende lokale Resultat.

Eigenschaft 7.17 *Angenommen, dass* $\mathbf{x}^*$ *eine reguläre, lokale strenge Minimalstelle von* (7.50) *ist und dass:*

1. $f, h_i \in C^2(B(\mathbf{x}^*; R))$ *mit* $i = 1, \ldots, m$ *und für ein geeignetes* $R > 0$;

2. *das Paar* $(\mathbf{x}^*, \boldsymbol{\lambda}^*)$ *genügt* $\mathbf{z}^T \mathrm{H}_{\mathcal{G}_0}(\mathbf{x}^*, \boldsymbol{\lambda}^*)\mathbf{z} > 0$, $\forall \mathbf{z} \neq \mathbf{0}$ *so dass* $\mathrm{J}_{\mathbf{h}}(\mathbf{x}^*)^T \mathbf{z} = 0$;

3. $\exists \bar{\alpha} > 0$, *so dass* $\mathrm{H}_{\mathcal{G}_{\bar{\alpha}}}(\mathbf{x}^*, \boldsymbol{\lambda}^*) > 0$.

Dann gibt es drei positive Skalare δ, γ *und* M *derart, dass für jedes Paar* $(\boldsymbol{\lambda}, \alpha) \in V = \{(\boldsymbol{\lambda}, \alpha) \in \mathbb{R}^{m+1} : \|\boldsymbol{\lambda} - \boldsymbol{\lambda}^*\|_2 < \delta\alpha,\ \alpha \geq \bar{\alpha}\}$ *das Problem*

$$\textit{minimiere } \mathcal{G}_\alpha(\mathbf{x}, \boldsymbol{\lambda}), \quad \textit{mit } \mathbf{x} \in B(\mathbf{x}^*; \gamma),$$

eine eindeutig bestimmte Lösung $\mathbf{x}(\boldsymbol{\lambda}, \alpha)$ *besitzt, die differenzierbar in Bezug auf ihre Argumente ist. Darüber hinaus gilt* $\forall (\boldsymbol{\lambda}, \alpha) \in V$

$$\|\mathbf{x}(\boldsymbol{\lambda}, \alpha) - \mathbf{x}^*\|_2 \leq M\|\boldsymbol{\lambda} - \boldsymbol{\lambda}^*\|_2.$$

Unter zusätzlichen Annahmen (siehe [Ber82], Satz 2.7) kann bewiesen werden, dass die Methode der Lagrange-Multiplikatoren konvergiert. Darüber hinaus, wenn $\alpha_k \to \infty$ für $k \to \infty$ gilt, haben wir

$$\lim_{k\to\infty} \frac{\|\boldsymbol{\lambda}_{k+1} - \boldsymbol{\lambda}^*\|_2}{\|\boldsymbol{\lambda}_k - \boldsymbol{\lambda}^*\|_2} = 0$$

und die Konvergenz der Methode ist überlinear. Im Fall, in dem die Folge α_k eine obere Schranke hat, konvergiert die Methode linear.

Abschließend erwähnen wir, dass es im Unterschied zur Strafmethode nicht mehr nötig ist, dass die Folge der α_k gegen Unendlich geht. Dies wiederum begrenzt die Schlechtkonditioniertheit des Problems (7.56) wenn α_k wächst. Ein anderer Vorteil betrifft die Konvergenzrate der Methode, die sich im Fall der Technik der Lagrange-Multiplikatoren als unabhängig von der Wachstumsrate des Strafparameters herausstellt. Dies beinhaltet natürlich eine beträchtliche Reduktion der numerischen Kosten.

Die Methode der Lagrange-Multiplikatoren ist im Programm 64 implementiert. Verglichen mit Programm 63 erfordert dies als weitere Eingabe den Anfangswert `lambda0` des Multiplikators.

Program 64 - lagrmult : Methode der Lagrange-Multiplikatoren

```
function [x,vinc,nit]=lagrmult(x0,lambda0,alpha0,beta,f,h,toll)
x = x0; [r,c]=size(h); vinc = 0; lambda = lambda0;
for i=1:r,    vinc = max(vinc,eval(h(i,1:c)));  end
norm2h=['(',h(1,1:c),')^2'];
for i=2:r,    norm2h=[norm2h,'+(',h(i,1:c),')^2'];    end
alpha = alpha0; options(1)=0; options(2)=toll*0.1; nit = 0;
while vinc > toll
  lh=['(',h(1,1:c),')*',num2str(lambda(1))];
  for i=2:r, lh=[lh,'+(',h(i,1:c),')*',num2str(lambda(i))];
  end
  g=[f,'+0.5*',num2str(alpha,16),'*',norm2h,'+',lh];
  [x]=fmins(g,x,options);
  vinc=0; nit = nit + 1;
  for i=1:r,  vinc = max(vinc,eval(h(i,1:c)));  end
  alpha=alpha*beta;
  for i=1:r, lambda(i)=lambda(i)+alpha*eval(h(i,1:c)); end
end
```

Beispiel 7.8 Wir verwenden die Methode der Lagrange-Multiplikatoren, um das in Beispiel 7.6 vorgestellte Problem zu lösen. Setzen wir $\boldsymbol{\lambda} = 10$ und lassen die restlichen Parameter unverändert. Das Verfahren konvergiert in 6 Iterationen und die Kreuze in Abbildung 7.4 zeigen die durch das Programm 64 berechneten Iterierten. Die Nebenbedingung ist hier bis auf Maschinengenauigkeit erfüllt. •

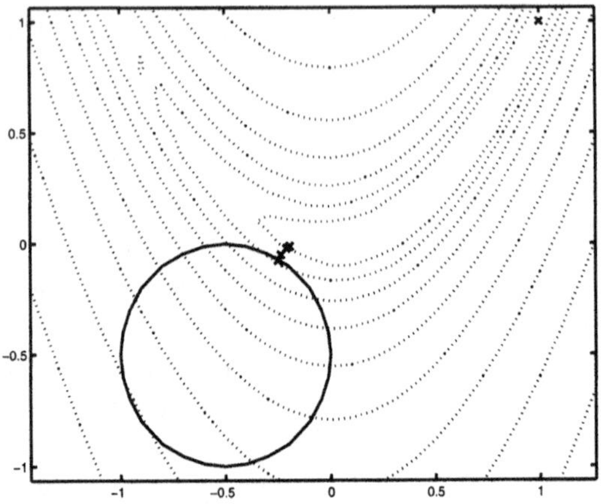

Abbildung 7.4. Konvergenzverlauf für die Methode der Lagrange-Multiplikatoren in Beispiel 7.8.

7.4 Anwendungen

Die beiden Anwendungen diese Abschnittes betreffen nichtlineare Systeme, die bei der Simulation des elektrischen Potentials in einem Halbleiterbauteil und bei der Triangulierung eines zweidimensionalen Polygons auftreten.

7.4.1 Lösung eines nichtlinearen Systems bei der Halbleiterbauteilsimulation

Wir wollen das nichtlineare System in der Unbekannten $\mathbf{u} \in \mathbb{R}^n$

$$\mathbf{F}(\mathbf{u}) = \mathbf{A}\mathbf{u} + \boldsymbol{\phi}(\mathbf{u}) - \mathbf{b} = \mathbf{0} \tag{7.57}$$

betrachten, wobei $\mathrm{A} = (\lambda/h)^2 \mathrm{tridiag}_n(-1, 2-1)$, für $h = 1/(n+1)$, $\boldsymbol{\phi}_i(\mathbf{u}) = 2K\sinh(u_i)$ für $i = 1, \ldots, n$, und λ, K zwei positive Konstanten sowie $\mathbf{b} \in \mathbb{R}^n$ ein gegebener Vektor sind. Das Problem (7.57) tritt bei der numerischen Simulation von Halbleiterbauteilen in der Mikroelektronik auf, wo $\mathbf{u}$ und $\mathbf{b}$ das elektrische Potential bzw. das Dotierungsprofil darstellen.

In Abbildung 7.5 zeigen wir (links) schematisch das im numerischen Beispiel betrachtete spezielle Bauteil, eine $p - n$ Flächendiode von normalisierter Einheitslänge, die einer äußeren Vorspannung $\triangle V = V_b - V_a$ unterworfen wird, gemeinsam mit dem auf 1 normalisierten Dotierungsprofil des Bauteiles (rechts).

Man beachte, dass $b_i = b(x_i)$, $x_i = ih$, für $i = 1, \ldots, n$ gilt. Das mathematische Modell des vorliegenden Problems besteht aus einer nichtlinearen Poissongleichung für das elektrische Potential und zwei Bilanzgleichungen vom Advektions-Diffusions-Typ, wie die in Abschnitt 12 im Band 2 für die

Stromdichten erwähnten. Für die vollständige Ableitung des Modells und seiner Analyse siehe zum Beispiel [Mar86] und [Jer96].

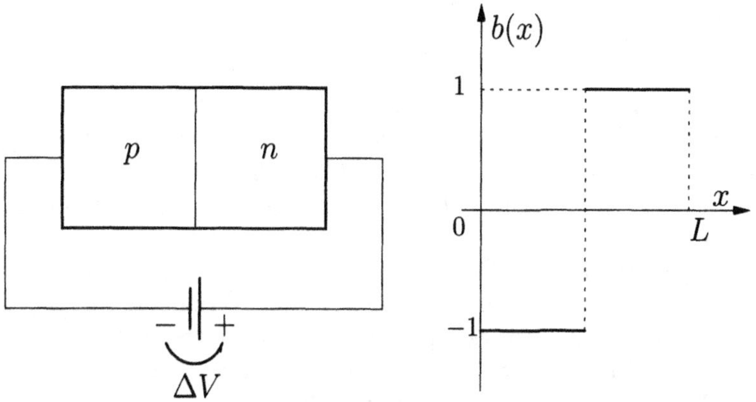

Abbildung 7.5. Schema eines Halbleiterbauteils (links); Dotierungsprofil (rechts).

Die Lösung des Systems (7.57) entspricht dem Aufsuchen der Minimalstelle im $\mathbb{R}^n$ der Funktion $\mathbf{f} : \mathbb{R}^n \to \mathbb{R}$, die definiert ist als

$$\mathbf{f}(\mathbf{u}) = \frac{1}{2}\mathbf{u}^T \mathrm{A}\mathbf{u} + 2\sum_{i=1}^{n} \cosh(u_i)) - \mathbf{b}^T\mathbf{u}. \tag{7.58}$$

Es kann gezeigt werden (siehe Übung 5), dass für alle $\mathbf{u}, \mathbf{v} \in \mathbb{R}^n$ mit $\mathbf{u} \neq \mathbf{v}$ und für jedes $\lambda \in (0,1)$

$$\lambda\mathbf{f}(\mathbf{u}) + (1-\lambda)\mathbf{f}(\mathbf{v}) - \mathbf{f}(\lambda\mathbf{u} + (1-\lambda)\mathbf{v}) > (1/2)\lambda(1-\lambda)\|\mathbf{u}-\mathbf{v}\|_{\mathrm{A}}^2,$$

wobei $\|\cdot\|_{\mathrm{A}}$ die in (1.28) eingeführte Energienorm bezeichnet. Dies bedeutet, dass $\mathbf{f}(\mathbf{u})$ eine gleichmäßig konvexe Funktion im $\mathbb{R}^n$ ist, d.h. sie genügt (7.49) mit $\rho = 1/2$.

Eigenschaft 7.10 sichert wiederum, dass die Funktion in (7.58) eine eindeutig bestimmte Minimalstelle $\mathbf{u}^* \in \mathbb{R}^n$ besitzt, und es kann gezeigt werden (siehe Theorem 14.4.3, S. 503 [OR70]), dass es eine Folge $\{\alpha_k\}$ derart gibt, dass die Iterierten des gedämpften Newton-Verfahrens, eingeführt in Abschnitt 7.2.6, gegen $\mathbf{u}^* \in \mathbb{R}^n$ (zumindest) überlinear konvergieren.

Somit führt die Verwendung des gedämpften Newton-Verfahrens für die Lösung des Systems (7.57) zu der folgenden Folge linearisierter Probleme:

gegeben $\mathbf{u}^{(0)} \in \mathbb{R}^n$, $\forall k \geq 0$, löse

$$\left[\mathrm{A} + 2K \,\mathrm{diag}_n(\cosh(u_i^{(k)}))\right] \delta\mathbf{u}^{(k)} = \mathbf{b} - \left(\mathrm{A}\mathbf{u}^{(k)} + \boldsymbol{\phi}(\mathbf{u}^{(k)})\right), \tag{7.59}$$

setze dann $\mathbf{u}^{(k+1)} = \mathbf{u}^{(k)} + \alpha_k \delta\mathbf{u}^{(k)}$.

Wir wollen uns nun zwei möglichen Wahlen der Beschleunigungsparameter α_k widmen. Die erste wurde in [BR81] vorgeschlagen und ist

$$\alpha_k = \frac{1}{1 + \rho_k \, \|\mathbf{F}(\mathbf{u}^{(k)})\|}, \qquad k = 0, 1, \ldots, \tag{7.60}$$

wobei $\| \cdot \|$ eine Vektornorm bezeichnet, zum Beispiel $\| \cdot \| = \| \cdot \|_\infty$, und die Koeffizienten $\rho_k \geq 0$ geeignete, derart ausgewählte Beschleunigungsparameter sind, dass die Abstiegsbedingung $\|\mathbf{F}(\mathbf{u}^{(k)} + \alpha_k \delta \mathbf{u}^{(k)})\|_\infty < \|\mathbf{F}(\mathbf{u}^{(k)})\|_\infty$ erfüllt ist (siehe [BR81] für Implementierungsdetails des Algorithmus).

Wir bemerken, dass für $\|\mathbf{F}(\mathbf{u}^{(k)})\|_\infty \to 0$, (7.60) $\alpha_k \to 1$ liefert, und somit die volle (quadratische) Konvergenz des Newton-Verfahrens zurückgewonnen wird. Andererseits, wie es typischerweise bei den ersten Iterationen der Fall ist, gilt $\|\mathbf{F}(\mathbf{u}^{(k)})\|_\infty \gg 1$ und α_k ist ziemlich nahe bei Null, mit einer starken Reduktion der Newtonänderung (Dämpfung).
Alternativ zu (7.60) kann die Folge $\{\alpha_k\}$ unter Verwendung der in [Sel84], Kapitel 7, vorgeschlagenen, einfacheren Formel

$$\alpha_k = 2^{-i(i-1)/2}, \qquad k = 0, 1, \ldots, \tag{7.61}$$

erzeugt werden, wobei i die erste ganze Zahl im Intervall $[1, It_{max}]$ ist, so dass die obige Abstiegsbedingung erfüllt ist, und It_{max} die maximal zulässige Anzahl von Dämpfungszyklen für jede Newton-Iteration ist (auf 10 in den numerischen Beispielen festgesetzt).
Zum Vergleich wurden sowohl gedämpfte als auch Standard Newton-Verfahren implementiert, erstere mit beiden Varianten (7.60) und (7.61) für die Koeffizienten α_k. Im Fall des Newton-Verfahrens haben wir in (7.59) $\alpha_k = 1$ für jedes $k \geq 0$ gesetzt.

Die numerischen Beispiele wurden mit $n = 49$, $b_i = -1$ für $i \leq n/2$ und den verbleibenden Werten b_i gleich 1 durchgeführt. Darüber hinaus haben wir $\lambda^2 = 1.67 \cdot 10^{-4}$, $K = 6.77 \cdot 10^{-6}$ genommen und die ersten $n/2$ Komponenten des Startvektors $\mathbf{u}^{(0)}$ gleich V_a und die restlichen gleich V_b gesetzt, wobei $V_a = 0$ und $V_b = 10$ sind.

Die Toleranz für die maximale Änderung zwischen zwei Iterationen, die die Konvergenz des Newton-Verfahrens (7.59) überwacht, wurde gleich 10^{-4} gesetzt.
Abbildung 7.6 (links) zeigt den logarithmisch skalierten absoluten Fehler für die drei Algorithmen in Abhängigkeit von der Iterationszahl. Beachte die schnelle Konvergenz des gedämpften Newton-Verfahrens (8 bzw. 10 Iterationen im Fall von (7.60) bzw. (7.61)), verglichen mit der extrem langsamen Konvergenz des Standard Newton-Verfahrens (192 Iterationen). Darüber hinaus ist es interessant in Abbildung 7.6 (rechts) den Verlauf der Folge der Parameter α_k als Funktion der Iterationszahl zu analysieren.

Die stern- und kreis-markierten Kurven beziehen sich auf die Wahl (7.60) bzw. (7.61) für die Koeffizienten α_k. Wie zuvor beobachtet, beginnen die

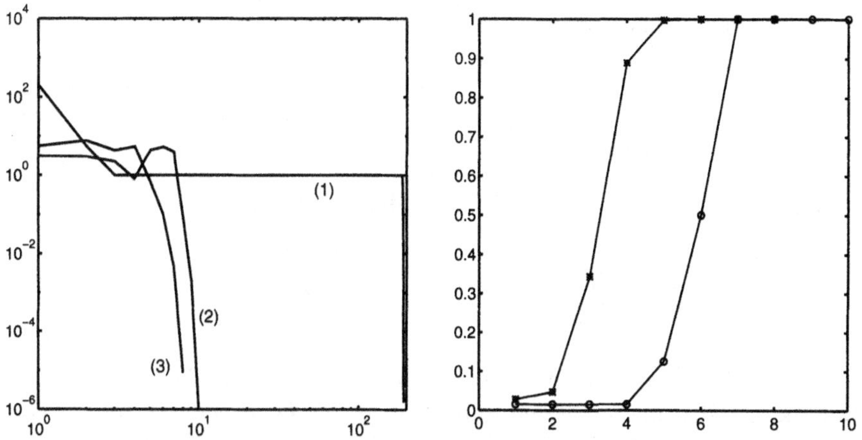

Abbildung 7.6. Absoluter Fehler (links) und Dämpfungsparameter α_k (rechts). Die Fehlerkurve für das Standard Newton-Verfahren ist mit (1) bezeichnet, während (2) und (3) sich auf das gedämpfte Newton-Verfahren mit den Wahlen (7.61) bzw. (7.60) für die Koeffizienten α_k beziehen.

α_k's mit sehr kleinen Werten, um dann schnell gegen 1 zu konvergieren, wenn das gedämpfte Newton-Verfahren (7.59) in das Einzugsgebiet der Minimalstelle $\mathbf{x}^*$ eintritt.

7.4.2 Nichtlineare Regularisierung eines Diskretisierungsgitters

In diesem Abschnitt kehren wir zurück zum Problem der Regularisierung eines Diskretisierungsgitters, das in Abschnitt 3.14.2 eingeführt wurde. Dort betrachteten wir die Technik der baryzentrischen Regularisierung, die auf das Lösen eines linearen Gleichungssystems, das typischerweise von hoher Dimension ist und eine schwachbesetzte Koeffizientenmatrix hat, führt.

In diesem Abschnitt widmen wir uns zwei alternativen Techniken, die als Regularisierung *durch Kanten* und *durch Flächen* bezeichnet werden. Der Hauptunterschied zu der in Abschnitt 3.14.2 beschriebenen Methode liegt darin, dass die neuen Herangehensweisen auf Systeme *nichtlinearer* Gleichungen führen.

Wir verwenden die Notation von Abschnitt 3.14.2 und bezeichnen für jedes Paar von Knoten $\mathbf{x}_j$, $\mathbf{x}_k \in \mathcal{Z}_i$ durch l_{jk} die die Knoten verbindende Kante auf dem Rand $\partial\mathcal{P}_i$ von $\mathcal{P}_i$ und durch $\mathbf{x}_{jk}$ den Mittelpunkt von l_{jk}. Für jedes Dreieck $T \in \mathcal{P}_i$ sei $\mathbf{x}_{b,T}$ der Schwerpunkt von T. Darüber hinaus seien $n_i = \dim(\mathcal{Z}_i)$ und für jedes geometrische Gebilde (Seite oder Dreieck) durch $|\cdot|$ sein Maß in $\mathbb{R}^1$ oder $\mathbb{R}^2$ bezeichnet.

Im Fall der Regularisierung durch Kanten setzen wir

$$\mathbf{x}_i = \left(\sum_{l_{jk} \in \partial\mathcal{P}_i} \mathbf{x}_{jk} |l_{jk}| \right) / |\partial\mathcal{P}_i|, \qquad \forall \mathbf{x}_i \in \mathcal{N}_h, \tag{7.62}$$

wohingegen im Fall der Regularisierung durch Flächen

$$\mathbf{x}_i = \left(\sum_{T \in \mathcal{P}_i} \mathbf{x}_{b,T} |T| \right) / |\mathcal{P}_i|, \qquad \forall \mathbf{x}_i \in \mathcal{N}_h \tag{7.63}$$

gilt. In beiden Regularisierungsverfahren nehmen wir an, dass $\mathbf{x}_i = \mathbf{x}_i^{(\partial D)}$ wenn $\mathbf{x}_i \in \partial D$, d.h. die auf den Rand des Gebiets D liegenden Knoten sind fest. Sei $n = N - N_b$ die Zahl der inneren Knoten. Die Beziehung (7.62) läuft darauf hinaus, die folgenden zwei Systeme nichtlinearer Gleichungen für die Koordinaten $\{x_i\}$ und $\{y_i\}$ der inneren Knoten für $i = 1, \ldots, n$ zu lösen

$$\begin{aligned} x_i - \frac{1}{2} \left(\sum_{l_{jk} \in \partial\mathcal{P}_i} (x_j + x_k)|l_{jk}| \right) / \sum_{l_{jk} \in \partial\mathcal{P}_i} |l_{jk}| = 0, \\ y_i - \frac{1}{2} \left(\sum_{l_{jk} \in \partial\mathcal{P}_i} (y_j + y_k)|l_{jk}| \right) / \sum_{l_{jk} \in \partial\mathcal{P}_i} |l_{jk}| = 0. \end{aligned} \tag{7.64}$$

Ähnlich führt (7.63) zu folgenden nichtlinearen Systemen für $i = 1, \ldots, n$

$$\begin{aligned} x_i - \frac{1}{3} \left(\sum_{T \in \mathcal{P}_i} (x_{1,T} + x_{2,T} + x_{3,T})|T| \right) / \sum_{T \in \mathcal{P}_i} |T| = 0, \\ y_i - \frac{1}{3} \left(\sum_{T \in \mathcal{P}_i} (y_{1,T} + y_{2,T} + y_{3,T})|T| \right) / \sum_{T \in \mathcal{P}_i} |T| = 0, \end{aligned} \tag{7.65}$$

wobei $(x_{s,T}, y_{s,T})$, für $s = 1, 2, 3$, die Koordinaten der Ecken jedes Dreiecks $T \in \mathcal{P}_i$ sind. Beachte, dass sich die Nichtlinearität der Systeme (7.64) und (7.65) auf das Vorhandensein der Terme $|l_{jk}|$ und $|T|$ gründet.

Beide Systeme, (7.64) und (7.65), können in der Form (7.1) dargestellt werden, in dem wie üblich durch f_i die i-te nichtlineare Gleichung des Systems für $i = 1, \ldots, n$ bezeichnet wird. Die komplexe funktionale Abhängigkeit von f_i von den Unbekannten verbietet es, das Newton-Verfahren (7.4) zu verwenden, das die explizite Berechnung der Jacobi-Matrix $\mathrm{J}_\mathbf{F}$ erfordern würde.

Eine zweckmäßige Alternative stellt das *nichtlineare Gauß-Seidel-Verfahren* (siehe [OR70], Kapitel 7) dar, das die entsprechende Methode, die in Kapitel 4 für lineare Systeme vorgeschlagen wurde, verallgemeinert und wie folgt formuliert werden kann.

Sei durch z_i, für $i = 1, \ldots, n$, entweder die Unbekannte x_i oder y_i bezeichnet. Bei gegebenen Startvektor $\mathbf{z}^{(0)} = (z_1^{(0)}, \ldots, z_n^{(0)})^T$, löse für $k = 0, 1, \ldots$ bis zur Konvergenz

$$f_i(z_1^{(k+1)}, \ldots, z_{i-1}^{(k+1)}, \xi, z_{i+1}^{(k)}, \ldots, z_n^{(k)}) = 0, \qquad i = 1, \ldots, n, \tag{7.66}$$

und setze dann $z_i^{(k+1)} = \xi$. Folglich überführt das nichtlineare Gauß-Seidel-Verfahren das Problem (7.1) in die sukzessive Lösung von n skalaren nichtlinearen Gleichungen. Im Fall des Systems (7.64), ist jede dieser Gleichungen *linear* in den Unbekannten $z_i^{(k+1)}$ (da ξ nicht explizit im geklammerten Term auf der rechten Seite von (7.64) auftritt). Dies erlaubt die exakte Lösung in einem Schritt.

Im Fall des Systems (7.65) ist die Gleichung (7.66) echt nichtlinear in Bezug auf ξ, und wird durch einen Schritt einer Fixpunktiteration gelöst.

Das nichtlineare Gauß-Seidel-Verfahren (7.66) ist in MATLAB implementiert worden, um die Systeme (7.64) und (7.65) im Fall einer in Abbildung 7.7 (links) gezeigten Anfangstriangulation zu lösen. Eine solche Triangulation überdeckt die äußere Region einer zweidimensionalen Flügelsektion vom Typ NACA 2316. Das Gitter enthält $N_T = 534$ Dreiecke und $n = 198$ innere Knoten.

Der Algorithmus konvergiert in 42 Iterationen für beide Arten der Regularisierung, wobei als Abbruchkriterium der Test $\|\mathbf{z}^{(k+1)} - \mathbf{z}^{(k)}\|_\infty \leq 10^{-4}$ verwendet wurde. In Abbildung 7.7 (rechts) wird das nach der Regularisierung durch Flächen erhaltene Diskretisierungsgitter gezeigt (ein ähnliches Ergebnis wurde auch von der Regularisierung durch Kanten) erhalten. Beachte, die bessere Gleichförmigkeit der Dreiecke in Bezug auf das Anfangsgitter.

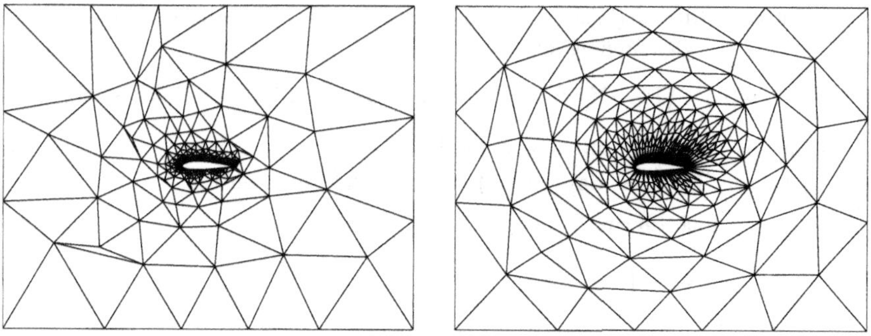

Abbildung 7.7. Triangulierung vor (links) und nach (rechts) der Regularisierung.

7.5 Übungen

1. Beweise (7.8) für die m-Schritt Newton-SOR-Methode.

   [*Hinweis*: Verwende das SOR-Verfahren zur Lösung eines linearen Systems $\mathrm{A}\mathbf{x}=\mathbf{b}$ mit A=D-E-F und drücke die k-te Iterierte als Funktion des Anfangsdatums $\mathbf{x}^{(0)}$ aus; dies ergibt

   $$\mathbf{x}^{(k+1)} = \mathbf{x}^{(0)} + (\mathrm{M}^{k+1} - \mathrm{I})\mathbf{x}^{(0)} + (\mathrm{M}^k + \ldots + \mathrm{I})\mathrm{B}^{-1}\mathbf{b},$$

   wobei B= $\omega^{-1}(\mathrm{D} - \omega\mathrm{E})$ und $\mathrm{M} = \mathrm{B}^{-1}\omega^{-1}[(1-\omega)\mathrm{D} + \omega F]$. Da $\mathrm{B}^{-1}\mathrm{A} = \mathrm{I} - \mathrm{M}$ und

   $$(\mathrm{I} + \ldots + \mathrm{M}^k)(\mathrm{I} - \mathrm{M}) = \mathrm{I} - \mathrm{M}^{k+1}$$

   gilt, dann folgt (7.8) durch geeignetes Identifizieren der Matrix und der rechten Seite des Systems.]

2. Beweise, dass die Verwendung des Gradientenverfahrens zur Minimierung von $f(x) = x^2$ mit den Richtungen $p^{(k)} = -1$ und den Parametern $\alpha_k = 2^{-k+1}$ nicht zu einer Minimalstelle von f führt.

3. Zeige, dass für die Methode des *steilsten Abstieges* angewandt auf die Minimierung eines quadratischen Funktionals f der Form (7.35) folgende Ungleichung gilt

   $$f(\mathbf{x}^{(k+1)}) \leq \left(\frac{\lambda_{max} - \lambda_{min}}{\lambda_{max} + \lambda_{min}}\right)^2 f(\mathbf{x}^{(k)}),$$

   wobei $\lambda_{max}, \lambda_{min}$ den betragsmäßig größten bzw. kleinsten Eigenwert der in (7.35) auftretenden Matrix A bezeichnen.

   [*Hinweis*: Gehe wie für (7.38) vor.]

4. Überprüfe, dass die Parameter α_k der Übung 2 nicht die Bedingungen (7.31) und (7.32) erfüllen.

5. Betrachte die in (7.58) eingeführte Funktion $\mathbf{f} : \mathbb{R}^n \to \mathbb{R}$ und zeige, dass sie auf $\mathbb{R}^n$ gleichmäßig konvex ist, d.h.

   $$\lambda\mathbf{f}(\mathbf{u}) + (1-\lambda)\mathbf{f}(\mathbf{v}) - \mathbf{f}(\lambda\mathbf{u} + (1-\lambda)\mathbf{v}) > (1/2)\lambda(1-\lambda)\|\mathbf{u} - \mathbf{v}\|_{\mathrm{A}}^2$$

   für alle $\mathbf{u}, \mathbf{v} \in \mathbb{R}^n$ mit $\mathbf{u} \neq \mathbf{v}$ und $0 < \lambda < 1$.

   [*Hinweis*: Beachte, dass $\cosh(\cdot)$ eine konvexe Funktion ist.]

6. Um das nichtlineare System

   $$\left\{\begin{array}{l} -\frac{1}{81}\cos x_1 + \frac{1}{9}x_2^2 + \frac{1}{3}\sin x_3 = x_1 \\ \frac{1}{3}\sin x_1 + \frac{1}{3}\cos x_3 = x_2 \\ -\frac{1}{9}\cos x_1 + \frac{1}{3}x_2 + \frac{1}{6}\sin x_3 = x_3, \end{array}\right.$$

   zu lösen, nutze die Fixpunktiteration $\mathbf{x}^{(n+1)} = \Psi(\mathbf{x}^{(n)})$, wobei $\Psi(\mathbf{x})$ mit $\mathbf{x} = (x_1, x_2, x_3)^T$ die linke Seite des System ist. Analysiere die Konvergenz der Iteration zur Berechnung des Fixpunktes $\boldsymbol{\alpha} = (0, 1/3, 0)^T$.

   [*Lösung*: Die Fixpunktmethode konvergiert, da $\|\Psi(\boldsymbol{\alpha})\|_\infty = 1/2$.]

7. Mit dem Programm 50, das die Newton-Methode ausführt, bestimme man die globale Maximalstelle der Funktion

$$f(x) = e^{-\frac{x^2}{2}} - \frac{1}{4}\cos(2x)$$

und analysiere die Leistungsfähigkeit der Methode (Eingabedaten: `xv=1; toll=1e-6; nmax=500`). Löse das gleiche Problem unter Verwendung der Fixpunktiteration

$$x_{(k+1)} = g(x_k) \qquad \text{mit} \quad g(x) = \sin(2x)\left[\frac{e^{\frac{x^2}{2}}\left(x\sin(2x) + 2\cos(2x)\right) - 2}{2\left(x\sin(2x) + 2\cos(2x)\right)}\right].$$

Analysiere die Leistungsfähigkeit des zweiten Schemas sowohl theoretisch als auch experimentiell und vergleiche die durch die Verwendung beider Methoden erzielten Ergenisse.

[*Lösung*: Die Funktion f besitzt ein globales Maximum in $x = 0$. Dieser Punkt ist eine doppelte Nullstelle für f'. Somit ist das Newton-Verfahren nur linear konvergent. Umgekehrt ist die vorgeschlagene Fixpunktiteration von dritter Ordnung konvergent.]

Literatur

[Aas71] Aasen J. (1971) On the Reduction of a Symmetric Matrix to Tridiagonal Form. *BIT* 11: 233–242.

[ABB+92] Anderson E., Bai Z., Bischof C., Demmel J., Dongarra J., Croz J. D., Greenbaum A., Hammarling S., McKenney A., Oustrouchov S., and Sorensen D. (1992) *LAPACK User's Guide, Release 1.0.* SIAM, Philadelphia.

[ADR92] Arioli M., Duff I., and Ruiz D. (1992) Stopping Criteria for Iterative Solvers. *SIAM J. Matrix Anal. Appl.* 1(13).

[Arm66] Armijo L. (1966) Minimization of Functions Having Continuous Partial Derivatives. *Pacific Jour. Math.* 16: 1–3.

[Atk89] Atkinson K. E. (1989) *An Introduction to Numerical Analysis.* John Wiley, New York.

[Avr76] Avriel M. (1976) *Non Linear Programming: Analysis and Methods.* Prentice-Hall, Englewood Cliffs, New Jersey.

[Axe94] Axelsson O. (1994) *Iterative Solution Methods.* Cambridge University Press, New York.

[Bar89] Barnett S. (1989) Leverrier's Algorithm: A New Proof and Extensions. *Numer. Math.* 7: 338–352.

[Bat90] Batterson S. (1990) Convergence of the Shifted QR Algorithm on 3 by 3 Normal Matrices. *Numer. Math.* 58: 341–352.

[BBC+94] Barrett R., Berry M., Chan T., Demmel J., Donato J., Dongarra J., Eijkhout V., Pozo V., Romine C., and van der Vorst H. (1994) *Templates for the Solution of Linear Systems: Building Blocks for Iterative Methods.* SIAM, Philadelphia.

[BDMS79] Bunch J., Dongarra J., Moler C., and Stewart G. (1979) *LINPACK User's Guide.* SIAM, Philadelphia.

[Ber82] Bertsekas D. P. (1982) *Constrained Optimization and Lagrange Multiplier Methods.* Academic Press. Inc., San Diego, California.

[Bjö88] Björck A. (1988) *Least Squares Methods: Handbook of Numerical Analysis Vol. 1 Solution of Equations in* $\mathbb{R}^N$. Elsevier North Holland.

[BMW67] Barth W., Martin R. S., and Wilkinson J. H. (1967) Calculation of the Eigenvalues of a Symmetric Tridiagonal Matrix by the Method of Bisection. *Numer. Math.* 9: 386–393.

[Bos93] Bossavit A. (1993) *Electromagnetisme, en vue de la modelisation.* Springer-Verlag, Paris.

[BR81] Bank R. E. and Rose D. J. (1981) Global Approximate Newton Methods. *Numer. Math.* 37: 279–295.

[Bra75] Bradley G. (1975) *A Primer of Linear Algebra.* Prentice-Hall, Englewood Cliffs, New York.

[Bre73] Brent R. (1973) *Algorithms for Minimization Without Derivatives.* Prentice-Hall, Englewood Cliffs, New York.

[BS90] Brown P. and Saad Y. (1990) Hybrid Krylov Methods for Nonlinear Systems of equations. *SIAM J. Sci. and Stat. Comput.* 11(3): 450–481.

[BSG96] B. Smith P. B. and Gropp P. (1996) *Domain Decomposition, Parallel Multilevel Methods for Elliptic Partial Differential Equations.* Univ. Cambridge Press, Cambridge.

[CCP70] Cannon M., Cullum C., and Polak E. (1970) *Theory and Optimal Control and Mathematical Programming.* McGraw-Hill, New York.

[CHQZ88] Canuto C., Hussaini M. Y., Quarteroni A., and Zang T. A. (1988) *Spectral Methods in Fluid Dynamics.* Springer, New York.

[CI95] Chandrasekaren S. and Ipsen I. (1995) On the Sensitivity of Solution Components in Linear Systems of equations. *SIAM J. Matrix Anal. Appl.* 16: 93–112.

[CM94] Chan T. and Mathew T. (1994) Domain Decomposition Algorithms. *Acta Numerica* pages 61–143.

[CMSW79] Cline A., Moler C., Stewart G., and Wilkinson J. (1979) An Estimate for the Condition Number of a Matrix. *SIAM J. Sci. and Stat. Comput.* 16: 368–375.

[Col66] Collin R. E. (1966) *Foundations for Microwave Engineering.* McGraw-Hill Book Co., Singapore.

[Dah56] Dahlquist G. (1956) Convergence and Stability in the Numerical Integration of Ordinary Differential Equations. *Math. Scand.* 4: 33–53.

[Dat95] Datta B. (1995) *Numerical Linear Algebra and Applications.* Brooks/Cole Publishing, Pacific Grove, CA.

[Day96] Day D. (1996) How the QR algorithm Fails to Converge and How to Fix It. Technical Report 96-0913J, Sandia National Laboratory, Albuquerque.

[DD95] Davis T. and Duff I. (1995) A combined unifrontal/multifrontal method for unsymmetric sparse matrices. Technical Report TR-95-020, Computer and Information Sciences Department, University of Florida.

[Dek69] Dekker T. (1969) Finding a Zero by means of Successive Linear Interpolation. In Dejon B. and Henrici P. (eds) *Constructive Aspects of the Fundamental Theorem of Algebra*, pages 37–51. Wiley, New York.

[Dek71] Dekker T. (1971) A Floating-Point Technique for Extending the Available Precision. *Numer. Math.* 18: 224–242.

[Dem97] Demmel J. (1997) *Applied Numerical Linear Algebra.* SIAM, Philadelphia.

[DGK84] Dongarra J., Gustavson F., and Karp A. (1984) Implementing Linear Algebra Algorithms for Dense Matrices on a Vector Pipeline Machine. *SIAM Review* 26(1): 91–112.

[DS83] Dennis J. and Schnabel R. (1983) *Numerical Methods for Unconstrained Optimization and Nonlinear Equations.* Prentice-Hall, Englewood Cliffs, New York.

[dV89] der Vorst H. V. (1989) High Performance Preconditioning. *SIAM J. Sci. Stat. Comput.* 10: 1174–1185.

[EEHJ96] Eriksson K., Estep D., Hansbo P., and Johnson C. (1996) *Computational Differential Equations.* Cambridge Univ. Press, Cambridge.

[Elm86] Elman H. (1986) A Stability Analisys of Incomplete LU Factorization. *Math. Comp.* 47: 191–218.

[Erh97] Erhel J. (1997) About Newton-Krylov Methods. In Periaux J. and al. (eds) *Computational Science for* 21st *Century*, pages 53–61. Wiley, New York.

[FF63] Faddeev D. K. and Faddeeva V. N. (1963) *Computational Methods of Linear Algebra.* Freeman, San Francisco and London.

[Fle75] Fletcher R. (1975) Conjugate gradient methods for indefinite systems. In Springer-Verlag (ed) *Numerical Analysis*, pages 73–89. New York.

[FM67] Forsythe G. E. and Moler C. B. (1967) *Computer Solution of Linear Algebraic Systems.* Prentice-Hall, Englewood Cliffs, New York.

[Fra61] Francis J. G. F. (1961) The QR Transformation: A Unitary Analogue to the LR Transformation. Parts I and II. *Comp. J.* pages 265–272,332–334.

[Gas83] Gastinel N. (1983) *Linear Numerical Analysis.* Kershaw Publishing, London.

[Geo73] George A. (1973) Nested Dissection of a Regular Finite Element Mesh. *SIAM J. Num. Anal.* 10: 345–363.

[Giv54] Givens W. (1954) Numerical Computation of the Characteristic Values of a Real Symmetric Matrix. *Oak Ridge National Laboratory* ORNL-1574.

[GL81] George A. and Liu J. (1981) *Computer Solution of Large Sparse Positive Definite Systems.* Prentice-Hall, Englewood Cliffs, New York.

[GL89] Golub G. and Loan C. V. (1989) *Matrix Computations.* The John Hopkins Univ. Press, Baltimore and London.

[GM83] Golub G. and Meurant G. (1983) *Resolution Numerique des Grands Systemes Lineaires.* Eyrolles, Paris.

[GMW81] Gill P., Murray W., and Wright M. (1981) *Practical Optimization.* Academic Press, London.

[God66] Godeman R. (1966) *Algebra.* Kershaw, London.

[Gol91] Goldberg D. (1991) What Every Computer Scientist Should Know about Floating-point Arithmetic. *ACM Computing Surveys* 23(1): 5–48.

[GP67] Goldstein A. A. and Price J. B. (1967) An Effective Algorithm for Minimization. *Numer. Math* 10: 184–189.

[Hac94] Hackbush W. (1994) *Iterative Solution of Large Sparse Systems of Equations.* Springer-Verlag, New York.

[Hal58] Halmos P. (1958) *Finite-Dimensional Vector Spaces.* Van Nostrand, Princeton, New York.

[Hig88] Higham N. (1988) The Accuracy of Solutions to Triangular Systems. *University of Manchester, Dep. of Mathematics* 158: 91–112.

[Hig89] Higham N. (1989) The Accuracy of Solutions to Triangular Systems. *SIAM J. Numer. Anal.* 26(5): 1252–1265.

[Hig96] Higham N. (1996) *Accuracy and Stability of Numerical Algorithms.* SIAM Publications, Philadelphia, PA.

[Hil87] Hildebrand F. (1987) *Introduction to Numerical Analysis.* McGraw-Hill, New York.

[Hou75] Householder A. (1975) *The Theory of Matrices in Numerical Analysis.* Dover Publications, New York.

[HP94] Hennessy J. and Patterson D. (1994) *Computer Organization and Design - The Hardware/Software Interface.* Morgan Kaufmann, San Mateo.

[HW76] Hammarling S. and Wilkinson J. (1976) The Practical Behaviour of Linear Iterative Methods with Particular Reference to S.O.R. Technical Report Report NAC 69, National Physical Laboratory, Teddington, UK.

[IK66] Isaacson E. and Keller H. (1966) *Analysis of Numerical Methods.* Wiley, New York.

[Inm94] Inman D. (1994) *Engineering Vibration.* Prentice-Hall, Englewood Cliffs, NJ.

[Iro70] Irons B. (1970) A Frontal Solution Program for Finite Element Analysis. *Int. J. for Numer. Meth. in Engng.* 2: 5–32.

[Jer96] Jerome J. J. (1996) *Analysis of Charge Transport. A Mathematical Study of Semiconductor Devices.* Springer, Berlin Heidelberg.

[Jia95] Jia Z. (1995) The Convergence of Generalized Lanczos Methods for Large Unsymmetric Eigenproblems. *SIAM J. Matrix Anal. Applic.* 16: 543–562.

[JM92] Jennings A. and McKeown J. (1992) *Matrix Computation.* Wiley, Chichester.

[JW77] Jankowski M. and Wozniakowski M. (1977) Iterative Refinement Implies Numerical Stability. *BIT* 17: 303–311.

[Kah66] Kahan W. (1966) Numerical Linear Algebra. *Canadian Math. Bull.* 9: 757–801.

[Kan66] Kaniel S. (1966) Estimates for Some Computational Techniques in Linear Algebra. *Math. Comp.* 20: 369–378.

[Kel99] Kelley C. (1999) *Iterative Methods for Optimization*, volume 18 of *Frontiers in Applied Mathematics.* SIAM, Philadelphia.

[KT51] Kuhn H. and Tucker A. (1951) Nonlinear Programming. In *Second Berkeley Symposium on Mathematical Statistics and Probability*, pages 481–492. Univ. of California Press, Berkeley and Los Angeles.

[Lan50] Lanczos C. (1950) An Iteration Method for the Solution of the Eigenvalue Problem of Linear Differential and Integral Operator. *J. Res. Nat. Bur. Stand.* 45: 255–282.

[Lax65] Lax P. (1965) Numerical Solution of Partial Differential Equations. *Amer. Math. Monthly* 72(2): 74–84.

[Lem89] Lemarechal C. (1989) Nondifferentiable Optimization. In Nemhauser G., Kan A. R., and Todd M. (eds) *Handbooks Oper. Res. Management Sci.*, volume 1. Optimization, pages 529–572. North-Holland, Amsterdam.

[LH74] Lawson C. and Hanson R. (1974) *Solving Least Squares Problems.* Prentice-Hall, Englewood Cliffs, New York.

[LS96] Lehoucq R. and Sorensen D. (1996) Deflation Techniques for an Implicitly Restarted Iteration. *SIAM J. Matrix Anal. Applic.* 17(4): 789–821.

[Lue73] Luenberger D. (1973) *Introduction to Linear and Non Linear Programming.* Addison-Wesley, Reading, Massachusetts.

[Man69] Mangasarian O. (1969) *Non Linear Programming.* Prentice-Hall, Englewood Cliffs, New Jersey.

[Man80] Manteuffel T. (1980) An Incomplete Factorization Technique for Positive Definite Linear Systems. *Math. Comp.* 150(34): 473–497.

[Mar86] Markowich P. (1986) *The Stationary Semiconductor Device Equations.* Springer-Verlag, Wien and New York.

[McK62] McKeeman W. (1962) Crout with Equilibration and Iteration. *Comm. ACM* 5: 553–555.

[MdV77] Meijerink J. and der Vorst H. V. (1977) An Iterative Solution Method for Linear Systems of Which the Coefficient Matrix is a Symmetric M-matrix. *Math. Comp.* 137(31): 148–162.

[MM71] Maxfield J. and Maxfield M. (1971) *Abstract Algebra and Solution by Radicals.* Saunders, Philadelphia.

[Mor84] Morozov V. (1984) *Methods for Solving Incorrectly Posed Problems.* Springer-Verlag, New York.

[Mul56] Muller D. (1956) A Method for Solving Algebraic Equations using an Automatic Computer. *Math. Tables Aids Comput.* 10: 208–215.

[NM65] Nelder J. and Mead R. (1965) A simplex method for function minimization. *The Computer Journal* 7: 308–313.

[Nob69] Noble B. (1969) *Applied Linear Algebra.* Prentice-Hall, Englewood Cliffs, New York.

[OR70] Ortega J. and Rheinboldt W. (1970) *Iterative Solution of Nonlinear Equations in Several Variables.* Academic Press, New York and London.

[Par80] Parlett B. (1980) *The Symmetric Eigenvalue Problem.* Prentice-Hall, Englewood Cliffs, NJ.

[PR70] Parlett B. and Reid J. (1970) On the Solution of a System of Linear Equations Whose Matrix is Symmetric but not Definite. *BIT* 10: 386–397.

[PW79] Peters G. and Wilkinson J. (1979) Inverse iteration, ill-conditioned equations, and newton's method. *SIAM Review* 21: 339–360.

[QV94] Quarteroni A. and Valli A. (1994) *Numerical Approximation of Partial Differential Equations.* Springer, Berlin and Heidelberg.

[QV99] Quarteroni A. and Valli A. (1999) *Domain Decomposition Methods for Partial Differential Equations.* Oxford Science Publications, New York.

[Ric81] Rice J. (1981) *Matrix Computations and Mathematical Software.* McGraw-Hill, New York.

[RM67] Richtmyer R. and Morton K. (1967) *Difference Methods for Initial Value Problems.* Wiley, New York.

[RR78] Ralston A. and Rabinowitz P. (1978) *A First Course in Numerical Analysis.* McGraw-Hill, New York.

[Rut58] Rutishauser H. (1958) Solution of Eigenvalue Problems with the LR Transformation. *Nat. Bur. Stand. Appl. Math. Ser.* 49: 47–81.

[Saa90] Saad Y. (1990) Sparskit: A basic tool kit for sparse matrix computations. Technical Report 90-20, Research Institute for Advanced Computer Science, NASA Ames Research Center, Moffet Field, CA.

[Saa92] Saad Y. (1992) *Numerical Methods for Large Eigenvalue Problems.* Halstead Press, New York.

[Saa96] Saad Y. (1996) *Iterative Methods for Sparse Linear Systems.* PWS Publishing Company, Boston.

[Sel84] Selberherr S. (1984) *Analysis and Simulation of Semiconductor Devices.* Springer-Verlag, Wien and New York.

[Ske79] Skeel R. (1979) Scaling for Numerical Stability in Gaussian Elimination. *J. Assoc. Comput. Mach.* 26: 494–526.

[Ske80] Skeel R. (1980) Iterative Refinement Implies Numerical Stability for Gaussian Elimination. *Math. Comp.* 35: 817–832.

[Sla63] Slater J. (1963) *Introduction to Chemical Physics.* McGraw-Hill Book Co.

[Son89] Sonneveld P. (1989) Cgs, a fast lanczos-type solver for nonsymmetric linear systems. *SIAM Journal on Scientific and Statistical Computing* 10(1): 36–52.

[SS90] Stewart G. and Sun J. (1990) *Matrix Perturbation Theory.* Academic Press, New York.

[Ste73] Stewart G. (1973) *Introduction to Matrix Computations.* Academic Press, New York.

[Str69] Strassen V. (1969) Gaussian Elimination is Not Optimal. *Numer. Math.* 13: 727–764.

[Str80] Strang G. (1980) *Linear Algebra and Its Applications.* Academic Press, New York.

[Var62] Varga R. (1962) *Matrix Iterative Analysis.* Prentice-Hall, Englewood Cliffs, New York.

[vdV92] van der Vorst H. (1992) Bi-cgstab: a fast and smoothly converging variant of bi-cg for the solution of non-symmetric linear systems. *SIAM Jour. on Sci. and Stat. Comp.* 12: 631–644.

[Ver96] Verfürth R. (1996) *A Review of a Posteriori Error Estimation and Adaptive Mesh Refinement Techniques.* Wiley, Teubner, Germany.

[Wac66] Wachspress E. (1966) *Iterative Solutions of Elliptic Systems.* Prentice-Hall, Englewood Cliffs, New York.

[Wal75] Walsh G. (1975) *Methods of Optimization.* Wiley.

[Wil62] Wilkinson J. (1962) Note on the Quadratic Convergence of the Cyclic Jacobi Process. *Numer. Math.* 6: 296–300.

[Wil63] Wilkinson J. (1963) *Rounding Errors in Algebraic Processes.* Prentice-Hall, Englewood Cliffs, New York.

[Wil65] Wilkinson J. (1965) *The Algebraic Eigenvalue Problem.* Clarendon Press, Oxford.

[Wil68] Wilkinson J. (1968) A priori Error Analysis of Algebraic Processes. In *Intern. Congress Math.*, volume 19, pages 629–639. Izdat. Mir, Moscow.

[Wol69] Wolfe P. (1969) Convergence Conditions for Ascent Methods. *SIAM Review* 11: 226–235.

[Wol71] Wolfe P. (1971) Convergence Conditions for Ascent Methods. II: Some Corrections. *SIAM Review* 13: 185–188.

[Wol78] Wolfe M. (1978) *Numerical Methods for Unconstrained Optimization.* Van Nostrand Reinhold Company, New York.

[You71] Young D. (1971) *Iterative Solution of Large Linear Systems.* Academic Press, New York.

[Zie77] Zienkiewicz O. C. (1977) *The Finite Element Method (Third Edition).* McGraw Hill, London.

Index der MATLAB Programme

Index

Druck (Computer to Film): Saladruck, Berlin
Verarbeitung: H. Stürtz AG, Würzburg